Leserstimmen zur 1. Auflage bei amazon.de:

„Microsoft sollte sich mal ein Beispiel an Herrn Joos nehmen. So schreibt man verständliche und gut strukturierte Bücher!!! ... uneingeschränkt empfehlenswert“

(Herr Schnelle am 6. Aug. 2003)

„Das beste Exchange Buch!!!! Dieses Buch ist einfach unschlagbar! Super Beschreibungen und tolle Praxisbeispiele! In diesem Buch erkennt man sofort die Praxiserfahrung des Autors.“

(Herr Gernot Zauner aus Abstatt am 7. Mai 2003)

„Klasse ... Alles drin was ein Exchange Administrator braucht... mit diesem Buch kann man sogar leicht die MCP Exchange Prüfung bestehen. Absolut gutes Buch“

(Peter Kolipe am 7. Mai 2003)

Thomas Joos

Exchange Server 2000: Installieren – Konfigurieren – Administrieren – Optimieren

Tragfähige Konzepte – Lösungen aus der Praxis für die Praxis – Tuning und Fehlerbehandlung

2., verbesserte und erweiterte Auflage

Bibliografische Information Der Deutschen Bibliothek
Die Deutsche Bibliothek verzeichnet diese Publikation in der Deutschen Nationalbibliografie; detaillierte bibliografische Daten sind im Internet über <http://dnb.ddb.de> abrufbar.

Höchste inhaltliche und technische Qualität unserer Produkte ist unser Ziel. Bei der Produktion und Auslieferung unserer Bücher wollen wir die Umwelt schonen: Dieses Buch ist auf säurefreiem und chlorfrei gebleichtem Papier gedruckt. Die Einschweißfolie besteht aus Polyäthylen und damit aus organischen Grundstoffen, die weder bei der Herstellung noch bei der Verbrennung Schadstoffe freisetzen.

1. Auflage April 2003
2., verbesserte und erweiterte Auflage Oktober 2003

Ursprünglich erschienen bei Friedr. Vieweg & Sohn Verlag / GWV Fachverlage GmbH, Wiesbaden 2003
www.vieweg-it.de

Konzeption und Layout des Umschlags: Ulrike Weigel, www.CorporateDesignGroup.de
Umschlagbild: Nina Faber de.sign, Wiesbaden

ISBN 978-3-528-15834-7 ISBN 978-3-663-12109-1 (eBook)
DOI 10.1007/978-3-663-12109-1

Vorwort

Eine der wichtigsten Anforderungen an die IT-Abteilung eines Unternehmens besteht heute darin, eine stabile und effiziente Kommunikation zwischen den einzelnen Mitarbeitern, Abteilungen, Niederlassungen und Partnern weltweit zur Verfügung zu stellen.

Die Anforderungen gehen dabei weit über das Zustellen von E-Mails hinaus. Das neue Schlagwort heißt „Groupware" oder „Collaboration" - Mitarbeitern soll über geografische Grenzen hinweg die Möglichkeit geboten werden, in Echtzeit miteinander zu kommunizieren, sich zu organisieren und Daten auszutauschen.

Das wohl bekannteste Produkt in diesem Bereich ist der Microsoft Exchange Server. Seit der Einführung im Jahre 1996 entwickelt Microsoft ständig an Exchange weiter, welches mittlerweile in der neuesten Version Exchange 2000 Server das meistverkaufte Serverprodukt Microsofts ist.

Ich beschäftige mich nun seit nahezu 20 Jahren mit der EDV. Angefangen mit einem Thomson TO-770, mit dem ich meine ersten Schritte in der Programmierung gemacht habe, dem Commodore C64 und dem Basteln an den ersten PCs und Netzwerken.

Seit 10 Jahren bin ich hauptberuflich in der Systemadministration tätig, einige Jahre davon als geschäftsführender Gesellschafter von NT Solutions. Zusammen mit meinen Kollegen realisiere ich bei zahlreichen Firmen Kommunikationsprojekte und die Migration zu Windows 2000. So lernte ich den Exchange Server als wertvolles aber auch komplexes Produkt kennen, welches bei fachkundiger Bedienung die Kommunikation Ihres Unternehmens revolutionieren kann, aber umgekehrt auch, bei einer fehlerhaften Planung und Umsetzung, unnötige Frustration und Enttäuschung auslösen kann.

Ich weiß nicht mehr, wie viele Exchange Server ich bisher geplant, aufgesetzt und konfiguriert habe oder wie viele Stunden ich mit der Fehlersuche verbracht habe, aber nach all diesen Jahren der Arbeit mit Exchange bin ich der Überzeugung, dass der Exchange Server eines der besten Groupware-Produkte auf dem Markt ist. Mir macht die Arbeit mit Exchange viel Freude und ich konnte durch meine Tätigkeit die eine oder andere wertvolle Erfahrung sammeln.

Ich möchte mit diesem Buch, auch an Hand von Praxisbeispielen, welche ich selber über die Jahre sammeln konnte, dem Leser die Möglichkeit geben, die Planung, Installation, Konfiguration und Optimierung des Exchange 2000 Servers zu verstehen und nach der Lektüre selbständig durchzuführen.

Dieses Buch ist der bisherige Höhepunkt meiner Karriere. Möglich wurde dies vor allem durch Jürgen Schäfer, Kollege, Mitgeschäftsführer und Marketingmanager bei NT Solutions, Jochen Sihler, Kopf und Initiator unseres Unternehmens, sowie Marion Sihler.

Ebenso möchte ich meiner Familie großen Dank für die Unterstützung während der Entstehung dieses Buches außprechen. Allen voran meiner Großmutter Elfriede Joos und meiner Lebensgefährtin Tamara Bergtold, welche mich nicht nur während der Zeit des Schreibens „ertragen“ und „versorgt“ haben. Auch meine Eltern, Joachim und Rosalinde sollen nicht unerwähnt bleiben, da sie mit dem Kauf meines Thomson meine Karriere in der EDV schon in frühen Jahren unterstützt haben.

Eine der wichtigsten Personen in meinem Leben, mein viel zu früh verstorbener Großvater Ernst Joos, wird diese Danksagung leider nicht lesen können. Doch gerade ihm und seiner jahrelangen Unterstützung verdanke ich eigentlich alles bisher Erreichte. Dafür bedanke ich mich.

Bedanken möchte ich mich auch bei allen Kunden der NT Solutions, vor allem den Herren Buchholz, Kemle, Plach, Duhnke und Zauner von der Firma Mann und Hummel.

Großer Dank geht auch an Sie, den Leser, der mir durch den Kauf dieses Buches das Vertrauen ausgesprochen hat, das Wissen um den Exchange 2000 Server zu vermitteln oder zu vertiefen.

Ich hoffe, Sie empfinden bei der Lektüre die gleiche Freude wie ich beim Schreiben. Auf alle Fälle werden Sie nach der Lektüre Ihr Wissen um Exchange 2000 erweitert und vertieft haben sowie in der Lage sein, Exchange 2000 zu installieren, konfigurieren, optimieren und zu administrieren.

Willkommen beim Exchange 2000 Server !

Hof Erbach, Bad Wimpfen im Februar 2003

Thomas Joos

Inhaltsverzeichnis

1 Grundlagen

In diesem Kapitel soll die Geschichte des Exchange Servers kurz behandelt werden und welche Versionen bisher erschienen sind. Auch die verschiedenen Varianten des Exchange 2000 Server werden besprochen.

Es wird auf die neuen Features des Exchange 2000 Servers eingegangen und worin sich eine Exchange 2000-Organisation von einer Exchange 5.5-Organisation unterscheidet.

Bevor im Kapitel Planung mit einer effizienten und für Ihre Firma optimalen Planung begonnen werden kann, sollten Ihnen die notwendigen technischen Grundlagen und Möglichkeiten des Exchange 2000 Servers verständlich sein.

Ein sehr wichtiger Punkt ist das Kapitel 1.6, welches sich mit dem Aufbau einer Testumgebung beschäftigt, an Hand der Sie Einstellungen und Installationen, die in diesem Buch beschrieben werden, testen und gleich in der Praxis umsetzen können.

Im Kapitel 1.7 gehe ich auf die Grundlagen des Active Directory ein. Sie sollten vor der Implementation eines Exchange 2000 Servers in jedem Fall eine funktionierende Windows 2000 Active Directory-Gesamtstruktur (Forest) aufgebaut haben und sich mit Windows 2000 diesbezüglich auskennen.

Als letzter Punkt in diesem Kapitel, sicherlich aber nicht der unwichtigste, ist die Speichertopologie von Exchange. Sie sollten über umfassendes Wissen verfügen, wie die Datenbank von Exchange aufgebaut ist, um Ihre Exchange Organisation so effizient wie möglich zu verwalten und im Notfall, also bei der Beschädigung einer Datenbank, einen genauen Überblick über Ihre Möglichkeiten zu haben.

1.1 Exchange Server Geschichte

Die erste Version von Exchange hatte die Versionsnummer 4.0 und ist im Jahre 1996 erschienen. Da der Exchange Server 4.0 auf Windows NT Server ausgeführt wurde, war die Verwaltung und Wartung im Vergleich zu den damals standardmäßigen Mail-Systemen unter Unix deutlich günstiger. Microsoft hat die Bezeichnung des Exchange Servers gleich auf Version 4.0 gehoben, da damals der Microsoft Mail Server 3.5 das aktuelle Produkt von Microsoft im Bereich E-Mail war.

Nach etwa einem Jahr brachte Microsoft die neue Version 5.0 auf den Markt, welche durch die zunehmende Verbreitung der Internetnutzung durch einige Internetstandards wie SMTP, POP3 und NNTP erweitert wurde.

Als Client wurde Outlook angeboten und erstmals die Möglichkeit, über Outlook Web Access (OWA) auf den Posteingang zuzugreifen.

Einige Monate später, im November 1997, bot Microsoft die Version 5.5 an, welche zahlreiche Fehler der Version 5.0 behob sowie erstmals Clustering unterstützte. Outlook - mittlerweile in der Version 98, war der bevorzugte Client. In dieser Version wurde Exchange bereits von mehreren Millionen Benutzern eingesetzt.

Die neueste Version ist der Exchange 2000 Server, welcher bereits seit über zwei Jahren auf dem Markt ist.

Der Nachfolger des Exchange 2000 Server, Exchange Server 2003 wird aller Voraußicht nach im Herbst 2003 erscheinen.

1.2 Exchange 2000 Server Varianten

Es gibt drei verschiedene Versionen des Exchange 2000 Servers.

Abb. 1.1: Exchange 2000 Versionen

Exchange 2000 Standard Server

Exchange 2000 Standard Server ist für Firmen ausgerichtet, welche nur einen oder wenige Exchange Server benötigen.

Die Größe der Datenbank ist auf 16 GB begrenzt, Clustering wird nicht unterstützt. Außerdem fehlen einige Funktionen, welche hauptsächlich von größeren Unternehmen benötigt werden wie zum Beispiel X.400-Connector und das Frontend/Backend-Feature.

Exchange 2000 Enterprise Server

Exchange 2000 Enterprise Server ist für Organisationen entwickelt, welche unbegrenzte Datenmengen verwalten müssen und mehrere Server im Einsatz haben werden.

Exchange 2000 Enterprise Server bietet die Möglichkeit, mehrere Informationsspeicher pro Server zu verwalten und ist im Funktionsumfang nicht begrenzt. Er unterstützt erstmalig Active/Active-Clustering, sowie eine Frontend/Backend-Architektur.

Exchange 2000 Conferencing Server

Exchange 2000 Conferencing Server muss in Verbindung mit dem Exchange 2000 Standard oder Enterprise Server verwendet werden und bietet standortübergreifende Daten-, Voice- und Videokonferenzen (siehe Abbildung 1.2).

Der Exchange 2000 Conferencing Server ist immer ein Zusatzprodukt, das gesondert erworben und lizenziert werden muss.

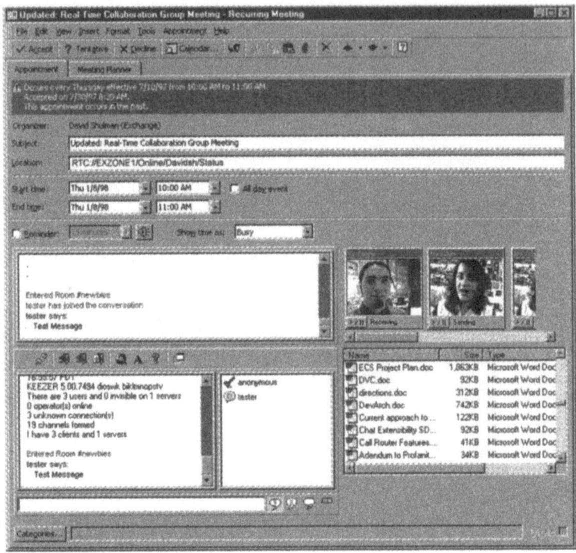

Abb. 1.2: Beispiel einer Video-Datenkonferenz

1.3 Neue Funktionen in Exchange 2000

Exchange 2000 bringt einige Änderungen mit. Ich benenne hier die meiner Meinung nach Wichtigsten, die bei der Arbeit mit Exchange 2000 benötigt werden.

Active Directory Integration

Exchange 2000 hat im Vergleich zu seinen Vorgängern kein eigenes Verzeichnis mehr sondern nutzt direkt den neuen Microsoft Verzeichnisdienst - Active Directory. Durch die Integration in das Active Directory entfällt bei Exchange 2000 die doppelte Pflege der Benutzer oder Verteilerlisten, da diese jetzt direkt über die Benutzerpflege von Windows 2000 vorgenommen wird.

Das Exchange 2000-Setup erweitert bei der Installation das Windows 2000 Schema um exchangespezifische Eigenschaften.

Exchange 2000 kann ausschließlich nur in einer Windows 2000 Umgebung betrieben werden. Die Integration in eine Windows NT-Domäne ist nicht möglich.

Active Directory Connector

Der Active Directory Connector (ADC) ist ein Tool, welches Exchange 5.5-Organisationen mit Exchange 2000 und Windows 2000 verbindet. Der ADC befindet sich sowohl auf der Exchange-Installations CD wie auch auf der Windows 2000 CD.

Zur Verbindung von Exchange 5.5 mit Exchange 2000 sollte aber ausschließlich die Version von der Exchange CD verwendet werden. Der ADC auf der Windows 2000 Server CD wurde zur Verbindung von Exchange 5.5 mit Windows 2000 ohne den Einsatz eines Exchange 2000 Servers entwickelt.

Der ADC verbindet das Exchange 5.5-Verzeichnis mit dem Active Directory und wird beim Betrieb einer reinen Exchange 2000-Umgebung nicht benötigt.

Nachrichtenrouting über SMTP

Das interne Nachrichtenrouting erfolgt bei Exchange 2000 jetzt nicht mehr über den X.400-Standard wie bei seinen Vorgängern, sondern über den Internetstandard SMTP.

Aufbau der Exchange-Datenbank

Die interne Exchange-Datenbank baut jetzt nicht mehr auf die beiden Dateien priv1.edb und pub1.edb auf, sondern zusätzlich noch auf priv1.stm und pub1.stm. Auf diese Funktionen wird später noch eingegangen. Es können jetzt mehrere Speicher angelegt werden, die wiederum in verschiedene Speichergruppen untergliedert werden können.

Dabei besteht eine Speichergruppe aus mehreren Datenbanken, die einen gemeinsamen Satz Transaktionsprotokolle nutzen, gemeinsam verwaltet werden, und zusammen gesichert und wieder hergestellt werden können.

Web-Storage-System

Der Exchange 2000 Web-Store ist ein installierbares Dateisystem (IFS) auf dessen Basis lokale- und Remotebenutzer auf die Dateisysteme des Servers zugreifen können.

Bei der Installation des Exchange 2000-Servers wird ein spezielles Laufwerk „M“ angelegt, über das die Benutzer direkten Zugriff auf das Dateisystem erhalten. Benutzer können über diesen Web-Store auf alle Objekte zugreifen, (einschließlich Nachrichten und Dokumente) indem sie in Ihrem Webbrowser die URL `http://SERVERNAME/Exchange/Benutzername` eingeben.

Frontend / Backend Technologie und Cluster

Sie können jetzt mit Exchange 2000 Server-Funktionen aufteilen. Sie können zum Beispiel in den Hintergrund, das Backend, einen Cluster als Datenbank-Server stellen, während die Benutzer auf einen oder mehrere Frontend-Server zugreifen die über keine Datenbank verfügen müssen. Auf diese Weise kann ein einheitlicher Namensraum bereitgestellt werden. Benutzer müssen nicht den Server mit Ihrem Postfach kennen. Diese Funktion wird allerdings nur von POP3, IMAP oder Outlok Web Access verwendet. Outlook greift auf das Postfach mit dme MAPI-Protokoll zu, welches keine Frontend-Server unterstützt.

Es besteht auch die Möglichkeit, mehrere Frontend/Backend-Server zu konfigurieren, um einen Lastenausgleich zu erreichen. Exchange 2000 unterstützt jetzt auch active/active-Clustering. Zusätzlich wird weiterhin active/passive-Clustering unterstützt. Ein Windows 2000 Cluster lässt sich ausschließlich mit einem Windows 2000 Advanced Server oder einem Windows 2000 Datacenter-Server aufbauen, wobei der Advanced-Server zwei Knoten und der Datacenter-Server bis zu vier Knoten unterstützt.

Windows 2000 Standard Server unterstützt kein Clustering.

Windows 2000-Sicherheit

Durch die Integration in das Active Directory unterstützt Exchange 2000 jetzt auch das Windows 2000-Sicherheitsmodell.

Sicherheitseinstellungen können so effizienter verwaltet werden.

Instant Messaging

Durch Instant Messaging besteht die Möglichkeit, dass angemeldete Benutzer in Echtzeit miteinander kommunizieren können - ähnlich wie innerhalb eines Chatrooms. Microsoft hat diese Funktion bereits mit dem MSN Messenger integriert.

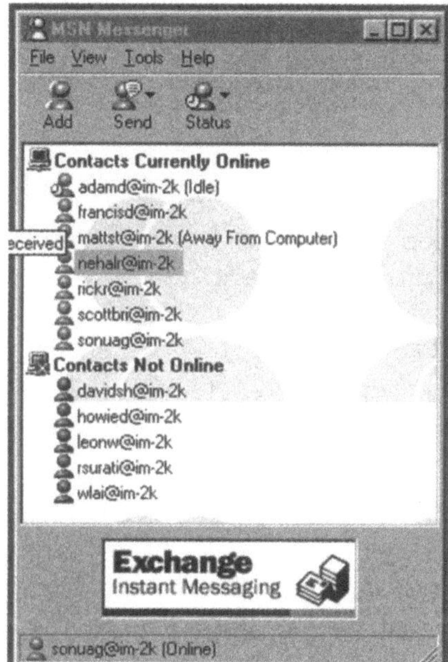

Abb. 1.3: Startfenster des MSN Messenger innerhalb Exchange

1.4 Neuer topologischer Aufbau einer Exchange-Umgebung

Exchange 5.5 und seine Vorgänger wurden in *Standorten* zusammengefasst. Diese bilden zusammen die Exchange-Organisation.

Unter Exchange 2000 wurde dieser Aufbau grundlegend verändert, so dass die einzelnen Server einer Organisation jetzt deutlich besser zusammenarbeiten und so auch besser verwaltet werden können.

Der wichtigste Unterschied begründet sich mit der Integration von Exchange 2000 in das Active Directory. Der Verzeichniskonnektor von Exchange 5.5 entfällt daher.

Hinweis

Durch die gemeinsame Nutzung des Active Directory von Windows 2000 und Exchange 2000 definiert die Grenze der Active-Directory-Gesamtstruktur (Forest) die Exchange 2000 Organisation.

Es ist nicht möglich, dass eine Active-Directory-Gesamtstruktur (Forest) mehrere Exchange 2000 Organisationen umfasst oder eine Exchange 2000 Organisation mehrere Gesamtstrukturen (Forests).

Unter Exchange 2000 gibt es keine *Standorte* mehr.

Server werden jetzt in *Administrativen Gruppen* und *Routinggruppen* zusammengefasst.

1.4.1 Administrative Gruppen

Administrative Gruppen sind Gruppen von Exchange-Servern und administrativen Objekten wie Richtlinien, Routinggruppen und öffentliche Ordner Bäume.

Administrative Gruppen sollen die Verwaltung der Exchange-Organisation erleichtern. Es lassen sich so zum Beispiel leicht Rechte delegieren, wenn Sie mehrere Exchange-Server in Ihrer Organisation haben, die auf mehrere Niederlassungen verteilt sind und von den jeweiligen Administratoren vor Ort verwaltet werden sollen.

Administrative Gruppen sind also die logische Verteilung von Objekten Ihrer Exchange 2000 Organisation.

Standardmäßig legt Exchange 2000 eine *Erste Administrative Gruppe* an. Diese wird jedoch nicht angezeigt.

Um diese anzuzeigen, müssen Sie zuerst in den *Exchange System-Manager* mit

`Start/Programme/Microsoft Exchange/System Manager`

wechseln und mit der rechten Maustaste die Eigenschaften der Exchange-Organisation aufrufen (siehe Abbildung 1.4).

Abb. 1.4: Ansicht des Exchange System-Managers

Im Eigenschafts-Fenster muss dann die Anzeige der *Routinggruppen* und der *administrativen Gruppen* erst aktiviert werden (siehe Abbildung 1.5).

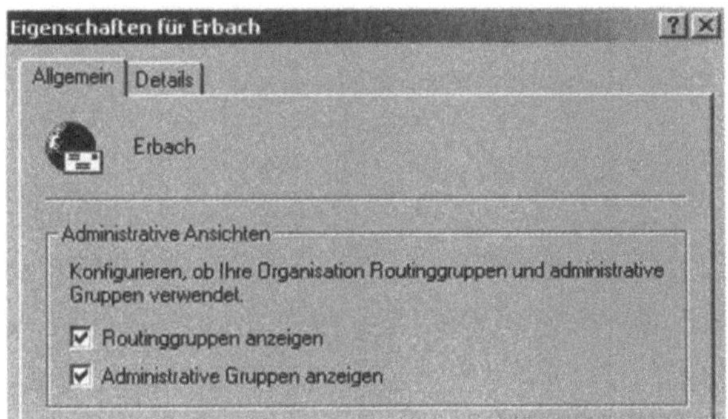

Abb. 1.5: Eigenschaften der Exchange-Organisation

Nach dieser Änderung müssen Sie den Exchange System-Manager neu starten und sehen ab jetzt die administrativen Gruppen (siehe Abbildung 1.6).

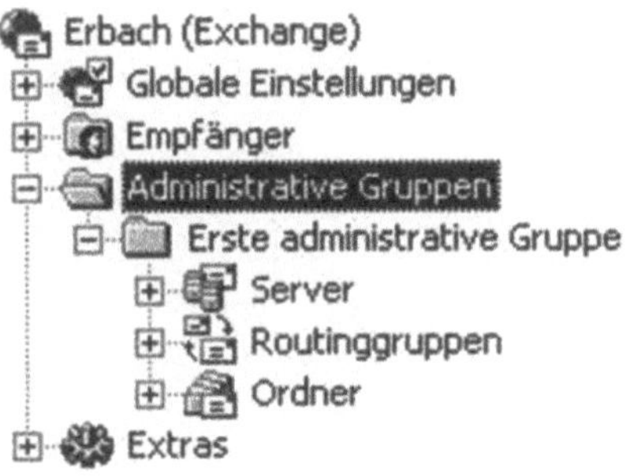

Abb. 1.6: Ansicht der administrativen Gruppen

Hinweis

Beachten Sie aber, dass Sie beim Anlegen mehrerer *administrativen Gruppen* bei der Installation von Exchange 2000 Server auswählen können, in welcher Gruppe der neue Server jeweils stehen soll.

Später können Server nicht zwischen verschiedenen *administrativen Gruppen* verschoben werden.

Um eine neue administrative Gruppe zu erstellen, klicken Sie mit der `rechten Maustaste` auf den Menüpunkt `Administrative Gruppen` (siehe Abbildung 1.6) und wählen dann `Neu` und `Administrative Gruppe`.

1.4.2 Routinggruppen

Neben der Trennung der logischen Struktur durch administrative Gruppen kennt Exchange 2000 noch die Trennung der physikalischen Struktur der Exchange Organisation.

In älteren Exchange Versionen wurde diese Trennung ebenso wie die logische Trennung durch *Standorte* dargestellt.

Exchange 2000 verwendet zur Trennung dieser physikalischen Struktur jetzt die *Routinggruppen*.

Eine Routinggruppe ist eine Sammlung von Exchange-Servern, die durch eine permanente Verbindung mit hoher Bandbreite verbunden sind (LAN), während Exchange Server in verschiedenen *Routinggruppen* normalerweise mit einer schmalbandigen oder unzuverlässigen Leitung verbunden sind (WAN).

Genauso wie die administrativen Gruppen sind die Routinggruppen standmäßig im System-Manager verborgen und müssen zur Bearbeitung erst sichtbar gemacht werden (siehe Abbildungen 1.4 – 1.6.).

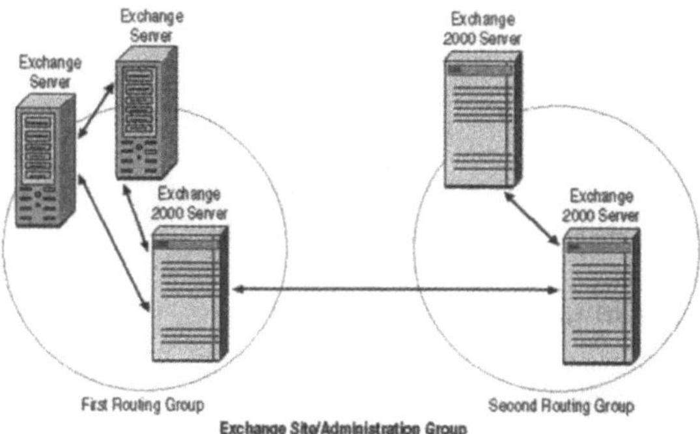

Abb. 1.7: Beispiel einer Routing-Gruppen-Struktur

Routinggruppen sind unterhalb der administrativen Gruppen angeordnet (siehe Abbildung 1.6).

Mehr Informationen zur Routingtopologie von Exchange 2000 finden Sie im Kapitel 1.9 *Routingtopologie von Exchange 2000.*

1.4.3 Richtlinien

Richtlinien wurden mit Exchange 2000 neu eingeführt.

Richtlinien sind zusammengefasste Konfigurationseinstellungen, die auf mehrere Exchange 2000-Konfigurationsobjekte angewendet werden können.

Auf diese Weise können spezielle Einstellungen gleichzeitig auf eine nahezu unbegrenzte Anzahl von Servern verteilt werden.

Es gibt zwei Arten von Richtlinien:

Systemrichtlinien und *Empfängerrichtlinien.*

Systemrichtlinien werden zur Konfiguration der Server und der Datenbanken verwendet.

Es gibt wiederum drei *Systemrichtlinien*: Richtlinien für Postfachspeicher, für den Informationsspeicher der öffentlichen Ordner und für die Server.

Nachdem Sie eine Richtlinie erstellt haben, können Sie diese dem entsprechenden Objekt zuweisen oder neue Objekte mit dieser Richtlinie erstellen. So besteht die Möglichkeit, mehrere Objekte gleichzeitig mit nur einer Einstellung an der Richtlinie zu ändern.

Sie können auf diese Weise zum Beispiel die Grenzwerte für die einzelnen Datenbanken des Informationsspeichers, auf dem die Benutzerpostfächer liegen, direkt für alle Server Ihrer Organisation auf einmal ändern.

Empfängerrichtlinien dienen der Konfiguration von Benutzern, Postfächern, Gruppen und Kontakten.

Mit den Empfängerrichtlinien lassen sich ganze Container mit Benutzerobjekten auf einmal ändern.

1.5 Grundwissen

1.5.1 Lizenzierung

Vor dem Erwerb eines Exchange Servers sollten Sie sich mit der Lizenzierung vertraut machen. Hierzu gibt es von Microsoft eine Vielzahl von Lizenzverträgen, sei es Select oder Open Subscription.

Aufgrund der permanent wechselnden Sonderangebote, Pakete und Maßenlizenzen (MOLP, OPEN etc.) fragen Sie bitte einen Händler Ihres Vertrauens.

Unabhängig zu welchen Konditionen Sie Exchange 2000 Server erwerben, brauchen Sie folgende Lizenzen:

Betriebssystem

Für jeden Server, auf dem Sie Exchange 2000 Server installieren wollen, brauchen Sie eine Windows 2000 Server-Lizenz.

Wenn Sie einen Cluster aufbauen wollen, brauchen Sie für jeden Knoten, egal ob aktiv oder passiv, eine Windows 2000 Advanced Server- oder Windows 2000 Datacenter Server Lizenz.

Exchange 2000 Server

Zusätzlich zu der Lizenz für das Betriebssystem brauchen Sie pro zu installierenden Exchange 2000 Server eine Exchange 2000 Standard Server- bzw. Exchange 2000 Enterprise Server-Lizenz. Sie benötigen für den Exchange 2000 Enterprise Server aber nicht zwingend eine Windows 2000 Advanced Server Version. Es genügt der Windows 2000 Standard Server, mit dem Sie aber an die Windows 2000 Server-Limitierungen gebunden sind - also maximal 4 CPUs, 4 GB RAM und keine Cluster-Unterstützung.

Betriebssystem-Lizenzierung für Clients

Für jeden Client der auf Ihren Exchange 2000 Server zugreifen soll, brauchen Sie eine Windows 2000 Server CAL (Client access license). Diese Lizenzierung können Sie entweder *pro Arbeitsplatz* oder *pro Server* vornehmen.

Wenn Sie Lizenzen *pro Arbeitsplatz* erwerben, benötigen Sie für jeden Rechner im Netz, egal welches Betriebsystem, eine Windows 2000 CAL. In keinem Betriebssystem, auch nicht Windows 2000 Professional oder Windows XP Professional, ist eine Windows 2000 CAL integriert. Diese muss immer erworben werden.

Bei der Lizenzierung *pro Server* müssen Sie für jeden zugreifenden Client für jeden Server eine Verbindungslizenz erwerben. Oft sind bei vielen Windows 2000 Server-Versionen bereits schon 5 Lizenzen integriert.

Exchange-Server-Lizenz für Clients

Um den Exchange Server-Zugriff zu lizenzieren brauchen Sie für jeden Client, der auf den Exchange Server zugreift, eine Exchange 2000 CAL. Verwechseln Sie diese nicht mit der Windows 2000 CAL. Die Lizenzierung ist nicht concurrent, also pro Zugriff geregelt, sondern pro Postfach. Es muss für jedes Postfach eine CAL erworben werden.

Auch wenn Sie genügend Exchange 5.5-CALs besitzen, brauchen Sie für den Einsatz von Exchange 2000 trotzdem neue Exchange 2000 CALs, da die Zugriffslizenzen für Exchange 5.5 nicht mehr unter Exchange 2000 gültig sind. Diese Regelung ist neu.

Benutzer, die sich anonym, also ohne Anmeldung auf öffentliche Ordner verbinden, brauchen keine CAL.

1.5.2 Vorausetzungen für Exchange 2000

Zum Thema Exchange 2000 und der Installation gibt es oft einige Unklarheiten, die ich zunächst einmal ausräumen möchte.

Exchange 2000 kann nur auf einem Windows 2000 Server-System installiert werden! Außerdem setzt Exchange 2000 zwingend ein Active Directory voraus.

Windows NT 4 und früher wird nicht unterstützt. Exchange 2000 lässt sich noch nicht einmal auf Windows NT 4 installieren.

Hinweis

Vor der Einführung von Exchange 2000 brauchen Sie also in jedem Fall eine funktionierende Active Directory Umgebung.

Exchange kann auf einem Domänencontroller oder einem Memberserver installiert werden. Hier gibt es keine speziellen Bedingungen.

Natürlich bietet es sich an, je nach Anzahl der Nutzer und Auslastung des Servers, einen Memberserver zu wählen.

Die Größe der Datenbank des Exchange 2000 Standard Servers ist auf 16 GB begrenzt, für den Exchange 2000 Enterprise Server gibt es bei der Größe der Datenbank keine Begrenzung.

Exchange 2000 Enterprise Server kann sowohl auf einem Windows 2000 Server als auch auf einem Windows 2000 Advanced Server System installiert werden. Zu beachten sind hier lediglich die Limitierungen von Windows 2000 Server, also die Unterstützung von „nur" 4 CPUs und 4 GB RAM sowie fehlende Clusterunterstützung.

Der Exchange 2000 Konferenz-Server für Videokonferenzen ist immer ein extra Produkt und muss gesondert erworben und lizenziert werden. Als Voraußetzung dient lediglich ein in der gleichen Domäne installierter Exchange 2000 Server. Egal ob Standard oder Enterprise.

Hinweis

Exchange 2000 unterstützt nicht Windows Server 2003. Sie können zwar ohne weiteres einen Exchange 2000-Server in ein Windows 2003-Active Directory integrieren. Exchange 2000 muss dabei allerdings auf einem Windows 2000-Server installiert sein.

1.5.3 Mischbetrieb und Migration

Generell gilt, dass Exchange 2000 und Exchange 5.5 im gleichen Standort und der gleichen Exchange 5.5-Organisation laufen können. Dabei sieht der Exchange 5.5-Server den Exchange 2000 wie einen Exchange 5.5-Server an.

Auch hier gilt wieder, dass unter diesen Bedingungen die Domäne erst auf Windows 2000 mit Active Directory umgestellt werden muss, und sei es nur als Ressourcen-Domäne für den Exchange 2000.

Um in der gleichen Organisation wie Exchange 5.5 zu laufen, muss sich der Exchange 2000 Server im *mixed mode* befinden.

Dies ist bei der Installation Standard und sollte erst geändert werden, wenn der letzte Exchange 5.5-Server aus der Organisation entfernt wurde.

Hinweis

Eine Änderung zum *native mode*, also dem Betrieb einer reinen Exchange 2000-Organisation, kann nicht mehr rückgängig gemacht werden.

Sie finden diese Einstellung unter den Eigenschaften der Organisation wie unter Abbildung 1.4 - 1.6 beschrieben.

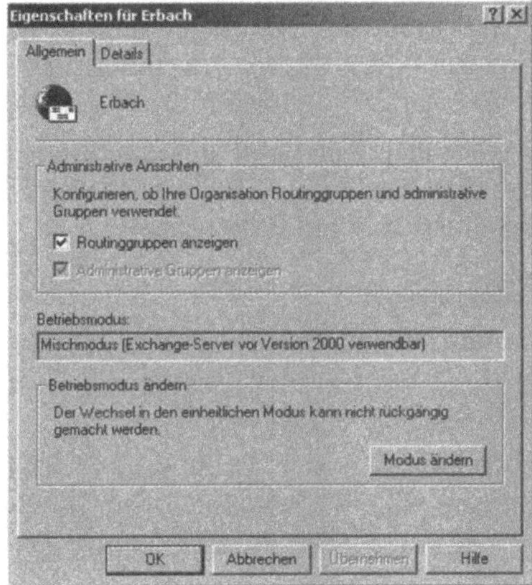

Abb. 1.8: Eigenschaften der Exchange 2000 Organisation

Solange der *mixed mode* aktiv ist, können Sie auch keine Benutzer zwischen Servern verschieben, die in verschiedenen administrativen Gruppen verteilt sind.

Outlook Web Access aus Exchange 5.5 kann ohne Probleme auf einen Exchange 2000 Server verweisen aber nicht ohne weiteres Exchange 2000 Web Access auf Exchange 5.5.

Nach dem Entfernen des letzten Exchange 5.5-Servers aus der Organisation kann kein weiterer Exchange 5.5-Server mehr integriert werden.

1.6 Aufbau einer Testumgebung

In diesem Kapitel beschäftigen wir uns mit dem Aufbau einer Testumgebung.

Es wird ausführlich beschrieben, wie eine Installation eines Exchange 2000 Servers abläuft und soll ausschließlich zum Aufbau einer Testumgebung zur praktischen Übung mit Exchange 2000 dienen.

Es bietet sich an, die Testumgebung zur Lektüre dieses Buch zu verwenden, um bestimmte Einstellungen und Möglichkeiten am System direkt zu testen.

Da der Einsatz eines Exchange 2000 Servers, wie bereits oben beschrieben, das Vorhandensein einer stabilen Active Directory Umgebung voraußetzt, gehe ich davon aus, dass Sie sich bereits mit dem Thema Active Directory auseinandergesetzt haben und wissen, wie man eine Windows 2000 Domäne aufbaut.

Ich gehe im Rahmen dieser Installationsanleitung trotzdem den Aufbau einer Domäne durch, um sicherzustellen, dass Ihre Testumgebung optimale Voraußetzungen hat.

1.6.1 Vorbereitungen

Sie brauchen für den Aufbau der Testumgebung im Prinzip nur einen Rechner, welchen wir gleichzeitig zum Domänencontroller und zum Exchange Server machen.

Außerdem brauchen Sie eine Windows 2000 Server CD, ein aktuelles Servicepack für Windows 2000, die Exchange 2000 Installationsdateien und das aktuelle Servicepack für Exchange 2000 Server.

Um Client-Konnektivität zu testen, wäre ein zweiter Rechner, der den Arbeitsplatz eines Benutzers simuliert, optimal. Dies ist zum Aufbau einer Testumgebung aber nicht zwingend notwendig. Sie können auch Outlook direkt auf dem Exchange-Server installieren.

Als Hardwarevorraußetzung für die Testumgebung reicht ein PC oder Server mit relativ aktueller Außtattung so ab ca. PIII 500 MHz mit 256 MB RAM. Zu klein sollte die Maschine nicht sein, da sonst das Arbeiten mit der Testumgebung alles andere als Spass macht.

Diesen Rechner sollten Sie in der Nähe Ihres Arbeitsplatzes in Ihr Hausnetz integrieren, um während Ihrer täglichen Arbeiten, die ohne Zweifel jeder Systemverwalter genug hat, ständig mal am

System arbeiten zu können, ohne erst einen Gang in das Testlabor oder den Serverraum machen zu müssen.

Je mehr Sie sich mit Exchange 2000 vor der realen Einführung beschäftigen umso besser.

1.6.2 Installation des Betriebssystems

Nach dem Aufbau des Rechners können Sie mit der Installation des Betriebssystems beginnen. Da Exchange 2000 Server ausschließlich auf den Serverversionen von Windows 2000 läuft, sollten Sie auf dem Rechner jetzt Windows 2000 Server oder Windows 2000 Advanced Server installieren. Windows 2000 Professional wird als Plattform für Exchange 2000 Server nicht unterstützt.

Zur Installation müssen Sie nichts besonderes beachten. Es reicht die Standardinstallation. Entfernen Sie aber keinesfalls die Internet-Informationsdienste, da diese von Exchange 2000 benötigt werden. Notwendige Netzwerkeinstellungen nehmen wir nach der Installation vor.

Wenn Sie die Installation abgeschlossen haben, sollten Sie gleich das aktuellste Servicepack von Windows 2000 installieren.

1.6.3 Notwendige Netzwerkeinstellungen

Nach der Installation des Betriebssystems und des Servicepacks können wir uns nun an die notwendigen Vorbereitungen zur Installation der Windows 2000 Active Directory Domäne machen.

Als ersten Schritt sollten Sie nun den Namen des Rechners so wählen, wie er später in der Testumgebung heissen soll.

An diese Einstellung kommen Sie, indem Sie die Eigenschaften des Arbeitsplatzes auf dem Desktop aufrufen und dann zur Karteikarte `Netzwerkindentifikation` wechseln (siehe Abbildung 1.9).

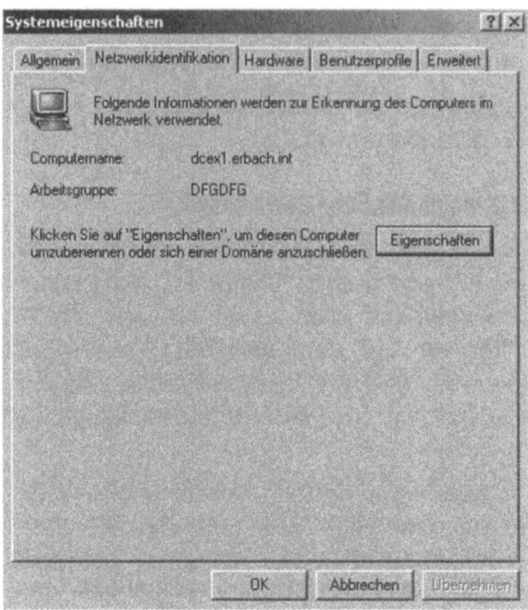

Abb. 1.9.: Eigenschaften des Arbeitsplatzes

Sie können jetzt unter dem Button `Eigenschaften` den Namen des Rechners setzen (siehe Abbildung 1.10)

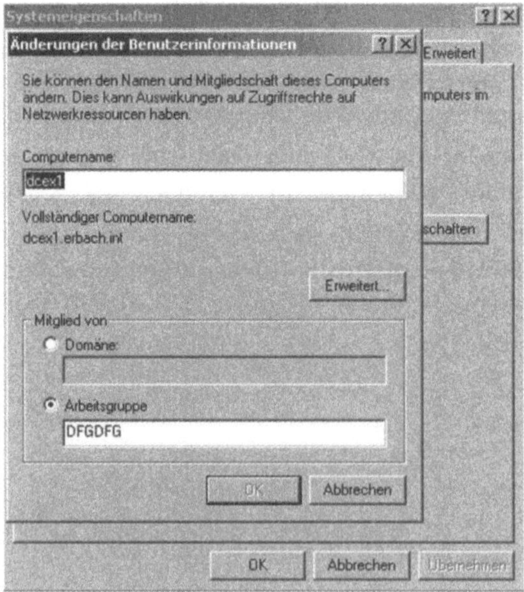

Abb. 1.10: Änderung des Computernamens

Nach der Änderung des Namens müssen Sie den Rechner neu starten.

DNS-Suffix

Wenn der Rechner neu gestartet ist, können wir jetzt das DNS-Suffix des Rechners ändern. Dieses Suffix ist wichtig, da später die Active Directory Domäne genau den Namen des DNS-Suffixes erhalten soll.

Das Active Directory baut sehr stark auf DNS auf. Daher ist bei der Implementation von Windows 2000 stark auf das Thema DNS zu achten.

Da unser Testrechner später auch Windows 2000 Domänencontroller werden soll, müssen wir Ihm zuerst einen vollständigen DNS-Namen geben, mit dem später das Active Directory aufgebaut werden soll.

Sie finden den DNS-Suffix an fast der gleichen Stelle wie in Abbildung 1.10 beschrieben. Sie müssen lediglich noch auf den Knopf `Erweitert` auf der Karteikarte für die Namensgebung klicken.

Sie sehen dann das Fenster für die Eingabe des DNS-Suffixes (siehe Abbildung 1.11)

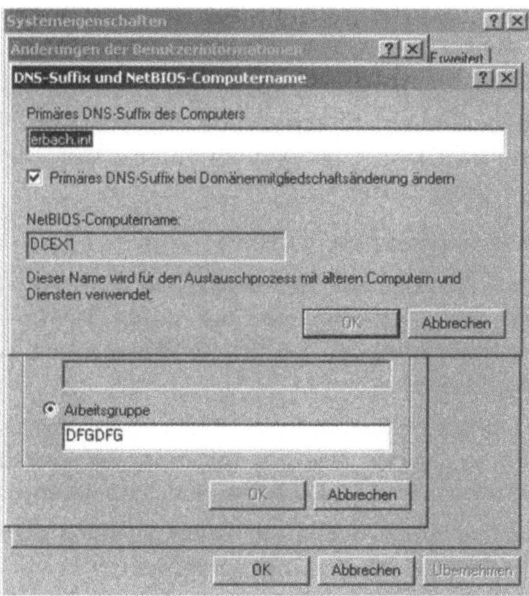

Abb. 1.11: Eingabe des DNS-Suffixes

Sie können an dieser Stelle jedes beliebige DNS-Suffix verwenden. Die Eingabe hat nichts mit der späteren E-Mail-Adressen-Vergabe Ihres Unternehmens zu tun.

Es gibt eine Vielzahl an verschiedenen Meinungen, ob man bei der Eingabe des DNS-Suffixes die gleiche Domäne nehmen soll wie die Internetadresse des Unternehmens oder eine andere.

Ich persönlich bevorzuge die Vergabe einer gesonderten Bezeichnung der internen Domäne. Oft wird hier *.intern*, *.local* oder *.int* verwendet. Mein persönlicher Favorit ist *.int*, weshalb der DNS-Suffix meines Testrechners den Namen *erbach.int* erhält.

Nach der Eingabe des DNS-Suffixes müssen Sie den Rechner wieder neu starten und wir können uns an die Eingabe der IP-Einstellungen machen.

IP-Adresse

Generell sollte man auch einer Testmaschine eine statische IP-Adresse vergeben. DHCP ist hier nicht sehr optimal. Vergeben Sie also am besten eine IP-Adresse entweder in Ihrem Hausnetz oder eine eigene.

Sie können unbesorgt eine Adresse Ihres Hausnetzes verwenden, um später zum Beispiel auf Dateien im Hausnetz oder auf den Testrechner per remote zugreifen zu können.

Die Testumgebung hat keinerlei Auswirkungen auf Ihr Hausnetz. Sie müssen natürlich darauf achten, dass die Namen und IP-Adressen, die Sie verwenden, im Netz nicht doppelt vorkommen.

DNS-Server-Adresse

Nach der Eingabe der IP-Adresse und der Netzwerkmaske müssen wir jetzt dem Rechner noch die IP-Adresse eines DNS-Servers mitteilen. Dies ist für den Einsatz von Active Directory zwingend notwendig.

Da wir unseren Rechner als Domänencontroller aufsetzen werden, schreiben wir deshalb seine eigene IP-Adresse als DNS-Server in seine IP-Einstellungen - auch wenn er es noch nicht ist.

Nach dieser Eingabe muss der Rechner nicht mehr neu gestartet werden. Es schadet aber auch nicht.

An dieser Stelle sind wir mit den notwendigen Einstellungen des Netzwerks fertig. Überprüfen Sie aber nochmals sicherheitshalber, ob alle Einstellungen korrekt vorgenommen wurden. Die Installation des Active Directory ist hier sehr sensibel.

1.6.4 Installation der notwendigen Windows 2000-Netzwerkdienste

Um das Active Directory und später Exchange 2000 installieren zu können, müssen Sie jetzt noch ein paar Netzwerkdienste zum Betriebssystem hinzufügen.

Sie brauchen für die Installation entweder wieder eine Windows 2000 CD oder ein Netzwerkimage der Windows 2000 CD.

Die Einstellungen werden unter der `Systemsteuerung/Software/Windows-Komponenten hinzufügen oder entfernen` installiert (siehe Abbildung 1.12).

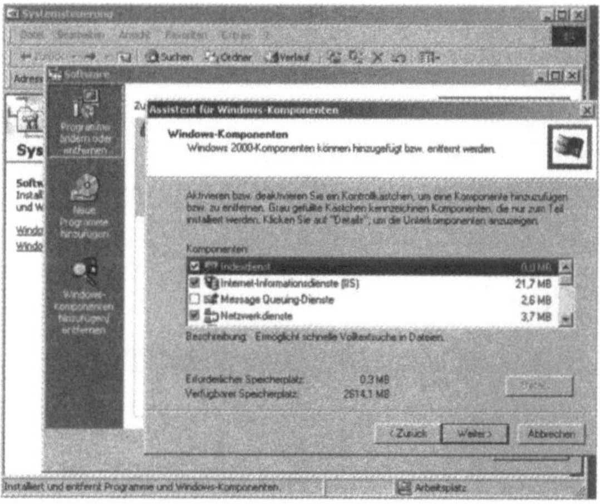

Abb. 1.12: Hinzufügen von Windows-Komponenten

Wählen Sie in diesem Fenster die `Netzwerkdienste` aus und drücken `Details` (siehe Abbildungen 1.13).

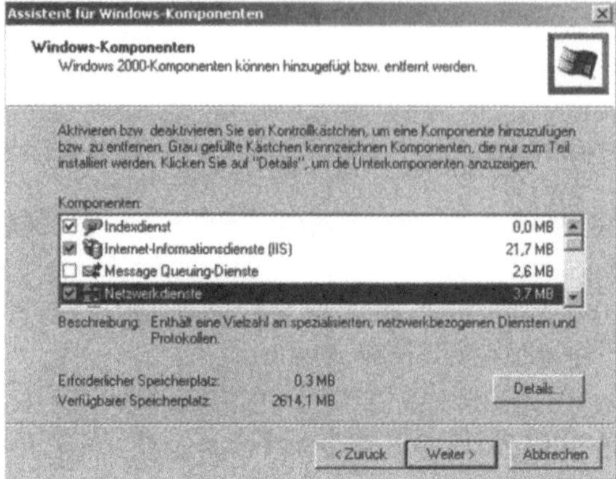

Abb. 1.13: Installation von zusätzlichen Netzwerkdiensten

Sie sehen jetzt alle Netzwerkdienste, die sich in Windows 2000 integrieren lassen und bereits mit dem Betriebssystem mitgeliefert werden.

Wählen Sie an dieser Stelle jetzt `DNS-Server` aus, da der Testserver später als DNS-Server für seine Domäne dient.

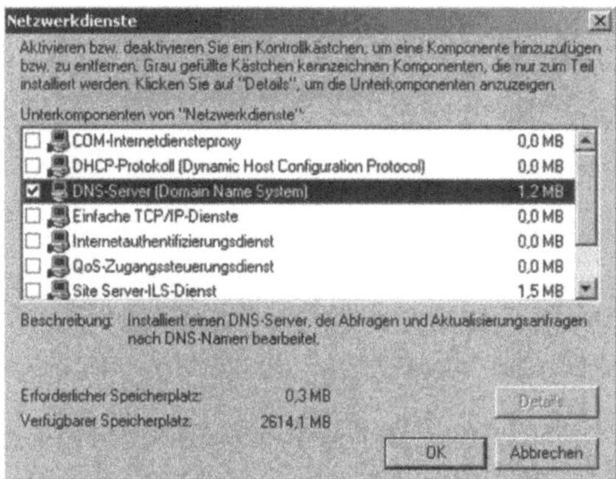

Abb. 1.14: Installation eines DNS-Servers

Nach dem Bestätigen mit `OK` und `Weiter` werden die notwendigen Dateien von der Windows 2000 CD auf den Rechner kopiert. Der Rechner kann ab jetzt als DNS-Server benutzt werden. Dazu jedoch später.

SMTP und NNTP

Zur Installation von Exchange 2000 brauchen wir noch zwei Erweiterungen der Internet-Informationsdienste auf dem Rechner.

Sie finden diese Einstellungen an der gleichen Stellen wie zuvor die `Netzwerkdienste`, nur unter `Internet Informationsdienste (IIS)` ein Stückchen weiter oben im Menü (siehe Abbildung 1.15).

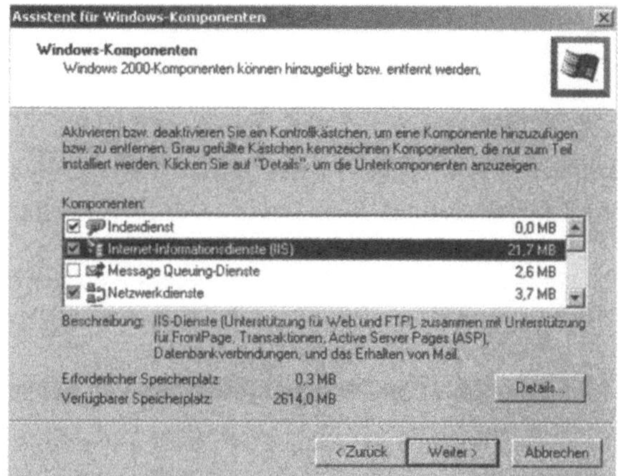

Abb. 1.15: Installation der Erweiterung des IIS

Wählen Sie auch hier `Details` und dann den `SMTP-Dienst` sowie den `NNTP-Dienst` aus (siehe Abbildung 1.16).

Diese beiden Dienste werden zur Installation des Exchange 2000 Servers dringend benötigt, da der Exchange 2000 viele Dienste des IIS nutzt und sich ohne diese Erweiterungen nicht installieren lässt. Im Normalfall sollte der `SMTP-Dienst` bereits installiert sein. Wenn nicht, können Sie das jetzt nachholen.

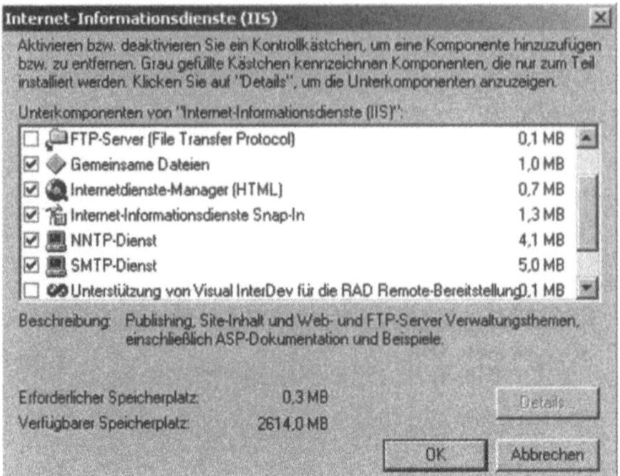

Abb. 1.16: Hinzufügen von NNTP- und SMTP-Dienst

Nach dieser Installation ist der Server vorbereitet und Sie können mit der Konfiguration des DNS-Servers beginnen.

1.6.5 Konfiguration DNS zur Installation des Active Directory

Hinweis

Die korrekte Konfiguration des DNS ist für eine stabile Active Directory Umgebung unabdingbar. Ohne eine richtige Konfiguration ist Ihr Active Directory und später Ihr Exchange 2000 auf Dauer eine unstabile Umgebung.

Sie müssen sich das DNS wie das Fundament eines Hauses vorstellen, ohne dessen stabile Grundlagen selbst das schönste Eigenheim auf Dauer Risse bekommt.

Als nächstes sollte der DNS-Server richtig konfiguriert werden.

Starten Sie dazu das DNS-SnapIn, welches Sie unter

`Start/Programme/Verwaltung/DNS` finden.

Sie sehen jetzt die Ansicht Ihres DNS-Servers (siehe Abbildung 1.17).

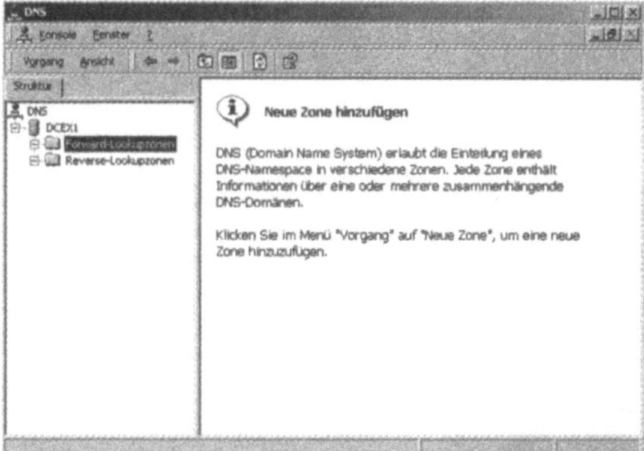

Abb. 1.17: Ansicht des DNS-Snap-Ins

Um DNS für das Active Directory und den Exchange 2000 Server richtig zu konfigurieren, müssen Sie im Prinzip nur zwei Dinge tun:

1. *Forward-Lookupzone definieren*
2. *Reverse-Lookupzone definieren.*

Die *Forward-Lockupzone* ist später, ähnlich wie WINS auch, für das Auflösen der IP-Adresse nach dem Rechnernamen zuständig.

Die *Reverse-Lockupzone* ist für das Auflösen des Rechnernamens nach der IP-Adresse zuständig.

Diese Erklärungen sind sehr kurz und unvollständig, reichen aber für das Aufbauen der Testumgebung aus.

Erstellen einer Forward-Lookup-Zone

Sie erstellen jetzt für das Active Directory dessen *Forward-Lockupzone.*

Wichtig hierbei ist, dass Sie die Zone genau so benennen, wie Sie das DNS-Suffix Ihres Rechners benannt haben.

Um diese Zone zu erstellen, klicken Sie bitte auf den Ordner `Forward-Lookupzone` mit der `rechten Maustaste` und wählen dann aus dem Kontextmenü das Erstellen einer `neuen Zone` aus.

Microsoft hat hier, wie an vielen Stellen, einen Assistenten integriert, der Sie bei der Erstellung der Zone unterstützt (siehe Abbildung 1.18).

Allerdings sollten Sie sich trotzdem mit dem Thema DNS auseinandersetzen, da dieser Assistent lediglich bei der Erstellung der Zone hilft, nicht jedoch bei der späteren eventuellen Fehlersuche oder Optimierung.

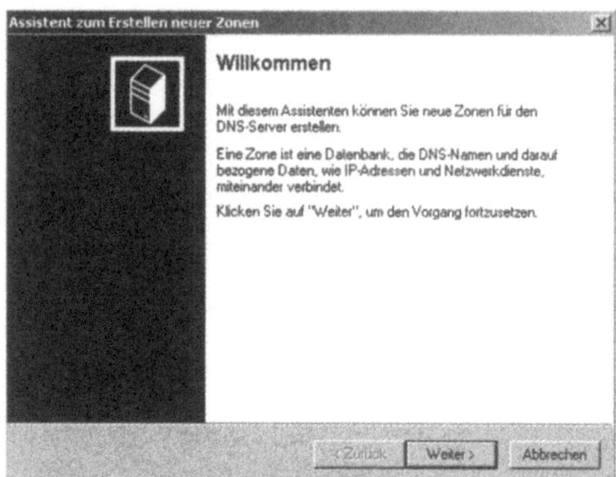

Abb. 1.18: Assistent zur Erstellung von DNS Zonen

Sie können das Fenster mit `Weiter` bestätigen und erhalten die nächste Seite des Assistenten (siehe Abbildung 1.19).

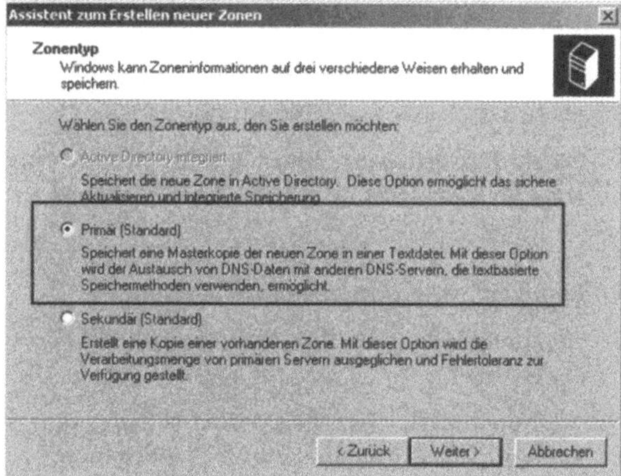

Abb. 1.19: Erstellen einer neuen DNS-Zone

An dieser Stelle können Sie die Einstellung auf `Primär` belassen.

Später werden wir die DNS-Zone in das Active Directory integrieren (siehe Markierung Abbildung 1.19). Dies ist aber erst nach der Erstellung der Active Directory Domäne möglich.

Mit `Weiter` gelangen Sie zur nächsten Seite (Siehe Abbildung 1.20).

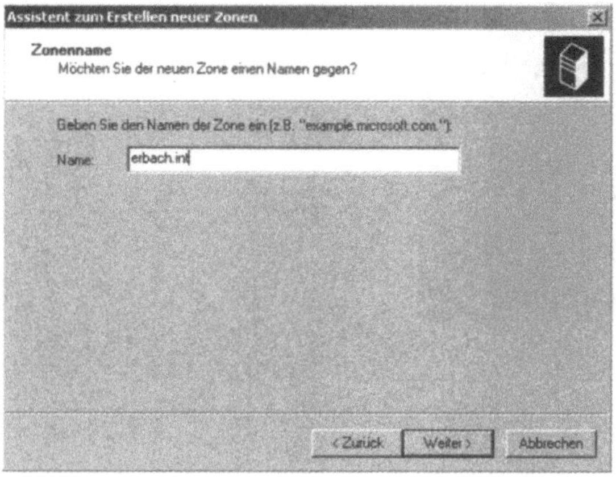

Abb. 1.20: Eingabe des Zonennamens

An dieser Stelle können Sie jetzt den Zonennamen für die neue Forward-Lookupzone eingeben. Achten Sie darauf, dass Sie die Zone genauso benennen, wie Ihr DNS-Suffix weiter oben.

Wenn Sie den Namen eingegeben haben, können Sie das Fenster mit `Weiter` bestätigen und gelangen zu den nächsten Seiten des Assistenten (siehe Abbildungen 1.21 und 1.22).

Diese beiden Fenster können Sie mit `Weiter`, bzw. `Fertig stellen` bestätigen.

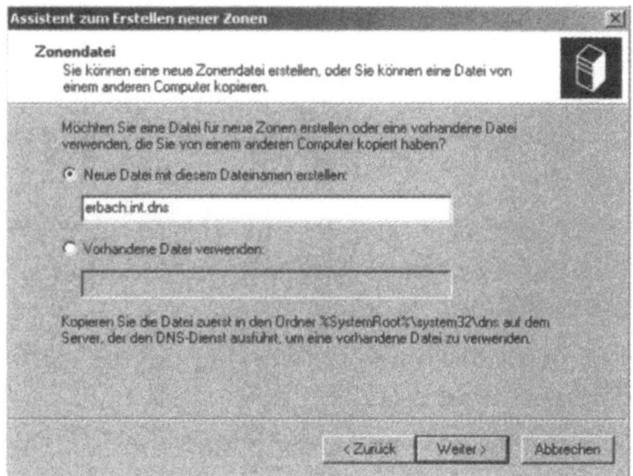

Abb. 1.21: Eingabe des Dateinamens für die neue Zone

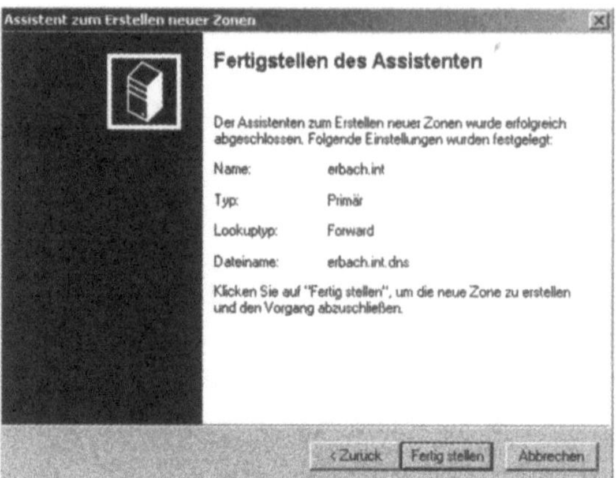

Abb. 1.22 Fertigstellen des Assistenten

Sie haben jetzt eine neue Zone erstellt.

Anpassen der neuen Zone für das Active Directory

An dieser neu erstellten Zone müssen noch einige Modifikationen vorgenommen werden, um sie für das Active Directory vorzubereiten.

Um diese Modifikation vorzunehmen, markieren Sie bitte die Zone mit der `linken Maustaste` und drücken dann die `rechte Maustaste` um die Eigenschaften aufzurufen (siehe Abbildung 1.23). Dieser Schritt ist notwendig, da durch einen Bug in der Management-Konsole der rechte Mausklick oft nicht die gewünschte Stelle markiert. So gehen wir auf Nummer sicher.

Nachdem Sie die Eigenschaften aufgerufen haben, müssen Sie für die Zone noch die `dynamische Aktualisierung` zulassen.

Setzen Sie also bitte wie in Abbildung 1.23 gezeigt die Einstellung für `Dynamische Aktualisierung zulassen` auf `Ja` und bestätigen Sie mit `OK`.

Diese Einstellung ist notwendig, da Microsoft das DNS System für Windows 2000 optimiert hat.

Unter Windows NT oder UNIX müssen Sie jeden Server- und Rechnereintrag im DNS eigenständig manuell eintragen.

Um Windows 2000-Administratoren zu entlasten, hat Microsoft dynamische DNS-Aktualisierungen in Windows 2000 Server integriert, dass heißt, alle Einträge die das Active Directory braucht (sog. Server-Records), werden von dem Assistenten zur Erstellung einer Active Directory-Domäne automatisch in den DNS-Server integriert.

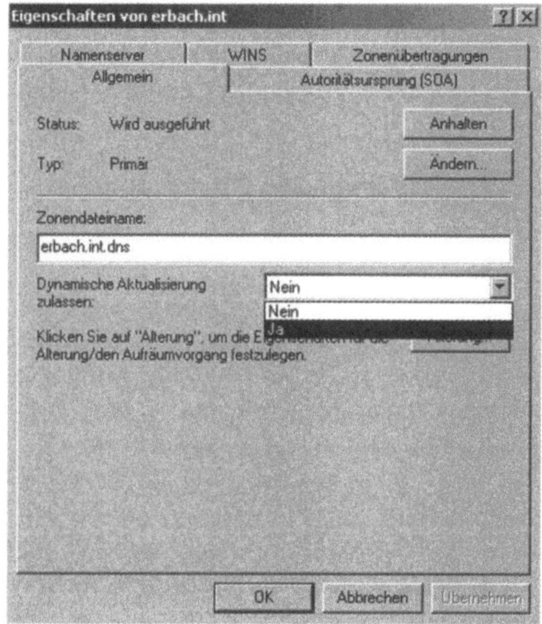

Abb. 1.23: Aktivieren der dynamischen DNS-Aktualisierung

Zusätzlich tragen sich, genauso wie bei WINS, alle Clients welche dynamisches DNS unterstützen, automatisch in den DNS-Server ein, wenn in ihrer Netzwerkeinstellung auf einen Windows 2000-DNS-Server gezeigt wird.

Dieses Feature unterstützt allerdings erst Windows 2000 und jetzt Windows XP, ältere Versionen wie Windows 95/98/ME oder NT unterstützen dies nicht.

Hier können dynamische Aktualisierungen allerdings über einen Windows 2000 DHCP-Server konfiguriert werden.

An dieser Stelle haben Sie jetzt eine Forward-Lockupzone für Ihr späteres Active Directory konfiguriert.

Erstellen einer Reverse-Lookup-Zone

Sie müssen jetzt noch eine Reverse-Lockupzone definieren.

Dies läuft analog zur Erstellung einer Forward-Lockupzone ab. Allerdings tragen Sie hier, statt des Namens der Zone, den IP-Bereich ein, für den diese Zone verantwortlich ist. Sie können ruhig den IP-Bereich Ihres Hausnetzes nehmen, dies spielt wie gesagt für Ihre scharfe Umgebung keine Rolle.

Sie können dies an Hand des Assistenten erledigen. Denken Sie aber auch hier an die Aktivierung der dynamischen Aktualisierung.

1.6.6 Erstellen einer Active Directory-Domäne

Nach dem Erstellen der notwendigen DNS-Zonen wird jetzt die Active Directory Struktur erstellt.

Der Assistent für die Erstellung einer AD-Domäne übernimmt zwar bei einer fehlenden oder falschen DNS-Zonen-Erstellung für Sie auch diese Aufgabe, allerdings wissen Sie, wenn Sie die Konfiguration selber vorgenommen haben, dass die Einstellungen in Ihrem Sinne sind und was Sie bedeuten.

Man sollte in diesem Bereich nicht alle Dinge den Assistenten überlassen, da diese zum Einen oft fehlerhaft arbeiten, zum Anderen für Sie später notwendige Konfigurationen am DNS (Stichwort Internet-DNS-Auflösung) nicht vornehmen und Sie dann im Regen stehen, wenn Sie mal etwas am DNS ändern müssen.

Dcpromo

Rufen Sie zum Starten des Assistenten zur Erstellung einer AD-Domäne über `Start/Ausführen` das Hilfsprogramm `dcpromo` auf.

Geben Sie dazu im Ausführungsfeld `dcpromo` ein, bestätigen Sie, und der Assistent startet (siehe Abbildung 1.24).

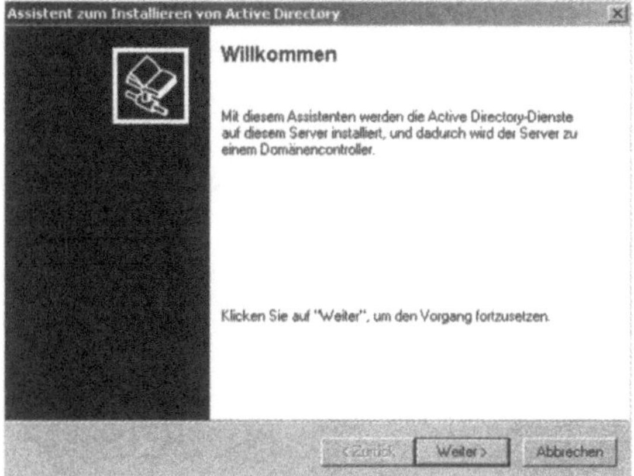

Abb. 1.24: Startfenster *dcpromo*

Dieses erste Fenster können Sie mit `Weiter` bestätigen. Anschließend werden Sie gefragt, ob Sie einen `Domänencontroller für eine neue Domäne` erstellen wollen (siehe Abbildung 1.25).

Da Sie genau das wollen, gehen Sie mit `Weiter` zum nächsten Punkt (siehe Abbildung 1.26).

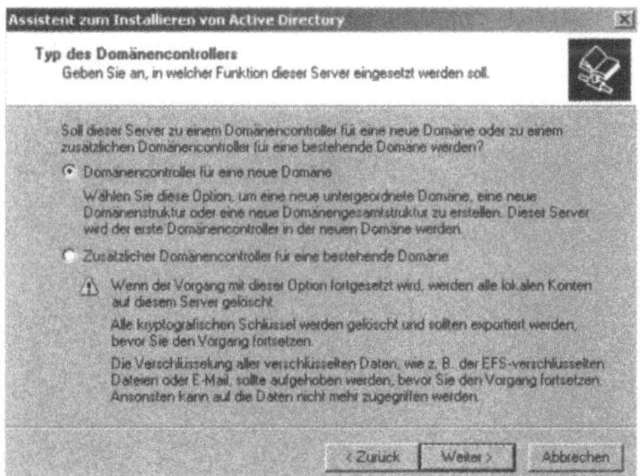

Abb. 1.25: Erstellen eines neuen Domänencontrollers

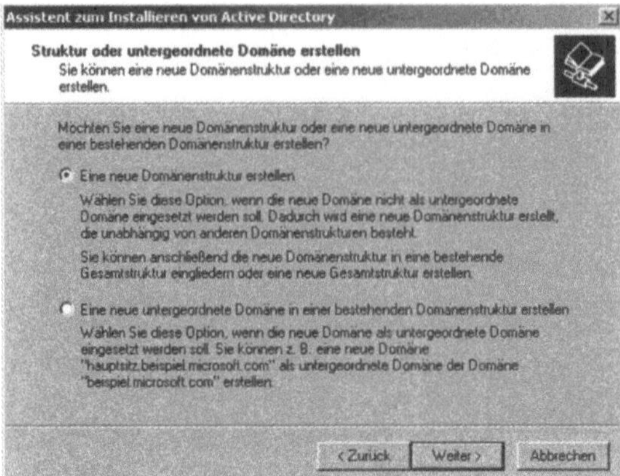

Abb. 1.26: Erstellen einer neuen Domänenstruktur

Sie werden gefragt, ob Sie eine `neue Domänenstruktur` (auch Tree genannt) `erstellen` wollen und nach Bestätigung mit `Weiter` eine neue `Gesamtstruktur` (auch Forest genannt, siehe Abbildung 1.27).

Sie wollen beides und bestätigen daher auch wieder jeweils mit `Weiter`.

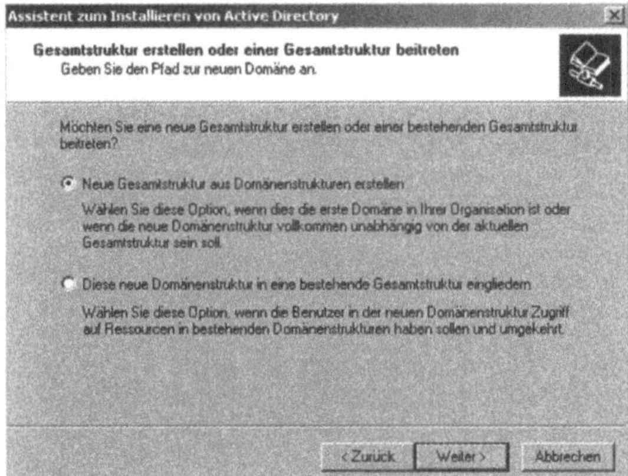

Abb. 1.27: Erstellen einer neuen Gesamtstruktur

Nach diesen Punkten werden Sie nach dem DNS-Namen für die neue Domäne gefragt (siehe Abbildung 1.28).

Hier ist es sehr wichtig (Sie werden es schon ahnen), den gleichen Namen wie zuvor für das DNS-Suffix und der Forward-Lockupzone einzutragen, da auf diesen Einstellungen das Active Directory aufbaut.

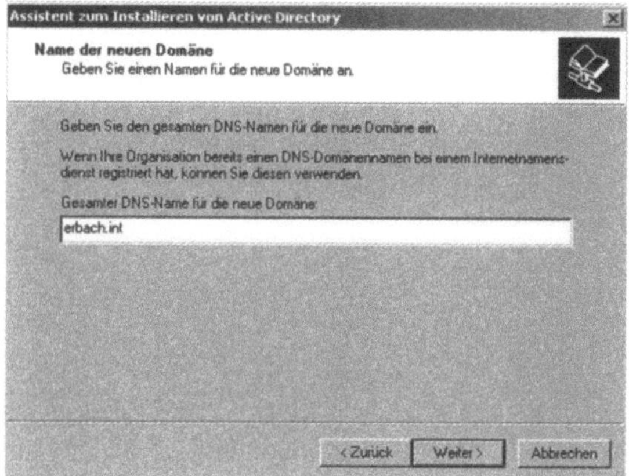

Abb. 1.28: Definieren des DNS-Namens des Active Directorys

Sollte sich bei diesem Punkt ein Fehler eingeschlichen haben (meistens ein Schreibfehler, falscher DNS-Server-Eintrag in den Netzwerkeinstellungen oder nicht aktiviertes dynamisches DNS), erscheint eine Meldung des Assistenten (siehe Abbildung 1.29).

Diese Meldung sollten Sie bestätigen und dann die Erstellung Ihrer Active-Directory-Domäne abbrechen, um den Fehler zu beseitigen.

Sie können an diesem Punkt noch ohne weiteres abbrechen. Auf dem Rechner sind noch keine weiteren Eingaben gemacht worden.

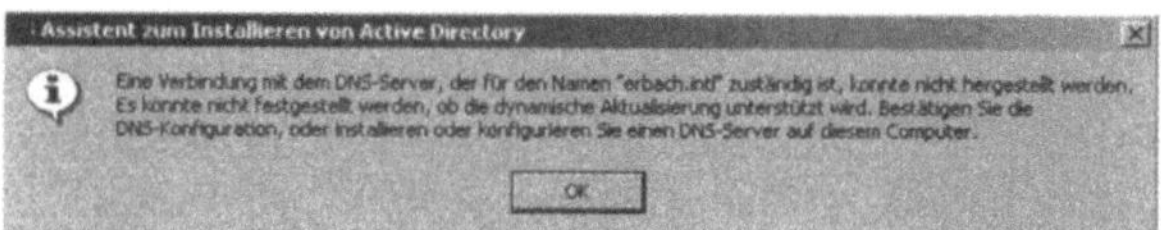

Abb. 1.29 Fehlermeldung bei falscher DNS-Konfiguration

Ich gehe mal davon aus, dass Sie alle Einstellungen richtig vorgenommen haben und fahre deshalb mit der Erstellung der Domäne fort.

Nach dem Eingeben des DNS-Namens der Domäne erscheint die Aufforderung zur Eingabe eines `NetBIOS-Domänen-Namens` (Siehe Abbildung 1.30).

Dieser NetBIOS-Name ist gleichbedeutend mit dem Namen einer NT-Domäne (Achtung: Nur maximal 15 Zeichen möglich).

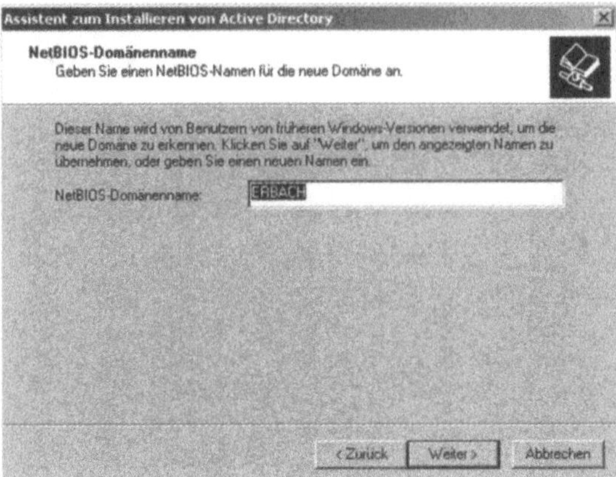

Abb. 1.30: Eingabe des NetBIOS-Namens für Ihre Domäne

Nach dem Eingeben des NetBIOS-Namens können Sie wieder mit `Weiter` bestätigen und gelangen zu den nächsten Punkten des Assistenten (siehe Abbildungen 1.31 und 1.32).

Hier werden Sie zur Eingabe des Verzeichnisses für die Datenbank und des Sysvols gebeten. Sie können beide auf Standard lassen und jeweils mit `Weiter` bestätigen.

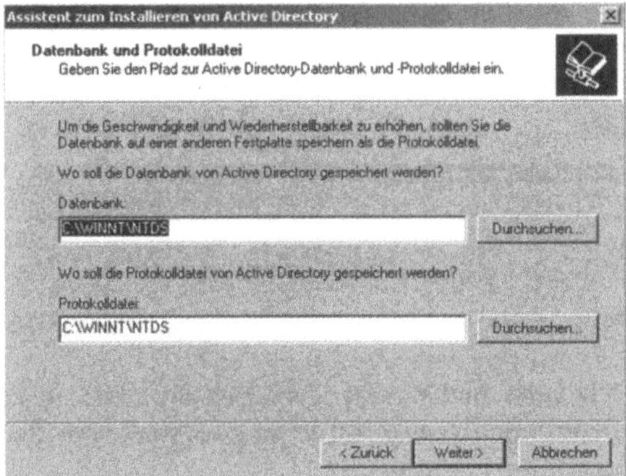

Abb. 1.31: Pfad zur Datenbank

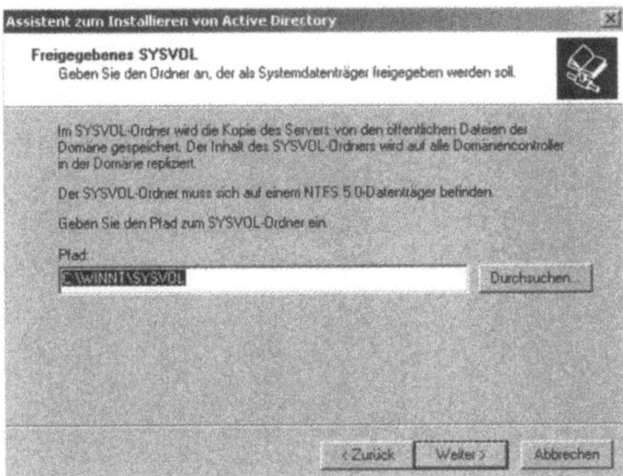

Abb. 1.32: Pfad zum Verzeichnis *SYSVOL*

Nach der Bestätigung des SYSVOL-Verzeichnisses kommt die Abfrage nach der Verzeichnis-Sicherheit (siehe Abbildung 1.33).

Für die Testumgebung spielt das zwar keine Rolle aber stellen Sie die Option ruhig auf `Windows 2000 kompatible Berechtigungen`, da Sie eine reine Windows 2000-Domäne aufbauen.

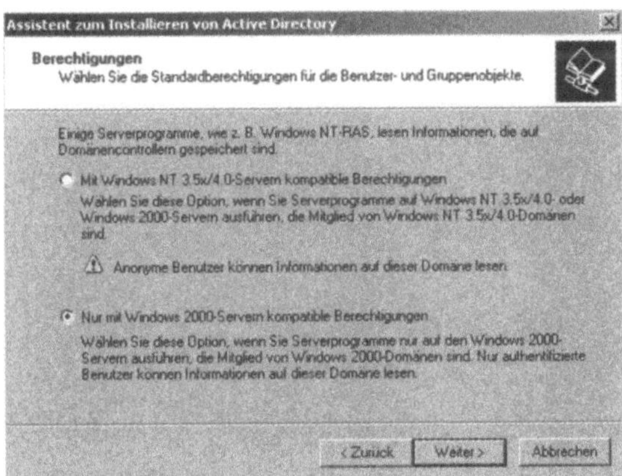

Abb. 1.33: Windows 2000 Verzeichnis-Sicherheit

Als letztes Fenster erscheint die Abfrage nach einem Kennwort zur Herstellung der Verzeichnisdienste (siehe Abbildung 1.34). In der Testumgebung können Sie dieses Kennwort leer lassen.

Das Kennwort wird nur benötigt, wenn Sie aus dem Startmenü (F8) auf einem Domänencontroller das Ganze oder Teile des Active Directory wiederherstellen müssen.

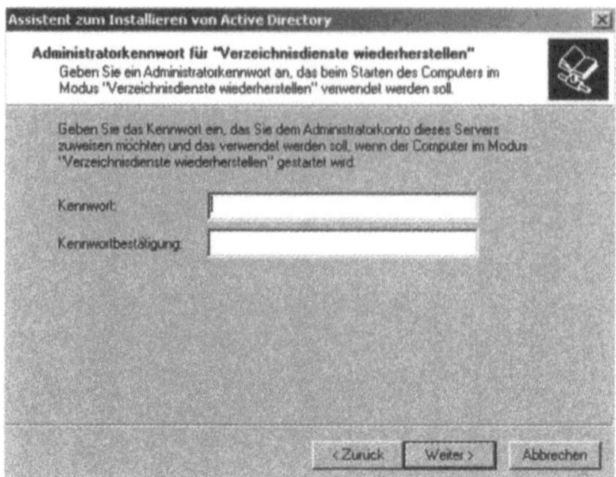

Abb. 1.34: Kennwort zur Verzeichniswiederherstellung

Nach dieser Bestätigung erscheint eine Zusammenfassung (siehe Abbildung 1.35), nach deren Bestätigung die Erstellung des Active Directory beginnt.

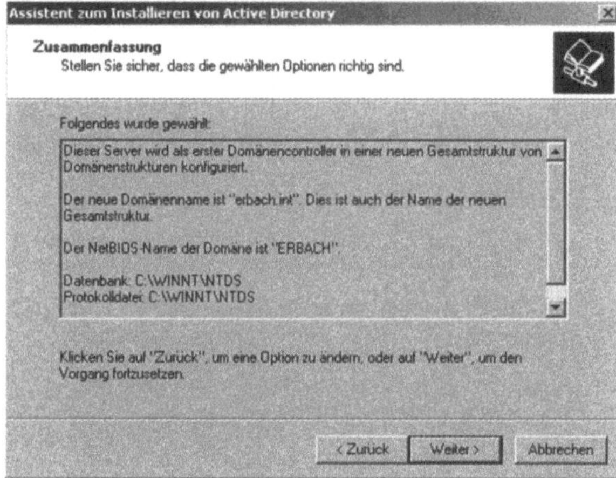

Abb. 1.35: Zusammenfassung des Active-Directory-Assistenten

Je nach Geschwindigkeit des Rechners, so nach etwa 5-10 Minuten, ist der Assistent mit der Erstellung Ihrer Active Directory-Domäne fertig und will noch einmal neu starten.

Nach dem Neustart ist die Active Directory nun fertig –

Gratulation!

DNS in das Active Directory integrieren

Der Feinheit halber konfigurieren wir jetzt noch eine Kleinigkeit im Bereich unserer erstellten DNS-Zonen.

Rufen Sie dazu noch einmal die DNS-Konsole unter `Start/Programme/Verwaltung/DNS` auf.

Sie erkennen unter Ihrer frisch erstellten Zone bereits die Einträge, die von dem Assistenten zu Erstellung des Active Directory vorgenommen wurde (siehe Abbildung 1.36).

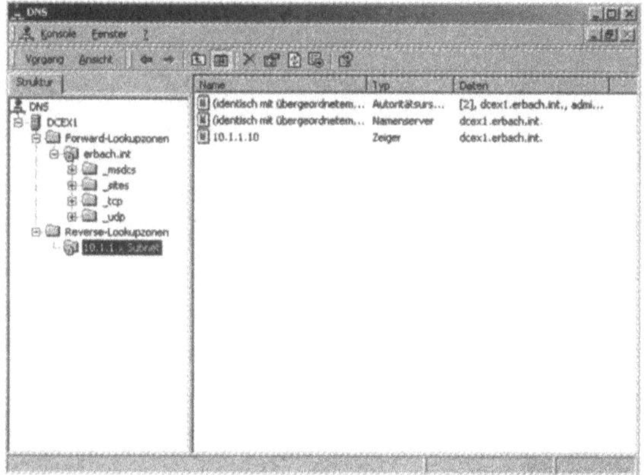

Abb. 1.36: Active Directory DNS-Einträge

Markieren Sie jetzt wieder Ihre Zone mit der `linken Maustaste` und drücken dann die `rechte Maustaste`.

Aus dem folgenden Kontextmenü wählen Sie die `Eigenschaften` der Zone aus (siehe Abbildung 1.37).

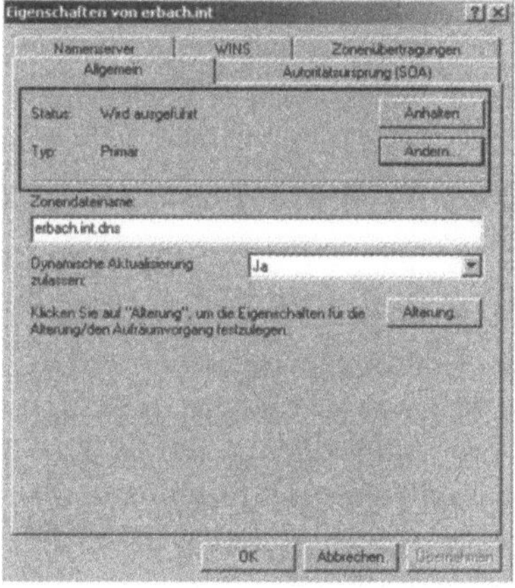

Abb. 1.37: Eigenschaften der Forward-Lockupzone

Gehen Sie auf die Registerkarte *Allgemein* und drücken dann den Knopf `Ändern` (siehe Markierung Abbildung 1.37).

Da Sie jetzt eine Active Directory Datenbank angelegt haben, besteht die Möglichkeit, die Daten dieser Zone in das Active Directory zu integrieren (siehe Abbildung 1.38).

Innerhalb unserer Testumgebung spielt das zwar keine so große Rolle aber innerhalb Ihrer scharfen Active-Directory-Domäne. Es werden so die Daten des DNS mit der Active-Directory-Replikation automatisch auf die Domänencontroller verteilt, auf denen Sie die DNS-Erweiterung installiert haben.

Sie müssen so also nicht jeden DNS-Server aufs Neue konfigurieren.

Führen Sie diesen Schritt auch für die Reverse-Lockupzone durch.

An dieser Stelle sind Sie jetzt endgültig mit der Vorbereitung der Domäne für Exchange 2000 fertig und können mit der Installation von Exchange 2000 beginnen.

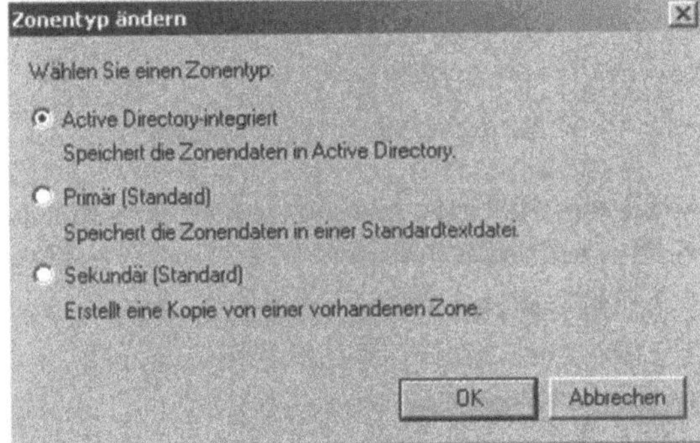

Abb. 1.38: Integration der DNS-Daten in das Active Directory

1.6.7 Vorbereiten der Domäne für Exchange 2000 Server

Die Installation, die wir jetzt durchführen, ist analog zu der zukünftigen Installation in Ihrer echten Umgebung.

Da Sie nur eine Testumgebung aufbauen wollen, halte ich mich mit den Erläuterungen der einzelnen Schritte zurück. Die einzelnen Punkte werden in den späteren Kapiteln genauer durchleuchtet. Das Ziel dieses Kapitels soll der Aufbau einer funktionalen Testumgebung sein.

Exchange 2000 ist ein komplexes Programm, das zwar auf den ersten Blick durch das Microsoft Look and Feel leicht zu installieren und konfigurieren scheint, im Hintergrund jedoch einige Prozesse voraußetzt, die zu einer (stabilen) Exchange 2000 Umgebung gehören.

Exchange 2000 integriert sich komplett in das Active Directory. Exchange 2000 fügt zum Beispiel einzelne Registerkarten und Objekte zu den einzelnen Benutzern hinzu. Da das Active Directory eine Datenbank ist und wie jede Datenbank auch ein Schema hat, müssen Sie vor der Installation von Exchange 2000 erst dieses Schema um die exchangespezifischen Eigenschaften erweitern.

Diese Erweiterung kann das Exchange-Setup für uns durchführen. Wir müssen ihm lediglich mitteilen, dass es das auch tun soll.

forestprep

Um Exchange diesbezüglich um Unterstützung zu bitten, rufen Sie das Setup-Programm mit dem Schalter `Forestprep` auf.

Sie tun dies, indem Sie unter `Start/Ausführen` den Pfad zum

Setup-Programm eintippen:

(`Laufwerksbuchstabe\setup\i386\setup.exe`)

oder kopieren und nach dem Startbefehl für das Setup noch den Schalter `/forestprep` einfügen und diesen Befehl dann mit Return bestätigen (siehe Abbildung 1.39).

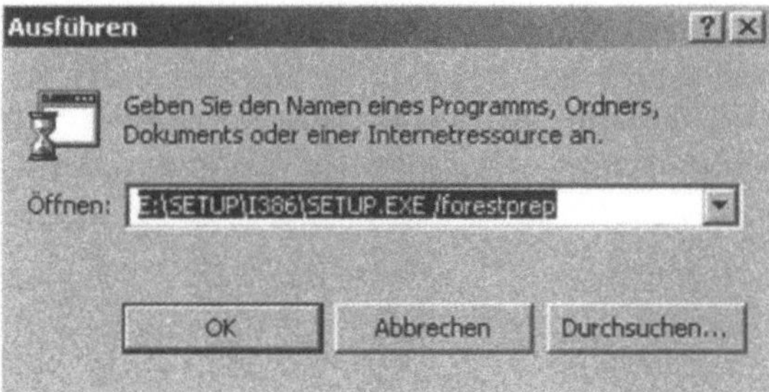

Abb. 1.39: Eingabe des Befehles Forestprep

Nachdem Sie diesen Befehl eingegeben haben, erscheint das Startfenster des Installationsassistenten, welches Sie weiter klicken können.

Nach der Bestätigung der EULA sollte ein Fenster erscheinen, welches den Befehl *Forestprep* bestätigt (siehe Abbildung 1.40). Wenn diese Bestätigung nicht genau so erscheint, haben Sie sich vermutlich vertippt. Brechen Sie dann das Setup an dieser Stelle wieder ab und überprüfen die Eingabe des Befehls.

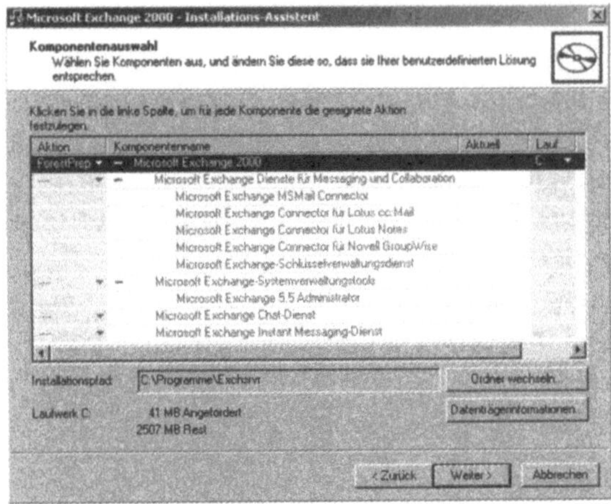

Abb. 1.40: Bestätigung des Befehles Forestprep

Sie können dieses Fenster jetzt einfach mit `Weiter` bestätigen.

Im nächsten Fenster werden Sie gefragt, ob Sie eine `neue Exchange-Organisation erstellen` wollen oder `einer bestehenden 5.5-Organisation beitreten` wollen (siehe Abbildung 1.41).

Wir wollen in unserer Testumgebung eine neue Organisation aufbauen und bestätigen dies daher.

Das Beitreten einer bestehenden Exchange 5.5-Organisation ist Bestandteil des Kapitels 11 *Migration*. Ich möchte dies hier noch nicht behandeln, da zu diesem Thema einiges mehr gehört als nur den Punkt während der Installation zu bestätigen.

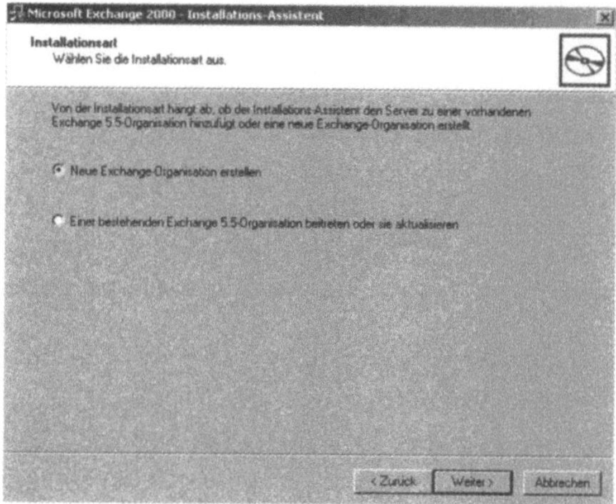

Abb. 1.41: Erstellen einer neuen Exchange-Organisation

Nach dem Bestätigen der Neuerstellung werden Sie nach dem Namen Ihrer neuen Organisation gefragt.

Geben Sie den gewünschten Namen in das entsprechende Feld ein und bestätigen Sie den Namen. Nach der Bestätigung der Eingabe beginnt die Setup-Routine mit der Erweiterung des Schemas. Dies dauert etwa 2-5 Minuten.

Nach dem Abschluss des Assistenten ist das Schema der Testumgebung erfolgreich erweitert.

Noch sind wir aber nicht am Ende unserer Vorbereitungen.

domainprep

Da eine Windows 2000-Domäne oft aus vielen verschiedenen Domänen besteht, muss jede Domäne, die an Exchange 2000 angebunden werden soll, ebenfalls vorbereitet werden. Dies gilt auch, wenn Ihre Organisation aus nur einer Domäne besteht.

Auch hierbei unterstützt uns wieder das Exchange-Setup-Programm.

Genauso wie beim Befehl *Forestprep* müssen Sie jetzt an das Setup-Programm einen Schalter anhängen (siehe Abbildung 1.42).

Die Bezeichnung dieses Schalters ist `domainprep`.

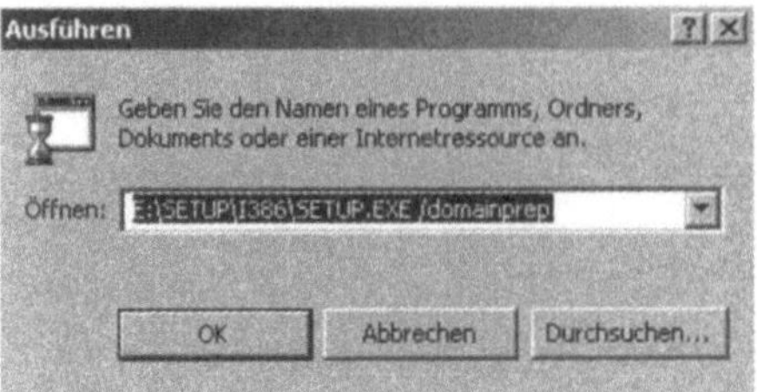

Abb. 1.42: Vorbereiten der Domäne auf Exchange 2000

Der Befehl wird genau wie *Forestprep* vom Setup bestätigt (siehe Abb. 1.43).

Überprüfen Sie also auch hier, ob diese Bestätigung erscheint. Wenn nicht, brechen Sie bitte wieder das Setup an dieser Stelle ab und überprüfen Ihre Eingabe.

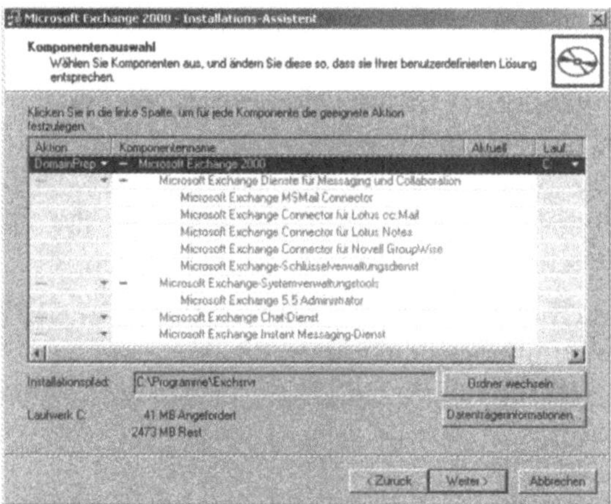

Abb. 1.43: Bestätigung der Domänenerweiterung

Die Erweiterung der Domäne geht um einiges schneller als die des Schemas. Die genauen Vorgänge der beiden Schalter *Forestprep* und *Domainprep* werden im Kapitel 3 *Installation* besprochen.

Nach dem Beenden von *Domainprep* können Sie jetzt endlich mit der richtigen Installation von Exchange 2000 beginnen.

1.6.8 Installation Exchange 2000

Rufen Sie dazu wieder das Setup-Programm von Exchange 2000 auf. Dieses mal jedoch ohne einen Schalter.

Wahlweise können Sie auch direkt aus dem Root-Verzeichnis der CD die Datei `Launch.exe` starten. Diese Datei startet das CD Menü.

Nach dem Start des Setups und der Bestätigung der EULA, kommen Sie zum Auswahlfenster der möglichen Installationskomponenten (siehe Abbildung 1.44).

Für die Testumgebung begnügen wir uns mit den Standardkomponenten und bestätigen diese.

Wenn Sie alle Seiten des Assistenten durchhaben, beginnt die Installation, die etwa 15-20 Minuten dauert - je nach Rechnerleistung.

Nach der Fertigstellung der Installation sollten Sie gleich das aktuellste Servicepack für den Exchange 2000 Server installieren.

Zum Zeitpunkt des Erscheinens des Buches dürfte das noch das Servicepack 3 sein.

Zur Installation eines Servicepacks für Exchange 2000 müssen Sie die Datei `Update.exe` doppelklicken.

Nach der Installation des Servicepacks ist unsere Testumgebung jetzt voll funktionsfähig und Sie können zum Beispiel als ersten Punkt die im Kapitel 1.4.1 beschriebene Ansicht der administrativen Gruppen aktivieren.

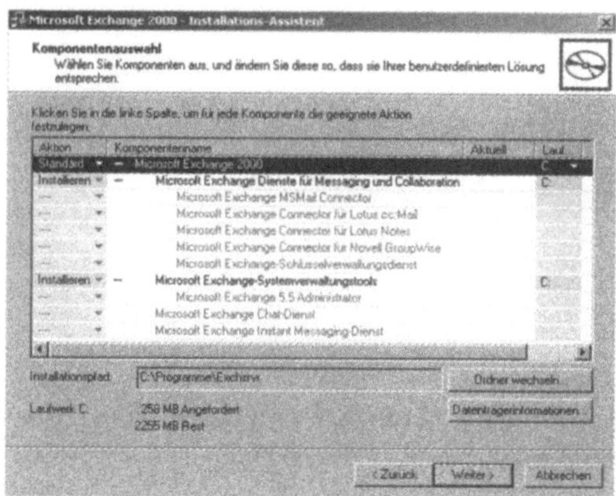

Abb. 1.44: Auswahl der Installationskomponenten

1.7 Grundlagen des Active Directory

1.7.1 Funktionen des Active Directorys

Microsoft Exchange 2000 hängt stark vom Verzeichnisdienst Active Directory ab.

Verzeichnisdienste im Allgemeinen und das Active Directory im Speziellen sind für drei grundlegende Funktionen verantwortlich:

- Sie speichern Informationen für Netzwerkressourcen,
- stellen diese im Netzwerk den Benutzern zur Verfügung
- und sorgen für eine Berechtigungs- und Sicherheitsstruktur.

Exchange 2000 verwendet das Active Directory, um Daten innerhalb der Exchange 2000-Organisation zu speichern und zu replizieren. Darüber hinaus befinden sich Teile von Exchange-Daten in verschiedenen Active Directory-Partitionen.

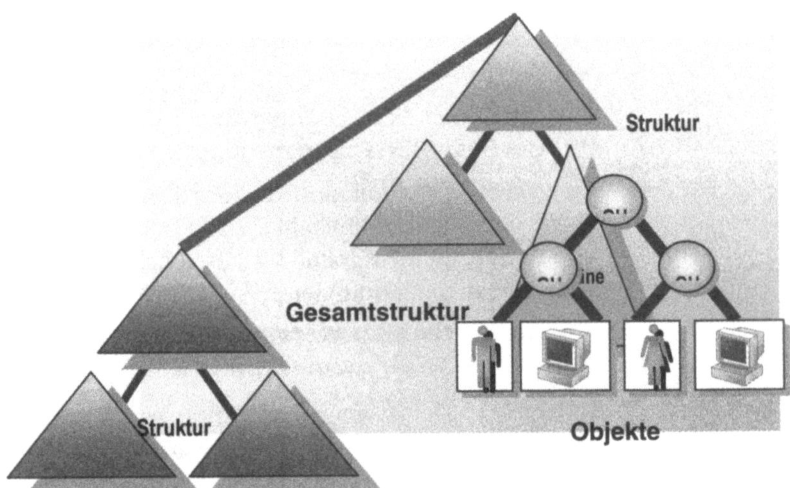

Abb. 1.45: Gesamtstrukturen und Strukturen

Im Active Directory sind Objekte logisch in einer hierarchischen Struktur organisiert.

1.7.1.1 Domänen

Domänen sind das wichtigste Element des Active Directory.

Eine Domäne ist ein Container mit Objekten bzw. eine Auflistung von Computern, die dieselben Sicherheitsanforderungen besitzen.

Domänen sind unter Windows 2000 ähnlich wie unter Windows NT 4, mit dem Unterschied, dass unter Windows 2000 die Möglichkeit besteht, Domänen und Child-Domänen zu definieren (siehe Abbildung 1.45). Child-Domänen vertrauen dabei immer der jeweiligen Parent-Domäne.

Der größte Unterschied liegt darin, dass diese Vertrauensstellungen transitiv sind, das heißt, wenn Domäne A Domäne B vertraut und Domäne B Domäne C, dann vertraut Domäne A auch Domäne C. Dies ist allerdings eine sehr kurze Abhandlung.

Jede Domäne muss über einen eindeutigen Namen verfügen und wird von Domänenadministratoren verwaltet.

In einem Windows 2000-Netzwerk dient die Domäne als *Sicherheitsgrenze.* Sicherheitsgrenzen stellen sicher, dass ein Administrator einer Domäne nur über die erforderlichen Berechtigungen und Rechte in seiner eigenen Domäne verfügt, es sei denn, diese Rechte werden ihm auch explizit in einer anderen Domäne erteilt.

In jeder Domäne gelten eigene Sicherheitsrichtlinien. Es gibt, wie bei Windows NT 4 und 3.51, Domänencontroller die eine Replikation der Daten für die jeweilige Domäne enthalten.

Alle Domänencontroller in jeder einzelnen Domäne können Änderungen zu Informationen in Active Directory empfangen und diese Änderungen auf alle anderen Domänencontroller in der jeweiligen Domäne replizieren. Dies ist ein weiterer großer Unterschied zum PDC/BDC-Konzept der Vorgängerversionen.

Die FSMO-Rollen (Flexible Single-Master) bilden den eigentlichen Unterschied zu Windows NT.

Es gibt 5 FSMO-Rollen:

- DNS-Master
- Schema-Master
- Infrastrukur-Master
- PDC-Master
- RID-Master

DNS- und Schema-Master gibt es pro Gesamststruktur einmal, RID-, PDC- und Infrastruktur-Master pro Domäne einmal.

DNS-Master

Der Domänencontroller mit der Funktion des Domain Naming Masters steuert das Hinzufügen und Entfernen von Domänen in der Gesamtstruktur. Es darf nur einen Domain Naming Master in der Gesamtstruktur vorhanden sein. Die Funktion Domain Naming Master sollte immer einem Domänencontroller zugewiesen werden, der auch Globaler Katalogserver ist.

Schema-Master

Der Schemamaster-Domänencontroller steuert alle Aktualisierungen und Änderungen in Bezug auf das Schema. Zur Aktualisierung des Gesamtstrukturschemas benötigen Sie Zugriff auf den Schemamaster. Es darf immer nur ein Schemamaster in der Gesamtstruktur vorhanden sein. Die Funktion *Schemamaster* sollte immer einem Domänencontroller zugewiesen werden, der auch Globaler Katalogserver ist.

Infrastukturmaster

Der Infrastukturmaster ist für die Aktualisierung der Sicherheitskennungen und definierten Namen von domänenübergreifenden Objektverweisen zuständig. In jeder Domäne darf nur ein Domänencontroller als Infrastrukturmaster fungieren.

Der Infrastrukturmaster sollte niemals mit dem globalen Katalogserver zusammen auf einem Domänencontroller laufen.

Nur so ist es gewährleistet, dass die Informationen vom Infrastrukturmaster in den globalen Katalogserver vernünftig repliziert werden.

PDC-Emulator

Wenn die Domäne Computer umfasst, auf denen keine Windows 2000 Clientsoftware ausgeführt wird oder wenn die Domäne Windows NT 4.0 Sicherheitsdomänencontroller (BDCs) enthält, fungiert der PDC-Emulator als Windows NT PDC. Dieser verarbeitet Kennwortänderungen der Clients und repliziert Aktualisierungen auf die BDCs.

In einer Windows 2000 Domäne, die im einheitlichen Modus betrieben wird, empfängt der PDC-Emulator bevorzugt Replikationen von Kennwortänderungen, die von anderen Domänencontrollern der Domäne durchgeführt wurden. Wird ein Kennwort geändert, vergeht etwas Zeit bevor das Kennwort auf allen Domänencontrollern in der Domäne repliziert wird.

Schlägt in dieser Zeit ein Anmeldevorgang auf einem anderen Domänencontroller aufgrund eines falschen Kennwortes fehl, leitet der entsprechende Domänencontroller die Authentifizierungsanfrage an den PDC-Emulator weiter bevor die Anmeldung verweigert wird.

RID-Master

Der RID-Master weist jedem Domänencontroller in der zugehörigen Domäne relative Kennungen (Relative IDs, RIDs) zu. Sobald ein Domänencontroller ein Benutzer-, Gruppen- oder Computerobjekt erstellt, weist er diesem Object eine eindeutige Sicherheits-ID zu. Die Sicherheitskennung (SID, Security Identifier) enthält eine Domänenkennung (die für sämtliche SIDs einer bestimmten Domäne verwendet wird) sowie einen Relativen Bezeichner, der für jede in der Domäne erstellte SID eindeutig ist.

Domänen untergliedern sich noch in andere Verwaltungseinheiten, den *Organisationseinheiten.*
Eine Organisationseinheit (OU, Organizational Unit) ist ein Container, der die einzelnen Objekte einer Domäne organisieren kann. Es spielt dabei keine Rolle um welche Objekte es sich hier handelt.

1.7.1.2 Strukturen und Gesamtstrukturen, Globaler Katalog

Struktur (Tree)

Eine Struktur ist eine hierarchische Anordnung aus mehreren Domänen, die über einen gemeinsamen Namensraum verfügen. Domänen innerhalb einer Struktur verwenden dieselben Informationen auf der Basis automatischer transitiver Vertrauensstellungen und haben ein Schema und einen Globalen Katalog.

Gesamtstruktur (Forest)

Eine Gesamtstruktur setzt sich aus mehreren Strukturen zusammen.

Gesamtstrukturen sind der größte Container innerhalb des Active Directory. In jeder Gesamtstruktur gibt es einen globalen Katalog und ein Schema, wohingegen Strukturen innerhalb einer Gesamtstruktur den gemeinsamen globalen Katalog nutzen und nur ein Schema haben, da sie immer Teil einer Gesamtstruktur sind.

Leider ist die Übersetzung der verschiedenen Objekte nicht sehr gelungen, weswegen in Fachkreisen fast immer die englischen Begriffe, also Organizational Units (OU), Forest und Tree verwendet werden.

Globaler Katalog (GC, Global Catalog)

Der globale Katalog ist eine Informations-Sammlung, die eine Teilmenge aller Objekte im Active Directory enthält. Er enthält die Informationen, die zum Ermitteln des Speicherortes eines Objekts im Verzeichnis erforderlich sind, also nicht die Informationen selber. Ein Server für den globalen Katalog ist ein Domänencontroller, auf dem Kopien aller Abfragen gespeichert sind. Der erste Domänencontroller, den Sie erstellen, wird automatisch zum Server für den globalen Katalog. Wenn Sie weitere hinzufügen wollen, müssen Sie dies manuell nachholen.

Der globale Katalog enthält außerdem die Zugriffsberechtigungen für jedes Objekt und jedes Attribut, das im globalen Katalog gespeichert ist.

Wenn Sie ein Objekt suchen aber nicht über die erforderlichen Berechtigungen zum Anzeigen des Objekts verfügen, wird das betreffende Objekt nicht in der Liste mit den Suchergebnissen angezeigt. Dadurch wird sichergestellt, dass Benutzer nur die Objekte finden, für die ihnen eine Zugriffsberechtigung erteilt wurde.

1.7.2 Active Directory Schema

Das Active Directory-*Schema* enthält die Definitionen aller Objekte, zum Beispiel Computer, Benutzer und Drucker, die im Active Directory gespeichert sind. In Windows 2000 gibt es für eine Gesamtstruktur nur ein einziges Schema.

Das Schema enthält zwei Arten von Definitionen: Objektklassen und Attribute.

Objektklassen sind Verzeichnisobjekte, die erstellt werden können. Jede Objektklasse besteht aus Attributen.

Jedes Attribut wird nur einmal definiert und kann in mehreren Objektklassen verwendet werden. Beispielsweise wird das Attribut Beschreibung in vielen Objektklassen verwendet aber nur einmal im Schema definiert.

Das Schema wird in der Active Directory-Datenbank gespeichert und kann dynamisch aktualisiert werden. Dadurch kann eine Anwendung das Schema um neue Attribute und Objektklassen erweitern. Dies macht zum Beispiel Microsoft Exchange 2000 bei der Installation.

Das Schema kann unabhängige Zugriffssteuerungslisten (Discretionary Access Control Lists, DACLs) zum Schützen aller Objektklassen und Attribute verwenden. Durch die Verwendung von DACLs wird verhindert, dass das Schema von nicht autorisierten Benutzern geändert wird. Unter Windows 2000 gibt es dazu eine spezielle Administratoren-Gruppe - die Schema-Administratoren. Nur Mitglieder dieser Gruppe dürfen das Schema bearbeiten und erweitern.

Dies ist ein wichtiger Punkt im Rahmen der Exchange Installation, da bei der Installation das Schema erweitert wird.

1.8 Speicherarchitektur von Exchange 2000

Bei Exchange 2000 wurde im Vergleich zu seinen Vorgängern die Speicherstruktur komplett überarbeitet.

Sie sollten Verständnis für die Speichertopologie von Exchange 2000 haben, da Sie dieses Wissen sowohl zur Planung der Server, als auch für eine eventuelle Wiederherstellung benötigen.

Die Datenbank eines Exchange-Servers erreicht sehr schnell mehrere Gigabyte. Dies liegt daran, dass E-Mails mittlerweile zur Standard-Kommunikation in Unternehmen zählen und ständig Nachrichten hin und hergeschickt werden - auch mit immer mehr Anhängen, die auch immer größer werden.

Da durch diesen vermehrten E-Mail-Verkehr die Datenbanken immer mehr anwachsen ist es wichtig, dass die Struktur der Exchange-Datenbank, egal bei welcher Größe, ständig stabil und performant bleibt.

1.8.1 Dateistruktur der Datenbanken

Exchange 2000 speichert seine Daten in den *Informationsspeichern*. Informationsspeicher sind also die Datenbanken von Exchange 2000.

Exchange 2000-Datenbanken bestehen aus zwei Dateien, einer Datei mit der Endung **.edb*, in der die Daten und Datenbanktabellen gespeichert sind und einer Streaming-Datei mit der Endung **.stm*, welche den Inhalt im allgemeinen Internetformat enthält wie zum Beispiel den MIME-Inhalt (Multipurpose Internet Mail Extensions).

Die STM-Datei enthält also den Dokumenteninhalt, auf den in der EDB-Datei verwiesen wird.

Der erste standardmäßig angelegte Postfachspeicher besteht aus den Dateien *priv1.edb* und *priv1.stm*.

Die öffentlichen Ordner werden in einer getrennten Datenbank gespeichert, welche ebenfalls aus zwei Dateien besteht. Der erste angelegte Speicher der öffentlichen Ordner besteht aus den beiden Dateien *pub1.edb* und *pub1.stm*.

Wichtig ist, dass diese beiden Dateien zusammen die Datenbank bilden, das heißt, wenn eine der beiden Dateien beschädigt wird, ist auch die Datenbank beschädigt.

Durch das Anlegen mehrerer Datenbanken stellen Sie die Konsistenz Ihrer verschiedenen Daten sicher. Selbst wenn eine Datenbank und Ihre Dateien beschädigt sind, können Benutzer, deren

Postfächer sich in einer anderen Datenbank befinden, weiterhin problemlos arbeiten.

Bei einem notwendigen Wiederherstellungsvorgang einer Datenbank werden so auch die anderen Datenbanken nicht beeinträchtigt. Der Wiederherstellungsvorgang läuft selbstverständlich auch bei kleineren Datenbanken um einiges schneller ab als bei größeren.

Hinweis

Exchange 2000 Enterprise Server unterstützt pro Server bis zu 4 Speichergruppen, welche wiederum 5 Postfachspeicher enthalten können.

Sie können zwar 5 Speichergruppen anlegen aber zur Wiederherstellung von Informationsspeichern benötigt Exchange eine temporäre Speichergruppe.

Haben Sie fünf Speichergruppen angelegt, so können Sie keinen Wiederherstellungsvorgang eines Informationsspeichers oder einer Speichergruppe auf diesem Server durchführen.

Exchange 2000 Standard Server unterstützt nur eine Speichergruppe mit nur einem Postfachspeicher dessen Größe auf 16 GB begrenzt ist.

Die Größe des öffentlichen Postfachspeichers des Exchange 2000 Standard Servers ist jedoch nicht begrenzt.

Sie sehen den Speicherort Ihrer Dateien, wenn Sie die Eigenschaften Ihres Postfachspeichers bzw. Ihres Speichers für die öffentlichen Ordner aufrufen.

Öffnen Sie dazu den `Exchange System-Manager` und navigieren zu Ihrem Server (siehe Abbildung 1.46).

In den Abbildungen 1.47 und 1.48 sehen Sie jeweils die Eigenschaften der Datenbank und deren Speicherort.

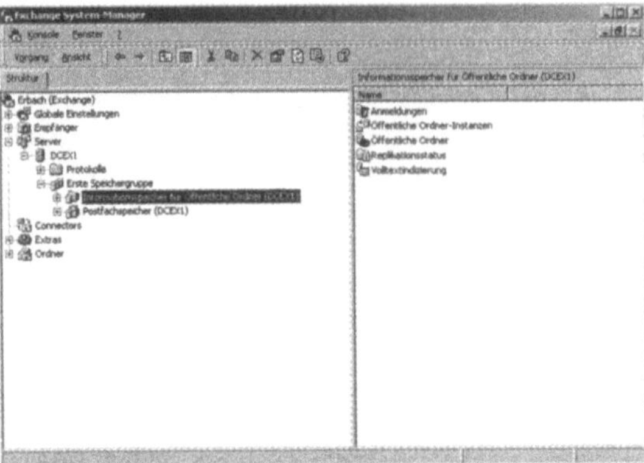

Abb. 1.46: Server im Exchange-System-Manager

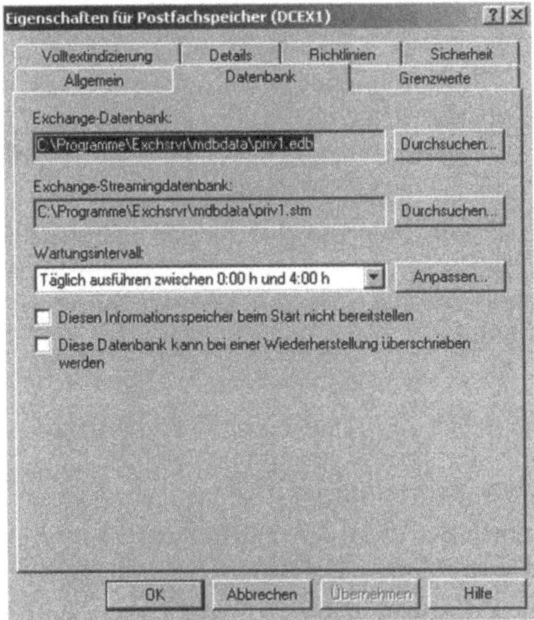

Abb. 1.47: Eigenschaften des Postfachspeichers

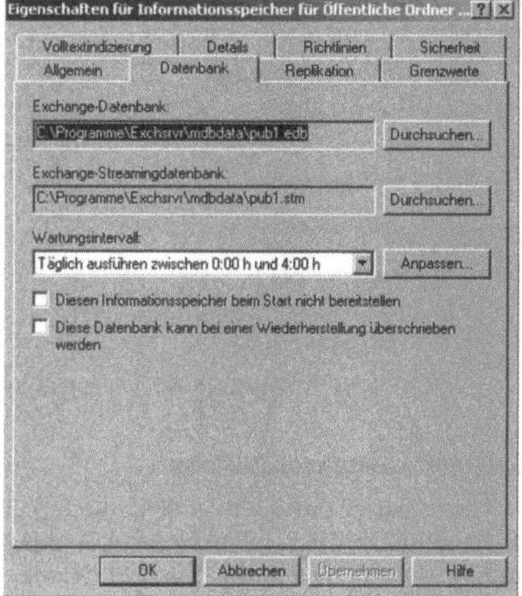

Abb 1.48: Eigenschaften des Öffentlichen Informationsspeichers

Sie können die Dateien der Datenbank auf einen anderen Platz verschieben. Die Gründe hierfür sind im Kapitel 2 *Planung* genauer beschrieben.

Der wichtigste Grund ist das Sicherstellen, dass die Datenbank immer stabil und konsistent bleibt. Selbst wenn das Betriebssystem ausfallen sollte. Ein weiterer wichtiger Grund ist die Performance. Doch dazu mehr im Kapitel 2.

Verschieben der Datenbank eines Informationsspeichers

Um die Dateien zu verschieben, gehen Sie auf die Eigenschaftenseite wie oben beschrieben und klicken dann auf `Durchsuchen`. Wählen Sie jetzt den neuen Speicherort aus und klicken `Speichern`.

Die Dateien werden jetzt nach einer Meldung (siehe Abbildung 1.49) verschoben und Sie werden danach mit einer einer Meldung informiert (siehe Abbildung 1.50).

Beachten Sie aber, dass Sie so eine Verschiebung nicht durchführen, wenn Benutzer mit dem Exchange-Server verbunden sind da während des Verschiebevorgangs die Bereitstellung des Informationsspeichers aufgehoben wird und die Benutzer getrennt werden.

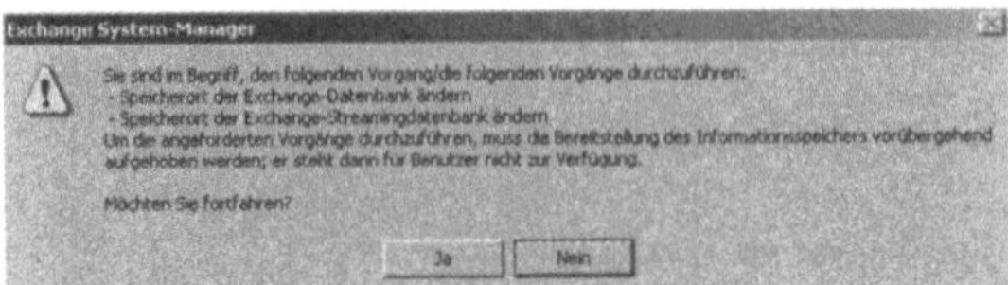

Abb. 1.49: Bestätigen des Verschiebens der Datenbankdateien

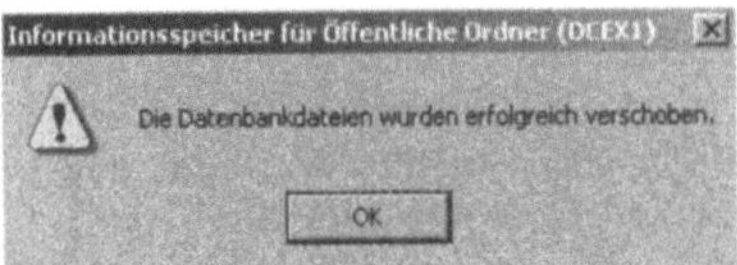

Abb. 1.50: Systemmeldung nach der Verschiebung der Dateien

1.8.2 Transaktionsprotokolldateien

Die Transaktionsprotokolldateien dienen Exchange 2000 zur Nachverfolgung der Serveraktivität. Diese Dateien spielen für die Funktion sowie die Sicherung und Wiederherstellung von Exchange 2000 eine sehr große Rolle.

Eine Transaktionsprotokolldatei hat die Größe von 5 MB. Jede Speichergruppe, die wiederum Informationsspeicher enthält, verwendet die gleiche Gruppe von Transaktionsprotokolldateien. Die jeweils aktive Transaktionsprotokolldatei hat das Format *Exx.log*.

Sie können den Speicherort dieser Transaktionsprotokolldateien ändern. Genauso wie den der anderen Datenbankdateien.

Um die Performance zu erhöhen, sollten diese Dateien auf einem anderen Festplattensystem gespeichert werden als die Datenbankdateien.

Das Exchange-Datenbanksystem ESE schreibt Änderungen nicht direkt in die Datenbank sondern zuerst in die aktuelle Transaktionslogdatei. Erst von dort werden sie in die Datenbank geschrieben. Dieser Vorgang geht natürlich wesentlich schneller als die jeweiligen Daten direkt in die Datenbank zu schreiben.

Verschieben der Transaktionsprotokolldateien

Um die Transaktionsprotokolldateien zu verschieben, rufen Sie die Eigenschaften der Speichergruppe auf (siehe Abbildung 1.51).

Wechseln Sie dann zur Registerkarte *Allgemein.*

Hier können Sie einen neuen Speicherort wählen. Auch diese Aktion bekommen Sie vom System bestätigt, ähnlich wie das Verschieben der Datenbankdateien (siehe Abbildung 1.52).

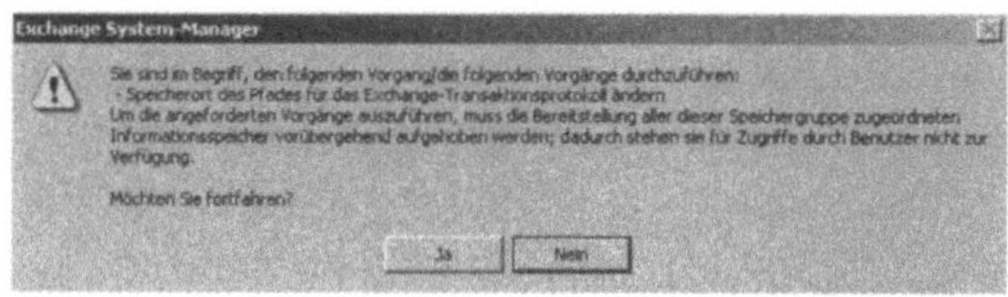

Abb. 1.51: Verschieben der Transaktionsprotokolldateien

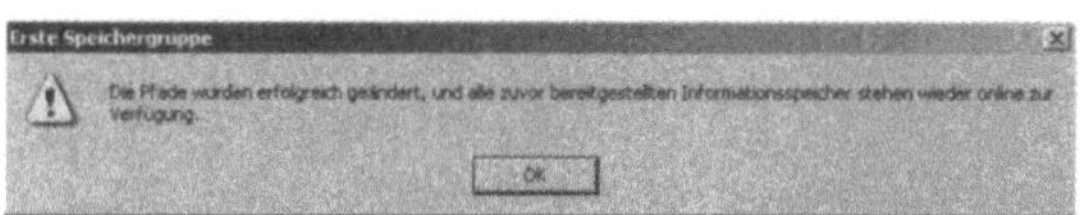

Abb 1.52: Bestätigung des Verschiebens

Stellen Sie aber auch hier sicher, dass kein Benutzer verbunden ist, da bei der Verschiebung der Dateien die Bereitstellung der Gruppe aufgehoben wird.

Checkpoint-Datei der Speichergruppe

Zusätzlich gibt es im Verzeichnis noch eine **.chk*-Datei. Diese Datei enthält die Information, welche Operationen aus den Transaktionsprotokolldateien bereits in die Datenbank geschrieben wurden. Ohne diese Datei geht Exchange beim Start alle Protokoll-Dateien durch. Diese Datei wird auch Prüfpunktdatei genannt.

Löschen Sie keinesfalls diese Dateien per Hand, da Exchange Sie bei einer eventuellen Wiederherstellung der Datenbank dringend benötigt. Diese Dateien werden standardmäßig von jedem exchangetauglichen Backup-Programm während einer Online-Sicherung gelöscht.

Hinweis

Wenn Sie Ihren Server nicht regelmäßig mit einem exchangetauglichen Backup-Programm online sichern, wächst der Platz der Transaktionsprotokolldateien ständig an.

Sichern Sie daher von Anfang an regelmäßig mit einer Online-Sicherung Ihre Datenbanken.

Es besteht zwar die Möglichkeit, die Umlaufprotokollierung zu deaktiveren (die Protokolldateien werden immer wieder überschrieben) aber Sie verbauen sich dann auch den Weg einer automatischen Wiederherstellung.

Standardmäßig ist die Umlaufprotokollierung bei Exchange 2000 deaktiviert - im Gegensatz zu Exchange 5.5.

Umlaufprotokollierung

Sie können die Umlaufprotokollierung in den Eigenschaften der jeweiligen Speichergruppe deaktivieren (siehe Abbildung 1.53).

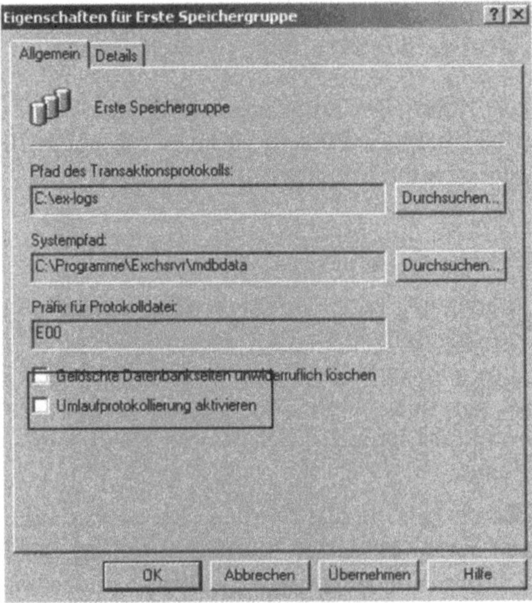

Abb. 1.53: Umlaufprotokollierung

Wenn der Plattenplatz für das Anlegen weiterer Transaktionsprotokolldateien nicht ausreicht, stellt Exchange keine E-Mails mehr zu.

Es gibt noch zwei Notfall-Transaktionsprotokolldateien *res1.log* und *res2.log*, welche Exchange nutzt, falls der Plattenplatz ausgeht, aber diese sind auch schnell gefüllt.

Jede Transaktionsprotokolldatei wird 5 MB groß. Wenn eine Datei gefüllt ist, wird sie umbenannt und eine neue wird erstellt.

Hinweis

Der Windows-Explorer zeigt bei Transaktionsprotokolldateien immer eine Größe von 5.242.880 Byte an.

Sollten Ihre Dateien nicht so groß sein, so besteht die Wahrscheinlichkeit, dass sie defekt sind.

1.8.3 Speichergruppen und Informationsspeicher

1.8.3.1 Speichergruppen

Eine Speichergruppe ist eine Gruppe von Informationsspeichern, welche dieselbe Gruppe von Tranaktionsprotokolldateien nutzen.

Nur Exchange 2000 Enterprise Server unterstützt mehrere dieser Speichergruppen und Informationsspeicher - Exchange 2000 Standard Server nur eine.

Durch verschiedene Speichergruppen können die Datenbanken und damit die Benutzer besser voneinander getrennt werden.

Der Ausfall einer Speichergruppe spielt für die anderen Speichergruppen auf dem Server keine Rolle. Jede Speichergruppe kann - unabhängig von den anderen - wieder hergestellt werden.

Umlaufprotokollierung kann pro Speichergruppe festgelegt werden, um zum Beispiel den Speicherplatz für Informationsspeicher öffentlicher Ordner, die nur Newsgroups enhalten, einzusparen.

Hinweis

Insgesamt können Sie also pro Server maximal 20 Informationsspeicher definieren, wenn Sie einen Exchange 2000 Enterprise Server einsetzen.

Sie können zwar fünf Speichergruppen anlegen aber Exchange benötigt zur Wiederherstellung von Informationsspeichern eine temporäre Speichergruppe. Haben Sie fünf Speichergruppen angelegt, so können Sie keinen Wiederherstellungsvorgang eines Informationsspeichers oder einer Speichergruppe durchführen.

Neue, zusätzliche Speichergruppen werden mit dem Exchange-System-Manager erstellt.

Wenn Sie eine neue Speichergruppe erstellen, müssen Sie zuerst den Namen festlegen und danach den Speicherplatz Ihrer Transaktionsprotokolldateien.

Erstellen einer neuen Speichergruppe

Um eine neue Speichergruppe zu erstellen, navigieren Sie im Exchange System-Manager auf die administrative Gruppe und dann auf den Server, auf dem Sie diese Gruppe erstellen wollen.

Wählen Sie dann `Neu` und `Speichergruppe` (siehe Abbildung 1.54). Jetzt können Sie den Namen und den Speicherort der Transaktionsprotokolldateien sowie das Systemverzeichnis, in dem später die Informationspeicher abgelegt werden, festlegen (siehe Abbildungen 1.55 und 1.56).

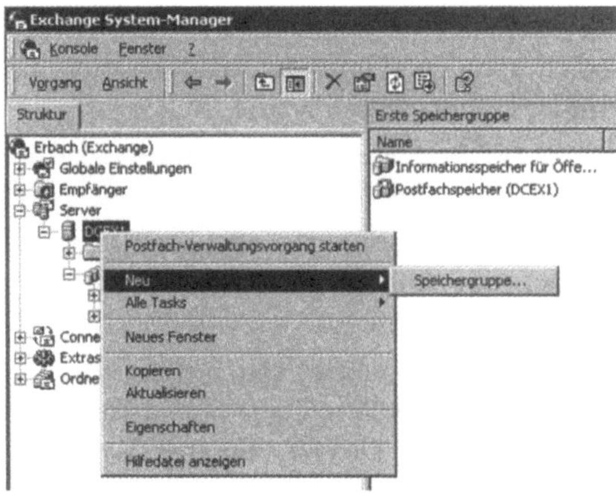

Abb. 1.54: Erstellen einer neuen Speichergruppe

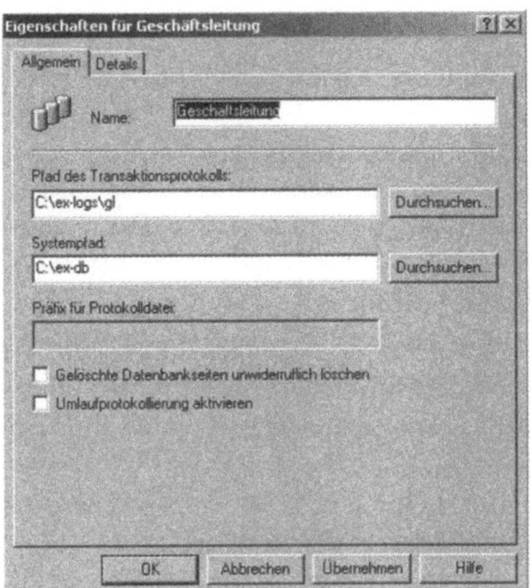

Abb. 1.55: Eingabe der Daten für die neue Speichergruppe

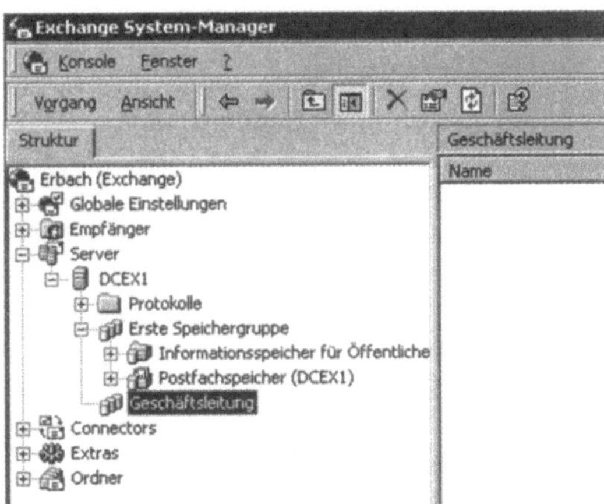

Abb. 1.56: Neu erstellte Speichergruppe

In den Eigenschaften der Speichergruppe (siehe Abbildung 1.55), können Sie noch den Punkt `Gelöschte Datenbankseiten unwiederruflich löschen` auswählen.

Dieser Punkt setzt bei der nächsten Online-Sicherung (nicht sofort) alle noch vorhandenen Fragmente von gelöschten Objekten zurück, so dass Sie, wie die Option sagt, unwiederbringlich gelöscht sind.

Wenn Sie eine Speichergruppe komplett löschen wollen, müssen Sie zuerst alle Informationsspeicher in ihr entfernen.

1.8.3.2 Informationsspeicher

Informationsspeicher sind Speichergruppen untergeordnet. Jede Speichergruppe kann bis zu fünf Informationsspeicher enthalten.

Allerdings steht dieses Feature nur bei Exchange 2000 Enterprise Server zur Verfügung. Exchange 2000 Standard Server unterstützt lediglich eine Speichergruppe mit einem Postfachspeicher. Die Größe dieses Postfachspeichers ist bei Exchange 2000 Standard auf 16 GB begrenzt.

Es gibt zwei Arten von Informationsspeichern: den Postfachspeicher und den Informationsspeicher für öffentliche Ordner.

Jeder dieser Informationsspeicher verfügt über seine eigenen Datenbank-Dateien (*.edb, *.stm). Die Transaktionsprotokoll-Dateien werden innerhalb der Speichergruppe gemeinsam von allen Informationsspeichern genutzt.

Während der Installation wird standardmäßig eine `Erste Speichergruppe` mit einem Postfachspeicher und einem Informationsspeicher für öffentliche Ordner angelegt.

1.8.3.2.1 Postfachspeicher

Um einen neuen Informationsspeicher zu erstellen, klicken Sie mit der `rechten Maustaste` auf die Speichergruppe, in der Sie den Informationsspeicher erstellen wollen, wählen aus dem Menü `Neu` und dann `Postfachspeicher` aus (siehe Abbildung 1.57).

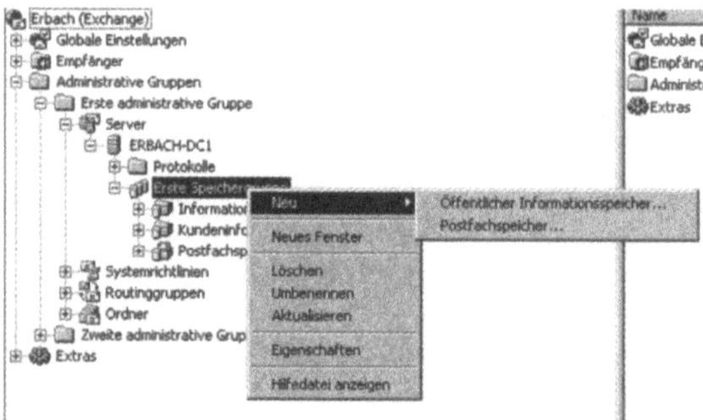

Abb. 1.57: Erstellen eines neuen Postfachspeichers

Registerkarte Allgemein

Nach dem Erstellen des neuen Postfachspeichers müssen Sie zunächst einen Namen eintragen. Auf der Registerkarte *Allgemein* (siehe Abbildung 1.58) können Sie den neuen Postfachspeicher auch mit einem öffentlichen Ordner Informationsspeicher verknüpfen.

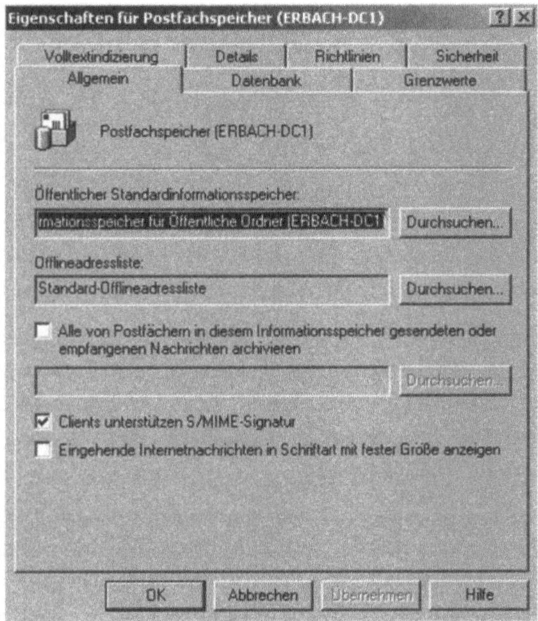

Abb. 1.58: Registerkarte *Allgemein*

Benutzer in diesem Postfachspeicher werden so automatisch zuerst mit den öffentlichen Ordnern in diesem öffentlichen Ordner-Informationsspeicher verbunden.

Dies ist jedoch keine Beschränkung der Benutzer auf diesen Informationsspeicher für öffentliche Ordner, sondern lediglich der erste mit dem die Benutzer verbunden werden.

Zusätzlich können Sie hier die Standard-Offline-Adressliste der Benutzer eintragen. Benutzer können auch andere Offline-Adresslisten herunterladen. Die hier eingetragene ist lediglich die Standardliste.

Sie können ebenfalls hier noch einstellen, dass alle E-Mails, die durch diesen Informationsspeicher laufen, in ein von Ihnen ausgewähltes Postfach archiviert werden.

Die Option `Eingehende Internetnachrichten in Schriftart mit fester Größe anzeigen` bewirkt, dass alle E-Mails, die an Benutzer in diesem Informationsspeicher geschickt werden, mit der Schriftart `Courier` und Größe 10 Punkte formatiert werden.

Hier tragen Sie auch die Unterstützung für S/MIME (Secure/Multipurpose Internet Mail Extension) ein. Die nähere Erläuterung zu diesem Thema finden Sie im Kapitel 2.3.6.5 *E-Mail Verschlüsselung*.

Registerkarte Datenbank

Auf der Registerkarte *Datenbank* (siehe Abbildung 1.59) können Sie den Pfad der Datenbank ändern, das Wartungsintervall eintragen und den Informationsspeicher so konfigurieren, dass er sich bei einer Datensicherung überschreiben lässt.

Dies tragen Sie bei der Option `Diese Datenbank kann bei einer Wiederherstellung überschrieben werden` ein. Die Aktivierung dieser Option bewirkt, dass Exchange die Datenbank in diesem Verzeichnis mit seiner Konfiguration vergleicht und anpasst.

Sie können nicht einfach eine Datenbank durch kopieren wieder herstellen, da Exchange überprüft, ob diese Datenbank beim Start konsistent ist. Wird der Schalter `Diese Datenbank kann bei einer Wiederherstellung überschrieben werden` aktivert, wird die Datenbank und die Konfiguration von Exchange beim Start des Servers angeglichen und der Haken danach automatisch wieder entfernt. Beim Start des Exchange-Servers muss sich jedoch in diesem Verzeichnis eine Datenbank befinden. Sonst bewirkt dieser Schalter nichts.

Während des Wartungsintervalls führt Exchange eine Defragmentation der Datenbank durch und überprüft die Datenbank auf Konsistenz.

Folgende Tasks finden unter anderem während des Wartungsintervalls statt:

- *Überprüfen auf gelöschte Postfächer.* Exchange 2000 überprüft jeden Benutzer im Active Directory und ob dessen Postfach noch vorhanden ist. Durch die Abfrage des Active Directory wird auch die Last auf den Domänencontrollern erhöht.
- *Entfernen der Objekte die die Verfallszeit überschritten haben.* Diese Einstellung können Sie direkt auf dem jeweiligen Informationsspeicher einstellen oder mit Richtlinien definieren. Dieser Vorgang ist sehr festplattenintensiv. Die Belastung ist auf den Exchange-Server begrenzt, der die Wartung gerade durchführt. Je nach Anzahl der zu löschenden und abgelaufenen Objekte steigt die Belastung der Festplatte stark an.
- *Defragmentation der Datenbank.* Auch diese Aufgabe belastet die Festplatte. Je nach notwendiger Defragmentation und Größe der Datenbank belastet dieser Vorgang auch die anderen Ressourcen des Servers, der die Wartung durchführt.
- *Online-Sicherung.* Wenn durch das Datensicherungsprogramm eine Datensicherung durchgeführt wird, unterbricht der Exchange-Server seine Wartung. Sie sollten daher darauf achten, dass Wartung und Datensicherung nicht zum gleichen Zeitpunkt stattfinden.

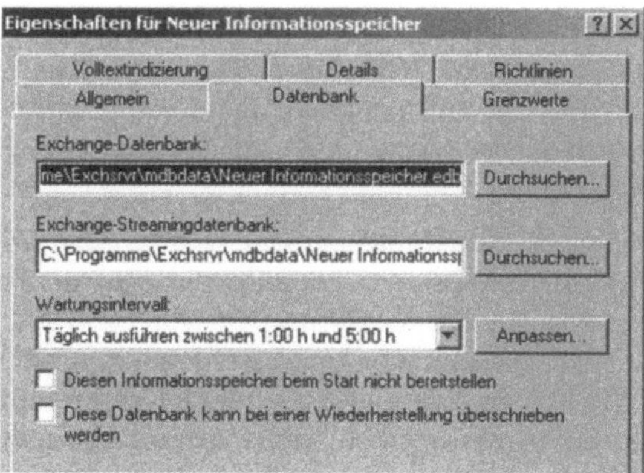

Abb. 1.59: Eigenschaften eines Informationsspeichers

Registerkarte Grenzwerte

Hier können Sie eintragen, welche Größe die Objekte in diesem Informationsspeicher haben dürfen (siehe Abbildung 1.60).

Diese Einstellungen sollten am besten mit einer Richtlinie (siehe Kapitel 6.5.2 *Systemrichtlinien*) konfiguriert werden, da dadurch mehrere Informationsspeicher gleichzeitig konfiguriert werden können und die Einstellungen so sicher identisch sind.

Eventuell notwendige Konfigurationsänderungen müssen mit Richtlinien nur einmal konfiguriert werden und sind dann für alle verbundenen Informationsspeicher gültig. Sollten Sie jedoch nur einen Informationspeicher haben oder wollen Sie die Einstellung direkt am Informationsspeicher vornehmen, können Sie notwendige Konfigurationen auch direkt in diesem Informationsspeicher eintragen.

- *Warnmeldung senden ab (KB).* Erreicht die Postfachgröße eines Benutzers diesen eingestellten Wert, schickt der Exchange-Server in regelmäßigen Abständen eine E-Mail an diesen Benutzer.
- *Senden verbieten ab (KB).* Ab dieser Postfachgröße darf der Benutzer keinerlei E-Mails mehr aus seinem Postfach senden.
- *Senden und Empfangen verbieten ab (KB).* Mit dieser Option sollten Sie sehr vorsichtig umgehen, da bei Überschreitung dieses Wertes der Benutzer keinerlei Eintragungen mehr in seinem Postfach vornehmen kann. Er darf nur noch Objekte löschen. Benutzer, die während der Sperrung E-Mails an diesen Benutzer senden, erhalten einen Unzustellbarkeitsbericht (NDR).
- *Zeitabstand für Warnmeldungen.* Hier legen Sie fest, wann und wie oft der Exchange Server eine Warnmeldung an den Benutzer versenden soll, wenn Grenzwerte überschritten wurden.
- *Gelöschte Objekte aufbewahren für (Tage).* Wenn Benutzer Objekte löschen, werden diese in den gelöschten Objekten des Postfachs aufbewahrt. Werden Sie vom Benutzer auch hieraus gelöscht, markiert Exchange 2000 diese Objekte als gelöscht. Sie können jedoch noch während des Zeitraums, den Sie hier einstellen, wieder hergestellt werden.

- *Postfächer und Objekte nicht permanent löschen...*.Mit dieser Option legen Sie fest, dass unabhängig des Zeitraums ein Objekt erst unwiederbringlich gelöscht wird, wenn die Datenbank online mit einer entsprechenden Software gesichert wurde. Eine Online-Sicherung kann auch durch das Windows 2000-eigene Datensicherungsprogramm durchgeführt werden.

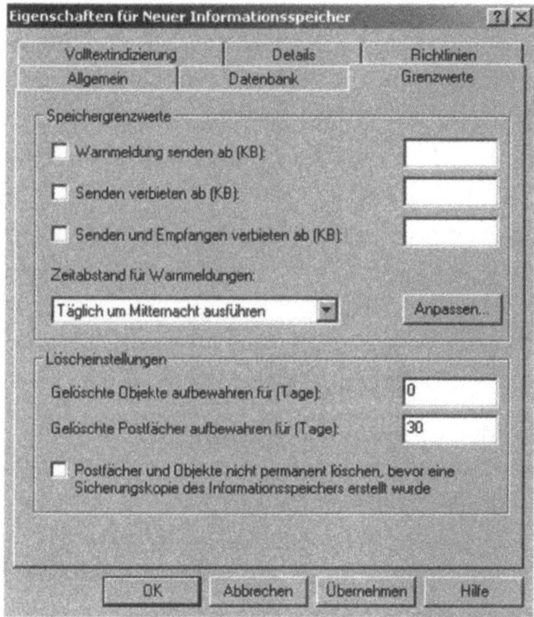

Abb. 1.60: Registerkarte Grenzwerte

1.8.3.2.2 Informationsspeicher für Öffentliche Ordner

Die Erstellung eines neuen Informationsspeichers für öffentliche Ordner läuft genauso ab wie die Erstellung eines Postfachspeichers. Allerdings gibt es hier einige Unterschiede. Der Bereich öffentliche Ordner wird im Kapitel 8 näher erläutert.

Auch hier gilt, dass Sie die Konfiguration des Informationsspeichers am besten mit einer Richtlinie steuern (siehe Kapitel 6.5.2.2 *Richtlinie für öffentliche Ordner-Informationsspeicher*).

Hinweis

Der wichtigste Unterschied besteht in der Beziehung zwischen dem Informationspeicher und der öffentlichen Ordner-Struktur. Jede Struktur kann nur einem Informationsspeicher für öffentliche Ordner innerhalb eines Servers zugewiesen werden.

Sie brauchen daher für jeden Informationsspeicher für öffentliche Ordner eine eigene öffentliche Ordner-Stuktur.

Informationsspeicher auf verschiedenen Servern können hingegen einer gemeinsamen öffentlichen Ordner-Struktur zugewiesen werden.

Registerkarte Allgemein

Auf der Registerkarte *Allgemein* können Sie die gleichen Einstellungen vornehmen wie bereits beim Postfachspeicher besprochen (siehe Abbildung 1.61).

Zusätzlich können Sie festlegen, welcher öffentlichen Ordner-Struktur dieser Informationsspeicher zugeordnet wird.

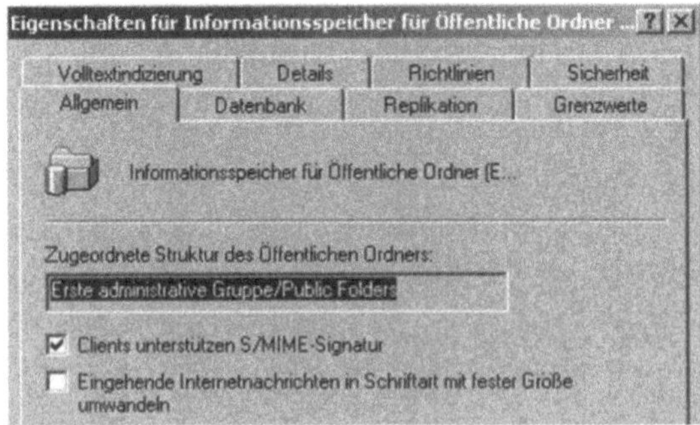

Abb. 1.61: Registerkarte Allgemein Informationsspeicher

Registerkarte Datenbank

Auf dieser Registerkarte können Sie das Replikationsverhalten dieses Informationsspeichers bearbeiten (siehe Abbildung 1.62).

Durch die Replikation werden die Inhalte der öffentlichen Ordner auf andere Exchange Server verteilt. Dadurch wird ein Lastenausgleich erreicht, der gerade bei geografisch getrennten Exchange Servern deutlich Performance für die Benutzer mit sich bringt.

- *Replikationsintervall.* Mit dem Replikationsintervall legen Sie einen Zeitplan fest, der die Replikation der öffentlichen Ordner steuert.
- *Reguläres Replikationsintervall (Minuten).* Hier legen Sie fest, im welchem Intervall die Replikation stattfinden soll wenn das Replikationsintervall auf `immer ausführen` steht.
- *Maximale Größe der Replikationsnachrichten.* Hier legen Sie fest, wie die maximale Größe für Replikationsnachrichten innerhalb dieses Informationsspeichers sein soll. Replikationsnachrichten sind E-Mails zwischen Ihren Exchange Servern mit denen die öffentlichen Ordner repliziert werden. Sie sollten bei der Einrichtung der Replikation genau die Bandbreite Ihres Netzwerkes beachten, da die Replikation der öffentlichen Ordner schnell eine Standleitung lahm legen kann.

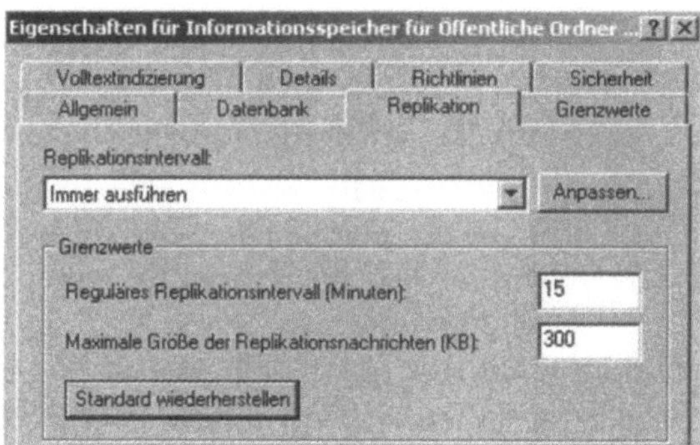

Abb. 1.62: Registerkarte Replikation

Registerkarte Grenzwerte

Hier stellen Sie, wie beim Postfachspeicher, die Größenbeschränkung der einzelnen Objekte und öffentlichen Ordner ein.

- *Warnmeldung senden ab (KB).* Hier legen Sie fest, ab welcher Größe des Informationsspeichers eine Warnmeldung verschickt werden soll. Sollten diese Werte überschritten werden, erhalten die Benutzer, die Sie in den Eigenschaften des öffentlichen Ordners als Kontaktperson festlegen, eine Benachrichtigung. Dies kann ein Benutzer sein oder auch mehrere.
- *Bereitstellen verbieten ab (KB).* Ab dieser Größe wird Benutzern nicht mehr gestattet, neue Objekte in die öffentlichen Ordner zu verschieben, die durch diesen Informationsspeicher für öffentliche Ordner verwaltet werden.
- *Maximale Objektgröße (KB).* Hier können Sie die maximale Größe von Objekten festlegen, die in die öffentlichen Ordner verschoben werden dürfen.
- *Zeitabstand für Warnmeldungen.* Hier legen Sie fest, wann und wie oft der Exchange Server eine Warnmeldung an die Administratoren bzw. Besitzer der öffentlichen Ordner versenden soll, wenn Grenzwerte überschritten wurden.
- *Gelöschte Objekte aufbewahren für (Tage).* Wenn Benutzer Objekte löschen, werden diese in den gelöschten Objekten aufbewahrt. Werden Sie vom Benutzer auch hieraus gelöscht, markiert Exchange 2000 diese Objekte als gelöscht. Sie können jedoch noch während des Zeitraums, den Sie hier einstellen, wiederhergestellt werden.
- *Objekte nicht permanent löschen....*Mit dieser Option legen Sie fest, dass, unabhängig des Zeitraums, ein Objekt erst unwiederbringlich gelöscht wird, wenn die Datenbank online gesichert wurde.
- *Verfallszeit.* Mit der Verfallszeit steuern Sie, wann Exchange die Inhalte automatisch löscht. Dies kann zum Beispiel zum Verwalten eines Fax-Server-Eingangs genutzt werden. Exchange löscht automatisch ältere E-Mails. Behandeln Sie diese Option mit Sorgfalt, da Sie sonst auch versehentlich E-Mails löschen, die zwar alt sind, aber dennoch benötigt werden.

1.8.3.2.3 Indizierung der Informationsspeicher

Sie haben in Exchange 2000 die Möglichkeit, die einzelnen Informationsspeicher indizieren zu lassen.

Dies geschieht durch die Volltextindizierung. Mit der Volltextindizierung können Sie den Inhalt des jeweiligen Informationsspeichers schneller durchsuchen. Allerdings geschieht dies zu Lasten des Prozessors des Servers, der den Index erstellen muss.

Durch die Indizierung läuft vor allem der Suchvorgang in Anhängen deutlich schneller ab. Sie können für jeden Informationsspeicher festlegen, ob er indiziert werden soll oder nicht.

Sie müssen beachten, dass der erstellte Index auf dem Festplatten-System abgelegt wird und so Plattenplatz verbraucht. Die Größe beläuft sich etwa auf 20 % der Datenbank.

Hinweis

Die Volltextindex-Suche wird ausschließlich verwendet, wenn Sie in Outlook aus dem Menü `Extras` die `Erweiterte Suche` auswählen. Bei der normalen Suche wird kein Index verwendet.

Erstellen eines Indexes

Um einen Index zu erstellen, starten Sie den Exchange System-Manager und navigieren zu dem Informationsspeicher, den Sie indizieren wollen (siehe Abbildung 1.63). Klicken Sie dann mit der `rechten Maustaste` und wählen aus dem Menü `Volltextindex erstellen` aus.

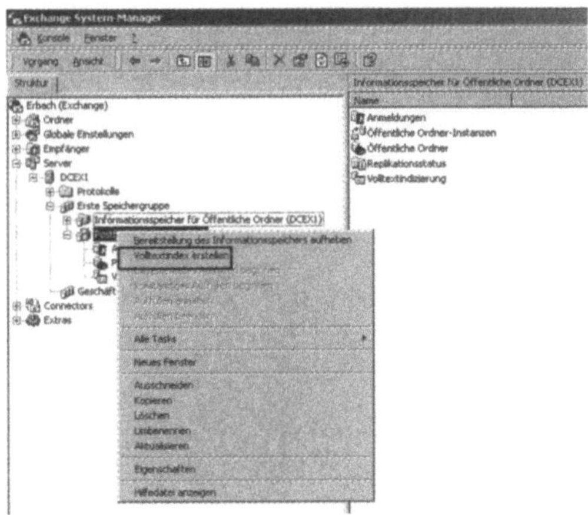

Abb. 1.63: Erstellen eines Volltextindexes

Wählen Sie danach einen Speicherort für den Index aus (siehe Abbildung 1.64).

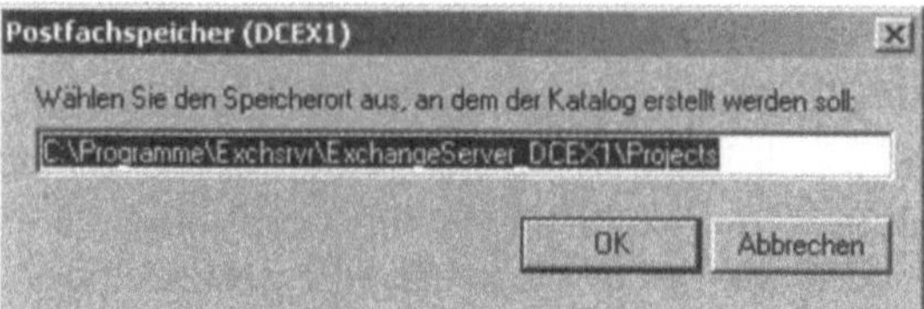

Abb. 1.64: Speicherort des Volltextindexes

Nach der Bestätigung des Speicherortes beginnt der Exchange-Server mit der Indizierung. Dies kann einige Minuten bis Stunden dauern, je nach Größe der Datenbank.

Diesen Vorgang sollten Sie nicht unbedingt zu Zeiten durchführen, an dem viele Benutzer mit dem System arbeiten, da durch die Erstellung des Indexes der Prozessor ziemlich belastet wird.

Verwalten des Indexes

Nach der Erstellung dieses Indexes können Sie die Eigenschaften aufrufen.

Dazu klicken Sie mit der `rechten Maustaste` auf den Informationsspeicher den Sie indiziert haben und wählen `Eigenschaften`.

Wechseln Sie dann auf die Registerkarte *Volltextindizierung* (siehe Abbildung 1.65).

In den Eigenschaften können Sie steuern, wann Änderungen dem Index hinzugefügt werden sollen und ob er den Benutzern zur Verfügung gestellt wird.

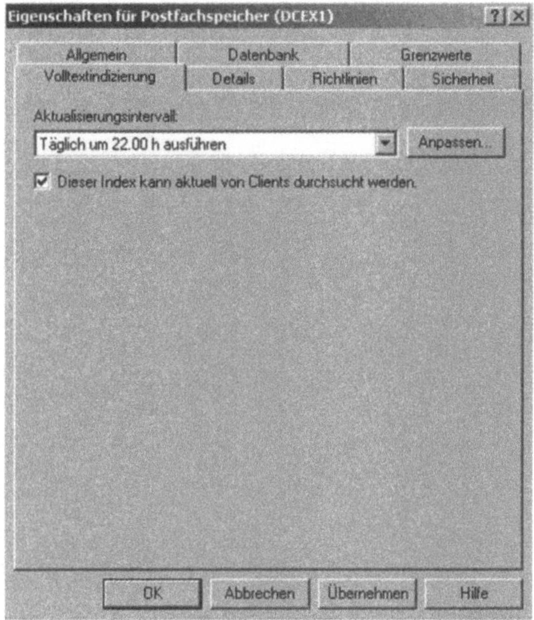

Abb.: 1.65: Eigenschaften des Volltextindex

Die interessanteren Punkte finden Sie, wenn Sie nach der Erstellung des Index wieder mit der `rechten Maustaste` auf den indizierten Informationssspeichers klicken (siehe Abbildung 1.67).

Sie können an dieser Stelle jetzt die verschiedenen Indizierungsoptionen verändern:

- *Inkrementelles Auffüllen beginnen.* Bei diesem Vorgang werden nur neu hinzugekommene Objekte indiziert. Dies können Sie auch über den Zeitplan in der Abbildung 1.58 steuern.
- *Vollständiges Auffüllen beginnen.* Hier wird jedes Objekt neu indiziert. Der Index wird nach und nach erneuert. Es wird nicht der gesamte Index gelöscht sondern neu aufgebaut.
- *Auffüllen anhalten.* Beendent die Indizierung. Bereits indizierte Objekte werden mit in den Index aufgenommen
- *Auffüllen beenden.* Beendet die Indizierung. Neu indizierte Objekte werden nicht mit aufgenommen.

- *Volltextindex löschen.* Löscht den kompletten Index.

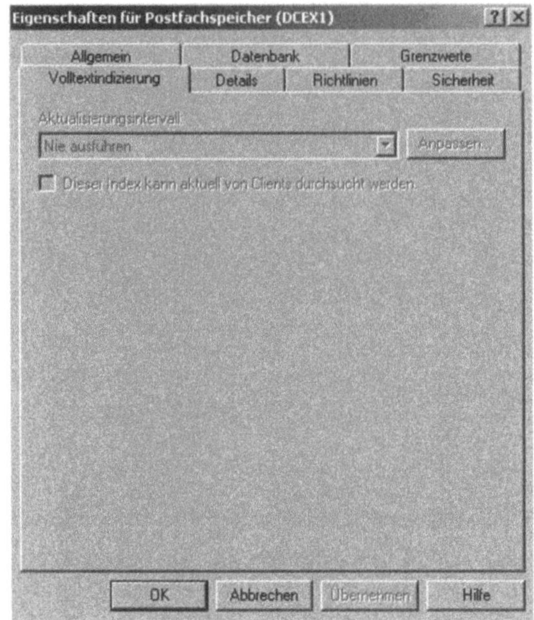

Abb. 1.66: Eigenschaften wenn Index noch nicht erstellt ist

Wechseln Sie auf die Karteikarte `Volltextindizierung` wenn Sie noch keinen Index erstellt haben, so sind die Eigenschaften ausgegraut (siehe Abbildung 1.66).

Hinweis

Während der Erstellung des Indexes werden im Pfad `c:\programme\exchsrvr\ExchangeServer_`*`Servername`* `\gatherlogs` Dateien mit der Endung *.gthr angelegt, in denen Dokumente und Nachrichten stehen, die nicht indiziert werden konnten.

Die Indizierung schreibt, wie alle Dienste des Exchange Server, Status-Meldungen ins Applikations-Ereignisprotokoll. Überprüfen Sie daher ständig das Ereignisprotokoll.

Die Indizierung wird durch den Dienst *Microsoft Search* ausgeführt. Stellen Sie sicher, dass dieser Dienst auf *automatisch* steht und gestartet wurde.

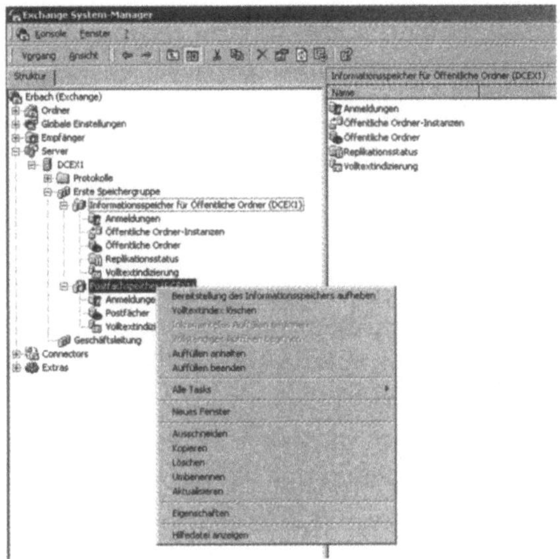

Abb. 1.67: Indexoptionen

Verschieben des Indexes

Sollte der Index mit der Zeit zu groß werden, so können Sie ihn verschieben.

Stoppen Sie dazu den Dienst *Microsoft Search* und verwenden Sie das Utility *catutil.exe* auf der Exchange-CD um den Index zu verschieben.

1.8.3.3 Löschen von Speichergruppen und Informationsspeichern

Speichergruppen und Informationsspeicher können jeweils nur gelöscht werden, wenn Sie vollkommen leer sind.

Wenn Sie also einen Postfachspeicher löschen wollen, darf dieser keine Postfächer mehr enthalten. Eine Speichergruppe wiederum darf keinen Postfachspeicher oder Informationsspeicher für öffentliche Ordner enthalten.

Wenn Sie einen Informationsspeicher für öffentliche Ordner löschen wollen, müssen Sie sicherstellen, dass dieser Informationsspeicher nicht der letzte Speicher für die zugewiesene öffentliche Ordner-Struktur ist.

Außerdem darf dieser Informationsspeicher keinem Postfachspeicher als Standard-Informationsspeicher zugeordnet sein.

1.8.4 Extensible Storage Engine

Die Datenbankengine von Exchange ist eine sogenannte *Extensible Storage Engine* (ESE).

Diese ESE stellt durch Transaktionsprotokolle sicher, dass die Datenbank bei einem Absturz konsistent bleibt. Außerdem wurde ESE auf Performance optimiert. Der Prozess der die ESE ausführt ist die bekannte *store.exe*.

Die ESE stellt die Konsistenz der Datenbank durch die Transaktionsprotokolldateien sicher. Um die Datenbank ständig auf Konsistenz zu überprüfen geht ESE dabei mit dem bekannten sogenannten *ACID*-Test vor:

- *Atomic (Atomar).* Es müssen alle Operationen einer Transaktion durchgeführt werden oder gar keine.
- *Consistent.* Die Datenbank wird immer konsistent gehalten. Wenn eine Transaktion die Datenbank in einen inkonsistenten Zustand bringen würde, wird die Transaktion nicht durchgeführt.
- *Isolated.* Änderungen werden erst sichtbar gemacht, wenn alle Operationen der Transaktion durchgeführt wurden. Sind die Vorgänge abgeschlossen, so ist sichergestellt, dass Exchange die Daten in die Datenbank geschrieben hat.
- *Durable (Dauerhaft).* Die Transaktion bleibt selbst dann erhalten, wenn das System ausfällt.

Durch diese ACID-Tests ist vor und nach jeder Transaktion sichergestellt, dass das System stabil und konsistent bleibt.

Hinweis

Eine oft gestellte Frage ist der hohe RAM-Verbrauch der *store.exe*, also der ESE.

In Exchange 2000 wurde die ESE dahingehend optimiert, dass Sie sich soviel Speicher wie möglich reserviert um effizient und schnell arbeiten zu können.

Wenn eine neu gestartete Applikation RAM benötigt, so erkennt dies die ESE und stellt dem neuen Prozess den Arbeitsspeicher zur Verfügung, den er braucht.

1.9 Routingtopologie in Exchange 2000

Bei der physikalischen Abgrenzung der verschiedenen Server gibt es zwischen Exchange 5.5 und Exchange 2000 einige Unterschiede.

Der wichtigste ist, dass Exchange 5.5 getrennte Server durch Standorte definiert während dies bei Exchange 2000 durch Routinggruppen geschieht. Unter Exchange 5.5 sind Standorte gruppierte Exchange 5.5-Server, die durch eine Leitung mit hoher Bandbreite miteinander verbunden sind. Daher basiert auch die Routingtopologie von Exchange 5.5 auf diesen Standorten.

Routinggruppen sind, wie im Kapitel 1.4.2 *Routinggruppen* beschrieben, eine Sammlung von Exchange 2000-Servern, die durch eine breitbandige Leitung, normalerweise ein LAN, miteinander verbunden sind.

Nachrichten zwischen verschiedenen Routinggruppen werden mit Konnectoren (connectors) übermittelt. Innerhalb einer Routinggruppe werden Nachrichten direkt von Server zu Server übermittelt. Mit einem einzigen, sogenannten Hop.

Die Kommunikation zwischen Routinggruppen wird über speziell zu definierende *Bridgehead-Server* abgewickelt. Exchange 2000 verwendet dabei SMTP als primäres Transportprotokoll zwischen den Servern innerhalb einer Routinggruppe.

Exchange 2000 speichert seine Routinginformationen im Active Directory während Exchange 5.5 diese Informationen in seinem eigenen Verzeichnis gespeichert hat.

Der Routinggruppenmaster

Das Nachrichten-Routing innerhalb einer Routinggruppe wird vom Routinggruppenmaster gesteuert.

Standardmäßig wird der erste Server der in einer Routinggruppe installiert wird zum Routinggruppenmaster.

Sie finden diese Einstellung, wenn Sie im Exchange System-Manager zur entsprechenden adminstrativen Gruppe, dann zur entsprechenden Routinggruppe und dann auf `Mitglieder` zeigen.

Hier werden Ihnen alle Exchange-Server innerhalb dieser Routinggruppe angezeigt (siehe Abbildung 1.61).

Sie sehen hier auch, wer der Routinggruppenmaster ist.

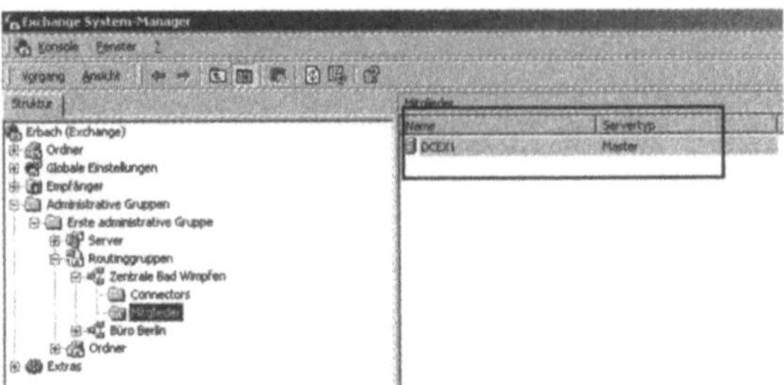

Abb. 1.68: Ansicht der Server innerhalb einer Routinggruppe

Ändern des Routinggruppenmasters

Mit einem Rechtsklick mit der Maus können Sie den Master ändern. Achten Sie darauf, dass der jeweilige Master nicht mit anderen Aufgaben zu sehr belastet ist, da sonst die Gefahr besteht, dass diese Routinggruppe keine Nachrichten senden und empfangen kann obwohl auf den ersten Blick alles in Ordnung scheint.

Wenn der Routinggruppenmaster ausfällt, wird nicht automatisch ein anderer Server der Routinggruppe zum Master sondern muss manuell dazu definiert werden. Dies ist ungeheuer wichtig, da ohne Routinggruppenmaster die Verbindungsstatustabelle auf den einzelnen Exchange-Servern der Routinggruppe veraltet und ungültig werden kann.

Routinggruppen befinden sich unterhalb von administrativen Gruppen, da durch die jeweilige Verwaltungsstruktur Ihres Unternehmens mehrere Routinggruppen von den gleichen Administratoren verwaltet werden können.

Wie weiter vorne bereits beschrieben, dienen administrative Gruppen zur logischen Trennung der Server. Ganz im Gegensatz zur physikalischen Trennung durch Routinggruppen. Exchange 5.5 kennt hier nur Standorte, die sowohl die logische als auch die physikalische Trennung darstellen.

1.9.1 Connectoren (Connectors)

Nachdem Sie mehrere Routinggruppen erstellt haben, müssen Sie diese jetzt miteinander verbinden. Exchange stellt dazu drei Connectoren zur Verfügung:

- Routinggruppen-Connector
- SMTP-Connector
- X.400-Connector

1.9.1.1 Routinggruppen-Connector

Der Vekehr über den Routinggruppenconnector läuft über das SMTP-Protokoll.

Dabei versenden nicht alle Server in einer Routinggruppe E-Mails zwischen den Routinggruppen, sondern nur Bridgehead-Server. Diese Server werden beim Konfigurieren des Routinggruppen-Connectors eingetragen.

Wenn eine E-Mail versendet wird, schickt sie der sendende Exchange-Server zum Bridgehead-Server seiner Routinggruppe und dieser dann zum empfangenden Bridgehead-Server der anderen Routinggruppe. Dieser Bridgehead-Server ist dann dafür verantwortlich, dass die E-Mail an den richtigen Exchange-Server weitergeleitet wird.

Um Ausfallsicherheit zu erreichen, können Sie auch mehrere Bridgehead-Server konfigurieren. Sie müssen auch beachten, dass sich der Routinggruppen-Connector nicht automatisch konfiguriert, das heißt, wenn Sie in einer Routinggruppe einen Server neu installieren wollen oder durch Ausfall müssen, so müssen Sie beachten, dass Sie auch die jeweiligen Routinggruppen-Connectoren anpassen. Sie laufen ansonsten Gefahr, dass E-Mails zwischen den Routinggruppen nicht mehr zugestellt werden können, da es die Exchange-Server, die als Bridgehead-Server im Routinggruppenconnector eingetragen wurden, nicht mehr gibt.

Sie können auch mehrere Connectoren verwenden und diese mit unterschiedlichen *Kosten* konfigurieren (siehe Abbildung 1.70). Diese Connector-Kosten sind willkürliche Kosten, die lediglich die einzelnen Connectoren voneinander unterscheiden sollen und die Möglichkeit schaffen, selbst in die Routingtopologie einzugreifen.

Um einen neuen Routinggruppenconnector zu erstellen, müssen Sie zuerst die Ansicht der Routinggruppen aktivieren wie im Kapitel 1.4.2 beschrieben. Nachdem Sie die Ansicht der Routinggruppen aktiviert haben, können Sie einen neuen Routinggruppenconnector erstellen.

Navigieren Sie dazu im Exchange System-Manager zu der entsprechenden administrativen Gruppe, in der sich die Routinggruppe befindet, in der Sie den Connector erstellen wollen und wählen dann neu und Routinggruppenconnector (siehe Abbildung 1.62).

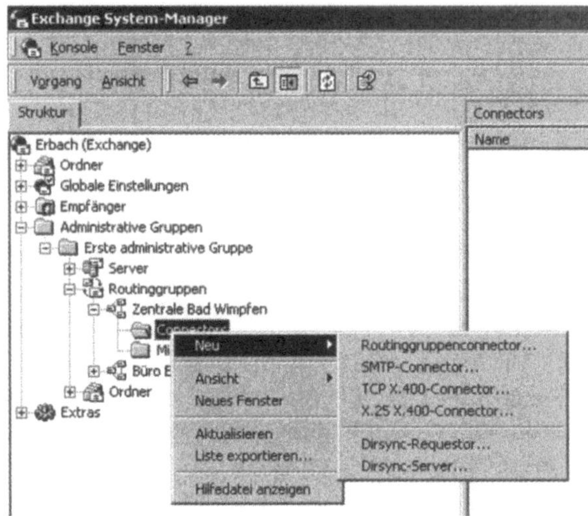

Abb. 1.69: Erstellen eines neuen Routiggruppenconnectors

Nachdem Sie den neuen Connector erstellt haben, können Sie Ihn konfigurieren (siehe Abbildung 1.70).

Den Namen sollten Sie immer so vielsagend wie möglich wählen, damit später keine Missverständnisse entstehen.

Hierzu mehr im Kapitel 2.3.1 *Planung der Namenskonventionen*.

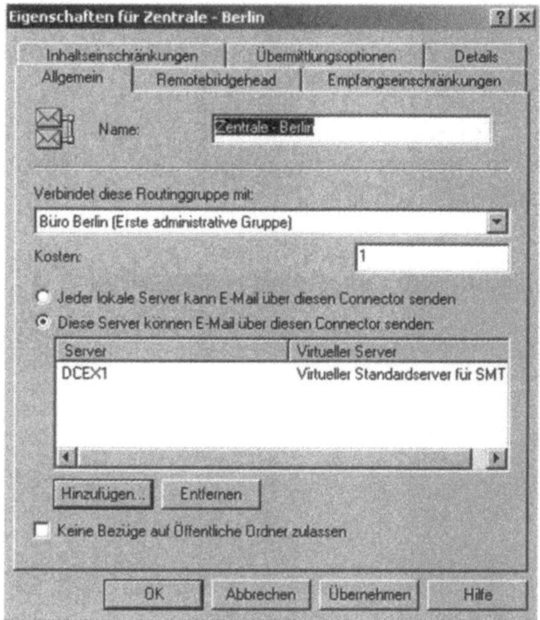

Abb. 1.70: Konfigurationsfenster des Routinggruppen-Connectors

Routinggruppen und öffentliche Ordner

Wenn ein Benutzer Zugriff auf einen öffentlichen Ordner nehmen will, so versucht Outlook zunächst den Ordner auf dem Exchange-Server zu öffnen, der auch das Postfach des Benutzers zur Verfügung stellt.

Besitzt dieser Server kein Replikat dieses öffentlichen Ordners, so versucht Outlook die Verbindung zum nächsten Server innerhalb der gleichen Routinggruppe aufzubauen.

Hat kein Server in der gleichen Routinggruppe ein Replikat, so verbindet sich Outlook mit der nächsten Routinggruppe und benutzt dabei den jeweiligen Connector mit den niedrigsten Kosten.

Zugriff auf öffentliche Ordner über verschiedene Routinggruppen

Der Menüpunkt `Keine Bezüge auf Öffentliche Ordner zulassen` bedeutet, dass über diesen Connector keine Zugriffe auf öffentlichen Ordner geroutet werden (siehe Abbildung 1.70).

Hier können Sie auch auswählen, ob alle oder nur ausgewählte Server dieser Routinggruppe Nachrichten über diesen Connector versenden sollen.

Auf der Karteikarte `Remotebridgehead` legen Sie fest, welche Server der anderen Routinggruppe E-Mails über diesen Connector empfangen können.

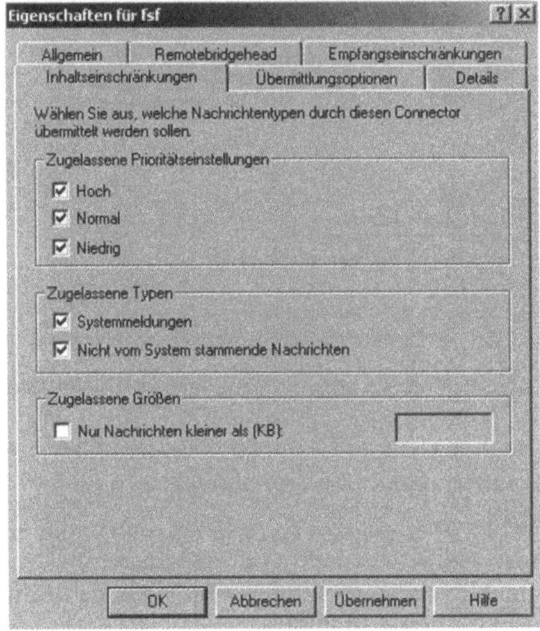

Abb. 1.71: Konfiguration der Inhaltsbeschränkungen

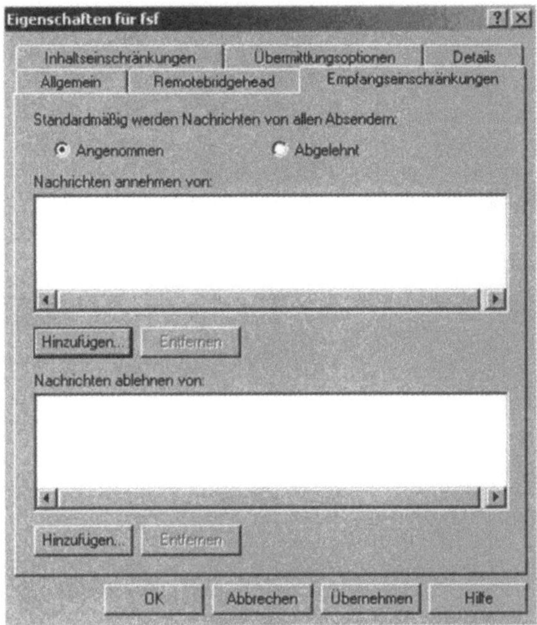

Abb. 1.72: Konfiguration der Empfangsbeschränkungen

Registerkarten Inhaltseinschränkungen und Empfangseinschränkungen

Mit den beiden Registerkarten *Inhaltseinschränkungen* (siehe Abbildung 1.71) bzw. *Empfangsbeschränkungen* (siehe Abbildung 1.72) können Sie steuern, welche Nachrichten über diesen Connector gesendet werden und welche Benutzer innerhalb Ihres Active Directorys diesen Connector benutzen können.

Auf der Registerkarte *Übermittlungsoptionen* können Sie definieren, wann der Connector zur Verfügung steht und wie er mit Nachrichten verfahren soll, die eine gewisse Größe überschreiten (siehe Abbildung 1.73).

Der Routinggruppenconnector bietet ansonsten keine weitergehenden Sicherheitseinstellungen.

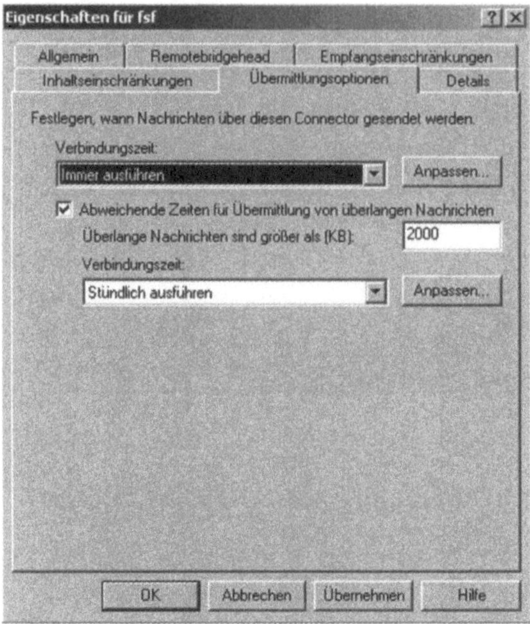

Abb. 1.73: Konfiguration der Übermittlungsoptionen.

1.9.1.2 SMTP-Connector

Der SMTP-Connector ist wohl der umfangreichste aller Exchange 2000 Connectoren.

Mit seiner Hilfe können Sie Routinggruppen aber auch verschiedene Exchange-Organisationen miteinander verbinden. Auch die Verbindung mit anderen Messaging-Systemen lässt sich über den SMTP-Connector definieren.

Später wird auch die Verbindung des Exchange 2000 mit dem Internet über den SMTP-Connector konfiguriert. Dieser Connector hat eine Vielzahl von Steuerungsmöglichkeiten, die der Routinggruppen-Connector nicht hat. Dazu gehören das Festlegen, welche Domänen über ihn geroutet werden und wann er E-Mails versenden soll. Sie können so zum Beispiel E-Mails mit großen Anhängen nach den Geschäftszeiten senden oder ganz verbieten.

Sie können mit dem SMTP-Connector auch ganz direkt Routinggruppen miteinander verbinden. Der SMTP-Connector unterstützt im Gegensatz zum Routinggruppen-Connector auch Authetifizierung und Verschlüsselung.

Wie bereits erwähnt, ist bei Exchange 2000 im Gegensatz zu seinen Vorgängern das SMTP-Protokoll das Standardprotokoll.

Sie sollten sich also mit den einzelnen Funktionen, den Vorteilen aber auch den Gefahren bei fehlerhafter Konfiguration auseinandersetzen. Ein sehr wichtiger Punkt des SMTP-Connectors ist das DNS, welches intern aber auch nach extern funktionieren muss.

Um einen neuen SMTP-Connector zu erstellen, verfahren Sie genau so wie bei der Erstellung des Routinggruppen-Connectors mit dem Unterschied, dass Sie beim Menüpunkt `Neu` dann SMTP-Connector wählen (siehe Abbildung 1.69).

Sie erhalten das Konfigurationsfenster des SMTP-Connectors (siehe Abbildung 1.74).

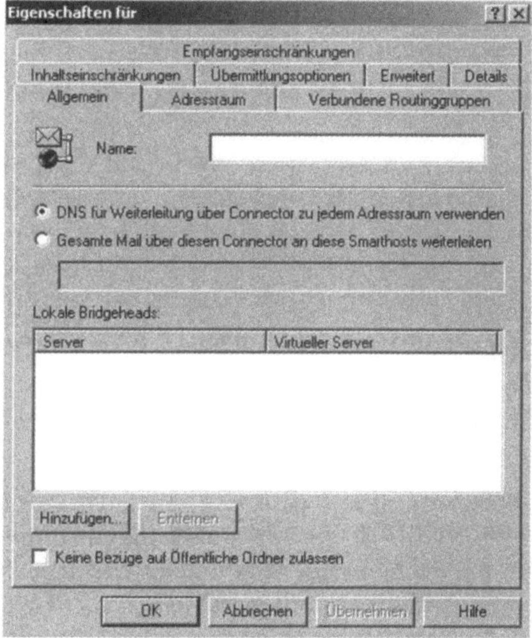

Abb.: 1.74: Konfiguration des SMTP-Connectors

Registerkarte Allgemein

Zuerst müssen Sie einen Namen für den Connector festlegen.

Dann müssen Sie entscheiden, ob der Connector selbst eine Namensauflösung durchführen soll um E-Mails zuzustellen.

Dies wird mit der Option `DNS für Weiterleitung über Connector zu jedem Adressraum verwenden` konfiguriert.

Sie können hier aber auch festlegen, dass alle E-Mails zu einem festen Server geschickt werden sollen, der diese dann wiederum weiterleitet.

Dazu verwenden Sie die Option `Gesamte Mail über diesen Connector an diese Smarthosts weiterleiten`.

Wenn Sie den Connector für die Verbindung zwischen Routinggruppen verwenden, sollten Sie die Einstellung `DNS für Weiterleitung über Connector zu jedem Adressraum verwenden` verwenden.

Hinweis

Beachten Sie, dass Sie bei der Eingabe des Smarthosts beim SMTP-Connector den FQDN-Name des Servers eintragen müssen oder dessen IP-Adresse in eckigen Klammern zum Beispiel `[10.20.10.4]`.

Tragen Sie die IP-Adresse nicht mit eckigen Klammern ein, so geht Exchange davon aus, dass es sich bei diesem Smarthost-Namen um einen FQDN-Namen handelt und versucht diesen immer wieder aufzulösen, was zum verzögerten Mail-Versand, auf alle Fälle aber zu unnötigem DNS-Overhead führt.

Dies gilt nicht für den Vorgänger des SMTP-Connectors - dem Internetmaildienst bei Exchange 5.5.

Hier führt die Eingabe in eckigen Klammern zu einem Fehler.

Der Menüpunkt `Keine Bezüge auf Öffentliche Ordner zulassen` bedeutet, dass über diesen Connector keine Zugriffe auf öffentlichen Ordner geroutet werden (nähere Erklärung siehe Routinggruppen-Connector).

Registerkarte Adressraum

Auf der Registerkarte *Adressraum* (siehe Abbildung 1.75) können Sie einen Adressraum eingeben, der für diesen Connector Gültigkeit hat. Soll dieser Connector zum Beispiel alle SMTP-Domänen auflösen, so tragen Sie hier den Platzhalter * ein.

Der SMTP-Connector an sich hat keine Kostendefinition wie der Routinggruppen-Connector, sondern definiert seine Kosten ausschließlich über die Kosten des jeweiligen Adressraums.

Wenn Sie also hier Ausfallsicherheit erreichen wollen, so müssen Sie mehrere SMTP-Connectoren für den gleichen Adressraum mit unterschiedlichen Kosten erstellen.

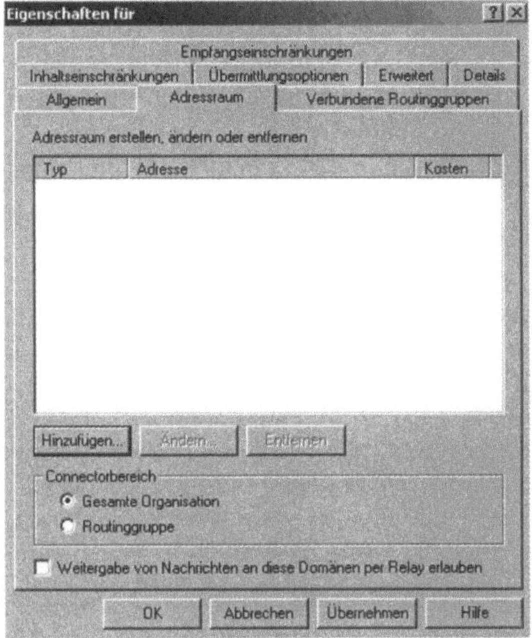

Abb. 1.75: Adressraum des SMTP-Connectors

Auf dieser Registerkarte können Sie auch festlegen, wie weit der Connector gültig sein soll. Über die gesamte Exchange-Organisation oder nur innerhalb seiner Routinggruppe.

Der Menüpunkt `Weitergabe von Nachrichten an diese Domänen per Relay erlauben` sollte deaktiviert sein, da der Server sonst alle E-Mails die er bekommt (auch von außerhalb, wenn Sie keine Firewall oder einen SMTP-Filter zwischen Exchange und Internet haben) weiter verschickt.

Sie sollten diese Option nur nutzen, wenn der Exchange-Server als Relay für eine genau definierte Domäne gültig sein soll. Erstellen Sie für diese Domäne dann auf jedenfall einen eigenen Connector.

Registerkarte Verbundene Routinggruppen

Auf dieser Registerkarte können Sie den Connector direkt mit einer anderen Routinggruppe verbinden oder alternativ mit einem Exchange 5.5-Standort.

Wenn Sie den Connector mit einer Routinggruppe verbinden, müssen Sie im Adressraum keinen Eintrag machen.

Registerkarte Inhaltseinschränkungen

Hier können Sie definieren, welche Nachrichtentypen und bis zu welcher Größe E-Mails gesendet und empfangen werden dürfen (siehe Abbildung 1.69).

Diese Einstellung kann sehr wertvoll sein, da in meiner langjährigen Praxis bei vielen Kunden die Leitung ins Internet von einer übergroßen E-Mail schon oft blockiert wurde.

Man kann sich gar nicht vorstellen, welche Datenmengen manche Benutzer per E-Mail versenden. Das bisher wohl größte „Projekt" dieser Art war eine gepackte Audio-CD von etwa 500 MB, die ein Benutzer zu seinem Privat-Account schicken wollte. Dabei stand Exchange eine gebündelte ISDN-Wähl-Leitung mit 128 kbit zur Verfügung. Da die meisten Freemailanbieter natürlich Größenbeschränkungen für Ihre Postfächer definiert haben, ist diese Mail auch wieder zurückgekommen und hat so gleich zweimal die Firma im Bereich Internet lahmgelegt.

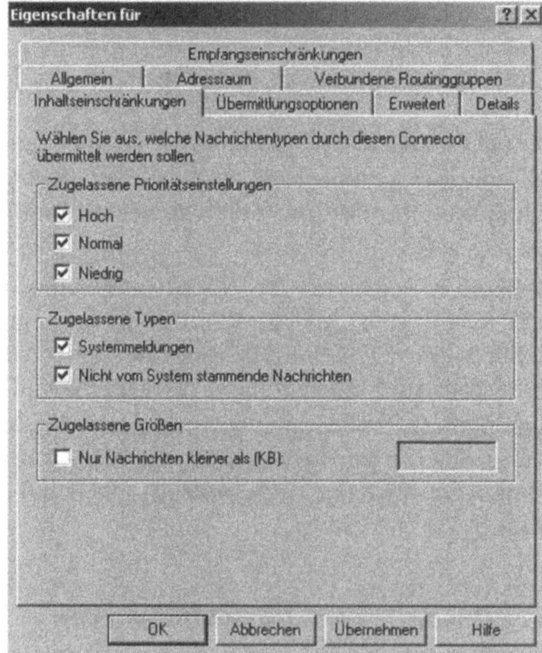

Abbildung 1.76: Inhaltsbeschränkungen des SMTP-Connectors

Registerkarte Übermittlungsoptionen

Hier können Sie Einstellungen vornehmen, wann die Nachrichten über diesen Connector versendet werden sollen (siehe Abbildung 1.77).

Sie können genaue Definitionen über Zeitplan und Größe erstellen, um den Internetverkehr so optimal wie möglich zu gestalten.

Größere E-Mails können so in den Stunden nach der Arbeit verschickt werden.

Die Option `Mail für remote ausgelöste Übermittlung in der Warteschlange speichern` ist für Benutzer gedacht, denen Sie über Hinzufügen das Recht geben können, Übertragungen manuell durch Ihre Anmeldung anzustossen.

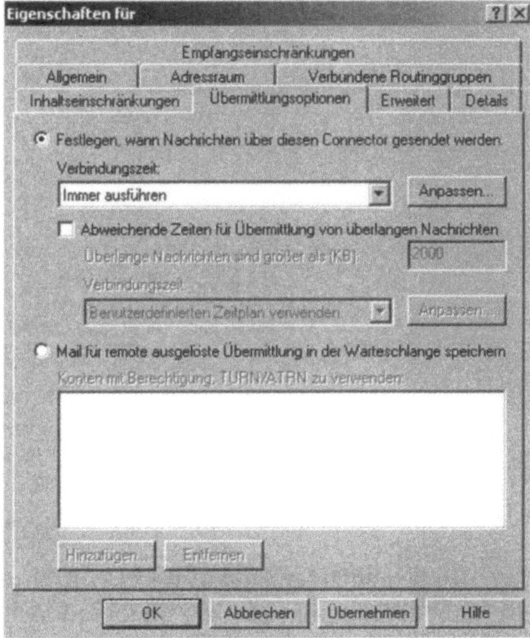

Abb. 1.77: Übermittlungsoptionen des SMTP-Connectors

Registerkarte Erweitert

Mit dieser Registerkarte können Sie die *ESMTP* (Extended-SMTP) Optionen des Connectors steuern (siehe Abbildung 1.78).

Sie können zum Beispiel festlegen, dass bei Aufbau einer SMTP-Session nicht der SMTP Befehl *EHLO* sondern nur Standard *HELO* gesendet wird.

Wird er EHLO-Befehl verwendet, so wird dem anderen SMTP-Server mitgeteilt, dass der sendende Server die erweiterten Befehle des ESMTP-Standards beherrscht. Da nicht alle Mail-Server diesen erweiterten Standard beherrschen, können Sie dem Connector sagen, er soll nur mit dem Standard arbeiten.

Die meisten E-Mail-Server beherrschen allerdings mittlerweile ESMTP. Sie sollten hier nur Änderungen vornehmen, wenn ein empfangender E-Mail-Server dies nicht beherrscht und keine andere Möglichkeit zur Zustellung besteht.

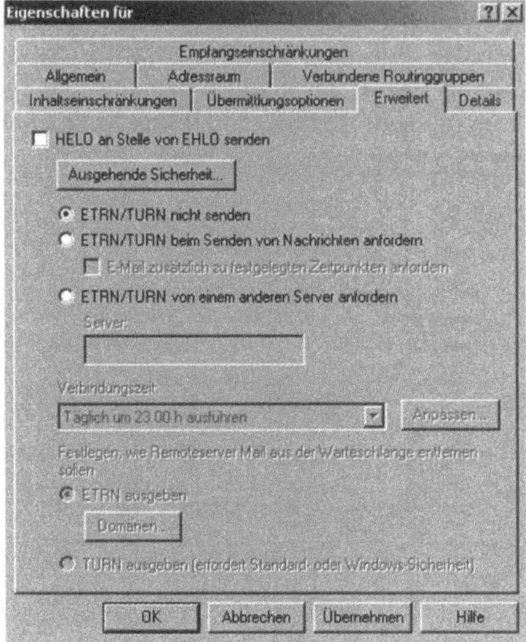

Abb. 1.78: Erweiterte Einstellmöglichkeiten des SMTP-Connectors

Über die Schaltfläche `Ausgehende Sicherheit` können Sie die Authentifizeriung für die Remotedomäne eingeben (siehe Abbildung 1.79).

Standardmäßig ist *anonymer Zugriff* aktiviert, das heißt, es ist keine Authentifizierung notwendig.

Die beiden anderen Authentifizierungsmethoden sind eher nicht zu empfehlen, da bei beiden das Passwort unverschlüsselt über das Netz geschickt wird.

Unterstützt der Empfänger Kerberos können Sie die `Integrierte Windows-Authentifizierung` verwenden.

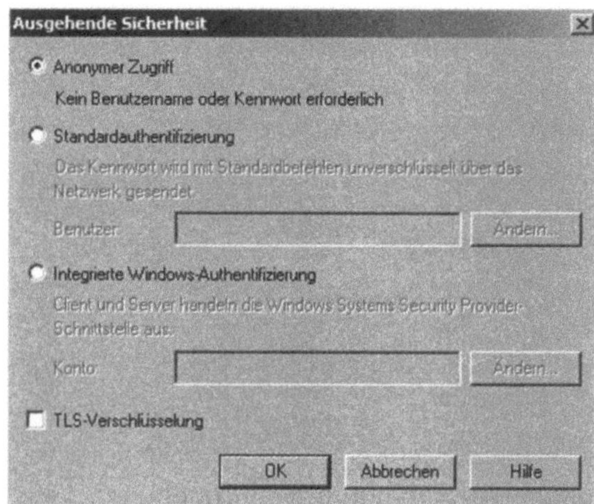

Abb. 1.79: Ausgehende Sicherheit des SMTP-Connectors

Bei der TLS-Verschlüsselung (siehe auch Kapitel 2.3.6.5 *E-Mail-Verschlüsselung*) handelt es sich um eine SSL-Verschlüsselung. Dies ist die sicherste Form der Übertragung. Es muss allerdings gewährleistet sein, dass der Empfänger diese Option unterstützt.

Beachten Sie auch, dass diese Verschlüsselung zusätzlich Performance kostet.

`ETRN/TURN NiCHT senden` bedeutet, dass Ihr Exchange-Server die Gegenstelle nicht kontaktiert, um Ihre Warteschlangen abzubauen. Diese Option wird normalerweise ohnehin nicht benötigt.

Somit ist die Option `ETRN/TURN beim senden von Nachrichten anfordern` auch klar.

Zusätzlich können Sie noch das Kontrollkästchen `E-Mail zusätzlich zu festgelegten Zeitpunkten anfordern` aktivieren und die Verbindungszeiten definieren.

Dadurch können Sie, einfach gesagt, einen Remote-Exchange-Server quasi fernsteuern, also zum Abarbeiten seiner Warteschlangen veranlassen.

Die Option `ETRN/Turn von einem anderen Server anfordern` ist die Gegenseite zu den anderen Einstellungen.

`ETRN Ausgeben` und `Turn Ausgeben` definiert die Ausgabe der beiden SMTP-Befehle *ETRN* und *TURN*. Turn können Sie nur bei eingestellter Sicherheit aktivieren.

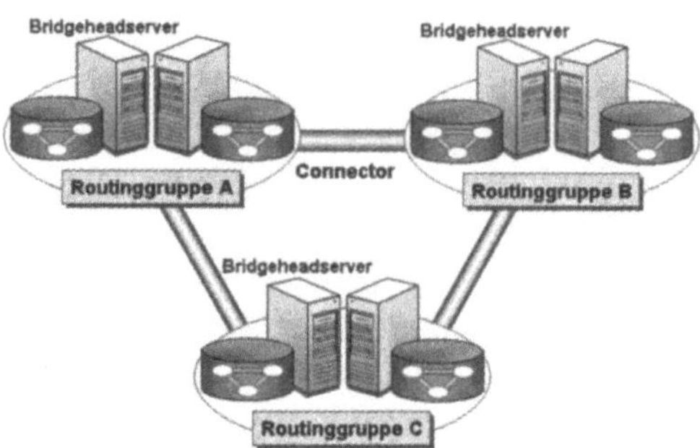

Abb. 1.80: Verbindung von Routinggruppen

1.9.1.3 X.400-Connector

Der erste wichtige Punkt des X.400-Connectors ist, dass dieser nur beim Exchange 2000 Enterprise-Server zum Lieferumfang gehört.

Sollten Sie Exchange 2000 Standard Server einsetzen, müssen Sie diesen Connector nachträglich erwerben. Der X.400-Connector lässt sich bezüglich der Nachrichtengröße noch effizienter konfigurieren als der SMTP-Connector.

Nachrichten, deren Versand während der Übertragung zu einem anderen Standort unterbrochen wurden, werden nicht komplett neu versendet sondern an der Stelle weitergesendet, an der die Übertragung unterbrochen wurde.

Dies ist wohl der größte Unterschied zum SMTP-Connector. Sie können zum einen einen *TCP-X.400-Connector* und zum anderen einen *X.25-X.400-Connector* erstellen. Dabei ist nur der benutzte Transport-Layer unterschiedlich - einmal TCP, einmal X.25.

Um einen X.400-Connector erstellen zu können, müssen Sie zuerst einen X.400-Transportstack einrichten. Auf X.400 basieren viele Messaging-Systeme zum Beispiel Exchange 5.5.

Um eine Verbindung mit einem anderen X.400-System herstellen zu können, müssen beide Systeme konfiguriert werden. Ich gehe an dieser Stelle davon aus, dass das Fremdsystem bereits konfiguriert wurde bzw. ein Exchange 2000 Server ist, der analog zu dieser Konfiguration installiert werden sollte.

1.9.1.3.1 Erstellen eines Transportstacks für X.400

Der erste Schritt zur Installation ist, wie oben beschrieben, die Installation eines MTA-Transportstacks (Message Transfer Agent).

Der Transportstack gilt lediglich für den Server, auf dem er eingerichtet wird. Er ist nicht für mehrere Server gleichzeitig gültig.

Es gibt drei verschiedene Versionen von Transportstacks:

- *TCP/IP*. Hier werden die TCP/IP-Dienste von Windows 2000 verwendet.
- *TP0 /X.25*. Dieser Typ unterstützt DFÜ-Verbindungen.
- *RAS*. Zur Verwendung dieses Stacks muss RAS installiert sein.

Der verbreieteste Stack ist *TCP/IP*. Um den Stack zu installieren, gehen Sie in den Exchange System-Manager und navigieren bis zu dem Server, auf dem Sie den Stack installieren wollen.

Gehen Sie dann zu `Protokolle` und wählen bei `X.400` dann Neu (siehe Abbildung 1.81).

Hier können Sie jetzt den TCP/IP-Stack erstellen.

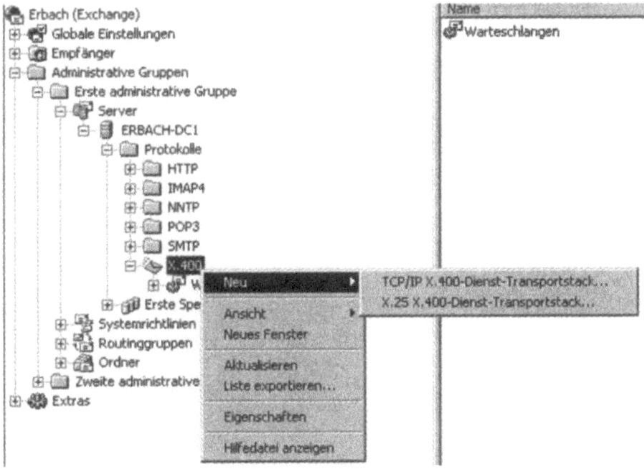

Abb. 1.81: Erstellen eines Transportstacks für X.400

Nach der Erstellung können Sie jetzt den Stack konfigurieren. Sie haben dazu zwei Registerkarten zur Auswahl - Allgemein und Connectors. Auf der Registerkarte *Allgemein* können Sie den Namen und die OSI-Adressierung ändern. Wenn dieser Stack jedoch ausschließlich von Exchange 2000 verwendet wird, wovon wir jetzt mal ausgehen, sind hier keinerlei Einträge notwendig.

Auf der Registerkarte *Connectors* können Sie sehen, welche Connectors den neuen Stack benutzen. Da wir den Stack neu erstellt haben, steht hier natürlich noch nichts drin.

1.9.1.3.2 Erstellen eines X.400-Connectors

Nach der Erstellung des Transportstacks können Sie den eigentlichen Connector erstellen.

Dazu müssen Sie im Exchange System-Manager zu der Routinggruppe wechseln, in der Sie den Connector erstellen wollen. Wählen Sie dann `Neu` und dann `TCP X.400-Connector`.

Auch zur Konfiguration des X.400-Connectors stehen Ihnen einige Registerkarten zur Verfügung.

Registerkarte Allgemein

Die Registerkarte *Allgemein* dient unter anderem zur Einstellung des Namens und des verwendeten Transportstacks (siehe Abbildung 1.79).

Zuerst müssen wir einen Namen für den neuen Connector vergeben. Wählen Sie hier einen Namen, der klar macht, welche Systeme miteinander verbunden werden sollen, zum Beispiel „Berlin > Hamburg".

Im Feld `X.400-Remotename` wird der Server und eventuell das Kennwort eingetragen, das zur Verbindung mit dem anderen System verwendet wird.

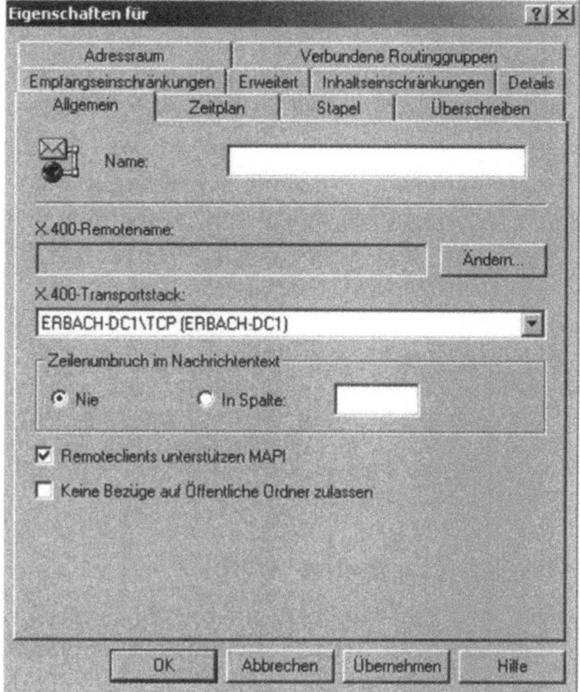

Abb. 1.82: Konfiguration des X.400-Connectors

Im Feld `X.400-Transportstack` wird der Stack ausgewählt, den wir für das Versenden über unseren Connector verwenden wollen. Da wir nur einen Stack zur Verfügung haben, wird dieser hier zuerst vorgeschlagen.

Die Option `Zeilenumbruch im Nachrichtentext` dient zum automatischen Zeilenumbruch beim Verändern der Fenstergröße. Die Standardeinstellung ist `Nie`.

Die Option `Remoteclients unterstützen MAPI` ist standardmäßig ebenfalls aktiviert. Diese Option steht für die Unterstützung der Clients für das MAPI-Protokoll (Messaging Application Programming Interface).

Exchange 2000 sendet E-Mails im RTF-Format und verwendet daher auch die MAPI-Erweiterungen.

Die letzte Option auf dieser Seite steht, wie beim SMTP-Connector, für die Zugriffe auf die öffentlichen Ordner (siehe SMTP-Connector weiter vorne).

Registerkarte Zeitplan

Die Registerkarte *Zeitplan* ist selbsterklärend. Hier können Sie die Verfügbarkeit des Connectors festlegen.

Der Punkt `Remote eingeleitet` auf dieser Karte bedeutet, dass der Connector nicht selbstständig eine Verbindung aufbauen kann sondern nur, wenn ein Remote-Connector eine Verbindung anfordert. So können E-Mails zwar ständig empfangen jedoch nicht versendet werden.

Registerkarte Stapel

Auf der Registerkarte Stapel tragen Sie die Adressinformationen des Systemes ein, welches mit dem Connector verbunden werden soll.

Registerkarte Überschreiben

Mit den Einstellungen auf der Registerkarte *Überschreiben* können Sie lokale MTA-Einstellungen neu definieren.

Wenn Sie eine Verbindung zu einem anderen Exchange-System aufbauen wollen, sollten Sie diese Einstellungen so lassen wie Sie sind.

Alles was Sie hier eintragen gilt nur für E-Mails, die über diesen Connector versendet werden.

Registerkarte Empfangseinschränkungen

Hier können Sie definieren, wer über diesen Connector E-Mails versenden darf und wer nicht.

Registerkarte Erweitert

Hier können Sie die MTA-Nachrichtenattribute konfigurieren.

Hierzu stehen Ihnen einige Optionen zur Verfügung (siehe Abbildung 1.80).

- *BP-15 (zusätzlich zu BP-14) zulassen.* BP-15 (Body Part 15) dient unter anderem zum Verschlüsseln von Anlagen, die in binärer Form vorliegen. BP-14 ist ein älterer Standard und unterstützt deutlich weniger Funktionen.

- *Exchange-Inhalte zulassen.* Exchange 2000 unterstützt MAPI kompatible Clients und RTF-Formate (Rich Text Format). Hier können Sie einstellen ob das Remote-System dies ebenfalls unterstützt.
- *Beidseitig abwechseln.* Hier kann eingestellt werden, dass beide Systeme abwechselnd senden und empfangen können. Wenn das Remotesystem diese Funktion unterstützt, lassen sich die einzelnen Übertragungen beschleunigen.
- *X.400-Textkörper für Nachrichtentext.* Mit dieser Option können Sie die Formatierung des übertragenen Textes einstellen. Normalerweise muss hier nichts geändert werden.

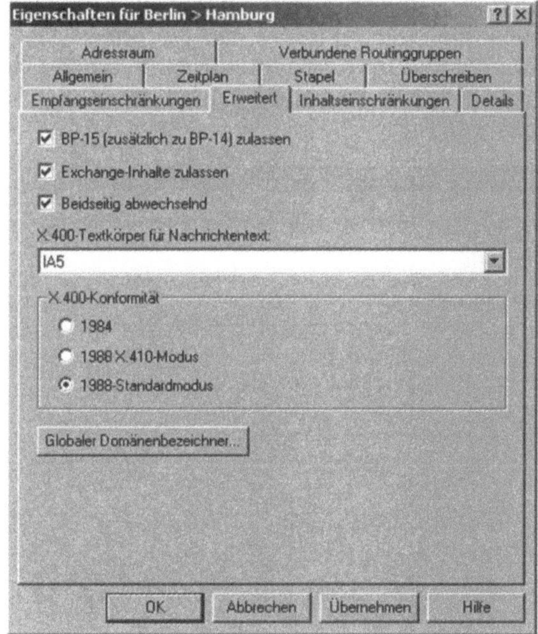

Abb. 1.83: Erweiterte Einstellungen des X.400-Connectors

- *X.400-Konformität.* Hier kann eingestellt werden, welche Befehlsversion von X.400 unterstützt werden soll. Die beiden letzten veröffentlichten, offiziellen Befehlssätze waren von 1984 und 1988, wobei es von der Variante von 1988 zwei Versionen gibt. Sie sollten auch hier die Standardeinstellungen nicht verändern, da diese von den meisten X.400-Systemen unterstützt werden.

- *Globaler Domänenbezeichner.* Mit diesen Optionen (siehe Abbildung 1.84) können Sie verhindern, dass E-Mail-Schleifen bei fehlerhafter Adressierung zustande kommen.

Registerkarte Inhaltseinschränkungen

Hier können Sie die gleichen Einstellungen machen wie bereits beim SMTP-Connector.

Registerkarte Adressraum

Auch diese Einstellungen sind analog zu den Einstellungen des SMTP-Connectors. Normalerweise wollen Sie nicht alle E-Mails über diesen Connector senden sondern nur genau festgelegte Domänen. Diese können Sie hier eintragen. Da Sie eine Verbindung zu einem X.400-System aufbauen wollen, müssen Sie hier auch einen X.400-Adressraum hinzufügen (siehe Abbildungen 1.85 und 1.86).

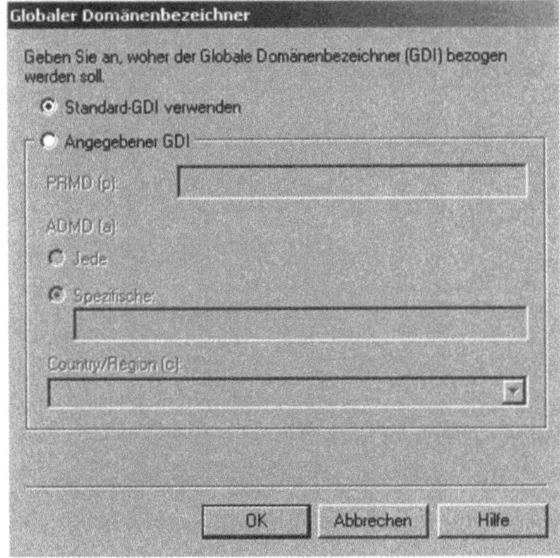

Abb. 1.84: Erweiterte Einstellungen des X.400-Connectors.

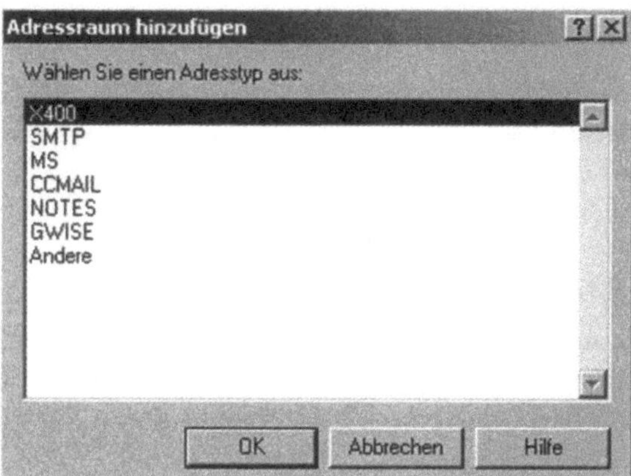

Abb. 1.85: Auswahl eines X.400-Adressraums

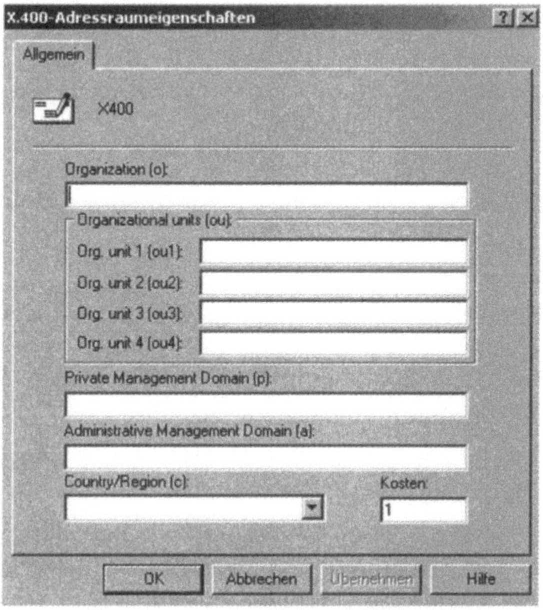

Abb. 1.86: Konfiguration des X.400-Adressraums

Hier können Sie jetzt die Informationen eintragen, die Sie zur Adressierung des Systems benötigen. Beachten Sie, dass bei X.400 Groß- und Kleinschreibung unterstützt wird.

Registerkarte Verbundene Routinggruppen

Diese Registerkarte wird nur dann verwendet, wenn Sie eine Verbindung zu einem Exchange 5.5-Server aufbauen wollen. Sollten Sie dies beabsichtigen, so tragen Sie hier die genaue Bezeichnung des Exchange 5.5-Standortes ein.

1.9.1.4 DirSync Requestor / DirSync Server

Diese beiden Connectors werden zwar nicht für die Verbindung zwischen verschiedenen Routinggruppen oder Standorten verwendet, erscheinen jedoch auch wenn Sie einen neuen Connector erstellen wollen.

Daher gehe ich an dieser Stelle auch kurz auf diese beiden Connectoren ein. Sie gehören zum Standard-Installationsumfang von Exchange 2000.

Der *DirSync Requestor* verbindet Exchange 2000 mit einem älteren MS Mail-System, um so die Replikation zwischen den beiden Systemen zu ermöglichen.

Der *DirSync Server* emuliert selber den MS Mail-Server-Dienst, um auch die Replikation in die andere Richtung zu ermöglichen.

1.9.1.5 Zusammenfassung

Es gibt keine Regel, welcher Connector für Sie der beste ist. Der verbreiteste ist wohl der SMTP-Connector wobei die Verbindung zwischen Routinggruppen, oft durch den Routinggruppenconnector, direkt konfiguriert wird.

X.400 ist in der Exchange 2000-Welt weniger verbreitet, obwohl er eigentlich der effizienteste ist.

Sie können zur Verbindung zwischen den Standorten bzw. Exchange Organisationen aber auch mehrere Connectoren definieren. Der Nachrichtenversand läuft dabei vorzugsweise über den mit den niedrigsten „Kosten".

Beispiel:

In der Firma *Erbach* gibt es drei Routinggruppen: A, B und C (siehe Abbildung 1.73).

In jeder Routinggruppe stehen zwei Exchange-Server. Einer für die Postfächer (EX01) und einer für die öffentlichen Ordner (PUBEX01).

Stefan ist Benutzer im Netzwerk der Routinggruppe A und möchte mit dem öffentlichen Ordner „Notizen" Verbindung aufbauen. Leider ist jedoch der PUBEX01 seiner Routinggruppe wegen Wartungsarbeiten nicht online.

Durch den Connecor seiner Routinggruppe wird Stefan jetzt auf Routinggruppe B oder Routinggruppe C verwiesen, da auf den PUBEX01-Servern dieser Routinggruppen Replikate des öffentlichen Ordners „Notizen" vorhanden sind.

Die Kosten für den Routinggruppen-Connector zwischen Routinggruppe A und C wurden mit 10 definiert, die zwischen A und B mit 30. Exchange 2000 erkennt, dass die Kosten zwischen A und C günstiger sind und verbindet daher Stefan zuerst mit dem Replikat auf dem PUBEX01 in der Routinggruppe C.

Wird jetzt wegen Wartungsarbeiten auch noch der PUBEX01 in der Routinggruppe C ausgeschaltet, kann der Administrator die Option `Keine Bezüge auf Öffentliche Ordner zulassen` für den Connector zwischen A und C aktivieren und Exchange verbindet ab jetzt über diesen Connector keine Benutzer mehr mit öffentlichen Ordnern.

2 Planung

Die Planung ist der wichtigste Teil Ihrer Exchange Einführung.

Dies gilt für Exchange ebenso wie für andere, komplexe Softwareprojekte innerhalb einer Unternehmung. Nicht zuletzt auch die Einführung von Windows 2000 Active Directory.

Dabei spielen Anzahl und Standort der verschiedenen Server, administrative Gruppen, Routinggruppen und das Serversizing eine wichtige Rolle.

Dieses Kapitel beschäftigt sich mit der Planung eines nativen Exchange 2000-Systems ohne Migration. Wenn eine Migration von einer Vorgängerversion des Exchange Servers geplant ist, werden natürlich eine Vielzahl weiterer Schritte notwendig, auf die im Kapitel 11 *Migration und Koexistenz mit Exchange 5.5* eingegangen wird.

Wenn Sie in Ihrem Unternehmen eine Migration von Exchange 5.5 auf Exchange 2000 durchführen müssen/wollen, sollten Sie dennoch das Kapitel 2 durcharbeiten, da hier einige Anhaltspunkte auch für die Migration eine Rolle spielen. Eine eindeutige und schlüssige Namenskonvention ist genauso wichtig wie eine ordentliche Bedarfsplanung und welches Produkt Sie nachher überhaupt brauchen. Auch die im Kapitel 1 angesprochene Lizenzierung muss beachtet werden.

Eventuell notwendige Verbindungen mit anderen Mailsystemen, Virenschutz und Datensicherung sind ebenfalls Themen, welche vor der Einführung sorgfältig geplant werden müssen.

Anfallende Schulungen müssen ebenso geplant und mitkalkuliert werden, da die spätere effiziente Administration Ihrer Exchange 2000-Organisation genauso wichtig ist wie die anfängliche Planung.

Der Exchange 2000 Server, vor allem in Verbindung mit dem Active Directory, ist zwar ein komplexes Produkt aber die Implementation wird um einiges einfacher (weil strukturierter), wenn eine gute Planung geleistet wurde.

Wenn Sie das Buch ganz durcharbeiten, sollten Sie dieses Kapitel erstmal überfliegen, da Sie vor der eigentlichen Planung zuerst die technischen Aspekte des Exchange 2000 Servers verstehen sollten, damit Sie wissen, was Sie später bei der Planung beachten sollten.

Hinweis

Hilfreich ist auch der Aufbau einer kleinen Testumgebung wie im Kapitel 1 beschrieben. Auf diese Weise können Sie sich mit dem Exchange 2000 Server beschäftigen bevor Sie mit der Planung beginnen.

Meine Erfahrungen aus der Praxis zeigen auch, dass es sehr hilfreich sein kann, vor einer Exchange 2000-Planung eine Schulung zu besuchen und sich vor und nach der Schulung ausgiebig mit Exchange 2000 in einer Testumgebung zu beschäftigen.

Auf diese Weise lernen Sie das System optimal kennen und können die Planung effizient und mit technischem Background ausführen.

2.1 Analyse der Benutzeranforderungen

Das Versenden von E-Mails und die Koordination von Terminen und Ressourcen gehört heute bei vielen Unternehmen zu den wichtigsten Anforderungen und beeinflusst zahlreiche Geschäftsprozesse maßgeblich.

Die Implementation eines Groupware-Systems ist daher nicht nur durch seine Komplexität, sondern auch durch seinen geforderten Nutzen durch die Mitarbeiter Ihres Unternehmens eine große und interessante Herausforderung.

Sie sollten daher bei der Planung direkt mit der Bedarfsermittlung der Benutzer beginnen.

Ein effizienter Weg wäre, eine Kerngruppe von Benutzern zu bilden, die zum einen das Mailsystem wohl am meisten nutzen werden und zum anderen vielleicht schon die eine oder andere Erfahrung in der EDV sammeln konnten.

Diese Gruppe sollte bei allen Belangen konsultiert werden, in denen das Mailsystem direkt mit dem Benutzer in Verbindung steht. Auf diese Weise stellen Sie nicht nur die systemseitige Planung sicher, sondern auch die Schnittstelle mit den Benutzern.

Als zusätzlicher Vorteil sichern Sie sich die Rückendeckung der Benutzer und das System wird auf der Benutzerseite optimal auf die Mitarbeiter Ihrer Firma eingestellt.

Ein weiterer Vorteil ist, dass Sie so die Zeit für Planungspunkte einsparen, die ohnehin ausschließlich die Benutzer betreffen.

Vielleicht hat sogar der eine oder andere Mitarbeiter bereits die Einführung eines neuen E-Mails-Systems in einer anderen Firma miterlebt und kann Ihnen wertvolle Tipps geben, was gut geklappt hat oder schief gegangen ist.

2.1.1 Welche Punkte bei der Implementation betreffen die Mitarbeiter?

Welche Punkte betreffen die Mitarbeiter und wie können Sie in die Planung eingebunden werden?

In der Tabelle und Abbildung 2.1 werde ich auf diese Punkte etwas näher eingehen.

Planungspunkt	Was können die Mitarbeiter tun?
▶ E-Mail-Benutzer	▶ Welche Mitarbeiter sollen einen E-Mail-Zugang bekommen? ▶ Besteht vielleicht die Möglichkeit, dass sich mehrere Mitarbeiter ein Postfach teilen?
▶ Client-Software	▶ Welche Version von Outlook wird verwendet? ▶ Können einige Mitarbeiter über Outlook Web Access arbeiten?
▶ Verteilerlisten	▶ Welche Verteilerlisten soll es geben? ▶ Wie sollen die Verteilerlisten heissen? ▶ Wer soll Mitglied der Verteilerlisten werden?

► E-Mail-Adressen	► Wie sollen die E-Mail-Adressen aufgebaut werden (zum Beispiel hans.mueller@firma.com oder hmueller@firma.com)? ► Welche Internetdomänen sollen für E-Mail benutzt werden (firma.com, firma.de, usw.)?
► Internetverkehr	► Welche Mitarbeiter sollen E-Mails aus dem Internet empfangen und senden dürfen? ► Wie wird die private Benutzung des E-Mailaccounts genehmigt oder eingeschränkt?
► Dateianhänge	► Welche Dateianhänge dürfen von extern durch eine evtl. Firewall durch und welche werden aus Sicherheitsgründen gesperrt? ► Wie groß dürfen Dateianhänge sein die verschickt werden (intern und extern)?
► Genehmigung eines E-Mail-Kontos	► Wer genehmigt neue E-Mail-Konten? ► Welche Formulare gibt es zur Erstellung von neuen Konten (online oder mit Papier)?

► Öffentliche Ordner	► Welche öffentlichen Ordner gibt es? ► Wer hat Zugriff auf die öffentlichen Ordner? ► Welche Informationen kommen in die öffentlichen Ordner? ► Wer darf wo neue öffentliche Ordner anlegen?
► Ressourcen	► Welche neuen Ressourcen sollen mit Exchange verwaltet werden (zum Beispiel Firmenfahrzeuge, Besprechungszimmer, Beamer, usw.)?
► Postfachgröße	► Wie groß dürfen Benutzerpostfächer sein? ► Wie oft soll archiviert bzw. gelöscht werden?
► Remotezugriff	► Welche Benutzer sollen Zugriff von extern auf das E-Mail-System bekommen? ► Wie soll der Zugriff abgewickelt werden (VPN, RAS, Outlook Web Access, Terminal-Server, usw.)?
► Schulung Outlook	► Soll es Schulungen über Outlook geben? ► Wer soll an diesen Schulungen teilnehmen? ► Können Poweruser vielleicht die anderen Benutzer schulen?

▶ Video- und Datenkonferenzen	▶ Werden Video- und Datenkonferenzen gebraucht?
▶ Abwesenheit	▶ Wann soll der Abwesenheitsassistent aktiviert werden? ▶ Wie soll der Text des Abwesenheitsassistenten lauten?
▶ Sicherheit	▶ Sollen die E-Mails verschlüsselt werden, wenn ja wie stark? ▶ Soll mit Zertifikaten gearbeitet werden?
▶ Signaturen	▶ Soll es bestimmt Signaturen geben? ▶ Wie sollen diese genormt werden?
▶ Unified Messaging	▶ Soll ein Fax-Server an Exchange angebunden werden?

Abb. 2.1: Tabelle für Zusammenarbeit mit den Mitarbeitern

Die einzelnen Planungspunkte aus der Tabelle Abbildung 2.1 haben sicherlich keinen Anspruch auf Vollständigkeit, decken aber doch die meiner Meinung nach wichtigsten Punkte der Planung, bei der die Mitarbeiter am meisten betroffen sind, ab.

Da hier einige unbeliebte Entscheidungen getroffen werden müssen, zum Beispiel wer soll E-Mail überhaupt benutzen dürfen, ist es um so wichtiger das Team so abzustimmen, dass die Entscheidungen repäsentierend für die Firma sind und gegebenenfalls von der Geschäftsleitung abgesegnet werden.

Sie können diese Liste individuell auf Ihre Firma abstimmen und werden bestimmt noch den einen oder anderen Punkt finden den man mit den Mitarbeitern abstimmen kann.

Die Planung dieser Punkte kann natürlich parallel zu der sonstigen Planung erfolgen. Die Ergebisse sollten dann in Ihre Arbeit miteinfliessen.

Es ist sinnvoll, bei der Besprechung dieses Themas immer einen Mitarbeiter aus der EDV-Abteilung dabei zu haben, welcher bei einzelnen Fragen fachkundig zur Seite stehen kann.

2.1.2 Zusammenstellung der Planungsgruppe Mitarbeiter

Sie sollten bei der Zusammenstellung der Planungsgruppe Mitarbeiter auf alle Fälle die Geschäftsleitung mit einbeziehen, da an dieser Stelle alle Fäden des Unternehmens zusammenlaufen und erfahrungsgemäß die Geschäftsleitung bei der Einführung neuer Systeme besonders sensibel reagiert.

Sie dürfen nicht vergessen, dass an dieser Stelle alle Kosten für Lizenzierung, externe Beratung, Hardware, Schulung, Personalkosten, usw. genehmigt werden müssen und es daher im Interesse des Projektmanagers liegt, die Geschäftsleitung in allen Belangen zufrieden zu stellen. Das heißt nicht, dass andere Mitarbeiter weniger wichtig sind, aber schon oft haben Probleme bei der Einführung von neuen Systemen, die von der Geschäftsleitung entdeckt wurden oder auf Arbeitsabläufe der Geschäftsleitung Einfluss genommen haben, das vorzeitige Aus bedeutet.

Oft ist auch die Geschäftsleitung gerade die Abteilung, in deren näheren Umfeld am meisten mit Groupware gearbeitet wird. Hier ist es also sinnvoll zum Beispiel eine Sekretärin oder Assistentin der Geschäftsleitung direkt mit einzubeziehen.

Sie sollten aus jedem Bereich bzw. Abteilung Ihres Unternehmens einen Mitarbeiter auswählen. Idealerweise den Abteilungsleiter oder einen Kollegen, den der Abteilungsleiter dazu beruft.

2.1.3 Vorgehensweise Planungspunkte Mitarbeiter

Sie sollten zuerst eine detaillierte Liste aller Punkte zusammenstellen, bei denen Sie die Unterstützung der Planungsgruppe Mitarbeiter in Anspruch nehmen wollen. Ein erster Anhaltspunkt dürfte hierfür sicherlich die Tabelle aus der Abbildung 2.1 sein.

Als Auftakt bietet sich eine Präsentation der Möglichkeiten des Exchange-Servers an, nach der sich die Mitarbeiter ein genaueres Bild über die Funktionsvielfalt von Exchange 2000 machen können. Im Rahmen dieser Präsentation können Sie auch die Features des Konferenzservers demonstrieren, damit die Mitarbeiter ein Bild über die Möglichkeiten von Video- und Datenkonferenzen bekommen.

Nach dieser Präsentation sollten Sie den Mitgliedern der Planungsgruppe eine Liste mit den Punkten zukommen lassen, bei denen Sie sich Unterstützung erhoffen. Am besten unterbreiten Sie in dieser Liste schon den einen oder anderen Vorschlag zu den Punkten.

Die Teammitglieder können sich so vor der ersten Besprechung Vorschläge und Ideen überlegen, wie sie die einzelnen Anforderungen angehen würden.

Anschließend sollten verschiedene Meetings erfolgen, bei denen die einzelnen Punkte detailliert durchgesprochen und eine genaue Richtlinie zu den einzelnen Punkten festgelegt wird. Diese beschlossenenen Punkte sollten außerdem schriftlich niedergegelegt werden und von der Geschäftsleitung abgesegnet werden.

Als nächsten Punkt sollten diese Arbeitsanweisungen und Richtlinien allen Mitarbeitern des Unternehmens mit der Mitteilung zur Verfügung gestellt werden, dass ein neues E-Mail-System eingeführt wird und welche Bestimmungen und Regeln dafür beschlossen wurden. Sie erhalten durch diese vorzeitige Veröffentlichung auch von Seiten der Mitarbeiter mit Sicherheit noch die eine oder andere Verbesserung und Anregung.

Dadurch entsteht vielleicht noch die eine oder andere Verbesserung, die in die Planung mit einfliessen kann. So ist sichergestellt, dass alle Bedürfnisse der Mitarbeiter bedacht wurden, jeder Mitarbeiter Bescheid weiß und keine Beschwerden gegen die EDV-Abteilung aufkommen, dass über die Köpfe der Mitarbeiter hinweg entschieden wurde.

2.2 Ermittlung der Netzwerktopologie

Schon zu Beginn müssen Sie sich Gedanken über Ihre Netzwerktopologie machen.

2.2.1 Geografische Struktur Ihrer Firma

Zuerst müssen Sie sich Gedanken über die geografische Struktur Ihrer Firma machen. Am besten nehmen Sie hierzu eine Karte und zeichnen Ihre Niederlassungen ein, die an das neue Mailsystem angebunden werden sollen.

Berücksichtigen Sie hier die einzelnen internationalen Niederlassungen bis hin zu den einzelnen Regionen und Städten, an denen sich Niederlassungen Ihrer Firma befinden, die Sie anbinden wollen. Leere Karten gibt es im Internet oder auch in Visualisierungstools wie Microsoft Visio.

2.2.2 Verteilung der Hardware

Nachdem Sie sich jetzt einen Überblick über die geografische Verteilung Ihres Unternehmens gemacht haben, müssen Sie sich einen Überblick über die Anzahl der Benutzer und den Standort bereits vorhandener Server Ihrer Netztopologie machen.

Gibt es vor Ort schon Windows 2000 Domänencontroller oder Server, die für Exchange 2000 verwendet werden können?

An dieser Stelle können Sie auch erfassen, wieviele Lizenzen Sie benötigen.

Sie sollten jetzt auch erfassen, welche Betriebssysteme und Office-Versionen auf den einzelnen Clients bzw. Servern installiert sind und welche Funktionen die einzelnen Server haben, die bereits in den Niederlasssungen stehen.

2.2.3 Erfassen der Bandbreite der LAN- und WAN-Leitungen

Neben den beiden oben erwähnten Punkten benötigen Sie auch eine Übersicht über die einzelnen Bandbreiten und Leitungsarten, mit denen die Niederlassungen angebunden sind.

Diese Informationen sind später für die Planung der Routingtopologie ebenso notwendig wie die Planung der Standorte der einzelnen Server. Ist es eventuell erforderlich die Bandbreiten einzelner Standorte zu erhöhen?

Dies sollte mit einigen Wochen Vorlauf geschehen, da die Leitungsanbieter oft 4-8 Wochen für die Erweiterung benötigen und die Exchange-Server ja gleich zu Beginn mit optimaler Effizienz arbeiten müssen, damit Benutzer bei Ihrer täglichen Arbeit optimal kommunizieren können und Prozesse des Unternehmens nicht beeinträchtigt werden.

Notieren Sie sich die Bandbreiten der einzelnen Niederlassungen genau, damit Sie bei der Planung der Routingtopologie einen optimalen Überblick haben.

Beachten Sie auch, dass die Bandbreite nicht nur für Exchange zur Verfügung steht, sondern über diese Leitungen auch die Replikationsvorgänge für das Active Directory laufen.

Außerdem müssen Sie prüfen, ob sonst noch firmeninterne Prozesse wie ERP-Software oder Terminalservices über diese Leitung arbeiten und so die Bandbreite für Exchange weiter einschränken.

Um die Visualisierung dieser Punkte durchzuführen, sollten Sie auf jedenfall über entsprechende Tools verfügen. Optimal ist hier Microsoft Visio 2002 Professional.

Zu beachten sind auch die IP-Subnetze der einzelnen Niederlassungen und die Verbindung untereinander.

Sind Firewall oder Access Lists zwischen den Standorten aktiv, die Exchange beeinträchtigen können?

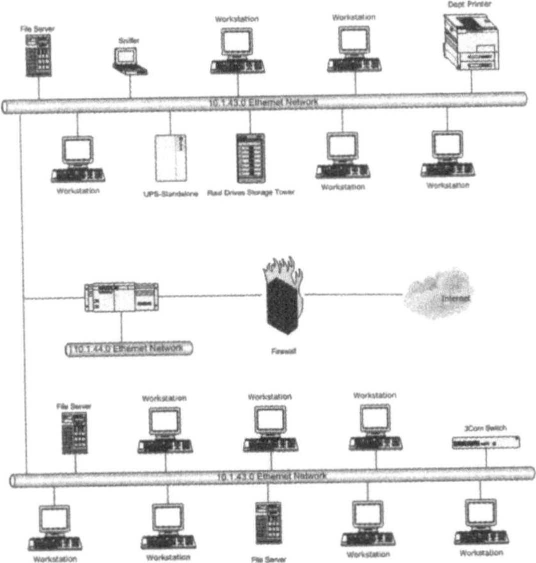

Abb. 2.2: Einfaches Modell eines LAN

2.2.4 Erfassen Ihrer Windows 2000 Struktur

2.2.4.1 Allgemeine Punkte

Wie Sie bereits wissen, baut Exchange 2000 direkt auf das Active Directory auf.

Ein wichtiger Punkt der Planung Ihrer Exchange Organisation ist daher, genau die Struktur Ihrer Windows 2000 Umgebung (Forest) zu beachten.

Im Gegensatz zu der physikalischen Netzwerktopologie mit Leitungen, Routern und Switches, müssen Sie jetzt eine logische Struktur Ihres Netzwerks mit seinen Domänen und Unterdomänen dokumentieren. Auch die Interaktion dieser Domänen miteinander ist ein wichtiger Punkt, der erfasst werden muss.

Hinweis

Durch die gemeinsame Nutzung des Active Directory von Windows 2000 und Exchange 2000 definiert die Grenze der Active-Directory-Gesamtstruktur (Forest) die Exchange 2000 Organisation.

Es ist nicht möglich, dass eine Active-Directory-Gesamtstruktur (Forest) mehrere Exchange 2000 Organisationen umfasst und eine Exchange 2000 Organisation mehrere Gesamtstrukturen (Forests).

Da zum Zeitpunkt der Planung Ihrer Exchange 2000-Struktur das Windows 2000 Active Directory bereits geplant und installiert wurde, müssen Sie die Implementation von Exchange 2000 an Ihre bestehende Active Directory Struktur anpassen.

Sofern Sie nicht bereits eine Visualisierung Ihres Active Directorys angefertigt haben, sollten Sie dies jetzt nachholen. Auch hier nochmals den Tipp Microsoft Visio 2002 Professional zu benutzen.

Mit diesem Programm ist es möglich direkt aus den Domänencontrollern eine Zeichnung Ihrer Active Directory-Domäne herzustellen. Hierzu gibt es sogar eine Step by Step Anleitung in der Microsoft Technet.

Sollte sich Ihre Gesamtstruktur (Forest) nur aus einer Domäne zusammensetzen, die vielleicht auch in mehrere Standorte untergliedert ist, so hält sich die Komplexität dieses Punktes in Grenzen.

Sollten Sie jedoch einige Unterdomänen innerhalb Ihres Forest haben, so gilt es einige Fragen zu beachten.

- Wieviele Unterdomänen gibt es?
- Wie heissen diese Domänen?
- In welchen Domänen sind die Benutzer angelegt?
- Wie sind Ihre Server innerhalb dieser Domänen verteilt?
- Auf wieviele Standorte sind Ihre Domänen verteilt?
- Wer sind die Administratoren für die Domänen?

In der Abbildung 2.3 sehen Sie die Visualisierung eines einfachen Active Directorys.

Grundsätzlich unterscheiden sich zwar die administrativen Gruppen und Routinggruppen von Standorten (Sites) und Domänen, Exchange 2000 greift allerdings auf Server-Dienste von Windows 2000 zurück, um z.B. Benutzer an seinem Postfach zu authentifizieren.

Auch die Dienste von Exchange 2000 müssen sich an einem Domänencontroller authentifizieren. Alle Exchange 2000 Objekte sind Bestandteil des Globalen Katalogs von Windows 2000.

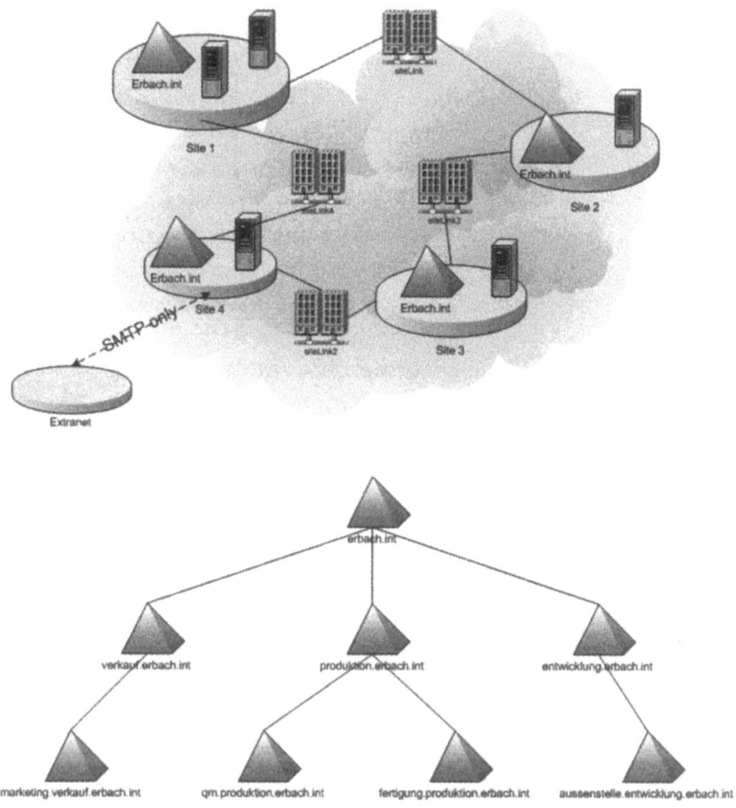

Abb. 2.3: Abbildung eines einfachen Active Directory

2.2.4.2 Entwurf mehrerer Gesamtstrukturen

Je nach Struktur Ihres Unternehmens kann es durchaus sinnvoll sein, Ihre Windows 2000 Strukur in mehrere Gesamtstrukturen aufzugliedern.

Sollte dies bei Ihnen zutreffen, so müssen Sie natürlich die einzelnen Einschränkungen die Exchange 2000 dann mitbringt genau beachten:

- Die wohl wichtigste Einschränkung ist die weiter vorne erwähnte Abgrenzung einer Exchange 2000 Organisation innerhalb einer einzelnen Windows 2000 Gesamtstruktur. Es ist nicht möglich, dass eine Active-Directory-Gesamtstruktur (Forest) mehrere Exchange 2000 Organisationen umfasst bzw. eine Exchange 2000 Organisation mehrere Gesamtstrukturen (Forests). Das heißt, wenn Sie den Einsatz mehrerer Gesamtstrukturen planen, müssen Sie auch mehrere Exchange 2000 Organisationen planen.

- Es findet keine automatische Replikation zwischen verschiedenen Windows 2000 Gesamtstrukturen statt.
- Sie können zwischen den verschiedenen Exchange 2000 Organisationen der Windows 2000-Gesamtstrukturen keine Routinggruppen-Connectoren erstellen. Dies bedeutet, es findet keine Benachrichtigung statt, ob ein Server der anderen Organisation aktiv oder nicht aktiv ist. Es besteht außerdem die Gefahr, dass durch ähnliche oder gleiche E-Mail-Adressen-Konfigurationen sogenannte „Loops“ enstehen. E-Mails also zwischen den Organisationen hin und her geschickt werden, ohne Ihr Ziel zu erreichen.
- Die Exchange Server in den verschiedenen Organisationen können auch nicht der gleichen administrativen Gruppe zugewiesen werden.
- Jede Gesamtstruktur und daher Exchange 2000 Organisation hat Ihre eigene Adressenliste, die entweder mehrfach gepflegt oder repliziert werden muss.
- Kalenderinformationen können nur sehr eingeschränkt repliziert werden. Bei Besprechungsanfragen können daher die Frei/Gebucht-Zeiten der anderen Teilnehmer nicht eingesehen werden.
- Die Replikation der öffentlichen Ordner ist nur über den Umweg eines Tools von Microsoft möglich (Interorg Replication-Utility), welches Sie auf der Exchange 2000-CD finden. Mit diesem Tool ist es theoretisch auch möglich, die oben erwähnte Einschränkung der Frei/Gebucht-Zeiten zu umgehen. Allerdings mit erheblichem Verwaltungsaufwand und ohne die Garantie der stabilen und konsistenten Replikation.

2.3 Planen auf Grundlage der erfassten Informationen

In den Kapiteln 2.1 und 2.2 haben wir die Informationen zusammengetragen, die wir zur Planung unserer Exchange 2000-Organisation benötigen.

Im Kapitel 2.3 wollen wir jetzt mit der eigentlichen Planung beginnen.

Der erste Schritt einer vernünftigen Planung beginnt mit der Planung der obersten Ebene - also der Organisation an sich.

Hier spielen die Namenskonventionen eine wichtige Rolle. Als nächstes überlegen wir uns, wie wir die Server verteilen und das Routing konfigurieren.

Der letzte Punkt schließlich ist das eigentliche Serversizing - also die Festlegung der Serverkonfiguration.

2.3.1 Planung der Namenskonventionen

Windows 2000 im Allgemeinen und natürlich auch Exchange 2000 im Speziellen sind bezüglich der Namensgebung recht sensibel.

Einmal vergebene Namen zum Beispiel der Organisation, lassen sich entweder gar nicht oder nur sehr schwer wieder ändern. Es ist daher eine der ersten und wichtigsten Planungsziele, eindeutige Namenskonventionen festzulegen, um sich nachher eine Neuinstallation oder ärgerliche Umkonfiguration zu ersparen.

Im Rahmen dieser Namensgebung sollte in jedem Fall darauf geachtet werden, dass die Geschäftsleitung die geplanten Namen und E-Mail-Adressen entweder mitträgt oder mitentscheidet.

Es ist schon einige Male vorgekommen, dass übereifrige Administratoren mit der Installation begonnen haben und die Geschäftsleitung mit der Namenskonvention nicht einverstanden war. Auf diese Weise ist im schlimmsten Falle eine Neuinstallation von Nöten. Im besten Falle eine komplizierte und oft fehlerbehaftete Umbenennung notwendig, die bei einer sauberen Planung hätte vermieden werden können.

Wichtig ist hier auch eine eindeutige Namenskonvention zwischen den einzelnen Regionen und Ländern, um alle Administratoren der Organisation zu unterstützen.

Hinweis

Es gibt einige Zeichen, die Sie zur Namensgebung nicht verwenden sollten oder können. Dies sind unter anderem:

```
/ \ [ ] : | < > + = ~ ! @ ; , „ ( ) { } `' # $
% ^ & *
```

2.3.1.1 Exchange 2000 Organisations-Namen

Der Name Ihrer Organisation ist die erste Entscheidung, die Sie treffen müssen. Er ist die oberste Ebene Ihrer Instanz und definiert die Exchange Organisation Ihres Unternehmens.

Der Name Ihrer Organisation darf maximal 64 Zeichen lang sein und die oben erwähnten Zeichen nicht enthalten. Der Übersichtlichkeit halber kann es hier, wie an vielen Stellen im Bereich der EDV sinnvoll sein, den Namen so kurz wie möglich zu halten. Idealerweise verwenden Sie den Namen Ihrer Firma. Dies ist aber nicht zwingend notwendig. Sie können frei entscheiden.

Gerade bei diesem Punkt kann ich Ihnen nur raten, sich von der Geschäftsleitung den geplanten Namen absegnen zu lassen und bei der Installation von Exchange die Schreibweise genau zu überprüfen. Die spätere Änderung des Organisationsnamens ist eine sehr ärgerliche Angelegenheit und absolut unnötig.

Sie sollten sich bei der Namensgebung auch an Ihre geplante SMTP-Adresse halten und den Organisationsnamen so wählen, dass er Teil der späteren Adresse ist. Dies ist zum einen übersichtlicher und zum anderen wird dies von vielen Exchange 2000-Profis so empfohlen, da sich aus dem Organisationsnamen später auch der SMTP-Adressraum definiert. Dies lässt sich zwar ändern, bedeutet aber auch einen gewissen Aufwand.

Die Änderung des Namens ist nur durch spezielle LDAP-Tools möglich und wird nicht vom Microsoft Support unterstützt. Außerdem können sich negative Auswirkungen ergeben, die kaum vorhersehbar sind.

2.3.1.2 Namen der Routinggruppen und administrativen Gruppen

Wie der Name der Organisation kann der Name der Routinggruppen und administrativen Gruppen maximal 64 Zeichen lang sein. Aber genau so wie bei der Organisation sollte man den Namen so kurz wie möglich halten.

Gerade bei der Festlegung des Namens einer Routinggruppe ist es wichtig, einen Namen zu wählen, der beim ersten Betrachten sofort klar macht, zu wem die Routinggruppe gehört. Das kann ein Land, eine Region, ein Standort oder ein Gebäude sein.

Wie auch immer Sie Ihre Routingtopologie aufbauen, sollten Sie darauf achten, dass Sie die Routinggruppennamen bzw. die Bezeichnung der administrativen Gruppen mit Bedacht wählen, damit sie leicht zuzuordnen sind.

Beachten Sie bei der Vergabe der Namen auch die eventuelle Zusammenarbeit mit anderen Mailsystemen wie Notes, deren Connectoren oft eine Eingabe dieser Bezeichnungen benötigen und ein Umbenennen seitens Exchange zur Beeinflussung der Synchronisation oder des Mailflusses führen können. Die Konfiguration der Connectoren finden Sie im Kapitel 1.9.1 *Connectoren*

2.3.1.3 Servernamen

Für die Bezeichnung der Servernamen müssen Sie sich an die Konventionen von Windows 2000 halten. Der NETBIOS-Name darf zum Beispiel maximal 15 Zeichen enthalten und nicht die oben erwähnten Sonderzeichen.

Beachten Sie auch, dass Sie im Rahmen der Administration oft die Namen eintippen müssen bzw. in Menüs schnell einen Überblick bekommen sollen, für was dieser Server zuständig ist. Es sollte daher schon aus dem Namen heraus zu lesen sein, welche Funktion er hat.

Da in Ihrer Exchange-Umgebung wahrscheinlich mehrere Server integriert werden, ist eine Durchnummerierung sinnvoll. Auch der Standort des Servers sollte schnell erkannt werden können. Vergessen Sie auch nicht, dass die Benutzer in den Einstellungen von Outlook oder über Outlook Web Access den Namen des öfteren eintippen müssen. Sie sollten daher auf zu lange Namen verzichten.

In der Tabelle Abbildung 2.4 habe ich einige Bezeichnungen und Ihre Bedeutungen aufgeführt. Vielleicht sind sie Ihnen bei der Vergabe der Servernamen hilfreich.

Sollten Sie beabsichtigen, Exchange 2000 auf einem Domänencontroller zu installieren, so müssen Sie beachten, dass Sie nach der Heraufstufung des Servers zum Domänencontroller den Namen des Servers nicht mehr ändern können.

Beschreibung des Servers	**NETBIOS-Servername**
Exchange-Server in der Niederlassung Frankfurt	FREX01, FREX02, FREX03
Exchange-Server für Frontend und Cluster für Backend in Berlin	Frontend: BEEX01, BEEX02 Backend:BECLEX01, BECLEX02

Exchange-Server ohne Niederlassungen in der Zentrale	EXCHSRV1, EXCHSRV2
Exchange Cluster in Zentrale ohne Niederlassungen	EXCLUSTER01, EXCLUSTER02

Abb. 2.4: Beispiele für mögliche Servernamen

2.3.1.4 Empfänger-Namen und E-Mail-Adressen

Die Namenskonventionen für Ihre Mitarbeiter haben Sie bereits im Rahmen der Windows 2000 Einführung festgelegt. Die Anmeldenamen sowie die Pflege das Active Directory wurden also bereits erledigt. Jetzt kommt die Festlegung der E-Mail-Adressen.

Wichtig ist hier zum einen die Konvention, wie Sie Ihre E-Mail-Adressen aus den Mitarbeiternamen aufbauen, zum anderen wie Sie Ihre E-Mail-Domäne wählen. Die E-Mail-Adresse sollte auf alle Fälle sowohl für die Mitarbeiter als auch für die Partner, mit denen Sie E-Mails austauschen wollen, leicht verständlich, zu Ihrer Firma passend, und möglichst ohne die Gefahr sich zu verschreiben sein. Hier gibt es eigentlich keine bestimmten Vorschriften.

Ich habe in der Tabelle Abbildung 2.5 einige Beispiele für E-Mail-Adressen aufgeführt. Dieser Punkt gehört auf alle Fälle zu den Aufgaben der Mitarbeiter-Planungsgruppe.

Welche E-Mail-Domäne bzw. E-Mail-Domänen Ihre Firma später benutzt bleibt Ihnen überlassen. Aber auch hier gilt, sich so kurz wie möglich zu fassen, um Rechtschreibfehler zu vermeiden.

Generell gilt: Um so kürzer die Adresse um so besser. Auch aus diesem Grund wurden bereits alle dreistelligen .com-Domänen vergeben, von aaa.com bis zzz.com.

Name des Mitarbeiters	E-Mail-Adresse
Marion Sihler	marion.sihler@firma.com
Jochen Sihler	sihler@firma.com
Jürgen Schäfer	schaeferj@firma.com
Henric Töpper	htoepper@firma.com
Sigrid Wölfl	sw@firma.com

Abb. 2.5: Beispiele von E-Mail-Adressen

Je mehr Mitarbeiter in Ihrer Firma arbeiten, desto wahrscheinlicher wird es, dass es zwei Mitarbeiter mit gleichem Namen oder den gleichen Initialen gibt. Sie sollten daher schon bei der Planung der E-Mail-Adressen diese Eventualitäten berücksichtigen.

Weit verbreitet ist der Standard

`Vorname.Nachname@firma.com`

Sie sollten auf alle Fälle darauf achten, einen einheitlichen Standard zu generieren. Das macht es den Versendern einer E-Mail leichter, eine E-Mail an einen Mitarbeiter von Ihnen zu schicken, obwohl ihm dessen Adresse nicht bekannt ist. Außerdem verlieren Sie so nicht den Überblick.

Welchen Standard Sie wählen bleibt Ihrem Geschmack überlassen. Die Festlegung der E-Mail-Domäne obliegt jedoch oft der Geschäftsleitung, da E-Mail-Adressen, ebenso wie der herkömmliche Schriftverkehr, das Unternehmen nach außen präsentieren.

Nichts desto trotz ist es Aufgabe der EDV-Abteilung, Ihre Geschäftsleitung bei der Wahl zu unterstützen, um eine vernünftige Entscheidung zu treffen. Sie können auch mehrere E-Mail-Domänen mit Exchange verwalten und den Mitarbeitern zum Beispiel zwei oder mehr E-Mail-Adressen zur Verfügung stellen.

Ein sehr wichtiger Punkt der Namenskonventionen ist die Bezeichnung der Verteilerlisten. Auch diesen Punkt sollten Sie mit der Mitarbeiter-Planungsgruppe angehen, da die einzelnen Mitarbeiter Ihres Unternehmens ständig E-Mails an Verteilerlisten schicken müssen.

Hinweis

Aus meiner Erfahrung ist es ganz praktisch, vor der eigentlichen Bezeichnung der Verteilerliste einen „." zu setzen, da Exchange im Adressbuch alphabetisch sortiert und so die Verteilerlisten zwischen die Benutzer verteilt werden.

Wenn Sie einen „." direkt vor die Bezeichnung plazieren, also zum Beispiel *„.Verkauf"*, stellen Sie sicher, dass die Verteilerlisten ganz oben im Adressbuch stehen. Und zwar alphabetisch sortiert.

2.3.2 Planen der Routinggruppen und administrativen Gruppen

2.3.2.1 Festlegen der Routinggruppen

Zunächst sollte gesagt sein, dass Sie die Anzahl der Routinggruppen so gering wie möglich halten sollten. Wenn Sie mit nur einer auskommen - umso besser.

Dies liegt vor allem daran, dass E-Mails und die gesamte Kommunikation innerhalb einer Routinggruppe von Exchange weitgehend automatisch abgewickelt werden. Bei der Konfiguration mehrerer Routinggruppen haben Sie indessen deutlich mehr Verwaltungsarbeit.

Natürlich machen Routinggruppen Sinn und es gibt gute Gründe mehrere Routinggruppen einzusetzen. Der erste und wichtigste Grund ist die Anbindung von Außenstellen. Wenn Sie diese an Exchange anbinden müssen und Sie in einigen Standorten einen eigenen Exchange-Server aufbauen wollen, sollten Sie für diese Standorte auch Routinggruppen anlegen, da die Anbindung höchstwahrscheinlich durch schmalbandige Leitungen realisiert wurde.

Auf diese Weise können Sie genau den Bandbreitenverbrauch von Exchange (wie bei den Standorten (Sites) von Windows 2000) steuern. Sie sollten Server in der gleichen Routinggruppe gruppieren, die über eine breitbandige Verbindung kommunizieren können.

Mehrere Routinggruppen werden also ausschließlich nur dann benötigt, wenn Exchange Server über schmalbandige oder unzuverlässige Verbindungen miteinander kommunizieren müssen. Routinggruppen können nur innerhalb einer Exchange 2000 Organisation festgelegt werden. Sie sind nicht organisationsübergreifend.

Gerade bei großen Organisationen ist es nicht einfach, eine optimale Lösung für die Anzahl der Routinggruppen zu finden. Es kommt darauf an, wieviele Benutzer in den Außenstellen mit E-Mails arbeiten, wieviele Anhänge im Schnitt verschickt werden, und wie groß diese sind.

2.3.2.2 Festlegen der Routinggruppen-Verbindung

Nach dem Sie die Zahl der Routinggruppen festgelegt haben, müssen Sie jetzt noch die Verbindung zwischen diesen Routinggruppen planen.

Zur Verbindung zwischen Routinggruppen werden Connectoren verwendet. Welcher Connector am besten zu Ihren Ansprüchen passt, lässt sich schwer bestimmen. Im Kapitel 1 werden Routinggruppen und ihre Connectoren genauer behandelt. Diese Informationen sollten Ihnen bei der Auswahl hilfreich sein.

2.3.2.3 Entwurf der Routinggruppen

Nachdem Sie jetzt wissen, wieviele Routinggruppen Sie einsetzen wollen und wie Sie diese miteinander verbinden, können Sie sich daran machen, diese Gruppen zu entwerfen.

Zuerst sollten Sie sich überlegen, wieviele Server Sie in der jeweiligen Routinggruppe installieren wollen. Beachten Sie hierzu auch die oberen Kapitel zur Namenskonvention und Definition der Bridgehead-Server. Welche Serverhardware wir einsetzen wollen, entscheiden wir im Kapitel 2.3.3 *Planen der Server.*

2.3.2.4 Planen der administrativen Gruppen

Im Kapitel 1.4.1 *Administrative Gruppen* sind wir bereits auf die administrativen Gruppen eingegangen.

Administrative Gruppen sind, einfach formuliert, logische Trennung Ihrer Exchange-Organisation. Sie können mit dem Erstellen von administrativen Gruppen Verwaltungsaufgaben innerhalb Ihrer Organisation an ein anderes Administratoren-Team übertragen. Diese Administratoren verwalten dann alle Objekte, die innerhalb Ihrer administrativen Gruppe sind.

Exchange-Server können nicht zwischen verschiedenen administrativen Gruppen verschoben werden, sondern müssen bei der Installation von Exchange 2000 auf dem jeweiligen Server gleich der richtigen administrativen Gruppe zugeordnet werden.

Exchange 2000 legt beim Installieren eine Erste *administrative Gruppe* an, der der erste Exchange-Server zugeordnet wird.

Der häufigste Grund zur Erstellung von mehreren administrativen Gruppen ist die Zusammenfassung mehrerer Exchange-Server zu einer Verwaltungseinheit.

2.3.3 Planen der Server

Exchange 2000 geht zwar, im Gegensatz zu seinen Vorgängern, effizienter mit Serverhardware um und verlangt keine all zu umfassenden Schritte zur Optimierung, allerdings ist und bleibt Exchange ein sehr performanceabhängiges System, bei dem man einiges beachten muss.

Die Anzahl der Server hängt in erster Linie von der Anzahl Ihrer Routinggruppen und Benutzer ab und ob Sie spezielle Connector-Server planen, die ausschließlich zum Versand von E-Mails zwischen Routinggruppen oder dem Internet bestehen.

Natürlich ist auch hier zu überlegen, ob Sie eine Frontend/Backend-Umgebung oder einen Cluster aufbauen wollen. Nach der bisherigen Planung werden Sie jetzt eine konkrete Vorstellung haben, wieviele Server Sie einsetzen wollen. Die Konfiguration einer Frontend/Backend-Umgebung bzw. eines Clusters werden wir weiter hinten im Buch besprechen.

Die wichtigsten Punkte der Performance-Planung einer Exchange-Umgebung sind Prozessor, Festplatten, Arbeitsspeicher und Netzwerkverbindungen.

Es gibt allerdings auch hier keine festgelegten Richtlinien, welche Hardware man für Exchange braucht. Ich gebe Ihnen im Rahmen der einzelnen Planungspunkte meine Erfahrungen weiter, wie die Hardware bei den Kunden außieht, bei denen ich eine Exchange 2000-Umgebung aufgebaut habe.

Bei der Planung gehe ich von einer größeren Exchange-Umgebung aus, die die Performance eines einzigen Servers übersteigt. Die Hardware-Überlegungen von kleineren Umgebungen können so leicht herunter gerechnet werden.

Prozessor

Fangen wir mit dem Prozessor an. Grundsätzlich sollten Sie bei einer Umgebung ab 50 Benutzern, welche Exchange ausgiebig zum Austauschen von E-Emails, öffentlichen Ordnern oder Terminanfragen nutzen, auf alle Fälle eine Dual-Prozessor-Maschine einsetzen.

Dabei reichen zwei Intel Pentium III mit 1 GHz eigentlich aus, da Exchange eher festplattenintensiv arbeitet.

Wenn Sie mehr als 300-500 Benutzer auf der Maschine arbeiten lassen wollen, wobei ich hier eher die Verteilung auf mehrere Server bevorzuge, sollten Sie sich Gedanken über eine 4-Prozessor-Maschine machen. Sie müssen hierbei auch das Wachstum Ihres Unternehmens im Auge behalten. Dies sind natürlich Erfahrungswerte und nicht immer gültig.

Datenträger

Die Festplatten-Planung ist wohl der Punkt, an dem sich die meisten Geister scheiden. Grundsätzlich gilt aber, dass Sie zwischen Betriebssystem, Transaktionsfiles und Datenbank unterscheiden sollen.

Durch Anlegen mehrerer Speichergruppen haben Sie die Möglichkeit, die Datenbanken dieser Speichergruppen auf verschiedene Plattensysteme zu verteilen.

Generell sollten Sie das Betriebssystem des Servers mit den Programm-Dateien von Exchange, die Transaktionsfiles und die Datenbank auf getrennten Festplatten-Systemen speichern. Am besten auf getrennten Festplatten mit getrennten Controllern. Dies hat zum einen Performancevorteile, zum anderen bietet diese Konfiguration aber auch mehr Sicherheit und Möglichkeiten zum Restore.

Die Ablage des Betriebssystems und der Programmdateien sollte auf einem gespiegelten Festplatten-System erfolgen (RAID 1). Die Ablage der Transaktionslogfiles können Sie entweder nur mit RAID 1 absichern oder aber dafür ein eigenes System mit RAID 5 oder RAID 10 aufbauen.

Auf alle Fälle sollten Sie die Datenbank auf einem getrennten Festplatten-System als das Betriebssystem speichern und hier auf maximale Performance und Datensicherheit wert legen.

Verwenden Sie am besten RAID 5, RAID 10 oder ein SAN. Dies hat vor allem Stabilitätsgründe und die verbesserte Möglichkeit, das System nach einem Crash des Betriebssystems wieder herzustellen, ohne die Datenbank zu verlieren. Doch dazu mehr im Kapitel 10 *Datensicherung und Überwachung*.

Viele Exchange-Administratoren speichern Transaktionsfiles und die Datenbank auf dem gleichen Festplattensystem und das Betriebsystem auf einem anderen.

An dieser Stelle lässt sich aber nochmal ein Stück mehr Performance erzielen, wenn man die Transaktionsprotokolldateien von der Datenbank trennt, damit der Server parallel auf beide schreiben kann.

Achten Sie aber bei dem Aufbau eines RAID-Systemes auf eine ordentliche Konfiguration und Hardware. Setzen Sie hier keinesfalls ein Software-RAID ein, da Ihnen so bei Ausfall des Betriebssystemes Ihre Datenbank verloren geht. Außerdem geht die Performance mit einem Software-RAID gehörig in den Keller.

Sparen Sie keinesfalls bei den Festplatten, vor allem nicht für die Datenbank, da diese im Laufe der Zeit und durch die Nutzung Ihrer Mitarbeiter ständig anwächst und immer unersetzlicher für die Prozesse Ihrer Firma wird.

Anzahl der Server

Ein wichtiger Punkt ist auch die Überlegung, wieviele Server Sie überhaupt einsetzen wollen.

Beachten Sie, dass die Wiederherstellung eines Servers, auf dem alle Benutzer ihr Postfach haben, durch die Größe der Datenbank viel länger dauert und ein Ausfall die ganze Firma betrifft.

Wenn Sie mehrere Server einsetzen und die Benutzer verteilen, können Sie bei einem Ausfall umso schneller reagieren und die Benutzer der anderen Server können weiter arbeiten.

Arbeitsspeicher

Grundsätzlich lässt sich sagen, dass bei Exchange das gleiche gilt wie bei allen anderen Serverdiensten auch:

Je mehr RAM je besser. Natürlich gibt es Obergrenzen und Sie müssen auch die Beschränkungen des Betriebsystems beachten (Windows 2000 Server maximal 4 GB RAM, Advanced Server maximal 8 GB RAM).

Meine Erfahrungen zeigen, dass Sie einem Exchange-Server 1 GB spendieren sollten. Wenn die Anzahl der Benutzer steigt sind 2 GB auch nicht verkehrt und bei mehr als 300-500 Benutzern auf dem Server sollten Sie auf alle Fälle 4 GB oder mehr einsetzen. Die kleinste gerade noch vernünftige Außtattung für einen Exchange 2000 Server sind 512 MB. Darunter sollten Sie nicht gehen - vor allem in Hinblick auf die heutigen Preise für Arbeitsspeicher.

Netzwerkkarte

Auch bei den Netzwerkkarten sollten Sie keine all zu großen Abstriche machen. Die Netzwerkkarte bzw. bei einem Cluster die Netzwerkkarten, sollten so schnell wie möglich sein. Sie sollten mindestens Fast-Ethernet mit 100 Mbit einsetzen und auf Markenkarten setzen, da diese wie zahlreiche Tests in Fachzeitschriften zeigen, oft deutlich schneller sind als sogenannte Noname-Netzwerkkarten.

In heutigen Zeiten können Sie ruhig auch die Überlegung anstellen, Gigabit-Netzwerkkarten einzusetzen, da diese sich vom Preis im Vergleich zur Leistung nicht mehr all zu sehr von guten Marken-Netzwerkkarten mit 100 Mbit unterscheiden.

Viele Marken-Server-Hersteller verbauen Gigabit-Karten mittlerweile sowieso onboard. Wenn Sie beabsichtigen, Gigabit-Netzwerkkarten einzusetzen, müssen Sie auch darauf achten, dass Ihre Netzwerkverkabelung und Ihre anderen Netzwerkkomponenten wie Switches dafür ausgelegt sind (am besten von Ihrem Elektriker vermessen lassen).

Es gibt auch bei vielen Netzwerkkartenherstellern die Möglichkeit, mehrere Netzwerkkarten zu einem Pool zusammenszustellen. So wird zum einen die Last verteilt, zum anderen der Ausfall einer Karte kompensiert.

Server-Rollen

In kleineren Umgebungen werden die einzelnen Exchange-Server wohl mehrere bzw. alle Rollen ausführen. In großen Umgebungen kann es jedoch sinnvoll sein, mehrere dedizierte Server für die einzelnen Rollen vorzusehen (siehe Abbildung 2.7).

Durch diese Verteilung können Sie die Performance der einzelnen Serverdienste deutlich erhöhen und eventuelle Ausfälle minimieren bzw. auf einzelne Serverdienste begrenzen.

Die einzelnen Serverrollen für Connectoren, Postfächer und öffentliche Order sind soweit klar, auf die Frontend/Backend-Technologie werde ich weiter hinten im Buch näher eingehen. Die Bedeutung ist eigentlich ganz einfach.

Die Benutzer greifen direkt auf die Frontendserver zu. Diese authentifizieren den Benutzer mit LDAP im Active Directory und verbinden dann den Benutzer zu dem Backend-Server, der sein Postfach bereitstellt.

Der Vorteil liegt darin, dass sich die Benutzer nur einen einzelnen Namensraum merken müssen, wenn neue Server in die Organisation installiert werden. Auch wenn die Postfächer auf einen anderen Server wechseln.

Zusätzlich werden die Backend-Server entlastet und können zusätzlich abgesichert werden, wenn der Zugriff aus dem Internet durchgeführt wird.

Der Frontend-Server, der direkt aus dem Internet zugänglich ist, speichert keine Benutzerinformationen.

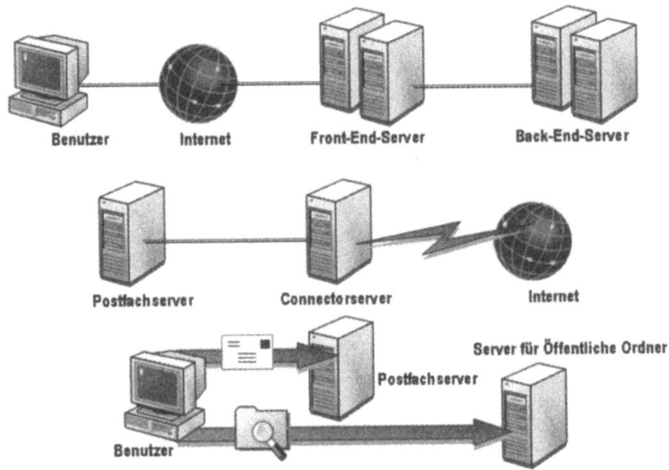

Abb. 2.7: Mögliche Serverrollen bei Exchange

2.3.4 Externer Mail-Vekehr und Anbindung der Benutzer

2.3.4.1 Internetzugang

Sofern Sie noch nicht über einen Internetzugang verfügen, müssen Sie sich Gedanken machen, wie der E-Mail-Versand und –Empfang über das Internet zu realisieren ist.

Sie sollten dabei von einer RAS-Einwahl absehen, da heutzutage günstige Flatrates, auch für kleinere Firmen, leicht zu bekommen sind und der Mailverkehr über so eine Standleitung einfach schneller und stabiler funktioniert.

Es gibt zahlreiche Anbieter von Standleitungen, auf die ich hier nicht näher eingehen möchte.

Sie müssen sich auch überlegen, wieviel Bandbreite Sie zur Verfügung haben und brauchen. Wenn Ihre Benutzer viele E-Mails mit Anhängen verschicken, müssen Sie beachten, dass ein großer Anhang die ganze Leitung blockieren kann. Wenn über diese Leitung auch der Internetverkehr oder sogar Ihr Webauftritt läuft, kann dies auch für andere Systeme in Ihrem Unternehmen Konsequenzen haben.

Sie müssen daher von vorneherein festlegen, dass Anhänge gewisse Größen nicht überschreiten dürfen und wenn doch, dass diese dann außerhalb der Geschäftszeiten verschickt werden.

Vergessen Sie nicht, auch Ihre Anwender darüber zu informieren, dass E-Mails mit großen Anhängen erst später verschickt werden. So können keine Missverständnisse entstehen, die oft darin enden, dass diese Mails wieder und wieder vom Benutzer verschickt werden und sich der Anwender wundert, warum die Mails nicht ankommen.

Sie sollten auch klären was passiert, wenn die Leitung mal offline geht oder Ihr Server für den Mailverkehr ins Internet ausfällt. Der MX-Eintrag Ihrer Domäne sollte daher auf alle Fälle um einen weiteren Eintrag erweitert werden, der in dem Fall E-Mails, die zu Ihnen geschickt werden, beim Provider zwischenspeichert. Dies macht eigentlich jeder Provider auf Anfrage.

2.3.4.2 Anbindung der Clients

Ein nicht unwesentlicher Punkt ist die Anbindung Ihrer Benutzer. Sie müssen entscheiden, welche Clientsoftware verwendet wird und ob der Zugang eventuell über einen Terminal-Server oder Outlook Web-Access ermöglicht wird.

Die Auswahl der Clientsoftware ist bei Exchange 2000 begrenzt. Wenn Sie alle Funktionalitäten von Exchange benutzen wollen, auch die öffentlichen Ordner und Terminplanung, kommen Sie um Outlook nicht herum.

Sie können mit Exchange 2000 eigentlich jede Outlook-Version benutzen, wobei die offizielle erste optimierte Version für Exchange 2000 Outlook XP ist. Outlook 2000 wurde noch für den Exchange 5.5 optimiert.

Natürlich hängt die Auswahl der Version stark davon ab, welche Office-Version Ihr Unternehmen einsetzt. Sie können mit allen Versionen von Outlook, also auch 97, 98 und 2000 mit Exchange 2000 arbeiten. Der beste Client, der alle Funktionen unterstützt (zum Beispiel mehrere öffentliche Ordner-Strukturen), ist Outlook XP.

2.3.4.3 Unterstützung der Remotebenutzer

Die Anbindung von Remotebenutzern spielt heute eine immer größere Rolle. Die meisten Firmen bieten ihrem Außendienst und anderen Mitarbeitern die Möglichkeit, von außerhalb auf das Postfach Ihres Exchange-Sevrers zuzugreifen. Auch hier müssen Sie sich überlegen, ob und wie Sie dies bewerkstelligen wollen.

Sei es mit Terminal-Server-Lösungen, Outlook-Web-Access, IMAP oder POP3, die Einwahl über RAS oder VPN oder die Veröffentlichung direkt ins Internet. Bei allen Punkten spielt natürlich die Sicherheit eine große Rolle, da durch die Öffnung nach draußen, egal über welchen Weg, Ihr Netzwerk potentiell höher gefährdet ist. Exchange 2000 bietet für alle diese Möglichkeiten eine Lösung. Sie müssen nur entscheiden welche Sie wollen und verantworten können.

Eine weitere, neue Möglichkeit ist die Synchronisierung eines Pocket PCs mit Windows CE. Dies kann über extern mitterweile über den Mobile Information Server eingerichtet werden.

Damit können Benutzer mit Active Sync direkt per Handy oder über das Internet mit Ihrem Pocket PC eine Sychronisation mit dem Exchange Server durchführen.

Der Mobile Information Server muss, wie der Exchange Conferencing Server, gesondert erworben und lizenziert werden.

Ein weiteres neues Produkt ist Blackberry, welches die Anbindung über SMTP und GPRS ermöglicht. Allerdings auch zu einem stolzen Preis, da pro Übertragungsvolumen bezahlt werden muss. Informationen hierzu finden Sie auch im Internet.

2.3.5 Planung der öffentlichen Ordner

Bereits frühzeitig sollten Sie mit der Planung der öffentlichen Ordner beginnen. Öffentliche Ordner dienen in Exchange hauptsächlich als Ablage für Dokumente und E-Mails, die für ganze Gruppen oder das gesamte Unternehmen interessant sind.

Der Inhalt von öffentlichen Ordnern kann auf die verschiedenen Server innerhalb Ihrer Exchange 2000 Organisation repliziert werden. Dadurch erhöht sich natürlich auch die Nutzung der

Bandbreite für Exchange zur Replikation. Sie müssen genau planen, welche öffentlichen Ordner auf welche Server repliziert werden sollen, damit die Benutzer schnell und effizient auf die Informationen in den öffentlichen Ordner zugreifen können. Die Konfiguration der öffentlichen Ordner erfolgt weiter hinten in diesem Buch im Kapitel 8.

Die Planung der öffentlichen Ordner sollte auch mit der Planungsgruppe Mitarbeiter durchgesprochen werden. Sie müssen planen, wer öffentliche Ordner anlegen darf, welcher Benutzer welche Ordner sehen soll und wer Berechtigung haben soll, Inhalte zu löschen oder neue öffentliche Ordner zu erstellen. Außerdem sollten Sie festlegen, für was öffentliche Ordner dienen können, da es mehr Möglichkeiten gibt als nur E-Mails zu veröffentlichen. Ich habe Ihnen in der Abbildung 2.8 einige Beispiele aufgeführt.

Fangen Sie also nicht einfach an, öffentliche Ordner zu erstellen, da Sie so nach kürzester Zeit ein heiloses Durcheiandner haben und kein Benutzer mehr auf die Ordner zugreift, da Informationen nicht schnell und effizient zu finden sind.

Setzen Sie sich also mit Ihrer Planungsgruppe zusammen und fangen frühzeitig an, eine Ordnerstruktur zu entwerfen die Sinn macht und mit Ihrem Unternehmen und den Anforderungen der Benutzer mitwachsen kann.

Die Rechtevergabe bei öffentlichen Ordnern erfolgt genauso wie bei NTFS. Rechte, die in einem übergeordneten Ordner erteilt werden, werden nach unten repliziert (vererbt). Dies müssen Sie bei der Rechteverteilung mit berücksichtigen.

Benutzer, die das Recht nicht haben einen übergeordneten Ordner zu sehen, können selbstverständlich auch keine Ordner darunter sehen.

Hinweis

Standardmäßig darf bei Exchange 2000 jeder Benutzer neue öffentliche Ordner anlegen. Dieses Recht sollten Sie auf alle Fälle steuern.

Sie können für den jeweiligen öffentlichen Ordner einen Besitzer festlegen, der von Exchange 2000 auch Meldungen bekommt, wenn der Ordner definierte Größenordnungen überschreitet.

Eine Pflege des Inhalts der öffentlichen Ordner ist wichtig, da sonst die Größe des Plattenplatzbedarfes ständig ansteigt. Dies gilt für die Postfächer genauso wie die öffentlichen Ordner.

Die Möglichkeit, die Größe von öffentlichen Ordnern zu begrenzen, ist ein neues Feature von Exchange 2000.

Ferner können Sie öffentliche Ordner indizieren, damit Benutzer schneller passendene Dokumente finden.

Möglichkeiten der öffentlichen Ordner	**Beschreibung**
Gemeinsame Kontakte	Sie können alle Kontakte von Kunden, Partnern, etc. direkt in einem öffentlichen Ordner speichern, damit alle Benutzer Zugriff darauf haben. Dieser Ordner kann dann auch offline synchronisiert werden und steht so zum Beispiel dem Außendienst zur Verfügung
Direkter Mail-Empfang der öffentlichen Ordner	Sie können öffentliche Ordner so konfigurieren, dass Sie direkt E-Mails empfangen können. Auf diese Weise können Sie automatisierte Meldungen von Virenscannern, Dateisicherungsskripte etc. direkt per E-Mail an einen öffentlichen Ordner verschicken. Hierzu gibt es zahlreiche Freewaretools. Ich verwende hierzu immer BLAT.
Newsgroups	Sie können in der öffentlichen Ordnerstruktur Newsgroups abbilden und Ihren Mitarbeitern zur Verfügung stellen, ohne dass diese direkt über das Internet auf Newsgroups zugreifen können.
Fax-Eingang	Mitterweile haben viele Firmen einen Fax-Server.

	Spezielle Faxe können direkt wie E-Mails zentral abgelegt werden und stehen so jedem Mitarbeiter der Zugriff hat direkt zur Verfügung.
Ressourcenverwaltung	Die meisten Firmen die Exchange benutzen, betreiben mit derm Server auch Ressourcenplanung. Sie können so leicht jeden Beamer, Konferenzraum, jedes Poolfahrzeug usw. verplanen und die Mitarbeiter können auf die Kalender der Ressource zugreifen.

Abb. 2.8: Möglicher Einsatz von öffentlichen Ordnern.

2.3.6 Planen einer Sicherheitsstrategie

2.3.6.1 Identifizieren der Sicherheitsrisiken

Vor der Installation Ihres Exchange Servers müssen Sie sich auch überlegen, wie Sie später Ihre Server absichern wollen.

Berücksichtigen Sie dabei auch die Lieferzeiten der Software die Sie zur Installation benötigen, um Ihren Server abzusichern. Es ist schon oft passiert, dass ein Exchange 2000 Server in Betrieb genommen wurde und die Software zur Datensicherung oder zum Virenschutz noch nicht geliefert wurde.

In dieser Zeit, auch wenn Sie noch so kurz ist, ist Ihr System angreifbar bzw. nicht gesichert und Sie laufen Gefahr, schon zu Beginn des Projektes die Stabilität des Servers und dabei auch die Akzeptanz bei den Benutzern zu gefährden.

Sie müssen sich schon vor der Installation einen Überblick über die Sicherheitsrisiken und deren Beseitigung verschaffen, die die Implementation eines neuen Servers mit sich bringen.

Welche Sicherheitsrisiken sollten Sie berücksichtigen?

- *Diebstahl oder Manipulation.* Jemand versucht die Netzwerk-Pakete Ihres Servers mitzuschneiden oder Daten von der Platte zu kopieren oder zu verändern.
- *Betrug.* Jemand gibt sich als interner Benutzer aus und gibt Daten weiter, auf die er normalerweise keinen Zugriff hat.
- *Denial of Service (DoS).* Diese Angriffe sind wohl mit die bekanntesten, da Sie oft genug auf Webservern oder DNS-Servern durchgeführt werden. Hier versucht jemand den Dienst Ihres Servers gezielt zu stören, damit er seinen Dienst einstellt. Normalerweise geschieht das über E-Mails mit Anhängen, die fehlerhafte oder manipulierte Daten enthalten
- *Trojanisches Pferd.* Es wird gezielt versucht, ein Programm in Ihr Netzwerk zu schleusen, welches sich als Spass-Programm tarnt, um dann bei Ausführung Daten über Ihr Unternehmen zu sammeln und zu versenden oder Server-Dienste zu stören oder zu beeinträchtigen
- *Virus-Attacke.* Wieviele Firmen wurden wohl durch I Love you, Nimda oder Bugbear für Tage außer Gefecht gesetzt, obwohl es sehr einfach ist, das zu verhindern.
- *Relaying.* Jemand verschickt über Ihren nicht abgesicherten Server seine Spam-E-Mail mit dem Ergebnis, dass Ihr Server unnötig belastet wird und Sie auf schwarzen Listen von Servern landen, von denen keine E-Mails mehr angenommen werden.
- *Nachahmung.* Es wird versucht, sich als Person oder Adressat Ihres Unternehmens zu tarnen.

Dies sind nur einige Punkte die Ihnen und Ihrem Exchange-Server das Leben schwer machen können. Wenn Sie allerdings einige Dinge berücksichtigen sind Sie eigentlich auf der sicheren Seite.

2.3.6.2 Grundlegende-Sicherheitsaspekte

- Grundsätzlich sollten Sie Ihre Server schon im Rahmen der Windows 2000 Einführung abgesichert haben. Auch Ihr Active Directory sollte bereits abgesichert sein.
- Physischer Schutz Ihrer Server ist ein wichtiger Punkt. Die Server sollten grundsätzlich in einem abgeschlossenen Raum

stehen. In diesen Raum sollten nur berechtigte Personen gelangen können.

- Passwörter für Administratoren bzw. für die Server-Dienste von Exchange sollten komplex sein und nicht leicht zu raten. Verwenden Sie zur Installation Ihres Exchange-Servers ein eigenes Administratorkonto, welches nur zur Anmeldung bzw. Installation auf dem Exchange-Server genutzt wird.
- Erstellen von IP-Adressen und Domänenlisten, von denen Sie E-Mails entgegen nehmen bzw. welche E-Mails versenden dürfen. Auf diese Weise verhinden Sie zum einen, dass Benutzer, die keine Berechtigung haben auf Ihren Server mit IMAP, bzw. POP3 oder SMTP zugreifen können und zum anderen können Sie explizit Domänen oder IP-Adressen außchließen von denen Sie angegriffen werden. Allerdings ist hier das Problem, dass zu Zeiten von billigen Flatrates und dynamischen IP-Adressen im Internet Hacker oft nicht an der IP-Adresse oder der Domäne zu erkennen sind. Am besten lassen Sie alle E-Mails zu Ihrem Provider schicken, der gegen Angriffe am besten geschützt ist und nehmen mit Ihrem Exchange-Server ausschließlich nur E-Mails von den IP-Adressen der Mail-Server des Providers entgegen. Genauso können Sie es auch mit dem Versenden halten. Schicken Sie E-Mails nicht direkt ins Internet sondern zum Mail-Server Ihres Providers. Auf diese Weise sparen Sie sich sogar Ressourcen ein.

- Exchange bietet zahlreiche Möglichkeiten, den Server und die Dienste zu überwachen. Dies wird später im Buch im Kapitel 10 *Datensicherung und Überwachung* genauer erläutert. Sie können die Überwachung in mehreren Stufen erhöhen, müssen dabei aber beachten, dass die Prozessor-Auslastung und der Festplattenverbrauch natürlich ansteigen.
- Installieren Sie nur die notwendigen Dienste. Entfernen Sie auf dem Server alle Netzwerkprotokolle, die Sie nicht einsetzen. Installieren Sie nur die Exchange-Features die Sie brauchen, um Angriffe und Sicherheitslücken, die Sie vermeiden können, zu umgehen.
- Bleiben Sie mit den Servicepacks und Hotfixes immer auf dem Laufenden. Installieren Sie aber nicht im blinden Vertrauen jedes Hotfix, das Microsoft veröffentlicht, sondern schauen Sie ob Sie die einzelnen Hotfixes überhaupt brau-

chen. Warten Sie auch mit der Installation ein paar Tage oder Wochen nach Erscheinen und beobachten in Newsgroups und im Internet, ob es mit diesem Hotfix irgendwelche Probleme gibt. Sie sollten solche Hotfixes und Servicepacks auch immer zuerst auf einem Test-System installieren um sicherzugehen, dass nach der Installation alles noch so läuft wie es sich gehört.

- Ein wichtiger Punkt ist auch das Absichern der Benutzer. Auch hier sollten Sie die aktuellen Hotfixes und Servicepacks für Outlook, Internet Explorer und Betriebssystem ständig aktuell halten sowie die Browsereinstellungen der Benutzer absichern.
- Stellen Sie, wenn möglich, Ihren Exchange-Server nicht direkt ins Internet, sondern schalten Sie eine Firewall oder einen SMTP-Scanner vor den Server. Hier gibt es von Microsoft zum Beispiel den Internet Security & Acceleration Server (ISA-Server), welcher den SMTP-Verkehr für den Exchange filtern kann. Selbst in kleinen Umgebungen kann man den ISA-Server einsetzen. Dieser ist auch Bestandteil im Small Business Server-Paket.
- Schließen Sie offene Ports in der Firewall, die Sie nicht brauchen. Ich habe Ihnen in der Tabelle Abbildung 2.9 eine Aufstellung der von Exchange genutzten Ports gemacht. Schließen Sie zum Beispiel den POP3-Port, wenn Sie ihn nicht brauchen.

Portnummer	**Verwendung**
25	SMTP
80	http (Outlook Web Access)
88	Kerberos (Authentifizierung)
102	MTA und X.400
119	NNTP
135	RPC (Exchange System-Manager über Konsole)
143	IMAP
389	LDAP
443	HTTPS – SSL
465	SMTP – SSL
563	NNTP – SSL

636	LDAP – SSL
993	IMAP – SSL
995	POP3 – SSL
1720	H. 323
2980	Instant Messaging

Abb. 2.9: TCP/IP-Ports welche von Exchange benutzt werden

2.3.6.3 Virenschutz

Die meisten Angriffe auf Exchange-Server sind Angriffe durch Viren. Dabei heißt es oft, dass Microsoft bei der Sicherheit geschlampt hätte und andere Systeme wie Linux und Lotus hier besser sind. Das stimmt einfach nicht!

Ein Exchange-Server und auch Outlook lässt sich relativ leicht absichern. Zu Zeiten, in denen die Kommunikation mit E-Mails immer mehr zunimmt und damit natürlich auch die Sicherheitsgefahren, ist eine vernünftige Filterung des E-Mail-Verkehrs und ein Virenscanner auf dem Exchange-Server Pflicht. Administratoren, die dies nicht berücksichtigen, können sicher sein, dass nach einiger Zeit, oft schneller als erwartet, das Mail-System angegriffen wird. Dies zeigt unter anderem die schnelle Verbreitung von I Love You, Nimda und Bugbear.

Klar kostet die Lizenzierung eines Virenscanners am Anfang erstmal Geld. Wenn man aber die Ausfallzeit und die Wiederherstellungskosten oder sogar den Datenverlust bei einer Virenattacke berücksichtigt, zahlt sich diese Investition schnell aus.

Es ist nicht nur gefährlich, was Viren mit Ihrem Netz anstellen können, sondern Sie und Ihr Unternehmen können Ihren Ruf verlieren, wenn Partner oder Kunden von Ihnen E-Mails mit Viren erhalten.

Die erste Regel ist also auf dem Exchange-Server und auf dem Client einen Virenscanner zu installieren. Optimal wären hier natürlich zwei verschiedene Lösungen, da die eine Engine vielleicht einen Virus findet, den die andere noch nicht kennt.

Der Virenscanner soll aber nicht nur das Dateisystem absichern, sondern auch die Exchange-Datenbank. Die brauchen also hierfür eine Lösung direkt für Exchange 2000.

Welcher Virenscanner?

Mein Favorit im Bereich Virenschutz ist derzeit ganz klar Antigen von Sybari. Dieser Virenscanner hat die wichtigsten Engines auf dem Markt lizenziert und Sie können so Ihre E-Mails mit mehreren Engines gleichzeitig durchsuchen.

Die Scanner arbeiten außerdem mit einer von Sybari entwickelten Technik, welche E-Mails scannt bevor sie in den Informationsspeicher gelangen.

Dazu wird die Datei *ese.dll* durch Antigen ausgetauscht. Alle anderen Scanner, welche mit der MAPI-Technik die Postfächer scannen, untersuchen die Nachrichten erst nach dem Eingang in den Informationsspeicher.

Wenn so durch eine Virenflut wie bei I Love You oder Nimda viele E-Mails gleichzeitig zugestellt werden, besteht bei der MAPI-Technik die Möglichkeit, dass virenverseuchte E-Mails von den Benutzern geöffnet werden bevor der Scanner Sie untersucht hat.

Aber jeder Administrator hat seinen eigenen Geschmack und seine Vorlieben.

Wenn Sie sich für ein Produkt entscheiden, sollten Sie allerdings auf einige Punkte achten:

- Wie lässt sich die Software konfigurieren, d.h. können Sie von einer Managementoberfläche aus alle Server mit der Software verwalten? Dies spielt vor allem in großen Umgebungen eine Rolle, bei denen Sie sich um viele Exchange-Server kümmern müssen.
- Wie oft kommen neue Virensignaturen heraus? Wöchentlich oder sogar monatliche Updates sind heute keine Option mehr. Sie sollten darauf achten, dass der Anbieter Ihrer Wahl seine Engines so oft wie möglich updatet. Manche machen dies sogar täglich.
- Achten Sie darauf, dass der Anbieter sein Geschäft versteht und die Software auch was taugt. Hier helfen oft Tests in Fachzeitschriften bzw. Referenzkunden des Anbieters. Beobachten Sie hierzu einfach mal die Exchange Newsgroups, da diese Fragen immer mal wieder aufkommen und Sie so Erfahrungen anderer Exchange-Administratoren nutzen können.
- Wie benachrichtigt die Software Sie bei einem Virenbefall? Eine gute Software wie Sybari Antigen sendet eine

Mail, deren Text Sie sogar beeinflussen können an den Absender, den Empfänger und Sie. Sie können alle Arten von Benachrichtigungen genau definieren und steuern. Dies ist ein wichtiger Punkt, denn Sie wollen ja auch wissen wann ein Virus bei Ihnen eingedrungen ist und zu wem er hätte geschickt werden sollen. Der Benutzer wartet vielleicht auf einen wichtigen Anhang und wundert sich, dass er nicht kommt. So ist es auch für ihn hilfreich, wenn er vom System eine Meldung bekommt.

- Einer der wichtigsten Gründe, wenn auch nicht der wichtigste, ist der Preis und die Lizenzerierung. Viele Hersteller lassen Ihr Produkt pro zu installierenden Server lizenzieren, was bei vielen Servern teuer werden kann. Die meisten Hersteller lizenzieren Ihr Produkt über die Anzahl der zu schützenden Postfächer. Feilschen Sie hier ruhig ein bisschen. Je mehr Postfächer, um so leichter lässt es sich mit dem Distributor oder Hersteller verhandeln. Der Markt ist stark umkämpft - also vergleichen Sie. Wichtig ist hier auch, wie lange Sie Updates bekommen und wann Sie neu lizenzieren müssen, also wie lange Sie das Produkt überhaupt einsetzen können.

Hinweis

Es ist nicht möglich, E-Mails zwischen Exchange-Servern der gleichen Organisation zu scannen, da diese in einem speziellen Format verschickt werden, die für keinen Virenscanner lesbar sind.

Jeder Virenschutz ist nur so gut wie seine Aktualität. Sie sollten daher darauf achten, dass sich der Scanner auf Server und Client mindestens einmal täglich aktualisiert. Überprüfen Sie auch regelmäßig, ob die automatische Aktualisierung auch funktioniert.

Testen Sie auch Ihren Scanner mit einem Testvirus. Weit verbreitet und oft mitgeliefert ist der Eicar-Testvirus. Falls er nicht zum Lieferumfang der Software gehört, können Sie ihn aus dem Internet herunterladen.

Ein wichtiger Punkt ist nicht nur, dass Sie in Anhängen nach Viren scannen lassen, sondern Anhänge, die Sie nicht benötigen und die eine potentielle Gefahr bedeuten, direkt vom SMTP-Scanner Ihrer Firewall oder vom Virenscanner sofort löschen lassen.

Achten Sie beim Kauf einer Virenschutz-Lösung, ob diese einen SMTP-Filter hat. Es schadet nicht, wenn Sie außer auf der Firewall noch einen Filter in Ihrem Netz installieren, damit sicher kein Anhang durchkommt.

Welche Anhänge Sie verbieten, bleibt schlussendlich Ihre Sache bzw. die Ihres Unternehmens.

Aus meiner Erfahrung sollten Sie folgende Dateitypen in jedem-Fall sofort löschen lassen, da diese die potentiell größte Gefahr darstellen:

Gefährliche Dateianhänge

*.vbs, *.js, *.pif, *.com, *.exe, *.bat, *.scr, *.mde, *.mdb, *.cmd, *.reg, *.shs

Diese Anhänge können Sie eigentlich von vorne herein ausfiltern und löschen lassen.

Alleine schon dadurch haben Sie einen Riesenschritt bezüglich der E-Mail-Sicherheit getan. Was jetzt noch durch die Filter durchgeht, wird vom Virenscanner des Exchange-Servers gescannt und nochmal vom Virenscanner des Clients.

Natürlich ist diese Liste nicht vollständig. Wenn Sie im Internet recherchieren werden Sie noch eine Vielzahl weiterer Dateiendungen bekommen, die Sie ausfiltern können. Allerdings sind die oben genannten wohl die verbreitesten.

Natürlich sollten Sie auch Ihre Benutzer schulen, dass Sie nicht einfach blindwütig jeden Anhang öffnen, den Sie gar nicht kennen.

Diese Maßnahme sollte aber auf alle Fälle am Ende Ihrer Liste stehen, denn eigentlich sollten gar keine Viren mehr bis zu den Benutzern durchkommen.

Viele Filter unterstützen auch die Filterung nach Schlüsselworten in E-Mails. Beobachten Sie also ständig den Markt, die Newsgroups und die Foren im Internet nach neuen Viren.

Viele Antiviren-Programm-Hersteller bieten auch Newsletter an. Bei Viren gilt immer Wachsamkeit, Wachsamkeit und nochmal Wachsamkeit.

Wenn Sie diese Punkte befolgen, können Sie weitgehend sicher sein, dass Sie am Wochenende ruhig schlafen können, wenn in den Nachrichten mal wieder von einem bösartigen Virus berichtet wird, der wieder hunderte Firmen lahmgelegt hat.

2.3.4.1 Spam

Ein weiteres, sehr großes Ärgernis sind die sogenannten Spam-E-Mails von Anbietern, die Ihre Produkte per E-Mail anbieten.

Da das Versenden von E-Mails immer verbreiteter ist und kaum Kosten verursacht, entwickelt sich dieses Problem zu einem immer größeren Dilemma, gegen das Sie etwas unternehmen sollten, da Ihre Bandbreite unnötig beansprucht wird und Ihre Benutzer bei der Arbeit gestört werden. Außerdem gehen oft wichtige E-Mails zwischen Spam-E-Mails unter.

Die erste und wichtigste Regel ist, dass Sie Ihren Benutzern klar machen, notfalls als Arbeitsanweisung über die Geschäftsleitung, dass die Firmen-E-Mail-Adresse nicht zum Eintragen in Newsletter oder sonstigen privaten Dingen im Internet genutzt werden darf.

Denn genau hierher kommt oft das Problem der Spam. Wenn sich ein Benutzer einmal in einer Liste einträgt kann es sein, dass Ihre Domäne, also auch andere Benutzer, ständig von Spam-E-Mails belästigt werden.

Weisen Sie deshalb die Mitarbeiter Ihres Unternehmens auf dieses Problem hin und gestatten für die private Kommunikation lieber die Benutzung von privaten E-Mail-Konten über das Internet.

So können Ihre Mitarbeiter immer noch Ihre privaten Dinge erledigen aber Ihre geschäftliche E-Mail-Adresse wird im Internet nicht unnötig veröffentlicht.

Was können Sie sonst noch tun?

- Es ist zwar mühselig, aber Sie können nach und nach jede Domäne, von der Sie Spam-E-Mails erhalten, generell bei Ihnen abblocken. Es gibt einige Filterprogramme gegen Spam. Keines ist jedoch schlussendlich hundertprozentig erfolgreich. Das wohl bekannteste System ist der „Mailsweeper".
- Mit dem SMTP-Befehl VRFY können Sie die Absenderadresse des Senders überprüfen. Allerdings wird dieser Befehl von vielen Mail-Servern bereits geblockt, da gerade dadurch ein Konto gehackt bzw. als echt verifiziert werden kann und so noch mehr wert ist, um verkauft zu werden und von dubiosen Geschäftemachern genutzt wird. Sie können auch den

Header der E-Mail überprüfen, da dieser eine gültige E-Mail-Adresse enthalten muss, was viele Spammer weglassen. Eine gültige E-Mail-Adresse hat mindestens die Form *x@x.x*

- Blockieren von E-Mail-Servern, die auf den Sperrlisten stehen. Es gibt im Internet eine Vielzahl von Sperrlisten, in denen E-Mail-Server stehen, die als offenes Relay benutzt werden und Spam-E-Mails weiterleiten. Diese Listen werden ständig aktualisiert und Sie können diese Server bei Ihnen in die Blockier-Liste mit aufnehmen.
- Sie können Spam-E-Mails oft auch am Betreff erkennen. Oft enthalten diese besonders viele Sonderzeichen wie „# ? * !". Im Betreff steht „sex" oder „money" oder „business". Beobachten Sie Spam-E-Mails ein bisschen und feilen Sie an Ihren Filtern. Wenn Sie, wie bei Viren, ständig wachsam bleiben sind Sie so auf Dauer auf der sicheren Seite.
- Sie können die Existenz der sendenden Domäne mit *nslookup* abprüfen. Das verhindert, dass E-Mails von ungültigen Domänennamen bei Ihnen ankommen. Allerdings nicht die E-Mails, welche sich als einen bekannten Domänennamen ausgeben.

2.3.4.2 E-Mail-Verschlüsselung

Exchange 2000 unterstützt Transport Layer Security (TLS), als auch Secure Sockets Layer (SSL).

Sie können somit E-Mails mit Exchange 2000 verschlüsseln. Dazu benötigen Sie noch den Exchange Schlüsselverwaltungsserver und die Microsoft Zertifikatsdienste. Diese beiden Punkte werden im Kapitel 15 *Exchange 2000 Sicherheit und Verschlüsselung* näher besprochen.

Standardmäßig werden Nachrichten, die im Internetformat SMTP verschickt werden nicht verschlüsselt und können so von jedem der sie mitschneidet mitgelesen werden. Auf diese Weise können E-Mails sogar verändert werden und Ihre E-Mail-Adresse kann gefälscht werden. Dies kann durch eine Verschlüsselung verhindert werden.

Mit TLS und SSL können Sie allerdings nur die Übertragung der E-Mail verschlüsseln. Wenn Sie sicherstellen wollen, dass der von Ihnen gewählte Empfänger und nur er, die E-Mail lesen kann, so müssen Sie mit Schlüsseln, die Sie austauschen können, arbeiten. Von Ihnen verschlüsselte E-Mails können dann nur mit einem

Schlüssel dekodiert werden, den Sie Ihrem Empfänger zur Verfügung stellen.

Symmetrische und asymmetrische Verschlüsselung

Es gibt zwei Arten von Verschlüsselungen, die symmetrische und die asymmetrische Verschlüsselung.

Bei der *symmetrischen* Verschlüsselung wird die Nachricht mit dem gleichen Schlüssel kodiert und wieder dekodiert, d.h., es muss ein Austausch des Schlüssels zwischen Sender und Empfänger stattfinden.

Dies ist ein Sicherheitsproblem, da der Schlüssel beim Austausch in falsche Hände geraten kann.

Exchange 2000 arbeitet mit der *asymmetrischen* Verschlüsselung. Bei der *asymmetrischen* Verschlüsselung kann die Nachricht nur vom passenden Gegenschlüssel Ihres Schlüssels wieder dekodiert werden. Auf diese Weise kann der eine Schlüssel öffentlich bekannt sein (public key), so lange es der andere Schlüssel nicht ist.

Dieser sogenannte „private key" kann nicht aus dem „public key" errechnet werden.

Den öffentlichen Schlüssel kann der Sender dem Empfänger zur Verfügung stellen. Damit die Echtheit dieses Schlüssels gewährleistet ist, kann sich der Sender diesen von einer dritten Stelle zertifizieren lassen. Er erhält ein *Zertifikat* für den Schlüssel.

Da der öffentliche Schlüssel jedem zur Verfügung steht, kann auch jeder die E-Mails des Senders lesen. Auf diese Art ist also die Übertragung nicht sichergestellt sondern nur, dass diese E-Mail auch vom Sender kommt, den der öffentliche Schlüssel belegt. Dies ist quasi die digitale Unterschrift des Senders - seine Signatur.

Der Sender kann aber auch die E-Mail mit dem öffentlichen Schlüssel des Empfängers verschlüsseln. Der Empfänger kann dann mit seinem privaten Schlüssel diese E-Mail wieder entschlüsseln, sonst niemand. Es ist nicht möglich, eine E-Mail mit dem öffentlichen Schlüssel zu verschlüsseln und dann wieder zu entschlüsseln.

Sie können also durch eine Kombination dieser beiden Verschlüsselungen sicherstellen, dass nur der gewünschte Empfänger die E-Mail auch lesen kann und der Empfänger kann sicher sein, dass diese E-Mail auch vom Sender kommt.

Heutzutage läuft diese Verschlüsselung allerdings ein bisschen anders ab. Der Grund ist, dass die public key/private key-Verschlüsselung sehr rechenaufwändig ist.

Um hier effizienter zu arbeiten, wird mit einer speziellen symmetrischen Verschlüsselung ein Einmalschlüssel erzeugt und nur dieser erzeugte Schlüssel mit dem öffentlichen Schlüssel des Empfängers verschlüsselt. Dieses Verfahren hat hauptsächlich Vorteile, wenn eine E-Mail an mehrere Empfänger geschickt werden soll.

Diese Verschlüsselung wird nach dem DES-Standard durchgeführt, also nach dem Zufallsprinzip. Alle Empfänger erhalten so zwar alle Schlüssel der anderen, können aber nur ihren eigenen wieder entschlüsseln.

Es gibt heute zwei Standards zur Mailverschlüsselung: PGP und S/MIME.

PGP – Pretty good Privacy

Bei PGP gibt es keine Zertifikate sondern Sender und Empfänger tauschen Ihre Schlüssel untereinander aus. PGP ist ein Verschlüsselungsprogramm für E-Mails und Dateien aller Art. Außerdem können Sie mit PGP elektronisch unterschreiben. Als selbstentschlüsselndes Archiv können Sie auch ganze Verzeichnisse sichern und weitergeben, ohne dass der Empfänger PGP haben muss.

PGP ist sehr weit verbreitet. Für Privatpersonen und gemeinnützige Organisationen ist das Programm kostenlos.

Die käufliche Version bietet mit PGPdisk ein hervorragendes Werkzeug zum Verschlüsseln kompletter Festplatten. Dank der grafischen Oberfläche ist PGP mehr oder weniger leicht zu bedienen und bietet darüber hinaus mit Plug-Ins die Möglichkeit, direkt in den gewohnten Programmen zu arbeiten.

PGP bietet eine enorme Sicherheit mit sehr ausgefeilten Funktionen. Es ist zum Beispiel möglich, Dateien so zu verschlüsseln, dass Sie nur von zwei Personen gemeinsam entschlüsselt werden können.

Selbst wenn Ihre Daten nur von durchschnittlicher Brisanz sind, lohnt sich der Einsatz von PGP, denn je mehr Mails verschlüsselt sind, desto schwerer wird die Spionage für Geheimdienste.

Je weiter PGP verbreitet ist, desto wahrscheinlicher ist es, dass der Empfänger einer vertraulichen Nachricht auch mit diesem Programm arbeitet.

PGP lässt sich mittlerweile problemlos in Outlook und Outlook Express integrieren. Der große Vorteil ist, dass öffentliche Schlüssel untereinander getauscht werden und der Ablauf der Verschlüsselung so deutlich vereinfacht wird.

Um die Echtheit der Schlüssel sicherzustellen, gibt es mittlerweile von vielen Verlagen und Universitäten Schlüsselserver für PGP.

S/MIME

Derzeit ist S/MIME weniger verbreitet als PGP. Allerdings ist eine Tendenz zugunsten S/MIME festzustellen. Bei S/MIME wird der bekannte MIME Standard um die Sicherheit erweitert.

Was ist MIME ?

In den Anfangszeiten des Internets bestand eine E-Mail nur aus einfachem Text im ASCII Format. In der Zwischenzeit ist aber das Internet immer mehr gewachsen und der Wunsch, Texte mit Sonderzeichen, Umlauten usw. zu verschicken, kam immer mehr auf.

Auch möchte man sich nicht auf das Versenden von Text beschränken, sondern auch Grafiken, Audiofiles oder binäre Dateien versenden können. Für genau diese Zwecke wurde die MIME (Multipurpose Internet Mail Extension) Spezifikation festgelegt. Die MIME Spezifikation ergänzt den vorhandenen Standard um erweiterte Strukturen im Nachrichtentext und mit einer Definition zur Codierung von ASCII-fremden Nachrichten.

MIME ist ein Protokoll, welches ursprünglich dazu gedacht war, per E-Mail verschickte Files anhand ihrer Filenamenserweiterung zu erkennen und vor dem Verschicken mittels eines Headers zu kennzeichnen, um sie dann beim Empfänger mit der richtigen Software darzustellen bzw. wiederzugeben.

S/MIME ist der neuere Standard im Bereich der Verschlüsselung und arbeitet im Gegensatz von PGP ausschließlich mit Zertifikaten. S/MIME steht für *Secure Multipurpose Internet Mail Extension* und ist in der Version 3 als Verschlüsselungsstandard anerkannt.

Es ist ein Verschlüsselungskonzept das erhebliche Unterstützung erhält. Microsoft bietet neben anderen Firmen volle S/MIME-Unterstützung in seinen Produkten an.

Wie auch OpenPGP, verwendet S/MIME eine hybride Verschlüsselungstechnologie, also schnelle symmetrische Verschlüsselung der eigentlichen Nachricht mit einem Sitzungsschlüssel und eine anschließende asymmetrische Verschlüsselung des Sitzungsschlüssels mit dem öffentlichen Schlüssel des Nachrichtenempfängers.

Arbeiten mit Zertifikaten

Die Microsoft Zertifikatsdienste stellen öffentliche Schlüssel zur Verfügung, die Sie mit Exchange 2000 nutzen können.

Sie können mit diesen Diensten die auszustellenden Zertifikate auswählen und natürlich auch widerufen. Im Gegensatz zu den öffentlichen Zeritifkaten von Verisign etc. Mit diesen Diensten können Sie mit Exchange 2000 S/MIME benutzen.

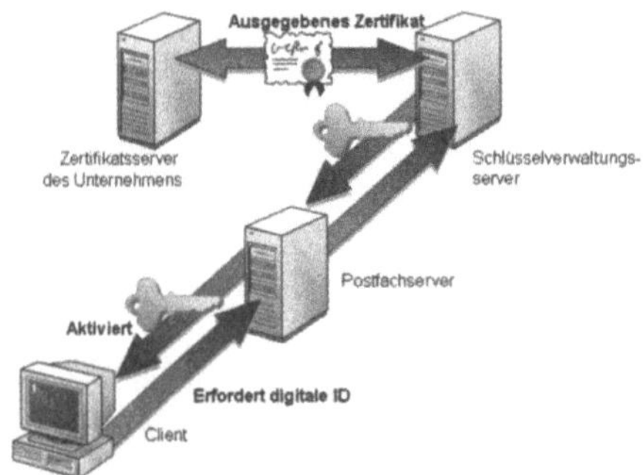

Abb. 2.9: Arbeiten mit Zertifikaten

Weiterführende Ansätze und Thematiken der Sicherheit in Exchange 2000 finden Sie im Kapitel 15 dieses Buches.

3 Installation

Nach den Grundlagen von Exchange 2000 und der Planung einer Exchange Organisation soll im Kapitel 3 die Installation von Exchange 2000 näher besprochen werden.

Im Kapitel 1.6 wurde bereits die Installation im Rahmen einer Testumgebung durchgeführt. In diesem Kapitel werden nun die einzelnen Vorgänge der Installation detailliert besprochen und weiter vertieft.

Wie Sie bereits im Lauf der Installation der Testumgebung festgestellt haben, ist die Installation generell nicht sehr schwierig.

In diesem Kapitel soll ausschließlich die Installation in einer neuen Organisation behandelt werden. Die Migration von Exchange 5.5 wird im Kapitel 11 *Migration und Koexistenz mit Exchange 5.5* genauer durchleuchtet.

Sie sollten in jedem Fall vor der Einführung eines produktiven Exchange 2000-Systems eine Testumgebung aufbauen und sich mit dieser beschäftigen. Auf diese Weise können Sie Erfahrung sammeln und sich einen Überblick über Exchange 2000 verschaffen.

3.1 Grundlagen zur Installation

Vor der Installation der produktiven Umgebung sollten Sie sicherstellen, dass die Betriebssystem-Installation optimal durchgeführt wurde, dass im Gerätemanager alle Komponenten erkannt wurden und alle Systemeinstellungen und Netzwerkeinstellungen stimmen.

Nehmen Sie den neuen Server als Mitglied der Domäne auf, in der später Exchange zuerst installiert werden soll.

Überprüfen Sie auch die Konfiguration der Festplatten und dass alle Partitionen so angelegt sind, wie Sie es geplant haben.

Der Server, auf dem die Produktivumgebung installiert wird, sollte bestenfalls schon einige Tage in der Domäne laufen, damit Sie sicher sein können, das Hard- und Software fehlerfrei funktionieren. Ein gelegentlicher Blick in das Ereignisprotokoll schadet sicherlich auch nicht.

Sie können mit Hilfe des Tools *netdiag.exe* überprüfen, ob der Server sauber in die Domäne integriert wurde. Sie finden dieses Tool in den Windows 2000 Support Tools, die auf jeder Windows 2000 Server-CD mitgeliefert werden. Die Tools befinden sich auf der CD im Verzeichnis *Support.*

Zum Umfang gehören noch mehrere Tools, die gerade bei der Überprüfung eines Domänencontrollers hilfreich sind, zum Beispiel *dcdiag.exe*

Stellen Sie sicher, dass auch die DNS-Namensauflösung reibungslos funktioniert. Dies können Sie mit dem Dienstprogramm *nslookup* überprüfen. Der Server sollte ohne Fehler die anderen Server, vor allem die Domänencontroller, in der Domäne auflösen können.

Hinweis

Exchange 2000 benötigt zum reibungslosen Arbeiten Zugriff auf einen globalen Katalog!

Alle Punkte, die Sie während der Planung berücksichtigt haben, sollten Ihnen vorliegen. Sie müssen wissen wie die Organisation heißt und in welcher Routinggruppe oder administrativen Gruppe der Server installiert werden soll.

Wenn Sie den Exchange Schlüsselverwaltungsdienst installieren wollen, beachten Sie bitte dessen Installationsvoraußetzungen. Mehr über den Schlüsselverwaltungsdienst erfahren Sie im Kapitel 15 *Exchange 2000 Sicherheit und Verschlüsselung.*

Es bietet sich an, vor der Inbetriebnahme von Exchange das Betriebssystem auf den neuesten Stand zu bringen. Gerade im Bereich Sicherheit gibt es bei Microsoft hier oft einiges zu tun. Wenn später Ihre Installation in den Produktivbetrieb geht, sollten Sie nicht sofort jedes Servicepack und jeden Hotfix installieren. Dadurch wurden schon einige Exchange-Server zum Absturz gebracht.

Später sollten Sie jedes Update erst in einer Testumgebung ausgiebig überprüfen, bevor Sie eine Installation in Ihrer Produktivumgebung in Erwägung ziehen. Auch das Beobachten der verschiedenen Newsgroups und sonstigen Informationsquellen im Internet vor dem Update ist enorm hilfreich.

Wenn Sie sonstige Software für Exchange auf dem Exchange-Server installieren wollen (Connectoren für SAP, Fax oder Dokumentenmanagement-Systeme, Virenscanner, usw.) achten Sie darauf, dass Sie die aktuellste Version einsetzen, die auch Exchange 2000 unterstützt. Testen Sie vorher diese Connectoren auf Ihrem Testsystem.

Exchange 2000 hängt stark vom Active Directory ab. Diesen Hinweis kann man nicht oft genug wiederholen. Ohne eine vernünftige und stabile Windows 2000-Umgebung mit einem konsistenten Active Directory und einer sauberen Namensauflösung mit DNS werden Sie mit Exchange 2000 nicht glücklich.

Exchange 2000 lässt sich ausschließlich nur auf einem Windows 2000 Server installieren, Windows NT 4 oder Windows 2000 Professional werden nicht unterstützt.

Sie sollten außerdem mindestens Windows 2000 Servicepack 1 auf dem Server installiert haben. Es empfiehlt sich jedoch die Installation des neuesten Servicepacks.

Exchange 2000 kann nur auf einer NTFS-Partition installiert werden.

Hinweis

Exchange 2000 läuft auch nicht auf Windows .Net 2003 Servern. Die Installation bricht sofort ab, wenn Sie Exchange 2000 auf einem .Net-Server installieren wollen (Q321648).

Internet-Informations-Dienste (IIS)

Der IIS gehört zum Lieferumfang von Windows 2000 und wird daher nicht erst von Exchange 2000 installiert. Standardmäßig wird bei der Installation von Windows 2000 der IIS gleich mitinstalliert.

Achten Sie darauf, dass auf dem Server, auf dem Sie später Exchange 2000 ausführen wollen, der IIS installiert wurde.

Der IIS stellt alle Transportprotokolle für Exchange 2000 zur Verfügung, vor allem das wichtigste Protokoll SMTP.

Exchange 2000 erweitert die Dienste IIS um seine spezifischen Einstellungen und Features, wie zum Beispiel Outlook Web Access.

Der Zugriff von Outlook auf Exchange 2000 erfolgt jedoch nicht über den IIS sondern mit MAPI.

MAPI-Zugriffe erfolgen direkt auf den Informationsspeicher von Exchange 2000.

NNTP

NNTP ist eine Erweiterung des IIS die standardmäßig nicht mitinstalliert wird. Zur Installation von Exchange 2000 ist das Vorhandensein von NNTP zwingend notwendig. Installieren Sie daher diesen Dienst zuerst nach. Wie das geht, wird im Kapitel 1.6 näher erklärt.

NNTP wird für den Zugriff auf öffentliche Ordner verwendet. Diese werden wie Newsgroups dargestellt. Um auf öffentliche Ordner zuzugreifen, kann daher auf normale Newsreader wie zum Beispiel Outlook Express zurückgegriffen werden. Es ist nicht zwingend Outlook oder Outlook Web Access notwendig.

Setup-Benutzer

Um Exchange 2000 in Ihrer produktiven Umgebung zu installieren, sollten Sie einen eigenen Benutzer anlegen.

Exchange 2000 gibt diesem Benutzer Berechtigungen für die komplette Exchange 2000 Organisation. Dieser Benutzer muss in der Gruppe Domänen-Admins, Organisations-Admins und Schema-Admins sein.

Kennzeichnen Sie den Benutzer so, dass gleich erkannt wird, dass es sich um den Exchange 2000-Installationsadmin handelt zum Beispiel *x2kadmin*.

Melden Sie sich zur Installation mit diesem Benutzer auf dem Server an und überprüfen Sie, ob er auch Adminrechte hat.

Zur Übersicht sollten Sie sich auf dem oder den Servern, auf den Sie Exchange 2000 installieren, grundsätzlich mit diesem Benutzer anmelden. Achten Sie auch darauf, dass das Kennwort dieses Benutzers nicht in falsche Hände gerät.

Im Gegensatz zu Exchange 5.5 startet Exchange 2000 seine Dienste zwar nicht mehr mit diesem Benutzer, Sie sollten aber trotzdem gewisse Sicherheitsrichtlinien für Ihn beachten, um ein unnötiges Ändern des Kennwortes zu vermeiden.

Windows 2000 Sicherheit

Während der Installation Ihres Active Directorys wurden Sie gefragt, mit welchen Berechtigungsstrukturen Sie arbeiten wollen.

Es gibt hier zwei Möglichkeiten:

1. *Nur mit Windows 2000 Servern kompatible Berechtigungen*

Mit dieser Option können nur authentifizierte, also an der Domäne angemeldete Benutzer auf Gruppen- und Benutzerinformationen der anderen zugreifen. Diese Einstellung ist sicherheitstechnisch gesehen optimal.

2. *Mit Windows 3.5x/4.0-Servern kompatible Berechtigungen*

Mit dieser Einstellung können auch anonyme Benutzer auf Gruppen- und Benutzerinformationen der anderen Benutzer zugreifen. Diese Option ist oft notwendig, um ältere Anwendungen (gerade von Drittherstellern) in einer Windows 2000-Umgebung lauffähig zu machen. Diese Einstellung ist allerdings auch etwas unsicherer.

Wenn Sie diese Option gewählt haben, erhalten Sie bei Installation von Exchange 2000 eine Warnmeldung.

Diese Meldung lässt sich jedoch einfach bestätigen und hat keine Auswirkungen. Exchange 2000 erkennt lediglich, dass diese Option aktiv ist und warnt Sie, dass Sie sich in einer unsicheren Domäne befinden (ein bisschen übertrieben ist das schon, denn so unsicher ist die Domäne mit dieser Option auch wieder nicht).

Die Option vergibt an die Gruppe *Jeder* verschiedene Berechtigungen, die Sie jederzeit wieder rückgängig machen können, in dem Sie *Jeder* einfach aus der Gruppe entfernen, die das Anzeigen der Gruppen- und Benutzerinformationen erlaubt.

Hier besteht allerdings kein großer Handlungesbedarf.

3.2 Vorbereiten des Active Directory

Zur Installation von Exchange 2000 sind Änderungen in der Active-Directory-Schemapartition und der Konfigurationspartition notwendig.

Außerdem sind Änderungen in jeder Domäne notwendig, die Exchange 2000-Server oder Exchange 2000-Benutzer enthält. Diese Änderungen werden von den beiden Setup-Schaltern */forestprep* und */domainprep* durchgeführt. Zuerst muss der Schalter */forestprep* ausgeführt werden, der das Schema der Windows 2000 Gesamtstruktur erweitert. Diese Erweiterung muss nur einmal durchgeführt werden.

3.2.1 Forestprep

Zur Erweiterung des Schemas wird das Setupprogramm von Exchange 2000 mit dem Schalter `/forestprep` aufgerufen.

Die Syntax lautet folgendermaßen:

```
CD-Laufwerk\setup\i386\setup.exe /forestprep
```

Nach der Eingabe dieses Befehles startet das normale Setup-Programm, zeigt allerdings bei der Auswahl der Optionen an, dass es den Befehl *forestprep* ausführt (siehe Abbildung 1.40).

Sollte das Fenster nicht so außehen wie in der Abbildung 1.40, so haben Sie sich wahrscheinlich verschrieben. Das Setup kopiert während dieses Vorgangs keinerlei Dateien auf die Festplatte, sondern führt nur die Schema-Erweiterungen durch.

Starten Sie daher *forestprep* direkt auf dem Domänencontroller, der auch der Schemamaster ist. Auch wenn später Exchange 2000 auf einen anderen Server installiert wird.

Während dieses Vorgangs erweitert *forestprep* nicht nur das Schema, sondern erteilt dem Benutzer, mit dem das Setup-Programm ausgeführt wird die Berechtigung, die gesamte Exchange-Organisation zu verwalten.

Schon bei der Ausführung von *forestprep* legen Sie fest, ob Sie eine neue Organisation erstellen wollen oder ob Sie einer bestehenden Organisation beitreten wollen.

Die Ausführung des Befehles *forestprep* hat also sehr weitgehende Konsequenzen für Ihre zukünftige Organisation und muss sorgfältig geplant werden.

Die Erweiterung des Schemas kann mehrere Minuten in Anspruch nehmen.

Beachten Sie, dass die Änderungen, die am Schema vorgenommen wurden, erst auf alle anderen Domänencontroller repliziert werden müssen.

Wenn Sie eine Organisation mit mehreren Domänen oder Standorten haben, sollten Sie nach der Durchführung von *forestprep* einen Tag warten bevor Sie mit der Installation fortfahren. Auf diese Weise stellen Sie sicher, dass die Schemaerweiterungen auf alle Domänencontroller der Active-Directory-Gesamtstruktur repliziert wurden.

Hinweis

Der Befehl *forestprep* muss für jede Gesamtstruktur (Forest) nur einmal ausgeführt werden, egal wieviele Domänen oder Standorte vorhanden sind.

Durch die gemeinsame Nutzung des Active Directory von Windows 2000 und Exchange 2000 definiert die Grenze der Active-Directory-Gesamtstruktur (Forest) die Exchange 2000-Organisation.

Es ist nicht möglich, dass eine Active-Directory-Gesamtstruktur (Forest) mehrere Exchange 2000 Organisationen umfasst und eine Exchange 2000 Organisation mehrere Gesamtstrukturen (Forests).

3.2.2 Domainprep

Mit dem Befehl *domainprep* wird die jeweilige Domäne auf Exchange 2000 vorbereitet.

Auch für diesen Schalter gilt, dass nichts installiert wird, außer die Vorbereitungen, die *domainprep* in der Domäne durchführt. Um *domainprep* durchzuführen, müssen Sie das Setup-Programm, ähnlich wie bei *forestprep*, mit dem Schalter *domainprep* aufrufen.

Die Syntax lautet folgendermaßen:

```
CD-Laufwerk\setup\i386\setup.exe /domainprep
```

Auch dieser Befehl wird Ihnen bei der Auswahl der Komponenten bestätigt. Sollte dies bei Ihnen nicht so aussehen wie in Abbildung 1.43, so haben Sie sich eventuell verschrieben.

Zur Ausführung dieses Befehles sind Domänen-Admin-Rechte notwendig. Die Rechte der Organisations-Admins reichen dafür nicht aus.

Sie können auch nicht Ihren Installations-Benutzer für die Erweiterung weiterer Unterdomänen verwenden, da Sie diesen nicht in der Domänen-Admin-Gruppe jeder Domäne mit aufnehmen können.

Sie müssen die Durchführung von *domainprep* jeweils mit einem Domänenadmin der Unterdomäne durchführen.

domainprep führt folgende Änderungen in der Domäne durch:

- Es wird die globale Sicherheitsgruppe *Exchange Domain Servers* erstellt. In diese Gruppe werden alle Server der Domäne aufgenommen, die Exchange 2000 ausführen.
- Es wird die globale Sicherheitsgruppe *Exchange Enterprise Servers* erstellt, die alle *Exchange Domain Servers*-Gruppen der Gesamtstruktur enthält.
- Die beiden erstellten Gruppen erhalten die notwendigen Berechtigungen.
- Zusätzlich wird das Benutzerkonto EUSER_EXSTOREEVENTS erstellt. Dieses Konto dient zur Zusammenarbeit mit den Eventsinks, hat nicht viele Rechte und muss auch nicht bearbeitet werde.

Hinweis

Exchange erstellt diese Gruppen in der Organisationseinheit *Users*.

Verschieben Sie diese Gruppen keinesfalls!

Die Pflege dieser Gruppen wird vom Recipient Update Service (RUS) durchgeführt, der direkt mit ldap-Abfragen auf das Objekt zugreift.

Wenn die Gruppen nicht mehr in diesem Container sind, findet der RUS sie nicht mehr automatisch.

So besteht die Gefahr, dass Benutzer dieser Domäne nicht mehr vom RUS an Exchange angebunden werden, da Sie keine E-Mail-Adresse erhalten. Im Eventlog des Exchange-Servers erscheint dies dann auch als Warnung.

domainprep muss außerdem in jeder Domäne ausgeführt werden, die Benutzer für Exchange 2000 enthält, auch wenn in dieser Domäne kein Exchange 2000 Server installiert wird.

Zusätzlich muss für jede Domäne, die Benutzer für Exchange 2000 enthält, ein eigener RUS erstellt werden. Dies folgt später im Buch.

Für die Durchführung von *domainprep* sind Domänen-Admin-Rechte notwendig. Organisations-Admin-Rechte reichen nicht aus.

Wenn Sie also eine verteilte Struktur mit mehreren Admins haben, so muss der Admin vor Ort *domainprep* ausführen, da Ihre Organisations-Admin-Rechte in der jeweiligen Domäne nicht zur Durchführung von *domainprep* ausreichen.

Dies kommt daher, da Sie zwar als Organisations-Admin in der Domänenlokalen Gruppe *Administratoren* sind, nicht jedoch in der Gruppe *Domänen-Admins.*

Diese Gruppe ist eine globale Gruppe und kann daher nur Mitglieder der eigenen Domäne enthalten.

3.3 Administrative Gruppen und Routinggruppen

Hinweis

Sie sollten Ihre geplanten administrativen Gruppen erstellen, bevor Sie den ersten Exchange 2000 Server installieren.

Um dies durchführen zu können, müssen Sie zuerst *forestprep* ausführen, *domainprep* ist optional, sollte aber auch vorher durchgeführt werden.

Nachdem Sie sichergestellt haben, dass die Änderungen auf allen Domänencontroller repliziert wurden, rufen Sie erneut das Setup-Programm auf und installieren lediglich die Systemverwaltungstools von Exchange 2000.

Dies können Sie auf dem Server durchführen, der später Exchange-Server werden soll, auf dem Domänencontroller oder auf einer Workstation.

Nach der Installation können Sie die von Ihnen geplanten Routinggruppen erstellen, beachten Sie hierzu aber die Punkte im Kapitel 1.41 *Administrative Gruppen.*

Hinweis

Sie können Exchange-Server nicht zwischen verschiedenen administrativen Gruppen verschieben.

Sie können Server zwischen verschiedenen Routinggruppen verschieben. Allerdings geht dies nicht zwischen verschiedenen Gruppen und nur wenn sich Ihre Organisation im *einheitlichen Modus* befindet (siehe Kapitel 1.53, Abbildung 1.8).

Wenn Sie Ihre Organisation in den einheitlichen Modus versetzen, können diese Server nicht mit Exchange 5.5-Server in der gleichen Organisation zusammenarbeiten. Diesen Schritt kann man auch nicht rückgängig machen.

Wenn Sie keine verschiedenen administrativen Gruppen oder Routinggruppen brauchen, können Sie diesen Schritt überspringen.

Exchange 2000 legt bei der Installation automatisch eine *Erste administrative Gruppe* und eine *Erste Routinggruppe* an.

Um diese anzuzeigen, können Sie die im Kapitel 1.41 näher erläuterten Schritte ausführen.

3.4 Installation von Exchange 2000

Nachdem die Schritte in den Kapiteln 3.1 – 3.3 durchgeführt wurden, können Sie auf dem gewünschten Server mit der Installation beginnen.

Rufen Sie dazu das normale Setup-Programm auf oder wählen Sie die Installation aus dem Autostart-Menü der CD.

Wenn Sie im Menü zur Auswahl der Komponenten sind können, Sie im Normalfall auf `Weiter` klicken, da Exchange automatisch alle benötigten Dienste auswählt. Sie müssen in dem Menü nur Änderungen vornehmen, wenn Sie außer den Standardkomponenten nur die Systemverwaltungstools installieren wollen oder von Dritthersteller-Mail-Systemen Connectoren brauchen.

In diesem Menü können Sie auch auswählen, ob Sie die Chat-Dienste oder Instant-Messaging-Dienste benötigen. Auch der Schlüsselverwaltungsdienst kann hier hinzugefügt werden.

Einschränkungen Exchange 2000 Standard Server

- Es kann nur eine Speichergruppe mit einem Postfachspeicher erstellt werden.
- Die Größe des Postfachspeichers ist auf 16 GB begrenzt.

- active/active-Clustering wird nicht unterstützt.
- Keine Backend/Frontend-Architektur.
- Kein Chatdienst.
- Kein X.400-Connector.

3.4.1 Exchange 2000-Komponenten und Dienste

3.4.1.1 Exchange 2000-Komponenten

Auf dem Fenster zur Auswahl der Komponenten (Abbildung 1.44), stehen Ihnen drei verschiedene Installationsmöglichkeiten zur Verfügung.

Standard

Mit dieser Option installiert der Setupassistent alle Komponenten, die zum Betrieb und zur Verwaltung von Exchange 2000 notwendig sind.

Wenn Sie keine zusätzlichen Komponenten verwenden wollen, brauchen Sie hier keine Änderungen vorzunehmen.

Zusätzlich erweitert der Setupassistent das Windows 2000 interne Backup-Programm, damit Sie mit diesem auch zukünftig Ihr Exchange-System und Ihre Datenbank sichern können.

Ohne diese Erweiterung ist eine online-Sicherung Ihrer Datenbank (siehe Kapitel 10 *Datensicherung und Überwachung*) nicht möglich.

Minimum

Hier werden die gleichen Komponenten wie bei *Standard* installiert, mit Ausnahme der Exchange-Systemverwaltungstools.

Benutzerdefiniert

Mit dieser Option können die einzelnen Komponenten von Ihnen gewählt werden.

Diese Option müssen Sie wählen, wenn Sie außer den Standard-Komponenten noch zusätzliche Connectoren oder Komponenten wie den Chat-Dienst oder den Schlüsselverwaltungsserver installieren wollen.

Wenn Sie die Option `Benutzerdefiniert` wählen, können Sie folgende Komponenten auswählen:

Exchange MS-Mail-Connector

Mit diesem Connector können Sie Ihre Exchange 2000 Organisation mit dem älteren Exchange-Vorgänger MS-Mail verbinden. Der Connector ist nicht clusterfähig.

Exchange Connector für Lotus cc:Mail

Der Exchange Connector für Lotus cc:Mail verbindet Exchange mit dem älteren cc:Mail System.

Auch dieser Connector ist nicht clusterfähig.

Cc:Mail wird seit 2000 nicht mehr entwickelt, vertrieben und seit 2001 nicht mehr supportet.

Exchange Connector für Lotus Notes

Lotus Notes ist der große Konkurrent von Microsoft Exchange und hat eine große Marktverbreitung. Mit diesem Connector wird eine Verbindung mit Lotus Notes hergestellt, um E-Mails zwischen den beiden Systemen austauschen zu können.

Mit diesem Connector findet allerdings keine direkte Synchronisation statt. Für eine Verzeichnissynchronisation zwischen Lotus Notes und Exchange 2000, also dem Active Directory, benötigen Sie den Active Directory Connector für Lotus Notes.

Exchange Connector für Novell Groupwise

Groupwise hat zwar nicht die Marktanteile von Exchange oder Lotus Notes, ist aber dennoch die Nummer drei im Bunde der verbreitetsten Mail-Systeme.

Groupwise basiert auf der NDS (Novell Directory Service), dem direkten Novell-Gegenstück des Active Directorys.

Auch mit diesem Connector findet lediglich der Austausch von E-Mails statt. Zur Synchronisation der Verzeichnisse wird der Active Directory Connector verwendet.

Exchange Schlüsselverwaltungsdienst

Sie brauchen diesen Dienst, wie im Kapitel 2 *Planung*, um Sicherheitsschlüssel für Zertifikate zu erstellen, die mit dem Windows 2000 Zertifikatsdiensten erstellt wurden.

Mehr zum Schlüsselverwaltungsserver und dessen Voraußetzungen finden Sie im Kapitel 15 *Exchange 2000 Sicherheit und Verschlüsselung*. Sie sollten den Schlüsselverwaltungsdienst erst nach der Lektüre des Kapitels 15 durchführen.

Um den Exchange Schlüsselverwaltungsdienst installieren zu können, müssen Sie vorher die Zertifikatsdienste in Ihrem Windows 2000 Active Directory nachinstallieren und für den Schlüsselverwaltungsdienst konfigurieren.

Dies erfolgt über das Hinzufügen von Systemkomponenten in der Systemsteuerung, ähnlich wie bei NNTP.

Exchange 5.5-Administrator

Dieser Dienst erweitert das Exchange 2000 Snap-In und kann nur zusammen mit diesem verwendet werden.

Microsoft Exchange Chat Dienst

Mit diesem Dienst können Sie mit Exchange 2000 einen IRC konformen Chat-Dienst zur Verfügung stellen. Zur Benutzung ist kein spezieller Client notwendig, es reicht ein kompatibler IRC-Client.

Microsoft Exchange Instant Messaging-Dienst

Mit diesem Dienst können Sie ein firmeninternes IM-System aufbauen, ähnlich dem Instant-Messaging-System im MSN, welches Sie mit dem Windows Messenger nutzen können.

Mit diesem Dienst können Sie zwischen einzelnen Mitarbeitern Echtzeit-Kommunikation zulassen. Benutzer können sich Kontakte in Ihren Messenger eintragen und sehen so, wer Ihrer Kontakte gerade online ist, um Nachrichten auszutauschen.

Auch der aktuelle Status des Benutzers (Abwesend, Beschäftigt, etc.) ist ersichtlich.

3.4.1.2 Exchange 2000-Dienste

Je nach den installierten Komponenten, installiert Exchange 2000 verschiedene Dienste, die in den Server integriert werden. Sie finden diese Dienste, wie alle anderen Systemdienste, in der Dienste-Steuerung innerhalb der Systemsteuerung.

Microsoft Exchange-Systemaufsicht

Dieser Dienst ist die oberste Instanz von Exchange 2000. Er steuert das Starten und Beenden der Exchange-Dienste.

Ohne den Start der Exchange-Systemaufsicht startet auch der Informationsspeicher nicht. Keiner der anderen Dienste kann ohne die Systemaufsicht gestartet werden.

Zusätzlich stellen alle anderen Dienste der Systemaufsicht Informationen bereit.

Der Dienst übernimmt auch die Hintergrundverarbeitung wie die Ausführung von LDAP-Abfragen (Lightweight Directory Access Protocol), um Adresslisten zu erstellen und für eine Synchronisation mit der Microsoft IIS-Metabasis zu sorgen.

Exchange 2000 Server kann nur bei aktivierter Systemaufsicht ausgeführt werden.

Microsoft Exchange-Informationsspeicher

Der Informationsspeicher stellt die Verbindung zur Datenbank da.

Er ermöglicht den Benutzern den Zugriff auf den Postfachspeicher und den Speicher für die öffentlichen Ordner. Dieser Dienst ist direkt von der Systemaufsicht abhängig und vom IIS-Admindienst. Ohne diesen Dienst ist kein Zugriff auf die Postfächer der Benutzer möglich.

Microsoft Exchange MTA-Stacks

Dieser Dienst dient zur Verbindung mit X.400. Er ist abhängig von der Systemaufsicht und vom IIS-Admin-Dienst. Bei Exchange 5.5 hatte dieser Dienst noch eine große Bedeutung, da alle internen E-Mails in Exchange 5.5 mit dem X.400-Protokoll verschickt wurden.

Exchange 2000 verwendet jetzt ausschließlich das SMTP-Protokoll zum Zustellen von E-Mails innerhalb und außerhalb der Organisation.

X.400 wird nur noch verwendet, wenn Sie Exchange 2000 an ein X.400-System wie zum Beispiel Exchange 5.5 während einer Migration angeschlossen haben. Bei einer reinen Exchange 2000 Organisation, in der Sie den X.400-Connector nicht verwenden, hat dieser Dienst keinerlei Funktion mehr.

Microsoft Exchange-Routingmodul

Dieser Dienst dient zur Verarbeitung der Routinginformationen. Wenn das Routingmodul nicht ausgeführt wird, stehen keine Informationen zu Connectors und Warteschlangen zur Verfügung. Fällt dieser Dienst aus, wird der Nachrichtenfluss durch den Server beendet. Aufgrunddessen ist dieser Dienst besonders wichtig. Mehr zu diesem Dienst erfahren Sie weiter hinten im Buch

Microsoft Search

Dieser Dienst ist zur Durchführung und Kontrolle der Indizierung der Informationsspeicher verantwortlich. Die Indizierung wird mit Hilfe von Outlook und der *erweiterten Suche* genutzt.

Microsoft Exchange-Standortreplikationsdienst

Dieser Dienst dient zur Synchronisation mit integrierten Exchange 5.5-Servern. Er stellt ein für Exchange 5.5 lesbares und kompatibles Verzeichnis zur Verfügung. Dieser SRS wird im Kapitel 11 genauer beschrieben

Microsoft Exchange-Ereignis

Überwacht und meldet Ereignisse für Exchange 5.5.

Microsoft Exchange-Verzeichnissynchronisation

Dient zur Zusammenarbeit und Sychronisation von älteren MS Mail-Umgebungen und deren Verzeichnis mit dem Active Directory und Exchange 2000.

Microsoft Exchange Chat

Gehört zum Lieferumfang von Exchange 2000 Enterprise Server. Dieser Dienst stellt die integrierten, auf IRC basierenden Chatdienste von Exchange 2000 zur Verfügung.

Microsoft Exchange-Verbindungscontroller

Dieser Dienst unterstützt die einzelnen Connectoren von Exchange 2000, um zum Beispiel die Migration von Groupwise oder Lotus Notes zu ermöglichen.

Microsoft Exchange Connector für Lotus Notes / Novell Groupwise / Lotus cc:Mail

Verbindet Exchange 2000 mit Lotus Notes, cc:Mail-Systemen oder Novell Groupwise zum Austausch von E-Mails.

Microsoft Exchange IMAP4 / POP3

Stellt den Zugriff für IMAP oder POP3-Clients zur Verfügung.

Microsoft Exchange Router für Novell Groupwise

Dieser Dienst dient zur direkten Zusammenarbeit mit Groupwise sowie der Zeitplanung zusammen mit Groupwise.

Microsoft Mail Connector Interchange

Erlaubt den Austausch von E-Mails zwischen Exchange 2000 und MS Mail-Systemen.

Microsoft Schedule+ Frei/Gebucht-Connector

Mit diesem Connector werden die Frei/Gebuchtzeiten ausgetauscht.

3.4.2 Unattendend Installation

Je nach Umgebung kann es sinnvoll sein, Exchange 2000 genauso wie Windows 2000 unbeaufsichtigt zu installieren, also feste Installationsrichtlinien zu erstellen.

Auf diese Weise können bei einer größeren Umgebung Administratoren im Ausland oder sonstigen Niederlassungen Exchange 2000 Server eigenständig installieren, berücksichtigen dabei aber Ihre gewünschten Einstellungen.

Durch eine unbeaufsichtigte Installation können Sie ferner sicherstellen, dass mehrere Exchange 2000 Server identisch installiert werden, ohne Benutzereingriffe tätigen zu müssen.

Vor der Durchführung einer unbeaufsichtigten Installation müssen Sie allerdings sicherstellen, dass *forestprep* und *domainprep* bereits durchgeführt wurden.

Forestprep wird zwar nur einmal pro Gesamtstruktur durchgeführt, *domainprep* muss allerdings in jeder Domäne durchgeführt werden, die einen Exchange 2000 Server oder Exchange 2000-Benutzer enthält.

Sie können mit der unbeaufsichtigten Installation außerdem keine Clusterinstallation durchführen.

Auch die Migration von Exchange 5.5 wird nicht unterstützt. Der erste Exchange Server einer Organisation muss außerdem auch beaufsichtigt installiert werden.

Sie können mit der unbeaufsichtigten Installation Instant Messaging und den Chat-Dienst nicht installieren.

Erstellen einer Parameter-Datei

Um eine unbeaufsichtigte Installation durchzuführen, müssen Sie zuerst eine Parameter-Datei erstellen, in der Ihre gewünschten Einstellungen hinterlegt sind.

Diese Datei können Sie während einer normalen Installation erstellen.

Dazu müssen Sie das Setup-Programm mit dem Schalter */createunattend* aufrufen.

Zusätzlich müssen Sie noch eine Datei angeben, in der Exchange 2000 seine Parameter speichern soll.

Die Syntax lautet folgendermaßen:

```
CD-Laufwerk\setup\i386\setup.exe
/createunattend unattend.ini
```

Zusätzlich können Sie noch den Schalter */encryptedmode* hinten anstellen. Dieser Schalter bewirkt, dass die Datei verschlüsselt wird, um Unbefugten die Einsicht mit einem Editor zu verbieten.

Zusätzlich gibt es noch den Schalter /showui den Sie auch noch hinten anstellen können. Dieser Schalter bewirkt, dass bei der unbeaufsichtigten Installation die Benutzeroberfläche gezeigt wird aber keine Eingaben gemacht werden können.

Installation mit Parameter-Datei

Um Exchange 2000 schließlich mit dieser Parameter-Datei zu installieren, müssen Sie das Setup-Programm mit dem Schalter */unattendfile* starten.

Zusätzlich müssen Sie noch den Namen der Parameter-Datei mitgeben.

Die Syntax lautet folgendermaßen:

```
CD-Laufwerk\setup\i386\setup.exe /unattendfile
unattend.ini
```

Weitere Schalter des Setupprogrammes

Außer der unbeaufsichtigten Installation kann das Setupprogramm von Exchange 2000 mit weiteren Schaltern aufgerufen werden.

DesasterRecovery

Mit diesem Schalter kann nach einem Ausfall des Exchange-Servers die Konfiguration wieder hergestellt werden.

Dies betrifft allerdings nicht die Benutzerdaten. Mehr zu diesem Thema erfahren Sie im Kapitel 10 *Datensicherung und Überwachung*.

NoEventLog / NoErrorLog

Es werden vom Setup keine Einträge bzw. bei *NoErrorLog* keine Fehler in das Windows 2000 Ereignis-Protokoll geschrieben.

All

Es werden alle verfügbaren Komponenten installiert.

3.4.3 Unterstützung mehrerer Sprachen

Exchange 2000 installiert die Unterstützung für alle Sprachen die von Microsoft Outlook auch unterstützt werden.

Sollten Ihre Benutzer allerdings noch andere Sprachen außer diesen benötigen, müssen Sie über den global Catalogs diese Sprache in den Ländereinstellungen hinzufügen.

Dies gilt allerdings nicht für Outlook Web Access. Hier werden von vorneherein die Sprachen Englisch, Deutsch, Französisch, Italienisch, Spanisch, Japanisch, Chinesisch und Koreanisch unterstützt.

3.4.4 Installieren der Verwaltungstools

Um Ihre Exchange 2000 Server zu verwalten, verwenden Sie den *Exchange System-Manager*. Die Benutzerpflege erfolgt jetzt jedoch nicht mehr über den *Exchange Administrator* wie bei Exchange 5.5 sondern über das Snap-In *Active Directory-Benutzer und -Computer*.

Alle Einstellungen, die Sie bei den Benutzern vornehmen, werden über dieses SnapIn durchgeführt. Sie müssen dazu allerdings auf jedem Server, auf dem Sie exchange-spezifische Eigenschaften der Benutzer verändern wollen, die Exchange 2000 Verwaltungstools von der Exchange 2000-CD installieren. Ohne die Installation dieser Tools ist die Verwaltung der exchange-spezifischen Einstellungen der Benutzer auf diesem Server nicht möglich.

Die Exchange Verwaltungstools lassen sich auch auf einer Workstation installieren. Auf diese Weise können Sie auch (nach der Installation des Adminpacks von der Windows 2000-CD) alle Benutzer über eine Workstation oder einen Memberserver verwalten.

Die Exchange-Verwaltungstools werden über das normale Setup installiert. Bei der Auswahl der Komponenten müssen Sie dazu lediglich auswählen, dass nur die Verwaltungstools installiert werden (siehe Abbildung 3.1).

Hinweis

Sie können auf einem Server, auch wenn er Domänencontroller ist, nur exchange-spezifische Einstellungen wie Verwaltung der Mailboxen und E-Mail-Adressen usw. vornehmen, wenn Sie die Exchange Verwaltungstools auf diesem Server installiert haben.

Die Exchange-Erweiterungen werden ansonsten bei den Benutzern nicht angezeigt.

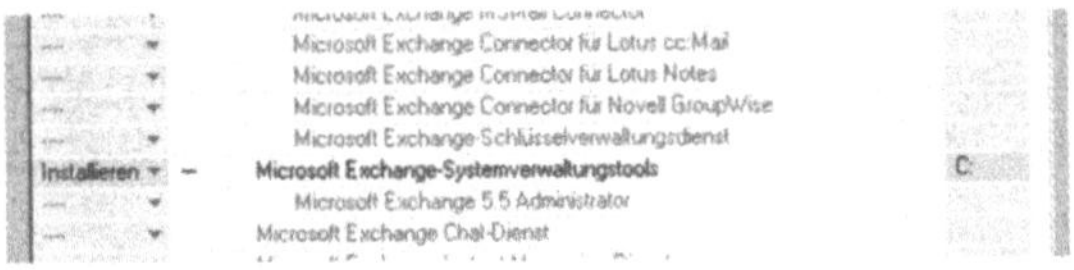

Abb. 3.1: Installation der Systemverwaltungstools

Zur Verwaltung der serverseitigen Einstellungen von Exchange 2000 wird der *Exchange System-Manager* verwendet.

Dieser wird bei der Installation von Exchange 2000 mit installiert und kann über `Start > Programme > Exchange > Exchange System-Manager` aufgerufen werden.

Sie können den System-Manager aber auch als SnapIn zu einer Management-Konsole hinzufügen.

3.4.5 Exchange Dateiordner und Freigaben

Exchange 2000 legt, wie alle Programme, auf der Partition in der Sie installieren, eine Ordnerstruktur ab (siehe Abbildung 3.2).

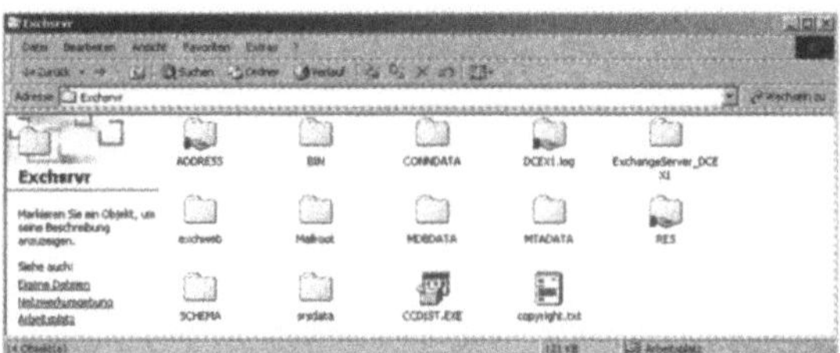

Abb. 3.2: Exchange 2000 Installations-Verzeichnis

Exchange erstellt dabei nicht nur neue Ordner und Unterordner, sondern gibt auch verschiedene Verzeichnisse frei. Ich werde auf den folgenden Seiten die einzelnen Ordner und deren Bedeutung durchgehen.

Address

Der Ordner *Address* wird von Exchange auch unter dem gleichen Namen freigegeben.

Dabei erhält auf Freigabeebene die Gruppe *Jeder* das Recht *Lesen* auf NTFS-Berechtigung, die Gruppe *Authentifizierte Benutzer* das Recht *Lesen*.

Er enthält die notwendigen Dlls die Exchange 2000 braucht, um E-Mail-Adressen zu generieren.

In diesem Ordner müssen Sie auch die entsprechenden DLLs hinterlegen, die zum Beispiel zum Erstellen von Fax-Adressen benötigt werden.

Die Standardadresstypen werden bei der Installation bereits mit integriert. Zusätzliche Produkte von Drittherstellern werden entweder über die Installationsroutine des Programms oder von Ihnen manuell kopiert.

Wenn der Empfänger-Aktualisierungsdienst, der zum Erstellen der E-Mails-Adressen verwantwortlich ist, die Eigenschaften eines Benutzers um eine Fax-Adresse erweitern will, dafür aber keine Dll in diesem Ordner findet, werden die entsprechenden Benutzer nicht mit der Adresse versorgt.

Ein solcher Fehler wird auch im Anwendungsprotokoll mitgeloggt.

BIN

Dieser Ordner enthält die Exchange 2000-Systemdateien und Zusatztools, die nicht über die Window-Oberfläche sondern aus der Kommandozeile gestartet werden. In diesem Ordner sind die Komponenten von Exchange 2000 gespeichert.

CCmcdata

Diesen Ordner sehen Sie in der Abbildung 3.2 nicht, da er zu der Lotus CC:mail-Erweiterung gehört, die ich nicht installiert habe. Der Ordner wird vom CC-Mail-Connector als temporärer Ablageordner verwendet.

CONNDATA

Diesen Ordner verwendet der MS-Mail-Connector.

Servername.log

Dieser Ordner wird von Exchange 2000 ebenfalls freigegeben. Die Berechtigungsstruktur ist die gleiche wie im Ordner *Address*.

Der Ordner wird zur Ablage der Protokoll-Dateien für die Nachrichtenverfolgung (weiter hinten im Buch) genutzt.

ExchangeServer_Servername

Dieser Ordner wird zur Ablage für die Volltextindizierung genutzt. Der dazugehörige Dienst ist *MS Search*. Hier werden zum Beispiel die Logfiles abgelegt, in denen festgehalten wird, welche Anhänge der Indexdienst nicht indizieren kann.

Exchweb

Dieser Ordner enthält die Komponenten, die Outlook Web Access benötigt.

Mailroot

Dieser Ordner enthält die E-Mails, die über Exchange 2000 mit dem SMTP Protokoll verschickt oder empfangen werden. Die Nachrichten werden als Datei mit der Endung **.eml* gespeichert. Dieser Ordner dient sozusagen der Queue als Ablage-Ordner. Hier landen auch die sogenannten *Bad Mails,* die Exchange nicht zustellen kann.

MDBDATA

Dieser Ordner enthält die Datenbank-Dateien von Exchange 2000 sofern Sie sie nicht auf einen anderen Platz verschoben haben. Hier werden auch die Transaktionsprotokolldateien der einzelnen Speichergruppen gespeichert.

MTADATA

Dieser Ordner wird vom MTA verwendet. Hier werden Konfigurationen, Protokolldateien und die Vorlagen gespeichert.

RES

Auch dieser Ordner wird von Exchange 2000 freigegeben. Dieser Ordner enthält die DLLs der Ereignisanzeige für Exchange sowie die Exchangeerweiterungen für den System-Monitor. Hier werden auch die Protokolle für die Ereignisanzeige gespeichert.

SCHEMA

Dieser Ordner enthält das OLE Schema

srsdata

Dieser Ordner wird zur Migration mit Exchange 5.5 gebraucht. Hier speichert Exchange 2000 die Daten für den Sitereplication service (Standortreplikations-Dienst). Der Ordner enthält die komplette Datenbank des SRS.

ccdist.exe

Mit dieser Datei können Sie den Component Categories Manager installieren. Hier handelt es sich um eine VB-Erweiterung.

Hinweis

Sie sollten Exchange 2000 immer im Ordner *EXCHSRVR* installieren.

Wählen Sie einen anderen Ordner aus, erstellt Exchange 2000 einen Unterordner mit der Bezeichnung *EXCHSRVR*.

3.4.6 Probleme während der Installation

Während und vor der Installation von Exchange 2000 können einige Probleme auftauchen.

Sie benötigen zur Fehlerbehebung einige Erfahrung im Bereich Windows 2000 und schon etwas Verständnis für Exchange 2000. Sie können hier viel lernen, indem Sie sich eine Testumgebung installieren wie im Kapitel 1 beschrieben.

Exchange 2000 legt während der Installation eine Datei direkt in der Root (c:\) Ihres Servers an.

Diese Datei hat die Bezeichnung

Exchange Server Setup Progress.log

In dieser Datei speichert Exchange 2000 alle Installationsschritte ab. Sie können diese Datei mit dem normalen Editor öffnen und eventuelle Installationsprobleme genauer erkennen.

In dieser Datei können Sie Fehlermeldungen genauer erkennen, die Exchange im Ereignisprotokoll oder als Fehlermeldung nur ungenau ausgibt.

Einige Fehler kommen besonders häufig bei der Installation von Exchange 2000 vor:

Berechtigungsprobleme

Vor der Installation von Exchange 2000 muss, wie im Kapitel 3.2.1 und 3.2.2 beschrieben, eine Schema-Erweiterung sowie eine Domänenerweiterung stattfinden.

Sie brauchen zur Erweiterung des Schemas Schema-Admin-Rechte sowie Organisations-Admin-Rechte.

Zur Erweiterung der Domäne mit *domainprep* brauchen Sie die Rechte eines Domänen-Admins, die Organisations-Admin-Rechte reichen hier nicht aus.

Sie müssen Exchange 2000 auch mit dem Benutzer installieren, mit dem Sie *forestprep* ausgeführt haben.

Dieser Benutzer erhält bei der Durchführung von *forestprep* die notwendigen Rechte zur Verwaltung der Exchange-Organisation und zur Installation von neuen Exchange-Servern.

Melden Sie sich daher als den Benutzer auf Ihrem neuen Exchange-Server an, mit dem Sie *forestprep* ausgeführt haben.

Replikationsprobleme

Obwohl Sie *forestprep* und *domainprep* ausgeführt haben, lässt sich Exchange 2000 auf verschiedenen Servern nicht installieren. Dies kann daran liegen, dass die umfangreichen Schemaänderungen noch nicht auf alle Domänencontroller repliziert wurden. Dies kann, je nach Größe Ihrer Gesamtstruktur, mehrere Stunden dauern.

Sollte nach dieser Zeit eine Installation immer noch nicht möglich sein, liegt vielleicht ein Windows 2000-Replikations-Problem vor. Überprüfen Sie in diesem Fall, ob die Replikation zwischen den Domänencontrollern einwandfrei funktioniert.

Dazu können Sie zum Beispiel das Tool *repadmin* aus den Support-Tools verwenden.

Die Syntax lautet:

```
repadmin /showreps.
```

Sie bekommen in der Kommandozeile die Replikationsvorgänge des jeweiligen Domänencontrollers angezeigt. So können Sie Fehler oft viel schneller entdecken als mit dem Ereignis-Protokoll.

Fehlende Komponenten (IIS / NNTP)

Exchange 2000 verwendet zahlreiche Komponenten der Internet-Informationsdienste von Windows 2000. Diese werden zwar bei der Installation von Windows 2000 standardmäßig mitinstalliert, aber eine Installation läßt sich auch verhindern. Sie müssen also auf dem Exchange 2000-Server die Internetinformations-Dienste auf jeden Fall installieren. Exchange 2000 benötigt für den Zugriff auf öffentliche Ordner das NNTP-Protokoll.

Dieses Protokoll ist Bestandteil des IIS, wird allerdings standardmäßig nicht mitinstalliert. Exchange 2000 kann diese Komponente auch nicht selbstständig installieren und bringt während der Installation eine Fehlermeldung, dass NNTP nicht gefunden werden kann.

Installieren Sie dann einfach die NNTP-Dienste nach und starten das Setup von Exchange 2000 erneut.

Dateileichen einer früheren Installation

Sollten durch einen früheren Fehler noch Ordner von Exchange 2000 auf der Festplatte sein, so kann das Setup mit einem Fehler abbrechen.

Wenn Sie also Exchange auf einem Server neu installieren, stellen Sie sicher, dass der Ordner, in dem Sie Exchange 2000 installieren, komplett leer ist und keine Dateileichen enthält.

3.5 Deinstallation von Exchange 2000

Exchange 2000 ist ein ungeheuer komplexes System, welches spezifisch an Ihr Netzwerk angepasst werden kann.

Exchange 2000 kann nicht einfach wie zum Beispiel Office mit einer automatischen Deinstallations-Routine aus dem Netz entfernt werden. Sie müssen hierzu einige Schritte beachten.

Wir unterscheiden einmal die Deinstallation auf einem Server, und weiter das komplette Entfernen von Exchange 2000 aus dem Active Directory.

3.5.1 Entfernen von Exchange 2000 von einem Server

Entfernen mit dem Setup-Programm

Um Exchange 2000 von einem Server zu entfernen müssen Sie sicherstellen, dass Sie alle Postfächer auf andere Server verteilt haben. Überprüfen Sie auch, ob der Server für Ihr System noch andere wichtige Aufgaben erfüllt, wie zum Beispiel Bridgehead-Server für Connectoren.

Navigieren Sie im Exchange-System-Manager zum Postfachspeicher des Servers und stellen sicher, dass alle Postfächer gelöscht wurden. Wenn der Server keine Postfächer mehr enthält, können Sie mit dem Exchange 2000 Setup-Programm Exchange 2000 von diesem Server entfernen. Das Setup-Programm entfernt dabei den Server auch aus der Exchange 2000 Organisation.

Dieser Weg ist mit Sicherheit der sauberste und sollte vor allen anderen Möglichkeiten gewählt werden.

Manuelles Entfernen

Halten Sie alle Exchange 2000-Dienste an und löschen folgende Registry-Keys:

- HKEY_LOCAL_MACHINE\SOFTWARE\Microsoft\ESE98
- HKEY_LOCAL_MACHINE\SOFTWARE\Microsoft\Exchange
- HKEY_LOCAL_MACHINE\SYSTEM\CurrentControlSet\Servic es\ davex
- HKEY_LOCAL_MACHINE\SYSTEM\CurrentControlSet\Servic es\ ESE98
- HKEY_LOCAL_MACHINE\SYSTEM\CurrentControlSet\Servic es\ EXIFS
- HKEY_LOCAL_MACHINE\SYSTEM\CurrentControlSet\Servic es\ ExIPC
- HKEY_LOCAL_MACHINE\SYSTEM\CurrentControlSet\Servic es \EXOLEDB
- HKEY_LOCAL_MACHINE\SYSTEM\CurrentControlSet\Servic es\MSExchangeMU
- HKEY_LOCAL_MACHINE\SYSTEM\CurrentControlSet\Servic es\MSExchangeES
- HKEY_LOCAL_MACHINE\SYSTEM\CurrentControlSet\Servic es\IMAP4Svc
- HKEY_LOCAL_MACHINE\SYSTEM\CurrentControlSet\Servic es\MSExchangeAL
- HKEY_LOCAL_MACHINE\SYSTEM\CurrentControlSet\Servic es\MSExchangeDSAccess
- HKEY_LOCAL_MACHINE\SYSTEM\CurrentControlSet\Servic es\MSExchangeIS

- HKEY_LOCAL_MACHINE\SYSTEM\CurrentControlSet\Services\MSExchangeMGMT
- HKEY_LOCAL_MACHINE\SYSTEM\CurrentControlSet\Services\MSExchangeMTA
- HKEY_LOCAL_MACHINE\SYSTEM\CurrentControlSet\Services\POP3Svc
- HKEY_LOCAL_MACHINE\SYSTEM\CurrentControlSet\Services\MSExchangeFBPublish
- HKEY_LOCAL_MACHINE\SYSTEM\CurrentControlSet\Services\RESvc
- HKEY_LOCAL_MACHINE\SYSTEM\CurrentControlSet\Services\MSExchangeSRS
- HKEY_LOCAL_MACHINE\SYSTEM\CurrentControlSet\Services\MSExchangeSA
- HKEY_LOCAL_MACHINE\SYSTEM\CurrentControlSet\Services\MSExchangeTransport
- HKEY_LOCAL_MACHINE\SYSTEM\CurrentControlSet\Services\MSExchangeWEB

Entfernen Sie die kompletten Internetinformations-Dienste (IIS).

Löschen Sie alle Verzeichnisse von Exchange 2000 und starten dann den Server durch.

Installieren Sie nach dem Neustart den IIS neu und fügen alle Servicepacks und Hotfixes neu hinzu.

Entfernen Sie das Serverobjekt in der jeweiligen Routinggruppe im Exchange System-Manager.

3.5.2 Entfernen von Exchange 2000 aus dem Active Directory

Um Exchange 2000 komplett aus dem Active Directory zu entfernen benötigen Sie das Tool *ldp.exe*".

Mit diesem Tool können Sie direkt mit ldap auf Ihr Active Directory zugreifen.

Um dieses Tool nutzen zu können, müssen Sie die Windows 2000 Support Tools installieren. Sie finden diese Tools auf der Windows 2000-CD im Verzeichnis *Support\Tools*. Wenn Sie das Setup-Programm für die Support-Tools gestartet und die Tools installiert haben können Sie *ldp* starten.

Sie finden dieses Tool unter

`Start > Programme > Windows 2000 Supportools > Tools > Active Directory Administration Tool`

- Wenn Sie das Programm gestartet haben, sehen Sie noch nichts, sondern müssen sich zunächst mit einem Domänencontroller verbinden. Wählen Sie dazu aus der Menüleiste den Punkt `Connection` aus und wählen `connect`. Im nächsten Fenster geben Sie bitte den Namen des Domänencontrollers ein, mit dem Sie sich verbinden wollen. Drücken Sie dann auf `OK`.Beachten Sie, dass Sie über die entsprechenden Rechte verfügen müssen, um direkt ins Active Directory schreiben zu können. Verbinden Sie sich mit dem Menüpunkt `Bind` mit dem Active Directory.
- Wenn Sie jetzt ohne Fehlermeldung verbunden wurden, wählen Sie aus der Menüleiste den Punkt `View` aus und aus dem aufgeklappten Menü dann `Tree`.
- Im folgenden Fenster, tragen Sie bei `BaseDN` nichts ein, um den kompletten AD-Baum zu sehen (siehe Abbildung 3.3).

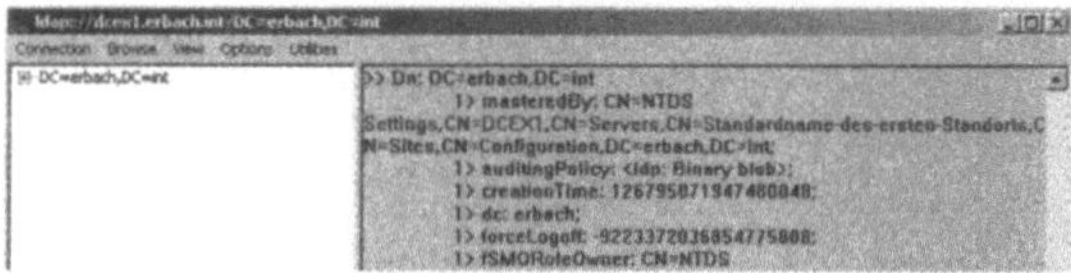

Abb. 3.3: Ansicht des Active Directory mit ldp.exe

- Klappen Sie auf der linken Seite das Menü auf und klicken doppelt auf den *Configuration-Container*. Klicken Sie dann doppelt auf den *Services-Container*.

  Sie sehen jetzt den Service-Conatiner von Exchange 2000 (siehe Abbildung 3.4).

Abb. 3.4: Service-Container in ldp

- Löschen Sie hier den Eintrag mit der Bezeichnung Ihrer Organisation unter dem Punkt `Active Directory Connections`.
- Navigieren Sie jetzt einen Menüpunkt höher, direkt zum Service Exchange (CN=Microsoft Exchange....) und klicken den Punkt mit der `rechten Maustaste` an. Wählen Sie aus dem Menü `Modify` aus. Sie erhalten jetzt ein neues Fenster (siehe Abbildung 3.5).

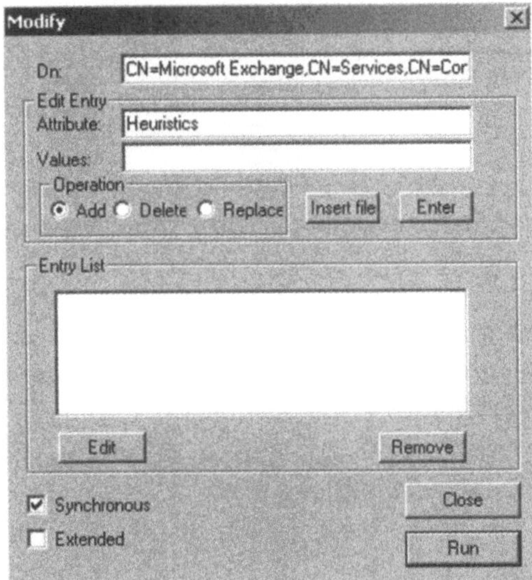

Abb. 3.5: Modify-Feld der Exchange Organisation

- Tragen Sie in diesem Feld unter `Attribute` den Eintrag `Heuristics` ein.
- Wählen Sie dann bei `Operation` den Punkt `Delete`, drücken dann auf die Schaltfläche `Enter` und wählen dann

RUN. Sie erhalten eine Meldung, dass der Vorgang funktioniert hat.

- Fahren Sie jetzt den Exchange Server runter.
- Starten Sie den Domänencontroller neu, auf dem Sie diese Änderungen vorgenommen haben und warten bis die Änderung auf alle Domänencontroller repliziert wurde. Dieser Vorgang kann mehrere Stunden bis zu Tagen dauern, je nach Einstellung Ihrer Replikations-Topologie und der Größe Ihrer Struktur.

Mehr können Sie an dieser Stelle nicht tun. Es ist nicht möglich, alle Erweiterungen des Schemas vollständig zu entfernen.

4 Cluster

Wie im Vorwort bereits beschrieben, wird ein Exchange-Server für viele Firmen zu einem immer wichtigeren Werkzeug, welches nicht ausfallen darf.

Benutzer senden sich gegenseitig E-Mails zu, korrespondieren mit Partnern und Kunden, warten auf Antwort, verplanen Ressourcen, usw. Je länger Anwender ein E-Mail-System zur Verfügung haben, um so mehr verlassen Sie sich darauf und richten immer mehr ihrer täglichen Prozesse und ihre Kommunikation darauf aus.

Hinzu kommt, dass gerade größere Unternehmen, welche dutzende Niederlassungen weltweit anbinden müssen, Ihre Kommunikation immer mehr auf das E-Mail-System ausdehnen. Auch im Bereich Video- und Datenkonferenzen.

Durch die Zeitverschiebung, die oft zwischen den verschiedenen Standorten herrscht und durch sprachliche Barrieren ist die Kommunikation per E-Mail effizienter und vor allem kostengünstiger als Telefonate oder Telefaxe. Aus diesen Gründen setzen viele Firmen und Administratoren auf eine Cluster-Lösung.

Bei einem Servercluster handelt es sich um eine Gruppe Server, auf denen der Clusterdienst ausgeführt wird und die zusammen als einzelnes System arbeiten. Der Zweck liegt darin, den Clientzugriff auf Anwendungen und Ressourcen bei Fehlern oder geplanten Außerbetriebszeiten aufrecht zu erhalten. Steht einer der Server im Cluster wegen eines Fehlers oder Wartungsarbeiten nicht zur Verfügung, werden Ressourcen und Anwendungen automatisch auf einen anderen verfügbaren Clusterknoten verlagert. Mithilfe des Clusterdienstes wird der Besitz von Ressourcen wie zum Beispiel Festplattenlaufwerke, IP-Adressen und Netzfreigaben automatisch von einem ausgefallenen Server auf einen intakten Server übertragen.
Zeigt eine Anwendung auf einem Knoten einen Fehler, verschiebt die Clustersoftware diese Anwendung auf einen anderen Server im Cluster. Die Benutzer stellen daher lediglich eine kurze Unterbrechung fest, können dann aber wieder normal arbeiten.

Exchange 2000 unterstützt jetzt nicht nur wie seine Vorgänger active/passive-Clustering, also einen aktiven Knoten und einen Standby sondern jetzt auch noch active/active-Clustering.

Durch dieses neue Feature haben Sie den Vorteil, dass Sie beide Maschinen aktiv im Einsatz haben und so ständig sicher sein können, dass beide Maschinen auch laufen.

Durch einen Cluster haben Sie die Möglichkeit, Ihr Exchange-System weitgehend gegen einen Ausfall zu sichern.

Allerdings sollte Ihnen klar sein, dass durch die Komplexität eines Clusters, gerade bei falscher oder fehlender Behandlung und Überwachung, die Gefahr besteht, dass Ihr E-Mail System erst Recht ausfällt, Daten verloren gehen und Exchange nicht mehr lauffähig gemacht werden kann. Wenn Sie Exchange auf einem Cluster installieren muss Ihnen klar sein, dass Sie im Notfall nicht nur um die Stabilität von Exchange bekümmert sein müssen, sondern auch um die Stabilität des Clusters.

Aus meiner Erfahrung lohnen sich heutzutage eher verschiedene Server-Maschinen, die in ein SAN integriert werden, als ein Cluster. So können Sie besser die Benutzer verteilen und bei der Hardware und der Lizenzierung deutlich sparen.

Sie benötigen für einen Cluster mindestens einen Windows 2000 Advanced Server und Hardware, die genau der Hardware compatibility list (HCL) von Microsoft entspricht und für Cluster freigegeben wurde. Alleine diese beiden Faktoren bedeuten einen hohen Kostenfaktor. Wenn dann ein Notfall eintritt, ist oft im eigenen Unternehmen kein Cluster-Spezialist vorhanden und auch externe Partner haben sich oft noch nicht mit diesem Thema auseinandergesetzt.

Es gibt heute die Möglichkeit, Rechner direkt an ein SAN anzuschließen und bei Ausfall komplett ersetzen zu können. Diese Variante ist zwar erheblich teurer aber auch erheblich sicherer im Ausfall. Dies verhält sich hier so ähnlich wie ein Software-RAID im Vergleich zu einem Hardware-RAID.

Nichts desto trotz unterstützt Exchange 2000-Clustering und Meinungen sind verschieden. Ich möchte Ihnen daher in diesem Kapitel die Installation eines Cluster unter Windows 2000 mit Exchange 2000 etwas näher bringen. Dieses Thema ist allerdings sehr komplex, all umfassend und kaum in einem Buch abzuhandeln. Holen Sie sich in diesem Fall externe Hilfe, die Ihr Handwerk versteht (Referenzen einholen, Werbung machen kann jeder).

4.1 Vorbereitung

Dies ist zwar nicht das Thema dieses Buches, jedoch benötigen Sie zur Installation von Exchange 2000 innerhalb eines Clusters natürlich zuerst einen Windows 2000 Cluster.

Was benötigen Sie dafür?

Hard- und Software

Als Voraußetzung benötigen Sie Hardware, die clusterfähig ist und von Microsoft auch so zertifiziert wurde.

Sie brauchen in diesem System mindestens

- Jeweils einen Controller und Festplatte für das Betriebssystem. Am besten mit Raid 1 abgesichert.
- Jeweils einen speziellen Adapter, an dem der oder die gemeinsamen Datenträger angeschlossen werden. Dieser Adapter muss clusterfähig sein.
- Einen oder mehrere gemeinsame Datenträger je nach Wunsch, welche Clustering unterstützen. Hier bietet sich ein SAN an oder ein SCSI-Raid 5 System.
- Geeignete Anschlusskabel für den gemeinsamen Datenträger.
- Zwei Netzwerkkarten in jedem Knoten, für die Kommunikation mit dem Netzwerk und für die Knoten untereinander.
- Bestenfalls getrennte Switches oder ein Crossover-Kabel für die Kommunikation der Knoten miteinander - für das sogenannte Private Netzwerk des Clusters.
- Als Betriebssystem benötigen Sie entweder den Windows 2000 Advanced Server für 2 Knoten oder den Windows 2000 Datacenter Server für 4 Knoten. Windows 2000 Datacenter Server kann allerdings nicht gesondert erworben werden, sondern muss zusammen mit zertifizierter Hardware gekauft werden. Fragen Sie hierzu Ihren Hardwarehändler.

Wie gesagt, achten Sie darauf, dass Sie in allen Knoten identische Hardware einsetzen und diese in der Cluster-HCL von Microsoft aufgeführt ist. Sie erhalten sonst keinen Support von Microsoft und es kann nicht garantiert werden, dass der Cluster auf Dauer stabil und schnell läuft. Mit identischer Hardware vermeiden Sie außerdem auch Kompatibilitätsprobleme.

Vorbereitung im Netzwerk

Außer der Hard- und Software benötigen Sie noch einige Vorbereitungen innerhalb Ihres Netzwerkes.

- Der Cluster als Ganzes braucht einen eindeutigen Netzwerknamen, zum Beispiel *EXCLUSTER*. Benutzer sprechen allerdings den Cluster nicht über Exchange an. Hier werden später noch *virtuelle Server* definiert.
- Jeder Knoten im Netz braucht ebenfalls einen eindeutigen Namen, zum Beispiel EXCL1 und EXCL2. Diese beiden Knoten bilden dann den Cluster und müssen Mitglied der gleichen Domäne sein.
- Jeder Knoten braucht für Exchange außerdem noch einen *virtuellen* Namen, den der Exchange-Server auf dem System bekommt. Mit diesem *virtuellen* Namen verbinden sich später die Benutzer. Hier bietet sich zum Beispiel EXV1 und EXV2 an. Diese virtuellen Namen bilden später eine Clusterressource, die auch einem Knoten zugewiesen werden kann. So kann zum Beispiel im Cluster EXCLUSTER der Knoten EXCL2 beide virtuellen Exchange-Server auf sich vereinen - also EXV1 und EXV2.
- Sie benötigen insgesamt 7 statische IP-Adressen in zwei verschiedenen Subnetzen. 2 für jeden Knoten. Eine für den Cluster selbst, 2 für das private Netz in einem eigenen Subnetz und nochmal 2 für die virtuellen Exchange-Server. Das private Netz sollte direkt mit Crossover verbunden sein.
- Der Clusterdienst benötigt ein eigenes Benutzerkonto in der Domäne, genauso wie die Exchange-Server-Installation. Achten Sie darauf, dass dieses Mitglied in der Domänen-Admin-Gruppe ist.

Gemeinsamer Datenträger

Der gemeinsame Datenträger ist das Laufwerk, auf den beide Knoten, also der gesamte Cluster, zugreifen müssen. Er ist sozusagen das Herzstück des Cluster. Auch hier sollten einige Dinge vorbereitet werden.

- Alle gemeinsamen Datenträger, einschließlich des Quorumdatenträgers, müssen physisch an einen gemeinsamen Bus angeschlossen sein.

- Überprüfen Sie, ob alle an den gemeinsamen Bus angeschlossenen Datenträger auf allen Knoten erreichbar sind. Dies kann bei der Installation der Hostadapter überprüft werden.
- SCSI-Geräten müssen eindeutige SCSI-ID-Nummern zugewiesen werden und sie müssen gemäß den Anweisungen des Herstellers ordnungsgemäß abgeschlossen werden.

Hinweis

- Alle gemeinsamen Datenträger müssen als Basisdatenträger konfiguriert sein (nicht dynamisch).

- Alle Partitionen auf den Datenträgern müssen als NTFS formatiert sein.

4.2 Installation und Konfiguration Betriebssystem

Installation Windows 2000

Wir gehen hier von einer Installation mit zwei Knoten aus. Installieren Sie daher auf Ihre beiden Systeme Windows 2000 Advanced Server mit aktuellstem Servicepack.

Fügen Sie zur besseren Verwaltung noch die Terminaldienste hinzu, um auch per Fernwartung auf den Cluster zugreifen zu können. Wenn Sie beide Knoten installiert haben, können Sie mit der eigentlichen Installation beginnen.

Die Betriebssystem-Installation wird, wie bei einem normalen Server auch, auf einer eigenen Partition durchgeführt. Hier brauchen Sie also keine Besonderheiten zu beachten.

Wichtig ist hier nur, dass Sie die gemeinsame Festplatte nicht als dynamischen Datenträger umwandeln.

Hinweis

Achten Sie während dieser Phase darauf, jeweils immer nur einen Knoten einzuschalten, der auf den gemeinsamen Datenträger zugreift.

Da der Clusterdienst noch nicht installiert ist, wird der Zugriff auf den Datenträger nicht gesteuert und er kann beschädigt werden!

Konfiguration der Netzwerkadapter

In jedem Knoten befinden sich zwei Netzwerkadapter. Jeweils ein Adapter ist für die Kommunikation des Knotens und des Clusters mit dem allgemeinen Netzwerk, während die beiden anderen für die Kommunikation innerhalb des Clusters sind.

Dieses Netzwerk wird als privates Netzwerk bezeichnet. Über das private Netzwerk werden jeweils die Daten des Clusters ausgetauscht, also der Status des Knotens (Heartbeat, Herzschlag genannt) und die Clusterverwaltung.

Die Netzwerkkarten des privaten Netzwerkes müssen noch etwas angepasst werden. Benennen Sie in der Netzwerkumgebung die jeweilige Verbindung in *privat* und *public* um, damit Sie Bescheid wissen, um welche Verbindung es sich jeweils handelt. Aktivieren Sie auch den Haken, dass bei der Verbindung ein Symbol in der Taskleiste erscheint. Dies ist zur Überwachung und Kontrolle des Servers sehr nützlich.

Sie müssen jetzt noch die Geschwindigkeit der Netzadapter des privaten Netzwerkes an die tatsächliche Geschwindigkeit anpassen. Die Autoeinstellungen also deaktivieren.

Dieser Punkt ist wichtig für die stabile Kommunikation innerhalb des privaten Netzes. Manche Adapter verlieren beim Feststellen der tatsächlichen Geschwindigkeit Pakete.

Konfigurieren der Geschwindigkeit der Netzwerkkarten

Rufen Sie dazu die Eigenschaften der Netzwerkumgebung auf und dann die Eigenschaften der privaten Verbindung.

Klicken Sie dann bei Ihrer Netzwerkkarte auf `Konfigurieren`.

In diesem Eigenschaftenfenster wählen Sie jetzt die Karteikarte `Erweiterte Einstellungen`.

Hier können Sie jetzt die tatsächliche Geschwindigkeit einstellen (siehe Abbildung 4.1). Es ist wichtig, dass Sie darauf achten, alle Einstellungen auch auf dem anderen Knoten anzugleichen. Die Einstellung sieht nicht bei allen Netzwerkkarten gleich aus, allerdings erhalten Sie ähnliche Einstell-Möglichkeiten. Es wird von Microsoft sehr dringend empfohlen, im gesamten Cluster identische Netzwerkkarten zu verwenden.

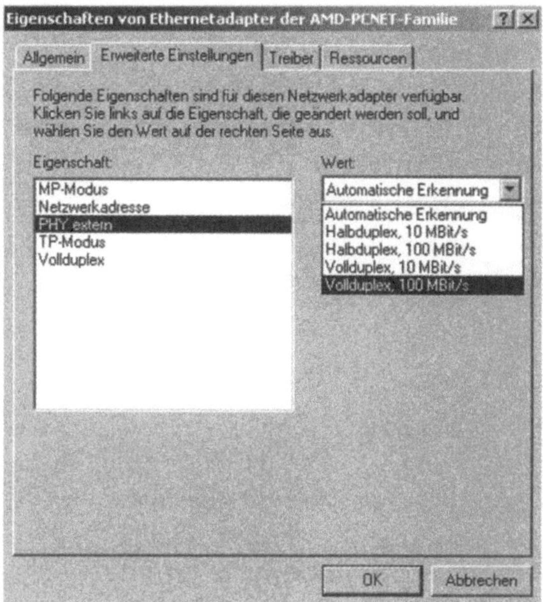

Abb. 4.1: Einstellen der Netzwerkgeschwindigkeit

Tragen Sie jetzt die gewünschten IP-Einstellungen für die privaten Netzwerkkarten ein. Wählen Sie als Subnetz ein anderes aus als für das öffentliche Netzwerk.

Hinweis

Der Clusterdienst erkennt pro Subnetz immer nur eine Verbindung.

Gehen Sie bei den Einstellungen auch auf die Karteikarte WINS und aktivieren die Option

`NetBIOS über TCP/IP deaktivieren`

(siehe Abbildung 4.2)

Diese Einstellung müssen Sie nur für die privaten Netzwerkadapter vornehmen.

Überprüfen Sie nach den Einstellungen, ob zwischen den beiden privaten Netzwerkadaptern eine stabile und schnelle Verbindung besteht.

An dieser Stelle haben Sie die Konfiguration der privaten Netzwerkverbindung abgeschlossen.

Für die öffentlichen Netzwerkadapter brauchen Sie keine besonderen Spezifikationen beachten.

Wichtig ist nur, dass die Netzwerkverbindung stabil ist und dass Sie statische IP-Adressen verwenden, was bei Servern ja ohnehin selbstversändlich ist.

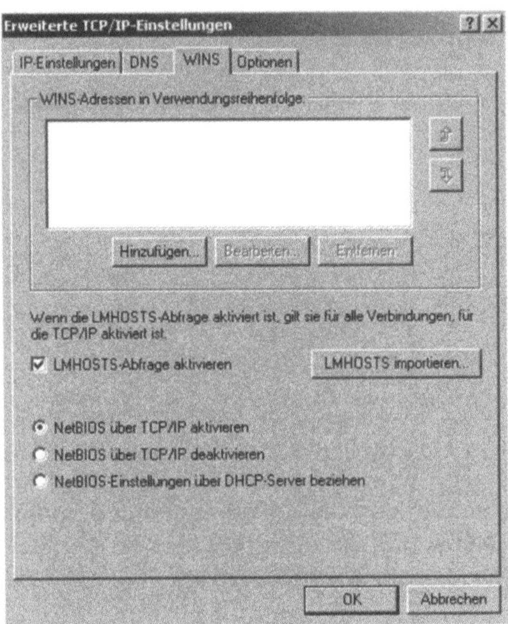

Abb. 4.2: Deaktivieren von NetBIOS

Konfiguration des gemeinsamen Datenträgers

Ich wiederhole an dieser Stelle nochmal den wichtigen Hinweis, dass Sie keinesfalls das Betriebsystem auf mehreren Knoten gleichzeitig starten, die an den gemeinsamen Datenträger angeschlossen sind.

Da der Clusterdienst noch nicht auf den Knoten installiert wurde, wird der gemeinsame Zugriff nicht gesteuert und der gemeinsame Datenträger kann physikalisch beschädigt werden.

Als nächstes sollte der sogenannte Quorum-Datenträger erstellt werden. Erstellen Sie dazu auf dem gemeinsamen Datenträger eine kleine Partion.

Da die Festplatten und die Plattentürme heutzutage immer größer werden, verwende ich hier nicht nur wie empfohlen 50 – 100 MB sondern gleich 500 MB – 1 GB.

Die Größe schadet hier nicht und spielt im Vergleich keine große Rolle. Es ist aber nicht zwingend notwendig, hier eine so große Partition zu erstellen. Es reichen um die 100 MB.

Auf dem Quorum-Datenträger werden alle Statusinformationen des Clusters gespeichtert. Sie sollten sicherstellen, dass dieser Quorum-Datenträger nach der Installation niemals verloren geht oder beschädigt wird, da ein restore eine sehr ärgerliche Sache ist und oft auch nicht mehr durchgeführt werden kann.

Gehen die Daten des Quorums verloren, ist die Cluster-Konfiguration nicht mehr vorhanden und muss neu erstellt werden.

Die Quorum-Ressource ist ein wichtiger Teil des Clustermodells, da sie Konfigurationsdaten des Clusters enthält und für die Pflege der Indexing-Checkpoints für das Cluster und die Ressourcendatenbank verantwortlich ist.

Das Quorum spielt auch eine wichtige Rolle bei der Entscheidung, welcher Server aktiv und welcher der Standby-Server ist. Der Knoten, der als erster die Kontrolle über das Quorum erhält, darf den Cluster aufbauen.

Erkennt der andere Knoten, dass das Quorum bereits einer anderen Ressource gehört, tritt er einfach dem Cluster als Standby-System bei.

Auch den Hinweis, dass Sie alle Datenträger als Basis-Datenträger, keinesfalls als dynamischen Datenträger konfiguriernen müssen, möchte ich hier nochmal wiederholen.

Erstellen Sie jetzt auf dem Knoten die beiden Partitionen, formatieren Sie sie mit NTFS und vergeben die Laufwerksbuchstaben.

Ordnen Sie danach auch dem anderen Knoten Laufwerksbuchstaben der Ressourcen zu, da diese nicht auf dem gemeinsamen Datenträger, sondern lokal gespeichert werden. Fahren Sie dazu aber das Betriebssystem auf dem bereits konfigurierten Knoten herunter.

Nachdem Sie den beiden Knoten Laufwerksbuchstaben der Partitionen zugewiesen haben, überprüfen Sie auch die Stabilität der Verbindung bevor Sie fortfahren.

Kopieren Sie dazu ein paar Verzeichnisse und Dateien auf den Datenträger und löschen Sie wieder. Dies sollte ohne Fehlermeldungen erfolgen und ohne Einträge im Ereignisprotokoll.

Kopieren Sie auch ein paar größere Dateien, da einige Controller gerade damit Probleme haben.

Hinweis

Wenn Sie wollen, dass beide Knoten im Clusterr aktiv laufen sollen (active/active-Cluster), müssen Sie zwei getrennte Laufwerke an verschiedene Kanäle Ihres Controllers konfigurieren oder zwei Controller mit zwei getrennten gemeinsamen Datenträgern.

Sie können keinen active/active-Cluster aufbauen, wenn Sie einen gemeinsamen Datenträger mit 2 Partitionen konfigurieren.

Die Trennung der Datenträger muss zwingend physikalisch sein. Auch bei einem SAN müssen Sie darauf achten, zwei getrennte Laufwerke zur Verfügung zu stellen.

Es müssen zwar beide Knoten darauf zugreifen können aber immer nur einer kann die Ressource zugewiesen bekommen!

Nachdem Sie sichergestellt haben, dass beide Knoten ohne Probleme auf die oder den gemeinsamen Datenträger zugreifen können, fahren Sie den zweiten Knoten wieder herunter und den ersten wieder hoch.

Stellen Sie nochmal sicher, dass die Datenträger zur Verfügung stehen.

Jetzt können Sie mit der Installation des Clusterdienstes beginnen.

4.3 Installation des Clusterdienstes

Der Clusterdienst ist Bestandteil des Windows 2000 Advanced Servers und des Datacenter-Servers.

Um den Clusterdienst zu installieren, gehen Sie in die *Systemsteuerung*, dann zu *Software* und wählen die Option `Windows-Komponenten hinzufügen/entfernen`.

Wählen Sie jetzt den Clusterdienst aus und installieren ihn.

Es erscheint ein Fenster mit dem Hinweis auf die Cluster-HCL (siehe Abbildung 4.3).

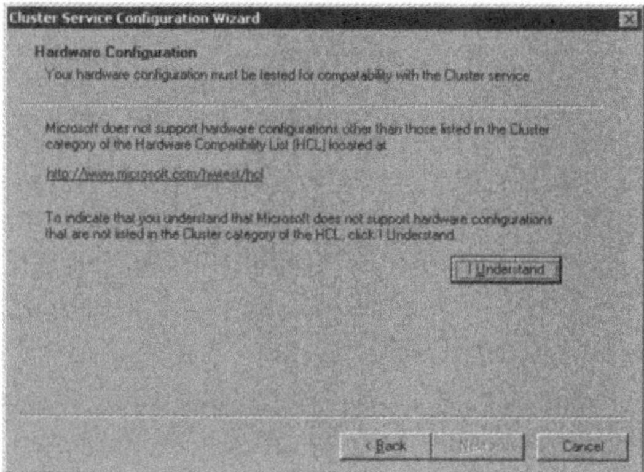

Abb. 4.3: Installation Cluster Service

Da Sie Hardware einsetzen, die von Microsoft für Cluster unterstützt wird, können Sie diese Meldung bestätigen. Nach der Bestätigung werden Sie gefragt, ob Sie den ersten Knoten im Cluster erstellen oder einen Knoten hinzufügen wollen (siehe Abbildung 4.4).

Da Sie einen neuen Cluster erstellen, wählen Sie die Option für den ersten Knoten.

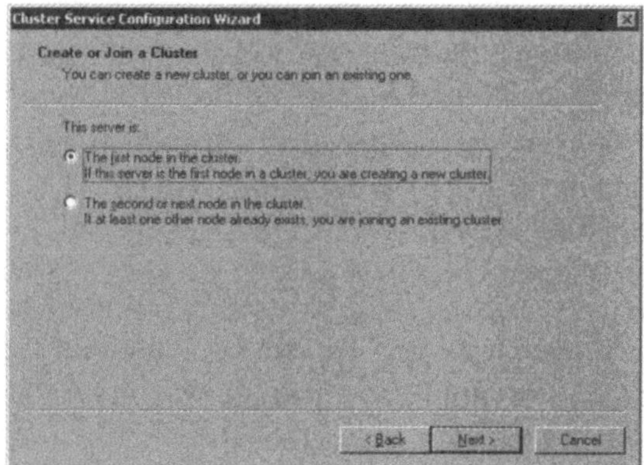

Abb. 4.4: Erstellen des ersten Knotens eines Clusters

Danach müssen Sie einen NetBIOS-Namen wählen, unter dem der Cluster angesprochen wird.

Sie dürfen hier maximal 15 Zeichen verwenden. Nach der Eingabe des Namens will der Cluster noch das Dienstkonto wissen mit dem er installiert werden soll. Wählen Sie hier das vorher erstellte Konto aus.

Konfiguration der Cluster-Datenträger

In der Liste verwaltete Datenträger werden alle Laufwerke aufgelistet, die nicht am selben BUS wie der Startdatenträger angeschlossen sind.

Wählen Sie hier den oder die Datenträger aus, die Sie im Cluster als gemeinsamen Datenträger nutzen wollen.

Beachten Sie, dass Partitionen einer einzelnen Festplatte als gemeinsame Ressource dienen.

Um eine getrennte Konfiguration zu erreichen, muss es sich um physikalisch getrennte Laufwerke handeln.

Wählen Sie dann das Laufwerk für das Quorum aus.

Konfiguration des Cluster-Netzwerkes

Sie müssen auf alle Fälle sicherstellen, dass die clusterinterne Kommunikation jederzeit stabil zur Verfügung steht.

Konfigurieren Sie daher im Assistenten die vorher definierte private Verbindung als ausschließlich privat. Die Verbindung für das öffentliche Netz konfigurieren Sie gemischt.

So ist sichergestellt, dass bei Ausfall des privaten Netzes (Kabel, Switch oder Adapter) die Kommunikation des Clusters über das öffentliche Netz weiter gewährleistet werden kann.

Dieses Szenario sollte man allerdings nicht sehr lange Aufrecht erhalten, sondern schnellstmöglich die private Verbindung wieder lauffähig machen.

Es besteht auch die Möglichkeit, dass Sie in jedem Knoten des Clusters drei Netzwerkadapter einbauen und diese dann so konfigurieren, dass eine für die private Verbindung, eine für die öffentliche Verbindung und eine für den gemischten Betrieb verantwortlich ist.

So können Sie den Ausfall von Netzwerkkomponenten kompensieren, vorausgesetzt natürlich, die Adapter hängen an verschiedenen Switches oder Netzsegmenten.

Hinweis

Der Clusterdienst erkennt pro Subnetz immer nur eine Netzwerk-Verbindung. Egal wie viele Sie physisch konfiguriert haben.

Sie können zum Abschluss dieses Assistenten die Reihenfolge festlegen, in der die Adapter für die private Kommunikation verwendet werden.

Achten Sie darauf, dass die Reihenfolge der von Ihnen gewünschten entspricht.

Als nächstes müssen Sie eine eindeutige IP-Adresse und Subnetzmaske für den Cluster als Ganzes eingeben. Wählen Sie hier eine Subnetzmaske, die zum öffentlichen Netz Verbindung hat, da über diese IP-Adresse der Cluster angesprochen wird.

Nach der Eingabe dieser Daten ist die Konfiguration des Clusters abgeschlossen und der Dienst wird gestartet. Der Cluster steht ab jetzt zur Verfügung, hat als Mitglied jedoch nur einen Knoten.

Überprüfen der Clusterkonfiguration

Ihnen steht jetzt in der Gruppe `Verwaltung` oder als neues MMC-Snap-In die `Clusterverwaltung zur Administration` dieses Clusters zur Verfügung.

Wenn Sie die Clusterverwaltung aufrufen, sehen Sie die einzelnen Bestandteile des Clusters. Sie sollten an dieser Stelle keine Fehlermeldungen sehen sondern alle Ressourcen sollten online sein.

Wenn hier alles in Ordnung ist sind Sie bereit, den zweiten Knoten zu installieren.

Da jetzt der Clusterdienst auf dem ersten Knoten aktiv ist und mit der zweite Knoten dem Cluster beitreten soll, müssen Sie den ersten Knoten aktiv lassen, also nicht herunterfahren.

Konfiguration des zweiten Knotens

Schalten Sie den zweiten Knoten ein und melden sich am Betriebssystem an.

Führen Sie beim zweiten Knoten den gleichen Ablauf durch wie beim ersten, mit dem Unterschied, dass Sie bei der Auswahl zu Beginn nicht die Erstellung eines neuen Cluster auswählen, sondern den Beitritt zu einem bereits vorhandenen.

Nach der Konfiguration erkennen Sie jetzt in der Clusterverwaltung zwei Mitgliedsserver des Clusters, die beide online sind und zur Verfügung stehen.

Sie können jetzt versuchen, Ressourcen zu verschieben oder einen Knoten herunterzufahren, um zu testen, ob der andere Knoten dessen Aufgaben übernimmt.

An dieser Stelle ist die Installation und Konfiguration des Clusters abgeschlossen und Sie können mit der Installation von Exchange 2000 beginnen.

4.4 Installation Exchange 2000 im Cluster

Exchange 2000 ist Clusteraware. Diese Bezeichnung wählt Microsoft für Anwendungen, die für einen Cluster unter Windows 2000 konfiguriert werden können. Solche Anwendungen erkennen bei der Installation automatisch, dass Sie auf einem Cluster installiert werden.

Achten Sie auch bei Zusatztools für Exchange wie Virenscanner, Fax usw. darauf, ob diese clustertauglich sind.

Bei der Einrichtung eines active/active-Clusters müssen Sie für jeden aktiven Knoten einen virtuellen Exchange-Server mit zugeordneter IP-Adresse, Netzwerknamen und Datenträger konfigurieren.

Exchange 2000 Installationskonto

Sie sollten Exchange 2000 auf dem Cluster mit dem gleichen Benutzerkonto installieren, mit dem Sie bereits den Cluster installiert haben.

Wenn Sie hier ein anderes Konto nehmen wollen bzw. *forestprep* schon durchgeführt wurde (siehe Kapitel 3 *Installation*) so müssen Sie dem gewünschten Konto Rechte für Exchange 2000 erteilen.

Aus meiner Sicht kompliziert dies oft nur die Sache. Wählen Sie also am besten das gleiche Konto für Cluster- und Exchange-Installation. Beachten Sie aber dabei, dass dieses Konto außer in der Gruppe Domänen-Admins auch noch in den Gruppen Schema-Admin und Organisations-Admins sein muss.

Sollte die Schemaerweiterung bereits durchgeführt sein, ist die Mitgliedschaft in der Gruppe Schema-Admin nicht mehr notwendig, schadet aber auch nicht.

Vorbereitungen Active Directory

Zuerst müssen Sie bei der Cluster-Installation *forestprep* durchführen. Hierzu gilt das gleiche wie für die Installation auf einem normalen Server. Dieser Schritt ist im Kapitel 3 näher erklärt. Führen Sie wie bereits beschrieben *forestprep* direkt auf dem Schema-Master durch und melden sich zur Installation mit dem Exchange 2000-Installationskonto an (am besten natürlich mit dem Clusterkonto).

Nach *forestprep* müssen Sie noch *domainprep* ausführen. Auch dieser Punkt ist im Kapitel 3 näher beschrieben und unterscheidet sich nicht von der Installation auf einem normalen Server.

Installation von Exchange 2000 auf den Cluster-Knoten

Melden Sie sich zur Installation mit dem gleichen Konto an, das Sie für *forestprep* verwendet haben.

Achten Sie auch hier, wie bei der normalen Installation darauf, dass der SMTP- und NNTP-Dienst installiert wurde. Wie dies genau durchgeführt wird, wurde im Kapitel 1 bei der Erstellung der Testumgebung näher erläutert.

Nachdem Sie sichergestellt haben, dass auf dem ersten Knoten diese beiden Dienste installiert sind, können Sie das Setup-Programm von Exchange 2000 starten. Installieren Sie die Komponenten, die Sie für die Installation benötigen.

Hinweis

- Achten Sie darauf, dass Sie auf beiden Knoten Exchange 2000 in das gleiche Verzeichnis installieren. Hier bietet sich direkt das Verzeichnis c:\exchsrvr an. Wir verschieben später noch die Datenbanken und die Logfiles auf den gemeinsamen Datenträger. Das Systemverzeichnis muss aber zwingend auf beiden Knoten im gleichen Verzeichnis liegen. Dieses Verzeichnis darf nicht auf dem gemeinsamen Datenträger liegen.
- Der Laufwerksbuchstabe für das EXIFS (Exchange Installable File System) muss auf beiden Knoten identisch sein. Standard ist hier der Buchstabe M. Dies sollten Sie auch so belassen. Berücksichtigen Sie dies bei der Vergabe der Laufwerksbuchstaben für die gemeinsamen Datenträger.
- Achten Sie darauf, auf beiden Knoten die identischen Komponenten zu installieren.

Wenn Sie mit der Installation fortfahren, erscheint folgende Meldung:

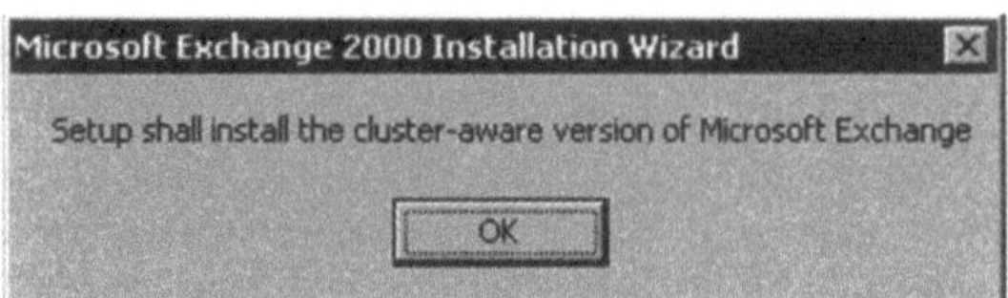

Abb. 4.5: Exchange 2000 Cluster-Meldung

Diese bestätigt, dass Exchange 2000 auf einem Cluster installiert wird (siehe Abbildung 4.5).

Nach der Bestätigung dieser Meldung installiert Exchange 2000 seine Binärdateien und fordert Sie je nach Systemkonfiguration zum Neustart auf.

Ich starte nach einer Exchange 2000-Installation oder einem Servicepack grundsätzlich den Server durch. Dies ist aber nicht immer zwingend notwendig.

Diese Schritte müssen Sie jetzt für den zweiten Knoten wiederholen. Installieren Sie auch hier Exchange auf die gleiche lokale Partition.

4.5 Virtuelle Server

Die Namen der virtuellen Server müssen unabhängig des physikalischen Namens sein. Hier bietet es sich an, die Bezeichnung so zu wählen, dass man schon vom Namen darauf schließen kann, dass es sich um einen virtuellen Server handelt, zum Beispiel EXV1.

Benutzer verwenden für den Zugriff auf Ihre Exchange-Ressourcen den Namen des virtuellen Servers.

4.5.1 Erstellen der virtuellen Server

Öffnen Sie zum Erstellen der virtuellen Exchange-Server die Clusterverwaltung in der Verwaltungsgruppe.

Wenn Sie sich am Cluster angemeldet haben, können Sie den Punkt `Gruppen` erweitern und sehen die bisher erstellen Gruppen (siehe Abbildung 4.6).

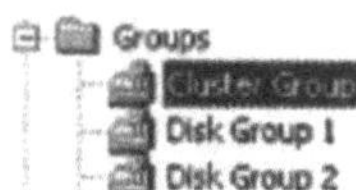

Abb. 4.6: Bereits aktive Clustergruppen

Wir erstellen jetzt eine neue Gruppe, die den Namen des virtuellen Exchange-Servers erhält.

Klicken Sie dazu mit der `rechten Maustaste` auf die `Gruppen`, wählen `Neu` und wählen einen Namen aus.

Dieser Name sollte leicht erkennbar und zuordenbar sein.

Wählen Sie zum Beispiel EXV1. Nach dem Bestätigen des Namens wählen Sie noch den Server aus, dem dieser virtuelle Exchange-Server zugeordnet werden soll.

Dieser Knoten wird dann der bevorzugte Knoten. Sie können den Clusterdienst so konfigurieren, dass nach einem Failover die Ressource automatisch wieder dem bevorzugten Knoten zugeordnet wird.

Führen Sie diese Punkte auch für den zweiten Knoten durch.

4.5.2 Konfiguration der virtuellen Server

Nachdem Sie jetzt zwei virtuelle Server erstellt haben, können wir mit der Konfiguration fortfahren.

Da die Server virtuell sind, können Sie jeden unabhängig des physikalischen Knotens verschieben.

So können die virtuellen Server EXV1 und EXV2 ohne weiteres auf dem physikalischen Clusterknoten CL1 oder CL2 liegen.

Sie müssen jetzt die virtuellen Server noch mit Ressourcen füllen. Diese Ressourcen sind fest dem jeweiligen virtuellen Server zugeordnet.

Um eine neue Ressource zu erstellen, klicken Sie auf die neu erstellte Gruppe, wählen `Neu` und dann `Ressource` aus dem Menü aus.

Wir gehen jetzt in der Reihenfolge die Ressourcen durch, die Sie benötigen.

IP-Adresse

- Geben Sie als Namen für die Ressource `EXV1 IP-Adresse` ein und bestätigen dies.
- Als Ressourcentyp wählen Sie `IP-Adresse` aus und bestätigen mit `Weiter`.
- Stellen Sie sicher, dass im Feld `Mögliche Besitzer` beide Knoten enthalten sind.
- Im Feld `Abhängigkeiten` sollten keine Einträge stehen.
- Auf der Karteikarte `Parameter` geben Sie die IP-Adresse und Subnetzmaske Ihres virtuellen Exchange-Servers ein. Die IP-Adresse darf nicht mit der IP-Adresse des Knotens oder des Clusters identisch sein, sondern muss eine unabhängige Adresse sein (siehe Abbildung 4.7).
- Wählen Sie anschließend noch im Feld `Netzwerk` das öffentliche Netzwerk aus (siehe Abbildung 4.7).

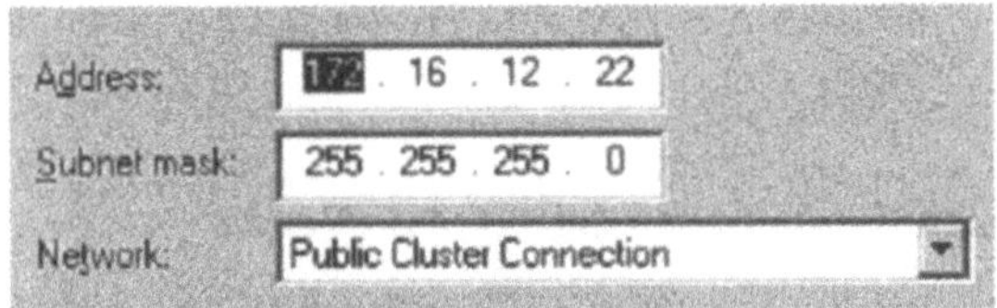

Abb. 4.7: virtuelle IP-Adresse

Jetzt können Sie mit `Fertig stellen` die Konfiguration der virtuellen IP-Adresse des virtuellen Exchange-Servers fertig stellen.

Die erste Ressource für den virtuellen Exchange Server ist jetzt erstellt.

Netzwerkname

Natürlich braucht Ihr virtueller Exchange-Server auch einen Netzwerknamen, mit dem er angesprochen wird. Dieser Name wird zum Beispiel von den Benutzern gewählt, um auf Ihr Postfach zuzugreifen.

Der virtuelle Exchange-Server hat für die Benutzer die gleiche Funktionweise wie ein normaler Standalone-Server.

- Erstellen Sie, wie bereits bei der IP-Adresse, eine neue Ressource und geben dieser den Namen `EXV1 Netzwerkname`.
- Als Ressourcentyp wählen Sie diesesmal Netzwerkname aus.
- Unter `Abhängigkeiten` tragen Sie jetzt die zuvor erstellte IP-Adresse ein, d.h. der Netzwerkname kann nur erfolgreich auf einen anderen Server verschoben werden, wenn die IP-Adresse ebenfalls erfolgreich verschoben werden konnte.
- Tragen Sie unter `Parameter` den entsprechenden Namen des virtuellen Servers ein, in unserem Fall also `EXV1`.
- Die möglichen Besitzer müssen natürlich wieder beide Knoten sein.

Physisch zugeordneter Datenträger

Jedem aktiven Knoten und jedem aktiven virtuellen Exchange-Server muss ein physikalisch zugeordneter Datenträger zur Verfügung stehen.

Die Datenträger müssen tatsächlich physikalisch getrennt sein. Es ist nicht möglich, einen aktiven Knoten mit nur einer Partition eines Datenträgers zu konfigurieren.

Um den entsprechenden Datenträger zuzuweisen, wählen Sie ihn in der Clusterverwaltung aus und ziehen ihn auf die Gruppe des virtuellen Servers. Den ersten Datenträger ziehen Sie also auf die Gruppe EXV1, den zweiten auf EXV2.

Der zugeordnete Datenträger muss dazu bereits auf dem Knoten laufen, auf dem Sie auch den virtuellen Server erstellen. Ist dies nicht der Fall, so müssen Sie den Datenträger mit Hilfe der Clusterverwaltung erst auf den richtigen Knoten verschieben.

Geben Sie dem Datenträger eine Beschreibung, damit er klar dem jeweiligen virtuellen Server zugeordnet werden kann.

Nach diesem Schritt können Sie jetzt diesen virtuellen Server online schalten.

Klicken Sie dazu mit der `rechten Maustaste` auf die Gruppe `EXV1` und wählen `Online schalten` aus. Nach ein paar Sekunden erscheint die Gruppe schließlich als online.

Der virtuelle Server ist jetzt erstellt. Nach der erfolgreichen Erstellung eines virtuellen Servers werden jetzt die Exchange-Ressourcen in den Server integriert.

Erstellen der Exchange Systemaufsicht

Als erstes wird die wichtigste Ressource, die Exchange Systemaufsicht erstellt, welche später alle anderen verwaltet.

- Klicken Sie dazu, wie bei der IP-Adresse und dem Netzwerknamen, mit der `rechten Maustaste` auf die virtuelle Gruppe, wählen `Neu` und `Ressource`. Geben Sie als Namen `Exchange Systemaufsicht` ein.
- Als Ressourcen-Typ wählen Sie `Exchange Systemaufsicht` aus.
- Die möglichen Besitzer müssen wieder beide Knoten sein.
- Als `Abhängigkeiten` wählen Sie dieses Mal die IP-Adresse, den Netzwerknamen und den zugeordneten Datenträger aus.
- An dieser Stelle müssen Sie angeben, wo Exchange 2000 seine Datendateien ablegen soll. Wählen Sie hier den Datenträger aus, den Sie dem jeweiligen virtuellen Server zugeordnet haben. Wenn Sie die Daten in einem Unterverzeichnis anlegen wollen, müssen Sie dieses Verzeichnis vorher anlegen. Dies macht die Systemaufsicht nicht automatisch.

Nach diesen Schritten können Sie den Server komplett online schalten (wie bereits weiter vorne beschrieben). Dies sollte nach einigen Sekunden auch ohne Fehler abgelaufen sein. Machen Sie sich keine Gedanken, wenn während des Onlineschaltens die eine oder andere Ressource einen Fehler anzeigt, dies ist normal.

Lassen Sie den Cluster einfach machen. Erst wenn er definitv für den ganzen virtuellen Server einen Fehler anzeigt und diesen nicht online schaltet, ist etwas schief gegangen. Warten Sie hier also ab.

Wiederholen Sie diese Schritte auch für den zweiten Knoten.

Nachdem Sie beide Knoten fertig gestellt und online geschaltet haben, sollten Sie in etwa folgendes Bild in Ihrer Clusterverwaltung sehen:

Exchange HTTP Virtual Server Instance	Online
Exchange IMAP4 Virtual Server Instance	Online
Exchange Information Store Instance	Online
Exchange Message Transfer Agent Instance	Online
Exchange MS Search Instance	Online
Exchange POP3 Virtual Server Instance	Online
Exchange Routing Service Instance	Online

Abb. 4.7: Exchange 2000 Cluster-Ressourcen

Testen Sie an dieser Stelle das Failover gründlich und machen Sie sich mit den einzelnen Einstellungen und Optionen der Clusterverwaltung vertraut.

Versuchen Sie die virtuellen Exchange-Server auf den jeweils anderen Knoten zu transferieren und testen auch mal den kompletten Ausfall eines Servers. Das Failover sollte an dieser Stelle ohne Probleme funktionieren.

4.6 Exchange 2000-Cluster-Komponenten

Welche Komponenten gibt es bei Exchange 2000 im Bereich Clustering und was gilt gerade bei einem Cluster zu beachten?

Da ein Cluster stark auf Abhängkeiten und Stabilität ausgerichtet ist, sollten Sie wissen, welche Exchange-Dienste mit welchen anderen Diensten interagieren und von welchen Sie abhängen.

Exchange-Systemaufsicht

Die Exchange-Systemaufsicht ist die oberste Instanz aller Exchange Cluster-Ressourcen und für die Lauffähigkeit verantwortlich. Sie steuert das Erstellen oder das Löschen von einzelnen Ressourcen.

Sie ist abhängig vom Netzwerknamen, dem physikalischen Datenträger und optional auch von der virtuellen IP-Adresse des virtuellen Servers.

Exchange-Informationsspeicher

Dieser Dienst stellt die Speicher für Postfächer und für die öffentlichen Ordner zur Verfügung und ist von der Exchange Systemaufsicht abhängig. Der Informationsspeicher läuft auf beiden virtuellen Servern.

SMTP-Dienst

Der SMTP-Dienst ist zum Versand der E-Mails verantwortlich und direkt vom Informationsspeicher abhängig.

Er ist auf beiden virtuellen Servern im Cluster vorhanden und muss auch online sein.

IMAP-Dienst, POP3-Dienst, HTTP-Dienst

Die IMAP-, POP3-, und HTTP-Dienste dienen zur Kommunikation mit Clients. Sie sind vom Informationsspeicher abhängig und auf beiden virtuellen Servern vorhanden.

Inhaltsindizierung MS-Search-Ressource

Diese Ressource dient zur Indizierung der Speicher der beiden virtuellen Server und ist ebenfalls, wie die anderen Ressourcen, vom Informationsspeicher abhängig und auf beiden Knoten vorhanden.

MTA-Ressource (Message Transfer Agent)

Die MTA-Ressource ist von der Systemaufsicht abhängig und ist nur einmal im Cluster vorhanden.

Die Ressource wird automatisch auf dem ersten erstellten virtuellen Exchange-Server installiert und kann bei Ausfall des ersten auf den zweiten virtuellen Server verschoben werden. Der MTA ist nur von der Systemaufsicht abhängig.

Routing-Dienst

Der Routingdienst dient, wie bei der normalen Exchange 2000-Installation, zum Aufbau der Routingtabelle.

Er läuft auf beiden virtuellen Servern und ist von der Systemaufsicht abhängig.

Exres.dll

Bei der Datei *Exres.dll* handelt es sich um die Ressourcen-DLL von Exchange 2000 Server.

Der Windows 2000-Clusterdienst kommuniziert über einen Ressourcenmonitor mit der DLL, die anschließend mit den entsprechenden Exchange-Komponenten kommuniziert.

Sie schaltet Ressourcen online und offline, überprüft Ressourcen und erstellt Fehlerberichte.

4.7 Nicht unterstützte Exchange-Dienste für Cluster

Es sind allerdings nicht alle Komponenten von Exchange 2000 clustertauglich. Dazu zählen folgende Dienste:

- Active Directory Connector (ADC)
- SRS (Site replication Service)
- Chat-Dienst
- Microsoft Conferencing Server
- Schlüsselverwaltungsdienst
- Exchange Calender Connector
- Exchange Connector für cc-Mail
- Exchange Connector für Lotus Notes, MS Mail und Novell
- Ereignisdienst
- NNTP

4.8 Update auf Exchange 2000 Servicepack 3

Nach der Installation von Exchange 2000 SP3 auf einem Clusterserver können einige Berechtigungen auf Organisationsebene, die Sie geändert hatten, wieder auf ihren Standardwert zurückgesetzt werden.

Wenn Sie beispielsweise im Exchange System-Manager die Gruppe *Jeder* aus den Berechtigungen für das Objekt *Organisation* entfernt haben, müssen Sie diese Berechtigungen nach der Installation von Exchange 2000 SP3 neu festlegen.

Es wird empfohlen, alle Berechtigungsänderungen aufzuzeichnen, damit sie nach der Installation von Exchange 2000 SP3 erneut vorgenommen werden können.

Smtpreinstall.exe

Exchange 2000 SP3 enthält das SMTP Reinstall-Tool `Smtpreinstall.exe`, das sich im Verzeichnis `Support-tools` auf der Exchange SP3-CD befindet.

Wenn Sie den Windows 2000-SMTP-Dienst deinstallieren, können Sie mit diesem Tool Exchange 2000 reparieren, ohne Exchange vollständig neu zu installieren.

Um Exchange zu reparieren, müssen Sie zunächst den Windows 2000-SMTP-Dienst neu installieren und anschließend das SMTP Reinstall-Tool ausführen. Sie können das SMTP Reinstall-Tool jedoch nicht auf einem Cluster verwenden, auf dem Exchange 2000 ausgeführt wird. Wenn Sie das Tool ausführen möchten treten Probleme auf, die eine erfolgreiche Reparatur von Exchange verhindern. Aus diesem Grund wird das SMTP Reinstall-Tool auf Exchange 2000-Clustern nicht unterstützt.

Nach der Neuinstallation des SMTP-Dienstes müssen Sie auf einem Cluster daher Exchange und alle zuvor installierten Exchange Service Packs neu installieren, anstatt das SMTP Reinstall-Tool zu verwenden.

5 Erstellen und Verwalten von Empfängern

In den Kapiteln 3 und 4 haben wir uns mit der Installation des Exchange-Servers beschäftigt.

Wir wollen uns jetzt im Kapitel 5 die Konfiguration der einzelnen Benutzer ansehen. Benutzer unter Windows 2000 sind bei Exchange 2000 Empfänger. Da Exchange 2000 keine getrennte Benutzerführung mehr hat, sind Windows 2000 Benutzer und Exchange 2000 Empfänger grundsätzlich das Gleiche.

Exchange 2000 erweitert während der Installation das Schema Ihres Active Directory und führt spezifische Eigenschaften hinzu. Diese Eigenschaften werden direkt den Benutzern hinzugefügt und können bearbeitet werden.

Grundsätzlich gibt es wie bei Exchange 2000 ähnliche Empfängertypen wie bei Exchange 5.5. Diese werden nur unterschiedlich verwaltet. Im Kapitel 5 werden die verschiedenen Empfängertypen und der Umgang mit ihnen genauer besprochen.

5.1 Empfängertypen

Exchange 2000 unterscheidet vier verschiedene Empfängertypen. Empfänger sind Objekte in Exchange 2000, die E-Mails empfangen können.

Dabei liegen diese Objekte im Active Directory, deren Ressourcen und Daten jedoch in der Exchange-Datenbank.

E-Mail-Nachrichten werden also nicht direkt dem Objekt zugestellt, sondern dessen Ressource.

Benutzer

Benutzer sind in Windows 2000 Personen, die über ein Anmeldekonto im Active Directory verfügen.

Benutzer sind dabei nicht automatisch auch Empfänger sondern müssen zuerst E-Mail-Aktiviert werden. Wenn Benutzer nicht E-Mail-Aktiviert werden, können Sie keine E-Mails empfangen und erhalten keine E-Mail-Adresse von Exchange.

Ein postfachaktivierter Benutzer in Windows 2000 besitzt ein Postfach auf dem Exchange Server. Dieses Postfach ist seine Ressource.

Verwaltet wird diese Ressource vom Informationsspeicher auf dem Exchange Server.

Ein E-Mail aktivierter Benutzer hingegen besitzt lediglich eine E-Mail-Adresse, verfügt aber über kein Postfach im Informationsspeicher.

Kontakte

Ein Kontakt ist, wie in Outlook, nichts anderes als ein Verweis auf ein anderes E-Mail-System. Zum Beispiel eine Adresse im Internet.

Kontakte werden zwar von Windows 2000 im Adressbuch angezeigt, allerdings haben diese kein Postfach, sondern dienen lediglich zur Hilfestellung der Benutzer und zur Umleitung von E-Mails.

Ein Kontakt steht allen Benutzern Ihrer Organisation zur Verfügung.

Gruppe

Gruppen sind eine Sammlung verschiedenen Empfängertypen. Gruppen können grundsätzlich alle Empfängertypen enthalten. Es ist dabei egal, ob es sich um Kontakte, Benutzer oder weitere Gruppen handelt. Auch öffentliche Ordner können Mitglieder von Gruppen sein.

E-Mail-Aktivierte Verteiler- oder Sicherheitsgruppen können E-Mails empfangen und alle Mitglieder dieser Gruppe erhalten eine Kopie dieser E-Mail.

Ein Benutzer, der E-Mails an eine Gruppe schickt, braucht dabei nicht die E-Mail-Adressen deren Mitglieder zu kennen.

Öffentliche Ordner

Auch öffentliche Ordner können direkt E-Mails empfangen und sind daher ein Empfängertyp.

5.2 Benutzer

Um Benutzer zu verwalten, zum Beispiel um deren Exchange-Eigenschaften zu bearbeiten, verwenden Sie das Snap-in *Active Directory-Benutzer und -Computer.*

Dieses SnapIn wird sowohl zur Erstellung, als auch zur Verwaltung der Benutzerpostfächer verwendet. Alle Exchange-Eigenschaften eines Benutzers werden in eigenen Registerkarten angezeigt (siehe Abbildung 5.2).

Um alle Registerkarten und Optionen zu sehen, müssen Sie in der `Ansicht` der Management-Konsole die `Erweiterten Funktionen` aktivieren (siehe Abbildung 5.1).

Abb. 5.1: Aktivieren der Erweiterten Funktionen

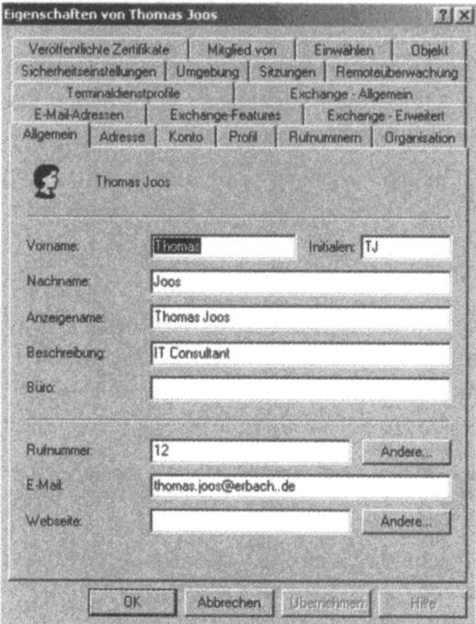

Abb. 5.2: Eigenschaften eines Benutzers

5.2.1 Postfachaktivierte Benutzer

Wenn ein Benutzer innerhalb einer Exchange Organisation E-Mails empfangen und senden soll, braucht er ein Postfach auf einem Exchange-Server.

In diesem Postfach werden alle Nachrichten gespeichert. Benutzer, die über ein Postfach auf einem Exchange Server verfügen, werden als *postfachaktivierte Benutzer* bezeichnet.

5.2.1.1 Erstellen eines postfachaktivierten Benutzers

Durch die Erweiterung des Active Directorys bei der Installation von Exchange 2000 wird auch der Ablauf beim Erstellen eines Benutzers erweitert.

Sie legen wie bisher Ihre Benutzer mit dem Snap-In *Active Directory-Benutzer und -Computer* an. Zusätzlich wird bei der Anlage jetzt jedoch noch die Möglichkeit geboten, ein Postfach für den Benutzer zu erstellen. Sollten Sie dies jedoch nicht gleich wollen, kann dieser Punkt jederzeit nachgeholt werden.

Um einen neuen Benutzer anzulegen, navigieren Sie im SnapIn *Active Directory-Benutzer und -Computer* zu der Organisationseinheit, in der Sie den Benutzer erstellen wollen, klicken mit der `rechten Maustaste` und wählen `Neu` und dann `Benutzer` (siehe Abbildung 5.3).

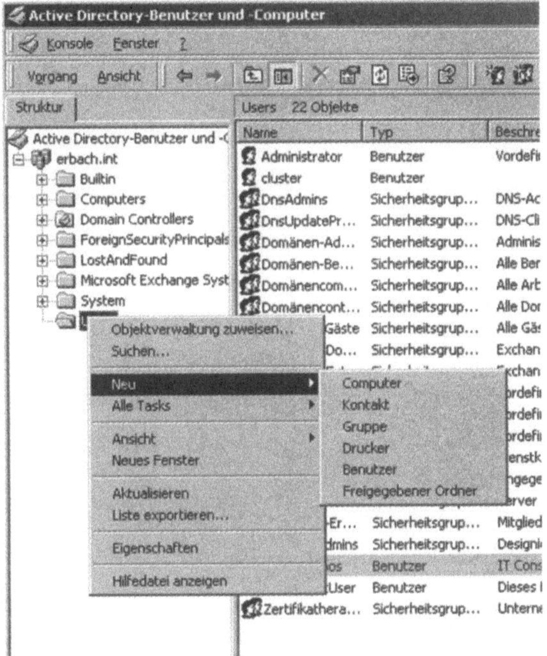

Abb. 5.3: Erstellen eines neuen Benutzers

Jetzt öffnet sich der Assistent zum Erstellen eines neuen Benutzers (siehe Abbildung 5.4). Tragen Sie alle Daten ein, die Sie für den Benutzer pflegen wollen und wählen `Weiter`.

Im nächsten Fenster können Sie ein Kennwort für den Benutzer festlegen sowie die sonst üblichen Konteneigenschaften einstellen (siehe Abbildung 5.5). Bis zu dieser Stelle hat sich bisher durch die Installation von Exchange 2000 nichts geändert.

Wenn Sie jetzt nochmal auf `Weiter` klicken, erscheint die nächste Seite des Assistenten, welche durch die Exchange 2000-spezifische Erweiterung des SnapIn ausgelöst wird (siehe Abbildung 5.6).

Dieses Fenster erscheint jedoch nur auf Servern oder Workstations, auf denen die Exchange 2000-Systemverwaltungstools installiert worden sind.

Auf allen anderen Servern erscheint dieses Fenster nicht. Sie müssen also auf allen Servern oder Workstations, auf denen Sie neue Benutzer anlegen oder vorhandene pflegen wollen, die Exchange 2000-Systemverwaltungstools installieren.

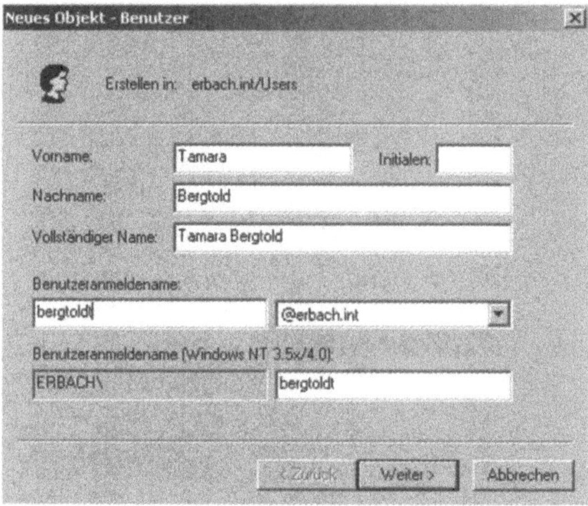

Abb. 5.4: Eigenschaften des neuen Benutzers

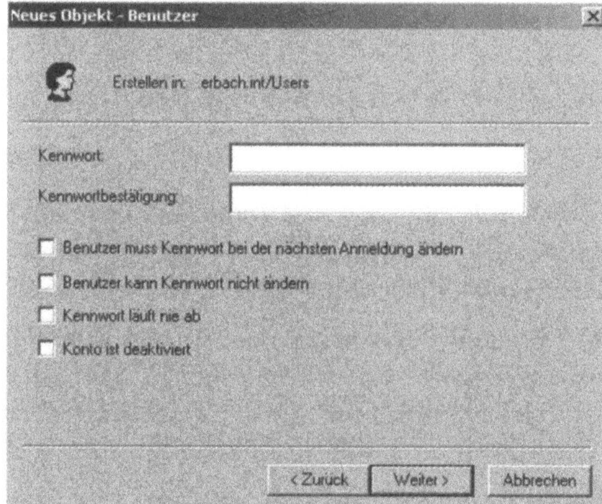

Abb. 5.5: Konteneigenschaften des neuen Benutzers

In diesem Fenster (siehe Abbildung 5.6) können Sie jetzt festlegen, ob ein Postfach erstellt werden soll.

Zusätzlich tragen Sie hier noch den Alias des Benutzers ein. Der Alias bezeichnet die E-Mail-Adresse des Benutzers vor der jeweiligen Internet-Domäne.

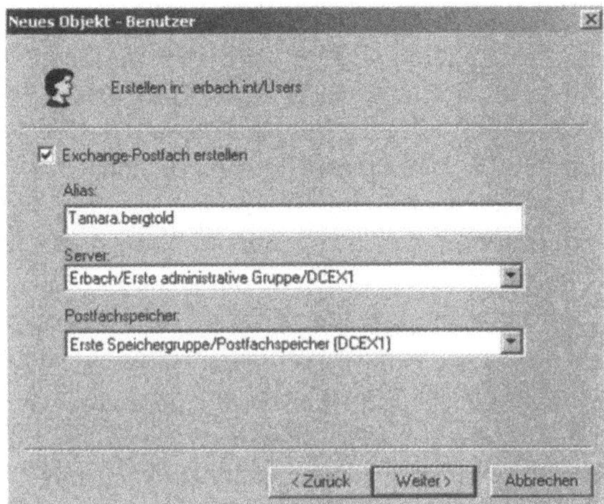

Abb. 5.6: Exchange Eigenschaften des neuen Benutzers

Beispiel

Ihre Firma hat die E-Mail-Domäne *erbach.de*. Wenn wir als Alias für Frau Bergtold jetzt *Tamara.Bergtold* eintragen, so ist die vollständige E-Mail-Adresse *Tamara.Bergtold@erbach.de.*

Diesen Alias können sie von Exchange auch automatisch erstellen lassen, was bei einer großen Anzahl von Benutzern besonders hilfreich ist.

Diese automatische Erstellung von E-Mail-Adressen wird durch den Empfängeraktualisierungs-Dienst (Recipient Update Service, RUS) durchgeführt. Auf dessen Konfiguration gehen wir später im Kapitel ein.

In diesem Fenster legen Sie auch fest, auf welchem Server und in welchem Postfachspeicher Sie das Postfach erstellen wollen. Auch diese Einstellungen können Sie später verändern. Wir treffen hier also keine endgültige Entscheidung.

Sie müssen allerdings beachten, dass Sie nur im *einheitlichen Modus* von Exchange 2000 Benutzer zwischen Servern in verschiedenen administrativen Gruppen verschieben können.

Nachdem Sie Ihre Einstellungen gemacht haben, kommen Sie mit `Weiter` zum letzten Fenster des Assistenten. Hier wird Ihnen nochmal eine Zusammenfassung Ihrer Einstellungen zur Überprüfung gezeigt (siehe Abbildung 5.7).

Mit `Fertig stellen` wird der Benutzer schließlich angelegt. Es kann jedoch, je nach Größe Ihrer Umgebung, einige Minuten bis Stunden dauern bis das Postfach des Benutzers zur Verfügung steht. Der Grund liegt darin, dass der Empfängeraktualisierungs-Dienst (Recipient Update Service, RUS) alle neuen und vorhandenen Benutzer mit E-Mail-Adressen „stempelt". Dieser Vorgang dauert eine Weile.

Sollte nach einiger Zeit jedoch noch immer keine E-Mail-Adresse zugewiesen worden sein, so liegt eventuell ein Fehler vor. Häufig liegt dies daran, dass in der Domäne, in der dieser Benutzer angelegt wurde, kein *domainprep* durchgeführt wurde oder kein Empfängeraktualisierungs-Dienst (Recipient Update Service, RUS) erstellt wurde. Der RUS wird vom System nur für die Domäne erstellt, in der ein Exchange-Server installiert wurde. In Domänen, in denen nur Exchange-Benutzer liegen, muss ein RUS manuell erstellt werden. Dies erfolgt weiter hinten im Kapitel.

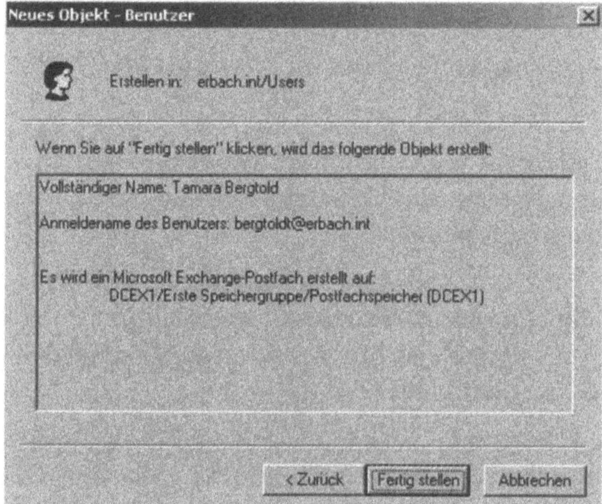

Abb. 5.7: Abschluss des Benutzer-Assistenten

Ein Postfach wird auch erst vom Exchange System-Manager angezeigt, wenn ein Objekt erstellt wurde, also wenn das Postfach eine E-Mail erhalten hat.

Wenn der Benutzer in seinen Eigenschaften eine E-Mail-Adresse zugewiesen bekommen hat, so ist die Konfiguration in Ordnung.

Sie können jederzeit vorhandene Benutzer *postfachaktivieren*. Gehen Sie dazu im SnapIn *Active Directory-Benutzer und -Computer* zu dem Benutzer, den Sie aktivieren wollen und drücken die `rechte Maustaste`.

Wählen Sie aus dem folgenden Menü `Exchange-Aufgaben` (siehe Abbildung 5.8). Im folgenden Fenster können Sie die Benutzer postfachaktivieren, für die das noch nicht geschehen ist (siehe Abbildung 5.9).

Beachten Sie aber, dass der Punkt `Exchange-Aufgaben` nur auf Servern oder Workstations zur Verfügung steht, auf denen die Exchange-Systemverwaltungstools installiert wurden.

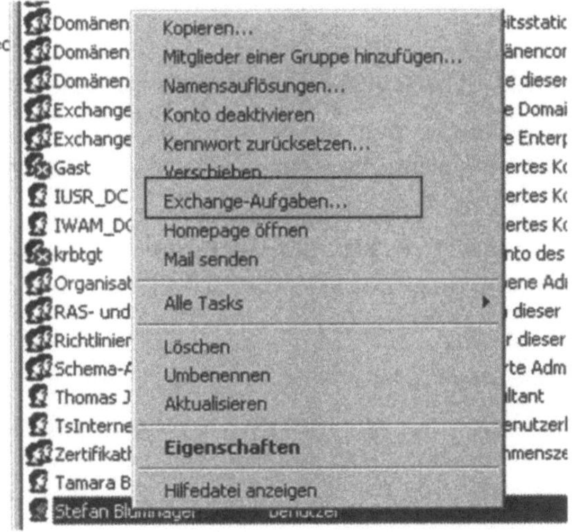

Abb. 5.8: Nachträgliches E-Mail-Aktivieren eines Benutzers

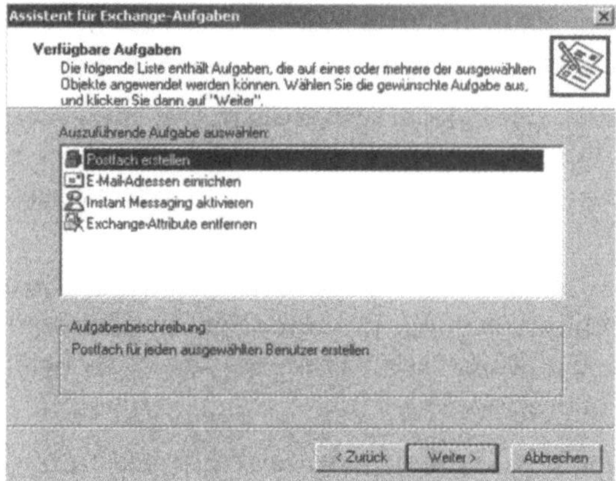

Abb. 5.9: Erstellen eines Postfaches

5.2.1.2 Exchange-Eigenschaften eines Benutzers

Die Eigenschaften eines Postfaches werden genau wie die Erstellungen im SnapIn *Active Directory-Benutzer und -Computer* bearbeitet.

Um diese Eigenschaften zu bearbeiten, dienen verschiedene Registerkarten (siehe Abbildung 5.2).

Registerkarte Allgemein

Die Registerkarte *Allgemein* (siehe Abbildung 5.2) ist eigentlich keine exchange-spezifische Veränderung. Diese Karte ist auch vor der Installation von Exchange 2000 vorhanden. Dennoch spielt Sie zur Konfiguration eine Rolle.

Die Eingaben auf dieser Registerkarte dienen zur Identifikation des Benutzers und werden von Exchange zur Erzeugung der E-Mail-Adresse abgefragt.

Windows 2000 bildet aus dem Vor- und Nachnamen den Anzeigename, der auch im Adressbuch angezeigt wird.

Im Feld E-Mail trägt der Recipient Update Service (RUS) die E-Mail-Adresse des Benutzers ein. Hier müssen Sie keine Eingaben machen.

Wenn nach der Anlage des Benutzers in diesem Feld eine E-Mail-Adresse erscheint, funktioniert der RUS einwandfrei.

Auf diese Weise können Sie auch schnell feststellen, ob für den Benutzer ein Postfach angelegt wurde.

Änderung des Anzeigenamens

Windows 2000 erstellt den Anzeigenamen immer nach dem Schema *Vorname Nachname*, also zum Beispiel *Tamara Bergtold.*

Dies kann in einer großen Organisation störend sein, da bei vielen Benutzern die Sortierung nach dem Nachnamen viel effizienter ist.

Um dies zu ändern, müssen Sie das Tool ADSI-Edit verwenden, welches zum Umfang der Windows 2000 Support Tools auf der Windows 2000-CD gehört (Ordner support\tools).

Nachdem Sie die Tools installiert haben, müssen Sie folgende Schritte unternehmen, um den Anzeigenamen für neue Benutzer zu ändern. Bereits angelegte Benutzer werden durch diese Konfiguration jedoch nicht angepasst.

- Starten Sie ADSI-Edit unter `Start/Programme/Windows 2000 Support Tools/Tools/ADSI Edit.`
- Klicken Sie mit der `rechten Maustaste` auf ADSI-Edit links oben und wählen `Connect To` (siehe Abbildung 5.10).
- Wählen Sie im Feld `Naming Context` den Punkt `Configuration Container` aus und klicken auf `OK`, um sich zu verbinden.
- Erweitern Sie das Menü `Configuration Container` und dann das Menü `Configuration` (siehe Abbildung 5.11).
- Erweitern Sie dann den Punkt `cn=DisplaySpecifiers.`
- Gehen Sie dann zu `CN=407` (wenn Sie ein englisches System haben zu `CN=409`).
- Rufen Sie auf der rechten Seite jetzt die Eigenschaften des Objektes `CN=user-Display` auf (siehe Abbildung 5.12).

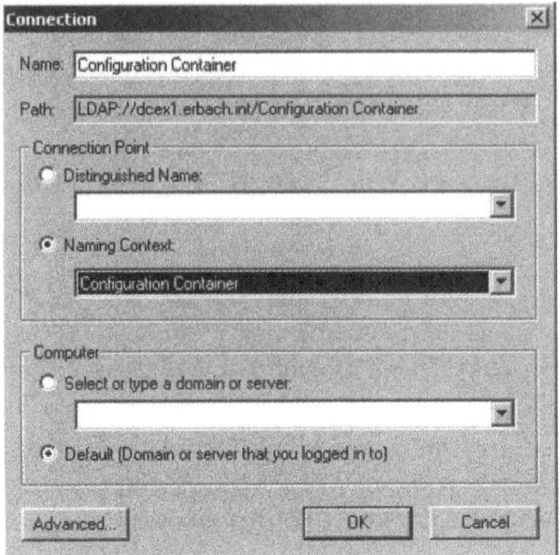

Abb. 5.10: ADSI-Edit Verbindung

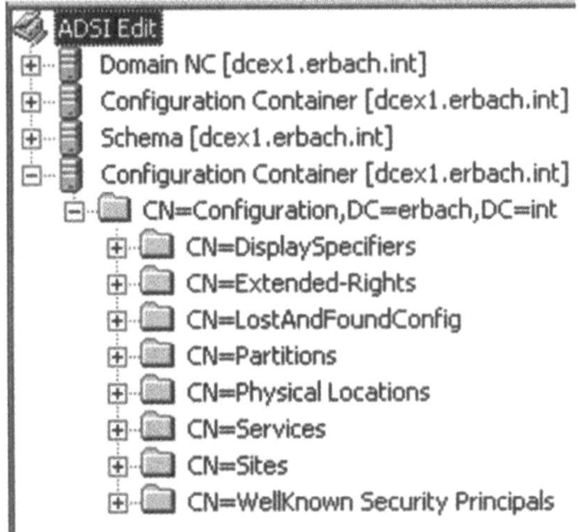

Abb. 5.11: Configurationscontainer

- Wählen Sie bei select property to view das Objekt createDialog aus (siehe Abbildung 5.12).
- Tragen Sie bei Edit Attribute %<*sn*>,%<*givenName*> ein, klicken auf Set und dann auf OK.

Wenn Sie jetzt einen neuen Benutzer anlegen, sehen Sie, dass der Anzeigename im Format „Nachname, Vorname“ erscheint.

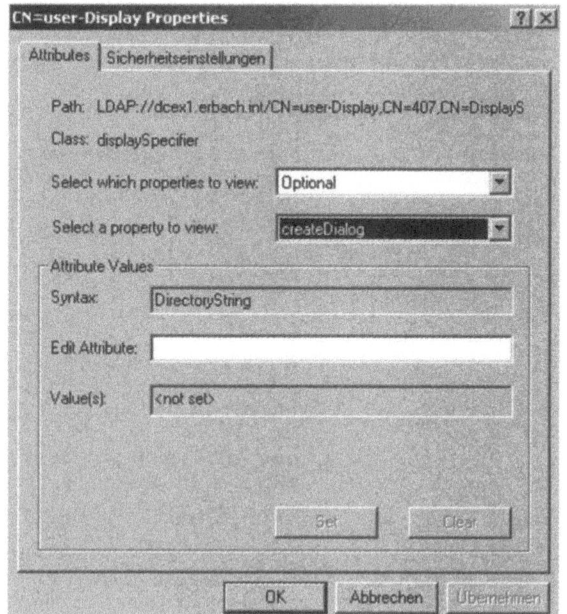

Abb. 5.12: Eigenschaften des Anzeigenamens

Diese Änderung betrifft allerdings nur Benutzer die neu angelegt werden. Bereits vorhandene müssen mit einem Script umgeschrieben werden.

Beispielskript zum nachträglichen Ändern des Anzeigenamens innerhalb einer beliebigen OU:

```
Dim strTargetOU

ParseCommandLine()

wscript.echo strTargetOU
wscript.echo
wscript.echo "Changing Display names of users in " &
strTargetOU

Set oTargetOU = GetObject("LDAP://" & strTargetOU)

oTargetOU.Filter = Array("user")

For each usr in oTargetOU

        if instr(usr.SamAccountName, "$") = 0 then
                vLast = usr.get("Sn")
                vFirst = usr.get("GivenName")
                vFullname = vLast + ", " + vFirst
                usr.put "displayName", vFullName
                usr.setinfo
                wscript.echo usr.displayName
        end if
Next


Sub ParseCommandLine()
        Dim vArgs

        set vArgs = WScript.Arguments

        if vArgs.Count <> 1 then
                DisplayUsage()
        Else
                strTargetOU = vArgs(0)
        End if
End Sub

Sub DisplayUsage()
        WScript.Echo
        WScript.Echo "Usage:  cscript.exe " &
WScript.ScriptName & " <Target OU to change users display
names in>"
        WScript.Echo "Example: cscript " &
WScript.ScriptName & " " & chr(34) &
"OU=MyOU,DC=MyDomain,DC=com" & chr(34)
        WScript.Quit(0)
End Sub
```

Registerkarte Organisation

Auch die Informationen auf dieser Regsiterkarte stehen im globalen Adressbuch und sollten gepflegt werden.

Registerkarte Exchange-Allgemein

Auf dieser Registerkarte können Sie allgemeine Eigenschaften für das Benutzerpostfach ändern (siehe Abbildung 5.13).

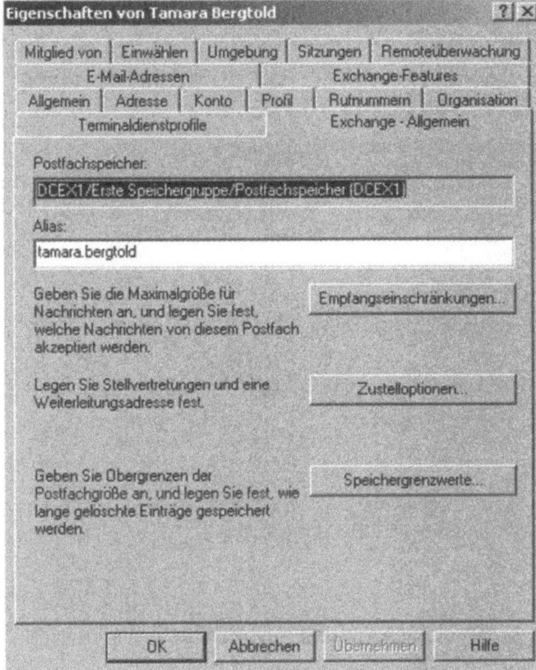

Abb. 5.13: Registerkarte Exchange-Allgemein

Sie können in dieser Karte sehen, auf welchem Server und in welchem Postfachspeicher das Postfach des Benutzers angelegt wurde.

Innerhalb dieser Registerkarte befinden sich weitere drei Menüs, in denen Sie weitere Einstellungen bezüglich des Postfaches machen können.

Alle diese Einstellungen lassen sich sowohl für den Server, die Speichergruppe und den Postfachspeicher machen. Für einzelne Benutzer kann es jedoch sinnvoll sein, spezifische Einstellungen zu machen. Dies wird gerade bei der Einstellung der Postfachgröße oft genutzt.

Schaltfläche Empfangseinschränkungen

Innerhalb dieses Menüs können Sie die Größe der Nachrichten festlegen, die über dieses Postfach verschickt werden können (siehe Abbildung 5.14).

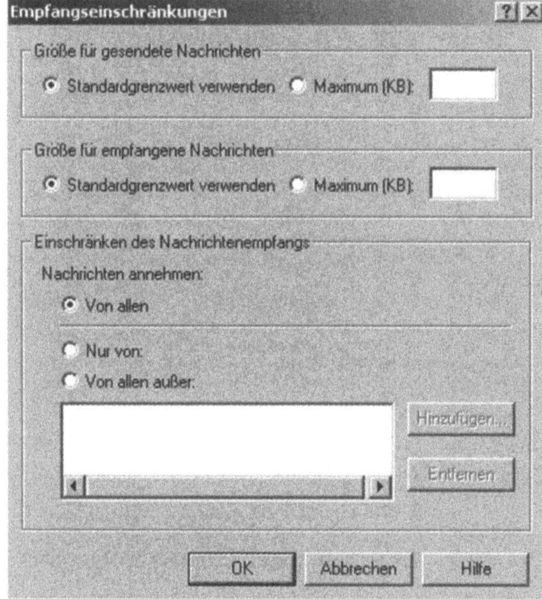

Abb. 5.14: Empfangseinschränkungen eines Benutzers

E-Mails, die die hier eingestellten Größenbeschränkungen übertreten, werden nicht zugestellt und der Absender erhält einen Unzustellbarkeitsbericht (NDR).

Hier können Sie auch einstellen, von wem E-Mails an dieses Postfach geschickt werden können.

Standardmäßig können in jedem Postfach von allen Benutzern uneingeschränkt E-Mails empfangen werden. Wenn Sie dies einschränken wollen, können Sie über die Schaltfläche `Hinzufügen` Active-Directory-Objekte definieren, wer E-Mails an dieses Postfach senden darf oder welche verweigert werden.

Hier sollten Sie wirklich nur im Ausnahmefall Änderungen vornehmen, da gerade Größeneinschränkungen besser für ganze Speichergruppen, Server oder Postfachspeicher erfolgen sollten.

Schaltfläche Zustelloptionen

Im Menü *Zustelloptionen* können Sie anderen Benutzern aus dem Active Directory das Recht geben, als Stellvertreter für diesen Benutzer zu agieren (siehe Abbildung 5.15).

Dadurch können Benutzer im Auftrag eines anderen Benutzers E-Mails senden. Dies kann zum Beispiel für eine Sekretärin sinnvoll sein.

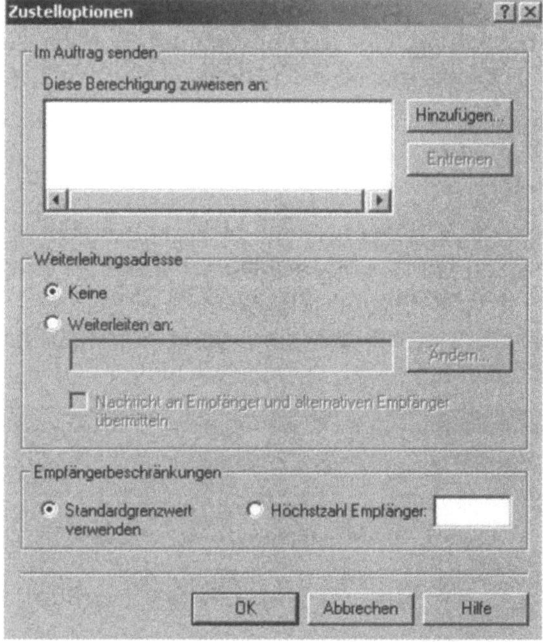

Abb. 5.15: Zustelloptionen für Benutzer

Eine Nachricht, die von einem Stellvertreter gesendet wird, enthält den Namen des Postfachbesitzers und des Stellvertreters.

Zusätzlich können Sie im Menü Zustelloptionen eine Weiterleitungsadresse eintragen.

Sie können hier aus dem Active Directory alle E-Mail-aktivierten Empfänger auswählen.

Nachrichten, die an das Quellpostfach gesendet werden, schickt der Exchange-Server dann automatisch an die Weiterleitungsadresse weiter. Zusätzlich können Sie hier noch eintragen, dass beide Adressen eine Kopie der Nachricht erhalten.

Diese Einstellung kann auch für eine Urlaubsvertretung verwendet werden, die zum Beispiel temporär Nachrichten eines anderen Benutzers empfangen soll.

Unter Empfangsbeschränkungen können Sie die maximale Anzahl Empfänger eintragen, an die ein Postfach E-Mails versenden kann. Standardmäßig ist auch diese Einstellung unbegrenzt.

Schaltfläche Speichergrenzwerte

Hier können Sie die Grenzwerte einstellen, die direkt die Größe des Postfachs betreffen (siehe Abbildung 5.16).

Normalerweise gilt für alle Benutzer die Standard-Einstellung für die höhere Ebene, also Postfachspeicher, Speichergruppe oder Server.

Für diese Ebenen lassen sich auch Richtlinien definieren. Wenn Sie Größenbeschränkungen auf Benutzerebene machen wollen, sollten Sie dies nur im Einzelfall tun.

Durch eine direkte Einstellung innerhalb der Benutzer werden die Größenbeschränkungen schnell unübersichtlich.

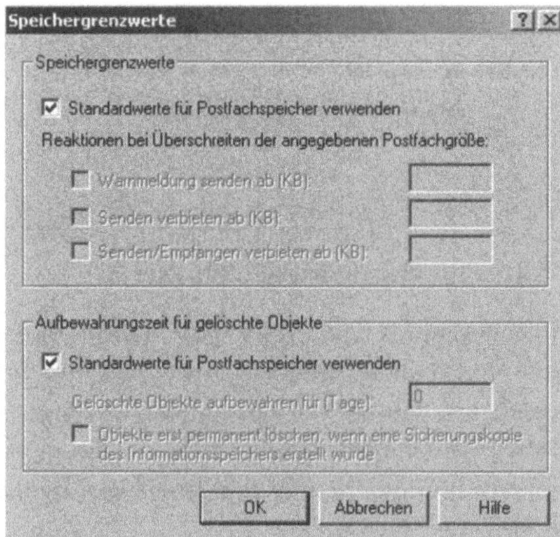

Abb. 5.16: Größeneinschränkungen des Benutzerpostfaches

Wenn Sie den Haken `Standardwerte für Postfachspeicher verwenden` entfernen, können Sie drei verschiedene Speichereinstellungen für den Benutzer festlegen.

Zukünftig wird bei diesem Benutzer die Einstellung der höheren Ebene des Postfachspeichers außer Kraft gesetzt.

- *Warnmeldung senden ab (KB).* Überschreitet die Größe der Mailbox des Benutzers den hier eingetragenen Wert in Kilobyte (Achtung beim Eintragen, Verwechslungsgefahr mit Megabyte), erhält der Benutzer regelmäßig eine E-Mail vom Exchange-Server mit der Aufforderung, sein Postfach zu reinigen.
- *Senden verbieten ab (KB).* Überschreitet die Postfachgröße diesen Grenzwert, entzieht ihm Exchange das Recht E-Mails zu versenden. Es können nur noch E-Mails empfangen werden. Unterschreitet die Größe des Postfaches wieder den Grenzwert, darf der Benutzer weiter versenden.
- *Senden/Empfangen verbieten ab (KB).* Hier wird bei Überschreiten des Grenzwertes zusätzlich das Empfangen verboten. Der Versender einer E-Mail erhält von Exchange 2000 einen Unzustellbarkeitsbericht, um Datenverlust auszuschließen. Der Benutzer hat nur noch das Recht, E-Mails zu löschen. Diese Option sollte nur sehr vorsichtig verwendet werden, da trotz des Versendens eines Unzustellbarkeitberichtes Informationen verloren gehen können.

Aufbewahrungszeit für gelöschte Objekte

Exchange 2000 schützt Benutzer mit einem Feature vor Datenverlust. Löscht ein Benutzer eine E-Mail wird sie in den Ordner *Gelöschte Objekte* verschoben, aus dem der Benutzer sie wieder herstellen kann.

Wird die E-Mail auch hier gelöscht, so bewahrt Exchange 2000 die E-Mail für den hier eingestellten Zeitraum auf und markiert sie als gelöscht. Der Benutzer sieht diese E-Mail nicht mehr, kann Sie aber mit Outlook wiederherstellen. Wenn der hier eingetragene Zeitraum abgelaufen ist, wird die E-Mail von Exchange komplett gelöscht und kann nur mit der Datensicherung wiederhergestellt werden.

Registerkarte E-Mail-Adressen

Auf dieser Registerkarte können Sie die einzelnen E-Mail-Adressen des Benutzers einsehen und konfigurieren.

Für die automatische Pflege der E-Mail-Adressen ist der Recipient Update Service (RUS) zuständig. Sie können hier aber zusätzliche Modifikationen vornehmen (siehe Abbildung 5.17).

Jeder Benutzer kann mehrere SMTP-Adressen besitzen. Wenn Ihre Firma zum Beispiel unter mehreren Domänen im Internet erreichbar ist, besteht die Möglichkeit, mehrere SMTP-Adressen für die Benutzer zu konfigurieren.

Sie können diese E-Mail-Adressen automatisch durch den RUS erstellen lassen oder manuell bei einzelnen Benutzern eintragen.

Hinweis

Jeder Benutzer kann dabei nur eine primäre SMTP-Adresse haben. Diese ist dem Benutzer direkt zugeordnet.

Alle weiteren SMTP-Adressen sind sekundäre Adressen und werden auch so gekennzeichnet.

Im Feld Von einer E-Mail wird immer nur die primäre E-Mail-Adresse angezeigt.

Wenn Sie den Haken `E-Mail-Adressen anhand Empfängerrichtlinie automatisch aktualisieren` entfernen, so wird dieser Benutzer durch den RUS nicht länger upgedatet und muss manuell konfiguriert werden, falls seine E-Mail-Adresse geändert werden soll.

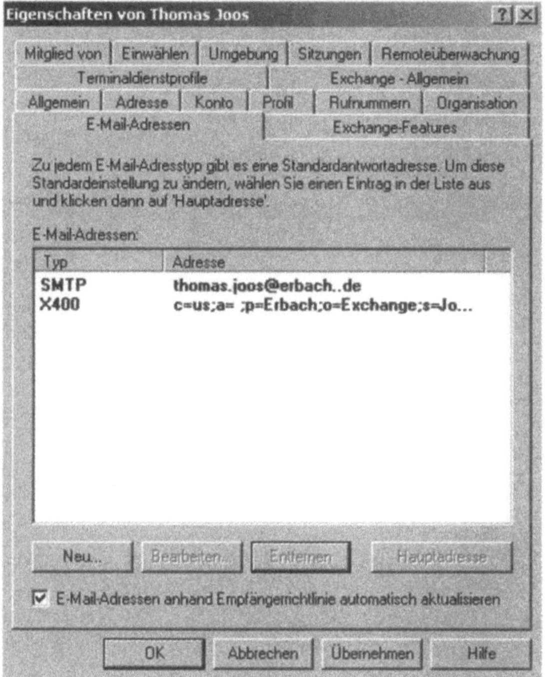

Abb. 5.17: E-Mail-Adressen eines Benutzers

Registerkarte Exchange-Features

Auf dieser Karteikarte können Zusatzoptionen wie zum Beispiel Instant Messaging für Benutzer aktiviert werden. Diese Karteikarte wird im Kapitel 12 *Chat-Dienst und Instant Messaging* näher erläutert.

Registerkarte Exchange-Erweitert

Hier können Sie noch weitere Einstellungen für die Mailbox des Benutzers vornehmen (siehe Abbildung 5.18).

Im Feld für die *Einfache Anzeige* können Sie eintragen, welche vereinfachte Darstellung des Benutzers gezeigt werden soll, wenn der vollständige Name nicht angezeigt werden kann (wenn zum Beispiel mehrere Sprachversionen im Einsatz sind).

Mit der Option `Nicht in Exchange-Adresslisten anzeigen` können Sie verhindern, dass der Benutzer im Adressbuch von Exchange aufgeführt werden soll.

Standardmäßig werden alle Benutzer im Adressbuch angezeigt.

Die Option `X.400 Nachrichten mit hoher Prioriät herabstufen` verhindert, dass ein Benutzer Nachrichten über X.400 mit hoher Priorität verschickt.

Wählt ein Benutzer dies in Outlook aus, wird die Priorität von Exchange automatisch zurückgestuft.

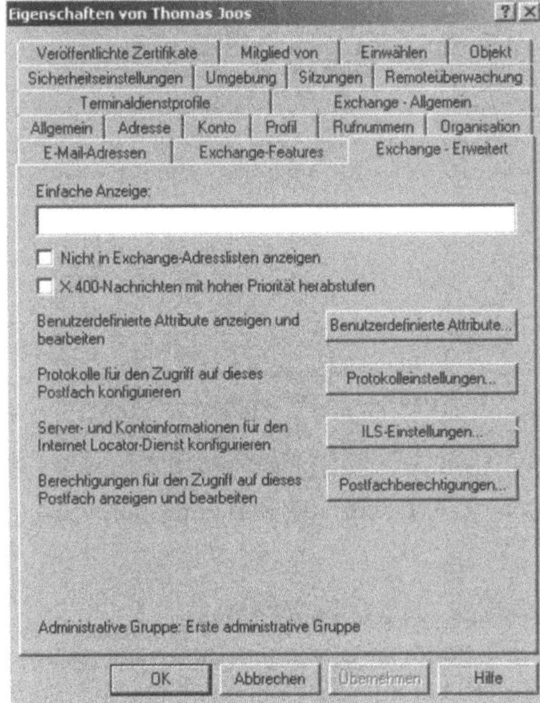

Abb. 5.18: Erweiterte Exchange Einstellungen

Schaltfläche Benutzerdefinierte Attribute

Innerhalb der benutzerdefinierten Attribute können Sie Einstellungen und Beschreibungen vornehmen, die standardmäßig auf keiner Registerkarte für Exchange einzustellen sind (siehe Abbildung 5.19).

Alle Attribute die Sie hier eintragen, stehen anderen Benutzern im Adressbuch zur Verfügung. Sie können die Standardnamen der Attribute jederzeit auf alle gewünschten Werte ändern (zum Beispiel „Personalnummer“, oder „Kostenstelle“).

Schaltfläche Protokolleinstellungen

Innerhalb dieses Menüs können Sie die einzelnen Protokolle pro Postfach aktivieren und deaktivieren.

Hinweis

Wenn Sie einem Postfach die Berechtigung für http entziehen, so kann dieser Benutzer nicht mehr mit Outlook Web Access auf sein Postfach zugreifen sondern nur noch über die herkömmlichen Wege mit MAPI, IMAP4 oder POP3.

Schaltfläche ILS-Einstellungen

In diesem Feld werden Einstellungen für Netmeeting vorgenommen. Hier wird der Internet Locator Service (ILS) konfiguriert.

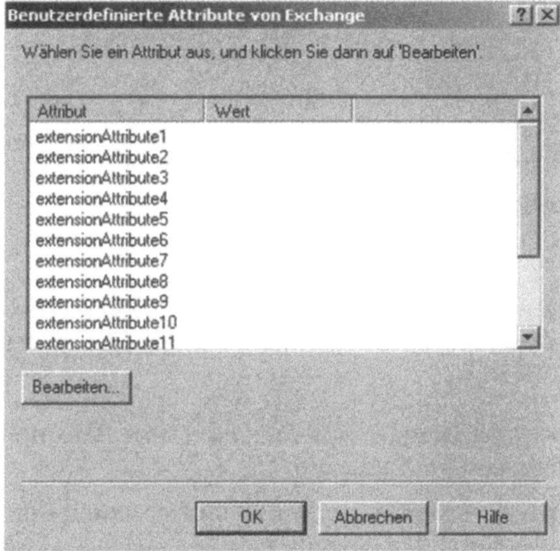

Abb. 5.19: Benutzerdefinierte Attribute

Schaltfläche Postfachberechtigungen

Mit dem Menü `Postfachberechtigungen` können Sie genau abgestufte Berechtigungen für die Postfächer der Benutzer vergeben (siehe Abbildung 5.20).

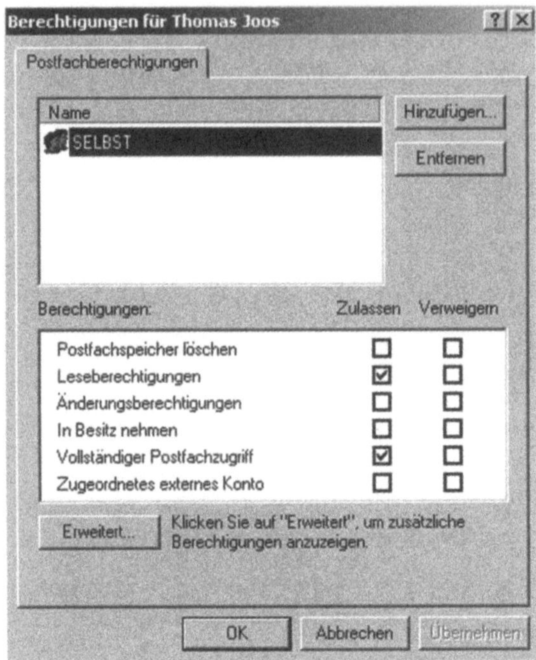

Abb. 5.20: Berechtigungen für Postfach

Sie können anderen Benutzern aus dem Active Directory verschiedene Berechtigungen auf das gewählte Postfach erteilen.

- *Postfachspeicher löschen*. Diese Berechtigung ermöglicht das Löschen des Postfaches.
- *Leseberechtigungen*. Benutzer mit dieser Berechtigung können E-Mails in diesem Postfach lesen aber nicht bearbeiten oder löschen. Dieses Recht erlaubt auch nicht die Möglichkeit, im Auftrag des Benutzers zu senden.
- *Änderungsberechtigungen*. E-Mails können gelesen, bearbeitet und gelöscht werden.
- *In Besitz nehmen*. Der eingetragene Benutzer übernimmt die Besitz-Rechte für dieses Postfach.
- *Vollständiger Postfachzugriff*. Der Benutzer darf Nachrichten dieses Postfaches lesen, bearbeiten und löschen. Außerdem darf er im Auftrag des Besitzers dieses Postfachs E-Mails versenden.

- *Zugeordnetes externes Konto.* Der Benutzer kann im Auftrag des Besitzers E-Mails aus dem Postfach versenden. Dieser Stellvertreter-Zugriff unterscheidet sich jedoch von *im Auftrag senden* dadurch, dass verschickte E-Mails genau so außehen als ob der Besitzer Sie verschickt hat. Es ist nicht ersichtlich, dass der Stellvertreter die betreffende E-Mail versendet hat. Hier kann ein Konto ausgewählt werden, das nicht zum Active Directory gehört sondern zu einer Domäne (auch NT 4), die über eine Vertrauenstellung angebunden wurde.

5.2.1.3 Assistent für Exchange-Aufgaben

Mit dem Assistent für Exchange-Aufgaben (siehe Abbildung 5.21) haben wir bereits das Postfach des Benutzers erstellt.

Nach der Erstellung können weitere Aufgaben mit dem Assistenten durchgeführt werden.

Postfach verschieben

Mit diesem Menüpunkt starten Sie den Assistenten zur Verschiebung des Postfaches auf einen anderen Exchange-Server.

Das Postfach wird dabei kopiert und nach dem erfolgreichen Kopieren vom Quell-Server gelöscht. Es kann also zu keinem Zeitpunkt ein Datenverlust stattfinden, zumindest theoretisch.

Der Benutzer darf beim Verschieben seines Postfaches nicht am Exchange-Server angemeldet sein.

Wenn der Benutzer das nächste Mal Outlook startet, verbindet Outlook sich mit seinem alten Quell-Server und erhält von ihm die Meldung, dass das Postfach auf einen anderen Server verschoben wurde. Er trägt den neuen Server dann in seine lokalen Einstellungen ein.

Der Benutzer bekommt davon nichts mit und wird beim nächsten Start von Outlook gleich mit dem neuen Server verbunden.

Stellen Sie sicher, dass der alte Quell-Server zur Verfügung steht wenn Sie mehrere Postfächer verschieben, damit die Konfiguration der einzelnen Outlook-Clients automatisch geschieht.

Nehmen Sie den Quell-Server vorzeitig vom Netz, muss jeder Outlook-Client manuell konfiguriert werden.

Es können mehrere Postfächer gleichzeitig verschoben werden.

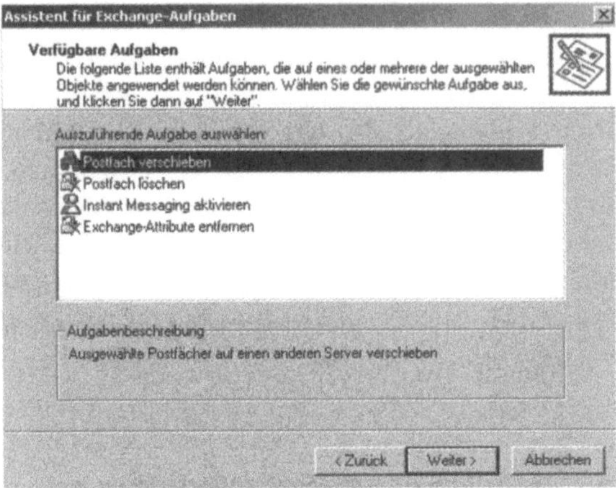

Abb. 5.21: Assistent für Exchange-Aufgaben

Postfach löschen

Mit diesem Punkt können Sie das Postfach eines Benutzers löschen. Das Active Directory Konto des Benutzers bleibt dabei allerdings erhalten.

Wenn Sie das Postfach löschen, wird es vom Active-Directory-Objekt des Benutzers, also seinem Konto, getrennt.

Exchange bewahrt dieses Postfach allerdings noch 30 Tage auf, bevor es endgültig aus der Datenbank entfernt wird.

Innerhalb dieses Zeitraums kann das Postfach jederzeit wieder mit dem Benutzer verbunden werden.

Wiederherstellen eines Postfaches

Um das Postfach innerhalb dieser 30 Tage wieder mit dem Benutzer zu verbinden, navigieren Sie mit dem Exchange System-Manager zu dem Postfachspeicher, in dem sich das Postfach befunden hat.

Das Postfach sollte mit einem roten x gekennzeichnet sein (siehe Abbildung 5.22).

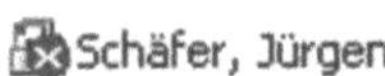

Abb. 5.22: Getrenntes Benutzer-Postfach

Wenn das Postfach noch nicht mit einem roten x gekennzeichnet wurde, müssen Sie im Exchange System-Manager beim jeweiligen Postfachspeicher mit der `rechten Maustaste` auf den Punkt `Postfächer` klicken (siehe Abbildung 5.23) und den `Cleanup Agent ausführen`.

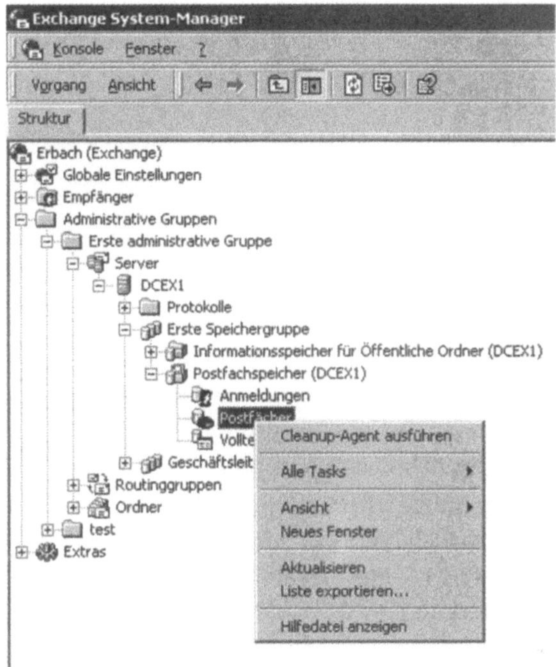

Abb. 5.23: Ausführen des Cleanup Agent

Der Cleanup Agent überprüft, ob alle Postfächer noch mit Benutzern verbunden sind und kennzeichnet Postfächer, deren Zuordnung er nicht mehr feststellen kann.

Nachdem das entsprechende Postfach gekennzeichnet ist, können Sie es im Bedarfsfall wieder mit einem Benutzer aus dem Active Directory verbinden.

Klicken Sie dazu mit der `rechten Maustaste` auf das Postfach und wählen aus dem Menü den Punkt `Wieder verbinden` aus (siehe Abbildung 5.24).

Sie können im folgenden Fenster den Benutzer auswählen, mit dem Sie das Postfach wieder verbinden wollen.

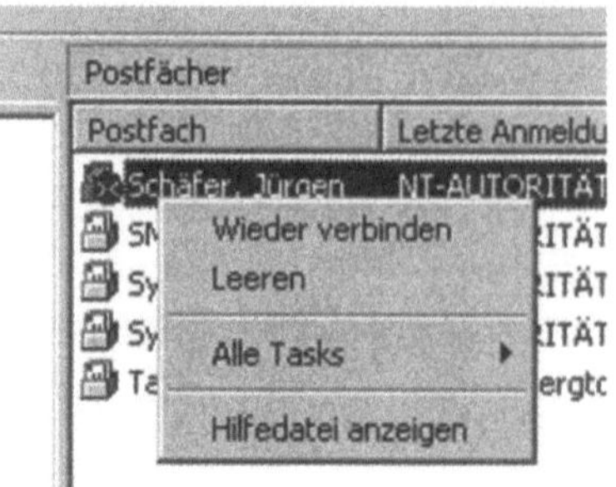

Abb. 5.24: Wieder verbinden eines gelöschten Postfaches

Wenn Sie den Menüpunkt `Leeren` auswählen, wird das Postfach endgültig vom Exchange-Server gelöscht und kann nicht mehr neu verbunden werden.

Löscheinstellungen des Postfachspeichers

Sie können den Zeitraum, in dem Postfächer nach dem Trennen von einem Benutzer aufbewahrt werden sollen, in den Eigenschaften des jeweiligen Postfachspeichers einstellen.

Navigieren Sie dazu im Exchange System-Manager zu dem Postfachspeicher, klicken mit der `rechten Maustaste` auf den Postfachspeicher, wählen `Eigenschaften` aus und gehen zur Registerkarte `Grenzwerte` (siehe Abbildung 5.25).

Hier können Sie den Zeitraum genau definieren.

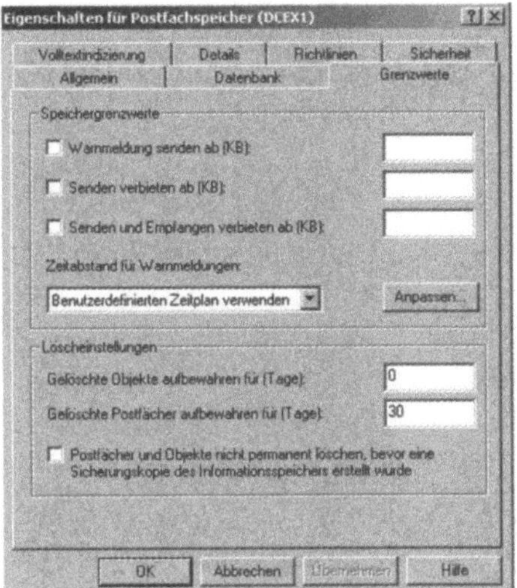

Abb. 5.25: Aufbewahrungszeitraum für getrennte Postfächer

Instant Messaging aktivieren

Mit dem Assistent für Exchange-Aufgaben können Sie außerdem für einzelne Benutzer das Instant Messaging aktivieren. Dazu muss die IM-Komponente von Exchange 2000 installiert sein. Diese Komponente ist nicht Bestandteil der Standard-Installation.

Mehr zum Thema Instant Messaging erfahren Sie im Kapitel 12 *Chat-Dienst und Instant Messaging*.

Exchange-Attribute entfernen

Ab dem Exchange 2000 Servicepack 2 können Sie mit dem Assistenten für Exchange-Aufgaben auch die Exchange-Attribute für einzelne Objekte im Active Directory löschen.

Mit diesem Punkt sollten Sie sehr vorsichtig umgehen. Hauptsächlich ist er dafür gedacht, nach einem eventuellen Desaster-Recovery Postfächer wieder mit Benutzern zu verbinden, wenn dies nicht automatisch geschieht.

Auch beim Einsatz des Active Directory Connectors (ADC) kann der Einsatz erforderlich sein, falls falsche Attribute für einzelne Benutzer gesetzt werden.

5.2.1.4 E-Mail-aktivierte Benutzer

Ein E-Mail-Aktivierter Benutzer verfügt zwar über eine E-Mail-Adresse, hat allerdings kein Postfach auf dem Exchange Server.

So kann der Benutzer zwar E-Mails über diese Exchange Organisation empfangen, allerdings nicht versenden.

Ein Benutzer kann nicht bei Erstellung E-Mail-aktiviert werden. Während der Erstellung des Benutzerkontos besteht nur die Möglichkeit, dem Benutzer ein Postfach zuzuweisen, ihn also postfach-aktivieren.

Um einen Benutzer E-Mail-Aktivieren zu können, brauchen Sie wieder das SnapIn *Active Directory-Benutzer und -Computer*. Gehen Sie wie bei der nachträglichen Erstellung eines Postfaches mit dem Unterschied vor (siehe Abbildung 5.8 und 5.9), dass Sie aus dem Kontextmenü der `Exchange Aufgaben` nicht `Postfach erstellen` sondern `E-Mail-Adresse einrichten` wählen. Sie erhalten daraufhin ein Fenster, in dem Sie die notwendigen Einstellungen vornehmen können (5.26).

Sinnvoll kann die E-Mail-Aktivierung im Vergleich zur Postfachaktivierung eines Benutzers sein, wenn Sie zum Beispiel Freiberufler anbinden wollen.

Es kann durchaus sinnvoll sein, dass Freiberufler zwar Berechtigungen im Netzwerk brauchen und daher ein Active Directory Konto, aber kein Postfach auf Ihrem Exchange-Server benötigen.

Der Mail-Empfang kann zum Beispiel über das Internet erfolgen. Wenn Sie den Benutzer E-Mail-Aktivieren, stellen Sie so sicher, dass er im Adressbuch auftaucht und von den Mitarbeitern Ihres Unternehmens erreicht werden kann.

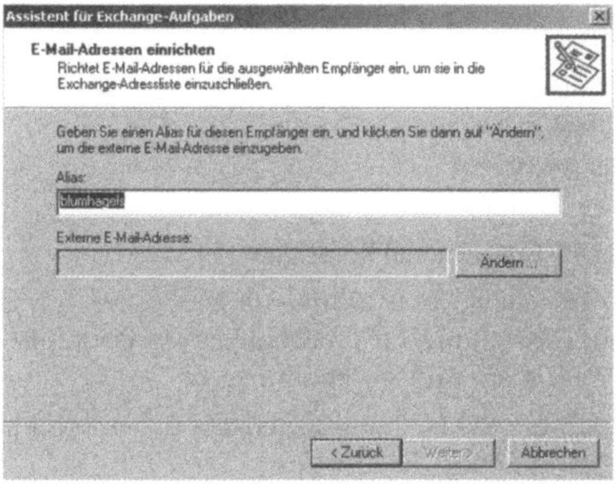

Abb. 5.26: E-Mail-Aktivierung eines Benutzers

Tragen Sie den Alias ein und wählen mit Ändern den Adresstyp aus, mit dem Sie eine E-Mail-Adresse generieren wollen.

Sie können jederzeit über den Assistenten für Exchange-Aufgaben die E-Mail-Aktivierung des Benutzers wieder aufheben (siehe Abbildung 5.27).

Sie müssen dazu lediglich, wie bei normalen Benutzern, den Assisten für Exchange-Aufgaben für den Benutzer starten.

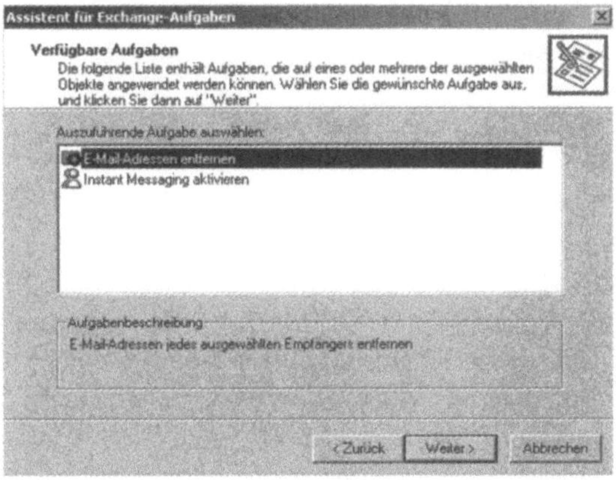

Abb. 5.27: Entfernen der E-Mail-Aktivierung

5.3 Kontakte

Kontakte sind Objekte, die im Adressbuch auftauchen, aber keine E-Mail-Adresse innerhalb des Exchange-Systems haben, sondern eine externe E-Mail-Adresse.

Benutzer können auf Kontakte aus dem Adressbuch zurückgreifen. Kontakte können mit ähnlich vielen Attributen konfiguriert werden wie Benutzer mit Postfächern innerhalb der Exchange Organisation.

5.3.1 Erstellen von Kontakten

Um einen Kontakt zu erstellen, gehen Sie genauso vor wie bei der Erstellung eines Benutzers (siehe Kapitel 5.2.1 *Erstellen von Benutzern* und Abbildung 5.3).

Wählen Sie aus dem Kontextmenü in Abbildung 5.3 nicht Benutzer, sondern Kontakt aus.

Sie erhalten ein Fenster, um die Daten des Kontaktes eingeben zu können (siehe Abbildung 5.28).

In diesem Fenster geben Sie die Informationen, die Sie für den Kontakt eingeben wollen ein. Bestätigen Sie dann die Informationen mit `Weiter` und geben im nächsten Fenster einen Alias sowie die externe E-Mail-Adresse analog zum E-Mail-aktivierten Benutzer ein (siehe Abbildung 5.29).

Prinzipiell besteht der Hauptunterschied zwischen einem Kontakt und einem E-Mail-aktivierten Benutzer darin, dass es für den Kontakt kein Konto im Active Directory gibt.

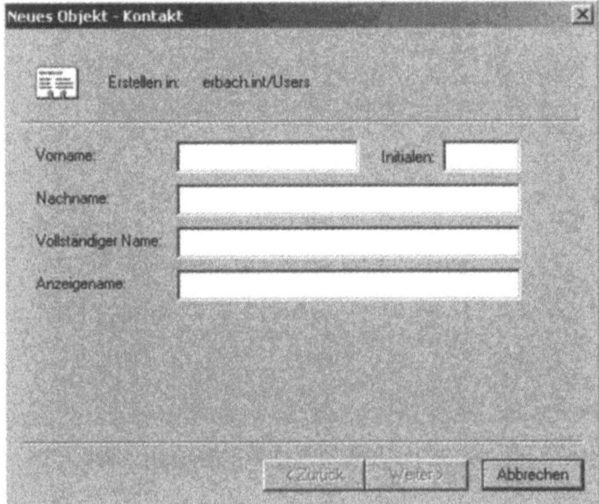

Abb. 5.28: Erstellen eines neuen Kontaktes

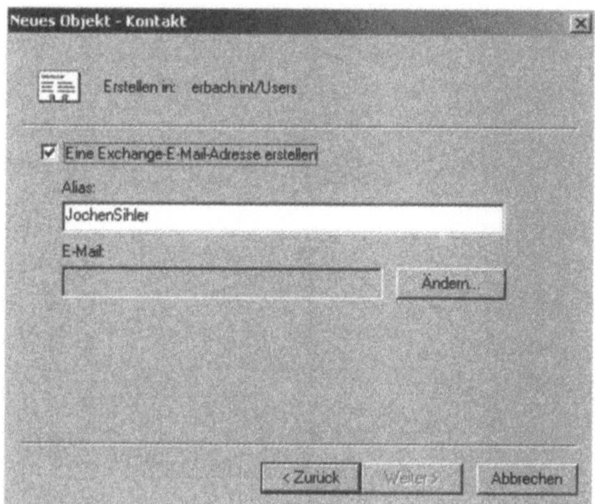

Abb. 5.29: Konfigurieren der E-Mail-Adresse des Kontaktes

5.3.2 Konfiguration von Kontakten

Kontakte können ähnlich gepflegt werden wie Benutzer im Active Directory.

Bei den einzelnen Registerkarten gibt es jedoch einige maßgebliche Unterschiede. Um einen Kontakt zu konfigurieren, rufen Sie seine Eigenschaften auf (genauso wie die Eigenschaften eines Active Directory Benutzers siehe Abbildung 5.30).

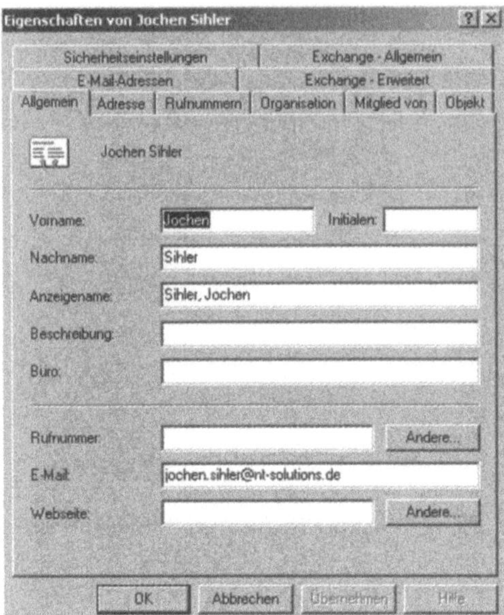

Abb. 5.30: Eigenschaften eines Kontaktes

- *Exchange-Allgemein.* Sie können hier ähnliche Einstellungen machen wie bei einem normalen Benutzer. Speichergrenzwerte können jedoch nicht festgelegt werden, da Kontakte keinen Postfachspeicher besitzen.
- *Exchange Erweitert.* (wird nur angezeigt, wenn man die Option `Exchange-E-Mail-Adresse erstellen` beim Erstellen des Kontaktes wählt). Hier können auch alle Einstellungen getroffen werden, außer Protokolleinstellungen und Postfachberechtigungen.

5.4 Gruppen

Gruppen sind Container, die mehrere Objekte enthalten können.

Gruppen können Benutzer, öffentliche Ordner, Kontakte und andere Gruppen enthalten.

Sie können genauso wie Benutzer E-Mail-Aktiviert werden. Wird eine E-Mail an eine E-Mail aktivierte Gruppe geschickt, wird diese an alle Mitglieder weitergeleitet.

Unter Exchange 5.5 waren die E-Mail-Gruppen oder Verteilerlisten noch in das exchangeeigene Verzeichnis integriert. Verteilergruppen waren eine Zusammenfassung von mehreren Exchange-Empfängern. Die Verwaltung dieser Verteilerlisten war von Windows unabhängig. Durch die Integration von Exchange 2000 in das Active Directory gibt es jetzt kein exchangeeigenes Verzeichnis mehr. Alle Verteilerlisten sind jetzt Windows 2000 Gruppen.

Es gibt dazu zwei Arten von Gruppen:

- *E-Mail aktivierte Sicherheitsgruppen.* Diese Gruppen können sowohl zum E-Mail-Versand als auch zum Setzen von Sicherheitseinstellungen verwendet werden.
- *Verteilerliste.* Diese Gruppe kann nur zur Verteilung von E-Mails verwendet werden. Hierbei gibt es keine Unterschiede zwischen diesen beiden Gruppen. Verteilerlisten können jedoch nicht zum Setzen von Sicherheitseinstellungen verwendet werden.

Beide Gruppen werden im Active Directory gepflegt.

5.3.2 Erstellen von Gruppen

Gruppen werden genauso wie Benutzer und Kontakte erstellt. Wählen Sie aus dem Menü `Neu` einfach `Gruppe` aus.

Sie erhalten ein Fenster, in dem Sie die Daten der Gruppe eintragen können (siehe Abbildung 5.31).

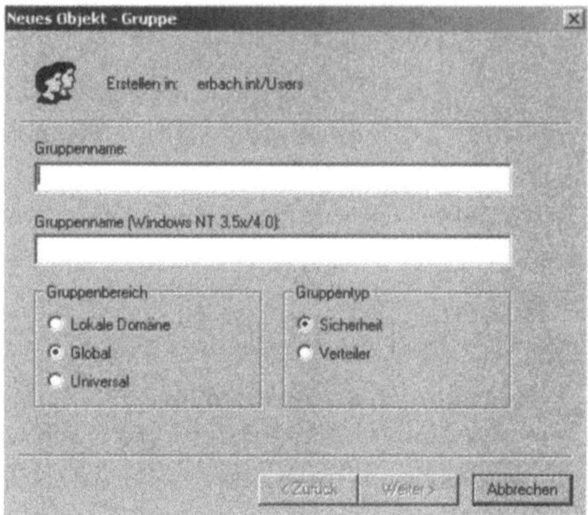

Abb 5.31: Erstellen einer neuen Gruppe

Geben Sie einen Namen für die Gruppe ein, der die Mitglieder beschreibt und für die Benutzer auch verständlich ist.

Hinweis

Beachten Sie, dass Gruppen und alle anderen Active Directory Objekte alphabetisch angeordnet werden.

Wenn Benutzer an Verteilerlisten E-Mails verschicken, sind durch die alphabetische Anordnung die Gruppen mit den Benutzern und den Kontakten vermischt.

Es bietet sich daher an, vor den Gruppennamen ein Sonderzeichen zum Beispiel „." zu stellen. Dadurch werden die Gruppen untereinander alphabetisch geordnet und stehen am Anfang des Adressbuches. Die Gruppe „*GL*" würde so „.*GL*" heissen.

Hier müssen Sie auch den Gruppenbereich angeben, also ob es sich bei dieser Gruppe um eine lokale, globale oder Universal-Gruppe handelt.

Universal-Gruppen stehen nur zur Verfügung, wenn Sie Ihre Windows 2000-Domänen in den einheitlichen Modus versetzt haben.

Sie können diesen Modus in den Eigenschaften der Domäne im SnapIn *Active Directory-Benutzer und -Computer* ändern. Im einheitlichen Modus kann die Domäne keinen Windows NT 4 BDC mehr enthalten. Normale Member-Server mit Windows NT 4 oder Workstations können im einheitlichen Modus weiterhin Mitglied einer Windows 2000 Domäne sein.

Alle Optionen der Gruppen stehen nur zur Verfügung, wenn die Domäne im einheitlichen Modus ist. Der einheitliche Modus von Windows 2000 hat allerdings nichts mit dem einheitlichen Modus von Exchange 2000 zu tun, sondern wird unabhängig konfiguriert.

Domänenlokale Gruppen

können Mitglieder aus allen Domänen der Gesamtstruktur enthalten und erlauben Zugriff auf Ressourcen innerhalb einer Domäne.

Globale Gruppen

können nur Mitglieder aus derselben Domäne enthalten und erlauben Zugriff auf Ressourcen in allen Domänen der Gesamtstruktur. Der Gruppenname wird im globalen Katalog repliziert.

Universale Gruppen

können Mitglieder aus allen Domänen der Gesamtstruktur enthalten. Sie erlauben Zugriff auf Ressourcen in allen Domänen der Gesamtstruktur.

Mitgliedschaften werden im globalen Katalog in der Gesamtstruktur repliziert. Mitgliedschaften und Änderungen sollten deshalb auf ein Minimum reduziert werden. Es sollten keine einzelnen Benutzer zugefügt werden. Universale Gruppen stehen nur im einheitlichen Modus zur Verfügung.

Mit dem Gruppentyp legen Sie fest, ob es sich um eine Sicherheitsgruppe oder um eine Verteilerliste handelt.

E-Mail-Aktivierte Sicherheitsgruppen können für Verteilerzwecke eingesetzt werden. Zusätzlich können Sicherheitsgruppen zu Sicherheitszwecken eingesetzt werden.

Verteilerlisten können dagegen nur zu Verteilerzwecken eingesetzt werden. Der Einsatz zu Sicherheitszwecken ist nicht möglich.

Im nächsten Fenster legen Sie fest, ob für diese Gruppe eine E-Mail-Adresse generiert werden soll (siehe Abbildung 5.32).

Wenn Sie möchten, dass diese Gruppe als Verteilerliste verwendet werden soll, egal ob Sie eine Sicherheitsgruppe oder Verteilerliste erstellt haben, müssen Sie eine E-Mail-Adresse erstellen lassen.

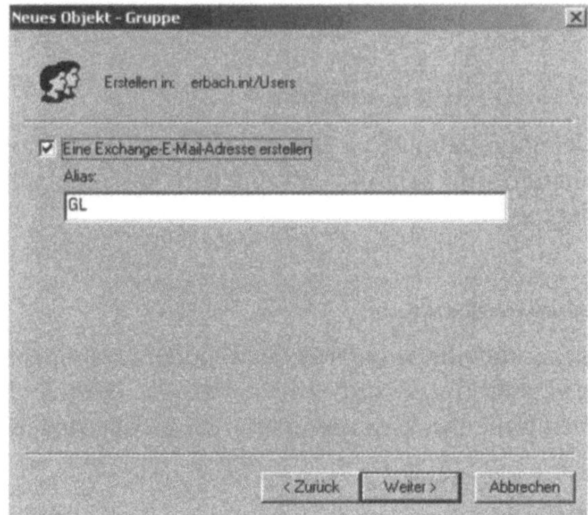

Abb. 5.32: Erstellen einer E-Mail-Adresse für eine Gruppe

5.4.2 Konfigurieren von Gruppen

Gruppen werden wie Benutzer und Kontakte verwaltet. Sie müssen dazu die Eigenschaften der jeweiligen Gruppen so aufrufen, wie Sie auch die Eigenschaften eines Benutzers aufrufen.

Die meisten Einstellungen sind identisch mit den Optionen, die für Benutzer und Kontakte zur Verfügung stehen. (siehe Abbildung 5.27). Es gibt allerdings einige Unterschiede.

Registerkarte Verwaltet von

Standarmäßig darf nur ein Administrator Gruppenmitgliedschaften ändern.

Sie können hier jedoch Benutzer eintragen, die diese Gruppe verwalten dürfen. Benutzer die hier eingetragen sind, können zum Beispiel über Outlook die Mitglieder der Gruppe pflegen. Bei einer größeren Anzahl von Gruppen kann diese Delegation durchaus sinnvoll sein.

Registerkarte Exchange-Erweitert

Auf dieser Registerkarte können Sie das Verhalten der Gruppe bezüglich des Empfangens von E-Mails beeinflussen (siehe Abbildung 5.33).

Die `Benutzerdefinierten Attribute` dienen, genau wie bei den Benutzern, um Informationen im Adressbuch zu veröffentlichen, die nicht auf den anderen Registerkarten zur Verfügung stehen. Zum Beispiel „*Personalnummer*" oder „*Kostenstelle*".

Es gibt allerdings noch andere Optionen, die nur bei Gruppen zur Verfügung stehen.

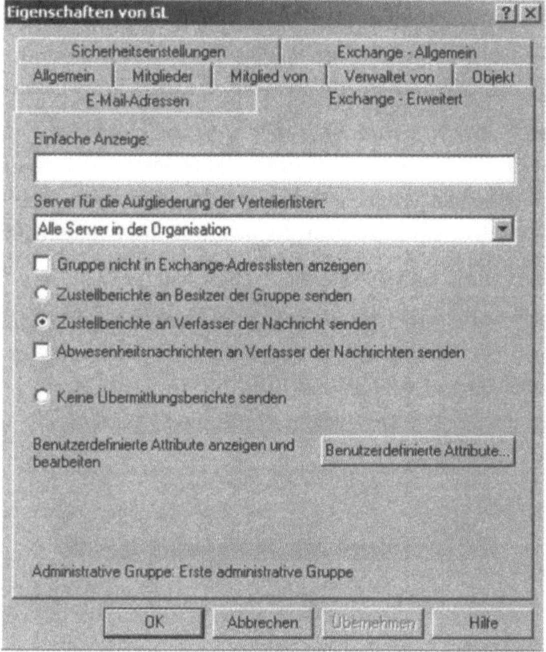

Abb. 5.33: Registerkarte Exchange-Erweitert bei Gruppen

- *Server für die Aufgliederung der Verteilerlisten.* Wenn Sie eine Nachricht an eine Gruppe schicken, deren Mitglieder auf mehrere Exchange-Server verteilt sind, muss der sendende Exchange-Server die Nachricht aufteilen, um Sie jedem Benutzer zustellen zu können. Standardmäßig erledigt dies jeder Exchange-Server für sich. Gerade bei E-Mails an große

Gruppen kann es sinnvoll sein, diese Aufgabe an einen speziellen Exchange-Server zu delegieren. Die Aufgliederung der E-Mails an Gruppen ist eine der Aufgaben des MTA (Message Transfer Agent).

- Die Option *Gruppe nicht in Exchange-Adresslisten anzeigen* spricht für sich.
- *Zustellberichte an Besitzer der Gruppe senden.* Sollte eine E-Mail wegen eines Fehlers nicht alle Mitglieder der Gruppe erreichen, so erhält der Besitzer der Gruppe (den Sie auf der Registerkarte *Verwaltet von* eintragen können) eine Benachrichtigung.
- *Zustellberichte an Verfasser der Nachricht senden.* Diese Einstellung ist analog zur Option *Zustellberichte an Besitzer der Gruppe senden.* Hier erhält der Versender eine E-Mail, wenn seine Nachricht nicht alle Mitglieder der Gruppe erreichen kann. Diese Option ist standardmäßig aktiviert.
- *Abwesenheitsnachrichten an Verfasser der Nachrichten senden.* Wenn diese Option aktiviert wird, werden Abwesenheitsnachrichten auch an Absender von E-Mails geschickt, die über die Gruppe an das Postfach geschickt wurden.

Sie können, wie für alle anderen Empfängertypen, den Assistenten für Exchange-Aufgaben zur Verwaltung von Gruppen verwenden (siehe Abbildung 5.34).

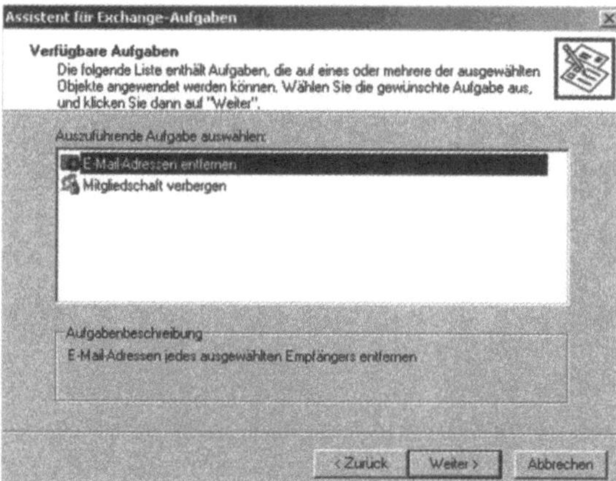

Abb. 5.34: Assistent für Exchange Aufgaben bei Gruppen

Hier können Sie die E-Mail-Aktivierung der Gruppe wieder aufheben.

Zusätzlich können Sie hier die Option `Mitgliedschaft verbergen` auswählen.

Diese Option verhindert, dass Benutzer im Adressbuch sehen können, wer Mitglied dieser Gruppe ist.

Wenn Sie diese Option auswählen, können Sie die Sicherheitseinstellungen der Gruppe nicht mehr verändern. Wenn Sie die Registerkarte Sicherheit der Gruppe öffnen erscheint eine Windows Fehlermeldung.

6 Administration

Nach der Installation von Exchange 2000 und der Konfiguration der Benutzer sollen in diesem Kapitel die täglichen Aufgaben der Administration von Exchange 2000 besprochen werden.

Wir sehen uns die einzelnen, von Microsoft zur Verfügung gestellten Verwaltungstools an. Exchange 2000 verwendet, wie viele Windows 2000 kompatible Programme, die Management-Konsole, um eine Administrationsumgebung zur Verfügung zu stellen.

Einer der wichtigsten Punkte des täglichen Betriebs sind die Richtlinien, mit denen Sie leicht mehrere Exchange-Server auf einmal konfigurieren können.

In diesem Kapitel wird auch auf die verschiedenen Betriebsmodi von Exchange 2000 eingegangen. Ein weiterer wichtiger Punkt ist die an Windows 2000 angepasste Berechtigungsstruktur.

6.1 Verwaltungs-Tools

Zur Verwaltung von Exchange 2000 stehen Ihnen verschiedene Verwaltungs-Tools zur Verfügung.

Active Directory-Benutzer und -Computer

Wie Sie im Kapitel 5 *Erstellen und Verwalten von Empfängern* gelernt haben, werden alle Einstellungen, die direkt die Benutzer betreffen, zum Beispiel das Erstellen und Verwalten der Postfächer, über das SnapIn *Active Directory-Benutzer und -Computer* durchgeführt.

Exchange 2000 erweitert dabei während der Installation die Funktionen dieses SnapIns. Es ist daher notwendig, auf jeden Server und jeder Workstation, mit dem Empfänger verwaltet werden, die Exchange-Systemverwaltungstools zu installieren.

Exchange System-Manager

Der Exchange System-Manager dient zur Verwaltung der serverseitigen Einstellungen Ihrer Exchange 2000-Organisation. Innerhalb des System-Managers werden alle Einstellungen getroffen, die die Server Ihrer Exchange 2000-Organisation betreffen.

Der Exchange System-Manager kann direkt über die Programmgruppe `Microsoft Exchange` aufgerufen werden oder als SnapIn in Ihrer eigenen MMC.

Exchange-Nachrichtenstatus

Mit dem Exchange-Nachrichtenstatus steht Ihnen ein SnapIn zur Verfügung, mit dem Sie direkt den Nachrichtenfluss einzelner Mails nachverfolgen können.

Damit die Verfolgung von E-Mails möglich ist, müssen Sie jeden Exchange 2000-Server für die Nachrichtenverfolgung aktivieren. Der Exchange Nachrichtenstatus steht nicht in der Programmgruppe Microsoft Exchange zur Verfügung, sondern muss in einer MMC als SnapIn hinzugefügt werden.

Die Nachrichtenverfolgung ist Bestandteil des Exchange System-Managers.

Exchange Erweiterte Sicherheit

Auch die *Exchange Erweiterte Sicherheit* steht nur als SnapIn zur Verfügung.

Mit diesem Verwaltungstool können Sie die Verschlüsselung der E-Mails konfigurieren und steuern. Das SnapIn wird zur Zusammenarbeit mit dem Schlüsselverwaltungsserver verwendet. Die *Exchange Erweiterte Sicherheit* verwaltet die öffentlichen Schlüssel und Zertifikate der jeweiligen administrativen Gruppe.

Mehr zum Schlüsselverwaltungsserver im Kapitel 15 *Exchange 2000 Sicherheit und Verschlüsselung*

ADSI-Edit

ADSI-Edit gehört zu den bereits beschriebenen Windows 2000 Support-Tools. ADSI-Edit ist ein einfacher Editor, um direkt das Active Directory bearbeiten zu können. Mit ADSI-Edit können Veränderungen am Active Directory vorgenommen werden, die mit den anderen Tools nicht möglich sind.

Active Directory Adminstration Tool (ldp.exe)

Dieses Tool dient, ähnlich wie ADSI-Edit, zur direkten Veränderung des Active Directory (siehe Kapitel 3.5 *Deinstallation von Exchange 2000*).

Active Directory Schema SnapIn

Mit dem *Active Directory Schema* SnapIn können Sie direkt Attribut- und Klassenkonfigurationen im Active Directory ansehen und verändern. Standardmäßig ist dieses SnapIn verborgen.

Wenn Sie auf einem Server oder einer Workstation das Adminpack von der Windows 2000-CD installieren, steht das SnapIn zur Verfügung. Wahlweise können Sie aber auch auf einem Server das SnapIn aktivieren mit

```
Regsrv32 schmmgmt.dll
```

Das wichtigste Tool zur Verwaltung Ihrer Organisation ist jedoch der Exchange System-Manager, auf den wir jetzt näher eingehen werden.

6.2 Exchange System-Manager

Starten Sie den Exchange System-Manager direkt aus der Programmgruppe oder aus einer MMC, die Sie sich selber konfiguriert haben.

Nach dem Start sehen Sie alle Objekte der obersten Hierarchie (siehe Abbildung 6.1).

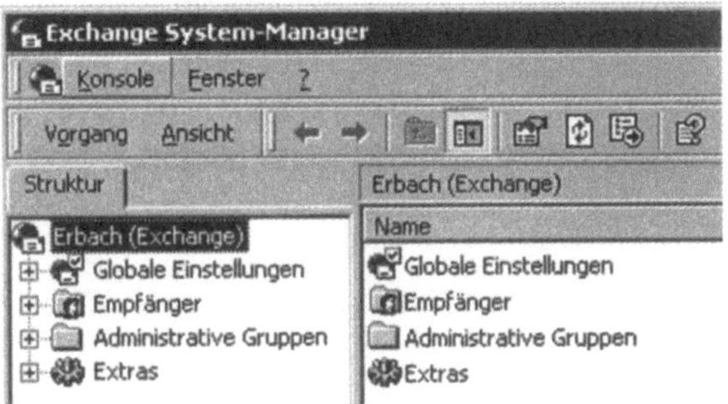

Abb. 6.1: Exchange System-Manager

Der Exchange System-Manager verbindet Sie beim Start mit dem ersten Domänencontroller des Subnetzes, den er beim Start finden kann.

Exchange 2000 arbeitet sehr eng mit dem Active Directory zusammen. Aus diesem Grund werden Sie beim Start des Exchange System-Managers mit einem Domänencontroller verbunden.

Sie können den System-Manager so konfigurieren, dass er sich immer mit dem gleichen Domänencontroller verbindet. Dazu müssen Sie das SnapIn einer MMC hinzufügen.

Bei diesem Vorgang können Sie auswählen, ob Exchange 2000 entscheiden soll, mit welchem Domänencontroller Sie verbunden werden oder ob Sie einen manuellen auswählen wollen (siehe Abbildung 6.2).

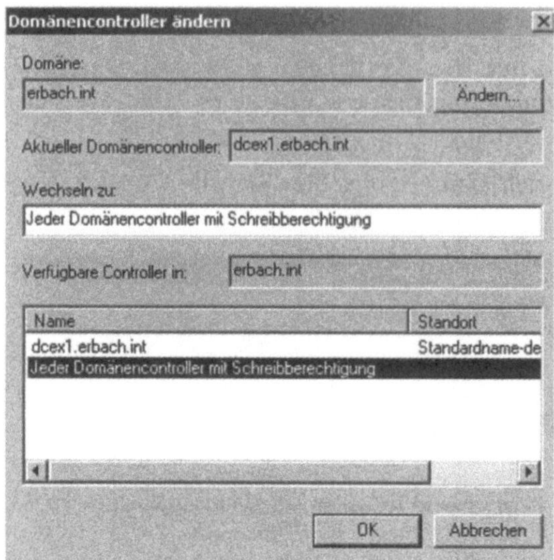

Abb. 6.2: Auswahl des Domänencontroller

6.3 Eigenschaften der Organisation

Der zweitoberste Container in Exchange 2000 ist die Organisation im Exchange System-Manager.

In der Abbildung 6.1 ist dies der Name *Erbach*. Zahlreiche Rechte, die Sie direkt in der Organisation vorfinden, sind bereits vererbt.

Dies kommt daher, da es noch eine übergeordnete Instanz der Berechtigungen gibt.

Die oberste Instanz für Berechtigungen bei Exchange finden Sie im Dienstknoten des SnapIns *Active Directory-Standorte und -Dienste.*

Wenn Sie die Struktur des SnapIns aufklappen, sehen Sie lediglich den Menüpunkt *Sites*. Um den Dienstknoten (Services) bearbeiten zu können, müssen Sie zuerst dessen Ansicht aktivieren.

Klicken Sie dazu mit der `rechten Maustaste` auf den Menüpunkt `Sites` und wählen aus dem Kontextmenü `Ansicht` und dann `Dienstknoten anzeigen` aus (siehe Abbildung 6.3).

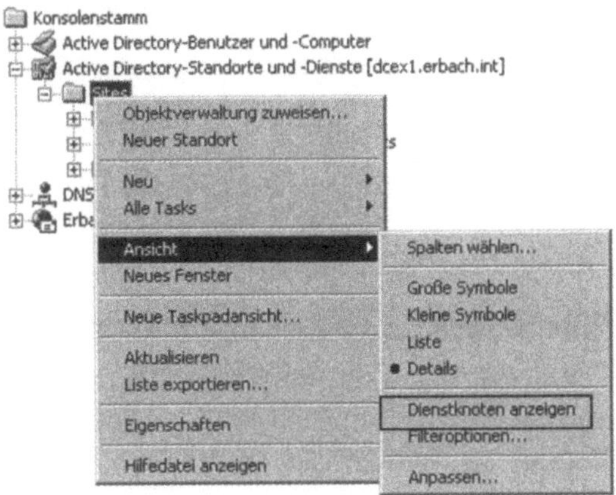

Abb. 6.3: Anzeigen des Dienstknotens

Nach der Aktivierung des Dienstknotens wird dieser in der MMC unter dem Punkt Sites angezeigt und kann bearbeitet werden (siehe Abbildung 6.4).

Hier beginnt die eigentliche Rechtestruktur von Exchange 2000, welche nach unten zu allen folgenden Objekten weitervererbt wird. Auch der Container der Organisation ist eines der Objekte, die diese Rechte vererbt bekommen.

Abb. 6.4: Ansicht der Services zur Rechtesteuerung

6.3.1 Ansicht der Routinggruppen und adminstrativen Gruppen

In den Eigenschaften der Organisation können Sie die Anzeige der Routinggruppen und der administrativen Gruppen aktivieren (siehe Abbildung 1.5, Kapitel 1.4.1 *Administrative Gruppen*). Standardmäßig ist diese Ansicht nicht aktiv.

6.3.2 Betriebsmodus der Exchange 2000-Organisation

Hier können Sie auch den Betriebsmodus der Exchange Organisation einstellen (siehe Abbildung 6.5). Standardmäßig ist jede Exchange 2000 Organisation direkt nach der Installation im gemischten Modus.

Sie können direkt in den Eigenschaften der Organisation auf den einheitlichen Modus wechseln. In diesem Modus werden keine Exchange 5.5-Server in der gleichen Organisation mehr unterstützt.

Die Umschaltung dieses Modus kann nicht mehr rückgängig gemacht werden. Sie sollten diese Einstellung daher mit Bedacht wählen.

Abb. 6.5: Betriebsmodus der Organisation

Nach der Installation befindet sich Exchange 2000 im Mischmodus. Erst mit dem einheitlichen Modus werden alle Exchange 2000-Features aktiviert.

Der Betriebsmodus von Exchange 2000 steht nicht im Zusammenhang mit dem Modus der Windows 2000-Domäne. So kann Exchange 2000 im einheitlichen und Windows 2000 im gemischten Modus oder umgekehrt laufen.

Hinweis

Nach dem Umschalten in den einheitlichen Modus werden keine Exchange 5.5-Server mehr in der Organisation unterstützt.

Auch zukünftig können Sie keine Exchange 5.5-Server in die Organisation mit aufnehmen.

Nach dem Umschalten sollten alle Exchange-Server durchgestartet werden.

Nach dem Umschalten auf den einheitlichen Modus haben Sie mehr Freiheiten im Erstellen von Routinggruppen und administrativen Gruppen.

Sie können jetzt auch Postfächer zwischen Servern in verschiedenen adminstrativen Gruppen verschieben.

Routinggruppen können im einheitlichen Modus Server aus verschiedenen administrativen Gruppen enthalten.

Exchange Server können zwischen Routinggruppen verschoben werden. Nicht jedoch zwischen administrativen Gruppen.

6.4 Berechtigungen

Sie können Benutzern aus dem Active Directory Berechtigungen für einzelne Exchange 2000 Objekte geben.

Der Benutzer, mit dem Sie den Befehl *forestprep* durchgeführt haben, erhält volle Berechtigung für die ganze Organisation und alle darin enthaltenen Server.

Berechtigungen für verschiedene Exchange 2000-Aufgaben werden direkt im Exchange System-Manager vergeben.

Hinweis

Sie können für jedes Exchange 2000 Objekt und für jeden Konfigurations-Conatiner Berechtigungen erteilen.

Standardmäßig ist jedoch die Registerkarte *Sicherheit* bei allen Containern ausgeblendet.

Um diese Registerkarte einzublenden, müssen Sie folgenden Registry-Key erzeugen:

```
HKEY_CURRENT_USER\Software\Microsoft\Exchange\
EXAdmin\ShowSecurityPage=dword:00000001
```

Diese Einstellung gilt jedoch nur für den Benutzer, der den Key erzeugt und nur für den Server oder die Workstation, auf dem er erstellt wurde.

Exchange 2000 verwendet das Windows 2000-Sicherheitsmodell. Sie können die Berechtigungen für ein Objekt auf der Registerkarte *Sicherheit* einsehen und bearbeiten.Wie sonst bei Windows 2000 üblich, können Sie Berechtigungen erteilen und verweigern. Das Verweigern eines Rechts hat immer Vorrang vor einer Erteilung.

6.4.1 Berechtigungs-Optionen

Exchange Objekten können zwei Arten von Berechtigungen zugeteilt werden. Standardberechtigungen und erweiterte Berechtigungen.

Standardberechtigungen

- *Vollzugriff.* Der Benutzer hat vollen Zugriff auf das Objekt. Er kann neue Objekte innerhalb des Containers erstellen, vorhandene löschen und bearbeiten und Berechtigungen an andere Benutzer weiter erteilen oder verweigern.
- *Lesen.* Das Objekt wird im Exchange System-Manager angezeigt.
- *Schreiben.* Bestehende Objekte dürfen bearbeitet werden und neue Objekte hinzugefügt werden. Das Löschen ist nicht erlaubt.
- *Löschen.* Objekte dürfen gelöscht werden.
- *Leseberechtigung.* Nicht verwechseln mit *Lesen.* Mit diesem Recht dürfen die Sicherheitseinstellungen eingesehen aber nicht verändert werden.
- *Änderungsberechtigung.* Die Berechtigungen eines Objekts dürfen verändert werden.
- *In Besitz nehmen.* Der Besitz des Objektes darf übernommen werden.
- *Untergeordnete Objekte erstellen.* Objekte, die in der Hierarchie direkt unterhalb stehen, dürfen hinzugefügt werden.
- *Untergeordnete Objekte löschen.* Objekte unterhalb in der Hierarchie dürfen gelöscht werden.
- *Inhalt auflisten.* Der Inhalt des Containerobjekts darf angezeigt werden.
- *Eigenschaften lesen.* Die Eigenschaften eines Objektes dürfen eingesehen werden.
- *Eigenschaften schreiben.* Eigenschaften dürfen verändert werden.
- *Objekt auflisten.* Objekte innerhalb eines Containers können eingesehen werden.

Erweiterte Berechtigungen

Bei den erweiterten Berechtigungen handelt es sich um speziell für Exchange 2000 abgestimmte Rechtestrukturen. Jedes Objekt hat andere spezielle Rechte, die den Benutzern zugeteilt werden können.

Hinweis

Verwenden Sie die beiden erweiterten Rechte

send as und *receive as*

mit Vorsicht.

Zusammen bedeuten diese beiden Rechte *Vollzugriff*.

Mit *send as* erhält ein Benutzer das Recht, E-Mails im Namen des anderen Benutzers zu senden.

Mit *receive as* darf er das Postfach öffnen und den Inhalt einsehen.

Wenn Sie Benutzern diese Rechte auf den Informationsspeicher geben, können diese auf alle Postfächer zugreifen!

Wie bei Windows 2000 üblich, werden Berechtigungen nach unten weiterverteilt. Dieses Windows 2000-Feature wird Vererbung genannt und ist bei Exchange 2000 genauso gültig wie in anderen Objekten des Active Directory.

Die Steuerung der Vererbung läuft genauso wie bei Windows 2000. Vererbte Berechtigungen werden schattiert dargestellt.

6.4.2 Delegation von Berechtigungen

Um anderen Administratoren Berechtigungen zur Verwaltung Ihrer Exchange Organisation zu erteilen, können Sie den Assistenten zur Delegation verwenden.

Diesen Assistenten rufen Sie auf, indem Sie mit der `rechten Maustaste` auf den Organisationsnamen klicken und dann `Objektverwaltung zuweisen` auswählen (siehe Abbildung 6.6).

Auch auf Ebene der einzelnen administrativen Gruppen können Sie Berechtigungen mit diesem Assistenten erteilen.

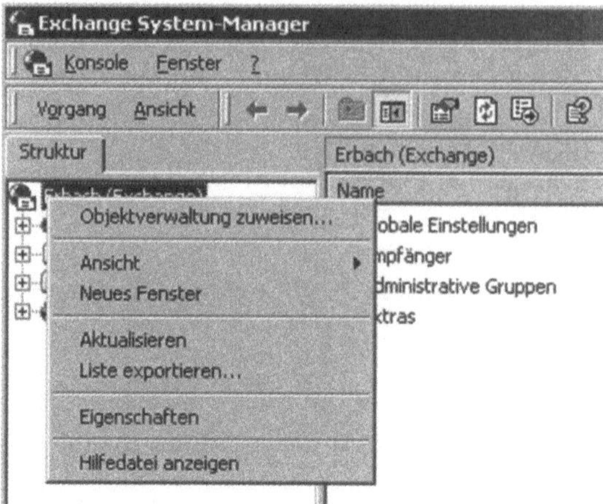

Abb. 6.6: Objektverwaltung anderen Benutzern zuweisen

Nach einem Starten des Assistenten erhalten Sie ein Fenster, in dem Sie sehen können, welche Benutzer bereits delegierte Rechte erhalten haben (siehe Abbildung 6.7).

Hier können Sie auch neuen Benutzern (besser Gruppen) weitere Delegationsrechte erteilen.

Der Assistent richtet diesen Benutzern die Rechte ein, die Sie zur Administration brauchen.

Sie können Benutzern drei verschiedene Berechtigungsstrukturen zuweisen:

Exchange Administrator - Vollständig

Benutzer mit diesem Recht verfügen über volle Rechte auf Höhe dieser Ebene und allen darunterliegenden Objekten. Sie können neue Objekte hinzufügen, vorhandene bearbeiten oder löschen und Berechtigungen für andere Benutzer erteilen oder verweigern.

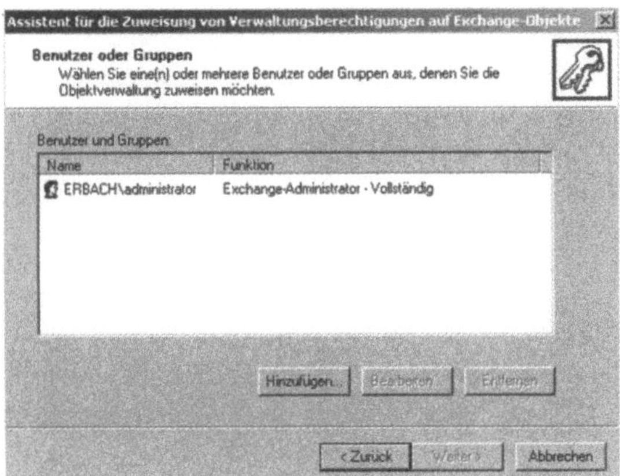

Abb. 6.7: Erteilen von Rechten

Exchange Administrator

Diese Benutzer verfügen über gleiche Berechtigungen wie der *Exchange Administrator – Vollständig*. Sie können allerdings keine Berechtigungen verwalten - also zusätzlichen Benutzern Rechte vergeben oder entziehen.

Exchange Administrator – Nur Ansicht

Benutzer mit diesem Recht dürfen Objekte im Exchange System-Manager nur anzeigen.

Diese Berechtigung wird zum Beispiel benötigt, wenn Sie Rechte in einer untergeordneten Hierarchie erteilen wollen.

Wenn Benutzer die übergeordneten Objekte nicht sehen können, haben sie natürlich auch nicht die Berechtigung die untergeordneten Objekte zu verwalten.

Administratoren von administrativen Gruppen können so die Einstellungen der anderen administrativen Gruppen einsehen, ohne auf diese Einfluss nehmen zu können.

Hinweis

Um Berechtigungen an andere Benutzer erteilen zu können, müssen Sie über die Berechtigung *Exchange Administrator – Vollständig* in der Organisation verfügen.

6.4.3 Manuelle Steuerung von Berechtigungen

Mit dem Assistenten zur Objektverwaltung lassen sich Berechtigungen am einfachsten an andere Benutzer erteilen. Wenn Sie jedoch spezifischer auf die einzelnen Berechtigungen eingehen wollen, müssen Sie manuell über die Registerkarte *Sicherheit* Berechtigungen erteilen oder verweigern.

Hinweis

Erteilen Sie Benutzern Berechtigung zur Verwaltung eines Exchange-Objektes, müssen Sie den Benutzern ebenfalls das Recht zum Lesen der übergeordneten Objekte erteilen.

Wenn Sie manuelle Berechtigungen erteilen, müssen Sie darauf achten, dass Sie die einzelnen Schritte genau dokumentieren, um sie später nachvollziehen zu können.

6.4.4 Erteilen von Berechtigungen für spezielle Verwaltungsaufgaben

In diesem Kapitel habe ich einige Beispiele aufgeführt, welche Berechtigungen an andere Administratoren erteilt werden können und welche Aufgaben am häufigsten delegiert werden.

- *Erstellen und Löschen von Postfächern*

  Der Benutzer muss über die Berechtigung `Exchange Administrator - Nur Ansicht` verfügen.

  Er braucht zusätzlich das Recht, Active Directory Objekte erstellen und verwalten zu können. Dieses Recht kann für einzelne Organisationseinheiten erteilt werden oder die gesamte Windows 2000-Struktur.

- *Verschieben von Postfächern von Exchange 5.5 zu Exchange 2000*

  Der Benutzer braucht auf dem Exchange 5.5-Server das Recht „`Admin, mit Recht, Berechtigungen zu ändern`".

  In Exchange 2000 braucht der Benutzer das Recht `Exchange Administrator`.

  Der Benutzer sollte in der Gruppe Konten-Operatoren oder besser Domänen-Admin sein.

6.5 Richtlinien

Richtlinien sind eine weitere Neuerung in Exchange 2000. Mit Richtlinien können Sie Einstellungen, die Sie sonst auf allen Servern in Ihrer Organisation vornehmen müssen, an einer Stelle verwalten. Richtlinien lassen sich in verschiedene administrative Gruppen verteilen.

Grundsätzlich gibt es zwei grundlegend verschiedene Arten von Richtlinien. Empfängerrichtlinien und Systemrichtlinien.

Empfängerrichtlinien dienen zur Verwaltung der E-Mail-Adressen Ihrer Empfänger in der Organisation während die Systemrichtlinien zur Verwaltung Ihrer Server und Informationsspeicher dienen. Wir wollen uns in diesem Kapitel die Bedeutung und Möglichkeiten der einzelnen Richtlinien anschauen.

6.5.1 Empfängerrichtlinien

Empfängerrichtlinien steuern die Anbindung Ihrer Benutzer an Exchange 2000 und versorgen die Empfänger mit E-Mail-Adressen oder steuern Ihre Postfachspeicher.

6.5.1.1 Richtlinie für E-Mail-Adresse

Exchange 2000 legt bei der Installation eine erste Richtlinie an. Diese Richtlinie finden Sie im Exchange System-Manager unter dem Menüpunkt `Empfänger` (siehe Abbildung 6.8).

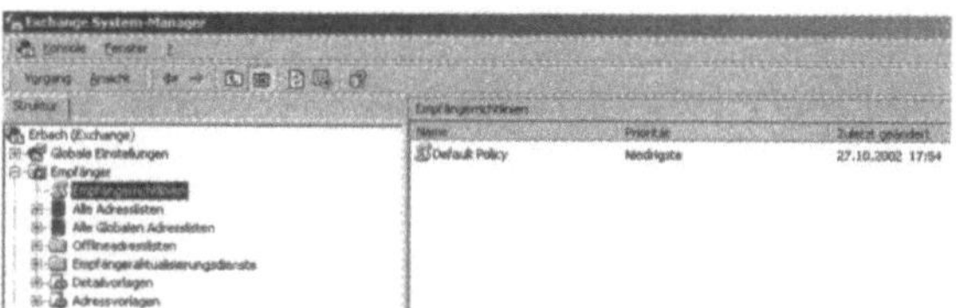

Abb. 6.8: Exchange 2000 Empfängerrichtlinie

Diese EmpfängerRichtlinie ist die Default-Policy. Diese wird immer dann angewandt, wenn Sie noch keine eigene Policy erstellt haben.

Die Empfängerrichtlinie wird durch den Empfängeraktualisierungsdienst (Recipient Update Serivce, RUS) ausgeführt. Dazu kommen wir weiter hinten im Kapitel.

Wenn Sie die Eigenschaften der Default Policy öffnen, sehen Sie eine Reihe Registerkarten (siehe Abbildung 6.9).

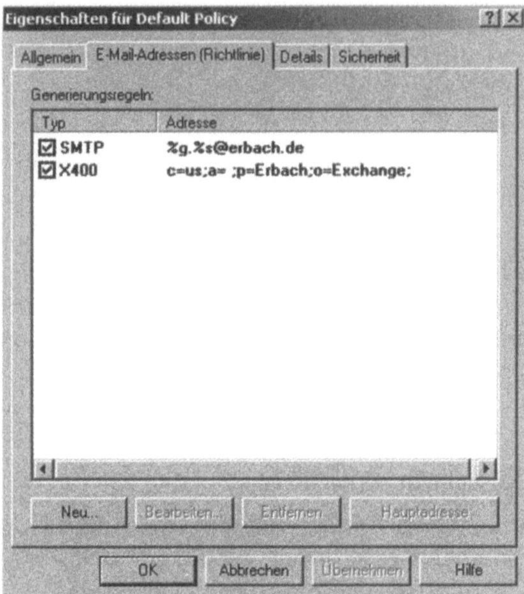

Abb. 6.9: Eigenschaften der Default Policy

Auf den Registerkarten Allgemein, Details und Sicherheit sind keine interessanten Eintragungen zu finden. Die Registerkarte E-Mail-Adressen (Richtlinie) ist dagegen hochinteressant. Hier können Sie konfigurieren, nach welcher Vorlage die E-Mail-Adressen Ihrer Empfänger gebildet werden und welche E-Mail-Adressen überhaupt verteilt werden.

Alle Benutzer erhalten die E-Mail-Adressen nach dem Format, wie Sie sie auf dieser Registerkarte vorfinden. Sinnvoll kann es durchaus sein, die E-Mail-Domäne Ihrer Benutzer genau zu spezifizieren. So ersparen Sie sich später mühevolle Handarbeit an einzelnen Benutzern.

Sofern Sie keine verschiedenen Konfigurationen Ihrer Benutzer getrennt nach Exchange-Server oder Domäne vorhaben, können Sie notwendige Einstellungen direkt in der Default Policy vornehmen.

Sie können in der Default Policy allerdings nicht nur die E-Mail-Domäne automatisch generieren lassen sondern anhand von bestimmten Variablen die ganze Struktur der E-Mail-Adressen bestimmen.

Variablen innerhalb Empfängerrichtlinien

Wie Sie in Abbildung 6.9 sehen können, werden in meiner Organisation E-Mail-Adressen nach dem Schema `%g.%s@erbach.de` gebildet.

Dies bedeutet, dass alle Benutzer meiner Domäne eine E-mail-Adresse nach dem Schema `Vorname.Nachname@erbach.de` bekommen. Die E-Mail-Adresse des Benutzers *Thomas Joos* lautet also *Thomas.Joos@erbach.de.*

Sie können zur Erstellung Ihrer E-Mail-Adressen folgende Variablen verwenden:

%g	Vorname
%s	Nachname
%i	Initialen
%d	Display Name

Diese Variablen sind die am häufigsten angewendeten. Sie können mit diesen Variablen aber noch weitere Einstellungen vornehmen.

Sie können zum Beispiel auswählen, wieviele Buchstaben verwendet werden sollen. Dazu stellen Sie einfach direkt vor die Variable die Anzahl der gewünschten Buchstaben, also `%1g` für den ersten Buchstaben aus dem Vornamen und `%5s` die ersten fünf Buchstaben aus dem Nachnamen

So können Sie zum Beispiel mit `%1g%s@erbach.de` für die Benutzerin Tamara Bergtold die E-Mail-Adresse

`Tergtold@erbach.de`

generieren lassen.

In der Tabelle Abbildung 6.10 habe ich für Sie ein paar Beispiele aufgeführt, wie E-Mail-Adressen generiert werden können.

Beispiel:

Vorname: Tamara *Nachname:* Bergtold

Anzeigename: Bergtold Tamara

%g.%s@erbach.de	Tamara.bergtold@erbach.de
%s%1g@erbach.de	BergtoldT@erbach.de
%1g%s@erbach.de	TBergtold@erbach.de
%s@erbach.de	Bergtold@erbach.de
%1g%1s@erbach.de	TB@erbach.de
%1g%5s@erbach.de	Tbergt@erbach.de
%2g_%2s@erbach.de	TaBe@erbach.de

Abb. 6.10: Beispiele zur Erstellung von E-Mail-Adressen

Wenn Sie Änderungen an der Default Policy vornehmen, fragt Exchange 2000 nach, ob diese Änderung sofort auf alle Benutzer übertragen werden soll (siehe Abbildung 6.11).

Wenn Sie diese Meldung bestätigen, beginnt der Recipient Update Service die E-Mail-Adressen aller Domänenbenutzer sofort zu ändern. Entsprechen die E-Mail-Adressen bereits den Vorlagen einiger Benutzer, werden diese Benutzer nicht abgeändert.

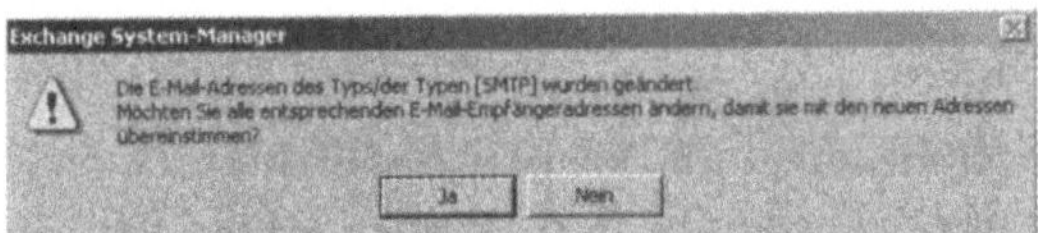

Abb. 6.11: Änderung aller E-Mail-Adressen der Domäne

Erstellen eigener Richtlinien

Sie können neben der *Default Policy* auch eigene Richtlinien erstellen. Sie sollten aber niemals die *Default Policy* löschen. Diese muss immer erhalten bleiben.

Empfängerrichtlinien werden mit Prioritäten versehen. Sie werden also immer in der Reihenfolge angewendet, wie sie auch priorisiert wurden.

Wenn zwei Empfängerrichtlinien den gleichen Adressraum und die gleichen Benutzer betreffen, wird die Richtlinie mit der höchsten Priorität angewendet. Die andere wird außer Kraft gesetzt. Die Prioritäten können jederzeit geändert werden. Bei der Erstellung von eigenen Richtlinien erhält die Default Policy immer die niedrigste Priorität.

Wenn Sie eine eigene Empfängerrichtlinie generieren wollen, klicken Sie mit der `rechten Maustaste` auf den Container `Empfängerrichtlinien` wählen `Neu` und dann `Empfängerrichtlinie` (siehe Abbildung 6.12).

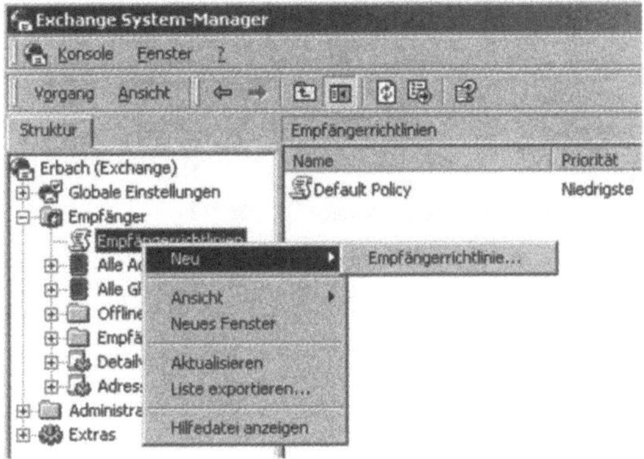

Abb. 6.12: Erstellen einer neuen Empfängerrichtlinie

Wenn Sie die neue Richtlinie erstellt haben, können Sie auswählen, ob Sie eine Richtlinie zur Generierung von E-Mail-Adressen oder zur Verwaltung der Postfach-Managereinstellungen erstellen wollen (siehe Abbildung 6.13).

Nach der Auswahl müssen Sie jetzt noch die Filterkriterien auswählen, nach welchen die Benutzer ausgewählt werden sollen.

Alle Benutzer, auf die diese Auswahl zutrifft, erhalten von dieser Richtlinie eine E-Mail-Adresse (siehe Abbildung 6.14).

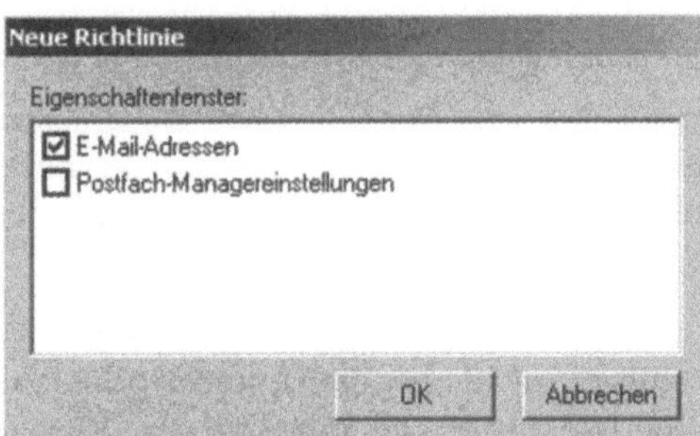

Abb. 6.13: Erstellen einer neuen Richtlinie für E-Mail-Adressen

Hinweis

Sie können bei der Auswahl von Empfängern nicht nach Organisationseinheiten E-Mail-Adressen generieren lassen.

Sie können zwar dieses Suchkriterium eingeben, allerdings werden keine E-Mail-Adressen verteilt.

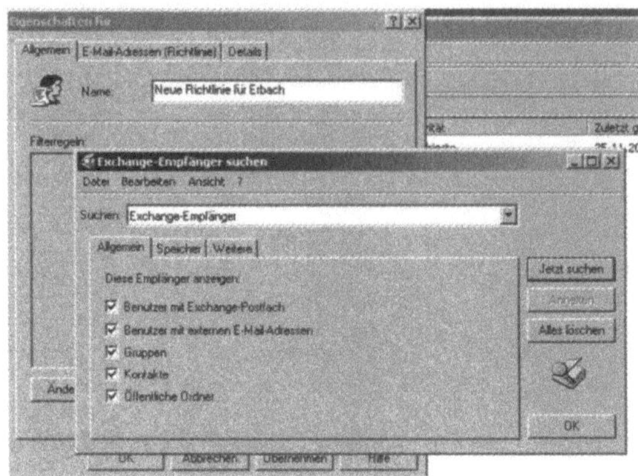

Abb. 6.14: Auswahlkriterien zur Erstellung von E-Mail-Adressen

Empfängeraktualisierungsdienst (Recipient Update Service, RUS)

Empfängerrichtlinien werden mit dem Empfängeraktualisierungsdienst (Recipient Update Service, RUS) angewendet. Exchange 2000 erstellt für die Domänen, in denen Sie Exchange 2000 Server installieren, solch einen RUS automatisch (siehe Abbildung 6.15). Sie finden den Empfängeraktualisierungdienst im Exchange System-Manager unter dem Objekt Empfänger.

Sie müssen für alle Domänen in Ihrer Gesamtstruktur, die keine Exchange-Server aber Exchange-Empfänger enthalten, die Domänenerweiterung der Installation ausführen (siehe Kapitel 3.22 *Domainprep).*

Zusätzlich müssen Sie für diese Domänen noch einen Empfängeraktualisierungsdienst (Recipient Update Service, RUS) manuell erstellen. Die Erstellung eines neuen RUS in einer Domäne ist nur nach der Durchführung von *domainprep* möglich, da Exchange 2000 dies bei der Erstellung abprüft.

Um einen neuen RUS zu erstellen, navigieren Sie im Exchange System-Manager zu den Empfängern und dann zu den Empfängeraktualisierungsdiensten.

Wählen Sie dann `Neu` und dann `Empfängeraktualisierungsdienst` (siehe Abbildung 6.15).

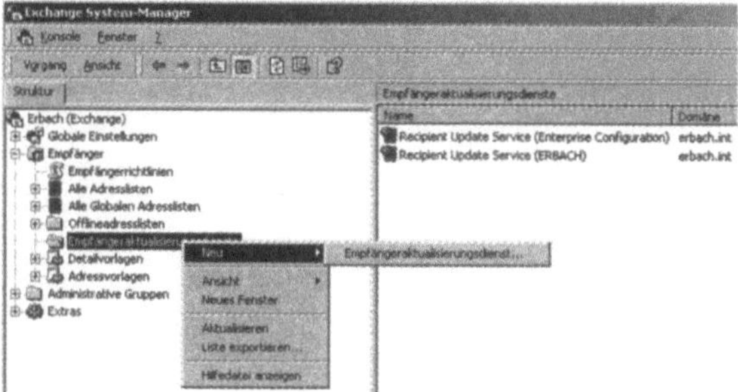

Abb. 6.15. Erstellen eines neuen Empfängeraktualisierungsdienst

Im nächsten Fenster wählen Sie die Domäne aus, für die Sie den Empfängeraktualisierungsdienst erstellen wollen, und beenden den Assistenten.

Ab jetzt werden Benutzer dieser Domäne mit E-Mail-Adressen aus den Empfängerrichtlinien versorgt.

Optionen des Empfängeraktualisierungsdienst

Bei der Installation werden zwei Recipient Update Services erstellt. Einer für die Enterprise Configuration und einer für die Domäne, in der dieser Exchange-Server steht.

Jeder dieser RUS schreibt auf einen speziell festgelegten Domänencontroller in der Domäne. Wenn Sie mehrere Domänencontroller haben können Sie auch mehrere RUS erstellen.

Dies kann bei einer großen Anzahl von Benutzern durchaus sinnvoll sein. Vor allem wenn Sie mehrere Standorte mit einer Domäne angebunden haben, sollten Sie für jeden Standort einen RUS erstellen.

Sie können den Recipient Update Service jederzeit manuell starten. Klicken Sie dazu mit der `rechten Maustaste` auf den gewünschten RUS und wählen aus dem Menü:

- *Jetzt aktualisieren.* Alle neuen Objekte die noch nicht aktualisiert wurden, werden jetzt aktualisiert.
- *Neu erstellen.* Alle Objekte im Active Directory werden überprüft und gegebenenfalls neu aktualisiert.

6.5.1.2 Richtlinie für Postfach-Managereinstellung

Seit dem Servicepack 1 für Exchange 2000 können Sie außer einer Richtlinie für E-Mail-Adressen auch eine Richtlinie zur speziellen Verwaltung der Postfächer generieren.

Sie können den Postfach-Manager so konfigurieren, dass er alle Ordner der Postfächer aller Benutzer durchsucht.

Wenn der Postfach-Manager Nachrichten in diesen Ordnern findet, die die Grenzwerte der Richtlinie überschreiten, können Sie festlegen, dass diese sofort gelöscht werden oder in den Ordner *Gelöschte Objekte* der Benutzer oder in den Ordner *System Cleanup* verschoben werden.

Der Postfach-Manager erstellt im Stammverzeichnis von *System Cleanup* ein teilweises Replikat der Ordnerhierarchie des Postfachs. Die betroffenen Nachrichten werden in den entsprechenden Unterordner des Ordners *System Cleanup* verschoben.

Dieses Feature ermöglicht Benutzern das Wiederherstellen kürzlich gelöschter Objekte, ohne dass dabei Informationen über den ursprünglichen Speicherort des Objekts verloren gehen.

Da E-Mail-Clients normalerweise beim Abmelden über eine Option zum Leeren des Ordners Gelöschte Objekte verfügen, stellt das Verschieben gelöschter Objekte in die Ordner System Cleanup durch den Postfach-Manager außerdem sicher, dass die vom Administrator des Postfach-Managers konfigurierten Zeiträume für die Wiederherstellung gelöschter Objekte tatsächlich eingehalten werden.

Die Grenzwerte, die eine Aktion der Postfachverwaltung auslösen, können auch einheitlich für alle Postfachordner oder jeweils für die einzelnen Ordner konfiguriert werden. Grenzwerte können für die Verfallszeit (Standard sind 30 Tage) und/oder die Größe (Standard ist 1.024 KB) festgelegt werden.

Der Postfach-Manager erzeugt außerdem Berichte, die an ein bestimmtes Postfach in der Exchange-Organisation gesendet werden können. Zusätzlich können Sie festlegen, dass Benutzer bei jedem Löschen veralteter oder zu großer Objekte aus ihrem Postfach per E-Mail benachrichtigt werden.

6.5.2 Systemrichtlinien

Systemrichtlinien sind ebenfalls eine Neuerung in Exchange 2000.

Empfängerrichtlinien dienen, wie im Kapitel 6.5.1 beschrieben, hauptsächlich zu Steuerung der E-Mail-Adressen der Benutzer.

Systemrichtlinien dienen dagegen zur Steuerung von Servereinstellungen. Genauso wie die Empfängerrichtlinien haben die Systemrichtlinien den Vorteil, dass gewünschte Änderungen nicht direkt an den Exchange Objekten vorgenommen werden müssen, sondern nur einmal an der Richtlinie.

Dadurch ist sichergestellt, dass sich keine Fehler einschleichen und alle Konfigurationen schnell und effizient auf alle Objekte verteilt werden.

Systemrichtlinien haben nur innerhalb einer administrativen Gruppe Gültigkeit und sollen Administratoren die Verwaltung von Exchange 2000 erleichtern. Um Systemrichtlinien anwenden zu können, müssen Sie über genügend Berechtigungen verfügen.

Erstellen des Containers Systemrichtlinien

Standardmäßig gibt es keinen Systemrichtliniencontainer. Dieser muss zuerst von Ihnen in der jeweiligen administrativen Gruppe erstellt werden.

Klicken Sie dazu mit der `rechten Maustaste` auf die administrative Gruppe und wählen aus dem Menü `Neu` und dann `Systemrichtliniencontainer` (siehe Abbildung 6.16).

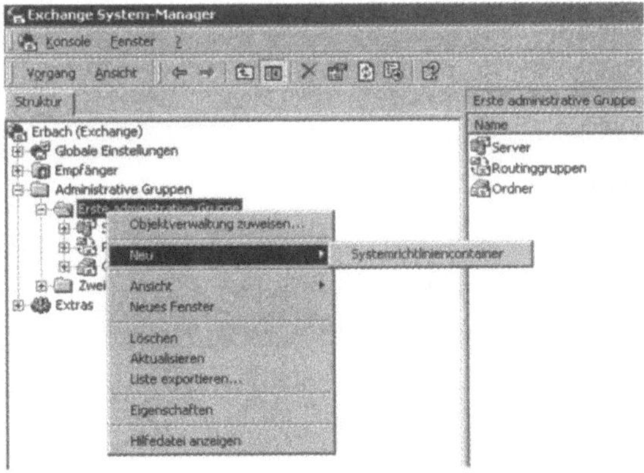

Abb. 6.16: Erstellen eines Systemrichtliniencontainers

Nach der Erstellung des Systemrichtliniencontainers wird dieser als neuer Menüpunkt unterhalb der administrativen Gruppe, in die er angelegt wurde, angezeigt (siehe Abbildung 6.17).

Sie können in jeder administrativen Gruppe nur einen Systemrichtliniencontainer erstellen.

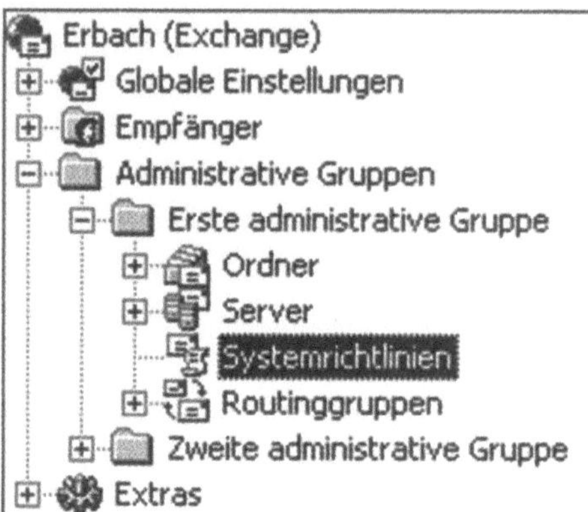

Abb. 6.17: Ansicht des Systemrichtliniencontainers

Erstellen von Systemrichtlinien

Sie können jetzt innerhalb dieses Containers Ihre Systemrichtlinien erstellen.

Dazu klicken Sie mit der `rechten Maustaste` auf den Container und wählen `Neu` aus.

Sie können jetzt drei neue Systemrichtlinien erstellen, die für verschiedene Optionen konfiguriert werden können (siehe Abbildung 6.18).

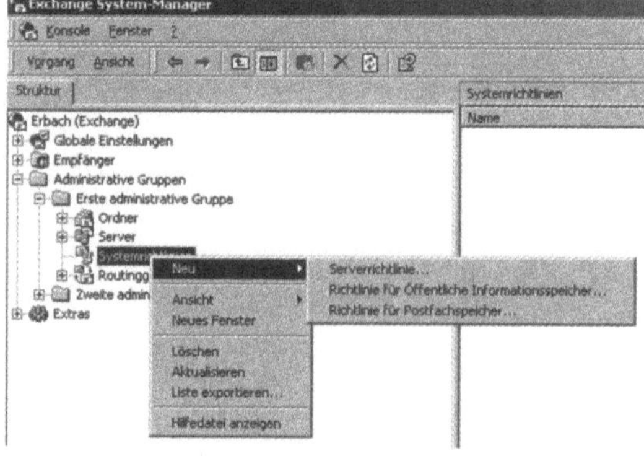

Abb. 6.18: Verschiedene SystemRichtlinien

6.5.2.1 Serverrichtlinie

Wenn Sie eine neue ServerRichtlinie erstellen wollen, wählen Sie aus dem Menü `Serverrichtlinie` aus.

In den ServerRichtlinien lassen sich Einstellungen treffen, ob für die gewählten Server zum Beispiel das Nachrichtentracking aktiviert werden soll.

Nach der Auswahl der Serverrichtlinie müssen Sie zunächst die Registerkarte auswählen, die für diese Richtlinie hinterlegt werden soll. Für die Serverrichtlinie steht nur die Registerkarte *Allgemein* zur Verfügung und daher wird auch nur diese angezeigt (siehe Abbildung 6.19).

Durch die Auswahl der Registerkarten können Sie für die anderen Richtlinien genau definieren, welche Einstellungen für welche Richtlinie Gültigkeit haben sollen.

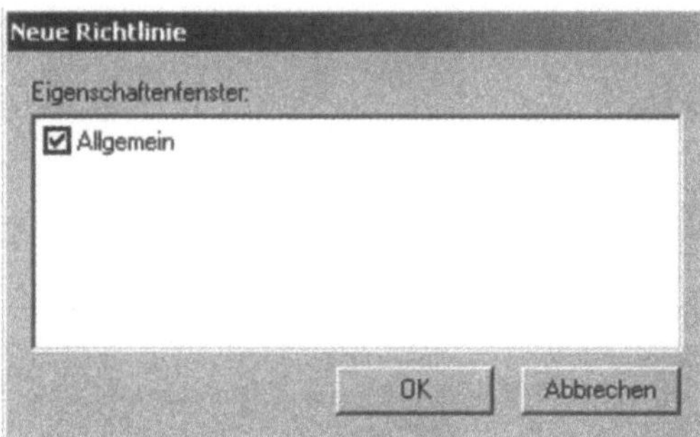

Abb. 6.19: Auswahl der Registerkarten der Richtlinie

Nach der Bestätigung der Registerkarte müssen Sie für die Richtlinie einen Namen wählen (siehe Abbildung 6.20).

Im Gegensatz zum Systemrichtliniencontainer können mehrere Serverrichtlinien gleichzeitig erstellt werden, die sich nur vom Namen unterscheiden müssen. Dies kann sinnvoll sein, wenn für manche Exchange 2000 Server in Ihrer administrativen Gruppe andere Einstellungen getroffen werden sollen als für andere.

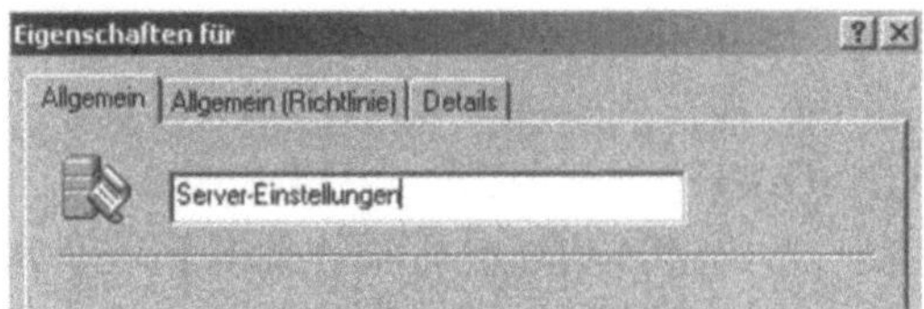

Abb. 6.20: Festlegen des Namens der Richtlinie

Wenn Sie den Namen der Richtlinie festgelegt haben, können Sie die gewünschten Einstellungen vornehmen.

Wechseln Sie dazu auf die Registerkarte `Allgemein (Richtlinie)` (siehe Abbildung 6.21).

Sie können hier fast alle Einstellungen vornehmen, die Sie auch auf der Registerkarte `Allgemein` vorfinden, wenn Sie direkt die Eigenschaften eines Servers aufrufen.

Die einzige Ausnahme ist die Option, ob ein Server Frontend-Server werden soll. Diese Einstellung können Sie nicht mit Hilfe einer Richtlinie definieren, sondern muss direkt am Server eingestellt werden.

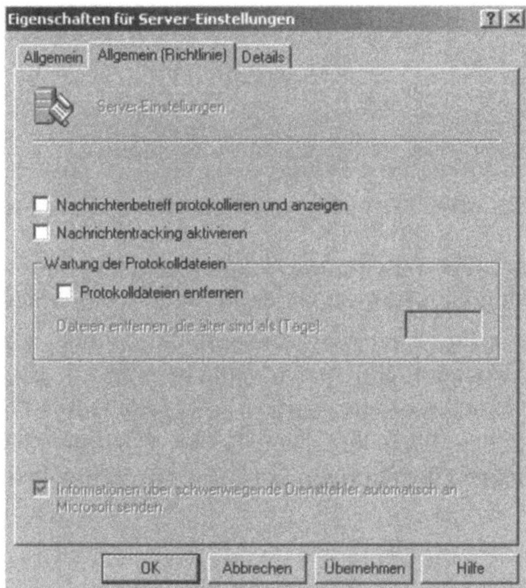

Abb. 6.21: Optionen der Serverrichtlinie

Nachrichtenbetreff protokollieren und anzeigen

Mit dieser Option kann festgelegt werden, dass die entsprechenden Exchange Server den Nachrichtenverkehr protokollieren. Dadurch erhalten Sie die Möglichkeit, im Falle von Problemen mit dem Nachrichtenrouting genau nachvollziehen zu können, warum bestimmte Nachrichten nicht übermittelt werden.

Es wird dabei nicht der Inhalt der E-Mail protokolliert, sondern lediglich Empfänger, Absender und Betreff.

Standardmäßig ist das Nachrichtentracking deaktiviert, da durch dieses Feature die CPU-Last des Servers erhöht wird.

Um eine effiziente Nachverfolgung und Fehlerbehandlung im Bedarfsfall zur Verfügung zu haben, sollten Sie jedoch auf diese Option zurückgreifen. Im Normalfall reicht die Serverhardware aktueller Server für ein Nachrichtentracking aus.

Nachrichtentracking aktivieren

Durch das Aktivieren dieser Option wird das Nachrichtentracking aktiviert. Wenn Sie die Option `Nachrichtenbetreff protokollieren und anzeigen` zusätzlich gewählt haben, wird bei der Nachverfolgung der Betreff mit angezeigt.

Exchange 2000 legt täglich ein neues Logfile mit der Syntax `JJJJMMTT.log` an.

Wartung der Protokolldateien

Hier stellen Sie ein, in welchem Zyklus die erstellten Protokolldateien des Nachrichtentracking gelöscht werden sollen. Sie sollten hier darauf achten, dass die Speicherung der Protokolldateien erheblich Speicherplatz kostet. Wählen Sie jedoch einen zu kurzen Zeitraum, können Sie nur Nachrichten eben innerhalb dieses Zeitraums nachverfolgen.

Informationen über schwerwiegende Dienstfehler direkt an Microsoft senden

Nun ja, was soll ich dazu sagen. Meine Empfehlung ist, diesen Punkt nicht zu aktivieren. Microsoft wird bei Problemen mit Ihrem Exchange 2000 Server kaum schnell helfen können.

Diese Option können Sie nur direkt am Server selber einstellen. Sie ist daher hier ausgegraut.

Wenn Sie alle Einstellungen so vorgenommen haben, können Sie mit `OK` die Konfiguration der Serverrichtlinie beenden.

Exchange Server dieser Richtlinie zuordnen

An dieser Stelle haben Sie jetzt zwar Ihre Richtlinien definiert, müssen aber dieser Richtlinie noch die Server zuweisen, für die sie Gültigkeit haben soll.

Sie können jederzeit Server zu einer Richtlinie hinzufügen und diese wieder entfernen.

Um einen Server der Richtlinie zuzuweisen, klicken Sie mit der `rechten Maustaste` auf die erstellte Richtlinie und wählen aus dem Menü dann `Server hinzufügen` (siehe Abbildung 6.22). Sie können aus dem nächsten Menü dann die oder den Server auswählen, für die diese Richtlinie gültig sein soll. Nach der Auswahl sehen Sie dann die entsprechenden Server auf der rechten Seite der Richtlinie als zugeordnet (siehe Abbildung 6.23).

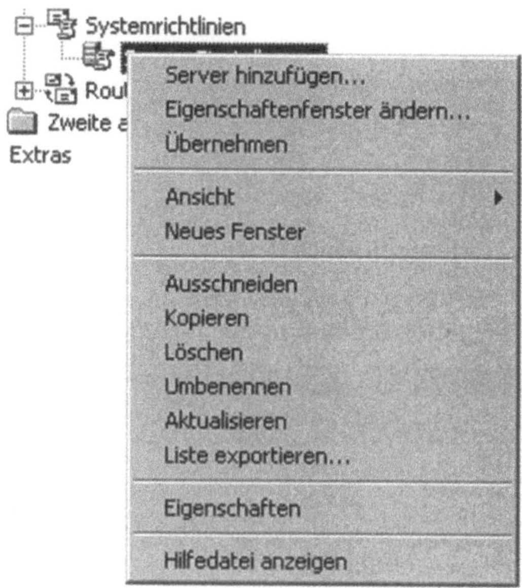

Abb. 6.22: Hinzufügen eines Servers zu einer Richtlinie

Die Einstellungen der Richtlinie werden nur auf Server angewendet, die der Richtlinie hinzugefügt wurden.

Wenn Sie den Server einer Serverrichtlinie zuordnen, werden die Schaltflächen zur Steuerung des Nachrichtentracking auf dem Serverobjekt ausgegraut, da diese jetzt über die Richtlinie gesteuert werden.

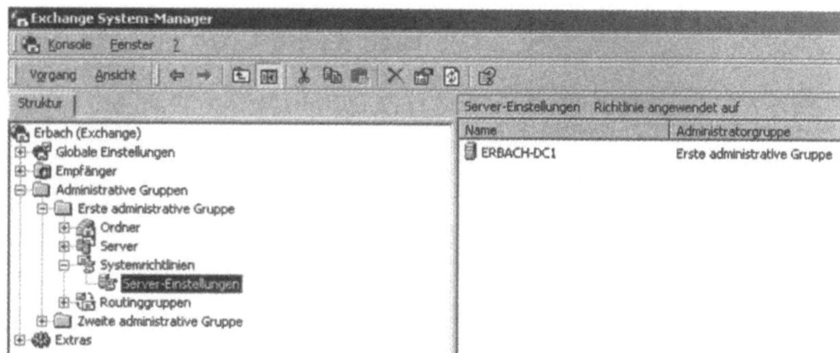

Abb 6.23: Einer Richtlinie zugeordneter Server

Um einen Server aus einer Richtlinie wieder zu entfernen, klicken Sie ihn mit der `rechten Maustaste` an und wählen den Menüpunkt `Aus Richtlinie entfernen` aus.

6.5.2.2 Richtlinie für öffentliche Informationsspeicher

Die nächste Richtlinie, die Sie im Systemrichtliniencontainer definieren können, ist die `Richtlinie für öffentliche Informationsspeicher` (siehe Abbildung 6.18).

Auch hier können Sie direkt nach dem Erstellen festlegen, welche Registerkarten innerhalb dieser Richtlinie angezeigt werden (siehe Abbildung 6.24).

Der Sinn liegt darin, dass Sie so mehrere verschiedene Richtlinien definieren können, die auch für verschiedene Server gelten.

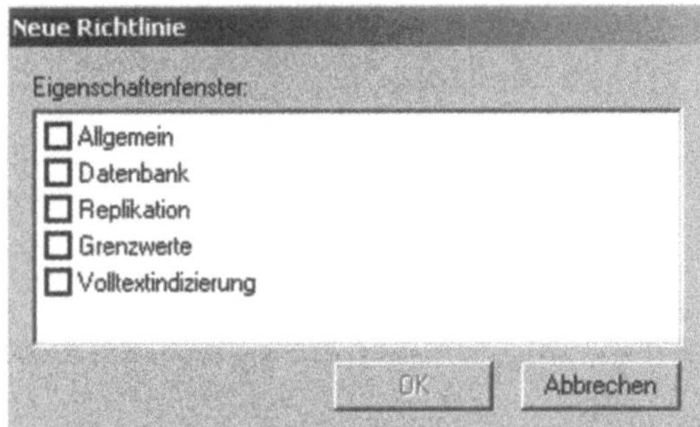

Abb. 6.24: Auswahl der Registerkarten für die Richtlinie

Nach der Auswahl der Registerkarten erscheint das erste Fenster zur Konfiguration der Richtlinie.

Hier müssen Sie vor der weiteren Bearbeitung einen Namen für die Richtlinie eingeben (siehe Abbildung 6.25).

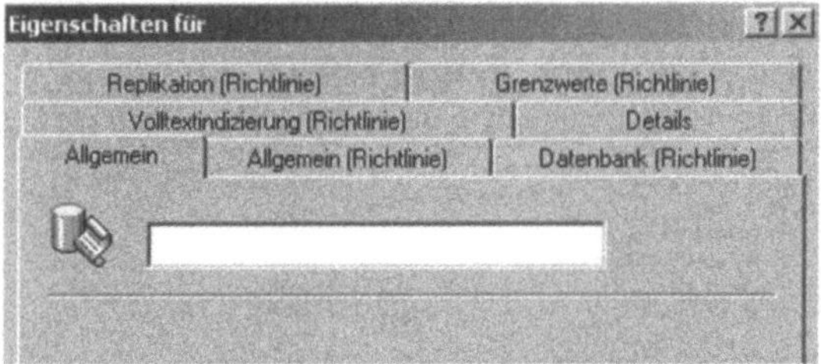

Abb. 6.25: Festlegen des Namens der Richtlinie

Nachdem Sie den Namen der Richtlinie festgelegt haben, können Sie auf den einzelnen Registerkarten Ihre Einstellungen vornehmen.

Registerkarte Allgemein (Richtlinie)

Die Konfiguration der Richtlinie für die öffentliche Ordner Informationsspeicher läuft ähnlich ab wie die Konfiguration der Serverrichtlinie.

Sie unterscheidet sich lediglich in den einzelnen Optionen, die eingestellt werden können.

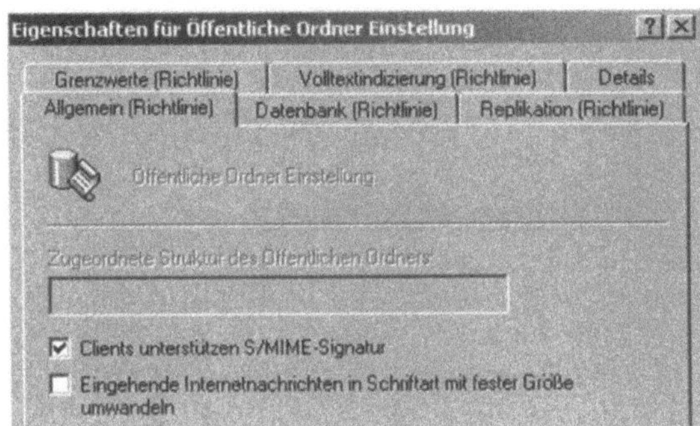

Abb. 6.26: Registerkarte *Allgemein (Richtlinie)*

Richtlinien gehen über die Strukturen von öffentlichen Ordnern hinaus, daher können Sie innerhalb der Richtlinie keine einzelne Struktur auswählen, diese sind ausgegraut (siehe Abbildung 6.26).

Auf der Regsiterkarte *Allgemein (Richtlinie)* können Sie zwei Einstellungen vornehmen:

- *Clients unterstützen S/MIME-Signatur.* Mit dieser Option aktivieren Sie die Unterstützung von S/MIME für diesen Informationsspeicher. Nähere Informationen zu S/MIME finden Sie im Kapitel zu E-Mail-Verschlüsselung 2.3.6.5.
- *Eingehende Internetnachrichten in Schriftart mit fester Größe umwandeln.* Wenn diese Option aktiviert ist, werden alle Nachrichten umformatiert, die innerhalb der zugeordneten Informationsspeicher für öffentliche Ordner gespeichert werden. Die Schriftgröße wird auf 10 Punkte gesetzt, die Schriftart auf `Courier`.

Registerkarte Datenbank (Richtlinie)

Auf der Registerkarte *Datenbank (Richtlinie)* (siehe Abbildung 6.27) können Sie das Wartungsintervall des Speichers einstellen.

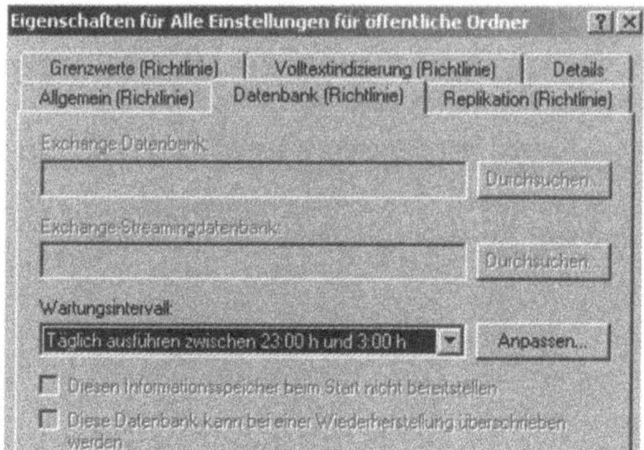

Abb. 6.27: Registerkarte *Datenbank (Richtlinie)*

Während dieses Wartungsintervalls wird die Datenbank des öffentlichen Informationsspeichers optimiert. Es findet eine Defragmentation statt sowie weitere WartungsMaßnahmen, die den Zugriff beschleunigen.

Sie können hier den genauen Zeitplan definieren, wann dieser Wartungsintervall ablaufen soll.

Achten Sie darauf, dass diese Wartung nicht mit anderen Aufgaben des Exchange Servers zusammenfällt, zum Beispiel mit der Datensicherung oder dem Wartungsintervall des Postfachspeichers. Die Wartungsintervalle sollten auch unbedingt außerhalb des normalen Betriebs stattfinden, da hierdurch die Serverlast deutlich ansteigt.

Die ausgegrauten Optionen werden zur Orientierung angezeigt.

Diese Einstellungen können nicht mit einer Richtlinie definiert werden, sondern nur über die Eigenschaften des Informationsspeichers der öffentlichen Ordner.

Registerkarte Replikation (Richtlinie)

Hier können Sie einstellen, welche Parameter für die Replikation gelten sollen (siehe Abbildung 6.28).

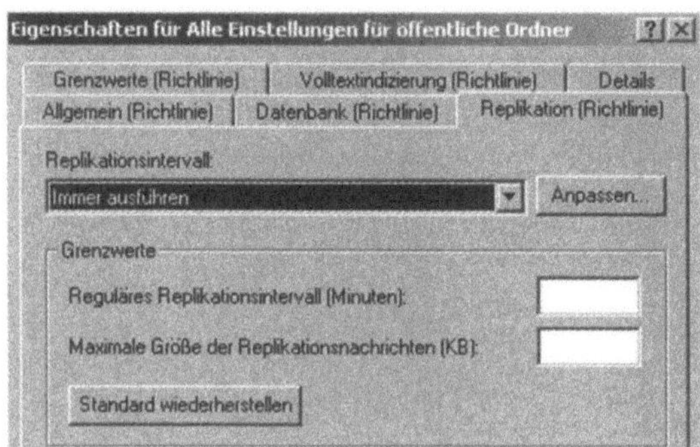

Abb. 6.28: Registerkarte Replikation

Durch die Replikation werden die Inhalte der öffentlichen Ordner auf andere Exchange Server verteilt.

Dadurch wird ein Lastenausgleich erzielt, der gerade bei geografisch getrennten Exchange Servern deutlich Performance für die Benutzer mit sich bringt.

- *Replikationsintervall.* Mit dem Replikationsintervall legen Sie einen Zeitplan fest, der die Replikation der öffentlichen Ordner steuert.
- *Reguläres Replikationsintervall (Minuten).* Hier legen Sie fest, in welchem Intervall die Replikation stattfinden soll, wenn das Replikationsintervall auf `immer ausführen` steht.
- *Maximale Größe der Replikationsnachrichten.* Hier legen Sie fest, wie die maximale Größe für Replikationsnachrichten innerhalb dieser Richtlinie sein soll. Replikationsnachrichten sind E-Mails zwischen Ihren Exchange Servern, mit denen die öffentlichen Ordner repliziert werden. Sie sollten bei der Einrichtung der Replikation genau die Bandbreite Ihres Netzwerkes beachten, da die Replikation der öffentlichen Ordner schnell eine Standleitung lahm legen kann.

Grenzwerte (Richtlinie)

Hier können Sie genau festlegen, welche Objekte mit welcher Größe auf den Informationsspeicher gespeichert werden können (siehe Abbildung 6.29).

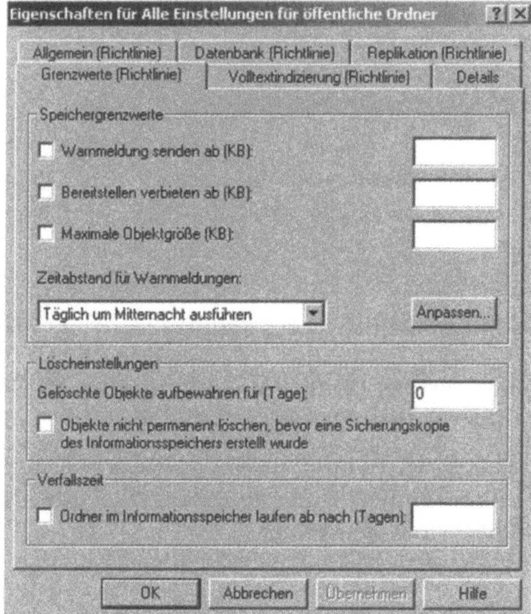

Abb. 6.29: Grenzwerte der öffentlichen Ordner

- *Warnmeldung senden ab (KB).* Hier legen Sie fest, ab welcher Größe des Informationsspeichers eine Warnmeldung verschickt werden soll. Sollten diese Werte überschritten werden, erhalten die Benutzer, die Sie in den Eigenschaften des öffentlichen Ordners als Kontaktperson festlegen, eine Benachrichtigung durch den Exchange Server. Dies kann ein Benutzer sein oder auch mehrere.
- *Bereitstellen verbieten ab (KB).* Ab dieser Größe wird Benutzern nicht mehr gestartet, neue Objekte in die öffentlichen Ordner zu verschieben.
- *Maximale Objektgröße (KB).* Hier können Sie die maximale Größe von Objekten festlegen, die in die öffentlichen Ordner verschoben werden dürfen.
- *Zeitabstand für Warnmeldungen.* Hier legen Sie fest, wann und wie oft der Exchange Server eine Warnmeldung an die Kontaktpersonen der öffentlichen Ordner versenden soll.

- *Gelöschte Objekte aufbewahren für (Tage).* Wenn Benutzer Objekte löschen, werden diese in den gelöschten Objekten des Postfachs aufbewahrt. Werden Sie vom Benutzer auch hieraus gelöscht, markiert Exchange 2000 diese Objekte als gelöscht. Sie können jedoch noch während des Zeitraums, den Sie hier einstellen, wiederhergestellt werden.
- *Objekte nicht permanent löschen....*Mit dieser Option legen Sie fest, dass unabhängig des Zeitraums ein Objekt erst unwiederbringlich gelöscht wird, wenn die Datenbank online gesichert wurde.
- *Verfallszeit.* Mit der Verfallszeit steuern Sie, wann Exchange die Inhalte automatisch löscht. Dies kann zum Beispiel zum Verwalten eines Fax-Server-Eingangs genutzt werden. Exchange löscht automatisch ältere E-Mails. Behandeln Sie diese Option mit Sorgfalt, da Sie sonst auch versehentlich E-Mails löschen, die zwar alt sind aber dennoch benötigt werden.

Registerkarte Volltextindizierung (Richtlinie)

Hier können Sie die Indizierung des Informationsspeichers steuern (siehe Abbildung 6.30). Legen Sie einen Zeitplan fest, wann Exchange mit dieser Richtlinie die zugeordneten Informationsspeicher indizieren soll.

Durch die Indizierung wird der Zugriff auf den Inhalt des Informationsspeichers und den darin enthaltenen öffentlichen Ordner deutlich beschleunigt. Allerdings auf Kosten der CPU-Last.

Beachten Sie hierzu Kapitel 1.8.4 *Indizierung der Datenbank.*

Die Indexe werden nur genutzt, wenn in Outlook die `Erweiterte Suche` verwendet wird.

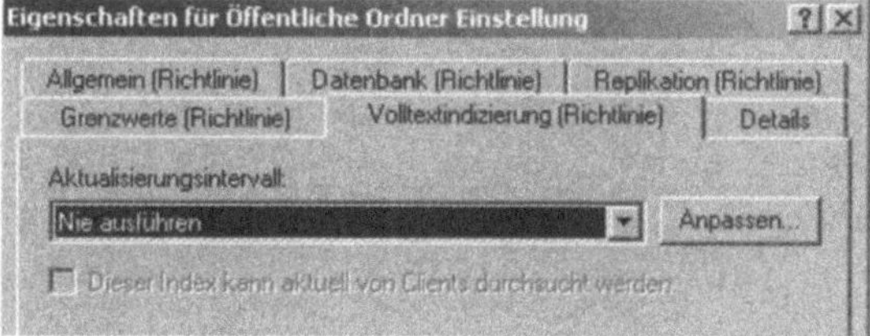

Abb. 6.30: Registerkarte Volltextindizierung

Genauso wie bei der Serverrichtlinie müssen Sie dieser Richtlinie noch die Objekte zuweisen, für die sie gelten soll.

Der Ablauf ist identisch mit der der Serverrichtlinie außer mit dem Unterschied, dass Sie hier keine Exchange-Server auswählen sondern Informationsspeicher für öffentliche Ordner, für die diese Richtlinie gelten soll.

Die entsprechenden Optionen sind in den Eigenschaften der Informationsspeicher, die dieser Richtlinie zugeordnet wurden, jetzt ausgegraut. So können Sie leicht überprüfen, ob die Zuweisung und die Einstellungen funktionieren.

6.5.2.3 Richtlinie für Postfachspeicher

Mit dieser Richtlinie legen Sie schließlich fest, welche Einstellungen für die einzelnen Postfachspeicher der Benutzer gelten sollen.

Diese Richtlinie wird, genauso wie die anderen Richtlinien, Postfachspeichern zugeordnet. Sie können Einstellungen für Grenzwerte auch direkt bei den einzelnen Benutzern vornehmen oder direkt in den Eigenschaften des entsprechenden Postfachspeichers. Es bietet sich jedoch an, gerade diese Einstellungen mit einer Richtlinie zu definieren, da Sie sonst schnell die Übersicht verlieren.

Die Einstellungen dieser Richtlinie sind fast identisch und analog zur Richtlinie für die Informationsspeicher der öffentlichen Ordner. Ich gehe deshalb hier nur auf die Unterschiede ein. Diese befinden sich hauptsächlich auf der Registerkarte *Allgemein (Richtlinie)* (siehe Abbildung 6.31).

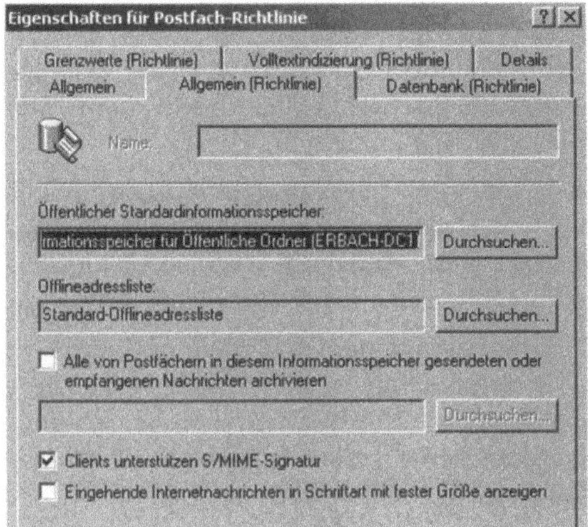

Abb. 6.31: Registerkarte *Allgemein* der Postfach-Richtlinie

Hier können Sie den Standardinformationsspeicher für öffentliche Ordner eintragen sowie die Offline-Adressliste, die für Postfächer gelten soll, die mit dieser Richtlinie verbunden sind.

Mit der Option `Alle von Postfächern in diesem Informationsspeicher gesendeten oder empfangenen Objekte archivieren` können Sie eine Kopie der Nachricht zur Archivierung an ein bestimmtes Postfach senden.

6.5.2.4 Allgemeine Informationen zu Richtlinien

Löschen einer Richtlinie

Wenn Sie eine Richtlinie löschen, bleiben alle Einstellungen erhalten, die von dieser Richtlinie an den entsprechenden Objekten vorgenommen wurde.

Sie müssen also, um diese Einstellungen wieder zu überschreiben, eine neue Richtlinie definieren oder diese Einstellungen direkt am Exchange Objekt (Server, Postfachspeicher oder öffentlicher Ordner-Speicher) vornehmen.

Anwenden einer Richtlinie

Eine Richtlinie wird sofort nach der Erstellung aktiv. Sie müssen also nicht erst die Server durchstarten. Auch Benutzer müssen sich nicht neu anmelden.

Achten Sie bei der Konfiguration von verschiedenen Systemrichtlinien des gleichen Typs, also zum Beispiel Richtlinien für den Postfachspeicher darauf, dass Sie nicht die gleichen Registerkarten für identische Postfachspeicher verwenden.

Es kann immer nur eine Richtlinie angewendet werden. Wenn Sie eine Richtlinie erstellen, auf der Sie die gleichen Registerkarten definieren wie für eine bereits existierende und diese dann auf identische Objekte anwenden, erhalten Sie eine Meldung von Exchange.

Diese Meldung weist Sie darauf hin, dass nur eine der beiden aktiv geschalten, werden kann.

6.6 Adresslisten

Wenn Benutzer E-Mails versenden, geben Sie in den seltensten Fällen die E-Mail-Adresse ein.

Vor allem beim Versenden von E-Mails innerhalb der Organisation benutzen die Absender das Adressbuch, das innerhalb von Outlook angezeigt wird.

Meistens wird hier das globale Adressbuch verwendet. Dieses Adressbuch ist die gemeinsame Menge aller Adressbücher. Zur besseren Übersicht bietet es sich an, vor allem bei größeren Organisationen, mehrere Adressbücher zu definieren.

Sie können die Adressbücher so konfigurieren, dass der Inhalt über benutzerdefinierte Filter ständig von Exchange aktuell gehalten wird. Es ist nicht notwendig, Benutzer von Hand neu in ein entsprechendes Adressbuch zu verschieben.

Exchange hat standardmäßig bereits einige angelegte Adresslisten. Diese müssen nicht verändert werden.

Exchange unterscheidet drei Arten von Adresslisten: Standard-, benutzerdefinierte- und Offline-Adresslisten.

6.6.1 Standard-Adresslisten

In Exchange stehen Ihnen nach der Installation fünf Standard-Adresslisten zur Verfügung. Diese können von Ihnen übernommen werden oder nach Ihren Wünschen angepasst werden.

Benutzer sehen diese Adresslisten in Outlook oder sonstigen MAPI-Clients.

Alle Kontakte

In dieser Adressliste sind alle E-Mail-aktivierten Kontakte enthalten. Die Kontakte werden zwar im Adressbuch angezeigt, verfügen aber über kein Postfach innerhalb Ihrer Organisation.

Die E-Mails werden von Exchange 2000 weitergeleitet. Die Benutzer merken davon nichts.

Für die Benutzer ist lediglich interessant, dass sie die E-Mail-Adressen zu den von ihnen gewünschten Empfängern finden.

Alle Gruppen

In dieser Adressliste finden sich alle von Ihnen definierte E-Mail-aktivierten Sicherheitsgruppen und Verteilerlisten wieder.

Dies ist besonders hilfreich, wenn ein Benutzer eine E-Mail an mehrere Teilnehmer versenden will. Verteilerlisten werden alphabetisch zwischen den normalen E-Mail-aktivierten Benutzern eingereiht und sind daher im Globalen Adressbuch nicht sehr schnell zu finden.

Alle Benutzer

Diese Liste enthält alle E-Mail-aktivierten und Postfach aktivierten Benutzer Ihrer Organisation.

Es werden allerdings nicht die Kontakte oder Gruppen angezeigt.

Öffentliche Ordner

Hier finden Sie alle E-Mail-aktivierten öffentlichen Ordner Ihrer Organisation.

Angezeigt werden allerdings nur diese, deren Anzeige Sie im Adressbuch nicht unterdrückt haben. Nachrichten können also direkt an einen öffentlichen Ordner geschickt werden. Es ist nicht notwendig, einen Umweg über einen Benutzer zu machen, der die Nachricht dann manuell in den öffentlichen Ordner verschiebt.

Globale Adressliste

Die globale Adressliste ist schließlich die Gesamtmenge aller Standard-Adresslisten. Sie enthält, alphabetisch sortiert, alle Kontakte, Benutzer, öffentliche Ordner und Gruppen.

6.6.2 Benutzerdefinierte Adresslisten

Mit Hilfe von benutzerdefinierten Adresslisten können Sie, unabhängig der Standard-Adresslisten, eigene Adresslisten erstellen.

Hierzu werden Ihnen von Exchange, genauso wie bei den Empfängerrichtlinien, Filterregeln zur Verfügung gestellt, die Sie bei der Konfiguration der Adresslisten unterstützen.

Adresslisten können im Ordner Empfänger direkt im Exchange System-Manager erstellt und bearbeitet werden (siehe Abbildung 6.33).

6.6.2.1 Erstellen von benutzerdefinierten Adresslisten

Um eine neue Adressliste zu erstellen, navigieren Sie im Exchange System-Manager zu dem Empfänger-Container (siehe Abbildung 6.32).

Sie können neue Adresslisten entweder im Container *Alle Adresslisten* oder *Alle globale Adresslisten* erstellen.

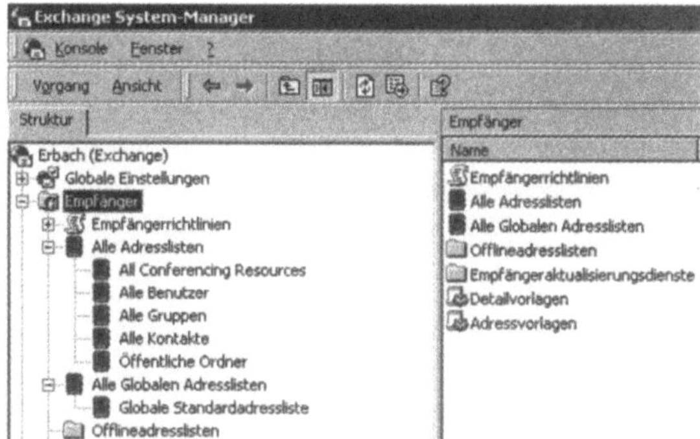

Abb. 6.32: Ansicht der Adresslisten

Klicken Sie mit der `rechten Maustaste` auf den gewünschten Container also *Alle Adresslisten* oder *Alle globale Adresslisten* wählen `Neu` und dann `Adressliste`. Nach dem Sie die neue Adressliste erstellt haben, müssen Sie einen Namen vergeben (siehe Abbildung 6.33). Dieser Name wird bei den Benutzern in Outlook angezeigt, wenn Sie über das Feld `An` durch die Adresslisten navigieren.

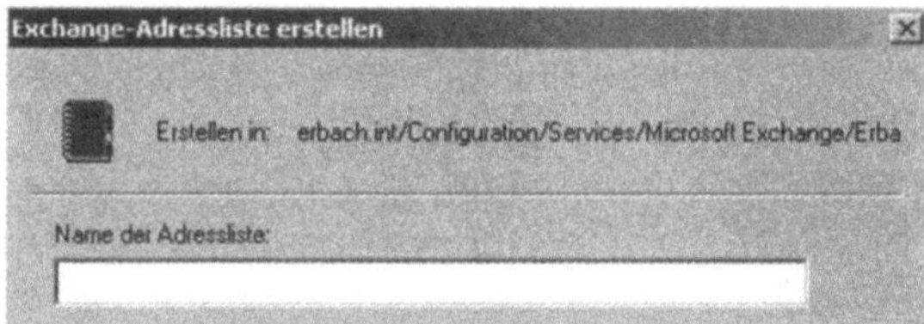

Abb. 6.33: Name der neuen Adressliste

Nach dem Eingeben des Namens können Sie die Filterregeln definieren, die den Aufbau der Adressliste steuern (siehe Abbildung 6.34).

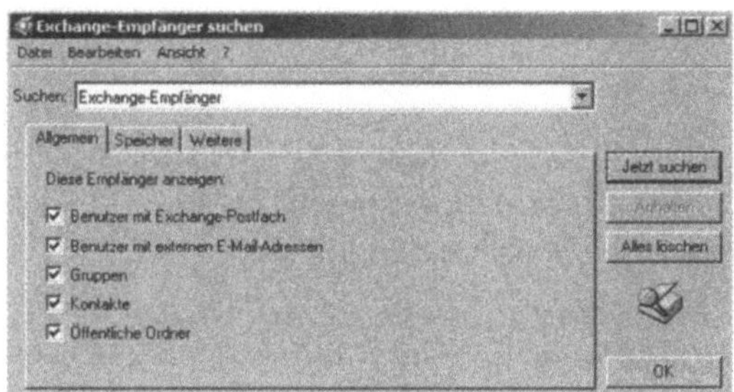

Abb. 6.34: Filterregeln der neuen Adressliste

Sie können über diese Filterregeln genau die Mitgliedschaft steuern.

Dabei stehen Ihnen zunächst auf der Registerkarte *Allgemein* schon einige Möglichkeiten zur Verfügung.

Registerkarte Allgemein

- *Benutzer mit Exchange-Postfach.* Wenn Sie diese Option aktiviert haben, werden alle Empfänger der Adressliste hinzugefügt, die über ein Postfach verfügen. Diese Option beinhaltet jedoch nicht die Benutzer, die lediglich E-Mail-aktiviert sind, sondern nur die postfach-aktivierten Benutzer.
- *Benutzer mit externen E-Mail-Adressen.* Diese Option fügt alle E-Mail-aktivierten Benutzer hinzu. Kontakte werden allerdings mit dieser Option nicht ausgewählt.
- *Gruppen.* Es werden alle E-Mail-aktivierten Gruppen der neuen Adressliste hinzugefügt.
- *Kontakte.* Dieser Punkt fügt schließlich alle E-Mail-aktivierten Kontakte der neuen Adressliste hinzu.
- *Öffentliche Ordner.* Hier werden schließlich alle öffentlichen Ordner der neuen Adressliste hinzugefügt. Allerdings wieder nur die, bei denen die Anzeige im Adressbuch aktiviert ist.

Registerkarte Speicher

Mit Hilfe dieser Registerkarte können Sie zusätzlich noch nach dem Speicherort des Postfaches der Benutzer filtern lassen.

Sie können hier explizit auswählen, dass nur Benutzer eines bestimmten Informationsspeichers angezeigt werden sollen.

- *Postfächer auf allen Servern.* Mit dieser Option werden alle Postfächer in allen Informationsspeichern auf allen Servern der Adressliste hinzugefügt.
- *Postfächer auf diesem Server.* Hier werden alle Postfächer in allen Informationsspeichern von diesem ausgewählten Exchange Server hinzugefügt.
- *Postfächer in diesem Postfachspeicher.* Hier können Sie alle Empfänger hinzufügen, deren Postfach in einem bestimmten Postfachspeicher liegt.

Registerkarte Weitere

Mit den Filterregeln dieser Registerkarte können Sie am genauesten spezifizieren, welche Benutzer in Ihre benutzerdefinierte Adressliste aufgenommen werden sollen.

Sie können genau nach einzelnen Attributen der Benutzereigenschaften suchen. So besteht zum Beispiel die Möglichkeit, nach Abteilung oder Büro zu filtern. Vorausgesetzt natürlich, diese Eigenschaften werden bei den Benutzern im Active Directory gepflegt.

Um genauer auswählen zu können, besteht darüber hinaus noch die Möglichkeit, mehrere Filter zu erstellen, welche miteinander verknüpft sind.

Benutzer müssen so die Kriterien aller Filter erfüllen, um in die Adressliste aufgenommen zu werden.

Wie bei den anderen Filtermethoden erstellt Exchange aus Ihrer Auswahl eine ldap-Abfrage. Der einzige Unterschied bei den benutzerspezifischen Filtern sind detailliertere Auswahlmöglichkeiten.

Definieren von Filterregeln

Sie müssen für diese Filterregeln drei Punkte definieren.

Das sind das Feld, welches Sie betrachten wollen, die Bedingung die gelten soll und der Wert des Feldes.

Ihnen stehen dabei folgende Bedingungen zur Verfügung:

- *Beginnt mit.* Das Feld muss genau mit dem Zeichensatz beginnen, den Sie als Wert eintragen.
- *Endet mit.* Analog zu *beginnt mit* mit dem Unterschied, dass der Wert jetzt am Ende stehen muss.
- *Ist (genau).* Der Inhalt des Feldes muss genau dem Wert entsprechen. Hier wird allerdings nicht Groß- und Kleinschreibung überprüft.
- *Ist nicht.* Analog zu *Ist (genau)* nur im negativen Sinn.
- *Vorhanden.* Der Wert muss in diesem Feld an irgendeiner Stelle vorkommen.
- *Nicht vorhanden.* Der Wert darf im gesamten Feld nicht vorhanden sein.

Sie können natürlich auch jederzeit eigene ldap-Abfragen formulieren und hier eintragen.

Sie können auch die von Exchange generierte Abfrage auf der Registerkarte Allgemein bearbeiten.

6.6.3 Offline-Adresslisten

Offline-Adresslisten sind Adresslisten, die wie der Name schon sagt, auch offline zur Verfügung stehen.

So können zum Beispiel mobile Benutzer mit Ihren Notebooks diese Adressliste auf Ihr Notebook herunterladen und offline E-Mails schreiben. Sobald der Rechner wieder Verbindung mit dem Exchange Server hat, werden die E-Mails aus dem Postausgang an die gewünschten Empfänger verschickt.

Die Offline-Adressliste wird bereits bei der Installation des ersten Exchange Servers in der Organisation erstellt. Der Aufbau erfolgt aus der globalen Adressliste, die alle Empfänger der Organisation enthält, also Benutzer, Kontakte, Gruppen und öffentliche Ordner.

Neue Offline-Adresslisten können erstellt werden, wenn Sie mit der rechten Maustaste auf den Ordner Offlineadresslisten klicken (siehe Abbildung 6.32).

Nach dem Sie die Liste erstellt haben und Ihr einen Namen gegeben haben, können Sie auswählen, auf welchem Exchange Server Sie zur Verfügung stehen soll und welche Online-Adresslisten von Ihr abgedeckt werden sollen.

Die Offline-Adressliste baut sich dann aus den Empfängern auf, welche in den ausgewählten Adresslisten sind.

6.6.4 Verwalten von Adresslisten

Adresslisten können unabhängig von ihrer Konfiguration noch an Ihre speziellen Anforderungen angepasst werden.

Sie können zum Beispiel festlegen, wie die Benutzer innerhalb der Adressliste angezeigt werden sollen und wer die einzelnen Adresslisten in Outlook überhaupt angezeigt bekommt.

Anzeigenamen der Benutzer

Die Anzeigenamen der einzelnen Empfänger werden in der Adressliste genauso angezeigt, wie sie im Feld *Anzeigename* in den Benutzereigenschaften des Benutzers steht.

Im Kapitel 5.2.1.2 wurde bereits beschrieben, wie man die etwas unglückliche Standardanzeige von Windows 2000, *Vorname Nachname*, anpassen kann.

Um gerade bei größeren Organisationen nicht den Überblick zu verlieren, sollten Sie schon frühzeitig die Syntax auf *Nachname, Vorname* ändern.

Sicherheits-Einstellungen der Adresslisten

Sie können Adresslisten, wie alle anderen Windows 2000-Objekte, direkt mit Sicherheitseinstellungen versehen. Auf diese Weise können Sie genau steuern, welche Benutzer oder Benutzergruppen welche Adresslisten in Outlook angezeigt bekommen sollen.

Dabei können Sie die Berechtigung auf die Container der Adresslisten setzen oder direkt auf jede einzelne Adressliste. Gehen Sie dazu einfach auf die Registerkarte *Sicherheit* der Adressliste, die Sie bearbeiten wollen.

Vorschau einer Adressliste

Wenn Sie selbst eine Vorschau der Adressliste ansehen wollen, müssen Sie sich nicht erst mit einem Postfach und Outlook am Exchange Server anmelden, sondern können direkt mit dem Exchange System-Manager die Adresslisten betrachten.

Klicken Sie dazu mit der `rechten Maustaste` auf die jeweilige Adressliste, rufen die Eigenschaften auf und wählen auf der Registerkarte *Allgemein* das Feld *Vorschau* (auf englischen Server *Preview*).

Sie bekommen jetzt alle Mitglieder der Adressliste angezeigt und können diese sogar auf Wunsch bearbeiten.

Benutzer bekommen in Outlook den gleichen Inhalt angezeigt, können aber selbstverständlich nicht die Eigenschaften der einzelnen Mitglieder bearbeiten.

7 Nachrichtenrouting

Exchange 2000 hat eine vollständig geänderte Routingarchitektur. Die oft fehlerhafte GWART (Gateway Adress Routing Table) aus Exchange 5.5 wurde komplett ersetzt. Die Berechnung der Routen erfolgt jetzt über die sogenannten Verbindungsinformationen.

Diese Verbindungsinformationen sind für den reibungslosen Versand von E-Mails zwischen den verschiedenen Exchange-Servern oder nach außerhalb verantwortlich.

Sie sollten mit dem Nachrichtenrouting in Exchange 2000 vertraut sein, um eine Organisation mit mehreren Exchange-Servern zu verwalten.

7.1 Verbindungsinformationen

Der Nachteil der GWART-Technologie von Exchange 5.5 bestand darin, dass nicht die Konsistenz der gesamten Verbindung überprüft wurde. Also ob eine E-Mail über den gewählten Weg überhaupt zugestellt werden kann. Es wurde lediglich der jeweilig nächste Hop überprüft.

Verbindungsinformationen enthalten den Status aller Connectoren aller Routinggruppen. Es gibt dabei jeweils nur den Status aktiv oder inaktiv. Die Daten werden in einer Verbindungsstatustabelle gespeichert. Diese Tabelle enthält auch die einzelnen Kosten der Connectoren, damit jeder Exchange 2000-Server nicht nur die stabilste Route auswählt sondern auch die günstigste.

Die Verbindungsstatustabelle wird vom Verbindungsstatusalgorithmus ständig aktuell gehalten. Exchange 2000 verschickt Nachrichten nur über Connectoren, die als aktiv gekennzeichnet sind.

Verbindungsinformationen werden vom Routinggruppenmaster an die anderen Server innerhalb seiner Routinggruppe weitergegeben. Auch der jeweilige Bridgeheadserver der Routinggruppe empfängt diese Informationen und gibt sie an die anderen Bridgeheadserver der anderen Routinggruppen weiter.

Der jeweilige Routinggruppenmaster der Routinggruppe weiß so jederzeit, welche Server innerhalb der Organisation zur Verfügung stehen und welche nicht. Routinggruppenmaster tauschen so Informationen miteinander aus.

Je mehr Routinggruppen und Leitungen es innerhalb der Organisation gibt, desto wichtiger werden diese Verbindungsinformationen.

Diese Informationen werden im Arbeitspeicher gespeichert, müssen also nach dem Neustart eines Servers wieder repliziert werden.

Die Verbindungsinformationen innerhalb einer Routinggruppe werden über den TCP-Port 691 übermittelt. Zwischen Routinggruppen über TCP-Port 25.

Der Versand zwischen Routinggruppen erfolgt direkt über den SMTP-Befehl X-LINK2STATE und nicht mit einer E-Mail. So ist sichergestellt, dass keine Informationen verloren gehen.

Beispiel: Ablauf einer Statusänderung

- Eine Verbindung fällt aus, der Connector wird als inaktiv markiert.
- Der Bridgeheadserver informiert seinen Routinggruppenmaster über den TCP-Port 691 nach spätestens 5 Minuten.
- Der Routinggruppenmaster aktualisiert seine Verbindungsstatustabelle und gibt die Änderung an alle anderen Exchange-Server innerhalb seiner Routinggruppe über TCP-Port 691 weiter.
- Alle Bridgeheadserver der Routinggruppe geben die Änderung an alle Bridgeheadserver weiter, mit denen Sie verbunden. sind. Diese Kommunikation läuft über TCP-Port 25.
- Diese Bridgeheadserver wiederum aktualisieren Ihren Routinggruppenmaster usw., bis alle Routinggruppen infomiert sind.

7.2 Nachrichtenrouting

Exchange 2000 kann Nachrichten über drei Wege empfangen:

- SMTP - zum Beispiel über das Internet
- MAPI - also über Outlook oder Outlook Web Access
- MTA - also über ein X.400-System zum Beispiel Exchange 5.5

Nachrichten, die über SMTP in das System kommen, werden zunächst in eine NTFS-Warteschlange überstellt.

Da E-Mails nicht zwingend für Ihre Exchange Organisation bestimmt sind sondern eventuell weitergeleitet werden sollen, müssen diese zunächst kategorisiert werden.

Nachrichten die über MTA oder MAPI eintreffen, werden direkt an den Treiber des Informationsspeichers geschickt. Dieser erzeugt ein sogenanntes Eventsink, welches zum Erfassen von weiteren Aktionen (Regeln, Antivirenprogramm, etc.) genutzt werden kann.

Danach wird die E-Mail an den Categorizer übergeben, welcher im Wesentlichen für das Auflösen der Empfängeradresse zuständig ist.

Der Categorizer überprüft, ob für diese E-Mail Größenbeschränkungen oder sonstige Regeln definiert wurden und handelt entsprechend.

Nach der Kategorisierung wird die E-Mail dem Routingmodul übergeben, welches Zieladresse und –domäne zuordnet und überprüft.

Hier wird entschieden, ob die Nachricht an einen anderen Server weitergeleitet werden muss oder direkt in den Informationsspeicher geschrieben werden kann.

Das Schreiben in den Informationsspeicher wird von der *store.exe* ausgeführt.

7.2.1 Nachrichtenrouting innerhalb eines Servers

Wenn ein Client eine Nachricht zu einem Benutzer auf demselben Server abschickt, erkennt dies der Categorizer, schreibt die Nachricht in die lokale Zustellungswarteschlange und danach in den Informationsspeicher.

Der Empfänger wird dann von Exchange benachrichtigt. Dieser Vorgang wird hauptsächlich vom IIS (Internet Information Service) durchgeführt.

7.2.2 Nachrichtenrouting innerhalb einer Routinggruppe

Nachrichten zwischen Servern einer Routinggruppe werden mit Hilfe des SMTP-Protokolls verschickt.

Wenn ein Benutzer eine E-Mail abschickt, wendet der Categorizer alle Einschränkungen an, die definiert wurden und schickt die E-Mail an das Routingmodul.

Das Routingmodul überprüft die Domänenzuordnung und stellt die E-Mail in eine spezielle Zielwarteschlange.

Jetzt führt der sendende Server eine DNS-Abfrage durch und sucht einen MX-Eintrag für die Domäne, an die er die E-Mail zustellen soll. Nach dieser Abfrage baut der Server auf Port 25 eine Verbindung auf und überträgt die Nachricht an den Ziel-Server.

Der Ziel-Server nimmt die Nachricht an und schreibt sie in eine NTFS-Warteschlange, wo sie der Categorizer übernimmt und enstprechend den Regeln zustellt.

7.2.3 Nachrichtenrouting zwischen Routinggruppen

Nachdem der Client eine E-Mail verschickt hat, stellt der sendende Server die E-Mail in eine SMTP-Warteschlange.

Jetzt werden die verfügbaren Routinggruppen aus dem Active Directory ausgelesen und die bestmögliche Route festgelegt. Dazu werden die Verbindungsinformationen verwendet, die zu Anfang dieses Kapitel beschrieben wurden.

Danach wird die E-Mail über SMTP an den Bridgeheadserver der eigenen Routinggruppe übermittelt.

Der Bridgeheadserver leitet die E-Mail an den Bridgeheadserver der Ziel-Routinggruppe weiter. Ebenfalls über SMTP.

Der Bridgeheadserver der Ziel-Routinggruppe leitet die E-Mail schließlich an den Ziel-Server weiter, auf dem das Postfach des Empfängers liegt.

7.2.4 Nachrichtenrouting nach extern

Der Versand aus der Exchange Organisation ins Internet oder in ein anderes Mail-System läuft genauso ab, wie der Nachrichtenversand innerhalb von Routinggruppen, mit dem Unterschied, dass die E-Mail per SMTP entweder zum Smarthost oder direkt zugestellt wird.

Dazu muss nicht in jeder Routinggruppe oder sogar auf jedem Server eine Verbindung zum Fremdsystem oder zum Internet hergestellt werden.

Es reicht, wenn in einer Routinggruppe der Organisation ein Connector erstellt wurde und dieser allen anderen Routinggruppen zur Verfügung steht.

Exchange 2000 erkennt dies durch die Verbindungsinformationen und schickt E-Mails, die an dieses System oder ins Internet adressiert sind (auch über mehrere Routinggruppen hindurch), bis die Nachricht verschickt werden kann.

7.2.5 Fehlschlag einer Verbindung

Für Exchange ist eine Verbindung fehlgeschlagen wenn Folgendes eintritt:

- Die Netzwerkverbindung zwischen den Routinggruppen ist nicht herzustellen.
- Es kann keine Verbindung zum Remote-Bridgeheadserver aufgebaut werden. Der Connector ist als inaktiv markiert.
- Der Connector schafft es nicht, während drei Versuchen mit einem Intervall von je 60 Sekunden eine Verbindung herzustellen.
- Wenn dies nicht funktioniert, versucht der Server an Hand der definierten Wiederholungsintervalle (siehe Abbildung 7.2) eine Verbindung herzustellen. Diese Einstellungen werden auf dem virtuellen SMTP-Server getroffen. Um zum virtuellen SMTP-Server Ihres Exchange-Servers zu gelangen, navigieren Sie direkt zum SMTP-Protokoll Ihres Exchange-Servers (siehe Abbildung 7.1).

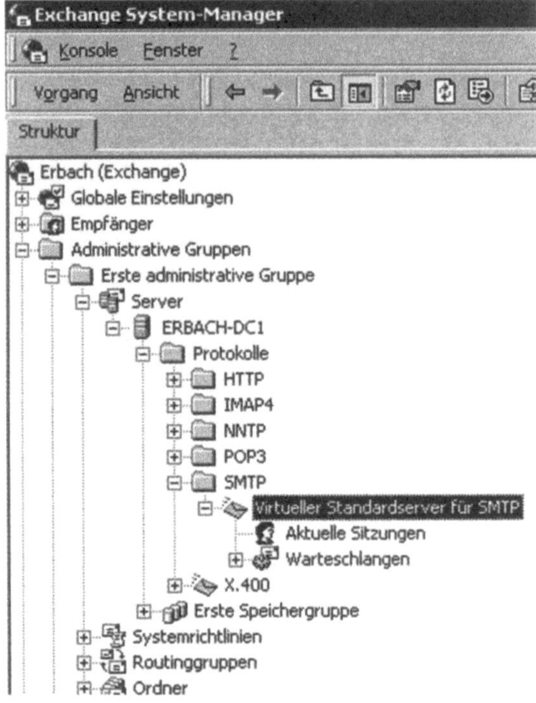

Abb. 7.1: Virtueller SMTP-Server

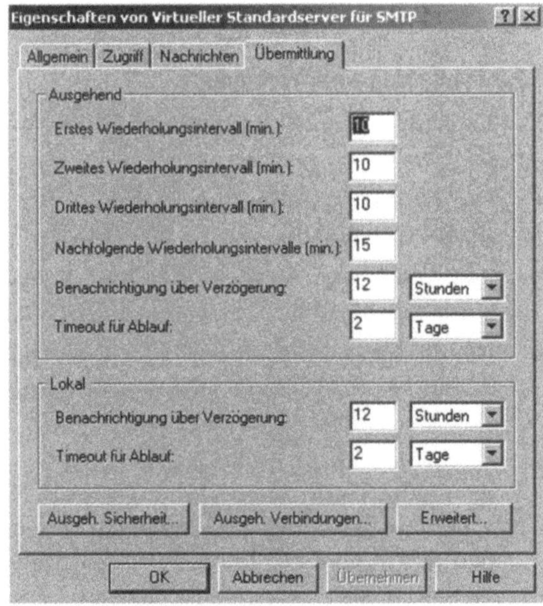

Abb. 7.2: Wiederholungsintervalle des virtuellen SMTP-Servers

Wenn jetzt noch keine Verbindung hergestellt werden kann, bekommt der Sender eine Warnung, dass die E-Mail noch nicht zugestellt werden konnte.

- Wenn die Nachricht innerhalb der Frist, die für den `Timeout für Ablauf` definiert wurde nicht zugestellt wurde (siehe Abbildung 7.2), bekommt der Sender einen Unzustellbarkeitsbericht zurück (Non-delivery Report - NDR).

7.2.6 SMTP und POP3 für Profis

Wenn Sie einen Exchange-Server verwalten, sollten Sie sich mit SMTP auskennen. Wenn Sie Probleme beim Versenden oder Empfangen von E-Mails vermuten, können Sie mit Telnet den E-Mail-Verkehr von E-Mails auf SMTP-Servern verfolgen. Es ist dabei vollkommen unerheblich, ob es sich um einen Exchange-Server, einen Linux-Server oder einer Blackbox handelt, SMTP bleibt SMTP. Das Versenden einer E-Mail ist schlussendlich nichts anderes als der Verbindungsaufbau zum Port 25 des E-Mail-Servers.

Testen Sie die SMTP-Anleitung auf den folgenden Seiten ruhig aus, Sie können hier kein System verbiegen, sondern emulieren lediglich das Versenden von E-Mails. Sie können zum Beispiel mit Telnet testen, ob ein bestimmter Server überhaupt E-Mails zum Remote-Server, zum Beispiel über die Firewall hinweg, senden darf oder nicht, bevor Sie diesen Server in einem SMTP-Connector aktivieren. Wenn Sie erfolgreich einen E-Mail-Versand über SMTP abwickeln, können Sie schon fast sicher sein, dass der E-Mail-Fluss des Servers auch funktioniert.

SMTP-Eingaben

Um mit Telnet Verbindung zu einem E-Mail-Server aufzubauen, benötigen Sie ein Telnet-Programm. Für die Tests eines E-Mail-Servers reicht der Client aus, der mit Windows ausgeliefert wird. Wenn Sie mit Telnet eine Verbindung mit einem SMTP-Server aufbauen, werden Ihre Eingaben auf dem Monitor unter Windows 2000 oder Windows 2003 nicht angezeigt. Dies kann sehr störend sein, da Sie Tippfehler so nicht sehen. Unter Windows XP oder Windows 2003 Server ist das lokale Echo bereits standardmäßig, aktiviert unter Windows 2000 müssen Sie das erst tun.

Starten von Telnet

Wenn Sie das lokale Echo auf einem Windows 2000-Client aktivieren wollen, müssen Sie in der Kommandozeile zunächst Telnet aufrufen. Geben Sie dazu einfach `telnet` ein.

Nach der Eingabe befinden Sie sich im Telnet-Programm. Hier können Sie jetzt das lokale Echo für dieses Fenster aktivieren. Wenn Sie das Fenster wieder schließen, ist das lokale Echo unter Windows 2000 jedoch wieder deaktiviert und muss beim nächsten Mal wieder aktiviert werden. Geben Sie in der Telnet-Zeile `set local_echo` ein und bestätigen Sie.

Die Aktivierung des lokalen Echos muss nur unter Windows 2000 durchgeführt werden, unter Windows XP und Windows Server 2003 ist das lokale Echo bei Telnet bereits aktiviert.

Als nächstes müssen Sie Verbindung zum E-Mail-Server aufbauen, bei dem Sie Verbindungsprobleme vermuten.

Verbindungsaufbau

Wenn Sie mit Windows XP oder Windows 2003 arbeiten, können Sie in der Kommandozeile direkt mit `telnet SERVERNAME 25` Verbindung zum gewünschten SMTP-Server aufbauen. Wenn Sie mit Windows 2000 arbeiten und den Telnet-Client gestartet haben, um das lokale Echo zu aktivieren, geben Sie in der Telnet-Oberfläche den Befehl `Open SERVERNAME 25` ein. Wenn Sie Ihre Eingabe bestätigen, baut der Client Verbindung zum gewünschten E-Mail-Server auf. Um die Verbindung wieder zu trennen, können Sie entweder das DOS-Fenster schließen oder in der Telnet-Oberfläche quit eingeben.

Versenden einer E-Mail

Nach dem Verbindungsaufbau können Sie jetzt mit SMTP-Befehlen das Versenden einer E-Mail testen. Dieser Ablauf ist dabei identisch mit dem Versenden von E-Mails zwischen zwei E-Mail-Servern. Nachdem Sie eine Verbindung aufgebaut haben, müssen Sie sich zuerst am SMTP-Server authentifizieren. Wenn Sie auf der Suche nach einem Verbindungsproblem sind, haben Sie hier schon die erste Chance auf eine Fehlerbehebung. Wenn

Sie zum Beispiel einen Verbindungstest mit einem E-Mail-Server im Internet aufbauen, besteht die Möglichkeit, dass Sie sofort nach dem Verbindungsaufbau wieder getrennt werden. In einem solchen Fall wurde Ihnen vom Administrator des Remote-E-Mail-Servers kein Recht eingeräumt mit dem Server Verbindung aufzunehmen. Sie können also schon hier mit der Fehlerbehebung ansetzen. Gehen wir mal davon aus, dass die Verbindung erhalten bleibt, Sie also generell das Recht haben, mit dem Remoteserver Verbindung aufzunehmen.

Authentifizierung

Um sich an einem E-Mail-Server zu authentifizieren, können Sie zwischen zwei Befehlen wählen. Der etwas ältere und mittlerweile weniger verbreitete Befehl lautet `helo`. Oft müssen Sie nach dem helo noch die Bezeichnung des Servers anhängen, von dem Sie Verbindung aufbauen. Wenn Sie die Verbindung von einer Workstation aus aufbauen, müssen Sie deren Namen eingeben, also zum Beispiel `helo pc-thomas-xp`. Der neuere Standard und immer verbreitetere ist das Enhanced Helo `ehlo`. Wenn Sie sich mit diesem Befehl an einem SMTP-Server anmelden, weiß der Remoteserver, dass Sie die erweiterte SMTP-Sprache verwenden wollen und begrüsst Sie nach der Eingabe mit den unterstützten Befehlen. Bei `ehlo` müssen Sie nur in den seltensten Fällen noch eine Authentifizierung mit anhängen, es reicht der Befehl `ehlo` und die Bestätigung. Wenn Sie an dieser Stelle sind, und keine Fehlermeldung erscheint, sind Sie erfolgreich am SMTP-Server authentifiziert.

Eingabe des Absenders

Als nächstes müssen Sie dem Remoteserver noch mitteilen, wer der Absender der E-Mail ist. Ich verwende hier immer Phantasienamen, da die Richtigkeit der Domäne nicht überprüft wird. Gern genommen wird hier oft zum Beispiel `hallo@hallo.de`. Um dem Server mitzuteilen, wie der Absender heißt, verwenden Sie den Befehl `Mail from:`. Nach dem Doppelpunkt geben Sie ohne Leerzeichen den Absender an, also zum Beispiel

```
mail from:hallo@hallo.de
```

Wenn Sie bei der Eingabe einen Fehler machen und der Remoteserver den Absender nicht bestätigt, geben Sie einfach den Befehl noch einmal an.

Eingabe des Empfängers

Im nächsten Schritt müssen Sie jetzt die Adresse des Empfängers eingeben, der die E-Mail erhalten soll. Hier müssen Sie die E-Mail-Adresse des Benutzers eingeben, nicht den Benutzernamen.

Wenn Sie eine E-Mail einem Benutzer zustellen wollen, der nicht von diesem E-Mail-Server verwaltet wird, da er zu einer anderen Domäne gehört, wird der Vorgang, den Sie hier durchführen *relaying* genannt. Das heißt, Sie schicken einem Benutzer mit Hilfe eines anderen E-Mail-Servers eine Nachricht zu. Da dies von vielen Spammern ausgenutzt wird, ist relaying bei vielen Servern deaktiviert, wenn der Benutzer nicht mit Benutzernamen oder IP-Adresse des Rechners am E-Mail-Server freigeschaltet ist. In einem solchen Fall erhalten Sie eine Fehlermeldung, wenn Sie die E-Mail abschicken wollen. Zum Testen sollten Sie also immer erstmal Benutzer verwenden, die durch den Exchange-Server verwaltet werden. Die Adresse des Empfängers geben Sie mit dem Befehl `rcpt to:` an, gefolgt von der E-Mail-Adresse. Wenn Sie zum Beispiel den Test an der installierten Testumgebung durchführen geben Sie

```
rcpt to:administrator@hof-erbach.de
```

ein. Nach der Eingabe wird Ihnen die Verifizierung des Absenders bestätigt.

Eingeben des E-Mail-Textes

Als nächstes müssen Sie jetzt noch den Text der E-Mail eingeben. Sie können hier entweder einen Betreff und den Text der E-Mail eingeben, oder nur eines der beiden. Meistens reicht für schnelle Tests der SMTP-Verbindung die Eingabe des E-Mail-Textes aus. Geben Sie den Befehl data ein und bestätigen Sie um zur Eingabe des Betreffs und des E-Mail-Textes zu kommen. Wenn Sie den Befehl eingegeben und bestätigt haben, erscheint eine Meldung des Remoteservers, der Sie zur Eingabe auffordert. Wenn Sie alle Eingaben für die E-Mail vorgenommen haben und den Text eingegeben haben, wird die E-Mail, mit der Tastenfolge Return „." Return abgeschickt. Diese Eingabe wird Ihnen auch in der Telnet-Session so angezeigt.

Wenn Sie einen Betreff für die E-Mail eingeben wollen, geben Sie an der Eingabeaufforderung `subject:` gefolgt von dem gewünschten Text ein. Sie müssen dabei den Text nicht in Anführungszeichen schreiben, auch wenn er Leerzeichen enthält.

Wenn Sie den Betreff mit Return bestätigen, erscheint keine weitere Meldung und Sie können direkt mit der Eingabe des E-Mail-Bodys, also des Textes beginnen. Während der Eingabe des Textes können Sie ohne Probleme Return verwenden, da erst die Kombination Return „." Return zum Absenden der E-Mail führt. Wenn Sie Ihre Eingabe beendet haben, geben Sie die oben erwähnte Tastenkombination ein. Die E-Mail wird jetzt vom Exchange-Server angenommen und an den Empfänger zugestellt. Sie können jetzt weitere E-Mails verschicken, oder die Verbindung mit dem Remoteserver mit quit beenden. Als nächstes können Sie in Outlook oder Outlook Web Access überprüfen, ob die E-Mail zugestellt wurde.

Genau wie bei diesem Test werden E-Mails zwischen E-Mail-Servern ausgetauscht. Wie Sie sehen, ist SMTP also kein allzu komplexes Protokoll und kann leicht durchschaut werden. Grundsätzlich gibt es auch keine all zu großen AuthentifizierungsMaßnahmen mit SMTP. SMTP ist ein reines Push-Protokoll, das heißt E-Mails, die mit SMTP zugestellt werden, können niemals abgeholt werden, sondern werden immer durch den sendenen Server verschickt.

Ansicht des Headers einer E-Mail

Durch das Versenden einer E-Mail über mehrere E-Mail-Server wird der Header der E-Mail ständig erweitert. In diesem Header werden die Informationen der verschiedenen E-Mail-Server, über die diese E-Mail gelaufen ist aufgeführt. Sie können diesen Header in Outlook anzeigen lassen und so sehr leicht feststellen, über welche E-Mail-Server diese E-Mail verschickt wurde.

Um in Outlook den Header einer E-Mail anzusehen, öffnen Sie die E-Mail, gehen zum Menü `ANSICHT` und öffnen die `OPTIONEN` der E-Mail. Im folgenden Fenster sehen Sie im Bereich `INTERNETKOPFZEILEN` den Header der E-Mail.

POP3-Eingaben

Ein weit verbreitetes Protokoll für Internet-E-Mails ist POP3. Dieses Protokoll wird für das Abholen von E-Mails verwendet, während SMTP für das Versenden zuständig ist. Ein Exchange-Server stellt die Funktionalitäten eines POP3-Servers standardmäßig bereits zur Verfügung, kann aber nicht mit einem POP3-Connector E-Mails aus dem Internet abholen. Diese Funktion wird nur im

Small Business Server unterstützt. Wenn Sie E-Mails mit POP3 abholen, wollen, müssen Sie auf Tools von Drittherstellern, wie zum Beispiel Pullmail oder dem Popbeamer zurückgreifen.

Viele Firmen nutzen für die Einwahl und den Zugriff ins Netzwerk die POP3-Funktionalität des Exchange-Servers. Wie bei SMTP auch, können Sie Fehlerbehebungen und Verbindungsprobleme mit POP3 mit Telnet finden und vielleicht sogar beheben.

POP3 und Telnet

Um mit einem POP3-Server Verbindung aufzubauen, können Sie mit einem Telnet-Client Verbindung mit dem Port 110 aufbauen.

Verbindungsaufbau

Gehen Sie so vor, wie bereits beim SMTP-Protokoll beschrieben und bauen eine Verbindung zu Ihrem Exchange-Server mit Telnet auf den Port 110 auf.

Nach dem Verbindungsaufbau erscheint eine Statusmeldung, die Sie darüber informiert, dass Sie mit dem POP3-Server verbunden sind. Sie müssen sich auch hier authentifizieren und einige Befehle eingeben um mit POP3 Verbindung zum Postfach aufbauen zu können.

Authentifizierung

Zunächst müssen Sie dem POP3-Server Ihren Benutzernamen mitteilen. Wenn der Server Ihren Benutzernamen kennt, erscheint eine entsprechende Meldung. Um Ihren Benutzernamen einzugeben verwenden Sie den Befehl user. Um sich zum Beispiel als Administrator zu authentifizieren geben Sie

```
user administrator
```

ein. Oft reicht die Eingabe des Benutzernamens nicht aus. Verwenden Sie in einem solchen Fall Ihren Alias oder die Syntax

```
domäne\Benutzernamen\Alias
```

Viele POP3-Server sind unterschiedlich konfiguriert. Testen Sie hier ruhig solange bis Sie angemeldet werden. Den Alias finden Sie, wie den Benutzernamen auch, in den Eigenschaften des Benutzerobjektes im Active Directory. Es gibt vor allem oft Authentifizierungsprobleme, wenn der Alias und der Benutzername unterschiedlich sind.

Nachdem der Benutzername erfolgreich erkannt wurde, müssen Sie das dazugehörige Passwort eingeben. Verwenden Sie hierzu den Befehl pass gefolgt von Ihrem Kennwort. Wenn Sie das Kennwort korrekt eingegeben haben, werden Sie am POP3-Server angemeldet.

POP3-Befehle

Wenn Sie an Ihrem Postfach angemeldet sind, können Sie mit POP3-Befehlen auf die einzelnen E-Mails zugreifen oder neue E-Mails erstellen. Da dieser Verbindungsaufbau nur zu Testzwecken der Verbindung gedacht ist, sprechen wir nicht alle POP3-Befehle durch, sondern lediglich die, Sie zum Testen einer erfolgreichen POP3-Verbindung benötigen.

Anzeigen der Nachrichten im Postfach mit POP3

Zunächst möchten wir uns die Nachrichten anzeigen lassen, die sich in unserem Postfach befinden. Geben Sie dazu den Befehl `list` ein. Nach der Eingabe des Befehles listet der Server alle E-Mails auf, die sich im Postfach befinden. Hier wird die Gesamtgröße aller E-Mails im Postfach, sowie die Größe der einzelnen E-Mails aufgelistet. Als nächstes können Sie Nachrichten aus dem Postfach abrufen und anzeigen lassen. Dazu verwenden Sie den Befehl `retr` gefolgt von der Nummer der E-Mail, die Sie lesen wollen. In unserem Beispiel geben Sie also `retr 1` ein. Exchange zeigt jetzt diese E-Mail in der Telnet Session an. Wenn sich in Ihrem Postfach mehrere E-Mails befinden, können Sie diese jeweils nacheinander mit dem Befehl `retr` ansehen. Wenn das Lesen der E-Mail funktioniert, können Sie schon einigermaßen sicher sein, dass die POP3-Verbindung zuverlässig funktioniert.

Sie können auch Nachrichten innerhalb dieser Session löschen. Wenn Sie eine gelesene Nachricht nicht löschen, wird diese beim nächsten Auflisten wieder angezeigt. Wenn Sie eine Nachricht löschen wollen, verwenden Sie den Befehl dele gefolgt von der Nummer der Nachricht, in unserem Beispiel also `dele 1`.

7.3 Warteschlangen

Eine wesentliche Neuerung von Exchange 2000 gegenüber seinen Vorgängern ist das Standardprotokoll zum Versenden der Nachrichten.

Bei Exchange 5.5 war dies noch X.400. SMTP wurde nur über den Internetmaildienst unterstützt, der nachträglich erst installiert und konfiguriert werden musste.

Exchange 2000 versendet E-Mails standardmäßig mit dem SMTP-Protokoll. Alle E-Mails werden vor der Zustellung in eine Warteschlange gestellt, die Exchange nach und nach abarbeitet.

Sie können an Hand der Warteschlangen schnell feststellen, ob eine Verbindung zu einem bestimmten Standort nicht korrekt funktioniert. Der erste Blick bei nicht zugestellten E-mails sollte also immer in die Warteschlangen gehen.

Sie finden die Warteschlangen direkt unter dem virtuellen SMTP-Server (siehe Abbildung 7.1).

Die Warteschlangen sollten im Normalfall immer leer sein oder nicht ansteigen. Hier ist oft ein erstes Anzeichen von Fehlerquellen zu finden.

Exchange 2000 baut die Warteschlangen dynamisch auf und wieder ab.

Wenn alle Nachrichten vom Exchange-Server ohne Fehler zugestellt werden können, sollten diese Warteschlangen immer den Online-Status haben (siehe Abbildung 7.3).

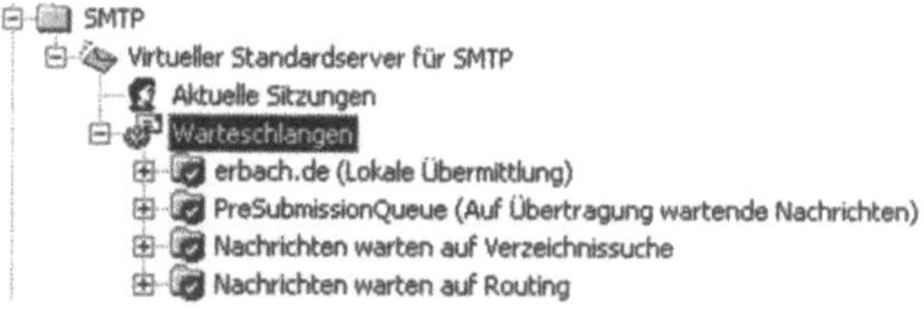

Abb. 7.3: Warteschlangenstatus

Fehler beim Zustellen von E-Mails

Wenn eine E-Mail nicht zugestellt werden kann, wird die Warteschlange dieser Verbindung gesondert gekennzeichnet (siehe Abbildung 7.4).

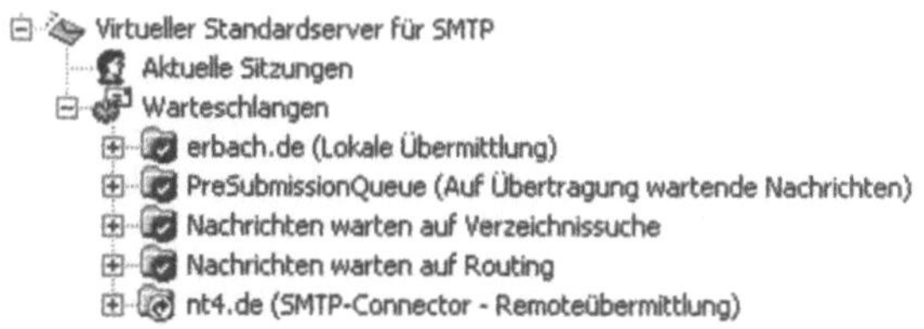

Virtueller Standardserver für SMTP
Aktuelle Sitzungen
Warteschlangen
erbach.de (Lokale Übermittlung)
PreSubmissionQueue (Auf Übertragung wartende Nachrichten)
Nachrichten warten auf Verzeichnissuche
Nachrichten warten auf Routing
nt4.de (SMTP-Connector - Remoteübermittlung)

Abb. 7.4: Fehlerhafte Verbindung

Exchange 2000 versucht die Verbindung zu diesem Server immer wieder aufzubauen.

Ist eine Verbindung als inaktiv definiert, wird dies für die entsprechende Warteschlange auch gesondert gekennzeichnet (siehe Abbildung 7.5).

Virtueller Standardserver für SMTP
Aktuelle Sitzungen
Warteschlangen
erbach.de (Lokale Übermittlung)
PreSubmissionQueue (Auf Übertragung wartende Nachrichten)
Nachrichten warten auf Verzeichnissuche
Nachrichten warten auf Routing
nt4.de (SMTP-Connector - Remoteübermittlung)

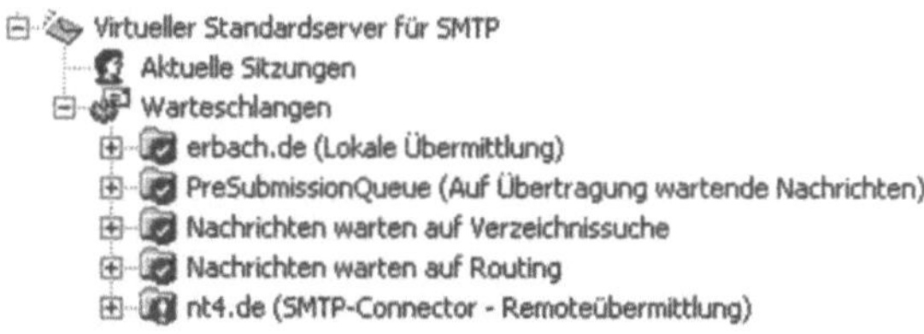

Abb. 7.5: Deaktivierte Verbindung und Warteschlange

Um den Status der Anzeige ständig zu aktualisieren, können Sie mit der `rechten Maustaste` auf den Menüpunkt `Warteschlangen` klicken und aus dem Menü `Aktualisieren` wählen. Exchange prüft dann nochmal die Verbindung nach. Der Status der Warteschlange wird vom Exchange System-Manager allerdings nicht in Echtzeit aktualisiert. Wenn Sie also eine Fehlerbehebung vorgenommen haben, kann es dennoch möglich sein, dass Exchange 2000 die Warteschlange noch als inaktiv anzeigt. Um die Warteschlangen neu aufbauen zu lassen, können Sie kurz den *virtuellen SMTP-Server* anhalten und wieder starten.

Neustart des virtuellen Exchange-Servers

Dies können Sie direkt über den Exchange System-Manager machen. Klicken Sie dazu mit der `rechten Maustaste` auf den `Virtuellen Standardserver für SMTP`, den Sie beenden wollen und wählen aus dem Menü `Beenden` aus (siehe Abbildung 7.8). Wenn der Server als *Beendet* angezeigt wird, können Sie Ihn mit dem gleichen Menü wieder starten. Beachten Sie aber, dass E-Mails, die Benutzer während eines beendeten virtuellen Standard-Servers mit Outlook abschicken, im Postausgang von Outlook bleiben, da der Exchange Server die E-Mail nicht annimmt.

Nach dem Starten des Servers wird diese E-Mail aber sofort von Exchange 2000 angenommen. Der Benutzer erhält keine Fehlermeldung und wird somit bei der Arbeit nicht gestört.

Dennoch sollten Sie darauf achten, dass der virtuelle Standardserver nicht ständig gestartet oder angehalten wird.

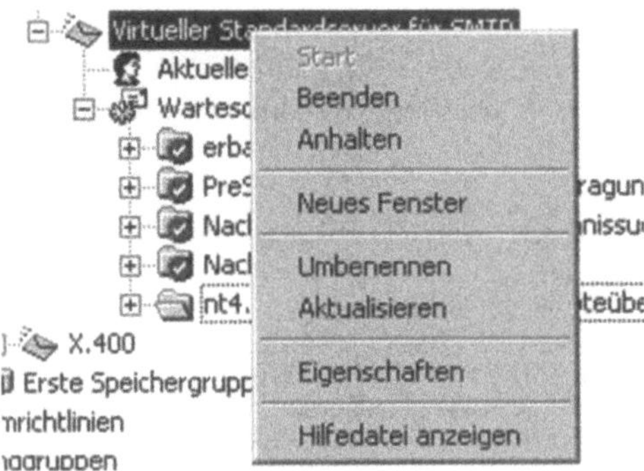

Abb. 7.6: Beenden des virtuellen Standard-Servers für SMTP

Der virtuelle Server benötigt einige Sekunden, bevor er als Beendet angezeigt wird (siehe Abbildung 7.7).

Virtueller Standardserver für SMTP

Abb. 7.7: Beendeter Standard-Server für SMTP

Hinweis

Wenn Sie Exchange 2000 im Cluster installieren, können Sie nicht einfach den virtuellen SMTP-Server beenden, da dieser als Clusterressource an den Clusterdienst gebunden ist.

Sie können zusätzlich zum virtuellen SMTP-Server auch die einzelnen Warteschlangen zur Fehlerbehebung hinzuziehen.

Klicken Sie hierzu mit der `rechten Maustaste` auf die entsprechende Warteschlange und wählen aus dem Menü die gewünschte Option aus (siehe Abbildung 7.8).

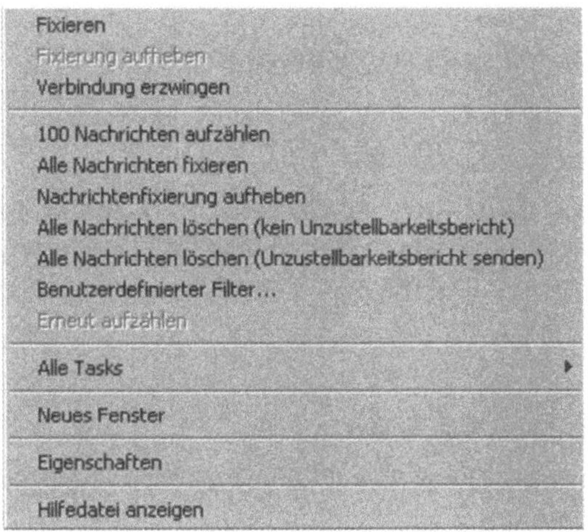

Abb. 7.8: Menü zur Bearbeitung der Warteschlangen

Fixieren

Mit diesem Menüpunkt können Sie alle oder ausgewählte Nachrichten direkt in der Warteschlange fixieren.

Diese Nachrichten werden so lange nicht aus der Warteschlange verschickt, bis Sie die Fixierung wieder aufheben. Dies können Sie genauso aus dem Menü auswählen wie die Fixierung. Eine fixierte Warteschlange empfängt zwar weiterhin E-Mails von den Benutzern, schickt diese aber nicht an die Empfänger weiter.

Die Fixierung kann so ein mächtiges Werkzeug bei der Fehlersuche sein, ohne die Benutzer direkt zu beeinträchtigen.

Mit dem kompletten Fixieren aller Warteschlangen können Sie den gesamten Nachrichtenfluss von Exchange 2000 nachverfolgen.

Dies kann in einem Test-System durchaus sinnvoll sein, sollte aber nicht unbedingt in einer Produktivumgebung praktiziert werden.

Die Benutzer erhalten zwar keine Fehlermeldung, aber die abgesendeten E-Mails werden nicht verschickt sondern lediglich von Exchange geparkt.

Verbindung erzwingen

Mit Verbindung erzwingen können Sie Exchange 2000 dazu veranlassen, die Verbindung sofort nochmal zu testen und den bisherigen Verbindungsstatus zurückzusetzen.

Auf diese Weise können Sie testen, ob eine Verbindung lediglich temporär nicht zur Verfügung gestanden hat.

100 Nachrichten aufzählen

Mit dieser Option können Sie die ersten hundert Nachrichten einer Warteschlange auflisten lassen. So können Sie sehen, welche Arten von Nachrichten von Exchange 2000 nicht zugestellt werden können.

Alle Nachrichten fixieren

Hiermit können Sie alle Nachrichten innerhalb der Warteschlange fixieren.

Die Warteschlange an sich und alle neu hinzukommenden Nachrichten sind hiervon nicht betroffen. Wenn Sie gewisse Nachrichten aus den Warteschlangen löschen wollen bevor Sie zugestellt werden, sollten Sie diese zunächst fixieren.

Ansonsten besteht die Möglichkeit, dass Exchange doch noch eine Verbindung zu dem empfangenden Remotesystem erhält und die Nachrichten vor dem Löschen doch noch verschickt.

Alle Nachrichten löschen mit oder ohne Unzustellbarkeitsbericht

Mit dieser Option werden alle Nachrichten innerhalb dieser Warteschlange gelöscht und an die Absender ein Unzustellbarkeitsbericht gesendet.

Wenn Sie die Option ohne Unzustellbarkeitsbericht wählen, werden die Nachrichten ohne weitere Benachrichtigung gelöscht.

Benutzerdefinierter Filter

Mit dieser Option können Sie aus einer großen Anzahl von E-Mails in der Warteschlange Ihre geplanten Aktionen ausführen und genauer filtern (siehe Abbildung 7.9).

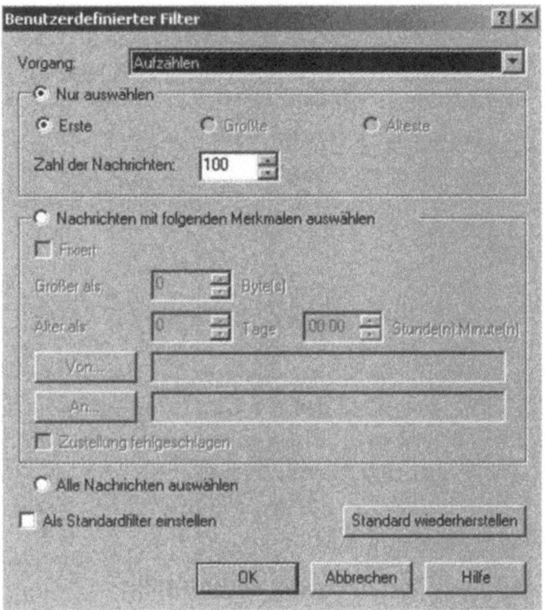

Abb. 7.9: Benutzerdefinierter Nachrichtenfilter

7.4 Globale Einstellungen

Die globalen Einstellungen finden Sie im Exchange System-Manager direkt unterhalb der Organisation (siehe Abbildung 7.10).

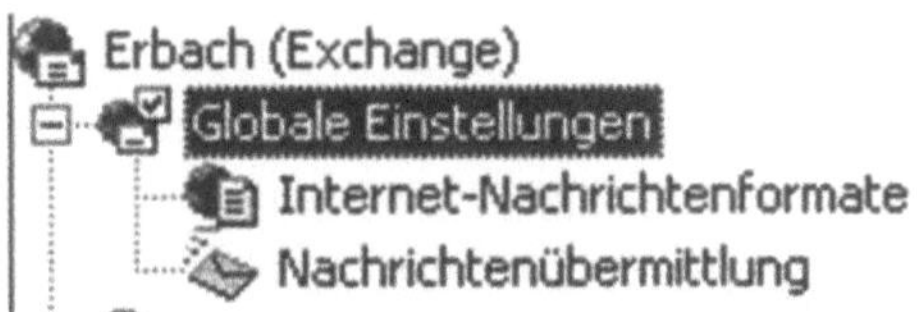

Abb. 7.10: Menüpunkt globale Einstellungen

Hier können Sie einige Einstellungen vornehmen, die zwar nicht direkt das Nachrichtenrouting betreffen, die aber den Nachrichtenfluss von Exchange direkt beeinflussen.

Unterhalb der globalen Einstellungen befinden sich zwei weitere Menüpunkte, die `Internet-Nachrichtenformate` und die `Nachrichtenübermittlung`.

7.4.1 Internet-Nachrichtenformate

Die Internet-Nachrichtenformate bestehen wiederum aus zwei Punkten (siehe Abbildung 7.11)

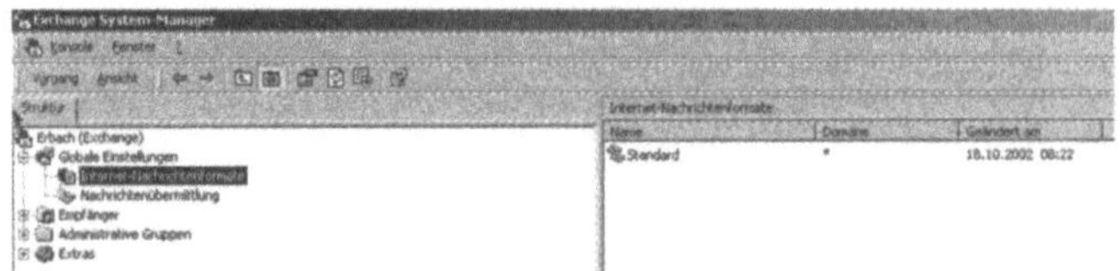

Abb. 7.11: Internet-Nachrichtenformate

Sie können direkt mit der rechten Maustaste die MIME-Typen definieren, die über diesen Exchange 2000 Server laufen sollen. Die MIME-Typen werden von Outlook oder Outlook Web Access zur Ansicht genutzt. Zusätzlich haben Sie die Möglichkeit, über die Eigenschaftsseite der jeweiligen Internetdomäne diverse Einstellungen vorzunehmen.

Markieren Sie dazu den Menüpunkt

`Internet-Nachrichtenformate.`

Sie sehen jetzt auf der rechten Seite die Domäne (nicht verwechseln mit Windows Domäne - gemeint ist Internet-Domäne) für die Sie Eigenschaften vornehmen können. Standardmäßig ist die Domäne mit dem Platzhalter * belegt, betrifft also den gesamten E-Mail-Vekehr über diesen Server. Sie können jedoch jederzeit neue Domänen mit speziellen Einstellungen erstellen.

Klicken Sie dazu mit der `rechten Maustaste` auf den Menüpunkt Internet-Nachrichtenformate und wählen `Neu` und dann `Domäne`. Wir wollen uns jetzt jedoch mit den Einstellungen der Standard-Domäne beschäftigen (siehe Abbildung 7.12). Rufen Sie dazu mit der rechten Maustaste die Eigenschaften der Internetdomäne auf.

Registerkarte Nachrichtenformat

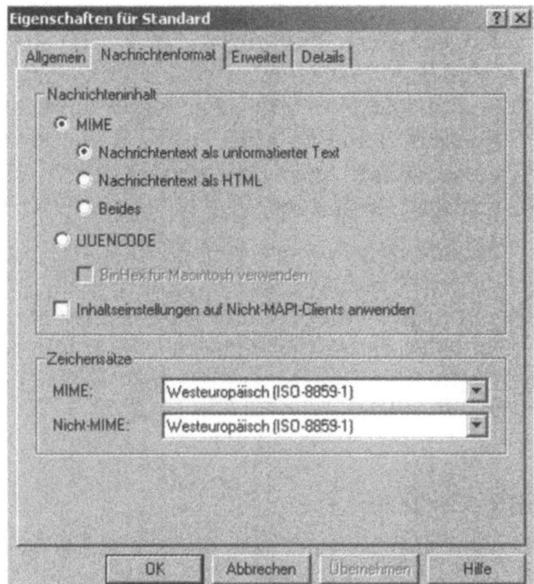

Abb 7.12: Registerkarte *Nachrichtenformat*

- *MIME.* Hier stellen Sie ein, mit welchem Nachrichtenformat E-Mails über diesen Exchange Server verschickt werden. Die meisten E-Mail-Clients, auch Outlook Express, verstehen MIME codierte E-Mails.
- *Nachrichten als unformatierter Text.* Mit dieser Option werden alle Formatierungen aus der E-Mail gelöscht. Die Nachricht wird in ASCII-Zeichen verschickt. Kursiv oder fett markierte Textteile werden umformatiert und standardisiert. So gehen zwar alle komfortablen Ansichtmethoden verloren, jedoch kann so jeder E-Mail-Client E-Mails diesen Typs lesen.
- *Nachrichtentext als HTML.* HTML unterstützt Textformatierungen und Grafiken innerhalb der E-Mail. Die meisten E-Mail-Clients verstehen zwar diese Formatierung, jedoch längst nicht alle.
- *Beides.* E-Mails mit dieser Option werden doppelt formatiert. Dadurch wird die Serverlast deutlich erhöht und der Nachrichtentext wird mehr als verdoppelt. Anhänge sind davon nicht betroffen. Mit dieser Option sind Sie auf alle Fälle in Bezug auf Kompatibilität auf der sicheren Seite.

- *UUENCODE.* Diese Option sollte gewählt werden, wenn die Empfänger keine MIME-fähigen Mail-Server oder E-Mail Clients haben.
- *BinHex für Macintosh verwenden.* Mit dieser Einstellung werden alle Dateianhänge umformatiert, damit Sie ausschließlich für Macintosh-Rechner lesbar sind. Alle anderen Rechner können diese Anhänge nicht mehr verwenden. Sie sollten diese Option nur dann verwenden, wenn Sie für Domänen mit Macintosh-Rechner eine eigene Domäne erstellt haben.
- *Inhaltseinstellungen von Nicht-MAPI Clients verwenden.* Mit dieser Einstellung werden alle E-Mails, die von SMTP-Clients geschickt werden, also zum Beispiel Outlook Express, in MAPI-Format umgewandelt. Danach wandelt Exchange die E-Mails wieder in das Format um, das hier voreingestellt wurde, also MIME oder UUENCODE.

Registerkarte Erweitert

Auf der Registerkarte *Erweitert* können weitere Einstellungen vorgenommen werden, die Nachrichten an diese Internet-Domäne betreffen (siehe Abbildung 7.13).

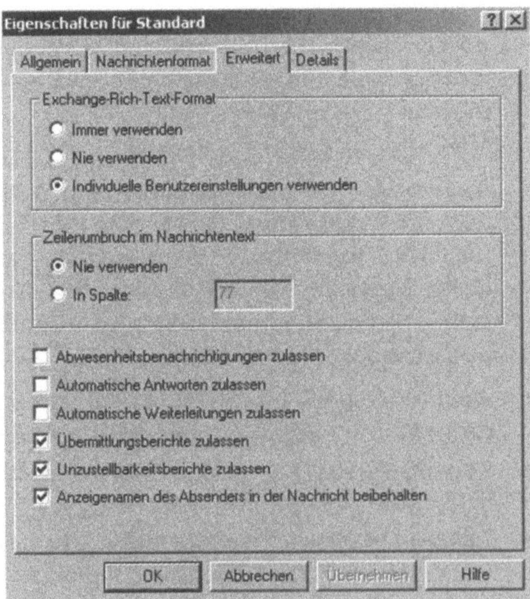

Abb. 7.13: Registerkarte *Erweitert*

- *Exchange Richtext Format immer verwenden.* Mit dieser Option legen Sie fest, dass MAPI-Clients alle E-Mails, die im Richtext Format geschrieben wurden, automatisch öffnen. Achten Sie darauf, dass Sie diese Option nur verwenden, wenn alle Clients Richtext Format verstehen.
- *Nie verwenden.* Mit dieser Option deaktivieren Sie Richtext für alle Clients. Hat ein Client RTF als Voreinstellung, so wird diese E-Mail mit der Servereinstellung überschrieben.
- *Individuelle Benutzereinstellungen verwenden.* Mit dieser Einstellung wird die Voreinstellung der einzelnen Clients verwendet. Sie können zum Beispiel in Outlook direkt einstellen, ob E-Mails in RTF verschickt werden sollen oder nicht. Diese Option ist standardmäßig aktiviert.
- *Zeilenumbruch.* Mit diesen beiden Optionen können Sie einstellen, ob Exchange automatisch die Texte in den E-Mails in einer bestimmten Spalte umbricht. Diese Option ist hauptsächlich für ältere E-Mail-Clients nützlich. Standardmäßig ist diese Option deaktiviert.
- *Abwesenheitsbenachrichtigung zulassen.* Hier kann eingestellt werden, ob Abwesenheitsbenachrichtigung der Benutzer auch außerhalb der Exchange-Organisation verfügbar sein sollen. Standardmäßig ist diese Einstellung deaktiviert. Wenn Sie wollen, dass Benutzer außerhalb Ihrer Organisation diese Benachrichtigung bekommen sollen, muss dies zuerst hier aktiviert werden.
- *Automatische Antworten zulassen.* Diese Einstellung ist ähnlich der Abwesenheitsbenachrichtigung. Hier können Sie einstellen, ob die Regeln der Benutzer, welche auf E-Mails automatisch antworten, nach extern verschickt werden dürfen.
- *Automatische Weiterleitungen zulassen.* Diese Option ist analog zur automatischen Antwort und der Abwesenheitsbenachrichtigung.

- *Übermittlungsberichte zulassen.* Diese Option unterstützt das Senden von Übermittlungsberichten zwischen verschiedenen Exchange Organisationen. Übermittlungsberichte können von Outlook Clients angefordert werden und werden derzeit nur von Exchange unterstützt. Standardmäßig ist diese Option aktiviert.
- *Unzustellbarkeitsberichte zulassen.* Wenn diese Option aktiviert ist, erhält ein Absender einen Unzustellbarkeitsbericht (NDR), wenn er eine E-Mail an einen nicht vorhandenen Benutzer in Ihrer Organisation schickt.
- *Anzeigenamen des Absenders in der Nachricht beibehalten.* Mit dieser Option wird dem Empfänger nicht nur die E-Mail-Adresse Ihres internen Absenders übermittelt sondern auch der Anzeigename, der auch intern in Ihrer Organisation verwendet wird. Auch diese Option ist standardmäßig aktiviert.

7.4.2 Nachrichtenübermittlung

In den Eigenschaften des Menüpunktes `Nachrichtenübermittlung` können Sie einige Einstellungen betreffend des Empfangens und Senden von Nachrichten treffen.

Registerkarte Standard

Auf dieser Registerkarte können Sie die Größe der Nachrichten steuern, die von außerhalb eingehen und nach außerhalb gesendet werden (siehe Abbildung 7.14).

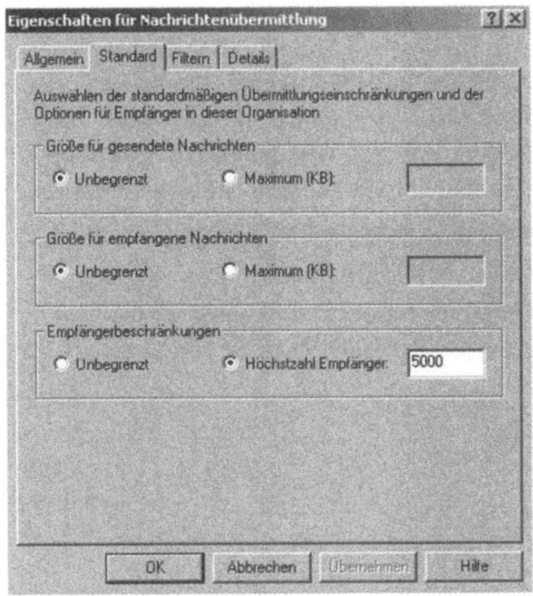

Abb. 7.14: Optionen der Nachrichtenübermittlung

- *Größe für gesendete Nachrichten*. Hier können Sie die maximale Größe der E-Mails festlegen, die Benutzer beim Senden nicht überschreiten dürfen.
- *Größe für empfangene Nachrichten*. Diese Option dient zur Steuerung der maximalen Größe einer E-Mail, die Ihre Exchange Organisation von außerhalb entgegennimmt
- *Empfängerbeschränkungen*. Diese Option steuert die maximale Anzahl von Empfängern, an die ein Absender innerhalb Ihrer Organisation E-Mails versenden kann.

Registerkarte Filtern

Mit Hilfe dieser Registerkarte können Sie steuern, von welchen Internet-Domänen Nachrichten an Ihre Organisation gesendet werden dürfen.

Sie können über die Schaltfläche `Hinzufügen` alle Internet-Domäenen eintragen, von denen Sie keine E-Mails empfangen wollen.

Diese Option dient nicht zum Filtern nach Viren oder Schlüsselwörtern. Sie können hier ausschließlich komplette Domänen, bzw. einzelne E-Mail-Adressen ausgrenzen. Diese Option kann besonders für Spam-Mails sehr hilfreich sein. Wenn Sie eine komplette E-Mail-Domäne ausfiltern wollen, geben Sie diese mit dem Platzhalter * ein zum Beispiel `*@spam.de`

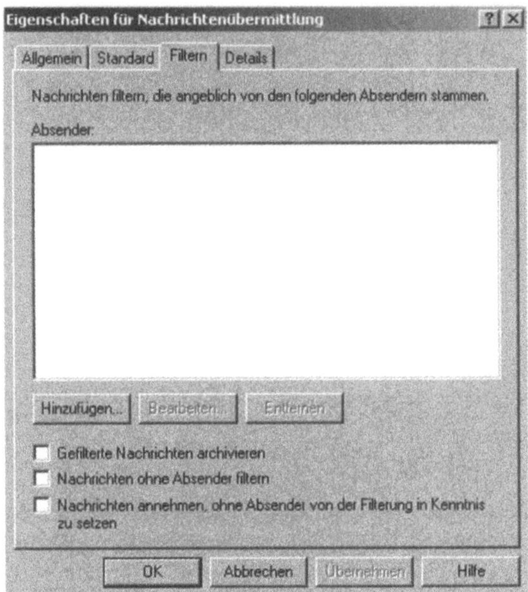

Abb. 7.15: Filtern von Internet-Domänen

Zusätzlich können Sie hier noch weitere Optionen festlegen:

- *Gefilterte Nachrichten archivieren.* Exchange archiviert gefilterte E-Mails. Es findet allerdings kein automatisches Löschen statt. Stellen Sie also sicher, dass bei Aktivierung dieser Option ständig das Archiv geleert wird. Bei entsprechend großer Anzahl an gefilterten Domänen steigt der Plattenverbrauch sonst sehr schnell an.
- *Nachrichten ohne Absender filtern.* Viele Spam-Versender schicken Nachrichten ohne Absender. Diese werden sofort mit dieser Einstellung gelöscht. Seriöse Absender verwenden eigentlich immer einen Absendenamen. Sobald das Feld Von in der E-Mail leer ist, wird die E-Mail gelöscht.

- *Nachrichten annehmen, ohne Absender von der Filterung in Kenntnis zu setzen.* Mit dieser Option erhält der Absender keinen Unzustellbarkeitsbericht. Sie sparen so Bandbreite und der Absender denkt, seine E-Mail wäre angekommen.

7.5 Nachrichtentracking

Mit dem Servicepack 2 für Exchange 2000 wurde die Möglichkeit der Nachrichtennachverfolgung stark verbessert.

Mit dem Nachrichtenstatus-Assistent (siehe Abbildung 7.16) lassen sich über die Exchange Organisation verschickte Nachrichten genau nachverfolgen.

Dieses Werkzeug ist zur Fehlerbehung im Nachrichtenfluss unersetzbar. Sie sollten sich auf alle Fälle damit vertraut machen, um im Notfall mit dem Umgang geübt zu sein.

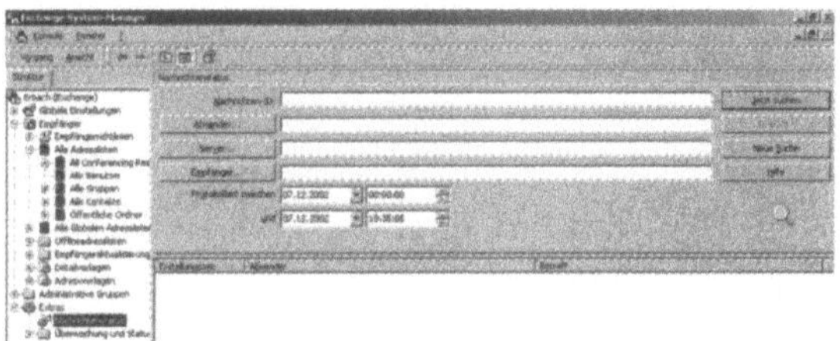

Abb 7.16: Nachrichtenstatus-Assistent

Wie Sie im Kapitel 6.5.2.1 *Serverrichtlinie* bereits gesehen haben, besteht mit Exchange die Möglichkeit, Nachrichten nachzuverfolgen. Der Sinn besteht zum Einen darin, dass Sie mit diesem Werkzeug die Zustellung einer Nachricht beweisen oder nachvollziehen können, zum Anderen können Sie an Hand dieses Protokolls sofort erkennen, wo innerhalb Ihrer Exchange Organisation bestimmte Nachrichten nicht zugestellt werden. Je größer Ihre Organisation ist und je mehr Server und Standorte eingebunden sind, um so wichtiger und wertvoller ist dieses Werkzeug. Damit Sie die Nachrichtenverfolgung überhaupt nutzen können, muss auf jedem Exchange Server die Möglichkeit der Protokollierung erst eingeschaltet werden. Bei mehreren Servern verwenden Sie am besten eine Systemrichtlinie wie im Kapitel 6.5.2.1 *Serverrichtlinie* genauer beschrieben.

Aktivierung des Nachrichtentracking

Sie können diese Einstellungen aber auch direkt auf jedem Server vornehmen.

Navigieren Sie dazu im Exchange System-Manager zu der administrativen Gruppe und dem Server, den Sie für das Nachrichtentracking aktivieren wollen (siehe Abbildung 7.17).

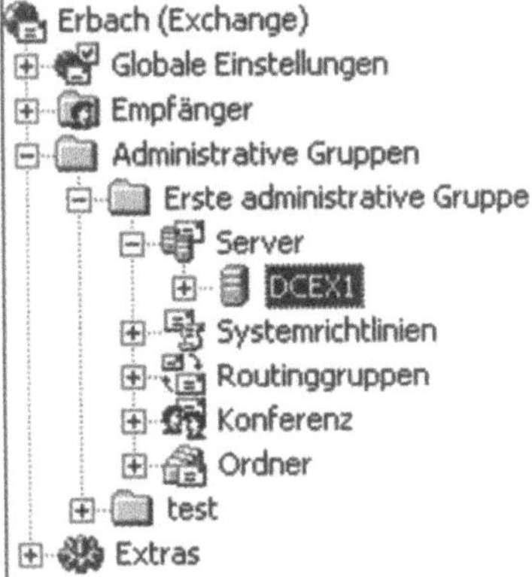

Abb 7.17: Serverobjekt im Exchange System-Manager

Rufen Sie mit der `rechten Maustaste` die Eigenschaften aus und gehen zur Registerkarte *Allgemein* (siehe Abbildung 7.18).

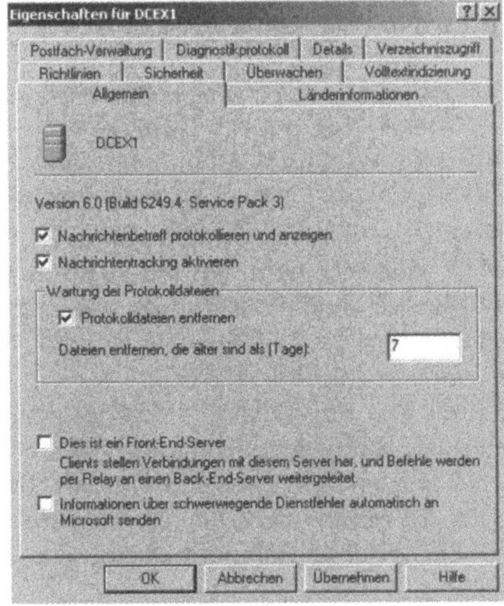

Abb. 7.18: Registerkarte *Allgemein* der Eigenschaften des Servers

Aktivieren Sie hier, wie in der Abbildung 7.18 zu sehen, die beiden Optionen Nachrichtenbetreff protokollieren und anzeigen sowie Nachrichtentracking aktivieren. Zusätzlich sollten Sie noch die Option Protokolldateien entfernen aktivieren und abhängig von Ihrem Plattenplatz und Ihren Vorstellungen den Zeitraum definieren, für den die Protokolldateien aufbewahrt werden sollen. Beachten Sie, dass bei entsprechendem Mailverkehr über diesen Server die Protokolldateien schnell anwachsen können. Ab jetzt protokolliert der Server alle Nachrichtenverläufe mit Betreff und Empfänger mit. Die Log-Dateien können auch mit Software von Drittherstellern zum Beispiel Crystal Reports bearbeitet werden. Sie finden diese in der Freigabe \\SERVERNAME\logs bzw. im Exchange-Verzeichnis Ihres Servers. Wollen Sie jetzt bestimmte Nachrichten zurückverfolgen, können Sie von jedem Exchange Server innerhalb Ihrer Organisation im Exchange System-Manager unter Extras den Nachrichtenstatus jeder Nachricht genau verfolgen (siehe Abbildung 7.16). Sie können in diesem Fenster genau definieren, welche Nachrichten Sie nachverfolgen möchten. Sie können nach Absender, Empfänger und Exchange-Server sortieren. Außerdem können Sie genau definieren, in welchem Zeitraum der Server suchen soll. Grenzen Sie bei der Suche die Kategorien so eng wie möglich ein, damit Ihnen genau die Nachrichten angezeigt werden, die Sie verfolgen.

8 Öffentliche Ordner

Ein wesentlicher Bestandteil von Groupware-Lösungen wie Microsoft Exchange ist das gemeinsame Nutzen von Informationen. Benutzer sollen die Möglichkeit erhalten, schnell und unkompliziert eigenes Wissen und Informationen mit anderen zu teilen. Sei es innerhalb einer Projektgruppe oder der gesamten Firma. Nur Informationen, die allen Benutzern die sie brauchen zur Verfügung stehen, sind wertvolle Informationen. Exchange stellt zum schnellen Austausch von Informationen öffentliche Ordner zur Verfügung. Diese öffentlichen Ordner können, wie andere Benutzer, E-Mail-Adressen erhalten. Dadurch besteht die Möglichkeit, dass E-Mails direkt an öffentliche Ordner geschickt werden. Benutzer können aber auch Informationen von Ihrem Posteingang in öffentliche Ordner verschieben oder kopieren. Die Informationen in den öffentlichen Ordnern können auf andere Exchange-Server in Ihrer Organisation, auch über geografische Grenzen hinweg, repliziert werden. Auf diese Weise erhalten Sie die Möglichkeit, Informationen Einzelner schnell und effizient der Allgemeinheit zur Verfügung zu stellen. Öffentliche Ordner sind dabei allerdings kein besonders komplizierter Mechanismus, sondern lediglich eine gemeinsame Ordnerstruktur Ihrer Benutzer. Natürlich lassen sich diese Ordner, genau wie alle anderen Exchange-Objekte, durch die Windows 2000-Sicherheitsstruktur absichern. Öffentliche Ordner können entweder direkt aus dem Exchange System-Manager erstellt werden oder aus Outlook. Um eine Trennung zu den Benutzerpostfächern zu erreichen, werden öffentliche Ordner in eigenen Informationsspeichern gespeichert und verwaltet.

Einsatzmöglichkeiten öffentlicher Ordner

Öffentliche Ordner können, außer der gemeinschaftlichen Ablage von E-Mails, für eine Vielzahl von Möglichkeiten genutzt werden.

Damit Benutzer auch von unterwegs auf die Inhalte der öffentlichen Ordner zugreifen können, besteht die Möglichkeit, diese genauso wie das Postfach offline zur Verfügung zu stellen.

Viele Firmen nutzen öffentliche Ordner zur Ablage von gemeinschaftlichen Kontakten der Partner und Kunden. Durch diese öffentliche Ablage hat jeder Benutzer alle Kontakte zur Verfügung. Der Umgang von Kontakten in öffentlichen Ordnern ist genauso einfach wie lokal in Outlook. Sie können öffentliche Ordner als Ablage von automatisch erstellten E-Mails verwenden. Da öffentliche Ordner auch per E-Mail zu erreichen sind, besteht die Möglichkeit, E-Mails von Antivirenprogrammen, Datensicherung oder sonstiger Systemüberwachung direkt an öffentliche Ordner zu senden. Dadurch erreichen alle Administratoren Informationen gleichzeitig, obwohl die Information jeweils nur einmal verschickt wird. Auch eine Art von Ressourcenplanung lässt sich mit öffentlichen Ordnern erledigen. Legen Sie dazu einfach für die jeweiligen Besprechungsräume, Firmenfahrzeuge, Beamer etc. einen öffentlichen Kalender an, in dem die Buchungszeiten dieser Ressourcen festgehalten werden.

Benutzer können dadurch bequem auf die einzelnen Kalender zugreifen.

8.1 Hierarchie von öffentlichen Ordnern

Öffentliche Ordner sind ähnlich, wie Ordner im Windows Explorer, hierarchisch angeordnet. Einzelne öffentliche Ordner können wiederum einige Unterordner haben.

Die oberste Ebene der öffentlichen Ordner ist die öffentliche-Ordner-Struktur. Jede Struktur hat eine eigene Hierarchie von öffentlichen Ordnern.

Eine der Neuerungen von Exchange 2000 ist die Möglichkeit, mehrere öffentliche Ordner-Strukturen zu erstellen. In den Vorgängerversionen, einschließlich Exchange 5.5, war dies nicht möglich.

Jede öffentliche Ordner-Struktur besitzt dabei eine eigene Datenbank, die gesondert gesichert und wieder hergestellt werden kann.

Hinweis

Die Ansicht mehrerer öffentliche Ordner-Strukturen wird erst ab Outlook XP oder Exchange 2000 Outlook Web Access unterstützt.

Outlook 2000 und seine Vorgänger können nur die erste öffentliche Ordner-Struktur anzeigen.

Outlook 2000 ist noch für Exchange 5.5 optimiert während Outlook XP der erste offizielle Client für Exchange 2000 ist.

8.2 Features von öffentlichen Ordnern in Exchange 2000

Öffentliche Ordner haben in Exchange 2000 einen noch höheren Stellenwert und bieten zahlreiche Features, die das Benutzen und Verwalten von öffentlichen Ordnern enorm erleichtern.

E-Mail aktivierte öffentliche Ordner

Öffentliche Ordner können wie Benutzer E-Mail-aktiviert werden.

Zusätzlich können die E-Mail-aktivierten Ordner noch im Adressbuch von Exchange 2000 aufgenommen werden. Dadurch haben Benutzer die Möglichkeit, eine E-Mail direkt in einen öffentlichen Ordner zu stellen.

Mehrere öffentliche Ordner-Strukturen

Die wohl einschneidenste Verbesserung gegenüber seinen Vorgängern bietet Exchange 2000 im Bereich der öffentlichen Ordner durch die Ordner-Strukturen.

Sie können jetzt mehrere öffentliche Ordner-Strukturen definieren und diese den Benutzern zur Verfügung stellen. Durch die Abgrenzung in mehrere Strukturen lassen sich öffentliche Ordner jetzt noch besser untereinander abgrenzen.

Sie müssen bei der Planung von mehreren öffentlichen Ordner-Strukturen darauf achten, dass erst Outlook XP, diese anzeigen kann. Benutzer mit Outlook 2000, Outlook 98 oder Outlook 97 können dieses Feature nicht nutzen.

Zugriff über das Datei-System

Durch die Neueinführung des Exchange installable file system (Exifs) kann auf öffentliche Ordner jetzt auch über das Dateisystem zugegriffen werden.

Zusätzlich können durch die Exifs-Erweiterungen auch Berechtigungen auf Dateisystem-Basis vergeben werden.

Volltextindizierung

Damit Benutzer, besonders bei großen öffentlichen Ordnern, schnell Dokumente finden können, unterstützen die öffentlichen Ordner jetzt auch die Volltextindizierung, die über die erweiterte Suche in Outlook genutzt wird.

Hinweis

Indexe, die durch die Volltextindizierung angelegt werden, können nur bei der *Erweiterten Suche* von Outlook genutzt werden (siehe Abbildung 8.1).

Die normale *Suche* in Outlook unterstützt die Indizierung nicht.

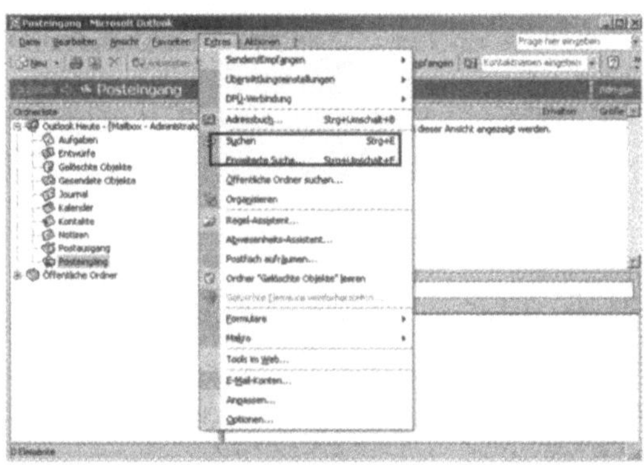

Abb. 8.1: Erweiterte Suche in Outlook 2002

Automatische Weiterleitung

Benutzer können jetzt auf alle öffentlichen Ordner in Ihrer Organisation zugreifen, auf die sie die Berechtigung haben.

Der jeweilige öffentliche Ordner muss dazu nicht zwingend auf dem gleichen Exchange Server liegen, auf dem der Benutzer sein Postfach hat.

8.3 Erstellen von öffentlichen Ordnern

Öffentliche Ordner können von Ihnen im Exchange System-Manager erstellt werden oder direkt aus Outlook.

Abhängig von den Berechtigungen, die Sie einzelnen Benutzern erteilen, können auch Benutzer eigene öffentliche Ordner anlegen. Benutzer können direkt aus Outlook die Berechtigungen für diese Ordner verwalten.

Dies ist vor allem dahingehend sinnvoll, da es für Sie als Verwalter des Exchange-Systems wichtig ist, die Datenbank der öffentlichen Ordner und die Replikation zu verwalten.

Die einzelnen Inhalte allerdings sollte die Aufgabe der Benutzer sein, die mit den öffentlichen Ordnern arbeiten.

8.3.1 Öffentliche Ordner mit dem Exchange System-Manager erstellen

Um mit dem Exchange System-Manager einen öffentlichen Ordner zu erstellen, navigieren Sie zunächst zu der administrativen Gruppe, in der Sie den Ordner erstellen wollen.

Klicken Sie dann mit der `rechten Maustaste` auf den Menüpunkt `öffentliche Ordner` und wählen aus dem Menü `Verbinden mit...` aus (siehe Abbildung 8.2).

Wählen Sie dann den Exchange-Server bzw. den öffentlichen Ordner-Speicher aus, in dem Sie einen Ordner erstellen wollen (siehe Abbildung 8.3).

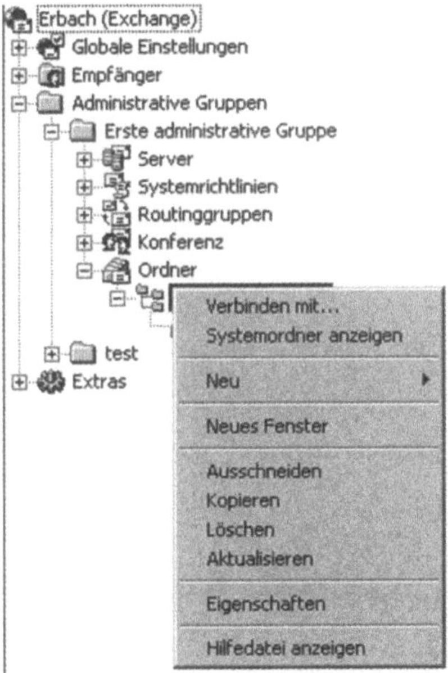

Abb. 8.2: Verbinden mit einem Exchange Server

Auf diese Weise stellen Sie sicher, dass der öffentliche Ordner, den Sie erstellen wollen, nicht auf dem Exchange-Server erstellt wird, mit dem Sie gerade verbunden sind, sondern dort, wo Sie es wünschen.

Mit diesem Menüpunkt können Sie auch später überprüfen, auf welchen Servern öffentliche Ordner repliziert wurden.

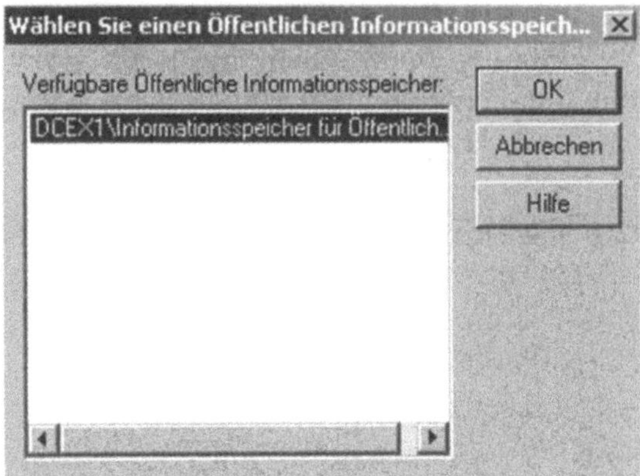

Abb. 8.3: Auswahl des Informationsspeichers

Um jetzt einen neuen öffentlichen Ordner zu erstellen, klicken Sie mit der `rechten Maustaste` auf den Menüpunkt `Öffentliche Ordner`, wählen `Neu` und dann `Öffentlicher Ordner` (siehe Abbildung 8.4).

Geben Sie jetzt einen Namen für den öffentlichen Ordner ein (siehe Abbildung 8.5).

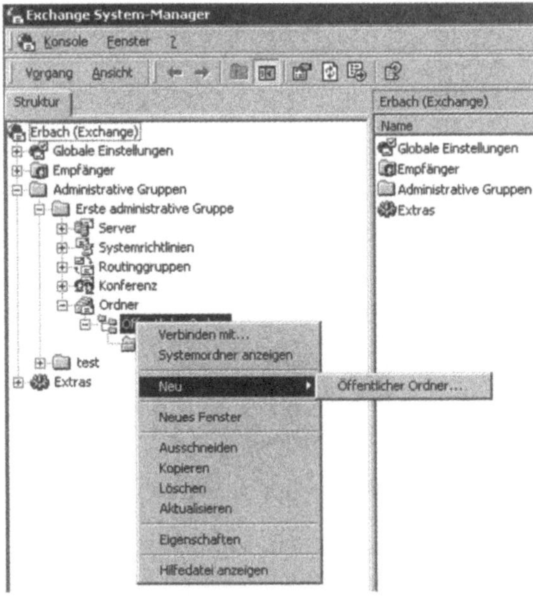

Abb. 8.4: Erstellen eines öffentlichen Ordners

Nach der Eingabe des Namens und der Bestätigung mit `OK` steht dieser öffentliche Ordner den Benutzern zur Verfügung (siehe Abbildung 8.7).

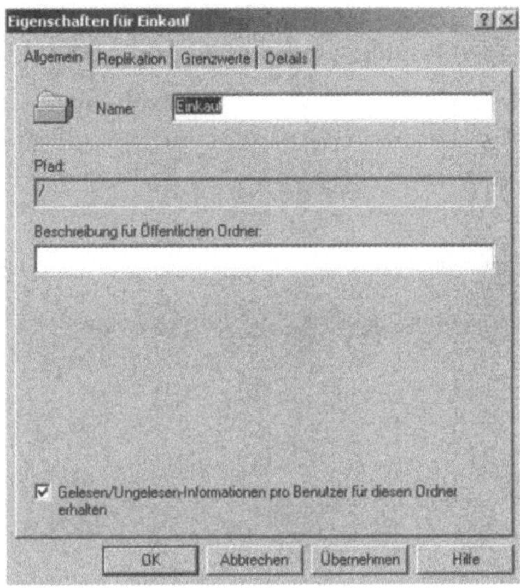

Abb. 8.5: Name des neuen öffentlichen Ordners

Mit den anderen Registerkarten wollen wir uns später beschäftigen. Nach der Erstellung wird der öffentliche Ordner im Exchange System-Manager (siehe Abbildung 8.6) und in Outlook angezeigt (siehe Abbildung 8.7). Wenn Ihre Benutzer auf andere Exchange Server in Ihrer Organisation zugreifen, kann die Ansicht dieses neuen öffentlichen Ordners noch ein wenig dauern. Benutzer mit Postfächern auf dem gleichen Exchange Server wie dieser öffentliche Ordner bekommen ihn sofort angezeigt.

Abb. 8.6: Neuer öffentlicher Ordner

Hinweis

Der öffentliche Ordner *Internet Newsgroups* ist ein System-Ordner in Exchange 2000 und kann nicht gelöscht werden.

Sollen Ihre Benutzer diesen Ordner nicht angezeigt bekommen, dann können Sie ihnen in den Sicherheitseinstellungen das Recht zur Ansicht dieses öffentlichen Ordners entziehen.

Rufen Sie dazu die Eigenschaften des Ordners *Internet Newsgroups* auf und gehen zur Registerkarte *Berechtigungen.*

Klicken Sie dann auf das Feld Clientberechtigungen und entfernen im nächsten Fenster den Haken beim Menüpunkt `Ordner sichtbar` bei allen Benutzern (siehe Abbildung 8.8).

Der Ordner wird dann zwar im Exchange System-Manager weiter angezeigt, in Outlook wird er hingegen bei allen Benutzern jetzt verborgen.

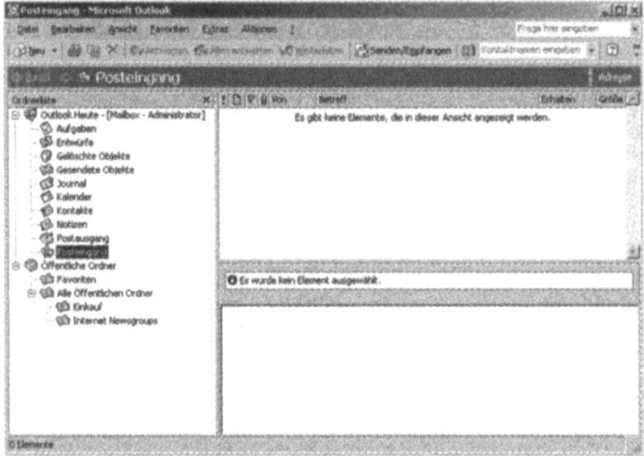

Abb 8.7: Ansicht des neuen öffentlichen Ordners

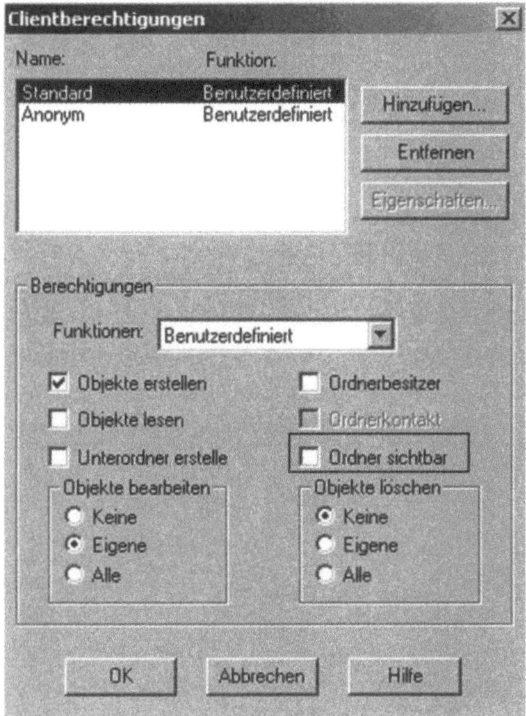

Abb. 8.8: Deaktivieren der Ansicht eines Ordners

8.3.2 Berechtigungen zum Erstellen öffentlicher Ordner

Standardmäßig besitzt die Gruppe `Jeder` das Recht, öffentliche Ordner zu erstellen und diese zu verwalten.

Um einen Wildwuchs Ihrer öffentlichen Ordner-Struktur zu verhindern, sollten Sie nur ausgewählten Benutzern das Recht geben, öffentliche Ordner anzulegen.

Am besten legen Sie im Active Directory eine eigene Sicherheitsgruppe an, die die Berechtigung erhält, öffentliche Ordner anzulegen.

Berechtigung zum Anlegen von Stammordnern

Microsoft hat die Stelle, an der Sie diese Berechtigung setzen können, etwas versteckt.

Die oberste Hierarchie der Berechtigungstufe befindet sich im Dienstknoten des SnapIns *Active Directory-Standorte und –Dienste*. Um die Berechtigungen Ihrer Exchange Organisation bearbeiten zu können, müssen Sie zunächst die Ansicht des Dienst-Knotens aktivieren. Rufen Sie dazu das SnapIn *Active Directory-Standorte und –Dienste* aus der Programmgruppe Verwaltung auf. Markieren Sie mit der `linken Maustaste` zunächst den Menüpunkt `Sites` (Standorte), um den Fokus darauf zu setzen. Klicken Sie jetzt mit der `rechten Maustaste` auf den Menüpunkt `Sites`, wählen `Ansicht` und aktivieren die Option `Dienstknoten anzeigen` (siehe Abbildung 8.9).

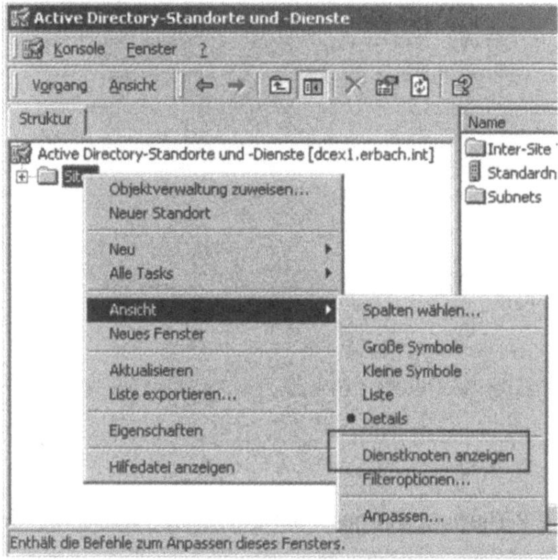

Abb. 8.9: Anzeigen des Dienstknotens

Ab jetzt wird im Snap-In *Active Directory-Standorte und –Dienste* auch der Menüpunkt *Dienste* angezeigt (siehe Abbildung 8.10).

Abb. 8.10: Ansicht des Dienst-Knotens

Sie können jetzt direkt die Berechtigung Ihrer Exchange Organisation auf oberster Ebene bearbeiten. Klappen Sie dazu das Menü auf und rufen die Eigenschaften Ihrer Exchange-Organisation auf (siehe Abbildung 8.11).

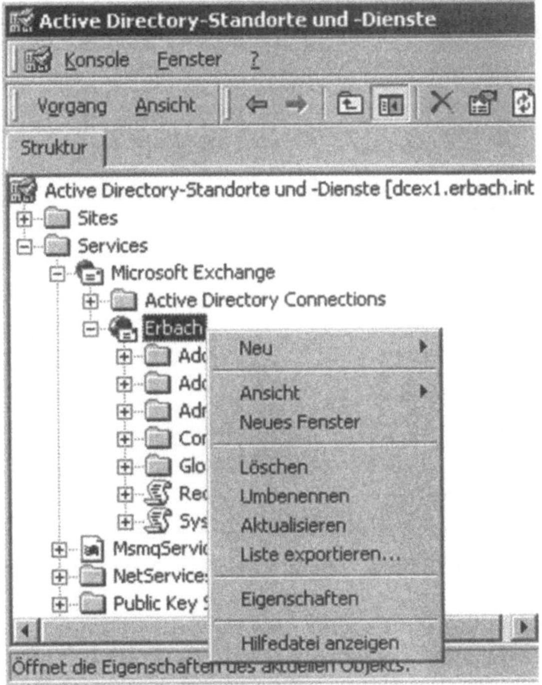

Abb. 8.11. Berechtigungen der Exchange Organisationen

Wechseln Sie jetzt direkt zur Registerkarte *Sicherheit* (siehe Abbildung 8.12). Wie Sie sehen, werden hier keinerlei Berechtigungen vererbt, sondern direkt gesetzt. Sie befinden sich hier sozusagen im Herz Ihrer Exchange Organisation. Gehen Sie also beim Setzen bzw. dem Entfernen von Berechtigungen sehr sorgfältig vor. Alle Änderungen, die Sie hier vornehmen, werden auf alle Objekte und alle adminisrativen Gruppen innerhalb Ihrer Exchange Organisation vererbt. Wie Sie sehen können, hat die Sicherheitsgruppe `Jeder` das Recht

Create public folder, sowie *create top level public folder*.

Um dieser Gruppe dieses Recht zu nehmen, entfernen Sie die beiden Haken und fügen statt dessen die Sicherheitsgruppe hinzu, die Sie zum Anlegen der öffentlichen Ordner im Active Directory berechtigen wollen. Wahlweise können Sie diese Berechtigungen auch auf einzelne administrativen Gruppen setzen. Wenn Ihre Exchange Organisation über mehrere Domänen verteilt ist und Sie mehrere administrative Gruppen haben, sollten Sie hier das Recht zum Erstellen von öffentlichen Ordnern zwar entziehen, aber keine Berechtigung erteilen.

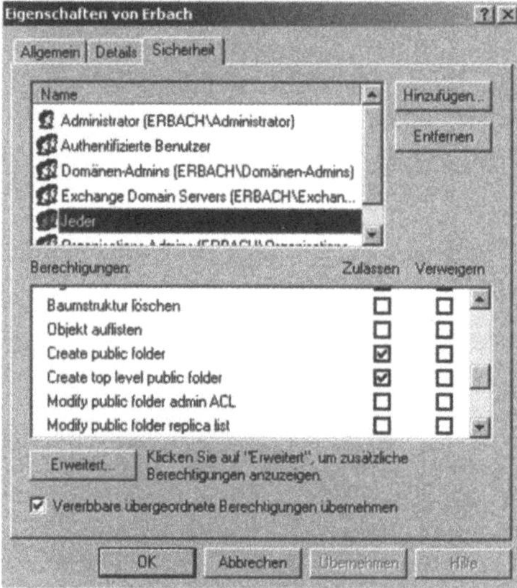

Abb. 8.12: Berechtigung zum Erstellen von öffentlichen Ordnern

Sie sollten auf jeder einzelnen administrativen Gruppe, vor allem wenn diese in verschiedenen Windows 2000-Domänen verteilt sind, die Berechtigung explizit vergeben. In jeder Domäne sollte also eine Sicherheitsgruppe angelegt werden, welche in der jeweiligen administrativen Gruppe das Recht zum Anlegen von öffentlichen Ordnern erhält. Dies könnten Sie aber auch mit einer universellen Gruppe erreichen. Dazu muss sich jedoch Ihre Windows 2000 Gesamtstruktur im einheitlichen Modus befinden. Beachten Sie auch, dass die Mitglieder einer universellen Gruppe Inhalt des globalen Katalogs sind und dessen Größe beeinflussen. Je nach Größe des globalen Katalogs steigt die Dauer der einzelnen Replikationsvorgänge stark an, wenn Sie viele universelle Gruppen erstellen.

8.3.3 Erstellen von öffentlichen Ordnern mit Outlook

Um einen öffentlichen Ordner direkt aus Outlook zu erstellen, klicken Sie mit der `rechten Maustaste` auf die öffentliche Ordnerstruktur, in der Sie diesen Ordner erstellen wollen und wählen aus dem Menü `Neuer Ordner` aus (siehe Abbildung 8.13). Geben Sie hier den Namen des neuen öffentlichen Ordners ein sowie des Typs. Sie können mehrere Typen von öffentlichen Ordnern erstellen.

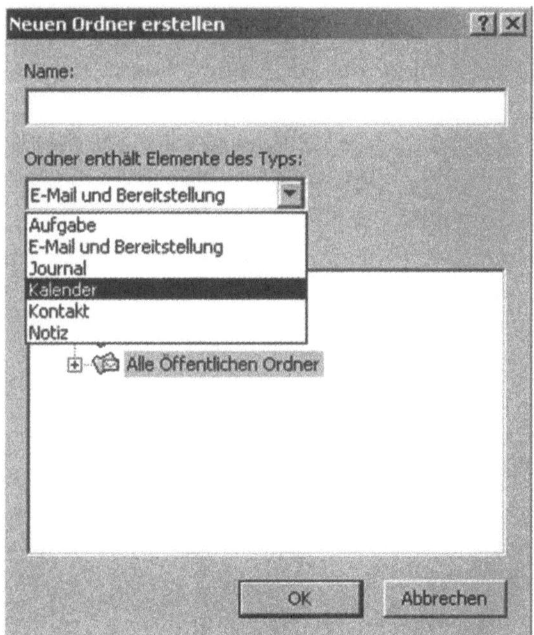

Abb. 8.13: Erstellen eines öffentlichen Ordners mit Oulook

Diese Ordner-Typen sind analog zu den Funktionen, die Ihnen Outlook für jedes Postfach zur Verfügung stellt. Ein Unterschied liegt darin, dass diese öffentlichen Ordner allen Benutzern, die

Berechtigung haben, zur Verfügung stehen. Nach der Erstellung und der Vergabe des Namens steht dieser öffentliche Ordner jetzt auch in Outlook zur Verfügung und kann verwaltet werden (siehe Abbildung 8.14).

Abb. 8.14: Neuer erstellter öffentlicher Ordner

8.4 Verwalten von öffentlichen Ordnern

Genauso wie die Erstellung kann auch die Verwaltung von öffentlichen Ordnern im Exchange System-Manager und in Outlook durchgeführt werden.

Sie können jedoch nur im Exchange System-Manager systemseitige Verwaltungen durchführen. Zum Beispiel Replikation oder E-Mail-Aktivierung des öffentlichen Ordners.

Berechtigungen und andere Einstellungen können aber, je nach Berechtigung, auch direkt in Outlook und durch den jeweiligen Benutzer durchgeführt werden, der für den jeweiligen öffentlichen Ordner verantwortlich ist.

Der Ersteller eines öffentlichen Ordners erhält von Exchange automatisch die Berechtigungsstufe *Besitzer.* Besitzer haben unter anderem das Recht, die Berechtigungen für diesen öffentlichen Ordner zu verwalten.

8.4.1 Verwalten öffentlicher Ordner aus Outlook

Die Eigenschaften eines öffentlichen Ordners können aus Outlook mit der `rechten Maustaste` aufgerufen werden (siehe Abbildung 8.15).

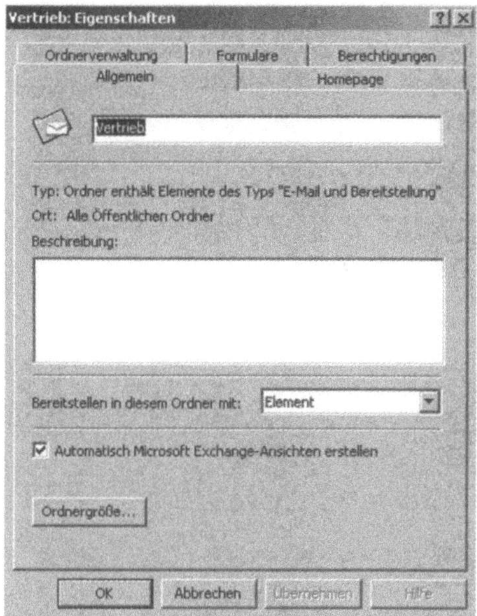

Abb. 8.15: Eigenschaften des neuen öffentlichen Ordners

Registerkarte Allgemein

Auf dieser Registerkarte legen Sie den Namen des öffentlichen Ordners fest und können eine Beschreibung des Inhaltes eintragen, um neue Benutzer besser informieren zu können.

Zusätzlich können Sie hier das Formular auswählen, mit dem neue Elemente in diesen Ordner hinzugefügt werden können.

Die Option *Automatisch Microsoft Exchange-Ansichten erstellen* dient zur Kompatibilität mit anderen Exchange Clients.

Registerkarte Ordnerverwaltung

Auf der Registerkarte *Ordnerverwaltung* können Sie verschiedene Optionen konfigurieren, die die Ansicht des Ordners und dessen Verwaltung betreffen (siehe Abbildung 8.16).

- *Erste Ansicht des Ordners.* Hier können Sie einstellen, wie der Benutzer beim Öffnen dieses öffentlichen Ordners den Inhalt angezeigt bekommt. Sie können aus dem Menü verschiedene Sortierthemen auswählen. Benutzer können dies individuell abändern, wenn Ihnen diese Standardsortierreihenfolge nicht zusagt.

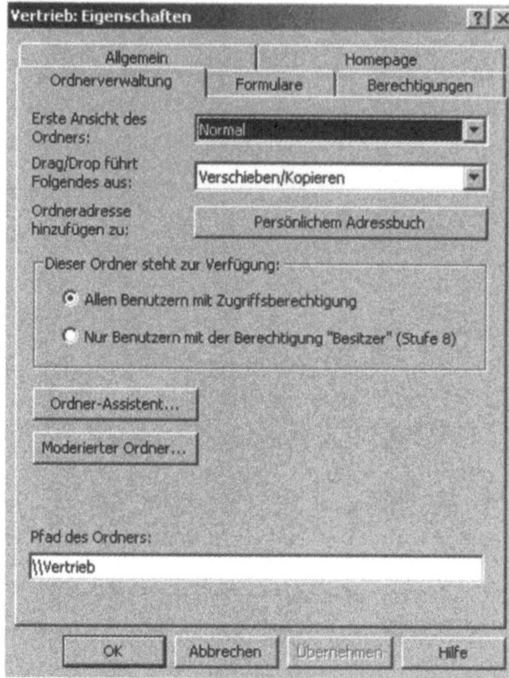

Abb. 8.16: Registerkarte *Ordnerverwaltung*

- *Drag/Drop führt Folgendes aus.* Mit dieser Option können Sie einstellen, wie die Objekte im öffentlichen Ordner angezeigt werden sollen. Ihnen stehen hier zwei verschiedene Möglichkeiten zur Auswahl:
    - *Verschieben/Kopieren.* Mit dieser Auswahl werden die Objekte, also zum Beispiel E-Mails, nicht umformatiert, sondern sehen beim Veschieben in den öffentlichen Ordner genauso aus, wie Sie beim Benutzer angekommen sind. Die Objekte werden nicht mit dem Benutzer gekennzeichnet, der sie in den öffentlichen Ordner verschoben hat.
    - *Weiterleiten.* Wenn Sie diese Option aktivieren, werden die Objekte, die in diesen öffentlichen Ordner verschoben werden, als weitergeleitete Objekte umformatiert. Dadurch wird im Betreff auch festgehalten, welcher Benutzer dieses Objekt in den öffentlichen Ordner verschoben hat.
- *Ordneradresse hinzufügen zu: Persönlichem Adressbuch.* Hier können Sie diesen öffentlichen Ordner direkt in Ihr persönliches Adressbuch hinzugefügen. Wenn Sie auf das Feld

`Persönlichem Adressbuch` klicken, wird dieser öffentliche Ordner Ihren Kontakten in Outlook hinzugefügt und Sie können E-Mails direkt an diesen öffentlichen Ordner senden.

- *Dieser Ordner steht zur Verfügung*. Hier können Sie einstellen, wer derzeit auf diesen Ordner Zugriff haben soll. Wenn Sie Wartungsarbeiten an diesem öffentlichen Ordner durchführen wollen, können Sie zeitweise diese Option aktivieren, um andere Benutzer daran zu hindern, auf den Ordner zuzugreifen. Wird eine E-Mail an diesen öffentlichen Ordner geschickt, erhält der Benutzer eine Rückantwort, dass derzeit nur Besitzer zugreifen dürfen.
- *Ordner Assistent*. Mit diesem Assistenten können Sie ein Regelwerk erstellen, wie mit neuen Objekten verfahren werden soll, die in diesen öffentlichen Ordner mit aufgenommen werden. Sie können dabei ähnlich vorgehen wie bei Ihren Posteingangsregeln in Outlook.
- *Moderierter Ordner*. Hier können Sie festlegen, ob bestimmte Benutzer benachrichtigt werden sollen, wenn neue Objekte in den öffentlichen Ordner mit aufgenommen werden. Die hier definierten Benutzer erhalten von Exchange eine Benachrichtigung über die Neuaufnahme eines Objektes in den moderierten öffentlichen Ordner.

Registerkarte Formulare

Auf dieser Registerkarte können Sie steuern, wie mit Formularen in diesem öffentlichen Ordner umgegangen wird (siehe Abbildung 8.17).

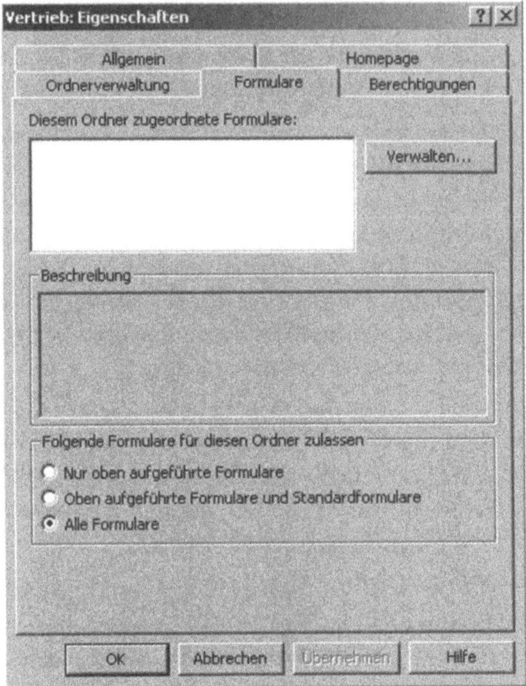

Abb. 8.17: Registerkarte Formulare

Formulare sind sozusagen die von Ihnen erstellten Vorlagen und Assistenten, die das Aussehen der einzelnen Objekte steuern, die in diesen öffentlichen Ordner mit aufgenommen werden. Hier können Sie sehen, welche Formulare dem Ordner bereits zugewiesen wurden und welche zugewiesen werden dürfen.

Registerkarte Berechtigungen

Auf der Registerkarte *Berechtigungen* können Sie schließlich genau spezifizieren, welche Benutzer auf den jeweiligen öffentlichen Ordner zugreifen dürfen (siehe Abbildung 8.18).

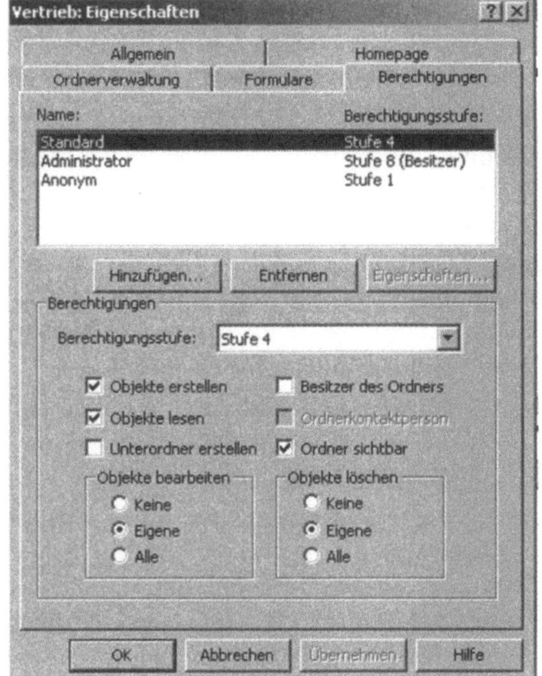

Abb. 8.18: Registerkarte Berechtigungen

Im oberen Feld sehen Sie, welche Benutzer bereits Berechtigung auf den öffentlichen Ordner haben und welcher Berechtigungsstufe Sie zugeordnet sind.

Sie können hier neue Benutzer mit aufnehmen und vorhandene entfernen.

Dabei können Sie auf die Standardstufen von Outlook zurückgreifen, um einen schnellen und effizienten Überblick über die einzelnen Berechtigungen der Benutzer zu erhalten.

Es gibt in Outlook neun Standard-Berechtigungsstufen, die Sie vergeben können.

- *Keine.* Benutzer mit dieser Stufe haben keinerlei Berechtigung für den öffentlichen Ordner. Verwenden Sie diese Stufe für die Standard-Benutzer, wenn Sie auf einen öffentlichen Ordner explizite Berechtigungen festlegen wollen. So können Sie einzelne Benutzer oder Gruppen aufnehmen und stellen sicher, dass nur diese Berechtigung auf den Ordner haben.

- *Stufe 1.* Mit dieser Berechtigung dürfen Benutzer neue Objekte in den öffentlichen Ordner bereitstellen, aber die Ansicht der bereits vorhandenen Objekte wird nicht erlaubt.
- *Stufe 2.* Diese Stufe liegt zwar in der Hierarchie eine Stufe höher als Stufe 1, berechtigt aber nicht zum Schreiben in den öffentlichen Ordner, sondern lediglich zum Lesen des Inhaltes.
- *Stufe 3.* Die Stufe 3 ist schließlich die zusammengefasste Berechtigungsstufe 1 und Stufe 2. Benutzer mit Stufe 3 Berechtigung dürfen Objekte in diesem öffentlichen Ordner erstellen und den Inhalt des Ordners lesen.
- *Stufe 4.* Mit der Stufe 4 können Benutzer zusätzlich zu Stufe 3 noch die von ihnen erstellten Objekte in diesem öffentlichen Ordner bearbeiten und löschen.
- *Stufe 5.* Diese Stufe beinhaltet die Berechtigung der Stufe 4 und zusätzlich das Recht, untergeordnete Objekte zu bearbeiten und zu löschen. Allerdings nur für untergeordnete Objekte, die von dem jeweiligen Benutzer mit Stufe 5 in den öffentlichen Ordner gestellt wurde.
- *Stufe 6.* Benutzer mit dieser Berechtigung können neue Objekte in den öffentlichen Ordner mit aufnehmen, vorhandene lesen und alle vorhandenen Objekte bearbeiten oder löschen.
- *Stufe 7.* Benutzer mit Stufe 7 haben die gleiche Berechtigung wie Benutzer der Stufe 6 und können zusätzlich untergeordnete öffentliche Ordner zu diesem erstellen.
- *Stufe 8 (Besitzer).* Diese Berechtigungsstufe ist die höchste Stufe, die für öffentliche Ordner erteilt werden kann. Benutzer mit Stufe 8 haben die gleichen Rechte wie Benutzer der Stufe 7 und können zusätzlich noch Berechtigungen des öffentlichen Ordners bearbeiten. Also erteilen und entziehen.

Sie können auch Benutzern manuell gewisse Rechte vergeben, ohne die vorgefertigten Berechtigungsstufen zu verwenden. Nehmen Sie dazu den Benutzer in die Liste mit auf und vergeben ihm die Berechtigungsstufe, welche am nächsten an die Rechte herankommt, die Sie dem Benutzer erteilen wollen. Sie können dann auf der Registerkarte *Ordnerverwaltung* manuell dessen Rechte bearbeiten. Dazu stellt Outlook noch einige weitere Optionen zur Verfügung:

- *Objekte erstellen.* Gleichbedeutend mit Stufe 1. Benutzer können neue Objekte mit in den Ordner aufnehmen aber vorhandene nicht lesen.
- *Objekte lesen.* Wie Stufe 2. Lesen ist erlaubt, schreiben jedoch nicht.
- *Untergeordnete Ordner erstellen.* Mit dieser Berechtigung können neue öffentliche Ordner unterhalb dieses öffentlichen Ordners erstellt werden.
- *Besitzer des Ordners.* Erteilt dem Benutzer die Berechtigungsstufe 8.
- *Ordnerkontaktperson.* Ordnerkontaktpersonen erhalten automatisch Benachrichtigung von öffentlichen Ordnern, wenn Replikationsprobleme oder sonstige Anfragen anliegen.
- *Ordner sichtbar.* Benutzer mit dieser Berechtigung bekommen den öffentlichen Ordner in Ihren Clients, zum Beispiel Outlook, angezeigt. Dies bedeutet jedoch nicht, dass sie Rechte auf den Ordner haben.
- *Objekte bearbeiten.*
    - *Keine.* Es können keinerlei Objekte bearbeitet werden.
    - *Eigene.* Objekte, die vom Benutzer selbst in den öffentlichen Ordner gestellt wurden, können bearbeitet werden.
    - *Alle.* Alle Objekte innerhalb dieses öffentlichen Ordners können bearbeitet werden.
- *Objekte löschen.*
    - *Keine.* Keine Objekte innerhalb des öffentlichen Ordners können gelöscht werden.
    - *Eigene.* Nur die vom Benutzer selbst erstellten Objekte können gelöscht werden, andere nicht.
    - *Alle.* Alle Objekte können von diesem Benutzer gelöscht werden.

Hinweis

Wenn Sie wollen, dass ein E-Mail aktivierter öffentlicher Ordner E-Mails aus dem Internet empfangen kann, müssen Sie bei den Berechtigungen für Anonym die Berechtigung zum Erstellen von Objekten erteilen.

8.4.2 Verwalten öffentlicher Ordner aus dem Exchange System-Manager

Öffentliche Ordner lassen sich auch aus dem Exchange System-Manager verwalten. Die Verteilung von Berechtigungsstufen ist dabei nicht so komfortabel gelöst wie aus Outlook.

Systemseitige Einstellungen der öffentlichen Ordner wie E-Mail-Adresse, Replikation und Anzeige im Adressbuch lassen sich ausschließlich nur im System-Manager erledigen.

Um einen Ordner im Exchange System-Manager zu verwalten, müssen Sie wie im Kapitel 8.3.1 beschrieben zuerst Verbindung mit dem Exchange-Server aufnehmen, auf dem Sie den jeweiligen öffentlichen Ordner verwalten wollen.

Es ist dabei unwichtig, mit welchem Replikat des öffentlichen Ordners Sie sich verbinden, diese sind alle gleich.

Rufen Sie dann mit der `rechten Maustaste` die Eigenschaften des öffentlichen Ordners auf (siehe Abbildung 8.19).

Sie erhalten mehrere Registerkarten, mit deren Hilfe Sie den öffentlichen Ordner an Ihre Bedürfnisse anpassen können.

Registerkarte Allgemein

Auf der Registerkarte *Allgemein* können Sie eine Beschreibung für den öffentlichen Ordner angeben und den Namen konfigurieren, der im Adressbuch der Benutzer für diesen öffentlichen Ordner erscheinen soll (siehe Abbildung 8.19).

Dies kann hilfreich sein, wenn der systemseitige Namen nicht eindeutig ist oder Sie den Benutzern einen einfacheren Namen zur Verfügung stellen wollen.

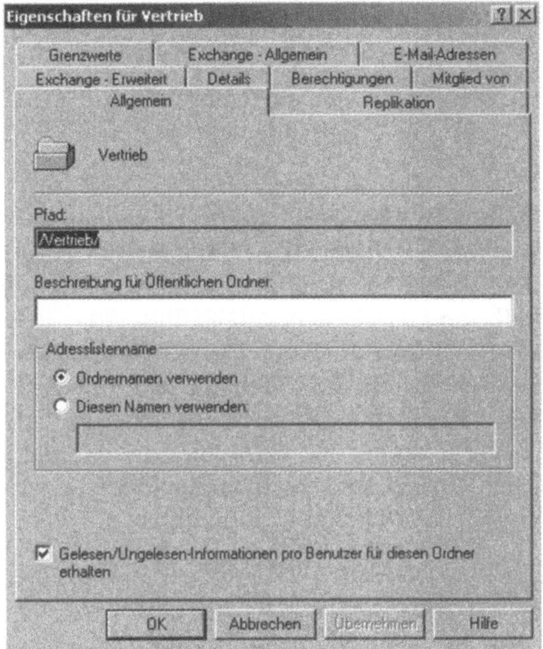

Abb. 8.19: Registerkarte *Allgemein*

Zusätzlich können Sie hier noch die Option *Gelesen/Ungelesen-Informationen pro Benutzer für diesen Ordner erhalten* aktivieren. Diese Option dient den Benutzern als Unterstützung, ob Sie gewisse Objekte schon gelesen haben oder nicht. Diese Option kennen Sie aus Ihrem Postfach. Hier werden bereits gelesene Objekte in Outlook mit einem anderen Symbol dargestellt als ungelesene.

8.4.2.1 Replikation öffentlicher Ordner

Wir befinden uns immer noch in den Eigenschaften unseres erstellten Ordners. Das Thema Replikation ist ein sehr ausführliches und wichtiges Thema bei der Arbeit mit öffentlichen Ordnern.

Replikate öffentlicher Ordner sind prinzipiell nichts anderes als Kopien dieser Ordner auf anderen Exchange Servern. Der Replikationsvorgang wird dabei in drei Schritte unterteilt.

- Replikation der Verzeichnisobjekte, also das öffentliche Ordner-Objekt durch die Active-Directory-Replikation.

- Replikation der öffentlichen Ordner-Hierarchie durch den öffentlichen Ordner-Informationsspeicher.
- Replikation der einzelnen Objekte in den öffentlichen Ordnern, mit Nachrichtentext, Betreff und Anlagen.

Öffentliche Ordner müssen nicht zwingend auf alle Server repliziert werden, damit alle Benutzer auf diese Zugriff haben. Allerdings ist die Replikation sinnvoll, wenn Sie einen Lastenausgleich oder eine Geschwindigkeitssteigerung erreichen wollen. Zum Beispiel wenn Exchange-Server geografisch verteilt sind. Durch die Replikation der öffentlichen Ordner ist auch sichergestellt, dass bei dem Ausfall eines Exchange-Server wichtige öffentliche Ordner trotzdem zur Verfügung stehen. Alle Replikate der öffentlichen Ordner sind unabhängig voneinander, es gibt keinen Master, von dem die Replikation abhängt.

Ablauf der Replikation

Nach dem Erstellen eines öffentlichen Ordners repliziert der Informationsspeicher die Hierarchie der öffentlichen Ordner-Strukturen auf alle Exchange Server in der Organisation. So ist sichergestellt, dass alle Benutzer auf alle öffentlichen Ordner der Organisation, unabhängig vom Speicherort, zugreifen können. Exchange repliziert dann die Nachrichten und Objekte auf die Exchange-Server, auf die der Exchange-Administrator Replikate angelegt hat. Der Informationsspeicher repliziert schließlich alle Änderungen an den einzelnen Objekten in den öffentlichen Ordnern auf alle anderen Exchange Server, die über ein Replikat verfügen.

Registerkarte Replikation

Auf der Registerkarte *Replikation* (siehe Abbildung 8.20) legen Sie fest, auf welche Exchange-Server innerhalb Ihrer Organisation dieser öffentliche Ordner repliziert werden soll.

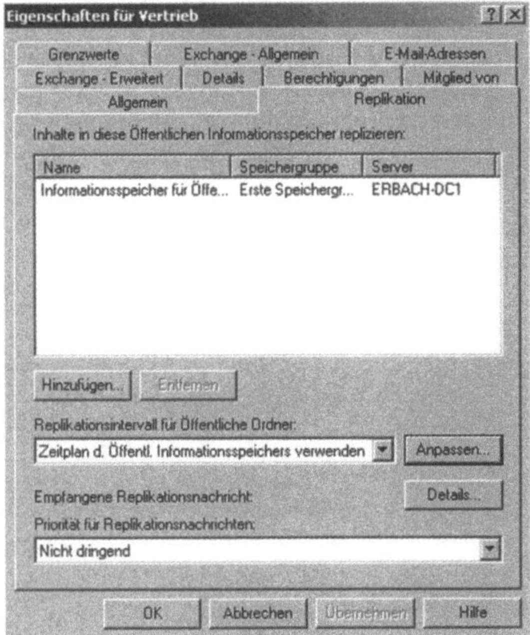

Abb 8.20: Registerkarte *Replikation* öffentlicher Ordner

- Sie können auf der Schaltfläche `Hinzufügen` weitere Replikate dieses öffentlichen Ordners auf den Informationsspeicher für öffentliche Ordner auf anderen Exchange-Servern erstellen.
- Beim Menüpunkt `Replikationsintervall für Öffentliche Ordner` können Sie einstellen, zu welchen Zeiten die Replikation dieses öffentlichen Ordners stattfinden soll. Sie können hier auch direkt den Zeitplan des Informationsspeichers für öffentliche Ordner verwenden oder einen eigenen Zeitplan definieren.

  Standardmäßig steht der Informationsspeicher für öffentliche Ordner auf *immer ausführen*. Sie müssen hier also nicht unbedingt einen eigenen Zeitplan definieren. Diese Einstellung hängt natürlich auch vom jeweiligen Ordner ab, dessen Priorität im Unternehmen und ob die Informationen darin ständig aktuell gehalten werden sollen.
- Mit der Schaltfläche `Details` beim Menüpunkt `Empfangene Replikationsnachricht` können Sie sich den Status der Replikation anzeigen lassen. Sie können in diesem Fenster sehen, ob die Replikation gelaufen ist, wie lange und ob sie fehlerhaft arbeitet.

- *Priorität von Replikationsnachrichten.* Mit dieser Option können Sie festlegen, in welcher Reihenfolge die Replikation eines öffentlichen Ordners vor anderen Ordnern stattfinden soll. Die Replikation von öffentlichen Ordnern und der Austausch von Informationen zwischen den einzelnen Exchange-Servern läuft auch zum größten Teil über E-Mail-Nachrichten. Das Protokoll, welches hier genutzt wird, ist ebenfalls SMTP. Sie können in dieser Dropdownliste die Prioiät festlegen, in der die Replikationsnachrichten dieses Ordners verschickt werden.
  - *Nicht dringend.* Replikationsnachrichten mit dieser Priorität werden erst verschickt, wenn alle anderen Replikationsnachrichten versendet wurden.
  - *Normal.* Nachrichten mit dieser Priorität werden vor den Nachrichten mit der Priorität *Nicht dringend* verschickt.
  - *Dringend.* Nachrichten mit dieser Priorität werden vor allen anderen Nachrichten verschickt.

Verbindung der Benutzer mit öffentlichen Ordnern

Wenn ein Benutzer einen öffentlichen Ordner öffnen will, versucht Exchange den Benutzer zuerst auf den öffentlichen Ordner zu verbinden, der auf dem gleichen Server wie das Benutzerpostfach liegt.

Gibt es auf dem Postfach-Server des Benutzers kein Replikat, so verbindet Exchange den Benutzer auf einen Exchange Server in der gleichen Routinggruppe, der ein Replikat dieses öffentlichen Ordners enthält.

Steht in der gesamten Routinggruppe kein Replikat dieses öffentlichen Ordners zur Verfügung, so verbindet Exchange den Benutzer zu der Routinggruppe, deren Connector die günstigsten Kosten hat und nicht für das Routing von öffentlichen Ordnern deaktiviert wurde.

Öffentliches Ordner-Routing

Der Menüpunkt in der Konfiguration eines Connectors `Keine Bezüge auf Öffentliche Ordner zulassen` bedeutet, dass über diesen Connector keine Zugriffe auf öffentlichen Ordner geroutet werden (siehe Abbildung 8.21).

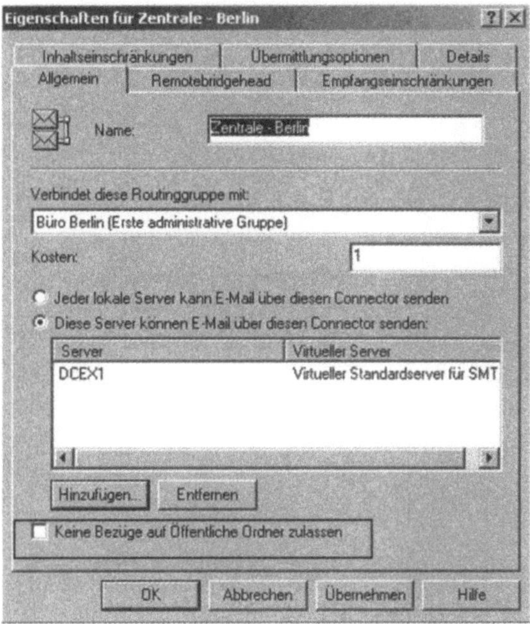

Abb. 8.21: Deaktivieren von Routing für öffentliche Ordner

Registerkarte Exchange Erweitert

Auf der Registerkarte *Exchange Erweitert* können Sie einstellen, ob der öffentliche Ordner im Adressbuch bei den Benutzern angezeigt werden soll oder nicht.

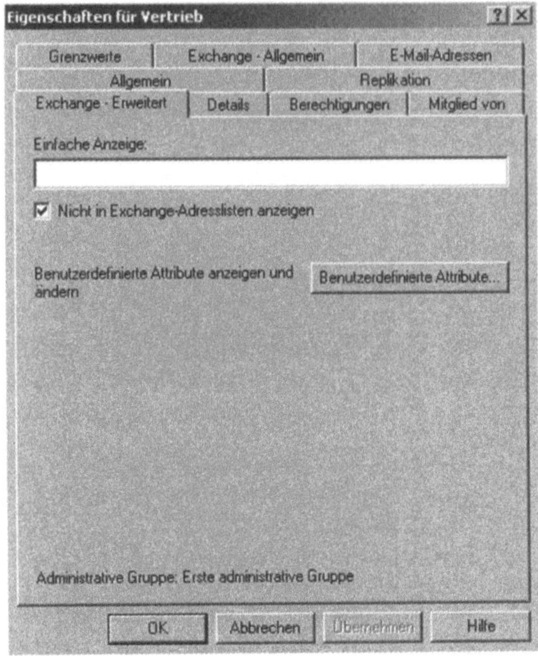

Abb. 8.22: Registerkarte *Exchange Erweitert*

Hier können Sie auch benutzerdefinierte Attribute für den öffentlichen Ordner eintragen, genauso wie bei einem Benutzer. Im Feld für die *Einfache Anzeige* (siehe Abbildung 8.22) können Sie eintragen, welche vereinfachte Darstellung des Benutzers gezeigt werden soll, wenn der vollständige Name nicht angezeigt werden kann (wenn zum Beispiel mehrere Sprachversionen im Einsatz sind). Dieses Feld wird nicht dazu verwendet den Anzeigenamen im Adressbuch zu ändern. Dies wird auf der Registerkarte *Allgemein* konfiguriert.

Registerkarte Berechtigungen

Auf dieser Registerkarte legen Sie fest, welche Benutzer welches Recht auf den öffentlichen Ordner haben sollen. Sie können hier, genau wie in Outlook, auch die Berechtigungen der einzelnen Benutzer steuern.

Die Verwaltung der Berechtigungen verhalten sich analog zur Verwaltung der Berechtigungen in Outlook.

Auf der Registerkarte *Berechtigungen* können Sie zusätzlich direkt Rechte auf die Active-Directory Objekte des öffentlichen

Ordners legen und die Rechte der einzelnen Administratoren steuern.

Bezüglich öffentlicher Ordner gibt es einige Rechteeinstellungen, die Sie auf der Registerkarte *Berechtigungen* vorfinden.

- *Create public folder.* Benutzer mit diesem Recht dürfen innerhalb öffentlicher Ordner der öffentlichen Ordner Struktur neue öffentliche Ordner anlegen
- *Create top level public folder.* Mit diesem Recht können Benutzer innerhalb der öffentlichen Ordner neue Toplevel Ordner anlegen, also Ordner in der obersten Hierarchie.
- *Modify public folder deleted item retention.* Dieses Recht ermöglicht Benutzern oder Administratoren im Exchange System-Manager die Option einzustellen, wie lange gelöschte Objekte von Exchange weiter aufbewahrt werden sollen.
- *Modify public folder expiry.* Mit diesem Recht können Administratoren oder Benutzer die Verfallszeit von Objekten innerhalb der öffentlichen Ordner steuern.
- *Modify public folder quotas.* Benutzer mit diesem Recht dürfen die Grenzwerte der öffentlichen Ordner bearbeiten.
- *Modify public folder replica list.* Mit diesem Recht dürfen Benutzer die Replikation der öffentlichen Ordner steuern und festlegen, auf welche Exchange Server die öffentlichen Ordner repliziert werden.
- *Modify public folder ACL.* Mit diesem Recht dürfen Benutzer die Berechtigung der öffentlichen Ordner bearbeiten.
- *Modify public folder admin ACL.* Dieses Recht wird zur Bearbeitung der Exchange-Administrator-Rechte benötigt.
- *Administer information store.* Diese Benutzer dürfen den Informationsspeicher für öffentliche Ordner bearbeiten.
- *Create named properties in the information store.* Diese Benutzer erhalten das Recht, benannte Eigenschaften im Informationsspeicher für öffentliche Ordner zu erstellen. Ohne dieses Recht dürfen keine neuen Eigenschaften hinzugefügt werden.
- *View information store status.* Benutzer mit diesem Recht dürfen den aktuellen Status des Informationsspeichers anzeigen und lesen.

PFAdmin.exe / PFInfo.exe

Im Exchange 2000 Ressource Kit befindet sich das Tool `PFAdmin.exe`.

Dieses Tool läuft auf der Kommandozeile und ermöglicht das skriptgesteuerte Ändern mehrerer öffentlicher Ordner gleichzeitig.

Zusätzlich gibt es noch das Tool `PFInfo.exe`, mit dessen Hilfe Sie Informationen über den Inhalt eines öffentlichen Ordners erhalten können.

Registerkarte Grenzwerte

Hier legen Sie fest, wie die Größe des öffentlichen Ordners ansteigen darf.

Die Einstellungen sind die gleichen wie in der in Kapitel 6.5.2.2 beschriebenen Richtlinie für den Informationsspeicher der öffentlichen Ordner.

Sollten diese Werte überschritten werden erhalten die Benutzer, die Sie in den Eigenschaften des Ordners als Kontaktperson festlegen, eine E-Mail vom Exchange-Server. Dies kann ein Benutzer sein oder auch mehrere.

Registerkarte Exchange Allgemein / E-Mail-Adressen

Auf diesen Registerkarten können Sie festlegen, welche E-Mail-Adresse diesem Ordner zugewiesen sein soll und wie der Alias lautet.

Standardmäßig ist der Alias des öffentlichen Ordners gleich mit dem Namen. Sie können diesen hier auch abändern und verkürzen, damit er leichter von extern zu erreichen ist.

Bei Exchange 5.5 war ein öffentlicher Ordner direkt nach der Erstellung standardmäßig per E-Mail zu erreichen.

Bei Exchange 2000 ist dies nicht der Fall. Ein neu erstellter Ordner ist nicht automatisch gleich E-Mail-Aktiviert. Um einen Ordner per E-Mail erreichen zu können, müssen Sie ihn erst E-Mail-Aktivieren.

E-Mail Aktivierung eines öffentlichen Ordners

Klicken Sie dazu mit der `rechten Maustaste` auf den öffentlichen Ordner und wählen aus dem Menü `Alle Tasks` und dann `E-Mail aktivieren.`

8.4.2.2 Vererbung der Einstellungen

Wenn Sie Einstellungen an einem öffentlichen Ordner vorgenommen haben, müssen diese nicht manuell für alle untergeordneten Ordner wiederholt werden.

Vor allem bei der Replikation kann dies schnell erhebliches an Arbeit bedeuten. Sie haben bei Exchange die Möglichkeit, Einstellungen automatisch an untergeordnete öffentliche Ordner weiter zu vererben.

Diesen Vorgang müssen Sie jedoch manuell starten. Exchange vererbt diese Einstellungen nicht automatisch weiter, da es sich hier nicht um NTFS-Berechtigungen sondern lediglich um Konfigurationsoptionen handelt.

Um die von Ihnen vorgenommenen Optionen weiter zu vererben, klicken Sie mit der `rechten Maustaste` auf den Toplevel öffentlichen Ordner und wählen aus dem Menü `Alle Tasks` den Punkt `Einstellungen weitergeben.`

Es erscheint als nächstes ein Fenster, in dem Sie eintragen können, welche Informationen nach unten vererbt werden sollen. Kreuzen Sie diese an und bestätigen das Fenster.

Exchange kopiert dann alle Einstellungen auf die untergeordneten Ordner weiter. Wenn Sie jedoch etwas am Toplevel-Ordner ändern, muss diese Änderung wieder kopiert werden.

Neu erstellte Unterordner erhalten dagegen die Einstellungen des Toplevel-Ordners bei der Erstellung. Werden in untergeordneten Ordnern Einstellungen verändert, die sich mit kopierten Eigenschaften des Toplevel-Ordners überschneiden, werden diese Einstellungen beim Kopiervorgang überschrieben.

Diese Option ist nicht für die oberste Ebene der Hierarchie verfügbar. Sie sollten daher bei der Planung Ihrer öffentlichen Ordner-Struktur auch diesen Punkt genau beachten. Dabei sollte Ihre öffentliche Ordner-Stuktur auch nicht zu tief sein, da Sie nicht immer alle Änderungen weiter kopieren wollen.

Sie werden hier am besten fahren, wenn Sie eine genaue Planung Ihrer öffentlichen Ordner-Struktur vornehmen und erst dann mit dem Anlegen der Struktur beginnen.

8.4.2.3 Replikation zwischen verschiedenen Organisationen

Die Replikation innerhalb einer Organisation wird standardmäßig von Exchange 2000 unterstützt und ist schlussendlich recht einfach zu konfigurieren, wenn man sich erstmal mit dem Thema auseinandergesetzt hat.

Schwieriger wird die Replikation zwischen verschiedenen Organisationen. Dies kann zum Beispiel notwendig werden, wenn sich zwei oder mehrere Unternehmen mit verschiedenen Exchange-Versionen und Exchange-Organisationen zusammenschließen. Eine weitere Möglichkeit ist der Aufbau mehrerer Organisationen innerhalb eines Unternehmens durch Migration oder notwendiger administrativer Gründe.

Wie auch immer, verschiedene Exchange Organisationen sind immer getrennt und arbeiten nicht von Haus aus zusammen. Es besteht jedoch trotzdem die Möglichkeit, öffentliche Ordner und auch die frei/gebucht-Zeiten zwischen diesen Organisationen zu replizieren. Dies kann auch zwischen einer Exchange 5.5-Organisation und einer Exchange 2000-Organisation konfiguriert werden aber auch zwischen zwei Exchange 2000-Organisationen.

Interorg Replication Utility

Microsoft hat dazu auf der Exchange CD das Tool *InterOrg Replication Utility* mitgeliefert.

Dieses Tool benötigen Sie auf beiden Servern, die für diese Replikation konfiguriert werden müssen. Die Konfiguration läuft dabei in zwei Schritten ab:

- Erstellen einer Konfigurationsdatei mit `exscfg.exe`
- Installieren eines neuen Windows-Dienstes mit der Konfigurationsdatei und dem Tool `exssrv.exe`

Kopieren Sie dazu die beiden Dateien `exscfg.exe` und `exssrv.exe` aus dem Verzeichnis `support\exchsync\i386` auf der Exchange 2000-CD in Ihr Exchange-\bin-Verzeichnis auf jeweils einen Exchange-Server der beiden getrennten Organisationen, die Sie für die Replikation konfigurieren wollen. Dabei ist der eine Exchange-Server der Verleger, der andere der Abonnent. Diese beiden Server sammeln jeweils in Ihrer Organisation die Informationen zusammen, um sie schließlich untereinander zu replizieren.Wir gehen hier davon aus, dass die Replikation in beide Richtungen stattfinden soll. Nicht nur von einer in die andere. Dadurch wird der Verleger-Server gleichzeitig zum Abonnnenten und der Abonnenten-Server gleichzeitig zum Verleger.

Hinweis

Sollten Sie mit dem InterOrg Replication Utility eine Verbindung zu einer Exchange 5.5-Organisation aufbauen wollen, muss auf dieser mindestens das Servicepack 3 für Exchange 5.5 installiert sein, besser Servicepack 4.

Wenn Exchange 5.5 auf Windows NT 4 installiert ist, muss mindestens noch das Servicepack 4 für Windows NT 4 installiert sein, besser Servicepack 6a.

Erstellen von Postfächern zur Replikation

Als nächstes müssen Sie für beide Organisationen ein Konto definieren, welches über ein Postfach verfügen muss, mit dem die Replikation ablaufen soll. Es ist dabei nicht notwendig, dass Sie eine Vertrauensstellung einrichten, da die beiden Konten nicht zusammenarbeiten müssen.

Stellen Sie sicher, dass diese beiden Konten und Postfächer über genügend Rechte in der Organisation verfügen.

Verwenden Sie am besten die Konten, mit denen die Organisation jeweils installiert wurde. So gehen Sie sicher, dass genügend Rechte zur Replikation vorhanden sind.

Stellen Sie danach sicher, dass das jeweils zur Organisation gehörende Konto für alle öffentlichen Ordner seiner Organisation das Recht `Besitzer` hat.

Erstellen eines neuen öffentlichen Ordners zur Synchronisation

Erstellen Sie danach in beiden Organisationen einen Toplevel öffentlichen Ordner mit der Bezeichnung:

`ExchsyncSecurityFolder`

Erteilen Sie nur dem Serviceaccount, mit dem Sie die Replikation steuern wollen, das Recht, diesen Ordner zu sehen und zu bearbeiten. Erstellen Sie danach auf dem Abonnent für jeden Toplevel-Ordner, den Sie replizieren wollen, einen entsprechenden Toplevel-Ordner, in die der öffentliche Ordner der jeweils anderen Organisation repliziert werden soll.

Das InterOrg Replication Utility erstellt dabei Unterordner automatisch, nicht jedoch die Toplevel-Ordner.

Erstellen einer Konfigurationsdatei zur Synchronisation

Als nächstes müssen Sie auf dem Verleger eine Konfigurationsdatei für Replikation erstellen. Für die Erstellung der Konfigurationsdatei benötigen Sie das Tool `exscfg.exe`

Mit Hilfe dieser erstellten Konfigurationsdatei erstellen Sie später den Dienst für die Replikation. Für die Erstellung des Dienstes benötigen Sie später das Tool `exssrv.exe`.

Starten Sie zum Erstellen der Konfigurationsdatei mit einem Doppelklick das Tool `exscfg.exe`. Nach dem Start sehen Sie erstmal ein leeres Fenster.

Wählen Sie jetzt aus dem Menü den Punkt `Sitzung` und dann `Hinzufügen` aus. Im nächsten Fenster müssen Sie entscheiden, ob Sie eine öffentliche Ordner-Replikation erstellen wollen oder die Replikation der frei/gebucht-Zeiten.

Replikation der öffentlichen Ordner mit dem InterOrg Replication Utility

Wählen Sie aus dem Menü die Replikation der öffentlichen Ordner aus.

Es erscheint das Fenster zur Replikation der öffentlichen Ordner (siehe Abbildung 8.23).

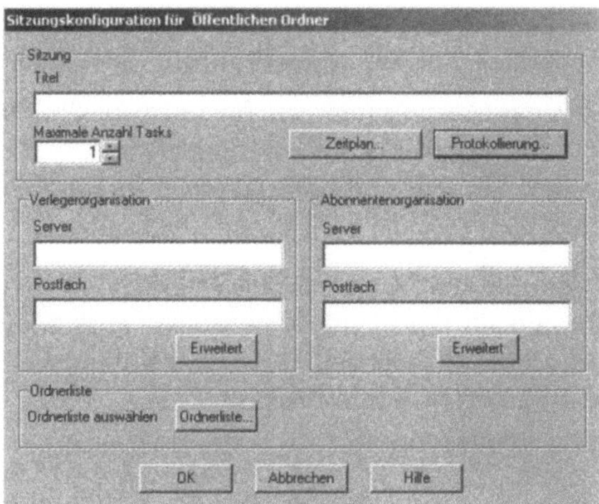

Abb. 8.23: Replikation der öffentlichen Ordner

In diesem Fenster geben Sie die wichtigsten Informationen ein, welche zur Synchronisation der öffentlichen Ordner benötigt werden.

- *Titel.* Hier tragen Sie die Bezeichnung der Sitzung ein. Sie können einen beliebigen Namen wählen, da der Titel nur zur Anzeige verwendet wird.
- *Maximal Anzahl Tasks.* Hier können Sie einstellen, wie viele Sitzungen für die Synchronisation aufgemacht werden sollen. Da die Einrichtung der Replikation Ihren Exchange-Server ohnehin schon belastet, sollten Sie die Voreinstellung auf `1` belassen.
- *Zeitplan.* Hier stellen Sie ein, wann der Synchronisationsvorgang ablaufen soll. Standardmäßig läuft die Synchronisation ständig. Wenn Sie eine große Anzahl an öffentlichen Ordnern replizieren, sollten Sie die Replikation auf die Nachtstunden verlegen.
- *Protokollierung.* In der Protokollierung können Sie einstellen, welche Schritte protokolliert werden sollen. So können Sie eventuelle Replikationskonflikte besser beheben.
- *Verlegerorganisation.* Tragen Sie hier den Exchange Server der Verlegerorganisation und den Alias (nicht den Benutzernamen) des Benutzerpostfaches ein, das Sie benutzen wollen. Unter `Erweitert` müssen Sie den Benutzernamen, Kennwort und die Domäne zum Anmelden an das Postfach

eintragen. Überprüfen Sie vor dem Eintragen des Exchange-Servers, ob die Namensauflösung sauber funktioniert.

- *Abonnentenorganisation.* Hier müssen Sie die entsprechenden Daten der Abonnentenorganisation eintragen. Auch hier müssen Sie sich unter `Erweitert` authentifizieren.

Wenn Sie alle notwendigen Eintragungen vorgenommen haben, können Sie mit dem Feld `Ordnerliste` die Konfiguration der einzelnen öffentlichen Ordner, die synchronisiert werden sollen, vornehmen (siehe Abbildung 8.24).

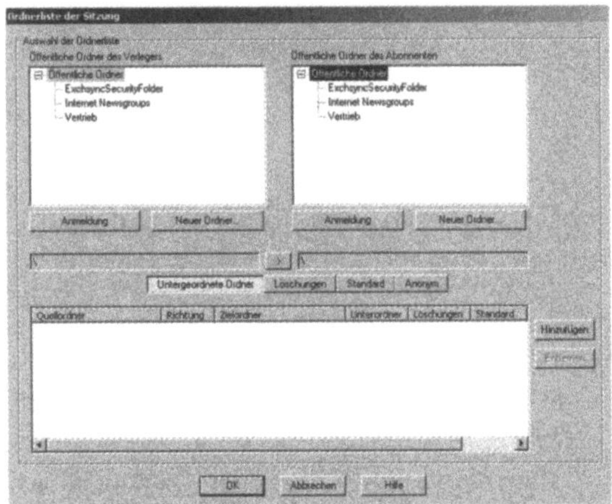

Abb. 8.24: Auswahl der öffentlichen Ordner zur Replikation

- Zunächst müssen Sie sich am Verleger und am Abonnent anmelden. Dies erfolgt über das Feld `Anmeldung.` Die Anmeldung sollte ohne eine Meldung und Fehler erfolgen. Wenn hier ein Fehler auftritt, haben Sie entweder falsche Benutzerinformationen eingetragen oder der Alias des Benutzers ist nicht richtig eingetragen.
- Nach der Anmeldung sollte in beiden Fenstern die öffentlichen Ordner Hierarchie zu sehen sein wie in Abbildung 8.24 zu sehen.
- Sie können jetzt in den beiden Fenstern die Ordner auswählen, die synchronisiert werden sollen. Mit dem Schalter -> können Sie auswählen, in welche Richtung die Replikation jeweils laufen soll. Beachten Sie, dass Sie für jeden Toplevel-Ordner den Sie replizieren wollen, auf dem Abonnent einen Toplevel-Ordner, anlegen müssen. Die Replikation der beiden ganzen Strukturen ohne eine Eingabe der Toplevel-

Ordner wird zwar angezeigt aber nicht durchgeführt. Untergeordnete Ordner werden automatisch erstellt. Es ist nicht möglich, mehrere Quell-Ordner in einen einzigen Ziel-Ordner zu replizieren.

- Bevor Sie den Replikationsvorgang mit der Schaltfläche `Hinzufügen` der Liste der Replikate hinzufügen, müssen Sie noch die Einstellungen vornehmen, die für diese Sitzung gelten soll. Eine spätere Änderung ist nicht möglich.
  - *Untergeordnete Ordner.* Wenn diese Option aktiviert ist, werden untergeordnete Ordner automatisch erstellt.
  - *Löschungen.* Mit dieser Aktion werden Objekte, auch ganze Ordner, die Sie in der Verlegerorganisation löschen, auch auf dem Abonnenten gelöscht.
  - *Standard.* Mit dieser Option werden die Berechtigungen für Standard der öffentlichen Ordner mit auf den Abonnenten kopiert.
  - *Anonymous.* Mit dieser Option werden anonyme Berechtigungen auf den Abonnenten kopiert.

Wenn Sie alle öffentlichen Ordner ausgewählt haben, können Sie mit `OK` die Auswahl bestätigen. Im nächsten Fenster können Sie mit `OK` ebenfalls Ihre Eingaben beenden. Wie Sie sehen, steht jetzt im Startfenster der `exscfg.exe` Ihre neue Sitzung.

Replikation der frei/gebucht-Zeiten mit dem InterOrg Replication Utility

Sie können mit dem Interorg Replication Utility auch frei/gebucht-Zeiten synchronisieren. Dies ermöglicht Benutzern, über Organisationen hinweg Besprechungen zu planen. Dazu wählen Sie aus dem Menü wieder `Sitzung` und dann `Hinzufügen` und wählen dieses Mal die `frei/gebucht-Zeiten` aus. Das nächste Fenster ist wieder ähnlich zur Abbildung 8.23. Auch hier müssen Sie wieder die entsprechenden Eintragungen vornehmen. Um die frei/gebucht-Zeiten von einzelnen Mitarbeitern replizieren zu können, muss in beiden Organisationen für jeden Benutzer je ein Konto mit gleichem Alias zu finden sein, mit dem der Replikationsdienst seine frei/gebucht-Zeiten abgleichen kann.

Wenn in der Abonnenten-Organisation kein entsprechendes Postfach mit gleichem Alias wie in der Verleger-Organisation gefunden wird, werden die frei/gebucht-Zeiten für diesen Benutzer nicht repliziert. Wenn Sie Ihre Eintragungen vorgenommen haben, kommen Sie mit dem Feld `Standortliste` zur Auswahl der Standorte, deren frei/gebucht-Zeiten Sie replizieren wollen. Wählen Sie auf dem nächsten Fenster die Standorte aus und fügen Sie sie der Replikation hinzu. Bestätigen Sie danach das Fenster, bis Sie wieder im Startfenster des exscfg.exe-Tools sind (siehe Abbildung 8.25).

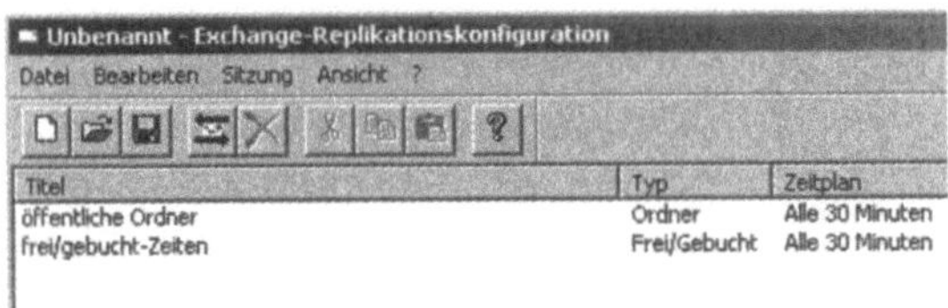

Abb. 8.25: InterOrg Replication Utility

Hier sehen Sie Ihre vorgenommenen Replikationen. Die Daten werden allerdings jetzt noch nicht repliziert sondern lediglich in einer Konfigurationsdatei abgespeichert. Speichern Sie mit Datei/Speichern Ihre Konfiguration ab. An dieser Stelle sind wir mit der Vorbereitung der Replikation fertig.

Erstellen des Replikationsdienstes

Öffnen Sie als nächstes das Tool `exssrv.exe`. Sie sehen das Startfenster des Assistenten zur Erstellung des Dienstes für die Replikation (siehe Abbildung 8.26).

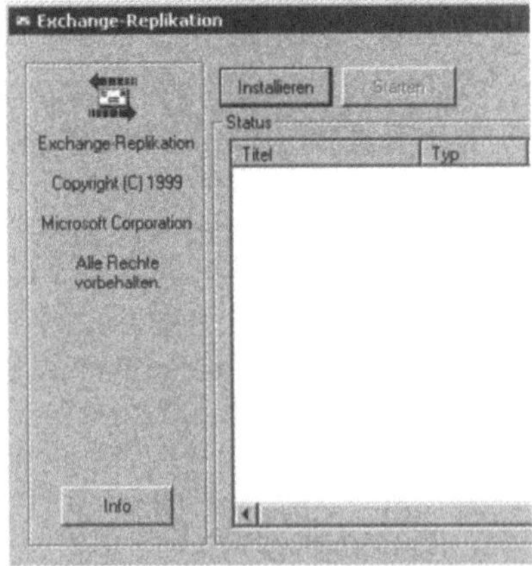

Abb. 8.26: Startfenster des Tools exssrv.exe

Um den Dienst zur Replikation zu erstellen, klicken Sie auf die Schaltfläche `Installieren`. Im folgenden Fenster tragen Sie die notwendigen Optionen des Dienstes ein (siehe Abbildung 8.27).

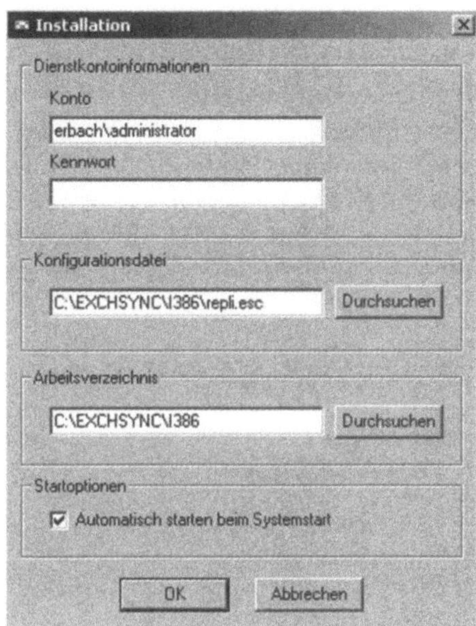

Abb. 8.27: Konfiguration des Replikationsdienstes

Tragen Sie im Feld `Konto` die Domäne zusammen mit Ihrem Benutzer ein, wie in der Abbildung 8.27 zu sehen. Wenn Sie nur den Benutzernamen eintragen, wird der Benutzer nicht gefunden. Tragen Sie im Feld `Konfigurationsdatei` den Pfad zu der von Ihnen erstellen Datei ein oder suchen diese mit `Durchsuchen`. Der Haken bei `Automatisch starten beim Systemstart` sollte gesetzt werden, damit der Replikationsdienst auf automatisch gesetzt wird und mit dem Systemstart die Replikation beginnt. Wenn Sie alle Eintragungen gemacht haben, können Sie dieses Fenster mit `OK` verlassen. Der Dienst zur Replikation der öffentlichen Ordner ist jetzt erstellt (siehe Abbildung 8.28).

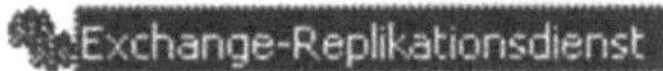

Abb. 8.28: Exchange Replikationsdienst

Dieser Dienst ist für die Replikation der öffentlichen Ordner zwischen Ihren Organisationen verantwortlich und beginnt nach dem Start mit seiner Arbeit.

8.5 Systemordner

Exchange verwaltet für seine eigene Konfiguration einige öffentliche Ordner, die nur vom Exchange System gesehen werden. Diese werden nicht in Outlook angezeigt. Um sich diese Systemordner anzeigen zu lassen, gehen Sie vor wie beim Erstellen eines öffentlichen Ordners. Sie müssen sich zuerst, wie in Kapitel 8.3.1 *Öffentliche Ordner mit dem Exchange System-Manager erstellen* beschrieben, mit dem Exchange-Server verbinden, auf dem Sie die Systemordner bearbeiten wollen. Klicken Sie nach der Verbindung mit dem gewünschten Exchange-Server auf die öffentlichen Ordner und wählen aus dem erscheinenden Menü den Punkt `Systemordner anzeigen` aus (siehe Abbildung 8.29).

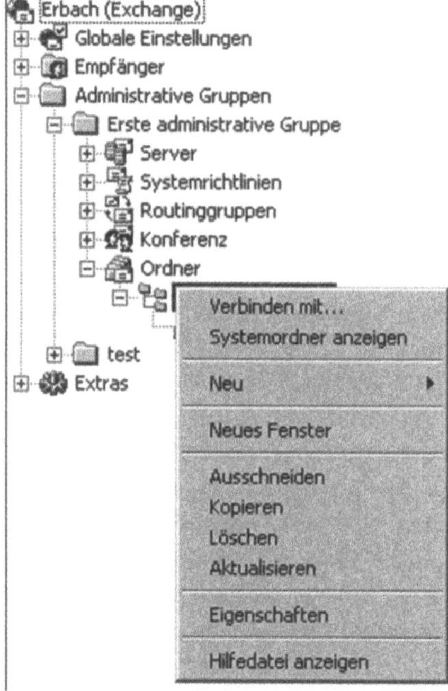

Abb 8.29: Anzeigen der Systemordner

8.5.2 Erläuterung der Systemordner

Nach der Auswahl werden Ihnen im Exchange System-Manager nicht mehr die öffentlichen Ordner angezeigt, sondern die Systemordner.

Dies sollte in etwa so außehen wie in Abbildung 8.30.

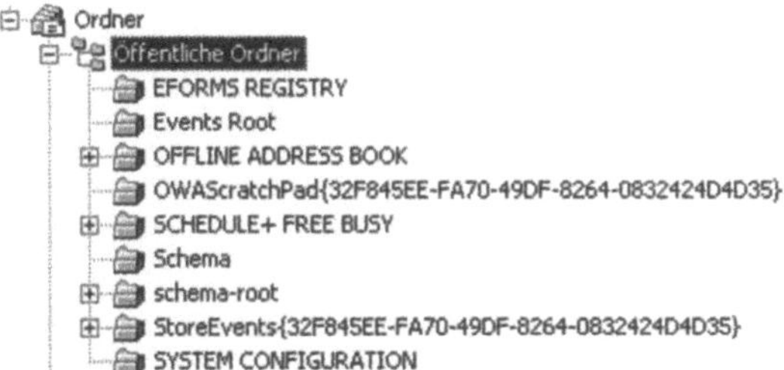

Abb. 8.30: Ansicht der Systemordner

Jeder dieser Systemordner hat für Exchange eine andere Bedeutung, mit der Sie sich vertraut machen sollten. Sie können auch für diese Systemordner eine Replikation einrichten, was bezüglich der Ausfallsicherung je nach Anforderung sinnvoll sein kann.

EFORMS-REGISTRY

Sie können bei Exchange mit Formularen arbeiten. Diese Formulare sollten so gespeichert werden, dass Sie global zugreifbar sind. Die Abspeicherung erfolgt im Systemordner *EFORMS-REGISTRY.* Alle Formulare die hier gespeichert werden, stehen der gesamten Organisation zur Verfügung.

Events Roots

Dieser Ordner kann Skripte enthalten, die durch den MS Exchange Eventservice bei bestimmten Anlässen gestartet werden können.

Hauptsächlich werden diese Skripte zur Kompatibiliät mit Exchange 5.5 benötigt.

OFFLINE ADDRESS BOOK

Dieser Ordner enthält alle Offline-Adressbücher, die Sie definieren. Auf den Inhalt dieses Ordners kann nicht direkt zugegriffen werden. Wenn Benutzer sich ein Offline-Adressbuch in Outlook herunterladen, bezieht Outlook dieses Adressbuch von diesem Ordner.

OWAScratchPad

Dieser Ordner wird angelegt, wenn Benutzer Objekte mit Anlagen in einen öffentlichen Ordner verschieben. Dieser Systemordner ist bei der Verschiebung der Anlagen mit beteiligt.

Hinweis

Es kann vorkommen, dass Sie keine Anlagen in öffentliche Ordner verschieben können die größer als 1 MB sind.

Dies liegt daran, dass die Grenzwerte des Systemordners *OWAScratchPad* auf maximal 1024 kb = 1MB gesetzt sind.

Die Exchange Organisation legt für jeden Exchange-Server eine eigene OWAScratchPad an. Wenn Sie größere Objekte in die öffentlichen Ordner verschieben wollen, können Sie auf der Registerkarte *Grenzwerte* in den Eigenschaften des jeweiligen OWAScratchpad-Ordners den Grenzwert erhöhen.

SCHEDULE+ FREE BUSY

In diesem Systemordner werden die freien und die belegten Zeiten der Anwender gespeichert. Diese Informationen werden abgerufen, wenn andere Benutzer eine Besprechungsanfrage planen und die Verfügbarkeit anderer Teilnehmer überprüfen wollen. Dieser Systemordner wird bei der Neuinstallation oft vergessen. Dies äussert sich dann darin, dass Benutzer in Outlook eine Fehlermeldung erhalten, dass die frei/gebucht-Zeiten nicht vom Exchange Server abgerufen werden können. Außerdem sehen die Benutzer in den Besprechungsanfragen bei den anderen Teilnehmern keine frei/gebucht-Zeiten, sondern nur eine schraffierte Fläche.

Schema / Schema-root

Diese beiden Ordner dienen zur Konfiguration der Web-Erweiterung von Exchange und der internen Konfiguration.

Der Ordner Schema enthält zum Beispiel die Eigenschaften der Objekte im Informationsspeicher für öffentliche Ordner. In diesen Ordnern sollten Sie keine Veränderungen vornehmen.

StoreEvents

In diesem Ordner werden ähnliche Informationen gespeichert wie im Ordner *Events Roots*.

Hier werden jedoch keine Exchange 5.5 kompatiblen Event Sinks gespeichert, sondern lediglich die Sinks für Exchange 2000.

SYSTEM CONFIGURATION

Dieser Ordner enthält Informationen für die Verfallszeit der verschiedenen öffentlichen Ordner.

8.5.3 Zurücksetzen der Systemordner

Sollten Ihnen die Systemordner und deren Inhalt verloren gehen, so besteht die Möglichkeit, diese neu herzustellen.

Auf diese Weise können Sie zwar Ihre verlorenen Daten nicht mehr herstellen, bringen Ihr Exchange-System jedoch wieder sauber zum Laufen.

Um die Systemordner wiederherzustellen, benötigen Sie das Tool `guidgen.exe` aus dem *\support\utils\i386*-Verzeichnis auf der Exchange 2000-CD.

- Kopieren Sie am besten das gesamte Support-Verzeichnis in Ihr Exchange-Verzeichnis. So stellen Sie auch sicher, dass später benötigte Tools leicht zu finden sind. Der Ordner hat eine Größe von ca. 70 MB.
- Nach dem Kopiervorgang gehen Sie in das Verzeichnis und rufen das Tool `guidgen.exe` mit einem Doppelklick auf.
- Wählen Sie den Punkt `Registry Format` (siehe Abbildung 8.25) und lassen sich eine neue GUID erstellen.
- Kopieren Sie diese GUID in die Zwischenablage und in ein neues Notepad-Dokument.

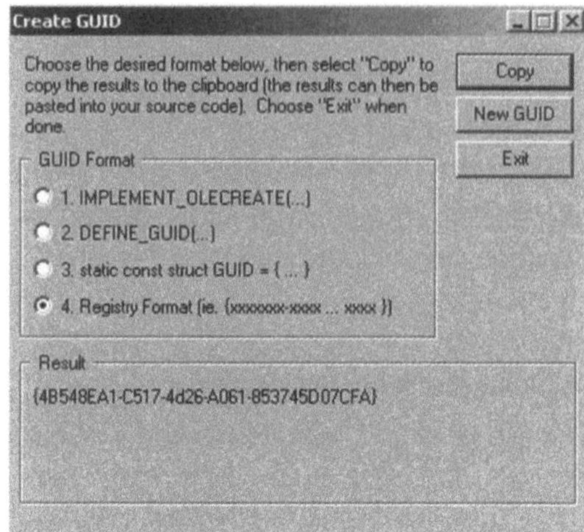

Abb. 8.31: *guidgen.exe*

- Entfernen Sie die {-Klammern sowie die Bindestriche am Anfang und am Ende der GUID.
- Tragen Sie vor je zwei der Ziffern ein `0x` und am Ende ein Leerzeichen ein.

So wird aus der Beispiel-GUID

`4BE9D2CC8B8649c991BF0838CA7D8AD9`

die neue Bezeichnung

`0x4B 0xE9 0xD2 0xCC 0x8B 0x86 0x49 0xc9 0x91 0xBF 0x08 0x38 0xCA 0x7D 0x8A 0xD9`

- Starten Sie ADSI-Edit aus den Support-Tools und navigieren zum Container (siehe Abbildung 8.32):
    - `Configuration Container`
    - `Configuration`
    - `Services`
    - `Microsoft Exchange`
    - `Name Ihrer Organisation`
    - `Administrative Groups`
    - `Bezeichnung Ihrer Administrativen Gruppe`

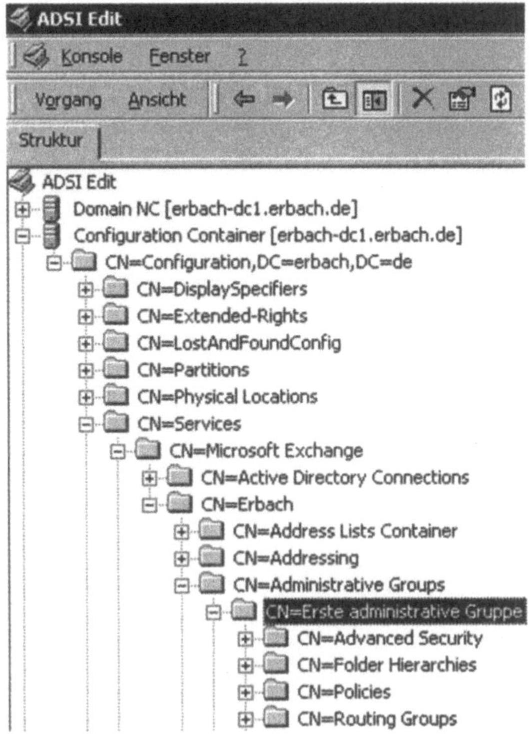

Abb. 8.32: ADSI-Edit zur Erstellung neuer Systemordner

- Rufen Sie die Eigenschaften Ihrer administrativen Gruppe auf und wählen Sie beim Menüpunkt `select a property to view` den Punkt `siteFolderGUID` aus (siehe Abbildung 8.33)

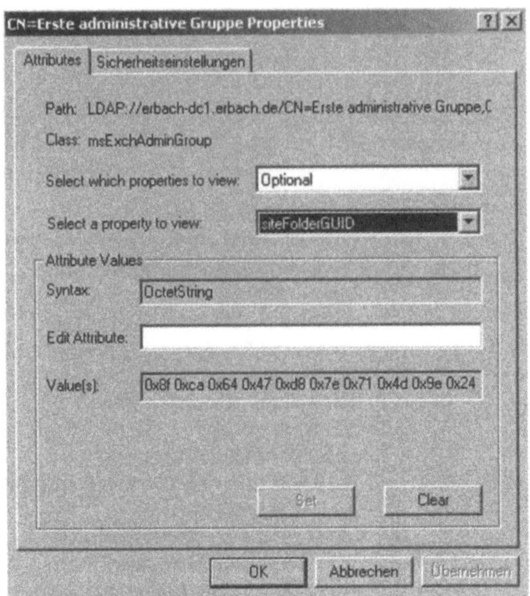

Abb. 8.33: Anlegen neuer Systemordner

- Fügen Sie bei `Edit Attribute` die neue GUID mit den 0x-Zeichen ein und drücken auf `Set`, dann `Übernehmen` und dann `OK`.
- Starten Sie jetzt Ihre Exchange Dienste neu bzw. den ganzen Server.
- Schicken Sie jetzt noch eine Besprechungsanfrage an alle Benutzer in Ihrem Standort. Alle Benutzer müssen dieser Besprechungsanfrage zusagen. Auf diese Art wird der free/busy (frei/gebucht)-Ordner wieder neu aufgebaut.

8.5.4 Wiederherstellen des frei/gebucht-Ordners

Ein oft auftretender Fehler in Outlook ist die Fehlermeldung, das die frei/gebucht Informationen nicht vom Exchange-Server abgerufen werden können. Dieser Fehler tritt oft nach einer Neuinstallation eines Exchange-Servers bzw. einer fehlerhaften Migration auf. Sollte der frei/gebucht-Ordner unwiederbringlich zerstört sein oder inkonsistente Daten enthalten, besteht die Möglichkeit, ihn wiederherzustellen.

- Starten Sie ADSI-Edit aus den Support-Tools und navigieren zum Container (siehe Abbildung 8.34)
  - `Configuration Container`
  - `Configuration`
  - `Services`
  - `Microsoft Exchange`
  - `Name Ihrer Organisation`
  - `Administrative Groups`
  - `Bezeichnung Ihrer Administrativen Gruppe`
  - `Servers`
  - `Name Ihres Servers, der zukünftig den frei/gebucht-Ordner erhalten soll`
  - `Information store`
  - `Erste Speichergruppe`
- Rufen Sie mit einem Doppelklick auf der rechten Seite des Fensters die Eigenschaften des Informationsspeichers für öffentliche Ordner auf diesem Server auf (siehe Abbildung 8.34).
- Wählen Sie bei `select a property to view` das Attribut `distinguished Name` aus. Kopieren Sie den Wert, den dieses Feld enthält (siehe Abbildung 8.34).

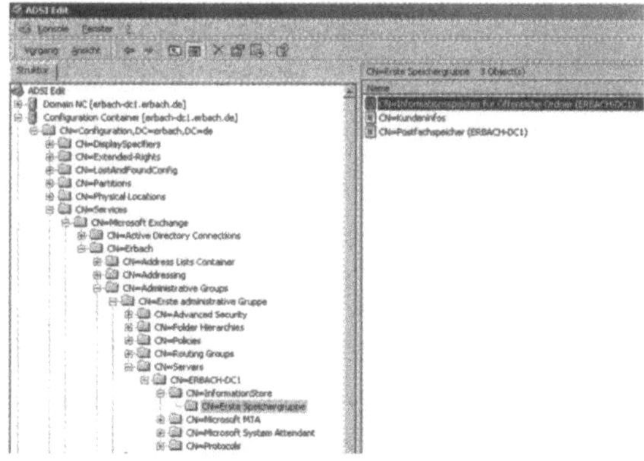

Abb. 8.34: Auswahl der Speichergruppe in ADSI-Edit

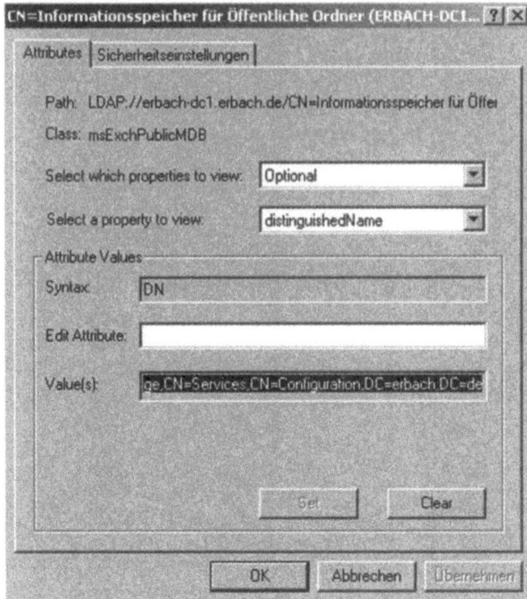

Abb. 8.35: Eigenschaften des Informationsspeichers

- Navigieren Sie zum Container
  - `Configuration Container`
  - `Configuration`
  - `Services`
  - `Microsoft Exchange`
  - `Name Ihrer Organisation`
  - `Administrative Groups`
  - `Bezeichnung Ihrer Administrativen Gruppe`
- Rufen Sie die Eigenschaften Ihrer administrativen Gruppe auf und wählen Sie beim Menüpunkt `select a property to view` den Punkt `siteFolderServer` aus (siehe Abbildung 8.33, analog zur `siteFolderGUID`).
- Überprüfen Sie, ob dieser Eintrag auf einen falschen Server zeigt, den es nicht mehr in Ihrer Organisation gibt.
- Trifft dies zu, so kopieren Sie den kopierten Wert in das Feld `Edit Attribute` und klicken auf `Set`, dann `Übernehmen` und dann `OK`.

- Starten Sie jetzt Ihre Exchange-Dienste neu.
- Sie sollten jetzt noch auf allen Client Rechnern Outlook mit Schalter `/cleanfreebusy` starten. Outlook löscht so seinen vorhandenen Eintrag auf den frei/gebucht-Ordner und holt sich die Informationen neu.

  Wahlweise können Sie auch eine Besprechungsanfrage an alle Benutzer des Standortes schicken, die diese bestätigen sollen.

8.6 Konflikte in öffentlichen Ordnern

Konflikte in öffentlichen Ordnern treten auf, wenn mehrere Benutzer das gleiche Objekt innerhalb eines öffentlichen Ordners auf verschiedenen Exchange-Servern bearbeiten. Exchange muss nun entscheiden, welche Änderung auf die anderen Exchange-Server repliziert werden soll und schlussendlich gültig ist. Es gibt zwei verschiedene Arten von Konflikten. Nachrichtenbearbeitungskonflikte und Ordnerbearbeitungskonflikte.

Nachrichtenbearbeitungskonflikte

Ändern zwei oder mehr Benutzer die gleiche Nachricht in einem öffentlichen Ordner auf verschiedenen Replikaten und Exchange-Servern, muss Exchange steuern, welche Änderung beibehalten werden soll und welche überschrieben wird.

Dazu erstellt Exchange eine Konfliktnachricht und sendet diese an den Besitzer bzw. Ordnerkontakt des öffentlichen Ordners. An diese Konfliktnachricht werden die beiden Nachrichten angehängt, die den Konflikt verursacht haben.

Der Besitzer kann dann bestimmen, welche Nachricht beibehalten werden soll.

Ordnerbearbeitungskonflikte

Es kann auch problematisch werden, wenn mehrere Benutzer gleichzeitig Änderungen in den Eigenschaften eines öffentlichen Ordners vornehmen. In diesem Fall übernimmt Exchange die letzte gespeicherte Änderung. Alle anderen werden überschrieben.

Die einzige Ausnahme ist dabei die Steuerung der Replikation. Tritt hier ein Konflikt auf, wird die Replikationsliste des übergeordneten öffentlichen Ordners auf den untergeordneten übernommen. Der Besitzer des Ordners wird darüber informiert.

9 Outlook Web Access

Mit Exchange 2000 haben Benutzer die Möglichkeit, wie bereits beim Vorgänger, mit einem Internetbrowser direkt auf ihr Postfach zuzugreifen. Diese Option wird Outlook Web Access genannt und wurde bei Exchange 2000 stark verbessert. Es ist dabei egal, welches Betriebssystem auf den Benutzerrechnern installiert ist. Der Zugriff läuft direkt über den jeweiligen Internetbrowser. Der Zugriff auf die einzelnen Postfächer läuft dabei mit WebDAV. Outlook Web Access ist bei Exchange 2000 um einiges stabiler und benutzerfreundlicher als unter Exchange 5.5. Outlook Web Access ist nach der Meinung einiger Spezialisten einer der Hauptgründe, die eine Migration zu Exchange 2000 rechtfertigen. Outlook Web Access ist in Exchange 2000, im Gegensatz zu Exchange 5.5, auch nicht optional sondern wird immer mit installiert. Outlook Web Access erweitert den lokalen Server des IIS um vier Aliase:

- *Exchweb.* Dieses Web dient für Zugriffe auf Bilder und Hilfedateien aus Exchange.
- *Exadmin.* Dieses Web dient zur Verwaltung der öffentlichen Ordner.
- *Exchange.* Mit diesem Verzeichnis wird die Verbindung zum Postfachspeicher aufgebaut.
- *Public.* Dieses Verzeichnis dient zum Zugriff der öffentlichen Ordner.

Hinweis

Wenn ein Benutzer sich mit Outlook Web Access verbinden will, muss er folgende Syntax eingeben:

`http://SERVERNAME/exchange/username`

9.1 Vor- und Nachteile von Outlook Web Access

Da die Anbindung der Benutzer nicht mit einem Client-Programm auf den Rechnern, wie zum Beispiel Outlook durchgeführt wird, sondern durch die Anbindung mit einem Internetbrowser, ergeben sich einige Vor- und Nachteile bezüglich des Einsatzes von Outlook Web Access.

Vorteile

- Es muss keine Installation oder Konfiguration auf dem Client-Rechner stattfinden. Es wird lediglich ein Browser benötigt der HTTP 1.1 unterstützt. Dies ist außer dem Internet Explorer noch Netscape oder Opera und einige andere.
- Unterstützung aller Betriebssysteme. Auch Linux, Macintosh oder Unix-Derivate.
- Direkte Unterstützung von Active X-Elementen.
- Zugriff auf öffentliche Ordner, Kalender und Kontakte.
- Zugriff auf globale Adressliste.
- Unterstützung von Video- und Audiokonferenzen.
- Zugriff auf Postfächer direkt mit einer URL zum Beispiel `http://SERVERNAME/exchange/mailbox/inbox`.
- Unterstützung von Frontend/Backend-Servern zur besseren Skalierbarkeit.

Nachteile

- Trotz aller Funktionsvielfalt gibt es in Outlook Web Access nur eine Teilmenge der Möglichkeiten, die es mit Outlook gibt.
- Outlook Web Access bietet keine Offline-Unterstützung. Um Verbindung zu Ihrem Postfach aufzunehmen, müssen Sie direkt mit dem Exchange-Server verbunden sein.
- Keine Unterstützung für Journal und Notizen.
- Kein Drag & Drop zwischen Postfächern und öffentlichen Ordnern.
- Keine Markierung der Nachrichten für Formatiert und Weitergeleitet.
- Keine Rechtschreibprüfung.
- S/MIME und Verschlüsselung wird nicht unterstützt.
- Mit Outlook Web Access können keine Regeln zur Weiterleitung oder E-Mail-Verschiebung verwaltet oder verwendet werden.

- Nachrichtensuche wird nicht unterstützt.
- Die Kalenderansicht ist ebenfalls eingeschränkt.
- Frei/gebucht-Zeiten können nicht angezeigt werden.
- Aufgaben können gelesen aber nicht bearbeitet werden.

Eventlog-Einträge

Ein kleines Ärgernis für viele Administratoren sind Fehlermeldungen, die Exchange im Systemereignisprotokoll festhält, dass die Verzeichnisse MBD, Public, usw. nicht verfügbar sind (siehe Abbildung 9.1).

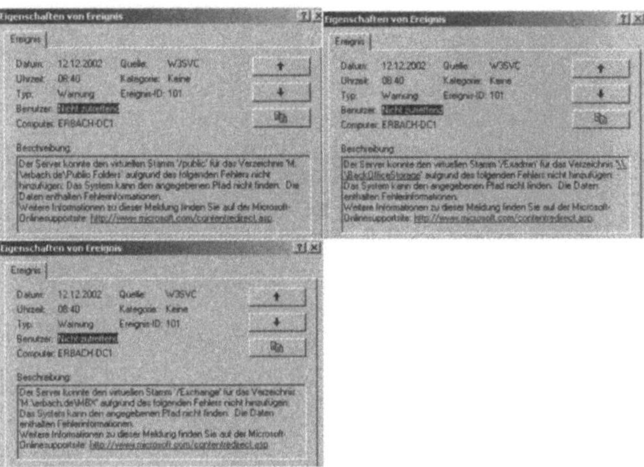

Abb. 9.1: Fehlermeldungen beim Start von Exchange 2000

Außerdem werden die Exchange 2000-Webs in der Internetdienste-Verwaltung mit einem Stopp-Zeichen versehen (siehe Abbildung 9.2).

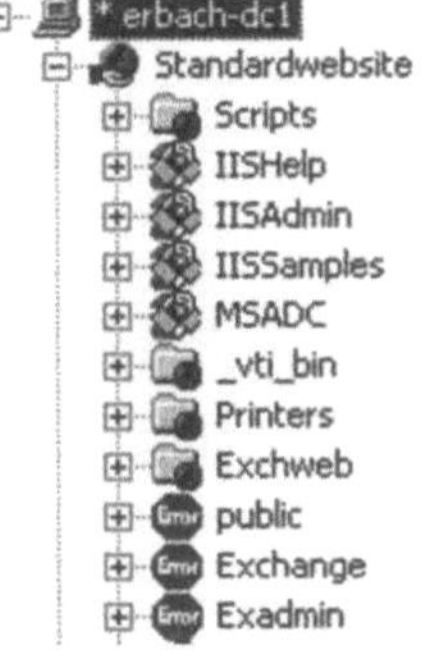

Abb. 9.2: Fehlermeldung in der IIS-Verwaltung

Diese Effekte treten auf, da die IIS-Dienste vor den Exchange-Diensten gestartet wurden und daher die verschiedenen Laufwerke nicht finden konnten. Sie brauchen sich allerdings hier keine Sorgen zu machen, da die Exchange-Dienste nach dem Start diese Verzeichnisse zur Verfügung stellen und diese uneingeschränkt funktionieren. Sie können in der IIS-Verwaltung die Standardwebseite beenden und wieder starten, um diese Stopp-Zeichen zu entfernen.

Deaktivieren von Outlook Web Access für einzelne Benutzer

Wollen Sie für einzelne Benutzer Outlook Web Access ganz deaktivieren, müssen Sie in den Eigenschaften des Benutzers auf der Karteikarte `Exchange-Erweitert` (siehe Abbildung 9.3) im Menü `Protokolleinstellungen` die Berechtigung für das Protokoll HTTP entziehen.

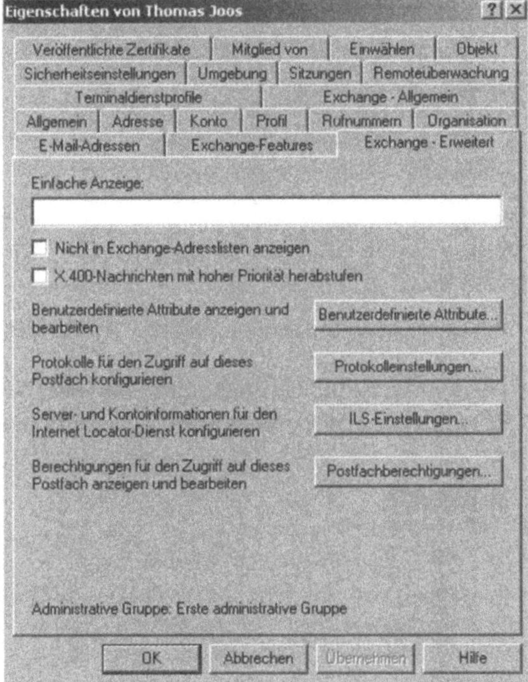

Abb. 9.3: Deaktivieren von Outlook Web Access

9.2 WebDAV

Exchange 5.5 Outlook Web Access

Outlook Web Access basierte unter Exchange 5.5 noch verstärkt auf ASP-Seiten. Der Zugriff erfolgt dabei durch MAPI-Aufrufe.

Ruft ein Benutzer Outlook Web Access unter Exchange 5.5 auf, wird dieser Aufruf durch den IIS abgefangen und in einen MAPI-Aufruf umgewandelt. Der IIS wandelt die E-Mail dann wieder in HTML um und schickt diese zum Client.

Die hauptsächliche Arbeit bei diesem Zugriff wird also nicht von Exchange sondern vom IIS geleistet. Durch diese Arbeitsweise steigt natürlich die Last des Servers stark an, je mehr Benutzer mit Outlook Web Access arbeiten. Unabhängig davon, ob IIS und Exchange auf dedizierten Maschinen installiert ist.

Exchange 2000

Unter Exchange 2000 wurde dieser Vorgang komplett neu entwickelt. Der Zugriff auf Exchange 2000 Outlook Web Access basiert auf WebDAV. WebDAV besteht aus einem Satz von HTTP-Erweiterungen, welche Entwickler zur Arbeit mit HTML-Seiten verwenden können. WebDAV erweitert also das HTTP-Protokoll um einige spezielle Erweiterungen. Zusätzlich zu WebDAV hat Microsoft bei Exchange 2000 noch dynamisches HTML und XML integriert. Um diese Features nutzen zu können, benötigt der Client allerdings Internet Explorer ab Version 5. ASP wurde komplett aus Outlook Web Access entfernt und gegen die beiden DLL-Dateien *davex.dll* auf dem Back-End-Server und *exprox.dll* auf den Front-End-Servern ersetzt.

9.3 Konfiguration von virtuellen HTTP-Servern

Neue virtuelle HTTP-Server dienen nur zum Zugriff auf Postfächer und öffentliche Ordner. Sie können nicht zum Zugriff auf ein Intranet konfiguriert werden. Sie sind Bestandteil von Exchange 2000 nicht der IIS-Dienste des lokalen Rechners.

Den standardmäßig von Exchange erstellten ersten virtuellen Exchange-Server können Sie jedoch nicht mit dem Exchange System-Manager verwalten, da dieser keine Komponente von Exchange 2000 ist.

Dieser erste virtuelle Exchange-Server ist der Standardwebseite des IIS direkt zugeordnet und kann daher nur in der IIS-Verwaltung bearbeitet werden. Virtuelle HTTP-Server werden mit dem Exchange System-Manager erstellt. Dazu wird für jeden virtuellen HTTP-Server eine eigene TCP/IP-Adresse sowie ein eigener TCP/IP-Port benötigt. Sie können nicht mehreren virtuellen HTTP-Servern die gleiche TCP/IP-Adresse oder den gleichen Port zuweisen. Sie finden den virtuellen HTTP-Server im Exchange System-Manager in den Protokoll-Einstellungen des Exchange-Servers (siehe Abbildung 9.4). Hier können Sie auch neue virtuelle HTTP-Server erstellen. Sie sollten für jeden virtuellen HTTP-Server, den Sie erstellen wollen, eine eigene physikalische Netzwerkkarte in Ihrem Server bereitstellen. Nach der Erstellung eines neuen virtuellen HTTP-Servers können Sie diesen auf zwei Registerkarten bearbeiten:

Registerkarte Allgemein

Auf dieser Registerkarte (siehe Abbildung 9.5) konfigurieren Sie den Namen, die TCP/IP-Adresse und die SMTP-Domäne, die von diesem virtuellen Exchange-Server aus zugreifbar sein soll.

Auf dieser Registerkarte können Sie auch einige Einstellungen bezüglich des Timeouts der Benutzerzugriffe einstellen.

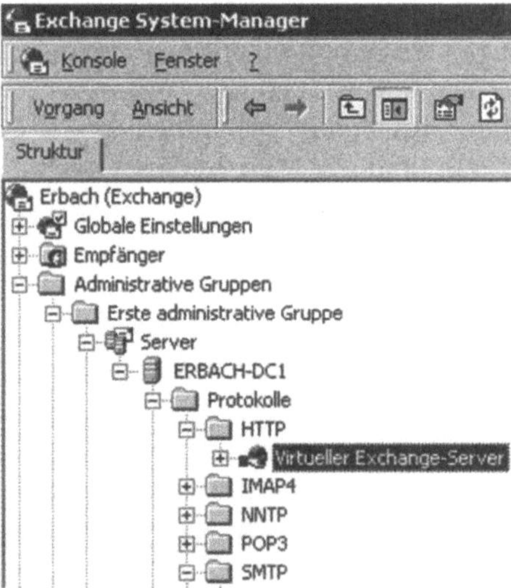

Abb. 9.4: Virtueller Exchange-Server

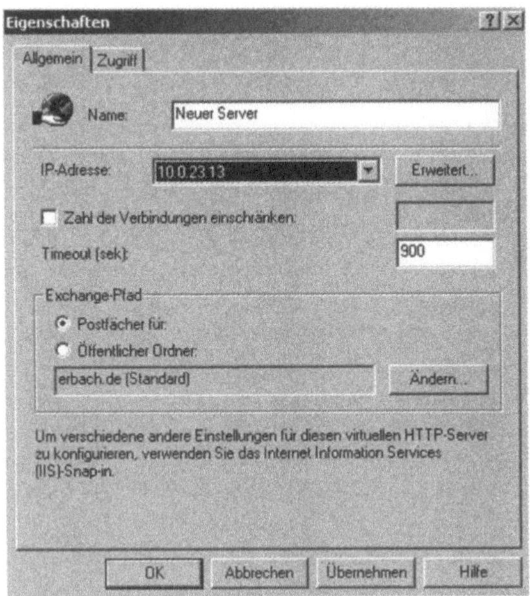

Abb. 9.5: Registerkarte Allgemein virtueller HTTP-Server

Registerkarte Zugriff

Mit der Registerkarte *Zugriff* steuern Sie die Berechtigungen, die für diesen virtuellen HTTP-Server gelten (siehe Abbildung 9.6). Hier werden auch die Authentifizierung und der Zugriff für anonyme Benutzer gesteuert.

Virtuelle Server können von dieser Stelle aus auch jederzeit gestoppt und gestartet werden.

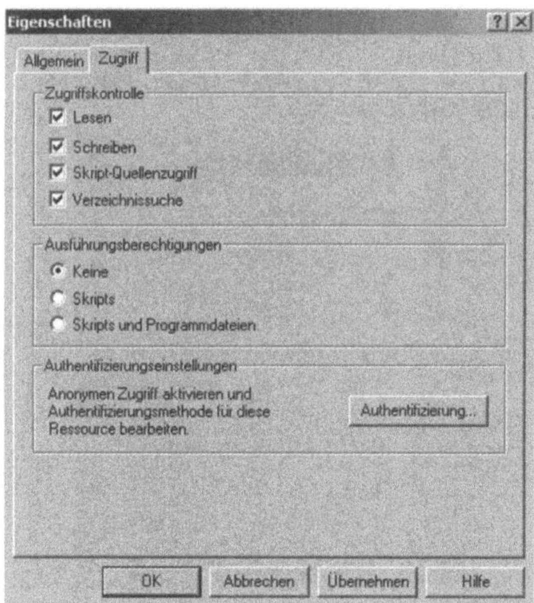

Abb. 9.6: Registerkarte Zugriff virtueller HTTP-Server

9.4 Authentifizierung mit Outlook Web Access

Bevor der IIS einen Benutzer mit Exchange verbindet, überprüft er dessen Authentifizierung.

Anonyme Authentifizeriung

Sie können den IIS so konfigurieren, dass Benutzer ohne Anmeldung, also anonym, Verbindung mit Exchange aufbauen können. Mit einer anonymen Verbindung werden jedoch nicht alle öffentlichen Ordner oder Verzeichnisinformationen zur Verfügung gestellt. Mit der anonymen Authentifizeriung haben Sie die Möglichkeit, eine große Anzahl (auch verschiedener) Clients Zugriff auf ungesichterte Inhalte in den öffentlichen Ordnern zu bieten.

Standard-Authentifizierung

Die wohl größte Einschränkung der Standardauthentifizierung ist das Senden von Benutzernamen und Kennwort in Klartext.

Diese Informationen können so leicht von jeder Art von Netzwerkmonitor mitgeschnitten werden. Sie sollten die Standard-Authentifizierung nur in Verbindung mit SSL aktivieren, um eine gewisse Verschlüsselung durch SSL zu erreichen.

Integrierte Windows Authentifizierung

Diese Authentifizierung ist die sicherste Methode, um sich mit Outlook Web Access zu verbinden. Mit der integrierten Authentifizierung wird das Kerberos 5-Protokoll verwendet, welches mit sogenannten Sitzungsschlüsseln arbeitet. Bei der Kerberos-Authentifizierung wird zu keiner Zeit Benutzername oder Kennwort unverschlüsselt über das Netzwerk verschickt. Nicht Windows 2000- bzw. Windows XP-Clients verwenden weiterhin den NTLM (NT-Lan-Manager) von Windows NT. Die integrierte Authentifizierung wird nur mit dem Internet Explorer ab Version 4 unterstützt.

9.5 Verschlüsselung

Exchange unterstützt für die gesamte Kommunikation zwischen Client und Outlook Web Access SSL-Verschlüsselung.

Da die SSL-Verschlüsselung zusätzliche Rechenkraft benötigt, sinkt bei einer SSL-Verbindung die Geschwindigkeit und die Serverlast steigt, da zusätzliche Schritte der Verarbeitung notwendig sind.

Um SSL zu konfigurieren, müssen Sie zunächst Zertifikate zur Verfügung stellen und den lokalen IIS mit einem Zertifikat ausstatten.

9.6 Frontend/Backend-Server

Eine sehr effiziente Neuerung bei Exchange 2000 bezüglich der Sicherheit und Skalierbarkeit ist die Einführung der Frontend/Backend-Architektur.

Hinweis

Das Frontend/Backend-Feature ist nur Bestandteil des Exchange 2000 Enterprise Server.

Mit dieser Option werden die Aufgaben des Exchange-Servers aufgeteilt. Der Frontend-Server ist dabei für den Zugriff des Benutzers zuständig, verfügt allerdings dabei nicht über eine Datenbank, sondern leitet alle Zugriffe, die über ihn laufen, zu einem Backend-Server weiter. Ein Backend-Server wiederum ist nicht für die Verbindung zu einem Client zuständig, sondern verwaltet lediglich die Datenbank der Benutzer. Sie können Exchange 2000 so konfigurieren, dass mehrere Front-end-Server auf einen Backend-Server zugreifen. Dieses Szenario wird oft für Clusterumgebungen oder die Absicherung von Outlook Web Acces für den Zugriff aus dem Internet verwendet. Um den richtigen Backend-Server zu finden, auf dem der zugreifende Benutzer sein Postfach hat, fragt ein Frontend-Server mit LDAP das Active Directory ab.

9.6.1 Vorteile der Frontend/Backend-Architektur

Durch diese Aufteilung der Aufgaben zwischen den Exchange-Servern entstehen natürlich gerade für größere Umgebungen große Vorteile.

Vor der Aufzählung der Vorteile sollte aber zuerst die größte Einschränkung dieser Architektur genannt werden:

Hinweis

Die Frontend/Backend-Architektur kann ausschließlich nur von HTTP-, POP3- und IMAP4-Clients verwendet werden.

MAPI-Clients, die direkt auf den Informationsspeicher zugreifen, also Outlook in allen Versionen, können dieses Feature nicht nutzen!

Einheitlicher Namespace

Sie können Ihre Umgebung so konfigurieren, dass einige wenige, vielleicht sogar nur ein Server, die Anfragen der Benutzer entgegen nimmt. Dadurch greifen alle Clients auf nur einen Exchange-Server zu und Sie müssen nicht bei unterschiedlichen Benutzern verschiedene Exchange-Server konfigurieren. Dabei können die Postfächer der Benutzer auf mehreren Exchange-Servern verteilt sein, vielleicht sogar auf einem Cluster, ohne dass diese Server zusätzlich noch durch die Zugriffe der Benutzer belastet werden.

SSL-Verschlüsselung

Greift ein Benutzer über SSL auf das Exchange-System zu, so muss lediglich der Frontendserver mit SSL arbeiten. Die Kommunikation zwischen Frontend und Backend-Server läuft nicht über SSL. Dies kann auch nicht so konfiguriert werden. SSL wird nur zwischen Client und Frontend-Server unterstützt. Frontend- und Backend-Server kommunizieren über den Port 80 miteinander und daher ist schon theoretisch eine Kommunikation mittels SSL nicht möglich.

Hinweis

Frontend-Server unterstützen ausschließlich anonyme und Standard-Authentifizierung. Die integrierte Windowsauthentifizeriung mit Kerberos wird nicht unterstützt.

Der Backend-Server fordert nochmal eine Authentifizierung vom Benutzer an. Dies wird Passthrough genannt.

Serversicherheit

Durch die Aufteilung in Frontend- und Backend-Server können Sie einen Frontend-Server in die DMZ hinter Ihre Firewall stellen.

Dadurch können zwar Benutzer über das Internet auf den Frontend-Server zugreifen, die Backend-Server mit den Postfächern und öffentlichen Ordnern stehen aber weiterhin gesichert im internen LAN.

9.6.2 Hinzufügen weiterer Server

Ein weiterer, sehr großer Vorteil der Frontend/Backend-Architektur ist die leichte Skalierbarkeit dieser Architektur. Sie können ohne große Schwierigkeiten neue Server in das System integrieren, ohne großen Aufwand betreiben zu müssen.

Da Frontend-Server über einen einheitlichen Namespace konfiguriert werden, können mehrere Frontend-Server durch einen Namen zusammengefasst werden. Für die Benutzer wird immer nur ein Name sichtbar und alle Frontend-Server verhalten sich zusammen wie ein Server.

So können Sie weitere Frontend-Server hinzufügen oder Frontend-Server entfernen, ohne die Benutzer zu beeinträchtigen. Dies gilt natürlich auch für Backend-Server.

Mit Hilfe des Lastenausgleichs, der im Lieferumfang des Windows 2000 Advanced Server enthalten ist, können Sie den IP-Verkehr auf mehrere Frontend-Server verteilen.

9.6.3 Authentifizierung bei Frontend/Backend-Server

Wenn sich ein Benutzer mit einem Frontend-Server verbindet, wird folgender Vorgang ausgelöst:

- Verbindet sich ein Client mit POP3 oder IMAP4 wird der Alias des Postfaches an den Frontend-Server übermittelt
- Der Frontend-Server ermittelt nun mit Hilfe von LDAP, auf welchem Backend-Server sich das Postfach des Benutzers befindet.
- Nachdem der Frontend-Server ermittelt hat, mit welchem Backend-Server er Verbindung aufnehmen soll, übermittelt er die Anmeldeinformationen an den betreffenden Backend-Server
- Der Backend-Server authentifiziert jetzt den Benutzer.
- Nach der erfolgreichen Authentifizierung übermittelt der Backend-Server das Ergebnis des Anmeldevorgangs an den Frontend-Server, welcher wiederum das Ergebnis an den Benutzer übermittelt

9.6.4 Frontend-Server und Firewall

Wenn ein Frontend-Server in einer DMZ steht, muss die Firewall einige Ports offen lassen, damit Benutzer mit diesem Frontend-Server aus dem Internet eine Verbindung aufbauen können (siehe Abbildung 9.7).

Protokoll	**TCP-Port**
POP3	110 (995 für SSL)
IMAP4	143 (993 für SSL)
SMTP	25
NNTP	119 (563 für SSL)
HTTP (Outlook Web Access)	80 (443 für SSL)

Abb. 9.7: TCP-Ports für Frontend-Server aus dem Internet

Natürlich müssen auch die Ports zwischen der DMZ und dem internen Netzwerk geöffnet werden. Zusätzlich werden für den Zugriff auf das interne Netz weitere Ports verwendet (siehe Abbildung 9.8). Die Ports für SSL hingegen müssen nicht ins interne Netz geöffnet werden, da die Kommunikation zwischen Frontend- und Backend-Server kein SSL unterstützt.

Protokoll	**TCP-Port**
LDAP	389
Abfrage an den globalen Katalog	3268
Kerberos	TCP 88 UDP 88

Abb. 9.8: TCP-Ports für Frontend-Server ins interne Netz

Natürlich müssen die Frontend-Server auch die Hostnamen der Backend-Server auflösen können. Sie müssen daher in der DMZ einen DNS-Server installieren, eine Host-Datei pflegen oder die Ports zu den internen DNS-Servern öffnen. DNS-Abfragen laufen über den TCP-Port 53 sowie den UDP-Port 53. Darüber hinaus werden im einen oder anderen Fall noch RPC-Aufrufe benötigt. Dazu müssen Sie noch die RPC-Ports in das interne Netzwerk öffnen (siehe Abbildung 9.9).

Protokoll	**TCP-Port**
RPC	135
RPC-Dienst	1024.....
Netlogon	445

Abb. 9.9: RPC-Ports in das interne Netz

Hinweis

Wenn Sie die RPC-Ports in das interne Netz nicht öffnen, werden Benutzer mit POP3 oder IMAP4 von diesem Frontend-Server nicht unterstützt.

Diese beiden Protokolle benötigen SMTP, welches wiederum den Dienst Informationsspeicher und die System-Aufsicht benötigt. Diese Dienste laufen allerdings nur mit RPC.

Also in Kürze: Ohne RPC kein IS, ohne IS kein POP und IMAP.

9.6.5 Konfiguration von Frontend- und Backend-Server

9.6.5.1 Konfigurieren eines Frontend-Servers

Um einen Exchange-Server als Frontend-Server nutzen zu können, müssen Sie in den Eigenschaften des Servers einen entsprechenden Eintrag machen (siehe Abbildung 9.10).

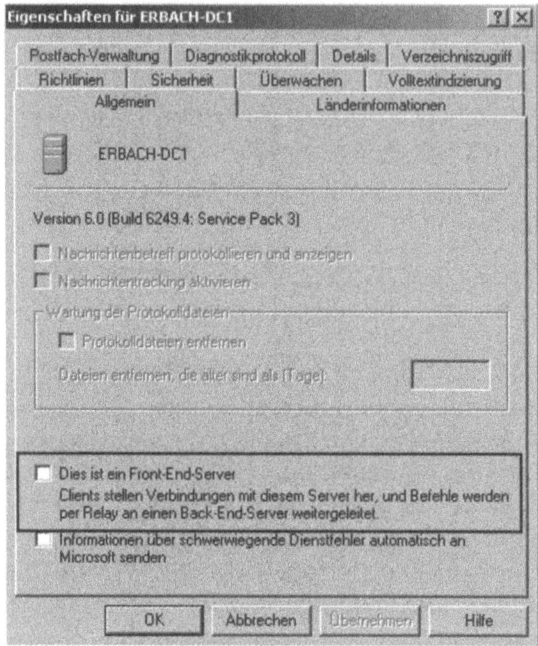

Abb. 9.10: Konfiguration eines Frontend-Servers

Rufen Sie dazu im Exchange System-Manager die Eigenschaften des Servers auf und setzen den Haken bei der Option `Dies ist ein Front-End-Server`. Dieser Haken kann nur gesetzt werden, wenn sich mehrere Exchange-Server in dieser Organisation befinden. Sollten Sie versehentlich hier einen Haken setzen, bringt Exchange eine Fehlermeldung. Nach dem Setzen des Hakens und der Bestätigung muss der Exchange-Server durchgestartet werden. Nach dem Neustart können auf diesem Server keine Postfächer oder öffentlichen Ordner mehr gespeichert werden. Dieser Server ist ab jetzt nur noch als Frontend-Server einsetzbar. Der Haken kann jederzeit wieder entfernt werden. Diese Operation ist also keine One-Way-Konfiguration wie zum Beispiel das Umstellen des Exchange-Betriebsmodus auf einheitlichen Modus.

Nach der Konfiguration eines Exchange-Servers als Frontend-Server arbeitet die Microsoft Exchange Systemaufsicht nicht mehr mit RPC-Aufrufen. Daher müssen die RPC-Ports aus dem Internet nicht für den Frontend-Server geöffnet werden.

Dies ist eine Änderung, die in Servicepack 2 für Exchange 2000 implementiert wurde.

Hinweis

Außerdem läuft der Empfängeraktualisierungsdienst (RUS) nicht mehr über die Exchange-Server, die als Frontend-Server konfiguriert wurden, da diese nur noch Benutzer weiterleiten und keine Postfächer oder öffentlichen Ordner mehr verwalten.

Stellen Sie also sicher, dass in der Konfiguration der Empfängeraktualisierungsdienst kein Exchange-Server eingetragen ist, der als Frontend-Server umkonfiguriert wurde.

Frontend-Server können auch keine Offline-Adresslisten mehr generieren.

Absichern des IIS

Wenn Sie einen Frontend-Server ins Internet veröffentlichen, müssen Sie sicherstellen, dass der lokale IIS des Servers so sicher wie nur möglich ist. Wichtig ist auf alle Fälle, dass Sie alle Servicepacks und Hotfixes, die Sie finden können, installieren. Um einen IIS abzusichern, bietet Microsoft den *IIS LockDown Wizard* an, für den es auch eine eigene Vorlage für Exchange 2000 gibt. Löschen Sie auch den Informationsspeicher für öffentliche Ordner von den Frontend-Servern und wenn Sie kein SMTP auf dem Frontend-Server brauchen, auch den Postfachspeicher. SMTP wird nur benötigt, wenn Sie POP3 oder IMAP4-Clients unterstützen wollen. Für SMTP wird ein Postfachspeicher benötigt. Dieser muss allerdings kein Postfach enthalten.

9.6.5.2 Konfigurieren eines Backend-Servers

Um einen Exchange Server zu einem Backend-Server zu konfigurieren, müssen Sie keine speziellen Einstellungen vornehmen oder einen Haken setzen wie beim Frontend-Server. Jeder Exchange 2000 Server kann als Backend-Server konfiguriert werden.

9.6.5.3 Servicepack 3 und Frontend/Backend-Server

Outlook Web Access-Clients downloaden Skriptdateien von den Front-End-Servern, mit denen eine Verbindung hergestellt wird. Diese Skriptdateien sind nicht mit Back-End-Servern kompatibel, auf denen eine aktuellere Version von Exchange ausgeführt wird als auf dem Front-End-Server. Wenn Sie einen Server mit Exchange 2000 auf ein aktuelleres Servicepack updaten, müssen Sie zunächst alle Frontend-Server aktualisieren, bevor Sie das Exchange-Update auf einem Back-End-Server durchführen. Die Skriptdateien auf einem aktualisierten Front-End-Server sind mit allen Back-End-Servern kompatibel, auf denen ein früheres Servicepack von Exchange 2000 ausgeführt wird. Sind mehrere Front-End-Server vorhanden, ist es nicht erforderlich, dass alle diese Front-End-Server gleichzeitig aktualisiert werden. Es müssen jedoch alle Front-End-Server aktualisiert werden, bevor Sie einen Back-End-Server aktualisieren. Mehr zum Thema „Outlook Web Access“ erfahren Sie in den Kapiteln 14.6 und 14.7.

10 Datensicherung und Überwachung

Ein wichtiges Kapitel bei Exchange 2000 betrifft die Datensicherung und die Überwachung des Servers. Da beide dieser Punkte für eine stabile Exchange Organisation eine wichtige Rolle spielen, gehe ich in diesem Kapitel auf diese beiden Punkte ein. Arbeiten Sie vor diesem Kapitel auf alle Fälle das Kapitel 1.8 Speicherarchitektur von Exchange 2000 durch, da dieses Kapitel das Verständnis für diese Architektur voraußetzt.

10.1 Datensicherung

Bei der Datensicherung von Exchange 2000 spielt Murphy's Gesetz eine große Rolle. Mehr als irgendwo sonst. Generell kann man sagen, es gibt in jeder Exchange Organisation immer mindestens einmal einen Ausfall. Exchange 2000 will umsorgt werden. Lässt man hier die Sache etwas ruhiger angehen und vernachlässigt Exchange, wird das System eines Tages ausfallen und zwar zum ungünstigsten Zeitpunkt. Alles was schief gehen kann, wird auch schief gehen. Stellen Sie daher sicher, dass Ihre Exchange Umgebung mit der Datensicherung gut abgedeckt wird. Machen Sie lieber eine Sicherung zuviel als eine zu wenig. Machen Sie sich bereits vor dem Ausfall eines Exchange-Servers Gedanken über den Ausfall und testen Sie die Wiederherstellung. So sind Sie bei einem richtigen Ausfall gut vorbereitet. Grundsätzlich gibt es bei Exchange 2000 zwei Varianten der Datensicherung: die Online-Sicherung und die Offline-Sicherung. Da es sich bei Exchange um ein Datenbanksystem handelt, sollten Sie die Datenbank nicht nur offline, also mit heruntergefahrenen Diensten sichern, sondern auch Online. Dazu benötigen Sie nicht ausschließlich Tools von Drittherstellen. Exchange 2000 erweitert bei der Installation das systemeigene Backup um exchangespezifische Erweiterungen, die Sie zur Sicherung nutzen können. Um die Datensicherung zu verstehen, sollten Sie sich mit der Speichertechnologie von Exchange 2000 im Kapitel 1 vertraut machen. Eine wesentliche Neuerung bei Exchange 2000 ist die Möglichkeit mehrere Datenbanken mit Hilfe von Speichergruppen pro Server anzulegen. Wenn eine Datenbank wiederhergestellt werden muss, werden während dieses Vorganges die anderen Datenbanken nicht in Mitleidenschaft gezogen. Durch die Aufteilung der Postfächer auf verschiedenen Datenbanken wird die Zeit, die Sie zur Wiederherstellung einer Datenbank benötigen, deutlich verkürzt.

Hinweis

Achten Sie vor dem Starten irgendwelcher Wiederherstellungsvorgänge darauf, dass Sie zusätzlich mindestens noch soviel Platz auf Ihrer Festplatte mit den Datenbanken haben, wie die Exchange Datenbank bereits belegt.

10.1.1 Transaktionsprotokolldateien

Exchange 2000 schreibt alle Transaktionen zunächst in seine Transaktionsprotokoll-Dateien. Eine Transaktion ist zum Beispiel das Versenden einer E-Mail durch einen Benutzer, das Planen einer Besprechung, das Verschieben einer E-Mail in einen öffentlichen Ordner usw.. Transaktionen sind also Vorgänge von Benutzern mit Ihrer Client-Software, bei denen der Exchange-Server eine Aktion durchführen muss. Exchange schreibt dann nach und nach die Vorgänge aus den Transaktionsprotokolldateien in seine Datenbank. Bevor dem Benutzer das Versenden einer E-Mail bestätigt wird, die Sanduhr im Outlook also verschwindet und die E-Mail aus dem Postausgang entfernt wurde, schreibt Exchange diese Transaktion in eine Protokolldatei. Dadurch ist sichergestellt, dass die Datenbank immer konsistent ist und die Transaktion bei erfolgreicher Meldung durch Exchange auch durchgeführt wurde. Exchange 2000 schreibt regelmäßig die Transaktionen in seine Datenbank. Spätestens beim Herunterfahren des Servers werden alle Transaktionen in die Datenbank geschrieben. Aus diesem Grund kann das Herunterfahren eines Exchange-Servers schon mal ein bisschen dauern. Wird der Server beim Herunterfahren unterbrochen, stürzt er also ab oder wird einfach ausgeschaltet, so bemerkt dies Exchange beim Starten der Dienste. Exchange arbeitet dann alle Transaktionsprotokolle nochmals durch und schreibt die Änderungen in seine Datenbank.

Umlaufprotokollierung

Bei Exchange 5.5 wurden diese Protokolldateien immer wieder überschrieben. Dies hatte zwar den Vorteil, dass der Server ohne eine Datensicherung nicht von den Transaktionsprotokolldateien überfüllt wurde, allerdings konnte so bei einem Ausfall eines Servers nur Daten innerhalb eines gewissen Zeitraums zurückgespielt werden. Standardmäßig ist die Umlaufprotokollierung bei Exchange 2000 deaktiviert. Das heißt, dass Exchange 2000 immer neue Transaktionsprotokolldateien anlegt - bis die Festplatte überläuft. Löschen Sie diese Protokolldateien keinesfalls von Hand, da Sie sonst Gefahr laufen, Daten zu verlieren. So kann es passieren, dass Sie vielleicht Dateien löschen, deren Inhalt Exchange noch nicht in die Datenbank geschrieben hat. Wenn Sie Exchange 2000 mit einem exchangetauglichen Online-Sicherungsprogramm sichern, werden die gesicherten Protokolldateien automatisch gelöscht. Sie können jedoch diese Umlaufprotokollierung pro Speichergruppe aktivieren (siehe Kapitel 1.8.2 *Transaktionsprotokolldateien*). Dies sollten Sie jedoch nur in Ausnahmefällen tun und auch nur bei Speichergruppen, die keine wichtigen Informationen enthalten.

10.1.2 Online-Sicherung

Die Online-Sicherung ist die effizienteste und professionellste Sicherung eines Exchange-Servers. Das Windows 2000 eigene Backup-Programm wird bei der Installation von Exchange 2000 um exchangespezifische Erweiterungen ergänzt und kann einen Exchange-Server online sichern. Sie sollten allerdings in Erwägung ziehen, professionellere Softwaretitel in diesem Bereich einzusetzen. Der Marktführer hier ist Backup Exec und NetBackup von Veritas. Sie müssen hier zwar mit ein paar Euro für den Erwerb dieser Software rechnen, allerdings lohnt sich dies nachher. Die Stabilität und Effizienz von solchen Programmen ist deutlich höher als die systemeigene Variante. Die Windows 2000-eigene Datensicherungssoftware ist übrigens eine stark reduzierte Version von Backup Exec.

10.1.2.1 Ablauf einer Online-Sicherung

Bei einer Online-Sicherung werden alle Datenbanktabellen nach und nach in 4 KB-Stücken ausgelesen.

Alle Änderungen, die während des Backups im Informationsspeicher durchgeführt werden und vom Datensicherungsprogramm nicht mehr gesichert werden, da die entsprechende Tabelle bereits gesichert ist, werden in speziellen PAT-Dateien abegelegt. Diese Pat-Dateien werden zum Abschluss der Datensicherung zusammen mit den Transaktionsprotokolldateien gesichert. Als letzte Aktion werden die gesicherten und nicht mehr benötigten Transaktionsprotokolldateien vom System gelöscht. Der Server steht während der Sicherung den Benutzern weiterhin zur Verfügung. Es müssen also keine Dienste beendet werden. Das Löschen und Sichern der Protokolldateien muss daher nicht manuell gemacht werden sondern wird regelmäßig automatisch durchgeführt. Wollen Sie den Exchange-Server von einem anderen Server aus sichern, müssen Sie auf diesem Server die Exchange Systemverwaltungstools und das aktuellste Servicepack installieren. Wenn Sie das Windows 2000-eigene Datensicherungsprogramm starten, können Sie direkt bei den zu sichernden Laufwerken den Informationsspeicher auswählen (siehe Abbildung 10.1). Definieren Sie Sicherungsaufträge, die regelmäßig Ihren Exchange-Server auf Band oder in ein Verzeichnis sichern.

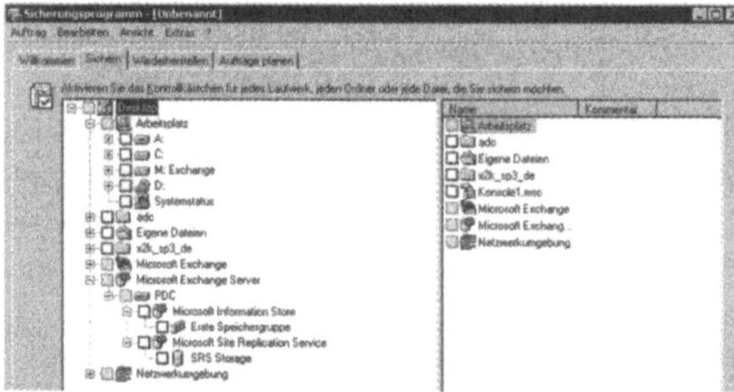

Abb. 10.1: Windows 2000 Sicherungsprogramm

10.1.2.2 Varianten der Online-Sicherung

Sie können bei der Sicherung von Exchange 2000 mit dem Windows 2000-eigenen Sicherungsprogramm und auch mit Backup Exec verschiedene Methoden der Sicherung auswählen. Diese Optionen bewirken wiederum verschiedene Varianten der Durchführung dieser Datensicherung:

Vollständig

- Sichert die Datenbanken
- Sichert die Transaktionsprotokolldateien
- Löscht gesicherte Transaktionsprotokolldateien

Die vollständige Sicherung bedeutet den größten Zeitbedarf aller Sicherungen, da täglich komplett alle Daten gesichert werden. Da alle Daten aber innerhalb eines Sicherungssatzes gespeichert werden, ist eine eventuell notwendige Wiederherstellung in einem viel kürzeren Zeitraum möglich als bei allen anderen Sicherungsmethoden. Wenn Sie jeden Tag Ihre kompletten Daten sichern, wächst auch der Platzbedarf auf Ihrem Sicherungsmedium stark an. Durch die vollständige Sicherung werden alle Transaktionsprotokolldateien gelöscht. Dadurch können Sie wiederum den Platzbedarf auf den Exchange-Servern verringern.

Kopie

- Sichert die Datenbanken
- Sichert die Transaktionsprotokolldateien
- Löscht keine Transaktionsprotokolldateien. Dadurch wächst der Festplattenbedarf an.

Kopie-Sicherungen sind mit den vollständigen Sicherungen fast identisch. Es werden jedoch weder die Dateien als gesichert markiert, noch die Transaktionsprotokolldateien gelöscht. Durch eine Kopie-Sicherung wird Ihre Sicherungsstrategie nicht beeinflusst, da die gesicherten Dateien nicht als gesichert markiert werden. Da die inkrementelle und differentielle Sicherung auf die Markierung der Dateien aufbauen, werden die Dateien beim nächsten Sicherungsvorgang durch die inkrementelle und differentielle Sicherung normal mitgesichert. Die Kopie-Sicherung wird hautpsächlich zur Sicherung vor Optimierungs- oder sonstigen Maßnahmen durchgeführt. Sie sollte kein Bestandteil eines regelmäßigen Datensicherungskonzeptes sein.

Inkrementell

- Sichert keine Datenbanken
- Sichert die Transaktionsprotokolldateien

- Löscht die Transaktionsprotokolldateien

Inkrementelle Sicherungen werden häufig zusammen mit vollständigen Sicherungen verwendet. Sie können zum Beispiel einmal pro Woche eine vollständige Sicherung durchführen und unter der Woche dann eine inkrementelle. Dadurch wird die zeitaufwendige vollständige Sicherung auf das Wochenende verlagert während unter der Woche durch die inkrementelle Sicherung deutlich Zeit gespart wird. Während der inkrementellen Sicherung werden ausschließlich Daten gesichert, die sich seit der letzten Sicherung geändert haben. Daher ist der Zeitverbrauch bei der inkrementellen Sicherung am niedrigsten. Wenn Sie jedoch aus einer vollständigen-inkrementellen-Sicherungsstrategie eine vollständige Wiederherstellung planen, müssen Sie zuerst den vollständigen Sicherungssatz wiederherstellen. Danach müssen Sie alle inkrementellen Sicherungssätze nacheinander wiederherstellen.

Hinweis

Wenn Sie die Umlaufprotokollierung für eine Speichergruppe aktiviert haben, können Sie für diese Speichergruppe keine inkrementelle Sicherung durchführen, da diese Sicherung die Protokolldateien entfernt.

Auch die differenzielle Sicherung steht bei aktivierter Umlaufprotokollierung nicht zur Verfügung.

Differenziell

- Sichert nicht die Datenbanken
- Sichert die Transaktionsprotokolldateien
- Löscht keine Transaktionsprotokolldatien

Auch die differenzielle Sicherung wird oft zusammen mit einer vollständigen Sicherung verwendet. Sie sichern dazu wieder einmal pro Woche Ihren Exchange-Server vollständig und dann unter der Woche differenziell. Dadurch werden alle Protokolldateien täglich gesichert. Da die differenzielle Sicherung keine Protokolldateien löscht, wächst die Dauer der Datensicherung und die zu sichernden Daten täglich an. Allerdings lässt sich eine Wiederherstellung so schneller durchführen, da lediglich die letzte Vollsicherung und die letzte differenzielle Sicherung zurückgesichert werden müssen. Auch diese Sicherung steht nicht zur Verfügung, wenn die Umlaufprotokollierung aktiviert ist, da die differenzielle Sicherung auf die Daten der Transaktionsprotokolldateien aufbaut, die bei der Umlaufprotokollierung nur begrenzt vorhanden sind.

10.1.2.2 Sicherung mit Backup Exec

Backup Exec ist wie bereits erwähnt der Marktführer im Bereich Datensicherung unter Windows 2000. Verwenden Sie immer die neueste Version zur Sicherung Ihrer Daten, da immer neue Funktionen und Fehlerbehebungen in das Produkt eingebaut werden. Um Windows 2000 und Exchange 2000 zu sichern, benötigen Sie mindestens die Version 8.0. Die aktuellste ist derzeit Version 9.0. Wenn Sie Exchange 2000 online mit Backup Exec sichern wollen, benötigen Sie einmal das Hauptprogramm Backup Exec und zusätzlich noch den Agenten für Exchange 2000. Sonstige Agenten und die genaue Lizenzierung kann Ihnen jeder Veritas-Händler geben. Nach der Installation von Backup Exec und dem Exchange Agent können Sie mit der Datensicherungs-Konfiguration beginnen. Ein neues Feature ab Backup Exec 8.6 ist die Möglichkeit, nicht nur auf Band zu sichern sondern auch in eine Datei. Diese Option kann sehr wertvoll sein, vor allem für eine Sicherung während des Tages. Um einen neuen Exchange-Sicherungsjob zu erstellen, starten Sie das Verwaltungsprogramm von Veritas Backup Exec und den Assistenten zur Erstellung eines neuen Sicherungsauftrages (siehe Abbildung 10.2).

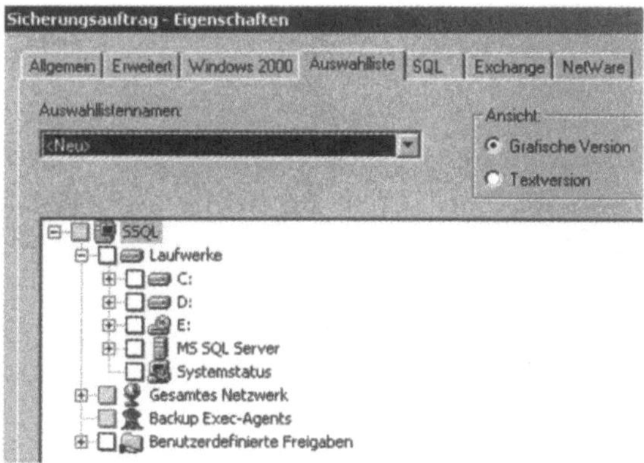

Abb. 10.2: Startfenster Neuer Sicherungsauftrag Backup Exec

Navigieren Sie hier zu Ihrem Exchange-Server. In unserem Beispiel über das Icon `Gesamtes Netzwerk.` Auf Ihrem Exchange-Server finden Sie außer den Optionen, die es für die anderen Server gibt, auch noch exchangespezifische Erweiterungen (siehe Abbildung 10.3).

Abb. 10.3 Definition der Datensicherung Backup Exec

Sie können hier den ganzen Informationsspeicher sichern lassen und zusätzlich noch die einzelnen Mailboxen. Wenn die Datenmenge nicht zu groß ist, können Sie ruhig beide Optionen aktivieren. Haben Sie jedoch eine so große Datenbank, dass die Datensicherung zu lange dauern würde, können Sie die Mailboxen auch nur einmal in der Woche am Wochende sichern.

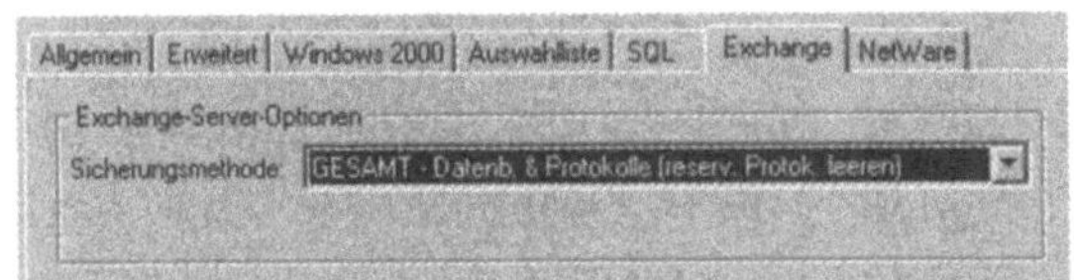

Abb. 10.3 Sicherungsoptionen Veritas Backup

Nachdem Sie die gewünschten Einstellungen vorgenommen haben, tragen Sie auf der Registerkarte *Exchange* die Sicherungsoption ein. Lassen Sie diese bei GESAMT, damit alles gesichert wird und nach der Sicherung die Protokolldateien gelöscht werden. Überprüfen Sie nach einer Sicherung die Logdateien. Hier werden Fehler mitgeschrieben.

Wiederherstellung einer Online-Sicherung

Wenn Sie eine Datenbank wiederherstellen müssen, werden die Datenbankdateien, die mitgesicherten Protkolldateien und die PAT-Dateien zurückgesichert und die Datenbank neu aufgebaut.

Die Datenbankdateien sind für sich alleine nicht konsistent. Erst nachdem die Protokolldateien und PAT-Dateien mit integriert wurden.

Sie können diese Sicherung nicht auf einem Server zurücksichern, der eine andere Laufwerkszuordnung hat, da der Pfad zur Datenbank in den Protokolldateien fest integriert ist.

10.1.3 Offline-Sicherung

Die Offline-Sicherung ist sicherlich keine professionelle Dauerlösung. Bei der Offline-Sicherung werden einfach alle Exchange-Dienste beendet und das Exchange-Verzeichnis weggesichert. Bei diesem Vorgang wird jedoch nicht die Konsistenz der Datenbank überprüft. Sie wissen also nie, ob Ihre Datenbank überhaupt lauffähig ist, wenn Sie sie zurücksichern wollen.

10.1.4 Wiederherstellen von Postfächern

Wenn ein Postfach versehentlich gelöscht wird, können Sie es auf zwei Arten wiederherstellen.

Exchange 2000 bewahrt gelöschte Benutzerpostfächer für einen definierten Zeitraum auf (siehe Kapitel 1.8.3.2.1 *Postfachspeicher*).

10.1.4.2 Wiederherstellen aus dem Exchange System-Manager

Während dieses Zeitraums können Sie ein gelöschtes Postfach wieder mit einem Benutzer verbinden. Wenn Sie das dazugehörige Benutzerobjekt gelöscht haben, können Sie einen neuen Benutzer anlegen.

Anschließend können Sie im Exchange System-Manager dieses Postfach wieder neu verbinden (siehe Kapitel 5.2.1.3 *Assistent für Exchange-Aufgaben*).

10.1.4.3 Wiederherstellen aus einer Online-Sicherung

Der Wiederherstellungsvorgang eines Postfaches ist unter Exchange 2000 zwar überarbeitet worden, aber immer noch ähnlich wie bei Exchange 5.5. Um ein Exchange-Postfach mit dem Windows 2000-eigenen Datensicherungsprogramm wiederherzustellen, müssen Sie einen komplizierteren Weg wählen als mit Backup Exec oder anderen professionellen Tools. Das Windows 2000-eigene Datensicherungsprogramm ist eigentlich nur für ein Desaster-Recovery gedacht. Installieren Sie dazu auf einem Test-Server eine Active Directory-Domäne und danach Exchange 2000. Die Organisation und administrativen Gruppen müssen genauso heissen wie in der scharfen Umgebung. Auch die Laufwerkszuordnungen sollten identisch sein. Zusätzlich zu dem Namen der Organisation und der administrativen Gruppen müssen die Namen der Speichergruppe und des Postfachspeichers übereinstimmen.

Die Active Directory Struktur und der Server müssen nicht den gleichen Namen haben wie das scharfe System. Dies ist eine weitere Änderung bei Exchange 2000.

Wiederherstellen des Postfaches

Heben Sie die Bereitstellung des Postfachspeichers, in dem das zu wiederherstellende Postfach liegt, auf dem Wiederherstellungsserver auf (siehe Abbildung 10.4).

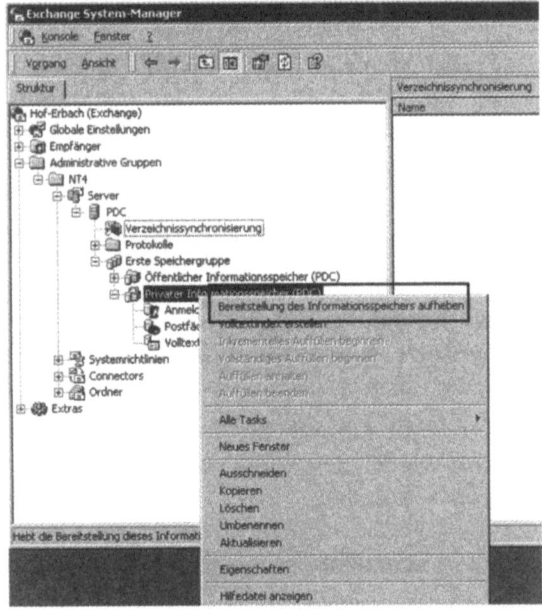

Abb. 10.4: Bereitstellung eines Informationsspeichers aufheben

Rufen Sie danach die Eigenschaften des Informationsspeichers auf und aktivieren die Option `Diese Datenbank kann bei einer Wiederherstellung überschrieben werden` (siehe Abbildung 10.5). Nach der Aktivierung dieser Option wird die Datenbank und die Konfiguration von Exchange beim Start des Servers angeglichen sowie der Haken danach automatisch wieder entfernt. Beim Starten des Exchange-Servers muss sich jedoch in diesem Verzeichnis eine Datenbank befinden - sonst bewirkt dieser Schalter nichts.

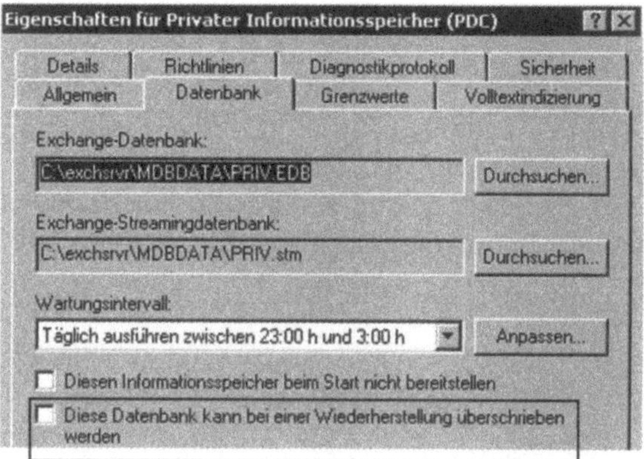

Abb. 10.5. Überschreiben einer Datenbank

Stellen Sie in das Verzeichnis, in dem diese Datenbank liegt, aus Ihrer Datensicherung den Informationsspeicher wieder her. Aktivieren Sie in den Optionen der Wiederherstellung die Option `Letzter Sicherungssatz`. Sollte diese Option nicht zur Verfügung stehen, müssen Sie vor dem Starten der Datenbank das Tool `ESEUTIL` mit dem Schalter `/cc` aufrufen, also `eseutil /cc` zusammen mit dem Pfad zur *restore.env*. Dieser Vorgang wird Hard-Recovery genannt.

Hinweis

Ein Hard-Recovery Vorgang ist die Wiederherstellung einer Datenbank mit anschließender Übernahme der Transaktionsprotokolldateien. Sie müssen dazu in Ihrem Sicherungsprogramm die Option `Letzter Sicherungssatz` aktivieren.

Versäumen Sie diese Einstellung, wird der Wiederherstellungsvorgang nicht erfolgreich durchgeführt.

Sie können allerdings ein Hard-Recovery erzwingen, indem Sie in der Kommandozeile den Befehl

```
eseutil /cc <Pfad zur Datei restore.env>
```

eingeben.

Das Datensicherungsprogramm erstellt die Datei *restore.env* für alle durchzuführenden Wiederherstellungsvorgänge. Führen Sie mehrere Vorgänge aus, wird für jeden Wiederherstellungsvorgang eine *restore.env* erstellt.

Aktivierung des gelöschten Postfaches

Nach dem Wiederherstellen können Sie die Bereitstellung des Informationsspeichers wieder aktivieren.

Gehen Sie jetzt vor wie im Kapitel 10.1.4.1 beschrieben. Erstellen Sie für jedes Postfach, das Sie wiederherstellen wollen, einen neuen Benutzer, der jedoch nicht postfachaktiviert ist.

Extrahieren Sie jetzt mit Exmerge diese Postfächer in PST-Dateien, die Sie auf Ihrem scharfen System importieren können.

10.1.5 Wiederherstellen eines Exchange Servers

Um einen vollständigen Exchange-Server auf einer neuen Hardware wiederherzustellen, müssen Sie sicherstellen, dass wirklich alle Informationen des ausgefallenen Exchange 2000-Servers vorliegen.

Installation Betriebssystem

Installieren Sie auf dem neuen Server Windows 2000 und integrieren Sie diesen Server in Ihr Active Directory. Konfigurieren Sie die Laufwerkszuordnungen möglichst identisch mit dem ausgefallenen Server.

Verwenden Sie auch identische Namen und IP-Adressen.

Installation Exchange 2000

Installieren Sie Exchange 2000 auf diesem Server neu und wählen als Schalter `/disasterrecovery` aus.

Mit diesem Modus versucht das Exchange-Setup so viele Informationen wie möglich aus dem Active Directory zu lesen, um das Exchange-System wiederherzustellen.

Es werden zum Beispiel auch die Pfade der Datenbanken aus dem Active Directory gelesen und diese wieder an der gleichen Stelle angelegt.

Wählen Sie alle Komponenten bei der Installation aus, die auch auf dem ausgefallenen Server installiert waren.

Wiederherstellung der Datenbanken

Nachdem Sie sichergestellt haben, dass Ihr neuer Exchange-Server fehlerfrei funktioniert, sollten Sie den Namen der Speichergruppe und des Postfachspeichers sowie der administrativen Gruppe überprüfen. Diese Namen müssen mit den Bezeichnungen auf Ihrem ausgefallenen Server identisch sein. Heben Sie die Bereitstellung des Postfachspeichers auf und wählen die Option `Diese Datenbank kann bei einer Wiederherstellung überschrieben werden` (siehe Abbildung 10.5). Nach der Aktivierung dieser Option wird die Datenbank und die Konfiguration von Exchange beim Start des Servers angegeglichen und der Haken danach automatisch wieder entfernt. Beim Start des Exchange-Servers muss sich jedoch in diesem Verzeichnis eine Datenbank befinden, sonst bewirkt dieser Schalter nichts. Stellen Sie in das Verzeichnis, in dem diese Datenbank liegt, aus Ihrer Datensicherung den Informationsspeicher wieder her. Aktivieren Sie in den Optionen der Wiederherstellung die Option Letzter Sicherungssatz. Dieser Vorgang wird Hard-Recovery genannt. Ein Hard-Recovery Vorgang ist die Wiederherstellung einer Datenbank mit anschließender Übernahme der Transaktionsprotokolldateien. Sie müssen dazu in Ihrem Sicherungsprogramm die Option `Letzter Sicherungssatz` aktivieren. Versäumen Sie diese Einstellung, wird der Wiederherstellungsvorgang nicht erfolgreich durchgeführt. Sie können allerdings ein Hard-Recovery erzwingen, indem Sie in der Kommandozeile den Befehl

```
eseutil /cc <Pfad zur Datei restore.env>
```

eingeben. Der Exchange-Server sollte nach dem Neustart wieder normal funktionieren.

Smtpreinstall.exe

Exchange 2000 SP3 enthält das SMTP Reinstall-Tool `Smtpreinstall.exe`, das sich im Verzeichnis `Supporttools` auf der Exchange SP3-CD befindet. Wenn Sie den Windows 2000-SMTP-Dienst deinstallieren, können Sie mit diesem Tool Exchange 2000 reparieren, ohne Exchange vollständig neu zu installieren. Um Exchange zu reparieren, müssen Sie zunächst den Windows 2000-SMTP-Dienst neu installieren und anschließend das SMTP Reinstall-Tool ausführen. Sie können das SMTP Reinstall-Tool jedoch nicht auf einem Cluster verwenden, auf dem Exchange 2000 ausgeführt wird. Wenn Sie das Tool ausführen möchten, treten Probleme auf, die eine erfolgreiche Reparatur von Exchange verhindern. Aus diesem Grund wird das SMTP Reinstall-Tool auf Exchange 2000-Clustern nicht unterstützt. Nach der Neuinstallation des SMTP-Dienstes müssen Sie auf einem Cluster daher Exchange und alle zuvor installierten Exchange Service Packs neu installieren anstatt das SMTP Reinstall-Tool zu verwenden.

10.1.6 Wiederherstellen einer Datenbank

Um einen Informationsspeicher wiederherzustellen, müssen Sie sicherstellen, dass der Dienst für den Informationsspeicher gestartet ist. Der Postfachspeicher, den Sie wiederherstellen wollen, sollte dagegen nicht bereitgestellt sein. Wählen Sie die Option `Diese Datenbank kann bei einer Wiederherstellung überschrieben werden` (siehe Abbildung 10.5). Exchange 5.5 hat bei der Wiederherstellung Verbindung zur Systemaufsicht aufgebaut. Exchange 2000 baut eine Verbindung direkt zum Dienst des Informationsspeichers auf. Wichtig ist bei der Wiederherstellung einer Sicherung, dass Sie die Option `Letzter Sicherungssatz` in der Datensicherungssoftware aktivieren.

Vorgänge beim Wiederherstellen einer Datenbank

- Aufheben der Bereitstellung des zu wiederherstellenden Informationsspeichers durch den Administrator.
- Aktivieren der Option `Diese Datenbank kann bei einer Wiederherstellung überschrieben werden` (siehe Abbildung 10.5).
- Start der Wiederherstellung durch den Administrator.
- Das Datensicherungsprogramm ersetzt die vorhandenen Datenbankdateien. Jeder Informationsspeicher verfügt im Active Directory über eine GUID. Das Datensicherungsprogramm findet den Informationsspeicher mit Hilfe dessen GUID im Active Directory.
- Die Transaktionsprotokolle und Patchdateien werden in ein temporäres Verzeichnis zurückgesichert.
- Das Datensicherungsprogramm erstellt die Datei *restore.env* für alle durchzuführenden Wiederherstellungsvorgänge. Füh-

ren Sie mehrere Vorgänge aus, wird für jeden Wiederherstellungsvorgang eine *restore.env* erstellt.

- Die Transaktionsprotokolle werden nacheinander auf Vollständigkeit und Zugehörigkeit zur zurückzusichernden Speichergruppe überprüft.
- Speicherung der Patch-Datei im Arbeitsspeicher.
- Es wird eine temporäre Speichergruppe angelegt, die zur Zurücksicherung genutzt wird. Aus diesem Grund dürfen von Ihnen auch nur vier Speichergruppen angelegt werden. Wird eine fünfte Speichergruppe angelegt, können Sie keine Wiederherstellungsvorgänge ausführen.
- Die Transaktionsprotokolle werden auf die temporäre Speichergruppe angewendet. Auch die Patchdatei wird in die Speichergruppe integriert.
- Die temporäre Speichergruppe wird gelöscht.
- Das temporäre Verzeichnis der Transaktionsprotokolle und der Patch-Datei wird gelöscht.

10.1.7 Vorgänge nach einem Absturz

Werden die Exchange-Dienste unerwartet beendet, zum Beispiel nach einem Absturz des Servers, führt Exchange beim nächsten Start des Exchange-Servers einen Wiederherstellungsvorgang durch, der nicht auf der normalen Datensicherung basiert, sondern die Transaktionsprotokolle auf der Festplatte nutzt. Aus diesem Grund ist es besonders sinnvoll, keine Umlaufprotokollierung zu aktivieren, da so der Exchange-Server ohne irgendeinen Benutzereingriff schon viele Wiederherstellungsvorgänge ohne Hilfe durchführen kann.Eine wichtige Rolle spielt die bereits erwähnte Prüfpunktdatei. In dieser Datei wird festgehalten, welche Transaktionen von den Protokolldateien bereits in die Datenbank geschrieben wurden. Exchange führt alle Transaktionen, die nach diesem Prüfpunkt in den Transaktionsprotokolldateien noch nicht in der Datenbank vorhanden sind, durch. Dieser Vorgang wird auch Soft-Recovery genannt.

10.1.8 Sichern und Wiederherstellen des SRS

Der Standortreplikationsdienst ist ein Dienst, den Sie bei der Migration von Exchange 5.5 zu Exchange 2000 benötigen. Der SRS wird auf allen Exchange-Servern installiert, solange sich die Organisation noch im native mode befindet, also grundsätzlich noch Exchange 5.5-Server Teil dieser Organisation sein können. Der Standortreplikationsdienst dient zur Replikation von Konfigurationsdaten von Exchange 2000 zu Exchange 5.5. Der SRS emuliert dazu auf dem Exchange 2000-Server einen Exchange 5.5-Dienst. Durch den SRS erhalten alle Exchange 5.5-Server Verzeichnisinformationen, die sich auf Exchange 2000 beziehen. Da Exchange 2000 im Gegensatz zu Exchange 5.5 kein eigenes Verzeichnis mehr besitzt sondern alle Informationen im Active Directory gespeichert werden, ist ein solcher Dienst zur Einrichtung von Verzeichnisreplikation notwendig.

10.1.8.1 Sichern der SRS-Datenbank

Die Sicherung der SRS-Datenbank verhält sich durch Ihre Konfiguration so wie die Sicherung einer Exchange 5.5-Datenbank.

Sie können im Windows 2000-eigenen Datensicherungsprogramm die Sicherung der SRS-Datenbank auswählen, wie den Informationspeicher auch (siehe Abbildung 10.1). Diese Sicherung ist (wie die Sicherung der Datenbank auch) online möglich. Es müssen keine Dienste beendet werden.

10.1.8.2 Wiederherstellen der SRS-Datenbank

Obwohl die SRS-Datenbank sich verhält wie eine normale Datenbank des Informationsspeichers, ist ihre Wiederherstellung kritisch. In der SRS-Datenbank werden keine Daten von Benutzern, also E-Mails oder Termine, gespeichert sondern Konfigurationen der verschiedenen Exchange-Versionen. Wenn Sie eine veraltete Sicherung eines Informationsspeichers für Postfächer zurücksichern, so stehen im schlimmsten Fall den Benutzern einige Daten nicht mehr zur Verfügung. Bei einer fehlerhaften oder veralteten Rücksicherung der SRS-Datenbank besteht hingegen die Gefahr, dass die einzelnen Konfigurationsoptionen der Exchange-Server nicht mehr konsistent sind und fehlerhaft arbeiten.

Wir unterscheiden daher bei der Wiederherstellung dieser Datenbank zwischen einer zuverlässigen und aktuellen Sicherung und einer veralteten und unzuverlässigen Sicherung.

Wiederherstellen einer zuverlässigen Sicherung

Bei der Wiederherstellung von Informationsspeichern müssen Sie in Exchange 2000 sicherstellen, dass der Informationsspeicher-Dienst gestartet ist, der Postfachspeicher jedoch nicht bereitgestellt wird. Dies ist so für den SRS nicht möglich, da durch den Start des SRS-Dienstes auch die Datenbank wiederhergestellt wird. Wir müssen also dafür sorgen, dass zwar der Dienst zur Sicherung zur Verfügung steht, jedoch nicht auf seine Datenbank zugreift.

Vorbereiten des SRS zur Sicherung

Der SRS muss im sogenannten halb-ausführenden-Modus starten. Sie können dies erreichen, wenn Sie den Dienst `Microsoft Exchange Standortreplikationsdienst` beenden. Verschieben Sie danach alle Dateien des Ordners Dsadata in Ihrem Exchange Installations-Verzeichnis in ein Backup-Verzeichnis und starten den Dienst wieder. Wenn Sie jetzt ins Ereignisprotokoll schauen, hat der SRS-Dienst gemerkt, dass ihm seine Datenbank fehlt und startet im halb-ausführenden-Modus (siehe Abbildung 10.6).

Abb. 10.6.: SRS-Dienstes im halb-ausführenden-Modus

Die Meldung im Ereignisprotokoll enthält folgenden Hinweis:

```
Ereignistyp: Warnung
Ereignisquelle: MSExchangeSRS
Ereigniskategorie: Interne Verarbeitung
Ereigniskennung:  1400
Datum:     17.12.2002
Zeit:   18:00:52
Benutzer:    Nicht zutreffend
Computer:  PDC
Beschreibung:
```

`Der Microsoft Exchange-Standortreplikationsdienst konnte seine Exchange-Datenbank (EDB) nicht initialisieren und gab den Fehler 1 zurück. Der Standortreplikationsdienst wird in einem halb ausführenden Status warten, damit die Datenbank von einer Sicherungskopie wiederhergestellt werden und der SRS sie bereitstellen kann.`

Stellen Sie om originalen Verzeichnis aus Ihrer Datensicherung die Datenbank des SRS wieder her. Aktivieren Sie in den Optionen der Wiederherstellung die Option `Letzter Sicherungssatz`. Wenn sich seit der letzten Sicherung der SRS-Datenbank nichts in Ihrer Organisation verändert hat, was neue Exchange-Server oder das Routing betrifft, ist die Datensicherung so in Ordnung.

Wiederherstellen des kompletten SRS-Servers

War der im Kapitel 10.1.5 wieder hergestellte Server auch der Server für den SRS, müssen Sie den SRS Dienst, unabhängig von der Wiederherstellung der Datenbanken, wieder herstellen. Hier können Sie so verfahren wie weiter vorne beschrieben.

Neuerstellen einer SRS-Datenbank

Steht Ihnen keine Datensicherung der SRS-Datenbank zur Verfügung, können Sie die Datenbank auf einem neuen Server neu erstellen. Löschen Sie dazu den SRS-Dienst und dessen Daten komplett. Installieren Sie einen zweiten Exchange 2000-Server in der Exchange 5.5-Organisation und starten Sie dort den Exchange System-Manager und navigieren Sie zum Menüpunkt `Extras` (siehe Abbildung 10.7). Sie finden hier den Menüpunkt `Standortreplikationsdienste`. Hier werden alle SRS angezeigt die in der Organisation verfügbar sind.

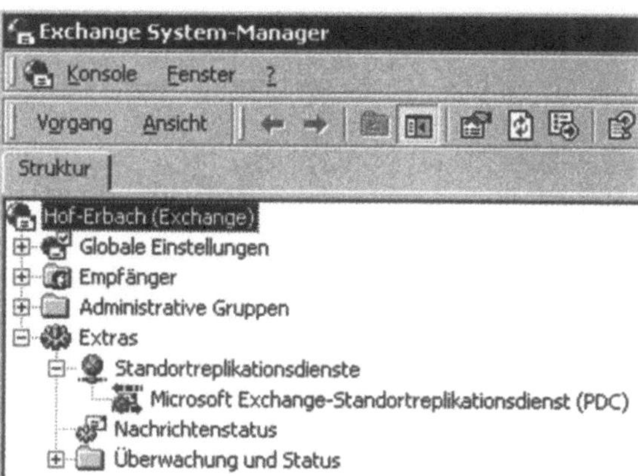

Abb. 10.7: Ansicht der SRS-Server in der Organisation

Sie können hier jederzeit einen neuen SRS installieren. Die Datenbank dieses neuen SRS ist komplett leer und wird neu aufgebaut. Sie können jederzeit eine Offline-Sicherung des SRS durchführen. Sie müssen dazu lediglich den SRS-Dienst auf dem Server beenden. Da Benutzer hiervon nicht betroffen sind, können Sie eine Offline-Sicherung auch während der normalen Arbeitszeiten durchführen.

10.1.9 Sichern und Wiederherstellen der IIS-Metabase

Exchange 2000 ist teilweise in die IIS-Dienste seines lokalen Windows 2000-Servers integriert. Dabei wird die SMTP-Komponente des IIS von Exchange mitbenutzt. Das NNTP-Protokoll wird zur Kommunikation mit den öffentlichen Ordnern ebenfalls benötigt. Der IIS benutzt zum Speichern seiner wichtigsten Informationen die sogenannte Metabase. Die exchangespezifischen Daten der Metabase werden in regelmäßigen Abständen von Exchange 2000 in das Active Directory repliziert. Beim Ausführen eines `Setup /disasterrecovery` versucht Exchange so viele Informationen der Metabase aus dem Active Directory zu lesen wie möglich. Leider werden nicht alle Informationen der Metabase in das Active Directory repliziert. Daher ist diese Sicherung auch nicht die zuverlässigste. Sie sollten in regelmäßigen Abständen die Informationen in der IIS-Metabase sichern. Hier sind vor allem auch Informationen bezüglich der öffentlichen Ordner enthalten.

Sichern der Metabase

Um die Metabase zu sichern, können Sie direkt das SnapIn zur Verwaltung der Internetdienste auf dem Server starten und auf den Server mit der `rechten Maustaste` klicken (siehe Abbildung 10.8).

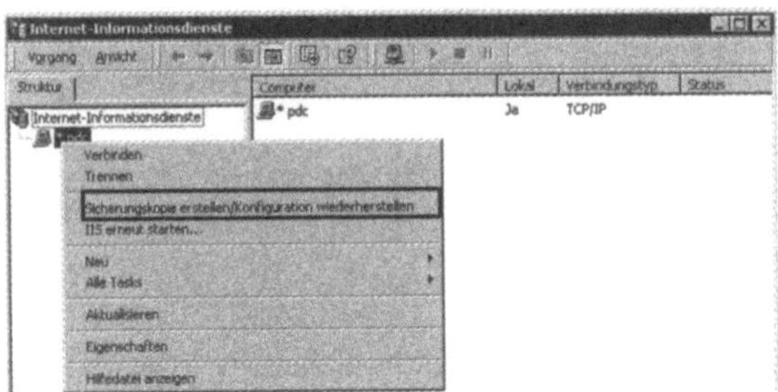

Abb. 10.8: Sichern der IIS Metabase

Sie können in diesem Menü die Informationen in der Metabase sichern. Kopieren Sie nach der Sicherung die Backup-Datei der Metabase auf Band oder auf ein Netzlaufwerk, damit Ihnen diese im Notfall zur Verfügung steht. Da diese Sicherung online möglich ist, müssen die Dienste nicht beendet werden. Benutzer bekommen von dieser Sicherung daher nichts mit. Ist die Metabase beschädigt, können die Dienste des IIS nicht mehr gestartet werden. Sollten bei Ihnen die IIS-Dienste aus diesen Gründen einmal ausfallen, müssen Sie den IIS deinstallieren und wieder neu installieren. Führen Sie danach ein `setup /disasterrecovery` aus und überprüfen die Konfiguration der einzelnen Protokolle im IIS und dem Exchange System-Manager. Vor allem die Einstellungen der virtuellen NNTP-Server für die öffentlichen Ordner bedürfen hier besonderer Beobachtung, da sie besonders von der Metabase abhängen.

10.1.10 Eseutil

Das Tool eseutil.exe ist wohl vielen Administratoren schon seit Exchange 5.5 bekannt. Mit Exchange 2000 wird die neue Version 6.0 mitgeliefert. Mit diesem Kommandozeilen-Programm, können Sie die einzelnen Datenbankdateien Ihres Exchange-Servers bearbeiten. Sie können Wiederherstellungsvorgänge durchführen, eine Offline-Defragmentation durchführen um die Größe der Dateien zu verkleinern und vieles mehr. Für eine effiziente Administration von Exchange 2000 werden Sie das Tool öfters benötigen. Sie sollten allerdings mit größter Sorgfalt vorgehen, wenn

Sie mit eseutil arbeiten. Sie können mit diesem Tool nicht nur Reparatur- und Wartungsarbeiten an Ihren Exchange-Datenbanken durchführen, sondern diese auch beschädigen.

Sie finden `eseutil` im Exchange-Installationsverzeichnis im Unterverzeichnis `\bin`. Um mit dem Tool zu arbeiten, stehen Ihnen verschiedene Schalter zur Verfügung, die ich in diesem Kapitel besprechen werde.

Überprüfen der Datenbank

Sie können mit eseutil überprüfen, ob Ihre Exchange Datenbank noch konsistent ist. Ihnen Stehen dazu 2 Schalter zur Verfügung.

`eseutil /mh`

Mit dem Befehl `eseutil /mh` können Sie den Header der Datenbank auslesen. Sie müssen dem Befehl eseutil /mh noch den Pfad zu Ihrer Datenbank mitgeben. Wenn Sie sich im Pfad Leerzeichen befinden, müssen Sie den Pfad in Anführungszeichen schreiben.

`C:\Programme\Exchsrvr\bin>`

eseutil /mh c:\programme\exchsrvr\mdbdata\priv1.edb

Bevor Sie jedoch mit dem Befehl eseutil /mh arbeiten können, müssen Sie die Bereitstellung für den Postfachspeicher aufheben oder den Dienst für den Informationsspeicher beenden. Je nach Größe Ihrer Datenbank kann der Test einige Sekunden bis Minuten dauern. Wenn mit Ihrer Datenbank alles in Ordnung ist, erhalten Sie eine entsprechende Ausgabe.

`eseutil /g`

Ein weiterer Konsistenz-Test für Ihre Datenbank ist der Schalter `eseutil /g`. Auch mit diesem Test wird die Datenbank, die Sie in dem Befehl eingeben, auf Konsistenz getestet. Die Ausgabe ist allerdings weniger außagekräftig und umfangreich als der Schalter eseutil /mh.

Offline-Defragmentation

Durch Verschieben von Benutzern zwischen Postfachspeichern oder auch der normalen Arbeit mit dem Exchange-Server wachsen Ihre Datenbank-Dateien ständig an. Während der automatischen und täglichen Online-Defragmentation werden die Datenbanken allerdings nicht verkleinert. Die Online-Defragmentation stellt nur Festplattenplatz wieder zur Verfügung, der von Exchange nicht mehr verwendet wird. Es werden leere Bereiche innerhalb der Datenbank zusammengefasst, keine Dateien verkleinert. Um die Datenbank-Dateien (*.edb und *.stm) zu verkleinern, müssen Sie eine Offline-Defragmentation durchführen. Für die Offline-Defragmentation müssen Sie entweder Ihre Datenbanken dismounten, die Bereitstellung aufheben oder den Informationspeicher-Dienst beenden. Eine Offline-Defragmentation kann auch, je nach Größe der Datenbank, mehrere Minuten bis Stunden dauern. Führen Sie solch einen Vorgang nur außerhalb der Geschäftszeiten durch.

Unter Exchange 2000 ist auch die Fragmentierung der Datenbanken längst kein Problem mehr. Sie brauchen nicht ständig eine Defragmentation durchzuführen, eine wesentliche Geschwindigkeitssteigerung werden Sie kaum erzielen können. Eine Offline-Defragmentation macht eigentlich erst Sinn, wenn Sie zum Beispiel in kurzer Zeit viele Postfächer von einem Server auf einen anderen verschoben haben, ansonsten würde ich sehr vorsichtig vorgehen. Exchange 2000 hat genügend integrierte Funktionen um leere Datenbank-Bereiche wieder zu füllen. Erwarten Sie von der Offline-Defragmentation keine riesigen Performance-Sprünge. Aktuelle Hardware wird auch mit einer stark fragmentierten Datenbank nicht überlastet. Wenn Ihr Server plötzlich sehr langsam ist, wird eine Defragmentation keine großen Steigerungen bringen.

Diese Offline-Defragmentation wird durch das Tool eseutil durchgeführt. Auch müssen Sie zunächst die Bereitstellung des Postfachspeichers aufheben oder den Informationsspeicher-Dienst beenden. Überprüfen Sie am besten vor dem Start der Defragmentation die Größe der Datenbankdateien, damit Sie einen Überblick haben, ob die Defragmentation einen Effekt gehabt hat, oder ob Sie unnötig war. Vor und nach der Defragmentation sollten Sie auch eine Datensicherung durchführen. Viele Exchange-Server sind durch eine solche Defragmentation schon außer Funktion gesetzt worden

Um eine Offline-Defragmentation durchzuführen, starten Sie eseutil mit dem Schalter /d und dem Pfad zur Datenbank, die Sie defragmentieren wollen. Sie müssen in der Befehlszeile nur den Dateinamen der EDB-Datei angeben, die STM-Datei findet eseutil dann automatisch.

Eseutil legt vor dem Defragmentationsvorgang eine temporäre Kopie der Datenbank-Dateien an, die dann defragmentiert werden und nach dem Vorgang über die Produktiv-Datenbank kopiert wird. Die Temporär-Dateien werden auf dem Laufwerk angelegt auf dem Sie das eseutil aufrufen. Es ist daher wichtig, dass Sie jederzeit darauf achten, auf Ihrem Datenträger genug Platz zu lassen, mindestens noch mal soviel Platz wie die Größe der Datenbank. Wenn Sie nicht genug Platz auf Ihren Datenträger haben, kann eseutil im Notfall keine Datenbank defragmentieren oder reparieren. Sie können aber auch mit dem Schalter /t arbeiten oder das eseutil auf einem anderen Server als dem Exchange-Server starten. Diese beiden Optionen werden weiter hinten in diesem Kapitel behandelt.

Eseutil öffnet die originale Datenbank und legt eine Kopie an. Während dieses Kopiervorganges werden alle leere Seiten der Datenbank gelöscht. Diese temporäre Kopie wird dann defragmentiert und dann über die originale Datenbank kopiert. Nach einiger Zeit, die von der Größe Ihrer Datenbank abhängt, gibt eseutil das Ergebnis am Bildschirm aus und Sie können überprüfen, ob die Defragmentation erfolgreich war.

Zusätzlich können Sie hinter dem Schalter /d für die Defragmentation weitere Optionen als Schalter anhängen. Sie müssen aber zwischen dem Schalter /d und weiteren Schaltern jeweils ein Leerzeichen eintragen.

Wenn die Defragmentation durch Herunterfahren des Servers unterbrochen wird, kann es sein, dass die temporär angelegten Datenbankdateien noch nicht über die Original-Datenbank-Dateien kopiert wurden. Lokalisieren Sie dann die Temporär-Datenbanken und kopieren Sie über die Original-Dateien. Die Dateien müssen nach dem Kopiervorgang genauso heissen wie vorher auch.

Folgende Optionen sind noch möglich:

`/b <Datenbank-Datei>`

Mit diesem Schalter wird eine Sicherung der Datenbank unter dem genannten Namen angelegt.

`/t <Datenbank-Datei>`

Mit diesem Schalter wird der Name und der Pfad der temporären Datenbank festgelegt, welche eseutil zum Defragmentieren anlegt. Wenn Sie diesen Schalter nicht setzen, verwendet eseutil den Standardnamen tempdfrg.edb. Die Temporär-Datei wird auf der Partition angelegt, von der Sie das eseutil mit dem Schalter /d starten.

`/s <Dateiname>`

Mit diesem Schalter setzen Sie den Namen für die verwendete Streaming (STM)-Datei. Dieser Schalter wird im Normalfall nicht benötigt. Eseutil findet den Namen automatisch.

`/f <Dateiname>`

Dieser Schalter bewirkt für die STM-Datei das gleiche wieder der Schalter /t für die EDB-Datei.

`/p`

Eseutil legt zum Defragmentieren eine temporäre Datenbank an, welche nach der erfolgreichen Defragmentation die Produktiv-Datenbank überschreibt. Wenn Sie den Schalter /p setzen, wird die Produktiv-Datenbank in die Temporär-Datenbank kopiert, defragmentiert, aber nicht mehr zurück geschrieben. Sie haben durch diesen Schalter eine defragmentierte Kopie Ihrer Datenbank. Die Produktiv-Datenbank bleibt allerdings weiter defragmentiert. Unter Umständen kann es passieren, dass Ihre STM-Dateien nach einer Defragmentation mit dem Schalter /p inkonsistent werden. Was Sie tun können, habe ich weiter hinten im Kapitel behandelt. Sie können dazu ein weiteres Tool, Isinteg, verwenden.

`/o`

Wenn Sie diesen Schalter verwenden, gibt eseutil keine Meldungen über sich selbst aus. Diesen Schalter können Sie zum Beispiel verwenden, wenn Sie mehrere Datenbanken mit einem Batch-File defragmentieren und das Ergebnis in eine Datei umleiten lassen.

In einem Logfile würden die vielen Logo-Zeilen nur verwirren.

`/i`

Wenn Sie diesen Schalter eingeben, wird die STM-Datei der Datenbank nicht defragmentiert. Standardmäßig werden beide Dateien defragmentiert, EDB und STM.

Überprüfen der Transaktionsprotokolle

Ein weiteres Feature von `eseutil` ist die Möglichkeit genau zu überprüfen, welche Transaktionsprotokolle schon in die Datenbank geschrieben wurden und welche noch offen sind. Jede Speichergruppe hat einen Satz Transaktionsprotokolle und damit eine Checkpoint-Datei mit der Endung *.chk.

Um zu überprüfen welche Transaktionsprotokolle bereits in die Datenbank geschrieben wurden, müssen Sie diese Checkpoint-Datei abfragen. Suchen Sie zunächst den Pfad dieser Checkpoint-Datei. Sie legen diesen Pfad in den Eigenschaften der Speichergruppen fest. Die Checkpoint-Datei wird in dem Pfad gespeichert, den Sie auf der Registerkarte GENERAL im Feld SYSTEM PATH LOCATION eingetragen haben. Nachdem Sie den Pfad überprüft haben, können Sie mit dem Schalter `/mk <Pfad zur Checkpoint-Datei>`, das Tool eseutil aufrufen.

Auch für das Überprüfen der Checkpoint-Datei müssen Sie die Bereitstellung der Datenbank deaktivieren.

Überprüfung der Checksumme der Datenbank

Exchange speichert Daten in 4KB-Blöcken ab und legt für jeden Block eine Checksumme an um zu überprüfen, ob die Datenbank konsistent ist. Sie können mit eseutil die Konsistenz der Datenbank und Ihrer Checksummen überprüfen. Dieser Vorgang führt keinerlei Wartungsarbeiten an den Datenbanken durch, sondern vergleicht lediglich Datenbankseite für Datenbankseite mit Ihrer Checksumme. In der Ausgabe sollten keine fehlerhaften Checksummen erscheinen. Falls doch, können Sie eventuell eine Lösung weiter hinten im Kapitel finden. Mit dem Schalter /e wird bei der Checksummen-Kontrolle keine Überprüfung der EDB-Datei durchgeführt. Mit dem Schalter /i keine Überprüfung der STM-Datei.

Starten von Eseutil auf einem anderen Server

Sie müssen eseutil nicht unbedingt auf einem Exchange-Server starten. Bei der Defragmentation der Datenbank kann es sinnvoll sein, eseutil auf einen anderen Server auszulagern und von dort zu starten. Sie sollten aber darauf achten, dass zwischen den beiden Servern eine stabile und schnelle Netzwerkverbindung besteht. Da für die Defragmentation zunächst eine temporäre Datenbank der Exchange-Produktiv-Datenbank angelegt wird. Diese wird über das Netz auf den Server kopiert, von dem Sie das eseutil starten. Sie können aber Ersatzweise auch mit dem Schalter /t arbeiten und den Pfad der Temporär-Datei abändern. Dann wiederum macht es aber auch keinen Sinn eseutil auf einen anderen Computer zu kopieren.

Damit eseutil funktioniert, müssen Sie folgende Dateien aus dem Exchange\bin-Verzeichnis kopieren:

```
Eseutil.exe, ese.dll, jcb.dll, exosal.dll,
exchmem.dll
```

Nach dem Kopiervorgang können Sie mit eseutil wie gewohnt arbeiten.

10.1.11 Probleme mit der Datenbank

Viele Umstände können dazu führen, dass Ihre Datenbank inkonsistent wird. Bevor Sie eine Datensicherung zurückspielen, sollten Sie genau recherchieren, was genau schiefgegangen ist und wo die Probleme lagen. Sie können auch mit eseutil einige Probleme lösen. Außer eseutil gibt es auch noch das Tool isinteg, welches Sie bei Problemen mit der Datenbank unterstützt. Genauso wie eseutil ist isinteg ein Kommandzeilen-Programm.

-1018, -1019 und -1022 Fehler

Diese Fehler sind wohl das schlimmste was Ihrer Datenbank passieren kann. Vor allem die Fehlermeldung 1018 bedeutet, dass Ihre Datenbank inkonsistent ist. Die Fehlerbezeichnung kommt von der Event-ID im Ereignisprotokoll.

Die Exchange 2000-Datenbank ist in 4 KB-Blöcke unterteilt. Jeder dieser Blöcke hat eine Prüfsumme, mit der Exchange die Integrität der Datenbank sicherstellt. Wenn Exchange feststellt, dass die Prüfsumme eines Blockes nicht mehr stimmt, hat irgendwas die Datenbank verändert, was Exchange nicht mitbekommen hat, die Datenbank ist inkonsistent. Wenn ein solcher Fehler in der Datenbank auftaucht, ist es wahrscheinlich, dass mehrere Inkonsistenzen in der Datenbank auftreten. Sie werden auf jeden Fall mit einem Datenverlust rechnen müssen, die Frage ist nur wie hoch dieser sein wird. Wenn der 1018-Fehler auftritt, wird sich zeigen, wie gut Ihr Datensicherungskonzept ist.

Ursachen für Datenbank-Fehler

Der Fehler tritt häufig durch ein Hardware-Problem auf, oft fehlerhafter RAID-Controller, eigentlich nie Viren, auch wenn oft alle Probleme solchen Viren zugeschrieben werden. Es kann sich aber auch um einen Treiber-Fehler oder einen Bluescreen handeln, der fehlerhafte Daten auf die Festplatte geschrieben hat. Solche Fehler treten meistens auf Bastel-Systemen auf, weniger auf Servern der großen Hersteller, da bei diesen die Zusammenarbeit von RAID-Controller und Treiber gewährleistet und getestet wurde. Meine Empfehlung lautet als Serverhardware immer nur Markenserver von IBM, HP, Dell oder Siemens zu verwenden, verzichten Sie auf vermeintliche Schnäppchen die nur selten ausreichend getestet wurden und nur in kleiner Stückzahl auf dem Markt sind.

Problembehebung mit vorhandener Online-Datensicherung

Zunächst sollten Sie sicherstellen, dass Ihr Server wirklich einwandfrei funktioniert und eventuell gleich auf Ausfallhardware ausweichen. Machen Sie auf jedenfall keine unüberlegten Schnellschüsse mit Restore oder eseutil, sondern gehen geplant und überlegt vor.

Überprüfen Sie als erstes Ihren Stand der Datensicherung. Sie brauchen ein Vollbackup der Datenbank und alle Transaktionsprotokolldateien seit der Sicherung. Beenden Sie alle Exchange-Dienste auf dem Server. Kopieren Sie das Exchange-Verzeichnis, vor allem die Datenbanken auf einen anderen Server. Ich gehe mal davon aus, dass wirklich eine Hardwarekomponente auf dem Server defekt ist. Führen Sie danach am besten ein Treiber- und BIOS-Update des RAID-Controllers durch sowie des Betriebssystems. Dann können Sie Ihre letzte Datensicherung zurückspielen. Da während der Datensicherung die Konsistenz der Datenbank überprüft wird, können Sie sicher sein, dass ein durchgeführtes Online-Backup ohne Fehler ist. Sichern Sie auch alle noch vorhandenen Transaktionsprotokolle auf den Server zurück und starten die Exchange-Dienste. Exchange schreibt alle noch nicht in die Datenbank geschrieben Transaktionsprotokolle in die Datenbank. Dieser Vorgang kann eine Weile dauern, je nach Größe Ihrer Datenbank und Anzahl der Transaktionsprotokolle.

Nach dem Backup sollte Exchange wieder einwandfrei laufen. Überprüfen Sie auf alle Fälle ständig die Ereignisanzeige und die Protokolle Ihrer Datensicherung. Am besten wäre der Wechsel auf andere Hardware, da Sie ja nicht sicher sagen können, was den Fehler verursacht hat. Im seltensten Fall ist Exchange schuld, am häufigsten die Hardware.

Problembehebung mit vorhandener Offline-Sicherung

Wenn Sie kein Online-Backup Ihres Servers zur Verfügung haben, stehen Sie vor einem größeren Problem. Ein reines Offline-Backup wird Ihnen dabei nicht viel bringen, da beim reinen Kopieren der Exchange-Datenbanken keine Überprüfung der Konsistenz durchgeführt wird wie bei der Online-Sicherung. Sie können aber dieses Backup zurücksichern und über mehrere Stunden oder Tage beobachten. Tritt der 1018-Fehler nicht mehr auf, sollten Sie schleunigst dafür sorgen, dass Ihre Exchange-Datenbank zukünftig online gesichert wird.

Problembehebung ohne vorhandene Datensicherung

Wenn Ihnen keine Datensicherung zur Verfügung steht, sollten Sie als nächstes dafür sorgen, dass kein Mitarbeiter mehr E-Mails schreibt, aber keine Exchange-Dienste beenden. Exportieren Sie mit dem Tool exmerge alle Postfächer aus der Datenbank in PST-Dateien auf einem anderen Server mit genügend Festplattenplatz. Vergessen Sie auch die öffentlichen Ordner nicht. Öffnen Sie zum Sichern der öffentlichen Ordner Outlook und exportieren auch die öffentlichen Ordner in PST-Dateien.

Jetzt können Sie alle Exchange-Dienste beenden und die Datenbank auf einen anderen Server kopieren. Sie können mit eseutil die defekten Seiten der Datenbank löschen.

Wenn Sie mit eseutil Datenbank-Seiten aus der Datenbank löschen, entsteht Datenverlust in unbekannter Höhe. Sie sollten daher diesen Weg nur dann wählen, wenn wirklich nichts anderes mehr übrig bleibt. Sie sollten nach dem Motto „retten, was zu retten ist“ vorgehen, nicht erwarten, dass Ihre Datenbank später wieder alle Daten beinhaltet.

Mit Eseutil die Datenbank bereinigen

Es gibt zwei Varianten wie Sie mit eseutil eine inkonsistente Datenbank bereinigen können:

Die erste Variante wäre der Schalter /d für eine Offline-Defragmentation (siehe weiter vorne im Kapitel). Wenn der Fehler hauptsächlich oder bestenfalls nur in leeren Seiten auf der Datenbank auftritt, werden diese durch die Offline-Defragmentation gelöscht und die Datenbank ist soweit wieder repariert. Wenn eseutil mit dem Schalter /d ohne Fehler durchläuft, können Sie sicher sein, dass die defekten Seiten leer waren und von der Offline-Defragmentation gelöscht wurden. Bricht eseutil mit einem Fehler ab, können Sie sicher sein, dass die korrupten Datenbankseiten beschrieben sind, dass heißt, diese Daten werden Ihnen verloren gehen.

Die zweite Variante ist der Schalter /p. Die genaue Befehlszeile für eseutil /p erfahren sie weiter vorne im Kapitel. Mit diesem Schalter defragmentiert eseutil die Datenbank in eine Temporär-Datenbank und löscht dabei die korrupten, aber beschriebenen Datenbankseiten. Die Daten in diesen Seiten sind unwiederruflich verloren. Hoffen Sie darauf, dass keine wichtigen Daten enthalten waren. Wie hoch der Datenverlust ist, hängt davon ab, wie viele Seiten korrupt sind und welche Informationen in den Seiten enthalten waren. Das Ausmaß kann von gering bis katastrophal ausfallen. Sie sollten daher diesen Weg wirklich nur dann wählen, wenn keine andere Option mehr offen bleibt. Kopieren Sie auf alle Fälle vorher die Datenbankdateien auf einen anderen Server, da inkonsistente Datenbanken immer noch besser sind als gar keine Daten mehr.

Überprüfen der Header-Informationen

Als nächstes müssen Sie überprüfen, ob der Header der Datenbank noch so intakt ist, dass Sie die Datenbank nicht auf Informations-Store-Ebene reparieren müssen. Der Informationsspeicher-Dienst muss dazu beendet sein, oder die Bereitstellung der Informationsspeicher dieser Datenbank deaktiviert werden.

Wenn bei *Repair Count* nicht der Wert 0 angezeigt wird, müssen Sie mit isinteg die Datenbank anpassen. Dazu müssen Sie folgendermaßen vorgehen. Zunächst müssen Sie den Dienst für den Informationsspeicher starten, aber die Bereitstellung des Informationsspeichers, den Sie reparieren wollen, deaktivieren.

Führen Sie folgende Befehlszeile am Server aus:

```
Isinteg -s <Name des Servers> -fix -test all-
tests
```

An dieser Stelle beginnt der Server mit den Tests und repariert die Datenbank. Wenn isinteg fertig ist, können Sie die Exchange-Dienste wieder starten. Exchange sollte wieder einwandfrei funktionieren (zumindest das was noch übrig ist :-)

Inkonsistente STM-Datei nach eseutil/p

Wenn Sie eseutil mit dem Schalter /p auf eine Exchange Datenbank ausführen, wird die Quell-Datenbank in eine Temporär-Datenbank kopiert und die Temporär-Datenbank dann defragmentiert. Nach dem Defragmentieren wird die Temporär-Datenbank jedoch nicht zurückgeschrieben. Sie haben von Ihrer Exchange-Datenbank zwei konsistente Kopien: Die originale, noch fragmentierte Datenbank und eine defragmentierte Kopie.

In Ausnahmefällen kann es vorkommen, dass durch diesen Vorgang die STM-Datei der Datenbank inkonsistent wird. Um diesen Fehler zu beheben, sollten Sie folgendermaßen vorgehen:

- Führen Sie eine Offline-Defragmentation für den Postfachspeicher und den öffentlichen Speicher durch. Verwenden Sie dazu mit eseutil den Schalter /d wie weiter vorne beschrieben.
- Überprüfen Sie die Konsistenz beider Datenbankdateien. Verwenden Sie dazu mit eseutil den Schalter /mh.
- Stellen Sie sicher, dass beide Dateien konsistent sind. Stellen Sie mit der Befehlszeile Isinteg -s <Name des Servers> -fix –test alltests sicher, dass der Informationsspeicher des Servers in Ordnung ist.

10.2 Überwachung

Die Überwachung Ihrer Exchange Organisation sollte wie die Tagessicherung zu Ihrem täglichen Geschäft gehören. Wie bei der Sicherung auch können Sie notwendige Tasks der Überwachung automatisieren. Ihr Eingreifen ist erst notwendig, wenn Sie eine Meldung über einen Systemfehler erhalten.

Wie ich im Vorwort erwähnt habe, gehört Exchange zu den sensibleren Netzwerkprodukten, die einer regelmäßigen Überwachung und Pflege bedürfen. Sie sollten daher dafür Sorge tragen, Ihr System ständig im Auge zu behalten, um auftauchende Probleme oder Engpässe frühzeitig zu erkennen und zu bekämpfen.

Microsoft liefert mit Windows 2000 und Exchange 2000 bereits einige Tools mit, die Ihnen bei der Überwachung Ihrer Organisation helfen.

Bevor wir auf die Konfiguration diverser Möglichkeiten zur Überwachung Ihrer Exchange Server eingehen, möchte ich zuerst auf die vom Betriebssystem zur Verfügung gestellten Möglichkeiten eingehen.

10.2.1 Ereignisanzeige

Sie sollten regelmäßig das Ereignisprotokoll Ihrer Exchange-Server überwachen. Wie Sie bestimmt schon festgestellt haben, schreibt Windows 2000 Unmengen an Daten mehr in die Ereignisanzeige als seine Vorgänger. Viele der Einträge sind zwar generell nicht wichtig, andere jedoch schon. Ein guter Administrator behält die Ereignisanzeige ständig im Auge und beseitigt Störungen lange bevor Benutzer die Auswirkungen spüren. Eventuell auftauchende Fehler und Probleme sind oft schon frühzeitig durch diverse Meldungen aus der Ereignisanzeige ersichtlich. Sammeln Sie die Fehlermeldungen und überprüfen Sie an Hand der Microsoft Knowledge Base im Internet die Bedeutung des Fehlers und dessen mögliche Auswirkungen. Sie finden fast alle Probleme im Internet. Sei es in der Microsoft Knowledge Base oder in diversen Foren und Newsgroups. Durch das Arbeiten mit dem Ereignisprotokoll und dem Beseitigen eventueller Fehler arbeiten Sie sich auch immer mehr in die Materie ein, was bei einem auftretenden Notfall nur gut sein kann. Es gibt auch zahlreiche Tools, die Ihnen bei der Überwachung der Ereignisanzeige und anderen Punkten der Administration auch bezüglich Exchange 2000 hilfreich sein können. Bei größeren Netzwerken mit vielen Windows 2000 Servern sollten Sie sich die Anschaffung des Microsoft Operation Managers (MOM) überlegen. Dieser überwacht fast vollkommen automatisiert Ihre komplette Windows 2000-Umgebung und kann Sie frühzeitig vor Schwierigkeiten im Netzwerk warnen. Der MOM führt dabei auch selbständig Aktionen durch wie zum Beispiel Skripte und gewisse Themen der Überwachung. Und das vollkommen ohne jegliches Eingreifen.

10.2.1.1 Verschiedene Ereignisanzeigen

Anwendungsprotokoll

Exchange speichert seine Informationen, Warnungen und Fehler im Anwendungs-Ereignisprotokoll. Schenken Sie daher auf Exchange-Servern diesem Protokoll Ihre Aufmerksamkeit. Auf Exchange-Servern ist das Anwendungsprotokoll das wichtigste aller Protokolle, da hier auch Meldungen der Diagnoseeinstellungen und Statusmeldungen geschrieben werden. Auch der Active Directory Connector (ADC) speichert hier seine Meldungen. Einer der ersten Schritte bezüglich der Überwachung eines Exchange-Servers sollte daher sein, die Größe des Ereignisprotokolls auf mindestens 4 MB Größe zu setzen. So können Sie sicher sein, dass Ihnen auch Ereignisse zur Verfügung stehen, die etwas weiter in der Vergangenheit liegen. Die Vergrößerung des Ereignisprotokolls spielt gerade bei Aktivierung der Diagnose eine Rolle, da hier viel mehr Informationen mitgeschrieben werden als sonst üblich.

Sicherheitsprotokoll

Im Sicherheitsprotokoll werden bei aktivierter Überwachung im Active Directory oder den lokalen Sicherheitsrichtlinien An- und Abmeldevorgänge sowie Objektzugriffe mitgeschrieben. Auch diese Option sollten Sie bei Windows 2000 aktivieren. Beobachten Sie auch regelmäßig dieses Ereignisprotokoll, um Sicherheitsprobleme frühzeitig zu erkennen und zu vermeiden.

Systemprotokoll

Im Systemprotokoll werden, wie bei allen anderen Servern, Meldungen des Betriebssystems festgehalten. Hier finden sich ausschließlich Meldungen von Windows 2000. Exchange 2000 speichert alle Meldungen im Anwendungsprotokoll.

Ist einer Ihrer Exchange Server noch als DNS-Server oder Domänencontroller konfiguriert, werden in der Ereignisanzeige weitere Protokolle angezeigt, die Sie überwachen sollten.

Directory Service

In diesem Protokoll werden Meldungen des Active Directorys gespeichert. Hauptsächlich die Replikation zu anderen Domänencontrollern. Grundsätzlich sollten in diesem Protokoll keine Fehler stehen, da Sie ansonsten höchstwahrscheinlich ein Problem mit Ihrem Active Directory haben. Sie sollten alle Warnungen und Fehler in diesem Protokoll sehr ernst nehmen und sofort nachverfolgen.

DNS-Server

Das DNS-Server-Protokoll wird angezeigt, wenn Sie auf diesem Server die DNS-Erweiterung installiert haben. Hier werden, wie der Name schon sagt, alle Meldungen festgehalten, die den DNS-Server betreffen. Fehler in diesem Protokoll weisen oft auf fehlerhafte Konfiguration eines oder mehrerer DNS-Server hin. Hier werden auch Meldungen gespeichert, die fehlerhafte Abfragen oder falsche DNS-Pakete betreffen. Dieses Protokoll hat zwar nicht die Bedeutung der anderen, sollte aber dennoch auch von Ihnen ab und an überprüft werden. So können Sie auch hier rechtzeitig reagieren, wenn zum Beispiel ein DNS-Hacking-Angriff stattgefunden hat.

Dateirepliaktionsdienst

In diesem Protokoll werden Meldungen bezüglich der Dateireplikation gespeichert. Vor allem Meldungen der Netlogon (Sysvol)-Replikation stehen in diesem Protokoll.

10.2.2 Diagnoseprotokollierung

Exchange 2000 protokolliert standardmäßig die wichtigsten Meldungen bereits automatisch mit.

Gerade bei auftauchenden Problemen benötigen Sie aber vielleicht etwas mehr Informationen, die Sie standardmäßig nicht benötigen.

Exchange 2000 bietet daher mit der Diagnoseprotokollierung die Möglichkeit, Meldungen detaillierter und häufiger ins Anwendungsprotokoll zu schreiben als normal. Gerade bei der Aktivierung der Diagnoseprotokollierung sollten Sie darauf achten, zumindest die Größe des Anwendungsprotokolls auf 4 MB oder höher zu setzen sowie die automatische Überschreibung älterer Ereignisse zu aktivieren. Aktivieren Sie die automatische Überschreibung nicht, protokolliert Exchange bei Erreichen der maximalen Größe des Anwendungsprotokolls keine Meldungen mehr mit. Sie finden die Einstellungen des Diagnoseprotokolls auf der Registerkarte *Diagnoseprotokoll* in den Eigenschaften jedes Exchange-Servers (siehe Abbildung 10.9). Sie können die Einstellungen des Diagnoseprotokolls nicht mit Hilfe von Richtlinien bearbeiten, sondern müssen diese für jeden Server getrennt aktivieren.

10.2.2.1 Kategorien der Diagnoseprotokollierung

Sie können auf dieser Registerkarte für verschiedene Exchange-Dienste verschieden hohe Protokollierstufen definieren.

Dabei stehen Ihnen die nachfolgenden Dienste zur Verfügung.

Ich gehe dabei auf die einzelnen Dienste auf den nachfolgenden Seiten genauer ein.

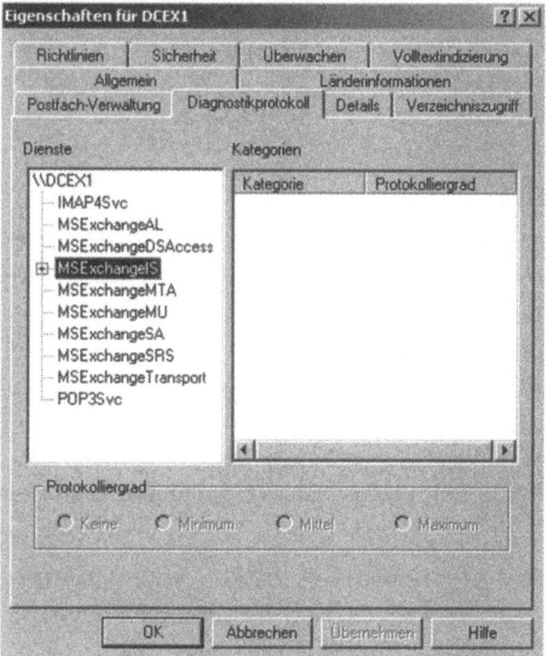

Abb. 10.9: Diagnoseprotokoll

10.2.2.1.1 IMAP4Svc

Mit diesem Dienst können Sie alle Optionen bezüglich des Zugriffs von Benutzern mit dem IMAP-Protokoll überwachen.

Wenn Sie den `IMAP4Svc` stärker überwachen wollen, stehen Ihnen zusätzlich einige Kategorien zur Verfügung:

- *Verbindungen.* Mit den Verbindungen können Sie alle Ereignisse protokollieren lassen, die die Verbindung der Benutzer durch IMAP auslösen.
- *Authentifizierung.* Mit dieser Kategorie halten Sie die Anmeldeereignisse fest.
- *Clientvorgang.* Hier werden alle Abfragen protokolliert, die der Client an den IMAP-Dienst stellt. Mit dieser Kategorie können Sie Schwachstellen der Verbindung zwischen Client und Server gut erkennen.
- *Nachrichtenformatierung.* Diese Kategorie ist für die Konvertierung von Nachrichten und Anhängen zuständig.

- *Allgemein.* Hier werden alle sonstigen Ereignisse überwacht, die keiner der anderen Kategorie zugeordnet werden können.

10.2.2.1.2 MSExchangeAL

In diesem Dienst werden alle Ereignisse zusammengefasst, die keinen anderen Diensten zugeordnet werden können.

Hier werden auch die Ereignisse des Recipient Update Services protokolliert.

Dieser Dienst ist zur Überwachung, also gerade bei Problemen mit dem Verteilen von E-Mail-Adressen, einer der wichtigsten. Hier können Sie Fehlerbehebungen durchführen, wenn der RUS keine E-Mail-Adressen an bestimmte Benutzer verteilt.

- *LDAP Operations.* Hier werden alle LDAP-Abfragen protokolliert. Diese Kategorie kann besonders hilfreich bezüglich fehlerhafter Abfragen des Active Directorys sein.
- *Service Control.* Mit dieser Kategorie werden alle Ereignisse mitgeschrieben, die die Exchange interne Diensteverwaltung betreffen.
- *Attribute Mapping.* Hier werden alle Ereignisse protokolliert, die die Änderung von Attributen der Benutzer betreffen, zum Beispiel während einer Migration von Exchange 5.5 zu Exchange 2000.
- *Account Management.* Hiermit sind alle Veränderungen der einzelnen Benutzerkonten gemeint.
- *Adress List Synchronisation.* Hier werden Ereignisse bezüglich der Synchronisation von Adressbüchern mit Clients protokolliert.

10.2.2.1.3 MSExchangeDSAccess

Dieser Dienst wurde nachträglich mit dem Servicepack 2 in die Diagnoseprotokollierung integriert.

Die Überwachung dieses Dienstes dient für die Tests der Active Directory-Zugriffe durch den Exchange-Server. Der Zugriff auf globale Kataloge ist ein wichtiger Punkt bei Exchange 2000, daher wurde dieser Dienst in die Diagnose mit eingeführt.

Auch hier stehen Ihnen verschiedene Kategorien zur Auswahl:

- General
- Cache
- Topology
- Config
- LDAP

Sollten Sie Probleme mit der Verbindung zum Active Directory mit einem Exchange-Server haben, sollten Sie diese Kategorien protokollieren lassen. Hier macht es eigentlich keinen Sinn, die verschiedenen Kategorien unterschiedlich mitschreiben zu lassen, da Sie alle verschiedene Punkte in die Ereignisanzeige schreiben.

10.2.2.1.4 MSExchangeIS

Mit diesem Dienst können Sie alle Ereignisse protokollieren lassen, die den Zugriff auf den Informationsspeicher betreffen. Die Überwachung dieses Dienstes ist neben der *MSExchangeAL* wohl der wichtigste.

Durch die hohe Anzahl an möglichen Kategorien wurden die Ereignisse des *MSExchangeIS* in drei weitere Dienste unterteilt: System, Öffentliche Ordner und Postfach.

MSExchangeIS - System

- *Wiederherstellung.* Hier werden alle Ereignisse protokolliert, die bei einer Wiederherstellung stattfinden. Sie sollten vor der Wiederherstellung einer wichtigen Datenbank diese Diagnose erhöhen.
- *Allgemein.* Hier werden wieder alle Ereignisse zusammengefasst, die thematisch nicht zu den anderen Kategorien passen.
- *Verbindungen.* Hier werden die Verbindungen der Benutzer zum Exchange Server protokolliert. Haben Sie Verbindungsprobleme bei einigen Benutzern mit Outlook, sollten Sie diese Kategorie überwachen lassen.

- *Tabellencache.* Die Exchange Datenbanken bestehen, wie alle anderen Datenbanken, aus verschiedenen Tabellen. Um die Zugriffe auf die Tabellen zu erhöhen, wurde in Exchange 2000 ein Cache integriert. Mit dieser Kategorie können Sie Ereignisse bezüglich dieses Caches überwachen lassen.
- *Nachrichtenformatierung.* Hier werden alle Informationen mitgeschrieben, die das Konvertieren von Nachrichten und E-Mails betreffen. Mit dieser Kategorie können Sie zum Beispiel auch die reibungslose Zusammenarbeit mit anderen E-Mail-Systemen überprüfen.
- *Systemmonitor.* Mit dieser Kategorie überwachen Sie die Arbeit des systemeigenen Monitors, der wiederum die Exchange Dienste überwacht. Vermuten Sie also Probleme bei der Arbeit des Systemmonitors, können Sie hier die Überwachung aktivieren.
- *Postfach verschieben.* Wenn Sie ein Postfach zwischen Exchange Servern verschieben, werden von Exchange schon standardmäßig Ereignisse protokolliert. Sie können die Anzahl dieser Ereignisse erhöhen, wenn Sie Schwierigkeiten beim Verschieben von Postfächern haben.
- *Download.* Hier können Sie Zugriffe auf den Exchange-Server durch das IFS protokollieren. Wenn also Benutzer direkt durch das Dateisystem auf E-Mails zugreifen.
- *Viren werden gesucht.* Auch diese Kategorie wurde nachträglich in Exchange integriert. Sie können hier die Arbeit von Antiviren-Programmen von Drittherstellern protokollieren lassen, die den neuen Standard VS-API für den Zugriff auf den Informationsspeicher unterstützen (zum Beispiel Sybari Antigen).

MSExchangeIS – Öffentliche Ordner

- *Transport (Allgemein).* Hier werden die Transporte der öffentlichen Ordner-Inhalte zwischen den verschiedenen öffentlichen Ordnern überwacht.
- *Allgemein.* Auch hier werden wieder alle Ereignisse gesammelt, die nicht den anderen Kategorien zuordenbar sind.
- *AD-Aktualisierung (Replikation).* Diese Kategorie dient zur Überwachung der Active Directory Replikation.

- *Eingehende Nachrichten (Replikation).* Hier werden alle eingehenden Replikationsnachrichten von anderen Informationsspeichern für öffentliche Ordner protokolliert. Wenn Sie Schwierigkeiten bei der Replikation der öffentlichen Ordner haben, aktivieren Sie am besten auf dem Exchange Server, der keine Replikate empfangen kann, diese Option. Auf dem anderen wählen Sie die nachfolgende Option.
- *Ausgehende Nachrichten (Replikation).* Hier werden alle Ereignisse protokolliert, die die ausgehenden Replikationsnachrichten zu anderen Servern betreffen.
- *Unzustellbarkeitsberichte.* Hier können Ereignisse protokolliert werden, die Unzustellbarkeitsberichte von und zu öffentlichen Ordnern auf diesem Server betreffen.
- *Transport (Senden).* Hier werden alle Ereignisse protokolliert, die das Senden von Objekten innerhalb und außerhalb dieses Servers betreffen.
- *Transport (Übermitteln).* Hiermit sind alle Ereignisse gemeint, die das Übermitteln von Nachrichten betreffen. Nicht den Sendevorgang alleine.
- *MTA-Verbindungen.* Mit dieser Kategorie können Sie Verbindungen mit X.400 (also dem MTA) überwachen, zum Beispiel für die Zusammenarbeit mit Exchange 5.5.
- *Anmeldungen.* Hier können Sie die Anmeldung an jedem einzelnen öffentlichen Ordner überwachen lassen. Der Zugriff auf einen öffentlichen Ordner wird immer zuerst authentifiziert, bevor er gestattet wird.
- *Zugriffsteuerung.* Wurde der Benutzer am öffentlichen Ordner authentifiziert, können Sie die Zugriffe auf die einzelnen Objekte innerhalb dieses öffentlichen Ordners überwachen lassen.
- *Senden im Auftrag von.* Hier werden Ereignisse protokolliert, die das Versenden von Nachrichten über einen öffentlichen Ordner im Auftrag eines bestimmten Benutzers betreffen.
- *Senden als.* Diese Option ist analog zu der oberen mit dem Unterschied, dass als Mailabsender das Postfach genannt wird, in dessen Auftrag die Nachricht verschickt wird. *Senden im Auftrag von* hingegen zeigt als Absender den wirklichen Absender an.
- *Regeln.* Hier werden Ereignisse protokolliert, die von Ordner-Eingangsregeln ausgelöst werden. Sie können für öffent-

liche Ordner Regeln festlegen, wie sie sich beim Empfangen von E-Mails verhalten sollen.

- *Speicherbegrenzungen.* Hier werden alle Ereignisse zusammengefasst, die beim Überschreiten von Grenzwerten für öffentliche Ordner ausgelöst werden.
- *Standortordner (Replikation).* Diese Kategorie steht für Ereignisse, die bei der Replikation von Standortordnern zwischen verschiedenen Servern ausgelöst werden.
- *Verfallsereignisse (Replikation).* Hier werden die Ereignisse bezüglich des Verfalls einzelner Objekte in öffentlichen Ordnern festgehalten. Diese Verfallsereignisse werden durch die Replikation ausgelöst.
- *Konflikte (Replikation).* Diese Kategorie betrifft Ereignisse, die bei Konflikten der öffentlichen Ordner Replikation auftreten. Gerade durch diese Kategorie können Sie Fehler, die die Replikation betreffen, gut erkennen und eingrenzen.
- *Abgleich (Replikation).* Auch diese Kategorie betrifft wieder die Replikation. Hier werden Ereignisse bezüglich der Überprüfung und des Abgleichs der verschiedenen öffentlichen Ordner festgehalten. Hier können Fehler erkannt werden, die bei der Replikation einzelner Objekte in den öffentlichen Ordnern auftreten.
- *Hintergrund-Cleanup.* Diese Kategorie betrifft die Bereinigung der Datenbanken der einzelnen öffentlichen Ordner.
- *Replikationsfehler.* Hier werden schließlich alle Fehler, die während der Replikation stattfinden, festgehalten.
- *IS/AD Synchronisation.* Hier werden Ereignisse festgehalten, die das Sychnronisieren von Informationsspeicher und dem Active Directory betreffen.
- *Ansichten.* Wenn die Ansichten einzelner Bereiche geändert werden, können hier die betreffenden Ereignisse festgehalten werden.
- *Replikation (Allgemein).* Hier werden alle Ereignisse zusammengefasst, die die Replikation betreffen und nicht in andere Kategorien passen.
- *Download.* Hier werden alle Ereignisse mitgeschrieben, die den Download einzelner Objekte aus den öffentlichen Ordnern betreffen.

- *Lokale Replikation.* Die lokale Replikation beschreibt die Replikation innerhalb einer Routinggruppe.

MSExchangeIS – Postfach

- *Transport (Allgemein).* Hier werden alle allgemeinen Ereignisse bezüglich des Transportes von E-Mails zusammengefasst, die zu keiner anderen Kategorie passen.
- *Allgemein.* Hier werden alle Ereignisse, die den Postfachinformationsspeicher betreffen und keiner anderen Kategorie zugeordnet sind, protokolliert.
- *Transport (Senden).* Diese Kategorie betrifft Ereignisse, die beim Senden von Objekten auf einem Server ausgelöst werden.
- *Transport (Übermitteln).* Diese Kategorie betrifft das Übermitteln von Objekten auf einen anderen Server, ist also die logische Fortsetzung der Kategorie *Transport (Senden).*
- *Gatewaytransfer (Eingehend).* Hier können Ereignisse protokolliert werden, die von Gateways (zum Beispiel den Connector für Lotus Notes) ausgelöst werden. Diese Kategorie betrifft ausschließlich eingehende Objekte.
- *Gatewaytransfer (Ausgehend).* Diese Kategorie ist analog zur vorhergehenden Kategorie, betrifft allerdings ausschließlich ausgehende E-Mails und Objekte.

Alle anderen Einstell-Möglichkeiten sind weitgehend analog zu den Kategorien der öffentlichen Ordner.

10.2.2.1.5 MSExchangeMTA

Dieser Dienst dient zur Überwachung von Verbindungen, die mit dem MTA (Message Transfer Agent) durchgeführt werden.

Alle Nachrichten laufen dabei über das X.400-Protokoll.

Auch hier stehen Ihnen wieder einige Kategorien zur Verfügung.

- *X.400-Dienst.* Hier werden alle Ereignisse aufgezeichnet, die den Transport durch das X.400-Protokolls betreffen.
- *Ressource.* Hier werden alle Abfragen an die Ressourcen des MTA protokolliert.

- *Sicherheit.* Diese Kategorie dient zum Erfassen von Ereignissen, die bezüglich Zugriffsberechtigungen und Sicherheitseinstellungen auf den MTA generiert werden.
- *Schnittstelle.* Hier werden alle Ereignisse zusammengefasst, die direkt die MTA-Schnittstelle betreffen.
- *Produktsupport.* Werden technische Maßnahmen am MTA durchgeführt, die die Version verändern, also direkt auf das System einwirken, werden die Ereignisse hier erfasst.
- *MTA-Administration.* Alle administrativen Ereignisse, also das Starten und Beenden des Dienstes, werden hiermit erfasst.
- *Konfiguration.* Werden Einstellungen bezüglich des MTA geändert, werden die daraus generierten Ereignisse hier protokolliert.
- *Verzeichniszugriff.* Greift der MTA direkt auf das Active Directory zu, wird dieser Zugriff mit dieser Kategorie mitgeschrieben.
- *Betriebssystem.* Greift der MTA auf Funktionen des Betriebssystems des lokalen Rechners zurück, werden die Ereignisse auch festgehalten.
- *Interne Verarbeitung.* Hier laufen alle Prozesse ab, die innerhalb des MTA auftreten.
- *Interoperatibilität.* Hier werden Ereignisse festgehalten, die die Zusammenarbeit des MTA mit anderen E-Mail-Systemen betreffen. Also auch, wenn Adressdaten der Benutzer und E-Mails umformatiert werden müssen.

10.2.2.1.6 MSExchangeMU

Dieser Dienst wurde nachträglich in Exchange 2000 eingeführt. Hier können Sie direkt den Abgleich der Metabase mit dem Active Directory überwachen lassen. Ihnen steht hier nur die Kategorie General zur Verfügung, die das Metabase Update (MU) mit dem Active Directory überwacht.

10.2.2.1.7 MSExchangeSA

Für diesen Dienst stehen Ihnen vier Kategorien zur Verfügung:

- *NSPI-Proxy.* NSPI bedeutet *Named Service Provider Interface.* Die NSPI bietet zum Beispiel eine Schnittstelle mit dem SRS. Alle Ereignisse die dieses Interface betreffen, können hier mitgeschrieben werden.
- *RFR-Schnittstelle.* Die RFR leitet Anfragen von Clients an das Active Directory weiter. Die Informationen des Active Directory werden dabei wieder durch die RFR an den Client übertragen.
- *OAL-Generator.* Der OAL-Generator ist für die Erstellung der Offline Adresslisten zuständig. Wenn Sie Probleme bei der Erstellung von Offline-Adresslisten haben, können Sie hier mit der Diagnose beginnen.

10.2.2.1.8 MSExchangeSRS

Mit diesem Dienst können Sie den SRS überwachen lassen (siehe Kapitel 11 *Migration*). Kurz gesagt emuliert der SRS auf einem Exchange 2000 Server einen Exchange 5.5-Server.

Auch hier stehen Ihnen wieder einige Kategorien zur Verfügung, mit deren Hilfe Sie den SRS überwachen können.

- *Konsistenzüberprüfung (KCC).* Hier werden Ereignisse mitüberwacht, die die Arbeit des KCC - des Knowledge Consistency Checkers - betreffen.
- *Sicherheit.* Diese Kategorie betrifft alle sicherheitsrelevanten Einstellungen und Veränderungen der Zugriffsberechtigungen.
- *ExDS-Schnittstelle.* Diese Schnittstelle betrifft direkt die Zusammenarbeit von Exchange mit dem Active Directory. Alle Ereignisse, die diese Zusammenarbeit betreffen, können hier festgehalten werden.
- *Replikation.* Alle Ereignisse, die die Replikation durch den SRS betreffen, können hier festgehalten werden.
- *Garbagecollection.* Hier werden Ereignisse gesammelt, die durch Rückstände der Replikation ausgelöst werden, wenn zum Beispiel nicht alle Objekte zugewiesen werden können.

- *Interne Konfiguration.* Hier werden alle Veränderungen an der Konfiguration des SRS protokolliert.
- *Verzeichniszugriff.* Greift der SRS direkt auf das Active Directory zu, werden die daraus resultierenden Ereignisse hier festgehalten.
- *Interne Verarbeitung.* Hier werden alle intern ablaufenden Prozesse des SRS protokolliert.
- *LDAP-Schnittstelle.* Hier werden alle Ereignisse mitgeschrieben, die den Zugriff auf LDAP-Schnittstelle des Servers betreffen. Dabei ist es nicht maßgeblich, ob diese Zugriffe vom SRS oder von anderen Diensten stammen.
- *Initialisierung/Beendigung.* Wird der Dienst neu initialisiert, zum Beispiel auch durch einen Neustart, werden daraus resultierende Ereignisse hier festgehalten.
- *Dienststeuerung.* Diese Kategorie ist der vorhergehenden ähnlich. Hier werden alle Ereignisse festgehalten, die direkt die Kontrolle des Dienstes betreffen.
- *Field Engineering.* Hier werden die Veränderungen an einzelnen Feldern des Verzeichnisses festgehalten.
- *Standortkonsistenzprüfung.* Hier werden Ereignisse der Konsistenzprüfung aller Standorte der Organisation gesammelt.

10.2.2.1.9 MSExchangeTransport

Dieser Bereich umfasst alle Ereignisse bezüglich des Transports von Objekten durch und über diesen Server.

- *Routingmodul/Dienst.* Hier werden Ereignisse erfasst, die das Routing von Nachrichten innerhalb der Organisation betreffen.
- *Kategorisierungsmodul.* Dieses Modul dient zur Klassifizierung von Nachrichten. Hier wird entschieden, ob es sich um Nachrichten handelt, die auf demselben Server innerhalb eines Servers der Exchange-Organisation zugestellt werden können oder ob diese Nachricht nach extern verschickt werden muss.

- *Verbindungs-Manager.* Hier werden Ereignisse bezüglich des Wählens von RAS-Verbindung für den Transport von E-Mails protokolliert.
- *Warteschlangenmodul.* Hier werden alle Ereignisse mitgeschrieben, die direkt die Warteschlangen des Exchange-Servers betreffen bzw. dessen Modul.
- *Exchange-Informationsspeichertreiber.* Mit diesem Treiber greifen die Exchange-Dienste auf den Informationsspeicher des lokalen Exchange-Servers zu. Ereignisse, die durch diese Zugriffe generiert werden, können hier festgehalten werden.
- *SMTP-Protokoll.* Hier werden alle Ereignisse festgehalten, die bezüglich des SMTP Transportes generiert werden.
- *NTFS-Informationsspeichertreiber.* Mit diesem Treiber können die NTFS-Datenträger des Betriebssystems und der Informationsspeicher zusammenarbeiten. Ereignisse diesbezüglich werden hier festgehalten.

10.2.2.1.10 POP3Svc

Exchange-Server können als POP3-Server dienen. Alle Zugriffe von Benutzern auf den POP3-Dienst können auch überwacht werden.

Für die Diagnose des POP3-Dienstes stehen Ihnen auch einige Kategorien zur Auswahl.

- *Verbindungen.* Hier werden alle Ereignisse festgehalten, die Verbindungen zum POP3-Serverdienst durch Benutzer ausgelöst werden.
- *Authentifizierung.* Diese Kategorie dient zur Überwachung der Anmeldungen an den POP3-Dienst.
- *Clientvorgang.* Hier werden alle Prozesse mitgeschrieben, die während eines Zugriffs von Benutzern auf den POP3-Dienst anfallen.
- *Konfiguration.* Hier werden Veränderungen an der Konfiguration des POP3-Dienstes mitgeschrieben.
- *Nachrichtenformatierung.* Hier werden die Ereignisse festgehalten, die durch das Umformatieren von Nachrichten ausgelöst werden.

- *Allgemein.* Hier werden schließlich wieder alle anderen Ereignisse, die nicht zugeordnet werden können, zusammengefasst.

10.2.2.2 Protokolliergrad

Zusätzlich zu den verschiedenen Diensten und Kategorien der Überwachung stehen Ihnen noch für jede Katgeorie verschiedene Protokollierungsgrade zur Verfügung.

Mit Hilfe des Protokollierungsgrades können Sie definieren, wieviele und welche Meldungen von der Kategorie erfasst werden sollen.

Beachten Sie jedoch, dass die jeweilige Einstellung des Protokollierungsgrades die Systemressourcen des Exchange-Servers zum Teil sehr erheblich beeinflussen können.

- *Keine.* Diese Bezeichnung ist etwas irreführend. Stellen Sie den Protokollierungsgrad einer Kategorie auf *Keine*, werden nur Fehlermeldungen protokolliert.
- *Minimum.* Mit dieser Einstellung werden außer den Fehlermeldungen auch alle Warnmeldungen protokolliert.
- *Mittel.* Bei der Einstellung Mittel werden zusätzlich zu den Warn- und Fehlermeldungen auch alle Informationsmeldungen mitgeschrieben.
- *Maximum.* Bei dieser Einstellung werden alle Meldungen der drei anderen Protokollierungsgrade mitgeschrieben. Zusätzlich werden die Informationsmeldungen um weitere Informationen ergänzt, die bei der Problemlösung helfen sollen.

Vor allem die Einstellung `Maximum` sollte nur in Ausnahmefällen und sehr begrenzt vorgenommen werden. Wenn Sie einen Fehler suchen, bieten sich oft die beiden Optionen `Keine` oder `Minimum` an, da gerade Informationsmeldungen sehr umfangreich sein können. Stehen zu viele Meldungen in den Ereignisanzeigen, sehen Sie oft den Wald vor lauter Bäumen nicht. Agieren Sie daher bezüglich der Diagnose sehr überlegt.

10.2.3 Überwachung der Dienste

Sie finden in den Eigenschaften jedes Exchange-Servers außer der Registerkarte *Diagnoseprotokoll* (siehe Abbildung 10.8) auch noch die Registerkarte *Überwachen* (siehe Abbildung 10.9).

Standardmäßig ist die Überwachung der Exchange-Dienste auf jedem Exchange-Server schon aktiviert.

Sie können hier jedoch weitere Einstellungen für die Überwachung festlegen.

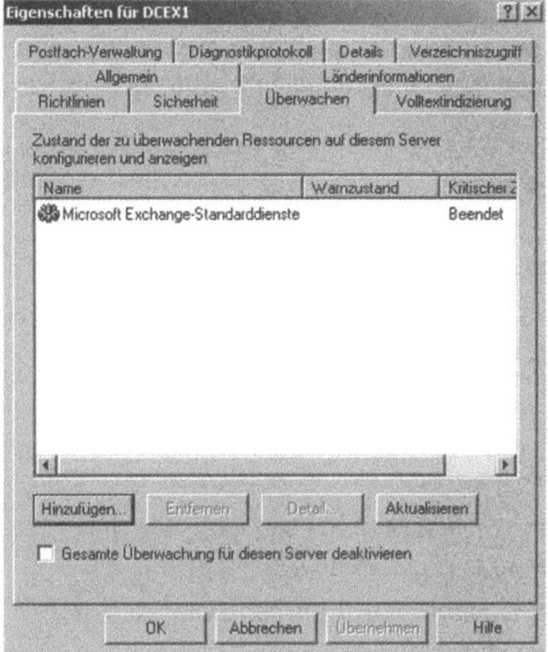

Abb. 10.9: Überwachen der Exchange-Dienste

Sie haben allerdings nicht nur die Möglichkeit, über die Eigenschaften eines Servers auf die Überwachung der Dienste zuzugreifen, sondern direkt über den Exchange System-Manager aller überwachten Server anzeigen zu lassen und diese zu konfigurieren. Die Überwachung untergliedert sich grundsätzlich in zwei Punkte: die Überwachung und die Benachrichtigung der Administratoren, wenn die Überwachung Fehler feststellt. Sie finden beide Menüpunkte im Exchange System-Manager unter dem Menüpunkt `Extras` (siehe Abbildung 10.10).

Wenn Sie den Menüpunkt Status im Exchange System-Manager auswählen, werden Ihnen alle überwachten Exchange-Server Ihrer Organisation und deren Status angezeigt.

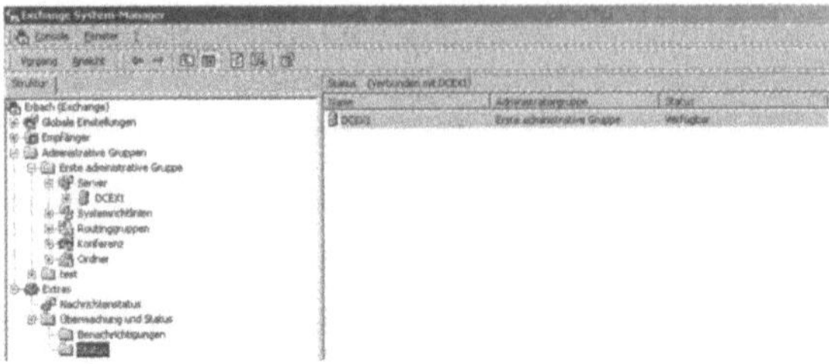

Abb. 10.10: Menüpunkt Extras

Durch einen Doppelklick auf einen Server können Sie dessen Überwachungskonfiguration bearbeiten.

10.2.3.1 Standardüberwachung

Damit Exchange 2000 überhaupt lauffähig ist, müssen einige Dienste fehlerfrei funktionieren.

Jeder Exchange-Server überwacht daher diese Standard-Dienste von vorneherein standardmäßig:

- Microsoft Exchange Informationsspeicher
- Microsoft Exchange MTA-Stacks
- Microsoft Exchange Routingmodul
- Microsoft Exchange Systemaufsicht
- Simple Mail-Transportprotokoll (SMTP)
- WWW Publishingdienst.

Sie sehen diese Standarddienste, wenn Sie das Objekt für die Standardüberwachung anklicken (siehe Abbildung 10.11). Sie können diesen Standarddiensten jederzeit zusätzliche Dienste hinzufügen, die mit der Standardüberwachung noch mitüberwacht werden sollen.

Bei der Migration von Exchange 5.5 zu Exchange 2000 bietet sich zum Beispiel noch der SRS-Dienst an. Um einen zusätzlichen Dienst hinzuzufügen, klicken Sie einfach auf die Schaltfläche `Hinzufügen` und wählen den zu überwachenden Dienst noch mit aus.

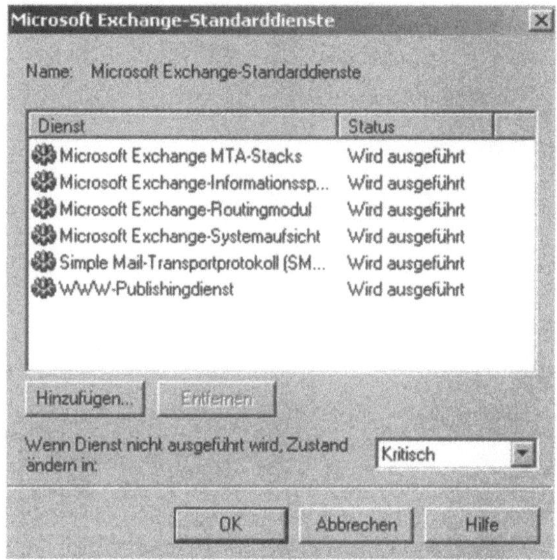

Abb. 10.11: Überwachung der Standarddienste

10.2.3.2 Überwachen zusätzlicher Ressourcen

Außer der Standardüberwachung können Sie jederzeit zusätzliche Ressourcen mitüberwachen lassen.

Klicken Sie dazu in den Überwachungseigenschaften des Servers auf `Hinzufügen` (siehe Abbildung 10.13).

10.2.3.2.1 CPU-Verwendung

Mit dieser Ressource (siehe Abbildung 10.12) können Sie genau definieren, nach welchem Zeitraum eine Warnung ausgegeben werden soll und ab welcher Auslastung der CPU die Überwachung in den Warnzustand oder in den krititschen Zustand wechseln soll.

Tragen Sie hier die gewünschten Werte ein und bestätigen Sie Ihre Eingaben. Der Server wird ab jetzt noch zusätzlich mit diesem Status überwacht.

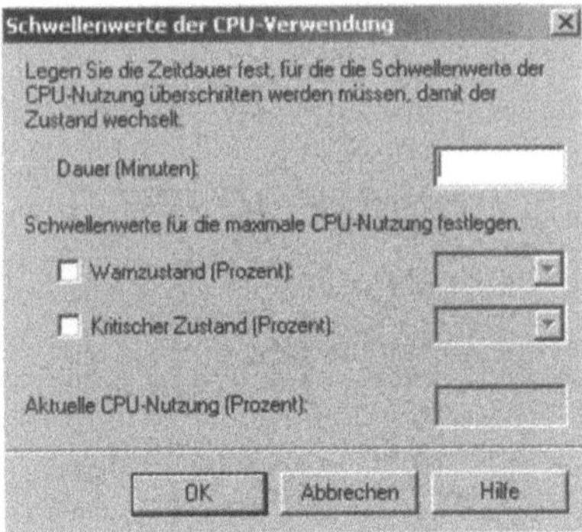

Abb. 10.12: Schwellenwert der CPU-Verwendung

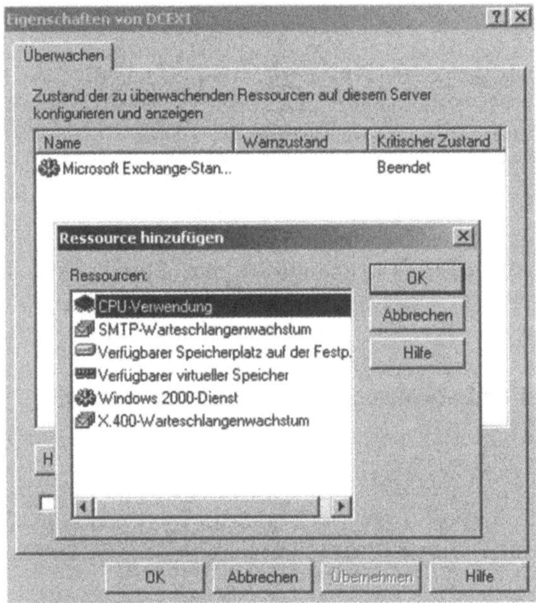

Abb. 10.13: Überwachen zusätzlicher Ressourcen

10.2.3.2.2 SMTP- / X.400-Warteschlangenwachstum

Mit Hilfe der Ressourcen SMTP- /X.400-Warteschlangenwachstum können Sie die Größe der Warteschlangen überwachen lassen.

Hier werden allerdings keine Grenzwerte festgelegt, sondern das kontinuierliche Anwachsen der Warteschlangen.

Sie können hier genau definieren, in welchem Zeitraum diese Warteschlangen fortlaufend anwachsen dürfen, (siehe Abbildung (10.14) bis eine Warnung oder ein Fehler angezeigt wird.

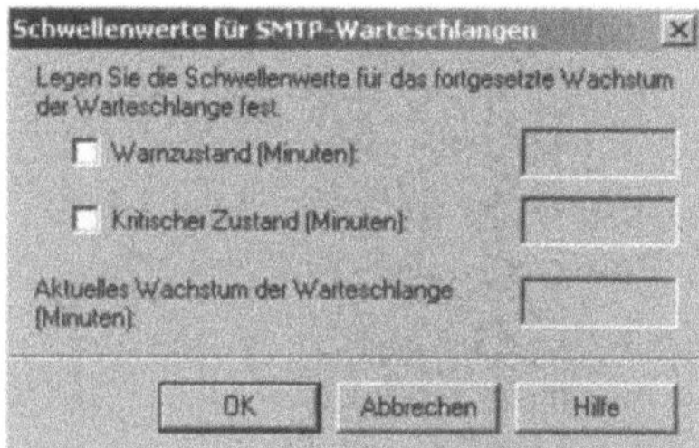

Abb. 10.14: Wachstum der Warteschlangen

10.2.3.2.3 Verfügbarer Speicher auf der Festplatte

Wie diese Ressource vom Name her schon vermuten lässt, können Sie hier die Nutzung Ihrer Festplatten überwachen lassen. Sie können Grenzwerte für alle Partitionen angeben und auch festlegen, ab wann die Überwachung in den Warnzustand gehen soll und wann der Zustand kritisch wird (siehe Abbildung 10.15).

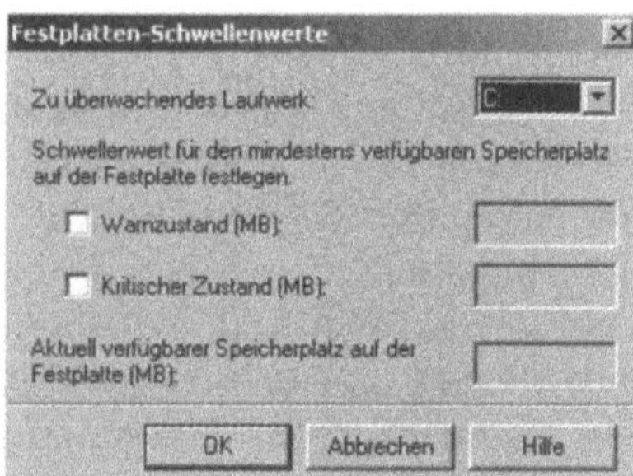

Abb. 10.15: Überwachen des freien Festplattenspeichers.

Festplattenplatz ist auf einem Exchange-Server ein wichtiger Punkt der Stabilität und Geschwindigkeit. Während bei vielen anderen Serverdiensten der Festplattenplatz zwar notwendig, nicht jedoch lebensnotwendig ist, wächst Exchange 2000 gerade durch die Transaktionsprotokolle schnell an. Je nach Benutzeraufkommen und Auslastung Ihres Servers kann Festplattenplatz schnell rar werden und so bei einer dringenden Wiederherstellung fehlen. Generell kann man sagen, dass mindestens nochmal soviel Festplattenplatz auf einem Exchange-Server frei sein sollte wie durch die Datenbanken belegt ist.

10.2.3.2.4 Verfügbarer virtueller Speicher

Exchange 2000 nutzt, wie andere Applikationen und Serverdienste auch, die Auslagerungsdatei von Windows 2000. Für einen stabilen und performanten Betrieb von Exchange 2000 muss den Serverdiensten von Exchange daher immer genügend virtueller Arbeitsspeicher zur Verfügung stehen. Auch hier können Sie Mindestwerte festlegen, die für den Warnstatus und den kritischen Status gelten (siehe Abbildung 10.16).

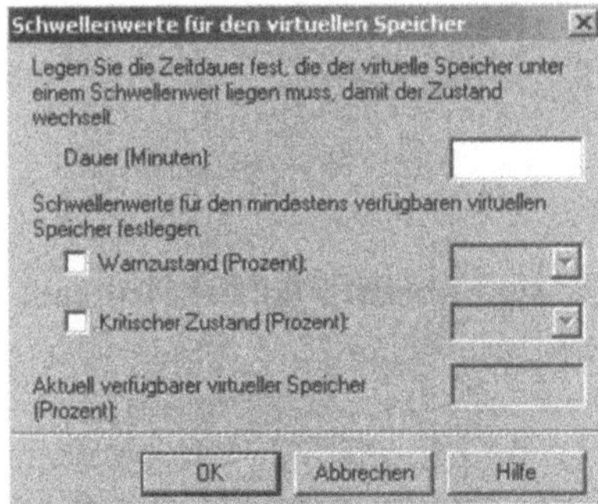

Abb. 10.16: Überwachen des virtuellen Arbeitsspeichers

Sie legen auf dieser Registerkarte auch den Zeitraum in Minuten fest, in dem der verfügbare virtuelle Arbeitsspeicher unter die von Ihnen bestimmten Werte sinken darf. Durch das Festlegen eines Zeitraums vermeiden Sie das ständige Auslösen von Fehlalarmen. Wenn der virtuelle Arbeitsspeicher für einige Sekunden unter einen bestimmten Wert fällt, hat dies für Exchange noch keine negativen Auswirkungen. Erst nach einigen Minuten besteht die Gefahr, dass den Exchangediensten nicht genügend Arbeitsspeicher für den fehlerfreien Betrieb zur Verfügung steht.

10.2.3.2.5 Windows 2000 Dienst

Sie können auch beliebige Windows 2000-Dienste überwachen lassen, deren Beendigung den Betrieb von Exchange 2000 stören könnte. Ein Beispiel wäre der Dienst für einen Fax-Server oder Virenscanner. Sie können hier jeden beliebigen installierten Windows 2000-Dienst überwachen lassen.

10.2.3.3 Überwachen von Connectoren

Für jeden Connector, der in Ihrer Organisation erstellt wird, wird zusätzlich ein Überwachungsobjekt erstellt. Sie finden dieses Objekt an der gleichen Stelle wie Ihre überwachten Server und zwar im Menüpunkt `Extras` im Exchange System-Manager (siehe Abbildung 10.10). Sie können diese Objekte nicht bearbeiten, sondern nur deren Status an dieser Stelle überprüfen.

10.2.3.4 Konfigurieren von Benachrichtigungen

Die Überwachung dieser Dienste und Connectoren macht natürlich keinen Sinn, wenn Sie über auftauchende Probleme nicht informiert werden. Je nach Größe Ihrer Organisation und Anzahl der Server werden Sie kaum mehrmals täglich das Überschreiten von Schwellenwerten oder die Verfügbarkeit von Connectoren überprüfen. Und selbst wenn Sie dies tun, wird nach Murphy's Gesetz erst dann etwas schief gehen, wenn Sie Ihre Server nicht überprüfen. Exchange bietet daher die Möglichkeit, automatisch Skripte auszuführen oder E-Mails an Administratoren zu versenden, wenn bestimmte Ereignisse eintreten. Diese Benachrichtigungen konfigurieren Sie im Menü `Benachrichtigungen` direkt über dem Status-Menü (siehe Abbildung 10.17).

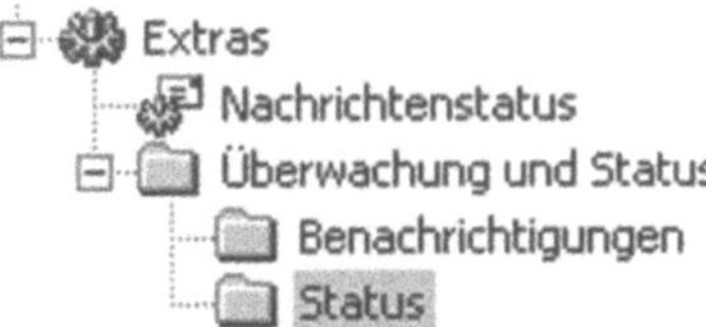

Abb. 10.17: Konfigurieren von Benachrichtigungen

Sie können im Menü `Benachrichtigungen` (siehe Abbildung 10.17) E-Mail-Benachrichtigungen oder Skriptbenachrichtigungen oder natürlich beides zusammen konfigurieren. Um eine neue Benachrichtigung zu konfigurieren, klicken Sie mit der `rechten Maustaste` auf das Menü `Benachrichtigungen`, wählen `Neu` und dann die Art der Benachrichtigung aus (siehe Abbildung 10.18).

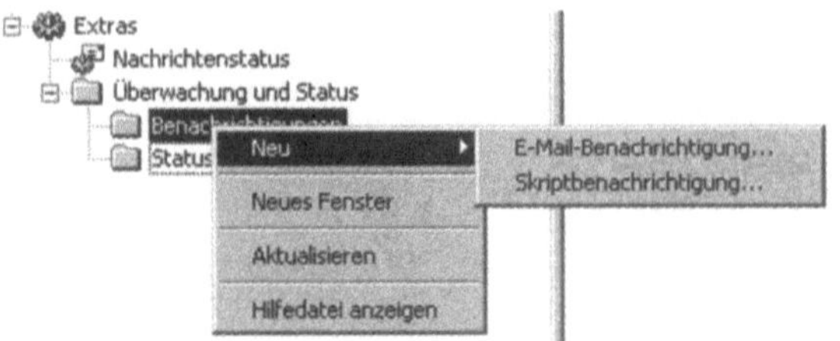

Abb. 10.18: Erstellen einer neuen Benachrichtigung

10.2.3.4.1 E-Mail-Benachrichtigung

Wenn Sie E-Mail-Benachrichtigung auswählen, erscheint ein Fenster, mit dessen Hilfe Sie diese Benachrichtigung konfigurieren können (siehe Abbildung 10.19).

Hinweis

Achten Sie aber auch im Bereich Benachrichtigungen auf eine Redundanz.

Sie sollten Exchange-Server nicht sich selber überwachen lassen. Wenn dieser nämlich ausfällt, werden Sie auch keine Benachrichtigung mehr erhalten.

Sie sollten also hier am besten auch jeden Server von einem anderen überwachen lassen.

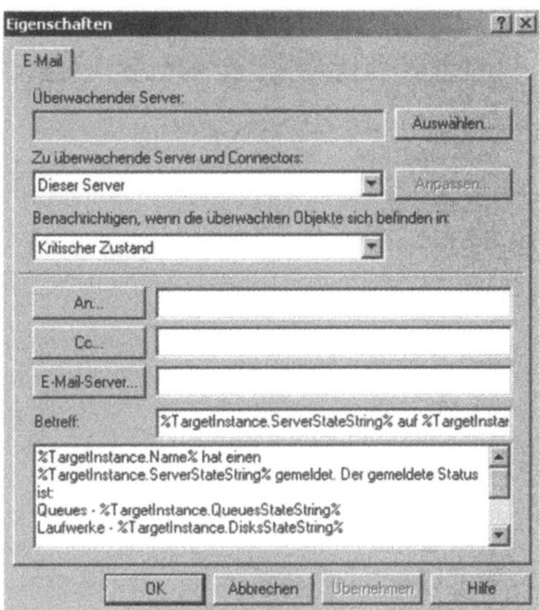

Abb. 10.19: Konfiguration der E-Mail-Benachrichtigung

Innerhalb dieses Fensters können Sie verschiedene Einstellungen vornehmen.

- *Überwachender Server.* Hier stellen Sie ein, welchen Exchange-Server diese Benachrichtigung betrifft. Sie können hier alle Server Ihrer Organisation auswählen. Der hier ausgewählte Server ist dabei nicht der überwachte Server, sondern der Server, der den zu überwachenden Server überwacht und Sie bei Statusänderungen benachrichtigt.
- *Zu überwachende Server und Connectors.* An dieser Stelle können Sie konfigurieren, was durch den überwachenden Server überwacht werden soll. Sie können entweder einen ganzen Server, eine Routinggruppe oder andere Objekte auswählen (siehe Abbildung 10.20).

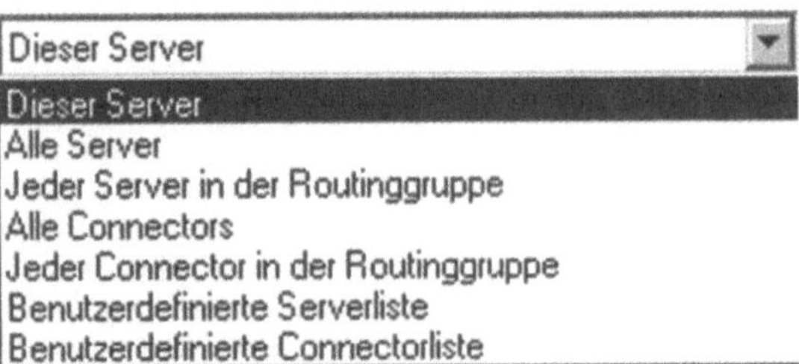

Abb. 10.20 Objekte, die überwacht werden können

- *Benachrichtigen wenn die überwachten Objekte sich befinden in:* Hier können Sie schließlich auswählen, wann die Benachrichtigung ausgelöst werden soll. Sie können Benachrichtigungen bereits im Status `Warnzustand` oder erst im `kritischen Zustand` verschicken.
- *An /CC / E-Mail-Server.* In diesen Feldern können Sie bestimmen, wer diese Benachrichtigung erhält und über welchen E-Mail-Server Sie verschickt werden soll. Sie können Nachrichten zum Beispiel auch direkt in einen öffentlichen Ordner versenden lassen. Auf diese Weise können Warnungen auch erfasst werden, wenn die Personen, die normalerweise die E-Mail bekommen, nicht im Haus sind.
- *Betreff / Textfeld.* Wie Sie sehen, ist das Feld `Betreff` und das Textfeld bereits mit einem standardisierten Text gefüllt. Sie können diesen Text übernehmen oder bearbeiten.

Wenn Sie alle Eintragungen nach Ihren Wünschen vorgenommen haben, können Sie das Fenster mit `OK` schließen. Sie werden ab jetzt automatisch benachrichtigt, wenn die in dieser Benachrichtigung konfigurierten Objekte den definierten Status ändern. Die neue Benachrichtigung wird jetzt auch in den Benachrichtigungen angezeigt und kann jederzeit wieder bearbeitet werden. Sie können beliebig viele Benachrichtigungen konfigurieren. Sie sollten allerdings nicht den Überblick verlieren, sondern auch die Konfiguration der Benachrichtigungen effizient und geplant angehen.

10.2.3.4.2 Skriptbenachrichtigung

Die Skriptbenachrichtigung ist eigentlich keine Benachrichtigung, sondern nur die gesteuerte Ausführung eines Skriptes.

Natürlich können Sie auch durch ein Skript eine E-Mail versenden lassen. Zum Beispiel mit einem Kommandozeilen-Programm wie *Blat.* Im Gegensatz zur E-Mail-Benachrichtigung können Sie jedoch mit der Skriptbenachrichtigung auch ein ausführbares Programm (zum Beispiel eine Batch-Datei) ausführen lassen. Ein Beispiel wäre das plötzliche Anwachsen der Warteschlangen, was den Angriff eines Virus vermuten lässt. Sie können durch eine Batch-Datei in diesem Fall die Exchange-Dienste beenden lassen und so den Schaden eingrenzen. Sie können E-Mail-Benachrichtigungen und Skriptbenachrichtigungen auch in Kombination setzen. So können Sie eine Nachricht an die Administratoren verschicken lassen und automatisch bereits GegenMaßnahmen einleiten. Beachten Sie aber bei der Erstellung einer Batch-Datei, dass diese auch auf dem jeweiligen überwachenden Server vorhanden ist. Gerade beim Thema Desaster-Recovery wird sowas gerne vergessen. Dokumentieren Sie daher solche Konfigurationen, damit Sie nicht den Überblick verlieren.

10.2.4 Überwachen mit dem Servermonitor

Eine weitere Möglichkeit zur Überwachung Ihrer Exchange Organisation bietet der Servermonitor von Windows 2000. Der Servermonitor wird bereits mit Windows 2000 installiert. Er ist also kein spezielles Tool für Exchange 2000 sondern auch für die generelle Überwachung Ihrer Windows 2000-Server geeignet. Bei der Installation von Exchange 2000 auf einem Windows 2000-Server wird der Servermonitor allerdings um einige Exchange 2000-spezifische Features erweitert. Diese lassen sich gut zur Überwachung nutzen.

Hinweis

Die Überwachung mit dem Systemmonitor bietet oft auch die beste Grundlage bei der Optimierung Ihrer Exchange-Server (siehe Kapitel 14 *Optimierung*).

Sie starten den Systemmonitor am besten direkt mit `perfmon.msc` oder durch dessen Verknüpfung `Systemmonitor` in der Gruppe `Verwaltung` unter `Programme`. Die Arbeit mit dem Systemmonitor (perfmon.msc) unterteilt sich dabei in zwei Bereiche, die auch durch verschiedene Snap-Ins getrennt sind (siehe Abbildung 10.21).

- *Leistungsdatenprotokolle und Warnungen.* Sammeln Daten in Echtzeit und generieren Protokolle über definierte Zeiträume.
- *Systemmonitor.* Zeigt Messdaten in Echtzeit an.

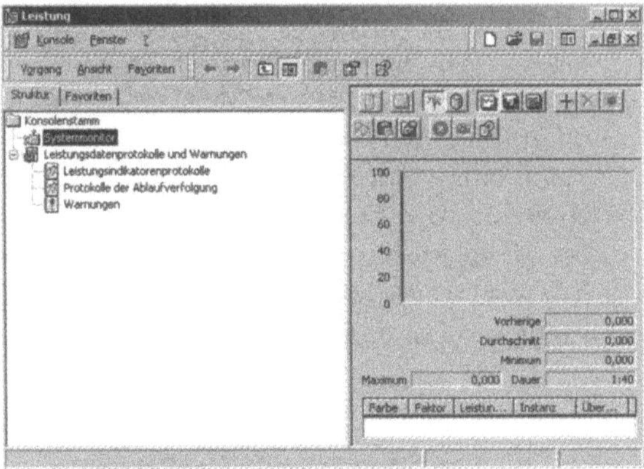

Abb. 10.21: Systemmonitor

Um mit dem Systemmonitor oder der Leistungsüberwachung Daten auszuwerten, müssen Sie diese zunächst sammeln. Um Daten zu sammeln, müssen Sie zunächst die Zusammenhänge verstehen, mit denen die Leistungsüberwachung arbeitet.

10.2.4.1 Überwachte Bereiche und Kategorien

Die Leistungsdatenprotokolle und Warnungen werden oft auch als *Leistungsüberwachung* bezeichnet.

Die Leistungsüberwachung ist für die Messung der Systemressourcen zuständig, die Windows 2000 und die darauf installierten Anwendungen, also auch Exchange 2000, nutzen. Dabei werden die Messungen innerhalb eines gewissen Zeitraums angefertigt.

Hier wird hauptsächlich in vier Bereiche unterschieden:

- Datenträger
- Prozessor
- Arbeitsspeicher
- Netzwerkkomponenten

Diese Ressourcen werden wiederum in vier verschiedenen Kategorien unterteilt:

- Durchsatz
- Warteschlange
- Engpässe
- Antwortzeiten

Sie können auch mit der Leistungsüberwachung Warnungen konfigurieren und Einträge in die Ereignisanzeige generieren lassen.

Durchsatz

Der Durchsatz ist prinzipiell nichts anderes als fest definierte Aufgaben und Datenmengen, die innerhalb eines ebenfalls definierten Zeitraumes abgearbeitet werden.

Der Durchsatz kann abnehmen und zunehmen. Nimmt der Durchsatz innerhalb eines gewissen Zeitraumes stark zu, so kann der Server überlastet werden, da dessen Hardware mit den aufkommenden Daten nicht mehr fertig wird.

Warteschlange

Eine Warteschlange ist ein Speicherort, auf dem Daten bis zur Weiterverarbeitung warten. Steigt die Größe der Warteschlange an, so ist das ein Zeichen, dass Daten nicht schnell genug verarbeitet werden können und zum Beispiel E-Mails erst verspätet zugestellt werden.

Antwortzeit

Die Antwortzeit ist die Zeit, die ein Server für die Durchführung einer Aufgabe benötigt. Ein bekanntes Beispiel hierfür ist der Ping-Befehl. Der Server bekommt ein Paket, wertet es aus und sendet schließlich an den Anforderer eine Antwort zurück. Mit dem Zustellen der Antwort auf den Ping-Befehl hat der Server seine Aufgabe erledigt. Die Dauer, die hierfür benötigt wurde, ist schließlich die Antwortzeit. Da Server ständig eine Vielzahl an verschiedenen Aufgaben erledigen müssen, gibt es natürlich für alle diese Aufgaben verschiedene Antwortzeiten, die wir beobachten können.

Bei starker Belastung des Servers können Antwortzeiten schnell deutlich ansteigen.

Engpass

Engpässe entstehen durch Überbeanspruchung von Ressourcen. Sie erkennen Engpässe auch an stark erhöhten Antwortzeiten. Einer der wichtigsten Punkte bei der Optimierung ist daher das Aufspüren und Beseitigen von Engpässen.

10.2.4.2 Sammeln von Daten

Das Sammeln der einzelnen Daten mit Hilfe der Leistungsüberwachung oder des Systemmonitors basiert wiederum auf drei verschiedenen Einheiten:

- *Objekte.* Objekte sind Systemressourcen, die mit Hilfe des Systemmonitors überwacht werden können.
- *Leistungsindikatoren.* Sie sind eine Untermenge der Objekte. Sie können mit Hilfe von Leistungsindikatoren verschiedene Bereiche von Objekten überwachen.

  Ein Beispiel ist das Objekt *Prozessor.* Sie können verschiedene Leistungsindikatoren des Objektes *Prozessor* überwachen, zum Beispiel *Prozessorzeit* oder *Interrupts.*
- *Instanzen.* Jeder Leistungsindikator besteht aus mehreren Instanzen. Mit Instanzen erreichen Sie genauere Werte der einzelnen Messungen. Es unterstützen jedoch nicht alle Objekte mehrere Instanzen.

  Sie können zum Beispiel bei Servern mit zwei Prozessoren jeden einzelnen Prozessor überwachen oder die Prozessoren als Einheit.

10.2.4.3 Anzeigen der gesammelten Daten

Wenn Sie den Systemmonitor starten, bekommen Sie zunächst eine leere Seite angezeigt (siehe Abbildung 10.22), da Sie zuerst definieren müssen, was Sie genau überwachen wollen. Sie können in diesem Fenster mit Hilfe des Systemmonitors in Echtzeit Daten anzeigen lassen oder mit den Leistungsdatenprotokollen die Überwachung über einen bestimmten Zeitraum definieren.

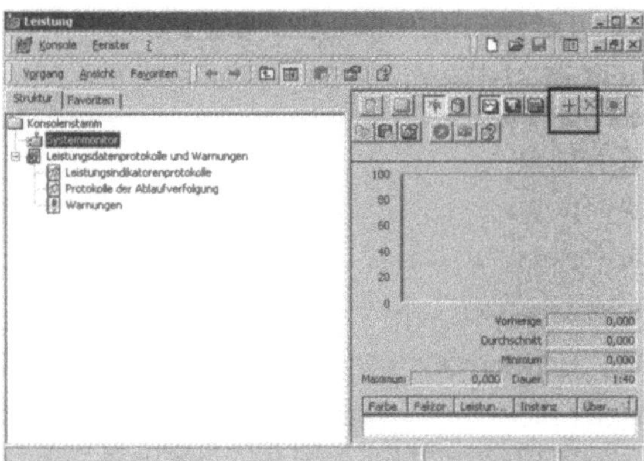

Abb. 10.22: Hinzufügen von Leistungsindikatoren

Sie können mit Hilfe der Schaltfläche + (siehe Markierung, Abbildung 10.22) Leistungsindikatoren hinzufügen und in Echtzeit beobachten (siehe Abbildung 10.23).

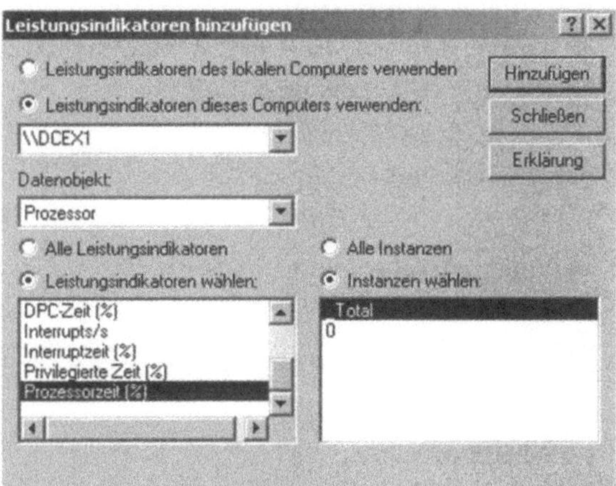

Abb. 10.23: Hinzufügen von Leistungsindikatoren

In diesem Fenster können Sie auch durch Betätigen der Schaltfläche `Erklärung` eine genaue Definition und Beschreibung der einzelnen Leistungsindikatoren abrufen. Sie können in diesem Fenster die Überwachung von mehreren Instanzen und auch von mehreren Servern gleichzeitig im Netz konfigurieren. Beachten Sie aber, dass durch die steigende Zahl der überwachten Objekte auf einem Server auch die Last des Servers ansteigt.

10.2.4.4 Wichtige Objekte zur Überwachung

Wie weiter vorne im Kapitel bereits erwähnt, gibt es vier Grund-Bereiche auf einem Exchange-Server, die ständig überwacht werden sollten.

- Datenträger
- Prozessor
- Arbeitsspeicher
- Netzwerkkomponenten

Exchange 2000 installiert noch einige Objekte zur Überwachung hinzu, die ebenfalls eine wichtige Rolle spielen. Auch diese neuen Objekte bedürfen genauerer Beobachtung. Mit diesen neuen Objekten können exchange-spezifische Ressourcen optimal überwacht werden. Überwachen der Datenträger: Die Überwachung der einzelnen Datenträger Ihres Exchange-Servers führen Sie mit dem Objekt physikalischer Datenträger durch. Dieses Objekt stellt Ihnen einige Leistungsindikatoren zur Verfügung die Sie beobachten sollten (siehe Abbildung 10.24).

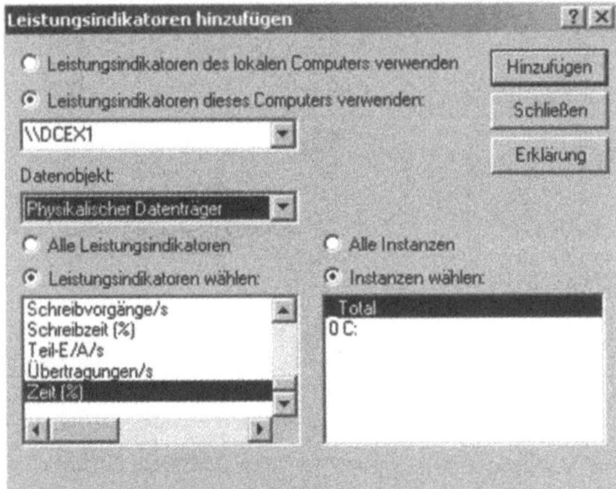

Abb. 10.24: Überwachen der Datenträger

Sie sollten für das Objekt physikalischer Datenträger vier Leistungsindikatoren beobachten:

- *Mittlere Sek./Übertragung.* Mit Hilfe dieses Leistungsindikators können Sie festellen, in welchem Zeitraum Daten innerhalb der Festplatten gelesen und gespeichert werden. Steigt dieser Wert stark an, ist dies ein Anzeichen für erhöhte Beanspruchung der Festplatten durch starken E-Mail-Verkehr.

Bei zu starkem Anwachsen dieses Wertes werden die Antwortzeiten des Servers bei der Abarbeitung der Warteschlangen erhöht.

- *Durchschnittliche Warteschlangenlänge des Datenträgers.* Mit diesem Indikator können Sie festellen, wie hoch die Anfragen in der Warteschlange des Datenträgers sind. Der Wert sollte nicht höher als 2 sein.
- *Bytes/s.* Dieser Indikator ist der wichtigste für die Performance des Datenträgers. Er misst den durchschnittlichen Durchsatz des Datenträgers.
- *Übertragungen/s.* Dieser Wert spiegelt die Lese- und Schreiboperationen in jeder Sekunde wieder. Die Angabe erfolgt in Prozentwerten. Die Anzeige sollte nicht dauerhaft 50 Prozent überschreiten.

10.2.4.4.1 Überwachen der Prozessoren

Um Ihre Prozessoren zu überwachen, verwenden Sie die Objekte `Prozessor` und `System`.

Hauptsächlich gilt es hier zwei Leistungsindikatoren genauer zu beobachten:

- *Objekt Prozessor: Prozessorzeit.* Die Anzeige der Prozessorzeit wird in Prozentwerten angezeigt. Die Prozessorzeit gibt an, wie lange einzelne Threads zur Abarbeitung Ihrer Befehle brauchen. Der Wert sollte ständig unter 80 bleiben.
- *Objekt System: Prozessor-Warteschlangenlänge.* Hier wird die Anzahl der Threads in der Prozessor-Warteschlange angezeigt. Es gibt auf jedem System nur eine Prozessor-Warteschlange, unabhängig von der Anzahl der Prozessoren. Der Wert der Prozessor-Warteschlangenlänge sollte nicht dauerhaft 2 überschreiten.

Ähnlich wie bei langsamen Datenträgern ist eine zu hohe Prozessorauslastung oft ein Zeichen für zu wenig Arbeitsspeicher.

10.2.4.4.2 Überwachen des Arbeitsspeichers

Sie sollten bei Exchange 2000 nicht mit Arbeitsspeicher geizen. Gerade bei den heutigen Preisen für RAM sollten Sie mindestens 512 MB Arbeitsspeicher in Ihren Exchange-Server einbauen.

Bei einer großen Anzahl von Benutzern gibt es nach oben keine Grenze. Vernünftige Werte sind aber sicherlich 1-2 GB RAM bei etwa 300 Benutzern. Für die Überwachung des Arbeitsspeichers benötigen Sie die beiden Objekte `Speicher` und `Auslagerungsdatei`. Sie sollten bei der Überwachung des Speichers auf drei Leistungsindikatoren achten:

- *Objekt Speicher: Seiten/s.* Dieser Wert gibt die Geschwindigkeit an, in der Seiten von der Festplatte in den Speicher und umgekehrt geschrieben werden. Sie sollten diesen Wert auf unter 20 halten.
- *Objekt Speicher: Verfügbare Bytes.* Dieser Wert zeigt den freien Arbeitsspeicher an.
- *Objekt Auslagerungsdatei: Belegung (%).* Mit diesem Leistungsindikator können Sie erkennen, wieviel Prozent der Auslagerungsdatei belegt ist. Sollte der Wert zu hoch werden, sollten Sie die Auslagerungsdatei vergrößern oder mehr Arbeitsspeicher in den Server einbauen.

10.2.4.4.3 Überwachen der Netzwerkkarten

Eine nicht unerhebliche Komponente eines Exchange-Servers sind die Netzwerkkarten.

Hier gibt es einige Objekte und Leistungsindikatoren, die Sie überwachen sollten:

- *Objekt Netzwerkschnittstelle: Ausgabewarteschlangenlänge.* Dieser Indikator bezieht sich auf die physische OSI-Schicht. Der Wert sollte im Durchschnitt zwischen 1 und 2 liegen.
- *Objekt Netzwerkschnittstelle: Ausgehende Pakete, verworfen.* Ein zu hoher Wert zeigt an, dass die Netzwerkpuffer nicht mehr alle Pakete verarbeiten können.
- *Objekt Netzwerkschnittstelle: Gesamtanzahl Bytes/s:* Dieser Wert zeigt erfolgreich übertragene Pakete an. Hier können Sie sehen, wie hoch der Netzwerkverkehr dieses Servers ist. Je höher die Anzahl der Byte/s um so aktiver sind die Benutzer auf diesem Server. Gibt es in Ihrer Organisation Server mit deutlich weniger Last, können Sie eventuell ein paar Benutzer auf diese Server verschieben.

- *Objekt Netzwerksegment: Broadcasts/s:* Diesen Wert müssen Sie über längere Zeit beobachten, um den Durchschnitt Ihres Netzwerkes zu ermitteln. Nachdem Sie den Durchschnittswert ermittelt haben, können Sie so jederzeit Spitzenlasten ausmachen und entsprechend reagieren.
- *Objekt Netzwerksegment: % Netzwerkausnutzung:* Mit diesem Indikator erkennen Sie den Prozentwert der Netzwerknutzung des lokalen Segmentes. Die Werte sollten so niedrig wie möglich sein. Auf alle Fälle weit unter 50 %.
- *Objekt TCP: Erneut übertragene Segmente/s:* Dieser Wert zeigt an, wieviele Pakete zum wiederholten Mal übertragen werden. Ein hoher Wert zeigt an, dass die Schnittstelle überlastet oder defekt ist.
- *Objekt Redirector: Netzwerkfehler/s:* Hier werden die Netzwerkfehler angezeigt. Der Wert sollte natürlich sehr niedrig bis gegen 0 tendieren.
- *Objekt Server: Auslagerungsseitenfehler.* Steigt dieser Wert zu stark an, ist dies ein Zeichen für zu wenig Arbeitsspeicher oder einer zu kleinen Auslagerungsdatei.

10.2.4.5 Überwachen von Exchange Komponenten

Exchange 2000 erweitert bei der Installation den Systemmonitor um weitere exchange-spezifische Objekte.

Mit diesen Objekten und deren Leistungsindikatoren können Sie Ihre einzelnen Exchange-Server genauer beobachten.

10.2.4.5.1 Überwachen von POP3

Sie können mit einem Exchange Server Ihren Benutzern den gleichen Service wie Internetdienste zum Zugriff auf Ihre Postfächer bieten. Je nach Anzahl der Benutzer, die dazu mit POP3 oder IMAP4 auf den Server zugreifen, besteht Optimierungsbedarf. Um diesen Protokollen schnellen Zugriff bieten zu können, müssen Sie also auch zunächst mit dem Servermonitor arbeiten. Benutzer können mit POP3 ihre E-Mails vom Exchange-Server abholen und gleichzeitig auf dem Server löschen. Um mit den Leistungsindikatoren des Systemmonitors POP3-Zugriffe zu optimieren, muss natürlich auch zum Zeitpunkt der Messung reger POP3-Verkehr bestehen. Wählen Sie hier Zeiten mit Spitzenlast.

Der Zugriff mit POP3 läuft immer nach dem gleichen Schema ab. Der Benutzer verbindet sich mit POP3, wird authentifiziert, überträgt seine Nachrichten und wird wieder getrennt. Um den Netzwerkverkehr mit POP3 zu überwachen, arbeiten Sie mit dem Objekt `MSExchangePOP3`. Dieses Objekt wird bei der Installation von Exchange 2000 auf einem Server den Systemmonitor-Objekten hinzugefügt.

- *Gesamte Verbindungen.* Dieser Indikator gibt an, wieviele Benutzer seit dem Start des Dienstes Verbindung mit dem POP3-Server-Dienst aufgenommen haben. Steigt die Anzahl zu stark an, ist zu erwarten, dass Benutzer immer wieder vom System getrennt werden und sich neu verbinden müssen.
- *Aktuelle Verbindungen.* Mit diesem Indikator können Sie feststellen, wieviele Benutzer aktuell mit dem Server verbunden sind.
- *AUTH-Gesamtwert.* Hier können Sie erkennen, wieviele Benutzer sich seit dem Start des Dienstes erfolgreich am Server authentifiziert haben. Der Wert sollte möglichst mit dem Wert der gesamten Verbindungen übereinstimmen. Ist die Anzahl der gesamten Verbindungen jedoch deutlich höher als die der Authentifizierungen, lässt dies auf einen Hackerangriff oder Probleme bei der Authentifizierung schließen.
- *AUTH-Fehler.* Ist die Zahl der Authentifizierungsfehler sehr hoch, besteht anscheinend ein Verbindungsproblem zwischen dem POP3-Exchange-Server und dem Domänencontroller der zur Authentifizierung zuständig ist (siehe auch Kapitel 14.7 *Optimieren des Active Directory-Zugriffs*).
- *RETR-Gesamtwert.* Dieser Wert gibt die Anzahl der von den Benutzern abgerufenen Nachrichten wieder.
- *DELE-Gesamtwert.* Hier erkennen Sie die Anzahl der von den Benutzern gelöschten Nachrichten.
- *QUIT*-Gesamtwert. Dieser Wert gibt die Anzahl der erfolgreich getrennten Benutzer an. Der Wert sollte in etwa identisch mit der Anzahl der erfolgreichen Authentifizierungen sein (*Indikator AUTH-Gesamtwert*).

10.2.4.5.2 Überwachen von IMAP4

Auch für die Zugriffe mit IMAP4 gibt es einige Indikatoren, die Sie zur Überwachung nutzen können.

Das Objekt, mit dem Sie im Systemmonitor arbeiten, ist `MSExchangeIMAP4`.

Auch dieses Objekt stellt Ihnen wieder eine Vielzahl an verschiedenen Leistungsindikatoren zur Verfügung, die Sie zur Optimierung Ihrer IMAP4-Zugriffe nutzen können:

- *Gesamte Verbindungen.* Dieser Indikator ist analog zu seinem POP3-Pendant.
- *Aktuelle Verbindungen.* Auch dieser Wert ist analog zu POP3.
- *LIST-Gesamtwert.* Dieser Wert gibt die Anzahl der Ordnerzugriffe auf dem lokalen Server wieder. Hat der Benutzer sein Postfach auf dem gleichen Exchange-Server, mit dem er sich mit IMAP4 verbindet, wird der LIST-Befehl genutzt.
- *RLIST-Gesamtwert.* Liegt das Postfach eines zugreifenden Benutzers auf einem anderen Exchange-Server, wird der RLST-Befehl zum Anzeigen des Postfaches genutzt.
- *Copy-Gesamtwert.* Dieser Wert zeigt die zwischen Ordnern kopierten Nachrichten an. Ein hoher Wert zeigt, dass der Server stark genutzt wird.
- *Logout-Gesamtwert.* Dieser Wert zeigt die erfolgreich getrennten Benutzer an. Die Anzahl der Benutzer sollte in etwa so hoch sein wie die der gesamten Verbindungen.

10.2.4.5.3 Überwachen von SMTP

SMTP ist wohl das wichtigste Protokoll bei Exchange 2000. Im Gegensatz zu seinen Vorgängern verwendet Exchange 2000 SMTP zum Zustellen von Nachrichten innerhalb der Organisation zwischen verschiedenen Servern. Gerade die Überwachung des SMTP-Verkehrs ist daher eine wichtige Administrationsaufgabe. Das wichtigste Objekt in diesem Zusammenhang ist das Objekt `SMTP-Server`. Es bietet Ihnen einige Leistungsindikatoren, die für die Überwachung sehr nützlich sind:

- *Gesamtzahl empfangener Nachrichten.* Dieser Leistungsindikator zeigt die Anzahl der seit Dienststart empfangenen

Nachrichten. Sie erhalten so schnell einen Überblick über die Auslastung des Servers.

- *Aktuell eingehende Verbindungen.* Hier können Sie feststellen, wieviele Verbindungen derzeit gleichzeitig aufgebaut sind.
- *Messages retrieved/s.* Steigt dieser Wert an, werden E-Mails an Verteilerlisten mit einer großen Anzahl an Benutzer verschickt.
- *Gesamtzahl gesendeter Nachrichten.* Dieser Wert gibt die Zahl der E-Mails wieder, die in die lokalen Warteschlangen gestellt wurden.
- *Länge der Categorizer Warteschlange.* Dieser Wert gibt die Anzahl der Nachrichen wieder, die gerade von Exchange in die Categorizer Warteschlange gestellt wurden. Der Categorizer entscheidet, ob eine E-Mail intern zugestellt werden muss oder ob sie nach außerhalb verschickt wird. Die Zahl der Nachrichten sollte nicht zu stark ansteigen. Steigt die Anzahl der E-Mails in dieser Warteschlange an liegt eventuell ein Problem des Routinggruppen-Masters vor, der die Routinginformationen seiner Routinggruppe verwaltet.
- *Länge der Remote-Warteschlange.* Dieser Wert zeigt die Anzahl der Nachrichten an, die erfolgreich kategorisiert wurden und an andere Server oder ins Internet geschickt werden müssen. Steigt die Anzahl stark an liegt eventuell ein Verbindungssproblem zu den anderen Exchange-Servern oder zur Internetverbindung vor.
- *Badmail-Nachrichten.* Dieser Indikator zeigt die Anzahl der nicht richtig adressierten Nachrichten an. Diese werden lokal in das Badmail-Verzeichnis verschoben. Steigt die Anzahl an, gibt es im Adressbuch wohl einige Kontakte oder E-Mail aktivierte Benutzer mit falschen oder unvollständigen E-Mail-Adressen.

10.2.4.5.4 Überwachen von Outlook Web Access

Outlook Web Access (OWA) wurde in Exchange 2000 stark verbessert. Daher steigt die Nutzung von OWA gerade durch Remotebenutzer immer mehr an. Auch für OWA gibt es einige Leistungsindikatoren und Objekte, mit denen Sie diese Web-Komponente überwachen können.

Die beiden wichtigsten Objekte zur Überwachung von OWA sind `MSExchange Web Mail` und `WWW-Dienst`.

- *Objekt WWW-Dienst: Maximale Anzahl Verbindungen.* Dieser Indikator zeigt Ihnen die Gesamtzahl der Verbindungen an, die seit dem Start des WWW-Dienstes mit dem Exchange-Server hergestellt wurden.
- *Objekt WWW-Dienst: Aktuelle Verbindungen.* Hier sehen Sie die Verbindungen, die zum Zeitpunkt der Messung aktiv sind.
- *Objekt MSExchange Web Mail: Nachrichtensendungen (gesamt).* Dieser Indikator zeigt die Gesamtzahl der mit OWA verschickten Nachrichten an.

10.2.4.5.5 Überwachen des Informationsspeichers

Zur Überwachung des Informationsspeichers dient hauptsächlich das Objekt `MSExchangeIS`.

- *Anzahl Benutzer.* Dieser Indikator spiegelt die Anzahl der Benutzer wieder, die derzeit mit dem Informationsspeicher verbunden sind. Es werden dabei nicht doppelte Zugriffe des gleichen Benutzers gezählt, sondern nur die Zugriffe auf die verschiedenen Postfächer.

Zur Überwachung der Zugriffe auf die einzelnen Postfächer und öffentliche Ordner der Informationsspeicher gibt es zwei weitere wichtige Objekte, die Sie zur Überwachung nutzen können: `MSExchangeIS Postfach` und `MSExchangeIS Public`. Beide haben die gleichen Leistungsindikatoren, die Sie jeweils zur Überwachung nutzen können.

- *Größe der Sendewarteschlange / Größe der Empfangswarteschlange.* Diese Werte geben die Anzahl der E-Mails an, die sich derzeit in den Warteschlangen befindet. Die Anzahl der E-Mails in diesen Warteschlangen sollte nicht ständig ansteigen. Bei kleineren Organisationen tendieren sie eigentlich immer gegen 0, da die Warteschlangen schnell abgearbeitet werden. Bei größeren Organisationen mit mehreren tausend Benutzern wird die Anzahl der zu sendenen Objekte in den

Warteschlangen wohl nie gegen 0 tendieren, sollte aber auch nicht zu stark ansteigen.

10.2.4.5.6 Überwachen des Message Transfer Agents (MTA)

Bei einer einheitlichen Exchange 2000-Umgebung spielt der MTA keine Rolle mehr. Gibt es allerdings in Ihrer Organisation noch Exchange 5.5-Server, zum Beispiel während einer Migration, werden Nachrichten zu diesen Servern noch mittels des MTA und dem X.400-Protokoll zugestellt. Gerade in einem solch sensiblen Umfeld sollte der MTA überwacht werden, damit Sie die Zustellung der E-Mails zwischen Benutzern auf Exchange 2000- und Exchange 5.5-Servern immer im Auge behalten können. Die beiden maßgeblichen Objekte zur Überwachung des MTA sind `MSExchangeMTA` und `MSExchangeMTA-Verbindungen`.

- *Objekt MSExchangeMTA: Nachrichten/s.* Mit diesem Indikator können Sie die Arbeitsleistung des Servers über MTA feststellen. Hier können Sie erkennen, wieviele Nachrichten gesendet und empfangen werden.
- *Objekt MSExchangeMTA: Länge der Arbeitswarteschlange.* Wie bei allen Warteschlangen sollte auch die Anzahl der Nachrichten im MTA nicht ständig ansteigen. Werden Nachrichten nicht mehr abgearbeitet und steigt die Zahl der E-Mails in den MTA-Warteschlangen ständig an, deutet dies auf ein Verbindungsproblem zwischen den Servern hin.
- *Objekt MSExchangeMTA-Verbindungen: Länge der Warteschlange.* Steigt die Anzahl der Nachrichten in der MTA-Warteschlange stark an, können Sie mit diesem Indikator feststellen, welche Verbindung für das Anwachsen der Warteschlange verantwortlich ist. Gerade bei vielen Exchange 2000 und Exchange 5.5-Server können Sie so leichter Verbindungsprobleme zwischen den einzelnen Exchange 2000 und Exchange 5.5-Servern feststellen.

10.2.4.5.7 Überwachen des Standortreplikationsdienstes (SRS)

Der SRS ist eine der wichtigsten Komponenten bei der Zusammenarbeit von Exchange 5.5 und Exchange 2000 (siehe Kapitel 11.4 *Standortreplikationsdienst*).

Gerade während einer Migration von Exchange 5.5 zu Exchange 2000 kann daher die Überwachung des SRS sinnvoll sein. Um den Standortreplikationsdienst zu überwachen, setzen Sie hauptsächlich das Objekt `MSExchangeSRS` mit seinen verschiedenen Leistungsindikatoren ein.

- *Replikationsaktualisierungen/sek.*. Hier können Sie die Rate messen, in die der SRS-Dienst auf diesem Server seine Daten aktualisiert.
- *Verbleibende Replikationsakutalisierung*. Dieser Wert zeigt die noch durchzuführenden aktuellen Replikationen an. Ist dieser Wert 0, wird zur Zeit keine Aktualisierung durchgeführt.

10.2.4.5.8 Überwachen des Recipient Update Service (RUS)

Auf deutschen Servern wird der Recipient Update Service (RUS) als Empfängeraktualisierungsdienst bezeichnet. Da wie so oft die englische Bezeichnung geläufiger ist, wird in der Exchangewelt und auch in der Microsoft Knowledgebase fast ausschließlich vom RUS gesprochen. Benutzen Sie diesen Begriff auch, wenn Sie in der Knowledge Base nach Informationen zum Empfängeraktualisierungsdienst suchen. Wie weiter vorne bereits erwähnt, ist der RUS für die Verteilung der E-Mail-Adressen und die Anbindung der Benutzer an das Exchange 2000-System verantwortlich. Gerade bei größeren Umgebungen ist es daher durchaus sinnvoll, auch den RUS zu überwachen. Verwenden Sie hierzu das Objekt `MSExchangeAL`.

- *Warteschlangenlänge der Adresslisten*. Dieser Leistungsindikator zeigt Ihnen die Auslastung des RUS an.

10.2.4.6 Konfigurieren von Warnungen durch den Systemmonitor

Sie können mit dem Systemmonitor, wie bei der Diagnoseprotokollierung, Warnmeldungen verschicken oder ein Programm ausführen. Um eine Warnmeldung mit dem Systemmonitor zu konfigurieren, müssen Sie zunächst auf dem Server den Systemmonitor starten. Navigieren Sie dann zum Menüpunkt `Warnungen` unterhalb des Menü `Leistungsdatenprotokolle` und `Warnungen` (siehe Abbildung 10.25).

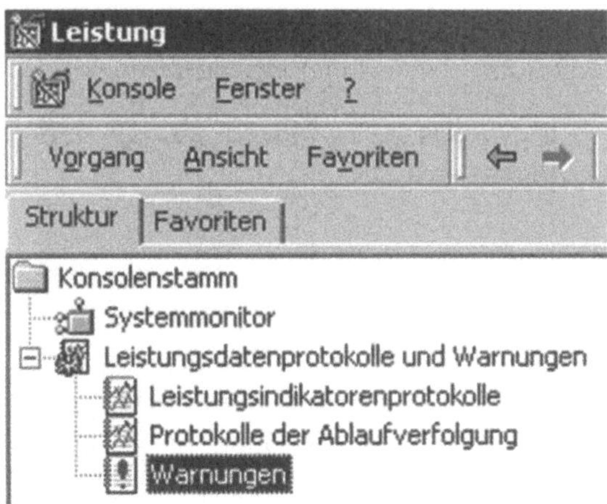

Abb. 10.25: Warnungen mit dem Systemmonitor

Klicken Sie dann mit der `rechten Maustaste` auf den Menüpunkt `Warnungen` und wählen `Neue Warnungseinstellungen` aus. Geben Sie dann einen Namen für diese neue Warnung ein und bestätigen diese mit `OK`. Sie erhalten daraufhin ein Fenster, in dem Sie die Warnung genauer konfigurieren können (siehe Abbildung 10.26). Sie können jetzt mit der Schaltfläche `Hinzufügen` ein beliebiges Objekt aus dem Systemmonitor auswählen und die Warnung mit jedem Leistungsindikator dieses Objektes verknüpfen. Geben Sie anschließend das Limit ein, wann die Warnung ausgelöst werden soll. Sie können auch mehrere Leistungsindikatoren oder Objekte miteinander kombinieren.

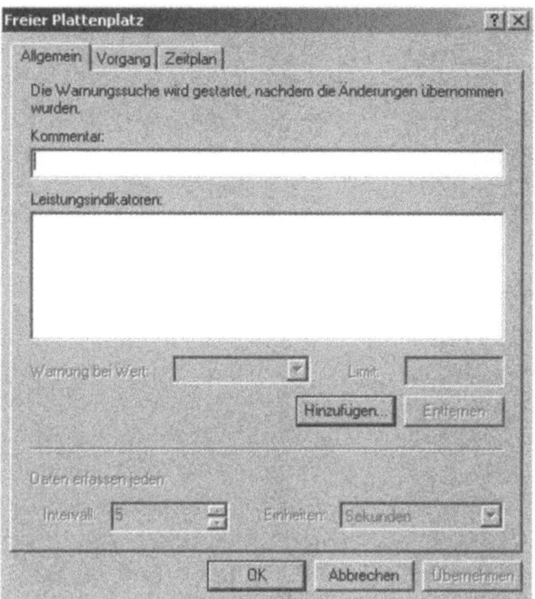

Abb. 10.26: Konfigurieren einer neuen Warnung

Wenn Sie festgelegt haben, wann ein Alarm ausgelöst werden soll, müssen Sie noch festlegen, was genau beim Auslösen dieses Alarmes passieren soll. Gehen Sie dazu auf die Registerkarte `Vorgang` (siehe Abbildung 10.27).

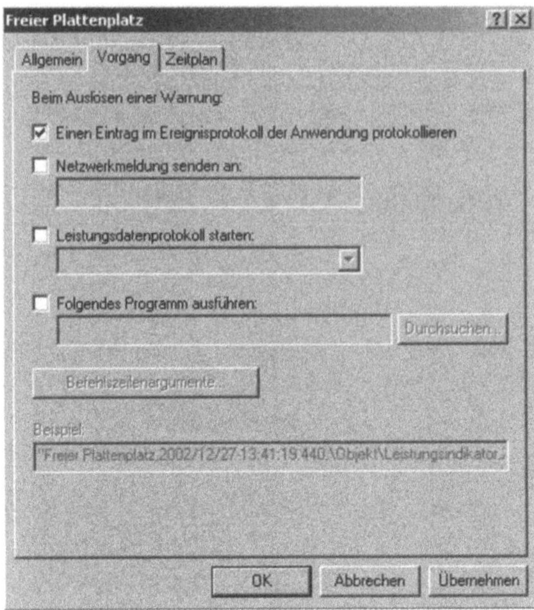

Abb. 10.27: Konfiguration eines Vorgangs der Warnung

Standardmäßig wird eine Fehlermeldung im Ereignisprotokoll festgehalten. Sie können jetzt zusätzlich noch eine Netzwerkmeldung an bestimmte Personen senden. Das Verschicken dieser Meldung wird mit Hilfe des Nachrichtendienstes, also `net send`, durchgeführt. Achten Sie daher darauf, dass die Personen, die diese Nachricht erhalten sollen, den Nachrichtendienst auf Ihrem Rechner gestartet haben. Ansonsten können Sie die Warnung nicht empfangen. Sie können auch ein Programm ausführen lassen und so zum Beispiel mit einem Kommandozeilen-Tool wie Blat eine E-Mail verschicken lassen.

11 Migration und Koexistenz mit Exchange 5.5

Der Umstieg auf Exchange 2000 ist komplex. Auch die Zusammenarbeit mit Exchange 5.5 ist alles andere als einfach. Es gibt einige Ansatzmöglichkeiten und Migrationsszenarien. Alle haben Ihre Vorteile aber auch Ihre Schwierigkeiten, die es zu meistern gilt. Die wohl größte Herausforderung einer Migration zu Exchange 2000 und auch einer der größten Vorteile ist die Integration in das Active Directory. Gerade größere Organisationen können nicht von Heute auf Morgen zu Exchange 2000 migrieren sondern werden sich einige Zeit mit der Koexistenz zweier Mail-Systeme beschäftigen müssen. Der wohl wichtigste Punkt einer Migration ist die Planung und der Test. Alle Schritte, die während der Migration anfallen, sollten von Ihnen in einer Testumgebung erst gründlich auf Herz und Nieren geprüft werden. Beachten Sie auch eventuelle Folgen für die Benutzer wenn etwas schief geht. Sie sollten für jeden Schritt einen Fallback-Plan haben, um im Notfall Ihr Mail-System wieder auf einen stabilen Stand zu bringen. Beachten Sie bei der Einführung einer neuen Version, dass Programme, die bisher mit Exchange 5.5 gearbeitet haben, auch mit upgedated werden müssen. Dies betrifft Virenscanner, Fax-Connectoren, Datensicherung und andere Connectoren. Berücksichtigen Sie dies bei der Planung Ihrer Migration. Führen Sie Ihre Migration nicht nur an Hand dieses Kapitels durch, sondern lesen Sie auch die anderen Kapitel durch, da die Migration alles Wissen bezüglich Exchange 2000 voraußetzt.

11.1 Exchange 2000 mit Exchange 5.5

Die wohl verbreiteste Umgebung einer Migration und Koexistenz ist die von Exchange 5.5 zu Exchange 2000. Eine Koexistenz liegt vor, wenn Exchange 2000-Server zusammen in einer Organisation mit Exchange 5.5-Servern installiert werden, also ein Mischmodus vorliegt. Wird Exchange 2000 im Mischmodus ausgeführt, können Exchange 5.5-Server in der gleichen Organisation installiert sein. Sie können Postfächer und öffentliche Ordner zwischen Exchange 2000 und Exchange 5.5-Server verschieben oder replizieren.

Nach der Installation von Exchange 2000 befindet sich die Organisation immer im Mischmodus. Das Wechseln zum einheitlichen Modus müssen Sie manuell durchführen. Dies sollten Sie allerdings erst tun, wenn Sie sicher sind, dass keine Exchange 5.5-Server mehr unterstützt werden müssen (siehe Kapitel 6.3.2 *Betriebsmodus der Exchange 2000 Organisation*). Während der Durchführung des Schalters *forestprep* bei der Installation von Exchange 2000 (Kapitel 3.2.1 Forestprep) müssen Sie festlegen, ob Exchange 2000 eine neue Organisation erstellen soll oder ob Sie einer bestehenden Organisation beitreten wollen. Da Sie in jeder Gesamtstruktur nur eine Exchange Organisation integrieren können, müssen Sie hier sehr sorgfältig überlegen. Die Schema-Erweiterung von Exchange 2000 kann nur schwer wieder rückgängig gemacht werden und dann auch nicht vollständig. Sie können dabei nicht einfach einer Exchange 5.5 Organisation beitreten, sondern müssen einige Vorbereitungen treffen.

11.2 Ablauf der Installation in einer Exchange 5.5-Organisation

Wenn Sie Exchange 2000 in einer Exchange 5.5-Organisation installieren wollen, müssen Sie zunächst einige Vorbereitungen treffen.

11.2.1 Windows 2000-Domäne

Exchange 2000 kann nur in einer Windows 2000-Domäne installiert werden. Sie müssen also dafür sorgen, dass Ihre Windows 2000-Domäne bzw. -Struktur, in der Sie Exchange 2000 installieren, stabil und sauber läuft.

Ein sehr wichtiger Punkt hier ist die DNS-Auflösung, die innerhalb der Windows 2000 Domäne und der gesamten Struktur stabil und sauber laufen muss. DNS ist bei Windows 2000 der wohl lebenswichtigste Punkt. Dies gilt natürlich auch für Exchange 2000.

Am besten ist es, wenn die Windows 2000-Gesamtstruktur schon einige Wochen, besser Monate läuft, damit Sie sicher sind, dass es keine Probleme gibt. Exchange 2000 ist ein sehr sensibles Produkt was DNS und Namensauflösung sowie Zusammenarbeit mit Domänencontroller und globaler Katalog betrifft. Sie sollten innerhalb Ihrer Windows 2000-Gesamtstruktur nicht all zu oft

Domänencontroller wechseln oder globale Kataloge verschieben, da Exchange 2000 eng mit diesen zusammenarbeitet.

11.2.2 Namensauflösung mit Exchange 5.5

Wenn Ihr Exchange 5.5-Server nicht Mitglied einer Domäne innerhalb Ihrer Windows 2000 Gesamtstruktur ist sondern sich in einer anderen Domäne, wie zum Beispiel Windows NT 4 befindet, müssen Sie sicherstellen, dass die Namensauflösung zwischen den beiden Domänen stabil läuft.

Wenn Sie Exchange 5.5 in einer Windows NT 4-Domäne installiert haben, werden Sie wahrscheinlich auch einen Windows NT 4-WINS-Server haben. Sie sollten diesen WINS-Server bei Ihren Windows 2000 Domänencontrollern und dem zukünftigen Exchange 2000 eintragen. Genauso sollten Sie die DNS-Server aus Ihrer Windows 2000-Gesamtstruktur auf den Windows NT 4-Maschinen eintragen. Optimal wäre natürlich noch, wenn Sie auf den NT-Maschinen die DNS-Zone der Windows 2000-Domäne eintragen, da die meisten Firmen DNS unter NT 4 ohnehin nicht für Namensauflösung intern genutzt haben. Sie müssen jetzt noch manuell die Einträge der Windows NT 4 Server in die DNS-Datenbank machen, da Windows NT 4 kein dynamisches DNS unterstützt. Haben Sie diese Punkte alle abgehakt, sollten Sie auf allen beteiligten Domänencontrollern und Exchange-Servern die Namensauflösung testen. Testen Sie dazu die Auflösung mit DNS auf beiden Seiten aus, zum Beispiel mit *nslookup*. Auch die Auflösung mit WINS sollten Sie testen. Löst jeder Server die IP-Adresse nach dem Namen auf und gibt eine Antwort mit Ping zurück, können Sie sicher sein, dass während der Koexistenz keine Fehler bezüglich der Namensauflösung auftreten. Eine falsch konfigurierte Namensauflösung ist einer der häufigsten Fehler während einer Migration.

11.2.3 Installieren von Servicepacks

Wenn Sie Exchange 2000 in einer bestehenden Exchange 5.5-Organisation installieren wollen, müssen Sie Ihre Exchange 5.5-Server mindestens auf Servicepack 3 updaten, besser auf Servicepack 4, da erst hier die Zusammenarbeit und notwendige Fehlerbehebung eingebunden wurden.

Auch das Betriebssystem sollten Sie auf den neuesten Stand bringen. Hier sollten Sie das Windows NT 4 Servicepack 6a installieren. Auf dem Windows 2000-Server, der später der erste Exchange 2000-Server werden soll, sollten Sie das neueste Servicepack für Windows 2000 und alle verfügbaren Hotfixes installieren. Warten Sie nach dem Update Ihrer produktiven Exchange 5.5-Umgebung einige Tage, bevor Sie mit Maßnahmen weitermachen, die direkt in diese Umgebung eingreifen. So stellen Sie sicher, dass Ihre Umgebung stabil läuft und eventuell später auftretende Probleme nicht an diesen Servicepacks liegen. Sie sollten später, nach der Installation von Exchange 2000, auch nicht blind jedes Hotfix und Servicepack direkt nach dem Erscheinen installieren, sondern erst einige Tage warten und in Newsgroups oder Internetforen genau beobachten, ob diese Servicepacks eventuell Probleme bereiten. Die Exchange-Newsgroups sind nach Erscheinen eines neuen Hotfixes oder Servicepacks immer randvoll mit Hilfeschreien. Diesem Stress sollten Sie sich nicht freiwillig außetzen. Installieren Sie ein Hotfix zuerst auf einem Testsystem oder auf einem nicht so wichtigen Server. Sichern Sie vor der Installation eines Servicepacks auf jedenfall Ihren Server und Ihre Konfiguration, um bei einem Ausfall möglichst schnell handeln zu können. Vor der Installation von Exchange 2000 bietet es sich jedoch an, alle Hotfixes zu installieren, da dieser Server ja ohnehin noch nicht produktiv ist und so bei Problemen mit einem Servicepack oder Hotfix leicht neu installiert werden kann. Mit dem Servicepack 6a wurde in Windows NT 4 auch der TCP/IP-Stack von Windows 2000 integriert, welcher den Netzwerkverkehr Ihrer NT-Umgebung deutlich beschleunigt.

11.2.4 Name der Organisation und Änderungen

Wenn Sie den Namen Ihrer Organisation abändern wollen, damit später, wenn nur noch Exchange 2000-Server der Organisation angehören, die Organisation einen anderen Namen hat, müssen Sie vor der Installation Ihres Exchange 2000 Servers den Anzeigenamen der Exchange 5.5-Organisation ändern. Die Organisation heißt zwar in Exchange 5.5 immer noch so wie zuvor, allerdings wird jetzt ein anderer Name angezeigt. Dieser Anzeigename wird später von Exchange 2000 als Name der Organisation übernommen.

Ändern des Anzeigenamens

Um den Anzeigenamen Ihrer Exchange 5.5-Organisation zu ändern, müssen Sie zuerst den Exchange Administrator aufrufen. Markieren Sie dann den Namen Ihrer Exchange 5.5-Organisation (siehe Abbildung 11.1).

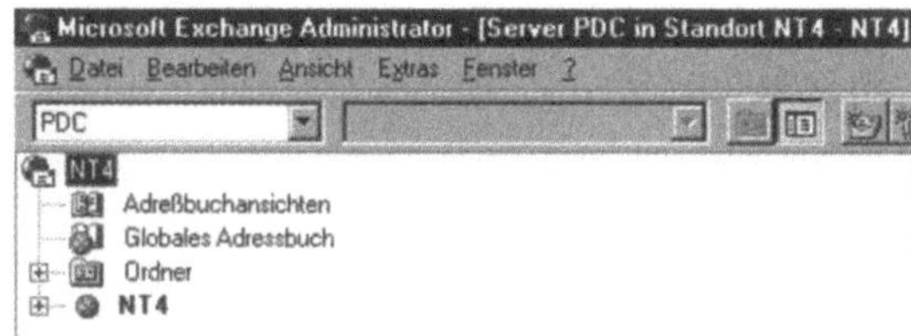

Abb. 11.1: Exchange 5.5-Administrator

Rufen Sie dann über `Datei/Eigenschaften` die Eigenschaften der Organisation auf (siehe Abbildung 9.2).

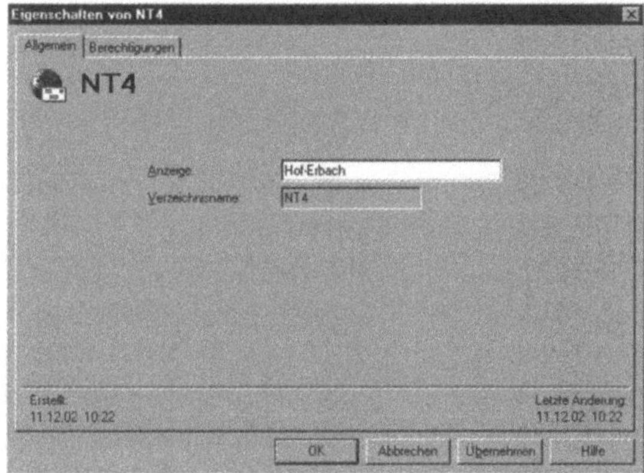

Abb. 11.2: Eigenschaften der Exchange 5.5-Organisation

Im Feld `Anzeige` können Sie den Anzeigenamen der Organisation ändern.

Das Ändern hat keinerlei Auswirkungen auf Ihr Exchange-System oder irgendwelche Konnektoren. Hier wird wirklich nur die Ansicht geändert. Der Name der Organisation bleibt gleich.

Wenn Sie Exchange 2000 installieren, erkennt dies lediglich den Anzeigenamen der Organisation und übernimmt diesen für sich als Organisationsnamen.

Wenn Sie also den letzten Exchange 5.5-Server aus der Organisation entfernt haben, hat Ihre neue Exchange 2000-Organisation die Bezeichnung des Anzeigenamens der Exchange 5.5-Organisation. Nach dem Ändern des Anzeigenamens und der Bestätigung wird dieser neue Anzeigenamen sofort aktiv (siehe Abbildung 11.3).

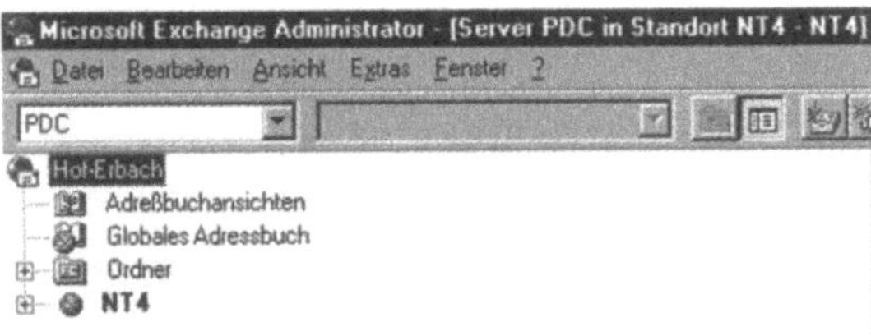

Abb. 11.3: Neuer Anzeigenamen der Organisation

Sollte der neue Anzeigename nicht auf alle Standorte repliziert werden, können Sie ihn auch bei den anderen Standorten ändern. Sie müssen sich dazu mit einem Exchange-Server in diesem Standort verbinden.

11.2.5 Einrichten der notwendigen Berechtigungen

Um Exchange 2000 in Ihrer Gesamtstruktur zu installieren, sollten Sie nicht Ihren normalen Administrator benutzen, sondern einen neuen Benutzer anlegen, den Sie nur zur Installation und Konfiguration von Exchange 2000 nutzen.

Am besten kopieren Sie hier Ihren normalen Administrator. Stellen Sie sicher, dass der Exchange Administrator in der Gruppe Domänen-Admins, Organisations-Admins und Schema-Admins ist. Diese Rechte werden zur Installation von Exchange 2000 benötigt. Haben Sie den Benutzer angelegt, müssen Sie eine bidirektionale Vertrauensstellung zwischen der Windows 2000-Domäne, in der Sie Exchange 2000 installieren und der Windows NT 4 Domäne eintragen. Wenn Sie die Vertrauenstellung eingerichtet haben, sollten Sie den neuen Exchange 2000-Admin in die lokale Gruppe Administratoren aufnehmen, damit dieser über genügend Berechtigung in der NT-Domäne verfügt. Sie müssen diesem Benutzer jetzt noch die notwendigen Rechte innerhalb der Exchange 5.5-Organisation zuweisen. Rufen Sie dazu wieder den Exchange-Administrator auf und fügen auf der Registerkarte *Berechtigungen* den neuen Exchange 2000-Administrator hinzu.

Erteilen Sie diesem Konto ruhig die Rechte `Admin des Dienstkontos`. Sie müssen diese Berechtigung in den Eigenschaften der Organisation, der einzelnen Standorte und dem Verbindungs-Container zuweisen, da bei Exchange 5.5 noch keine Vererbung der Berechtigungen zu allen Objekten unterstützt wird.

11.2.6 Vorbereiten des zukünftigen Exchange 2000 Servers

Sie sollten auf dem neuen Exchange-Server, der der erste Exchange 2000 Server in der Exchange 5.5-Organisation wird, Windows 2000 mit aktuellstem Servicepack und allen Hotfixes installieren. Wichtig sind auch die Windows 2000 Support-Tools und falls verfügbar, das Windows 2000 Ressource Kit und das Exchange 2000 Ressource-Kit. Der erste Server sollte auch für den Active Directory-Connector verwendet werden. Daher sollten Sie ihn auch zum Domänencontroller hochstufen und als globalen Katalog konfigurieren. Wenn Sie die Konfiguration des Servers fertiggestellt haben, sollten Sie überprüfen, ob dieser stabil in der Windows 2000-Domäne läuft. Dazu werden einige Tools aus den Support-Tools verwendet. Zunächst sollten Sie im Ereignisprotokoll sicherstellen, dass keine gravierenden Fehler auftauchen. Danach sollten Sie in der Kommandozeile mit den Tools:

- Dcdiag
- Netdiag
- Nltest /dsgetsite
- Repadmin /showreps

überprüfen, ob der Server fehlerfrei läuft. Diese Tools sind allesamt Bestandteile der Support-Tools. Warten Sie einige Stunden, bevor Sie diese Tools ausführen, da sich der Server zunächst mit allen anderen Domänencontrollern replizieren muss. Wenn Sie diese Tools direkt nach dem promoten zum Domänencontroller und globalen Katalog aufrufen, kann es sein, dass einige Fehler gemeldet werden, da noch nicht alle Daten auf den neuen Domänencontroller repliziert wurden.

Verbindungstest mit Exchange 5.5

Nachdem Sie sichergestellt haben, dass der neue Server fehlerfrei funktioniert und mit `Ping` und `nslookup` die Exchange 5.5-Server in der NT-Domäne erreicht, sollten Sie noch überprüfen, ob zwischen diesen Servern eine RPC-Verbindung (Remote Procedure Call) aufgebaut werden kann. Da gerade bei Exchange viele Serverdienste auf RPC aufbauen, ist dieser Verbindungstest eine zuverlässige Hilfe bei der Verbindung des Exchange 5.5-Verzeichnisses mit dem Active Directory.

RPC-Ping

Microsoft liefert zum Testen der RPC-Verbindung zwischen Servern mit Exchange 2000 ein spezielles Tool mit. Dieses Tool nennt sich RPC-Ping und befindet sich im Verzeichnis *\support\rpcping* auf der Exchange 2000 CD. Kopieren Sie am besten das gesamte Verzeichnis auf die lokale Festplatte. Das Tool enthält eine Komponente für DOS, 16 bit-Windows und Windows NT. Das Tool besteht aus einer Server-Komponente `RPINGS.exe` und einer Client-Komponente `RPINGC.exe`.

Testen der Verbindung mit RPC-Ping

Um die Verbindung zwischen den beiden Servern zu testen, müssen Sie auf beiden Servern die Serverkomponente `RPINGS.exe` starten. Die Client-Komponente `RPINGC.exe` baut zu dieser Sitzung eine Verbindung auf.

Wenn Sie die Server-Komponente `RPINGS.exe` mit einem Doppelklick starten, wird ein DOS-Fenster geöffnet (siehe Abbildung 11.4), welches den Status der Komponente anzeigt. Dieses Fenster sollte bei Ihnen so ähnlich außehen wie in der Abbildung 11.4.

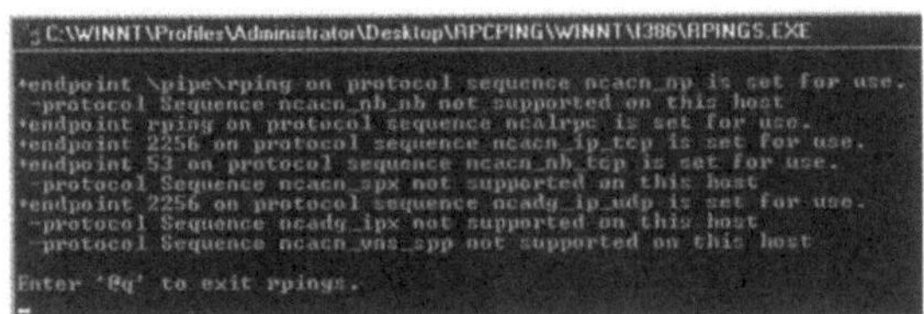

Abb. 11.4: Statusmeldung von RPINGS.exe

Jetzt sind die Server zum Empfangen von Paketen des RPC-Clients bereit. Starten Sie als nächstes auf dem neuen Windows 2000 Server die Client-Komponente mit einem Doppelklick auf `RPINGC.exe` (siehe Abbildung 11.5). Lassen Sie dazu die Serverkomponente aber laufen.

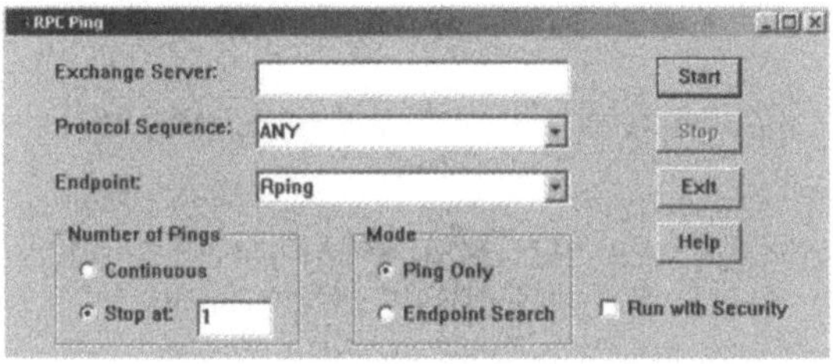

Abb. 11.5: Client-Komponente RPC-Ping

Tragen Sie auf dem Server den Namen des Exchange 5.5-Servers ein, auf dem Sie die Server-Komponente gestartet haben. Bei Protocol Sequence wählen Sie bitte TCP/IP aus. Lassen Sie bei `Endpoint` RPing stehen. Tragen Sie bei `Number of Pings Stop at: 4` ein. Bei `Mode` können Sie die Einstellung `Ping Only` so belassen. Setzen Sie bei `Run with Security` den Haken, damit auch gleich der Zugriff mit Berechtigung überprüft wird. Wenn Sie diese Einstellungen so eingetragen haben, können Sie mit `Start` den Ping-Vorgang starten. Wenn die RPC-Verbindung erfolgreich aufgebaut werden kann, sollte bei Ihnen das Fenster ähnlich außehen wie in Abbildung 11.6.

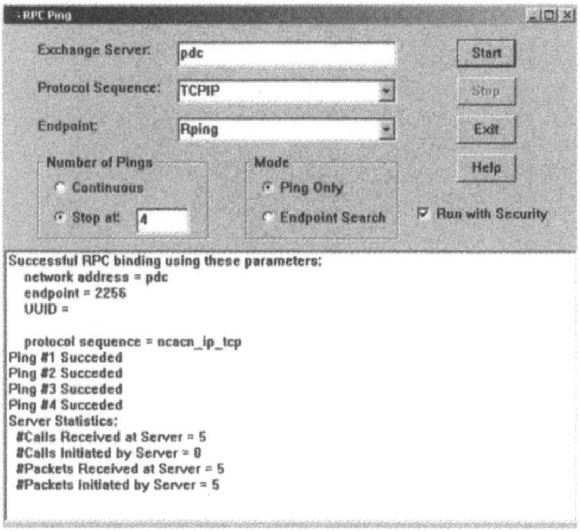

Abb. 11.6: Erfolgreiches RPC-Ping

Sie können jetzt den Client auf dem Windows 2000 Server beenden. Den Server müssen Sie jedoch laufen lassen. Testen Sie jetzt die RPC-Verbindung mit dem Client von Exchange 5.5 zum Windows 2000-Server. Auch dieses Fenster sollte so außehen wie in Abbildung 11.6 zu sehen.

11.2.7 Bereinigen der Exchange 5.5-Organisation

Der nächste wichtige Schritt ist die Bereinigung der Zugriffsberechtigungen der öffentlichen Ordner. Erfahrungsgemäß gibt es in fast allen Exchange Organisationen sogenannte Zombie-Einträge in der Berechtigungsstruktur der öffentlichen Ordner. Mit diesen Zombie-Einträgen sind Berechtigungen für Benutzer gemeint, die nicht mehr in der Domäne verfügbar sind. Diese nicht verwendeten Einträge sollten vor einer Replikation zu Windows 2000 beseitigt werden. Microsoft hat diese Bereinigung im Exchange Administrator von Exchange 5.5 integriert. Um diese Bereinigung durchzuführen, müssen Sie den Exchange Administrator starten, zu dem jeweiligen Standort und dem Server navigieren, den Sie bereinigen wollen und dessen Eigenschaften über `Datei\Eigenschaften` aufrufen. Rufen Sie dann die Registerkarte *Weitere Optionen* auf. Klicken Sie dann auf das Feld `Konsistenzanpassung` (siehe Abbildung 11.7).

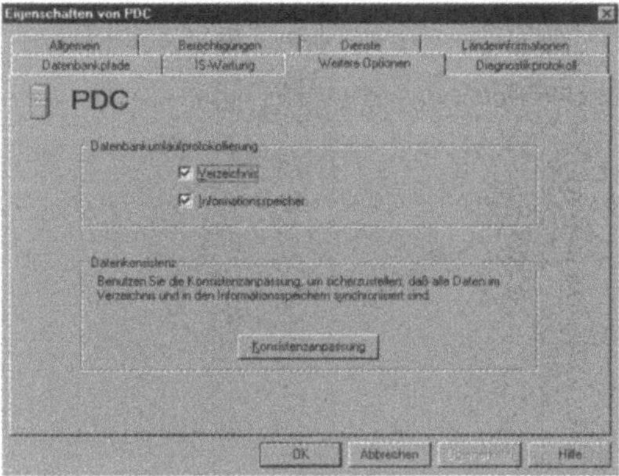

Abb. 11.7: Starten der Konsistenzanpassung

Aktivieren Sie die beiden Optionen `Unbekannte NT-Konten von Postfachberechtigungen entfernen` und `Unbekannte NT-Konten von Öffentliche Ordner-Berechtigungen entfernen` (siehe Abbildung 11.8). Aktivieren Sie für den Filter `Alle Inkonsistenzen.`

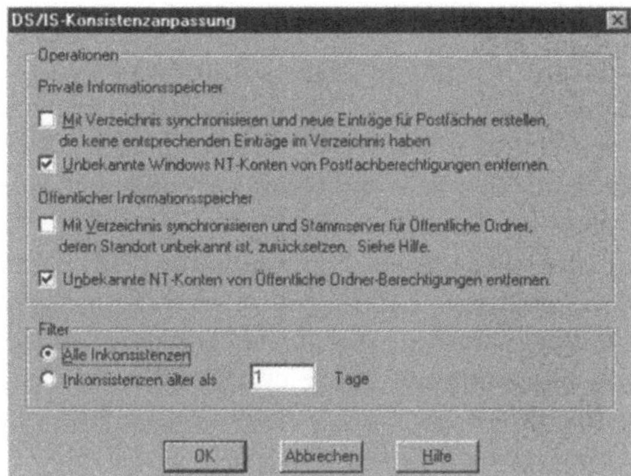

Abb. 11.8: Entfernen der Inkonsistenzen

Nach der Bestätigung startet die DS/IS-Konsistenzanpassung und meldet Ihnen noch mit einem Fenster den Startvorgang (siehe Abbildung 11.9). Sie können diesen Vorgang auch während der normalen Geschäftszeiten durchführen. Der Server wird dadurch im Normalfall nicht zu stark belastet.

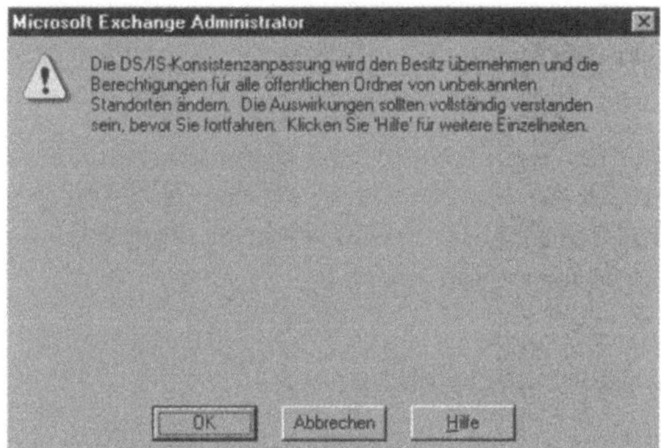

Abb. 11.9: Start der DS/IS Konsistenzanpassung

Nach dem Beenden dieser DS/IS Konsistenzanpassung erscheint ein weiteres Fenster, das Sie über den erfolgreichen Abschluss informiert. Sie können jetzt im Anwendungsprotokoll überprüfen, ob es irgendwelche Schwierigkeiten bei der Konsistenzanpassung gegeben hat.

11.2.8 Anpassen der Ressourcen-Postfächer

In vielen Exchange-Organisationen werden Ressourcen-Postfächer aktiv genutzt. Unter Exchange 5.5 war es noch möglich, einem Ressourcen-Postfach kein eigenes Benutzerkonto unter Windows NT zur Verfügung zu stellen, sondern das Konto eines anderen Benutzers dafür zu verwenden. Dies wurde von vielen Unternehmen so gehandhabt und Besprechungsräume zum Beispiel dem Konto einer Sekretärin zugeordnet. Da Exchange 2000 direkt in das Active Directory integriert ist, gibt es kein exchangeeigenes Verzeichnis mehr, in dem die Benutzerpostfächer-Daten abgelegt werden. Diese Informationen werden direkt im Active Directory abgelegt.

Hinweis

In Exchange 2000 muss für JEDES Exchange 2000-Postfach ein entsprechendes Benutzerobjekt im Active Directory vorhanden sein.

Allerdings muss nicht jedes Benutzerobjekt ein Exchange-Postfach haben.

Unter Exchange 5.5 konnten Benutzer mehrere Postfächer haben. Dies ist bei Exchange 2000 nicht mehr möglich!!

Wie gesagt, haben viele Unternehmen keine eigenen Benutzerkonten für die Ressourcen-Postfächer angelegt sondern den Ressourcen-Postfächern Benutzerkonten zugewiesen, die wiederum ein eigenes Postfach hatten.

Active Directory Connector

Die Migration von Exchange 5.5 zu Exchange 2000 benötigt zur Verbindung der Exchange 5.5-Postfächer mit Windows 2000 Benutzern das Tool Active Directory Connector (ADC). Dieses Tool wird weiter hinten in diesem Kapitel ausführlich behandelt. Der ADC überprüft dabei, ob er für ein Exchange 5.5-Postfach ein entsprechendes Windows 2000 Benutzerkonto findet und verbindet dann dieses Postfach mit dem Benutzerkonto. Gibt es nun für einen Benutzer zwei Postfächer in Exchange 5.5, verbindet der ADC das erste Postfach mit dem Benutzer, den er findet. Dies muss allerdings nicht zwingend das Postfach des Benutzers sein, sondern kann auch dessen zugeordnetes Ressourcenkonto sein. Dies ist abhängig davon, welches Konto im Alphabet weiter vorne liegt.

So kann der Windows 2000 Benutzer zwar weiterhin auf das Ressourcenkonto zugreifen, jedoch nicht auf sein eigenes Postfach. Sie können allerdings dem ADC mitteilen, welche Postfächer Ressourcen sind und welche mit Benutzern verbunden werden sollen. Dazu können Sie von Hand oder per Skript in der benutzerdefinierten Eigenschaft 10 des Postfaches auf dem Exchange 5.5-Server (siehe Abbildung 11.10) den Eintrag `NTDSNoMatch` vornehmen.

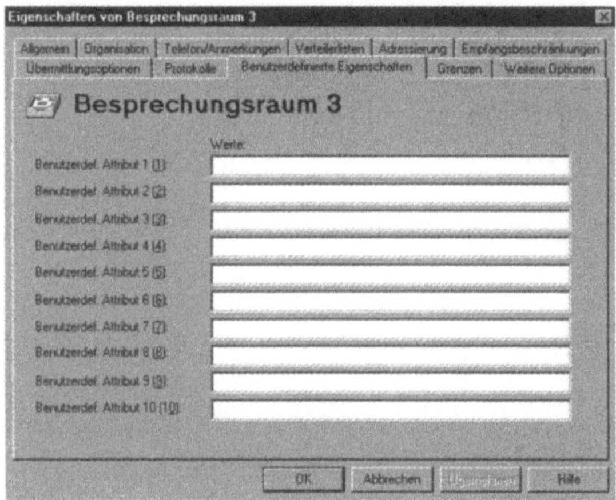

Abb. 11.10: Benutzerdefinierte Eigenschaften von Postfächern

Wenn der ADC Postfächer mit dem Eintrag `NTDSNoMatch` findet, weiß er, dass es sich hier um ein Ressourcenpostfach handelt. Er verbindet das Exchange 5.5-Postfach des Windows 2000 Benutzers mit dem Windows 2000-Benutzerkonto und legt für die jeweilige Ressource automatisch ein neues Benutzerkonto in Windows 2000 an. Außerdem wird dem Benutzer die Berechtigung für dieses Ressourcen-Postfach in Windows 2000 beim zugehörigen Windows 2000-Benutzerkonto der Ressource zugewiesen. Durch diesen Vorgang ist sichergestellt, dass Benutzer weiterhin wie gewohnt auf Ihr Ressourcenpostfach zugreifen können. Bei einer großen oder unbekannten Anzahl an Ressourcen-Postfächern ist natürlich das manuelle Setzen dieser Eigenschaft nicht sehr effizient.

NTDSATRB (früher NTDSNOMATCH)

Microsoft liefert daher ein Tool zusammen mit Exchange 2000 aus, welches für Sie diese Arbeit abnimmt.

Das Tool hat die Bezeichnung `NTDSATRB` und wird mit dem Servicepack für Exchange 2000 mitgeliefert. Sie finden es auf der Servicepack-CD für Exchange 2000 oder indem Sie das Servicepack aus dem Internet runterladen und entpacken.

Das Tool befindet sich im Verzeichnis

`\support\utils\i386\ntdsatrb`

Installieren Sie dieses Tool auf dem Windows 2000 Server, der später der erste Exchange 2000 Server werden soll und den Sie dafür, wie in den vorderen Kapiteln beschrieben, vorbereitet haben. Die Benutzung von `NTDSATRB` ist denkbar einfach und kann ebenfalls während der normalen Arbeitszeit durchgeführt werden. `NTDSATRB` führt keinerlei Veränderung an den Servern durch, sondern legt lediglich eine Konfigurationsdatei an, die Sie später benötigen.

Durchführen von ntdsatrb

Nach der Installation von ntdsatrb gehen Sie in die Kommandozeile und wechseln in das Verzeichnis, in das Sie das Tool installiert haben. Rufen Sie ntdsatrb nicht auf dem Exchange 5.5-Server auf sondern auf dem Windows 2000-Server, der Ihr erster Exchange Server 2000 werden soll.

Rufen sie ntdsatrb mit der Syntax

`ntdsatrb EXCHANGE-SERVERNAME`

auf.

Dabei steht der Schalter EXCHANGE-SERVER für den Namen Ihres Exchange 5.5-Servers. Nach dem Start läuft das Tool durch und legt im Installations-Verzeichnis eine CSV-Datei an, die die Bezeichnung des Standortes hat, an dem Ihr Exchange-Server steht. Diese Datei können Sie mit Excel oder Wordpad öffnen. Hier sind alle Ressourcen-Postfächer eingetragen, die später in der benutzerdefinierten Eigenschaft 10 den Eintrag NTDSNoMatch bekommen.

Überprüfen der ntdsatrb-Datei

Öffnen Sie diese Datei und überprüfen Sie, ob das Tool alle Ressourcen-Postfächer erkannt hat bzw. ob einige normale Benutzer-Postfächer dazwischengerutscht sind. Löschen Sie einfach falsche Einträge aus der Datei und kopieren diese auf den Exchange 5.5-Server.

Importieren der ntdsatrb-Datei

Anschließend müssen Sie jetzt diese Einträge noch in die jeweiligen Ressourcen-Postfächer importieren. Rufen Sie dazu den Exchange Administrator auf Ihrem Exchange 5.5-Server auf und wählen aus dem Menü `Extras` den Punkt `Verzeichnisimport` aus (siehe Abbildung 11.11).

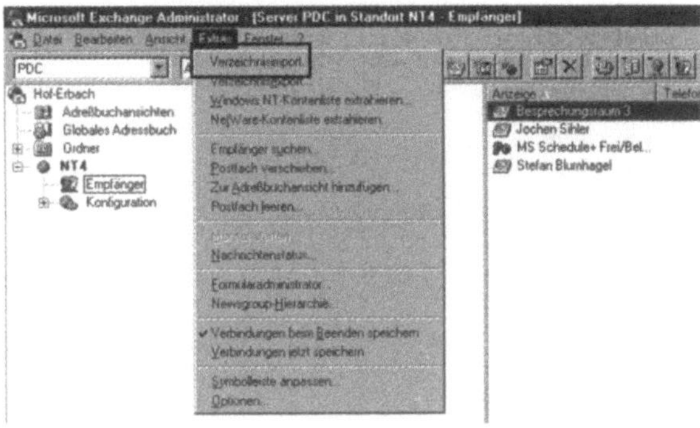

Abb. 11.11: Verzeichnisimport bei Exchange 5.5

Nach dem Starten des Verzeichnisimportes erhalten Sie das Fenster, in dem Sie die Konfigurationen vornehmen können, welche Sie für den Import benötigen (siehe Abbildung 11.12).

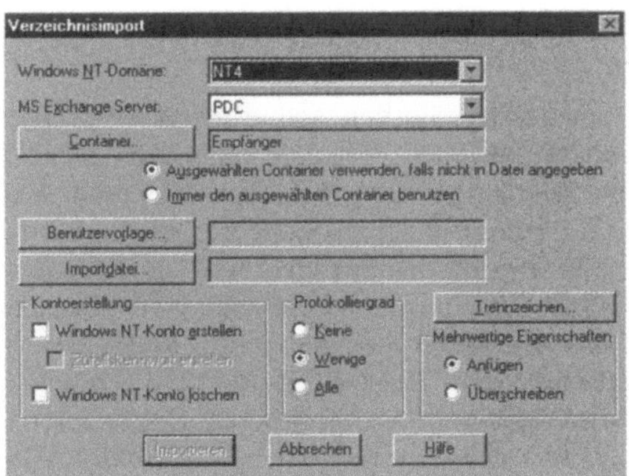

Abb. 11.12: Verzeichnisimport starten

Wählen Sie in diesem Fenster den Exchange-Server aus, auf dem Sie den Import durchführen wollen. Mit der Schaltfläche `Importdatei` wählen Sie die kopierte CSV-Datei aus. Weitere Einträge müssen Sie hier nicht vornehmen.

Wenn Sie Ihre Eingaben bestätigen, fängt der Exchange-Server an, die Daten aus der CSV-Datei in das Exchange-Verzeichnis zu importieren. Je nach Anzahl der zu bearbeitenden Postfächer dauert dieser Vorgang einige Minuten. Nach Abschluss des Vorganges erhalten Sie eine Meldung über den erfolgreichen Abschluss (siehe Abbildung 11.13). Überprüfen Sie auf alle Fälle das Ereignisprotokoll auf eventuell aufgetretene Fehler.

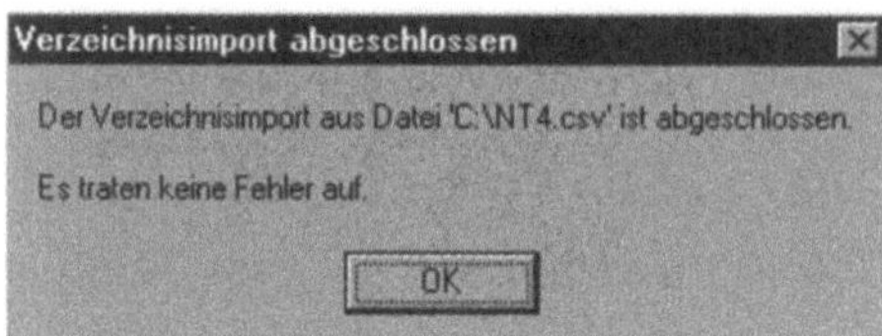

Abb. 11.13: Abschluss des Verzeichnisimportes

Machen Sie Stichproben, ob der Import nach Ihren Wünschen funktioniert hat.

11.2.9 Vorbereiten der Windows 2000 Gesamtstruktur

Als nächstes sollten Sie die Windows 2000 Gesamtstruktur vorbereiten. Melden Sie sich dazu mit dem Administrator an, den Sie für die Installation von Exchange 2000 angelegt haben.

Active Directory Connector

Zunächst müssen Sie den Active Directory Connector (ADC) installieren. Dieser wird vom Exchange 2000-Setup zur Anbindung an einer Exchange 5.5-Organisation benötigt. Die Konfiguration des ADC wird weiter hinten in diesem Kapitel besprochen. Wir wollen hier zunächst nur den ADC installieren. Wenn Sie *forestprep* durchführen bevor Sie den ADC installieren, bricht das Exchange-Setup mit einer Fehlermeldung ab. Verwenden Sie ausschließlich die Version des ADC auf der Exchange 2000 Servicepack 3 CD. Alle anderen Versionen arbeiten mehr oder weniger fehlerhaft. Eine der schwerwiegendsten Fehler der ADC-Version bis einschließlich im Servicepack 2 für Exchange 2000 ist das Zurücksetzen von Benutzerrechten der Exchange 5.5-Postfächer. So kann es sein, dass Benutzer zwar aus Windows 2000 mit Ihrem Exchange 5.5-Postfach verknüpft werden, der ADC aus dem SP2 allerdings die Rechte für das Postfach entzieht. Dadurch kann der Benutzer so lange nicht mehr auf sein Postfach zugreifen, bis Sie ihm die Rechte wieder geben.

Zur Installation des ersten ADC in der Gesamstruktur brauchen Sie die Schema-Admin-Rechte, da das Schema durch den ADC erweitert wird. Nach dem Starten der Installation werden Sie gefragt, welche Komponenten des ADC Sie installieren wollen (siehe Abbildung 11.14).

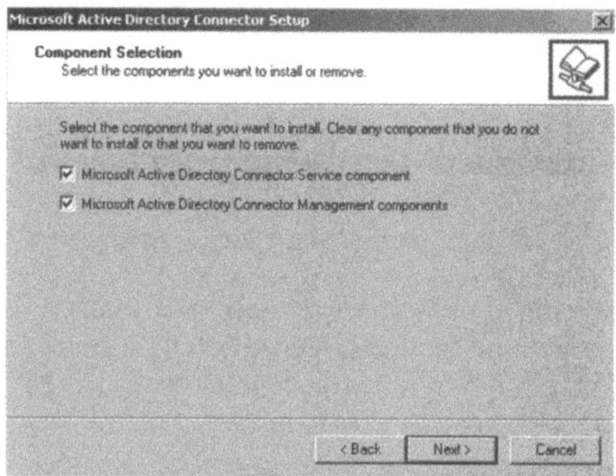

Abb. 11.14: Installation Active Directory Connector

Installieren Sie sowohl die ADC-Komponente als auch das MMC SnapIn zur Verwaltung des ADC.

Als nächstes werden Sie nach dem Benutzerkonto gefragt, mit dem Sie den ADC installieren wollen. Da Sie sich mit dem Konto des Exchange-Admins angemeldet haben, können Sie diese Einstellung übernehmen und geben gegebenenfalls nochmal das Kennwort für dieses Konto ein. Nach einigen Sekunden ist die Installation des ADC schließlich abgeschlossen.

Warten Sie nach der Installation des Active Directory je nach Größe und Verteilung Ihrer Windows 2000 Struktur einen Tag, bis alle Windows 2000 Domänencontroller die Schemaerweiterung mitbekommen haben.

Erweiterung des Schemas mit forestprep

Als nächstes wollen wir uns mit der Erweiterung des Schemas für Exchange 2000 beschäftigen, also dem Schalter *forestprep,* den wir schon im Kapitel 3 Installation besprochen haben. Im Unterschied zur Installation einer reinen Exchange 2000 Organisation wie im Kapitel 3 wollen wir jetzt allerdings die Anbindung von Exchange 2000 in die bestehende Exchange 5.5-Organisation durchführen.

Rufen Sie das Setup von Exchange 2000 mit dem Schalter *forestprep* auf und bestätigen die kommenden Fenster bis zur Bestätigung, dass das Setup auch *forestprep* durchführt (siehe Abbildung 11.15).

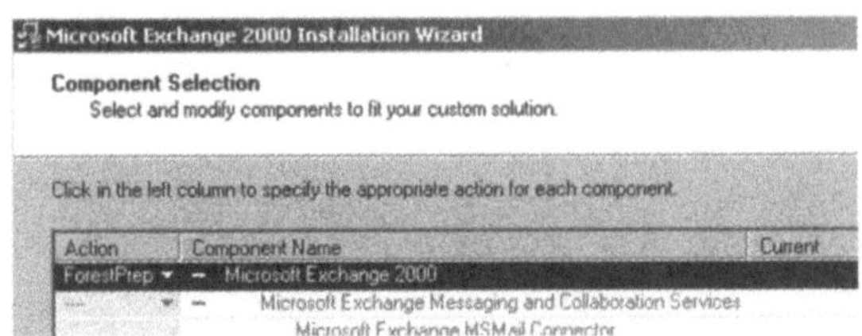

Abb. 11.15: Starten des Exchange Setups mit forestprep

Bestätigen Sie dieses Fenster und wählen bei der Auswahl, ob Sie eine neue Organisation erstellen oder einer bestehenden Exchange 5.5-Organisation beitreten wollen (siehe Abbildung 11.16).

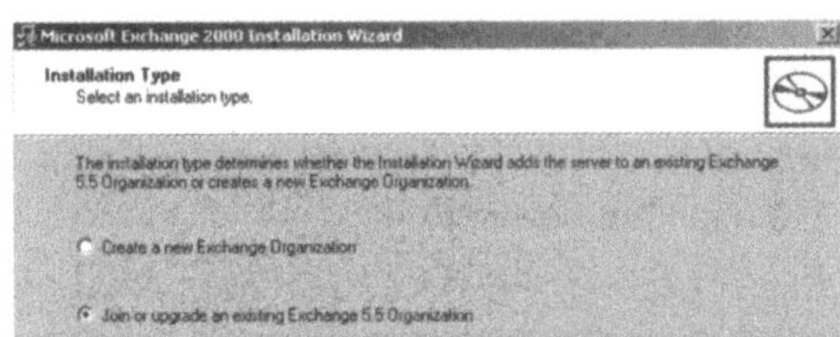

Abb. 11.16: Einer bestehenden Organisation beitreten

Im nächsten Fenster werden Sie gebeten, einen Exchange 5.5-Server anzugeben der sich in der Organisation befindet, der Sie beitreten wollen. Geben Sie hier den Servernamen des Exchange-Servers ein, mit dem Sie weiter vorne die Verbindung mit RPC-Ping getestet haben. Das Exchange-Setup überprüft jetzt, ob alle notwendigen Berechtigungen vorhanden sind, der ADC installiert wurde und er Verbindung zu diesem Exchange-Server aufbauen kann. Danach werden Sie nochmals nach dem Benutzer gefragt, mit dem Sie Exchange 2000 in dieser Gesamtstruktur installieren wollen. Als nächstes müssen Sie das Kennwort des Dienstkontos eingeben, mit dem die Exchange 5.5-Organisation erstellt wurde, also mit dem die Exchange 5.5-Dienste gestartet werden. Nach der korrekten Eingabe dieses Kennwortes beginnt das Setup mit der Schemaerweiterung. Nach Abschluss dieser Schemaerweiterung sollten Sie wieder, je nach Größe Ihrer Windows 2000 Struktur, einige Tage bis zur vollständigen Replikation zu allen Domänencontrollern warten.

domainprep

Nach der Schemaerweiterung müssen Sie, wie im Kapitel 3 beschrieben, in jeder Domäne, die Exchange 2000-Server oder Exchange 2000 Benutzer enthält, das Setup mit dem Schalter *domainprep* durchführen. Zum Durchführen dieses Setups benötigen Sie für jede Domäne die Rechte eines Domänen-Admins. Die Rechte der Organisations-Admins reichen dafür nicht aus. Denken Sie auch daran, dass Sie nach der Installation von Exchange 2000 für jede dieser Domänen im Exchange System-Manager einen eigenen Recipient Update Service (RUS) manuell erstellen müssen. Exchange 2000 legt lediglich für die Domänen einen RUS an, in denen ein Exchange 2000 Server installiert wurde.

11.2.10 Active Directory Connector (ADC)

Im vorherigen Kapitel haben wir bereits die Installation des ADC besprochen. Wir wollen uns jetzt etwas näher mit der Theorie beschäftigen.

Versionen des ADC

Es gibt zwei Versionen des ADC. Eine Version befindet sich auf der Windows 2000 CD und ist zur Verbindung von Exchange 5.5 mit Windows 2000 ohne einen Exchange 2000 Server entwickelt worden. Die zweite Version ist Bestandteil von Exchange 2000. Verwenden Sie diese Version, wenn Sie Exchange 5.5 mit dem Active Directory verwenden wollen und Exchange 2000 in Ihrem Netzwerk implementieren. Grundsätzlich sollten Sie immer die aktuellste Version des ADC installieren. Derzeit die Version des Servicepack 3 für Exchange 2000.

Hinweis

Wenn Sie bereits Verbindungsvereinbarungen mit Hilfe des Windows 2000 ADCs konfiguriert haben, müssen Sie diese dokumentieren und mit dem Exchange 2000 ADC neu anlegen.

Die Verbindungsvereinbarungen können nicht zwischen den verschiedenen ADC-Versionen migriert werden.

Einfach ausgedrückt ist die Aufgabe des ADC, das Verzeichnis von Exchange 5.5 mit seinen Postfachinformationen, öffentlichen

Ordner-Konfigurationen und Verteilerlisten in Windows 2000 zu übernehmen und für Exchange 2000 und dessen Benutzer nutzbar zu machen.

So werden Sie während einer Migration eine gewisse Zeit einige Benutzer auf Exchange 2000 und einige auf Exchange 5.5 verwalten müssen. Die Benutzer auf den verschiedenen Exchange-Servern müssen jedoch auch weiterhin uneingeschränkt E-Mails austauschen, Informationen an Verteilerlisten und öffentliche Ordner senden und natürlich Besprechungen und Ressourcen planen können. Dabei sollten Sie beachten, dass der ADC nur zur temporären Koexistenz von Exchange 5.5 und Exchange 2000 gedacht ist. Sie sollten daraus keine Dauerlösung machen, da im Mischbetrieb, gerade bei größeren Umgebungen, Probleme auftreten können, die in einer einheitlichen Umgebung nicht auftreten. Hier spielt es auch keine Rolle, welche Version von Exchange in der Organisation die Verwaltung der Mails übernimmt.

Ein häufig auftretendes Problem bei großen Umgebungen ist, dass Benutzer, deren Postfach auf Servern mit verschiedenen Exchange-Versionen liegen, teilweise im Adressbuch nicht alle Benutzer der anderen Version sehen. Solche Probleme treten zwar nur sporadisch auf, aber bei mehreren tausend Benutzern kann dieses Problem Administratoren und Benutzern gehörig auf die Nerven gehen.

Replikation zwischen Exchange 5.5 und Exchange 2000

Die Replikation zwischen Exchange 5.5 und Exchange 2000 wird mit Hilfe von ldap-Abfragen konfiguriert. Die einzelnen Partitionen des Verzeichnisses werden mit Hilfe von Verbindungsvereinbarungen, auch Connection Agreements (CA) genannt, repliziert. Der Begriff CA ist der geläufigste Begriff zwischen diesen einzelnen Verbindungsvarianten. Die Installation des ADC ist, wie Sie im Kapitel 11.1.9 gesehen haben, sehr einfach und recht schnell durchgeführt. Die Einrichtung der CAs ist allerdings wesentlich komplexer. Bei der Installation des ersten ADC wird das Windows 2000 Schema erweitert. Es werden dazu die Rechte eines Schema-Admins benötigt. Die Installation nachfolgender ADCs erweitert dagegen das Schema nicht mehr. Dies kann jeder Domänen-Admin getrennt für seine Domäne erledigen. Generell sollten Sie für jede Domäne, die sich in Ihrer Gesamtstruktur befindet und Benutzer für Exchange 2000 beinhaltet, einen eigenen ADC installieren. Vor allem wenn sich in den Standorten dieser

Domäne auch noch eigene Exchange 5.5-Server befinden. Nach dem Einrichten der notwendigen CAs sollten Sie ihrem Exchange System und der Windows 2000 Struktur einige Stunden Zeit zur Replikation geben, da die erste Replikation natürlich entsprechend lange andauert. Bei täglichem Betrieb speichert der ADC Statusmeldung im Windows 2000 Ereignisprotokoll und kann so sehr effizient überwacht werden. Zusätzlich haben Sie noch die Möglichkeit, die Überwachungsstufe zu erhöhen, so dass mehrere Schritte des ADC im Ereignisprotokoll mitgeschrieben werden. Wenn Sie jedoch die Überwachung des ADC erhöhen, sollten Sie darauf achten, die Standardgröße des Ereignisprotokolls von 512 kb auf mindestens 4 MB zu erhöhen. Die Anzahl der einzelnen Ereignisse, gerade bei großen Umgebungen, kann stark ansteigen.

11.2.10.1 Diagnose Logging des ADC

Starten Sie dazu den Active Directory Connector in der Programmgruppe *Microsoft Exchange*. Nach dem Starten des ADC sehen Sie zunächst nur das Startfenster (siehe Abbildung 11.17).

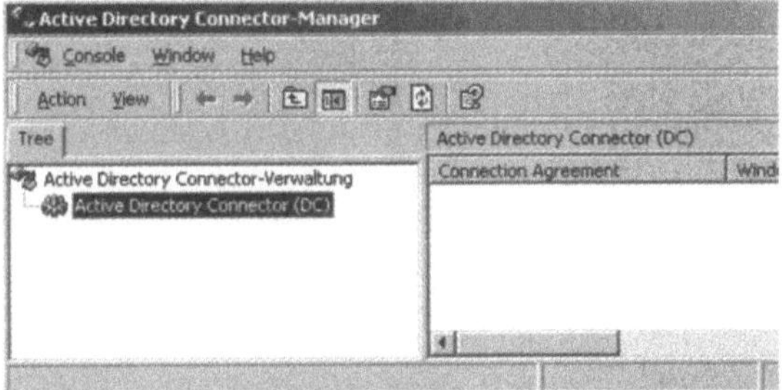

Abb. 11.17: Startfenster des Active Directory Connectors

Sie sehen hier alle ADC innerhalb Ihrer Gesamtstruktur. Sie können für jeden einzelnen ADC das Diagnoselogging unterschiedlich konfigurieren. Rufen Sie dazu die Eigenschaften des entsprechenden ADC auf und wechseln zur Registerkarte `Diagnostic Logging` (siehe Abbildung 11.18).

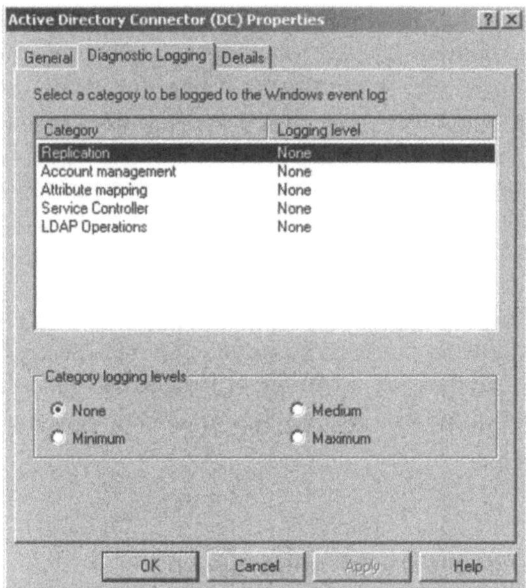

Abb. 11.18: Diagnose-Einstellungen des ADC

Standardmäßig steht das Logging auf *none*. Mit dieser Einstellung werden nur die wichtigsten Systemmeldungen in das Anwendungs-Ereignisprotokoll geschrieben. Sie können die einzelnen Kategorien jeweils für Ihre Bedürfnisse abändern.

- *Replikation.* Diese Kategorie steht für die Replikation der einzelnen Objekte zwischen dem Exchange-Verzeichnis und dem Active Directory.
- *Kontoverwaltung.* Diese Kategorie ist für die Verwaltung der einzelnen Windows-Objekte zuständig. Hier werden die Löschungen und das Bearbeiten der Windows 2000-Konten mitgeschrieben.
- *Attribut-Zuordnung.* Hier können Sie das Loggingverhalten für das Bearbeiten von Attributen mitschreiben lassen.
- *Dienstcontroller.* Hier werden die einzelnen systembezogenen Ereignisse mitgeschrieben, also zum Beispiel das Starten und Beenden des ADC-Dienstes auf dem jeweiligen Server und damit verbundene Probleme.
- *LDAP-Operationen.* Hier werden Fehler mitgeschrieben, die beim Zugriff auf die Verzeichnisse des Exchange-Servers oder des Active Directorys auftreten. Der Zugriff auf beide Verzeichnisse wird mittels ldap durchgeführt.

Sie können hier für alle Kategorien verschiedene Loggingstufen einstellen. Alle mitgeschriebenen Ereignisse finden Sie im Anwendungs-Ereignisprotokoll. Denken Sie aber daran, die Größe des Ereignisprotokolls auf mindestens 4 MB zu vergrößern und die Option *bei Bedarf überschreiben* zu aktivieren. Gerade bei Problemen während der Replikation kann das Logging des ADC sehr hilfreich sein.

11.2.10.2 Anlegen einer neuen Verbindungsvereinbarung

Da der ADC die beiden Verzeichnisse von Exchange 5.5 und Windows 2000 miteinander repliziert, müssen Sie darauf achten, die Konfiguration der CAs sorgfältig zu planen und zu testen, da nach dem Einfügen einer CA Ihr Exchange-System recht schnell zerschossen werden kann. Sie sollten jetzt als nächstes die Postfächer der Exchange 5.5-Organisation mit dem Active Directory verbinden. Dazu erstellen Sie eine neue CA für Replikation innerhalb einer Organisation. Um eine neue CA zu konfigurieren, müssen Sie auf den entsprechenden ADC mit der `rechten Maustaste` klicken und aus dem Menü `Neu` die Art der Verbindungsvereinbarung wählen (siehe Abbildung 11.19.). Sie können hier zwei Arten CAs erstellen. Die eine Art dient zur Replikation der Benutzer, die andere zur Replikation der öffentlichen Ordner.

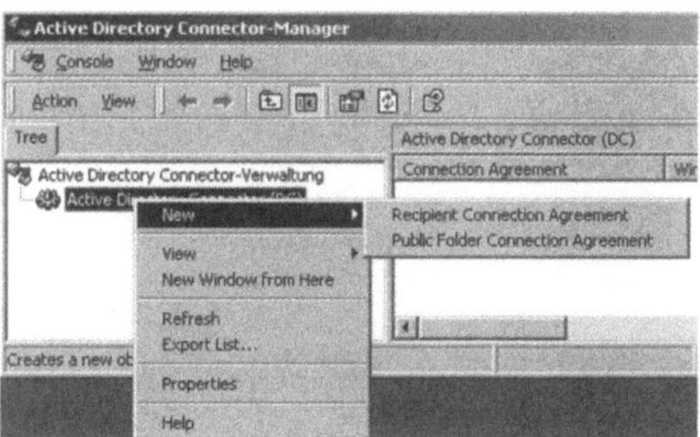

Abb. 11.19: Erstellen einer neuen CA

Empfängerverbindungsvereinbarung

(Recipient Connection Agreement)

Nach dem Erstellen einer neuen CA zur Replikation der Benutzer öffnet sich das Eigenschaftsfenster dieser CA (siehe Abbildung 11.20). Gehen Sie bei der Konfiguration sehr sorgfältig vor, da die Replikation nach Bestätigen mit OK sofort beginnt. Eventuelle von Ihnen nicht gewollte Einstellungen werden so sofort ins Active Directory und in Exchange repliziert.

Registerkarte General

Auf der Registerkarte *General* (siehe Abbildung 11.20) müssen Sie zunächst einen Namen für die CA eintragen. Verwenden Sie hier einen Namen, der später auch wiedergibt, welche Container repliziert werden. Sie müssen für jeden Empfängercontainer in Exchange 5.5 eine eigene CA anlegen. Wählen Sie also am besten einen Namen, der auch beschreibt, welche Container miteinander repliziert werden, zum Beispiel `Empfänger zu w2k`. Weiter legen Sie hier fest, in welche Richtung die Replikation stattfinden soll.

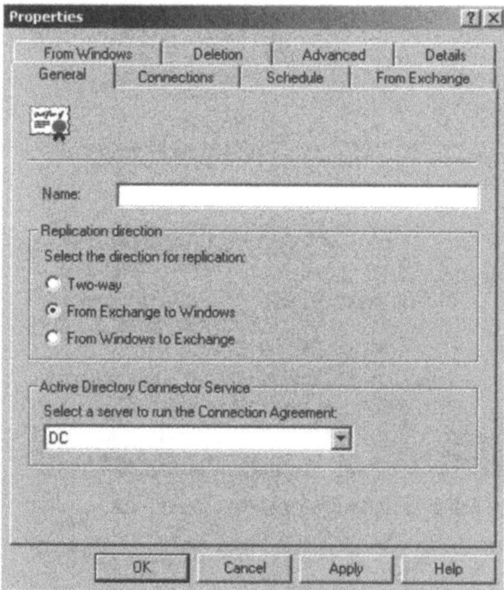

Abb. 11.20: Registerkarte Allgemein

- *Two-Way.* Mit dieser Einstellung repliziert diese CA in beide Richtungen, also von Windows 2000 zu Exchange 2000 und umgekehrt. Zunächst werden bei dieser Einstellung von Exchange zum Active Directory repliziert. Sie können diese Einstellung jedoch auf der Registerkarte *Advanced* abändern (siehe weiter hinten bei Registerkarte *Advanced*).
- *From Exchange to Windows.* Hier wird das Active Directory mit Informationen aus dem Exchange 5.5-Verzeichnis versorgt. Wenn diese CA Benutzer mit der passenden SID in der Windows 2000-Umgebung findet, werden die Exchange-Eigenschaften dieser Benutzer so abgeändert, als ob Sie sich auf einem Exchange 2000-Server befinden. Sie können Benutzer mit den Exchange-Aufgaben direkt im SnapIn *Active Directory-Benutzer und –Computer* von Exchange 5.5-Servern auf Exchange 2000 verschieben.
- *From Windows to Exchange.* Hier wird ausschließlich vom Active Directory in Richtung Exchange repliziert. Es werden keine Daten in das Active Directory geschrieben sondern lediglich in das Exchange 5.5-Verzeichnis.

Registerkarte Connections

Auf dieser Registerkarte (siehe Abbildung 11.21) tragen Sie die Verbindungsoptionen zu Exchange und zum Active Directory ein. Tragen Sie hier auch die Benutzerkonten ein, die zur Berechtigung auf diese Verzeichnisse konfiguriert wurden. Überprüfen Sie vorher, ob die Namen aufgelöst werden können.

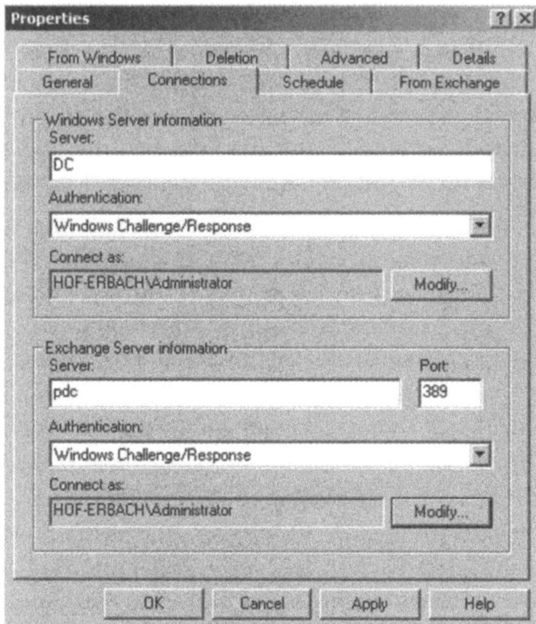

Abb. 11.21: Registerkarte *Connections*

Exchange 5.5 auf Windows 2000 Server

Wenn Sie Exchange 5.5 auf einem Windows 2000 Domänencontroller installiert haben, müssen Sie den ldap-Port von Exchange 5.5 abändern, da der Port 389 dann von den Domänencontroller-Diensten dieses Servers bedient wird. Nicht mehr von Exchange 5.5.

Ändern des ldap-ports von Exchange 5.5

Um den ldap-Port des Exchange 5.5-Servers zu ändern, sollten Sie zunächst in der Kommandozeile mit `netstat -an` alle offenen und aktiven Ports Ihres Systems anzeigen lassen. Wählen Sie einen neuen Port, den Sie sich leicht merken können und der noch nicht vergeben ist. Starten Sie dann den Exchange Administrator, navigieren zum Container `Konfiguration`, dann zu den `Protokollen`, dann zu `LDAP`.

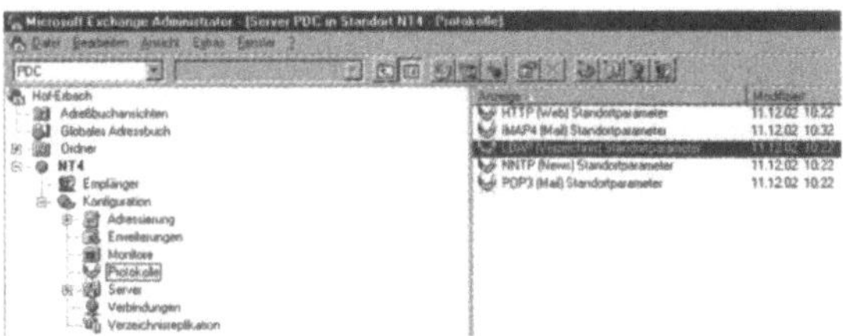

Abb. 11.22: Ändern des ldap-Portes bei Exchange 5.5

Rufen Sie die Eigenschaften des LDAP-Protokolls auf und ändern den Port auf den von Ihnen gewünschten ab. Damit die Änderung aktiv wird, müssen Sie alle Exchange-Dienste beenden und neu starten. Ab jetzt hört Exchange bei ldap-Abfragen auf diesen Port. Diesen Port müssen Sie dann auch auf der Registerkarte Connections in Ihrer CA eintragen.

Registerkarte Schedule

Hier stellen Sie ein, zu welchen Zeiten diese CA Ihre Verbindung replizieren soll. Sie können diese Einstellung für jede einzelne CA konfigurieren und so genau festlegen, wann welche Informationen repliziert werden.

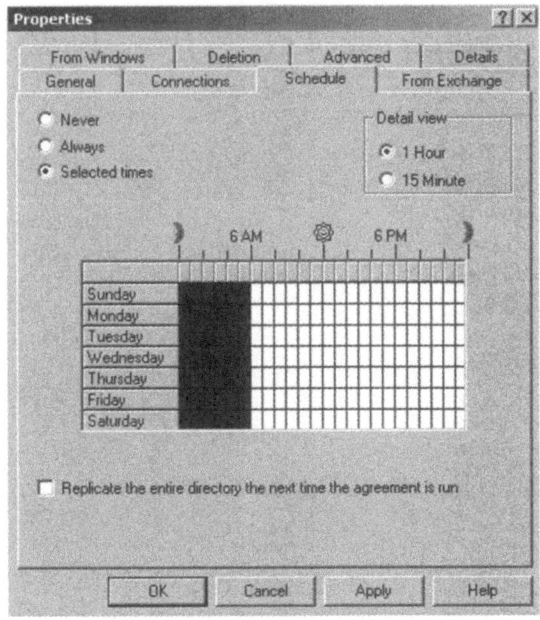

Abb. 11.23: Zeitplanung der CA

Mit der Option `Replicate the entire directory the next time the agreement is run` können Sie definieren, dass Änderungen sofort durchgeführt werden, wenn Sie die CA mit `OK` verlassen. Aktivieren Sie diese Option nicht, wird die Replikation während des definierten Zeitfensters durchgeführt. Wahlweise können Sie nach der Fertigstellung dieser CA mit der rechten Maustaste auf die CA klicken und den Punkt `Jetzt replizieren` aus dem Menü auswählen.

Registerkarte From Exchange

Auf dieser Registerkarte (siehe Abbildung 11.24) können Sie genau einstellen, welche Objekte in Exchange nach Windows 2000 repliziert werden. Wenn Sie auf die Schaltfläche `Add` klicken, stellt der ADC zu dem Exchange 5.5-Server, den Sie auf der Registerkarte Connections eingetragen haben, eine Verbindung her. Er verwendet dabei die Authentifizierung, die Sie auf der gleichen Registerkarte eingegeben haben.

Wenn Sie auf der Registerkarte `Connections` fehlerhafte Eintragungen vorgenommen haben, schlägt die Verbindung zu Exchange 5.5 fehl. Überprüfen Sie dann also nochmal Ihre Eintragungen.

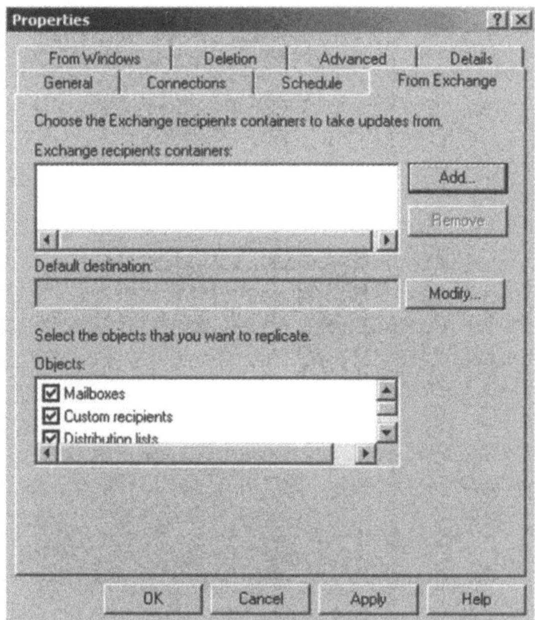

Abb. 11.24: Registerkarte From Exchange

Nachdem Sie die mit dem Exchange 5.5-Server verbunden wurden, werden Ihnen alle Empfängercontainer angezeigt (siehe Abbildung 11.25). Wählen Sie hier den Empfängercontainer aus, den Sie nach Windows 2000 replizieren wollen.

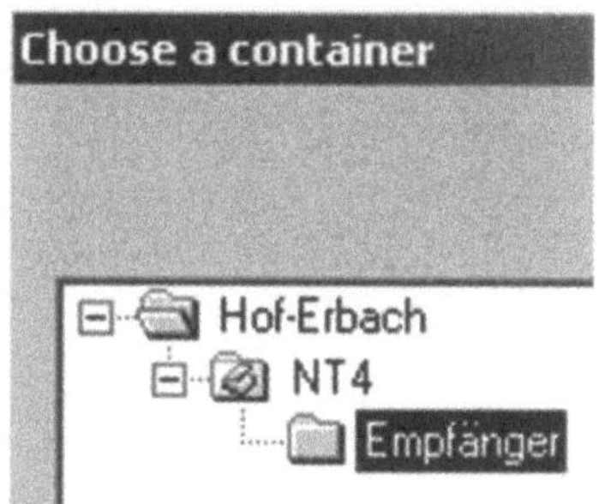

Abb. 11.25: Auswahl des Empfängercontainers für die CA

Im Feld `Default Destinations` bauen Sie Verbindung zur Domäne auf, die der Domänencontroller verwaltet, den Sie auf der Registerkarte Connections eingetragen haben. Wenn die Verbindung erfolgreich aufgebaut wurde, werden Ihnen die OUs dieser Domäne angezeigt. Wählen Sie hier die OU aus, in die der ADC Benutzer anlegen soll, sofern diese noch nicht vorhanden sind. Die Benutzer werden dann mit dem Exchange-Postfach verbunden. Die Benutzer müssen dabei nicht zwingend in dieser OU vorhanden sein. Der ADC überprüft an Hand des globalen Katalogs, ob ein Benutzer in der Gesamtstruktur vorhanden ist oder nicht. Der ADC findet ausschließlich Benutzer, die mit einem Migrationstool wie zum Beispiel dem Active Directory Migrations Tool bereits von der NT-Domäne in die Windows 2000-Domäne übernommen wurde. Sind noch keine Benutzer übernommen worden, legt der ADC Benutzer in der OU an, die Sie hier auswählen. Das Benutzer-Objekt bekommt den Namen des Postfaches auf dem Exchange 5.5-Server.

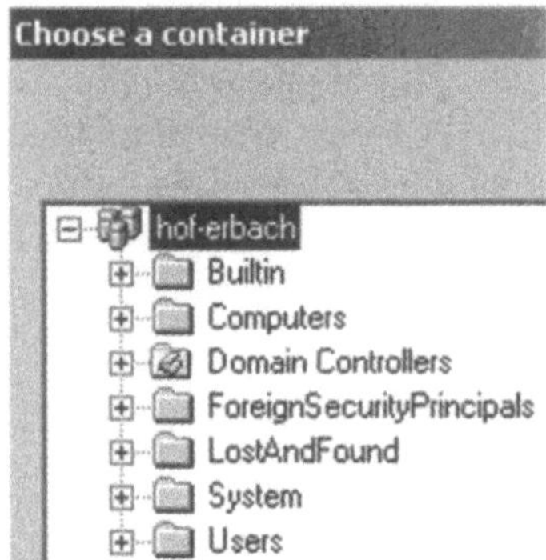

Abb. 11.26: Auswahl der OU zur Replikation

Weiter unten können Sie die Objekte auswählen, die in das Active Directory replziert werden sollen. Standardmäßig sind alle Objekte ausgewählt. Sie können dies jedoch für jede einzelne CA getrennt konfigurieren. Auf diese Weise können Sie eigene CAs für Benutzer, Kontakte oder Verteilerlisten erstellen und Kontakte zum Beispiel in einer eigenen OU erstellen lassen. Es stehen folgende Objekte zur Auswahl:

- *Postfächer (Mailboxes).* Wenn Sie diese Einstellung aktivieren, repliziert der ADC mit dieser CA alle Postfächer. Er ordnet dabei die Postfächer aus Exchange 5.5 den Benutzern aus dem Active Directory zu, deren SID erkannt wird. Alle anderen Benutzer werden vom ADC neu angelegt und das Postfach diesen neuen Benutzern zugeordnet. Sie können später Benutzer und gesperrte Benutzer mit zugeordneten Postfächern zusammenlegen. Durch die Replikation der Postfächer werden Exchange 5.5 Benutzer in der Exchange 2000 globalen Adressliste angezeigt und sind so von den Benutzern auf Exchange 2000 Servern erreichbar
- *Kontakte (Custom recipients).* Wenn Sie diese Option aktivieren, werden benutzerdefinierte Empfänger aus Exchange 5.5 zu Windows 2000 Kontakte migriert. Sie sollten Kontakte, je nach Anzahl, am besten in eine eigene OU migrieren lassen. Dazu müssen Sie jedoch eine eigene CA anlegen, da alle Objekte in einer CA in die gleiche OU repliziert werden.
- *Verteilerlisten (Distribution lists).* Aktivieren Sie diese Meldung, wenn Sie Verteilerlisten aus Exchange 5.5 nach Windows 2000 migrieren wollen. Der ADC legt dazu für jede Verteilerliste aus Exchange 5.5 im Active Directory eine universelle Sicherheitsgruppe an und ordnet die einzelnen Be-

nutzer dieser Gruppe zu. Beachten Sie aber dazu, dass die Domäne, in die die Verteilerlisten als universelle Sicherheitsgruppen migriert werden sollen, im nativen Modus ist. Universelle Gruppen können zwar in Mischmodus-Domänen angezeigt und benutzt werden, aber nur in nativen Domänen bearbeitet werden. Sie können also nur Verteilerlisten von Exchange 5.5 zu Windows 2000 migrieren, wenn eine der Domänen im nativen Modus ist. Die CA für diese Verteilerlisten muss dann zu einem Domänencontroller in dieser Domäne zeigen.

Registerkarte From Windows

Auf der Registerkarte *From Windows* treffen Sie schließlich die Entscheidung, welche Objekte von Windows 2000 zu Exchange 5.5 migriert werden sollen. Die Einstellungen sind analog zu der Registerkarte *From Exchange*.

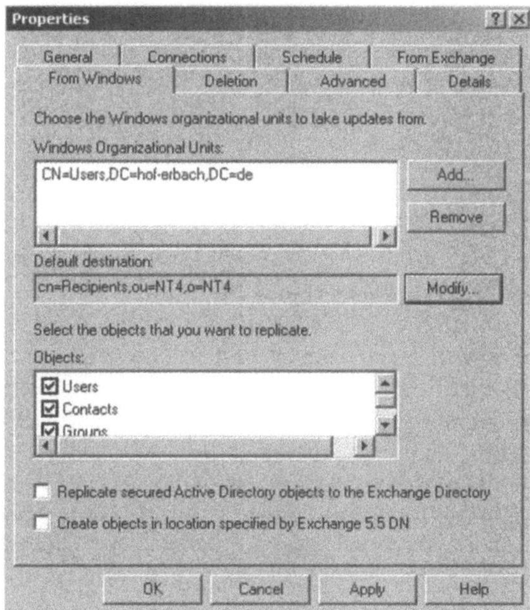

Abb. 11.27: Registerkarte from Exchange

- `Replicate secured Active Directory objects to the Exchange Directory`. Wenn Sie diese Option aktivieren, werden über diese CA auch gesicherte Active Directory-Objekte nach Exchange 5.5 migriert. Gesicherte Active Directory Objekte sind Objekte, in deren Sicherheitseinstellungen Einträge vorgenommen wurden, die gewissen Benutzern das Recht, auf dieses Objekt zuzugreifen, definitiv untersagen.

- `Create objects in location specified by Exchange 5.5 DN`. Mit dieser Option können Sie bei der Speicherung eines Objektes auf den distinguished Name des Exchange 5.5-Objektes verweisen.

Registerkarte Deletion

Hier stellen Sie ein, wie gelöschte Objekte der einzelnen Verzeichnisse bei der Replikation behandelt werden sollen (siehe Abbildung 11.28).

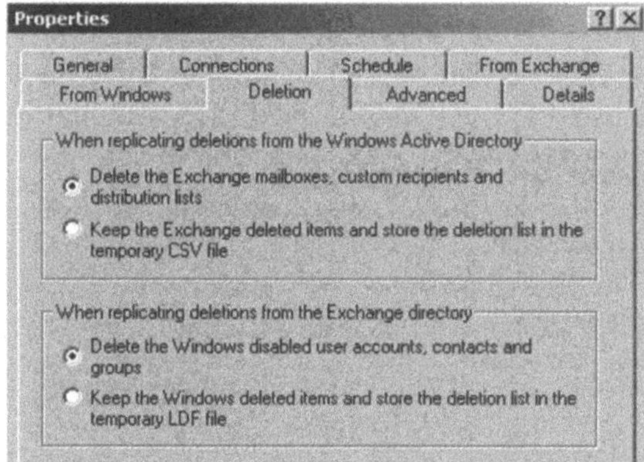

Abb. 11.28: Registerkarte *Deletion*

Sie können auf dieser Registerkarte getrennt festlegen, welche Objekte in den beiden Verzeichnissen repliziert werden sollen. Gehen Sie hier sehr sorgfältig vor, da Löschungen mit den Einstellungen auf dieser Seite in beide Verzeichnisse repliziert werden. Lassen Sie die Objekte nicht löschen sondern in eine CSV-Datei schreiben, verwaltet der ADC diese Datei nicht weiter. Je nach Anzahl der Löschungen wächst diese Datei mit der Zeit natürlich an.

Registerkarte Advanced (Erweitert)

Auf dieser Registerkarte können Sie weitere Einstellungen treffen, die die Replikation durch diese CA betreffen (siehe Abbildung 11.29).

- *Page results.* In dieser Option wird festgelegt, wie viele Objekte für die Replikation gruppiert werden. Die Standardeinstellungen sind 20. Diese können Sie im Normalfall auch so belassen.

- *This is a primary Connection Agreement for the connected Exchange Organization / Windows Domain.* Ist diese Option aktiviert, werden durch diese CA vorhandene, bereits replizierte Objekte bearbeitet und im Bedarfsfall neue Objekte erstellt. Wenn Sie diese Option nicht aktivieren, werden keine neuen Objekte angelegt sondern nur vorhandene bearbeitet. Sie dürfen für alle Objekte, die Sie replizieren, jeweils nur ein primäres Agreement konfigurieren. Sie laufen ansonsten Gefahr, dass Sie inkonsistente Daten erhalten. Sie können jedoch beliebig viele sekundäre Verbindungsvereinbarungen konfigurieren. Auf diese Weise erreichen Sie eine gewisse Ausfallsicherheit.

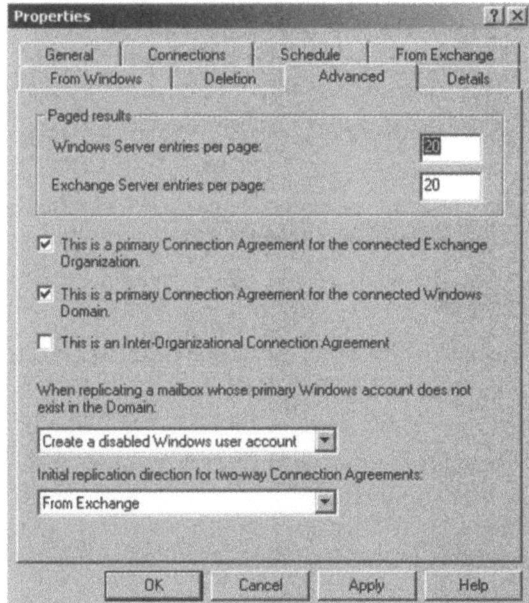

Abb. 11.29: Registerkarte *Advanced* (Erweitert)

- `This is an Inter-Organizational Connection Agreement`. Hier können Sie einstellen, ob diese Verbindungsvereinbarung Objekte zwischen verschiedenen Organisationen replizieren soll.

- `When replication a mailbox whose primary Windows account does not exist in the Do-`

`main`. Hier stellen Sie ein, wie diese CA mit Benutzerobjekten verfahren soll, die Sie nicht im globalen Katalog findet. Standardmäßig werden für Postfächer, deren zugeordnetes Konto nicht in Windows 2000 gefunden werden kann, deaktivierte Konten erstellt, die mit dem entsprechenden Postfach verknüpft werden. Sie können stattdessen aber auch andere Objekte anlegen lassen:

  - *Create a new Windows user account.* Mit dieser Option wird ein neuer aktivierter Benutzer erstellt.
  - *Create a Windows contact.* Wenn Sie diese Einstellung aktivieren, erstellt der ADC für den Benutzer einen Kontakt. Kontakte sind jedoch nur Zeiger. Sie besitzen kein Exchange-Postfach.

- *Initial replication direction for two-way Connection Agreement.* Hier stellen Sie ein, in welche Richtung bei einer two-way-Replikation zuerst repliziert werden soll. Standardmäßig repliziert jede CA von Exchange zum Active Directory, dann erst in die andere Richtung.

11.2.10.3 CA für öffentliche Ordner

Um die Informationen der öffentlichen Ordner zu replizieren, müssen Sie eine eigene CA einrichten.

Innerhalb dieser CA können ähnliche Einstellungen vorgenommen werden wie bei der CA der Postfächer. Allerdings nicht so viele, da die meisten bereits vorgegeben sind.

Bevor öffentliche Ordner über den Exchange 2000 System-Manager oder den Exchange 5.5-Administrator auf einen Exchange 2000 Server repliziert werden, sollten die Besitzer und berechtigten Benutzer bereits im Active Directory vorhanden sein, da sonst die Berechtigungen auf die öffentlichen Ordner nicht gesetzt werden können.

Hinweis

Sie sollten zuerst alle Exchange 5.5-Postfächer mit Hilfe einer Empfänger-CA in das Active Directory replizieren, bevor Sie öffentliche Ordner CAs einrichten.

Dadurch ist sichergestellt, dass die Berechtigungen in den öffentlichen Ordnern richtig gesetzt werden können, da die notwendigen Benutzerobjekte bereits vorhanden sind.

11.2.10.4 Konfigurations-CA (Config CA)

Diese CA ist die dritte und letzte CA, die der ADC zur Verfügung stellt. Sie können diese jedoch nicht selbst anlegen.

Die Config CA wird angelegt, wenn Sie den ersten Exchange 2000 Server in Ihrer Exchange 5.5-Organisation installieren. Nehmen Sie an dieser Config CA keinerlei Änderungen vor, sondern belassen Sie diese wie sie ist. Mit Hilfe dieser CA repliziert Exchange Konfigurationsinformationen über Server, Connectoren und Standorte. Der ADC liest für das Nachrichtenrouting in Exchange 2000 die GWART (Gateway Adress Routing Table) aus Exchange 5.5 aus und übersetzt sie in Verbindungsinformationen für Exchange 2000. Dies hat den Vorteil, dass Benutzer, deren Postfach auf Exchange 2000-Servern liegen, Connectoren auf Exchange 5.5-Servern benutzen können. Die Verbindungsinformationen ersetzen bei Exchange 2000 die GWART und sind eine der effektivsten Neuentwicklungen (siehe Kapitel 7 *Nachrichtenrouting*). Der ADC repliziert auch die Exchange 2000 Verbindungsvereinbarungen nach Exchange 5.5, so dass auch Exchange 5.5-Benutzer in Ihrer Organisation die Vorteile von Exchange 2000 Connectoren nutzen können.

11.2.10.5 Bereinigen von Benutzern

Der ADC überprüft, ob im Active Directory ein Benutzer gefunden werden kann, dessen SID-Historie dem primären NT-Konto entspricht, das dem entsprechenden Postfach zugeordnet ist.

Dies können Sie zum Beispiel durch Migrationstools wie dem ADMT erreichen, welches mittlerweile in der Version 2.0 Passwörter der Benutzer migrieren kann. Findet der ADC einen passenden Benutzer, verbindet er diesen mit dem Exchange 5.5-Postfach und zeigt ihn im globalen Adressbuch an. Sie können jetzt auch mit dem SnapIn Active Directory-Benutzer und Computer das Postfach des Benutzers auf einen Exchange 2000

Server verschieben. Findet der ADC keinen passenden Benutzer im globalen Katalog, legt er einen neuen Benutzer in der OU an, die Sie in der CA hinterlegt haben und verbindet das Postfach mit dem jeweiligen Benutzer. Gibt es bereits ein Windows 2000-Konto welches auf dieses Postfach Zugriff hat, können Sie die beiden Konten zusammenführen. Lassen Sie dabei auf jeden Fall das vom ADC angelegte Konto deaktiviert. Um die beiden Konten zusammenzuführen, wählen Sie das Tool *Assistent zur Active Directory-Bereinigung* (adclean.exe) aus der Programmgruppe *Microsoft Exchange*. Tragen Sie hier als Quellkonto das vom ADC gesperrte Konto ein und als Zielkonto das Konto mit dem der entsprechende Benutzer bereits arbeitet.

11.2.11 Installation Exchange 2000

Nach dem Sie alle CAs erstellt haben, können Sie Ihren ersten Exchange 2000 Server installieren. Hierzu gibt es eigentlich nichts mehr zu beachten, da forestprep und domainprep bereits durchgeführt wurden.

Wenn die Standardinstallation abgeschlossen ist, können Sie Benutzer mit dem Exchange System-Manager von dem Exchange 5.5-Server auf den Exchange 2000 verschieben.

Der Exchange 2000 Server verhält sich für Exchange 5.5 wie ein Exchange 5.5-Server. Sie können also auch wie gewohnt die öffentlichen Ordner zwischen den einzelnen Server-Versionen replizieren.

11.3 Migration der öffentlichen Ordner

Öffentliche Ordner verhalten sich unter Exchange 2000 genauso wie unter Exchange 5.5. Vor der Migration der öffentlichen Ordner zu Exchange 2000 sollten Sie auf alle Fälle zunächst die Benutzer migrieren. Verwenden Sie hierzu entweder den ADC oder das ADMT. Diese beiden Tools werden kostenlos von Microsoft mitgeliefert und sind teuren, professionellen Tools fast ebenbürtig. Nachdem Sie sichergestellt haben, dass alle Benutzer und Verteilerlisten migriert wurden und auch die Zombie-Einträge (siehe Kapitel 11.1.7 *Bereinigung der Exchange 5.5-Organisation*) entfernt sind, sollten Sie die CA für die öffentlichen Ordner einrichten und abwarten, bis alle Informationen repliziert wurden.

Die CA für öffentliche Ordner repliziert die Namen der öffentlichen Ordner und deren Berechtigungen - allerdings nicht den Inhalt. Überprüfen Sie, dass einige Zeit nach der Einrichtung der CA alle öffentlichen Ordner aus Exchange 5.5 in Exchange 2000 angezeigt werden. CAs für öffentliche Ordner replizieren immer in beide Richtungen. Dies kann auch nicht umkonfiguriert werden. Die Empfänger-CA legt Verteilerlisten aus Exchange 5.5 als universelle Sicherheitsgruppen im Active Directory an. Die Berechtigungen von öffentlichen Ordnern sollten in Exchange 5.5 am besten mit Berechtigungen durch Verteilerlisten stattfinden. So ist sichergestellt, dass die Berechtigungen auf öffentliche Ordner korrekt repliziert werden. Universelle Sicherheitsgruppen können nur in native-mode-Domänen angelegt werden. Domänen im mixed-mode können universelle Gruppen zwar anzeigen, doch diese können nicht bearbeitet werden. Sie müssen daher darauf achten, dass die Domäne, in die Sie die Verteilerliste aus Exchange 5.5 migrieren lassen, im native-modus ist. Universelle Sicherheitsgruppen sind Bestandteil des globalen Katalogs. Sie sollten daher nicht zu viele universelle Gruppen anlegen, da diese den globalen Katalog stark anwachsen lassen. An dieser Stelle können Sie jetzt die Inhalte der öffentlichen Ordner auf den Exchange 2000 Server replizieren lassen. Sie können diese Eintragungen wie bei Exchange 5.5-Servern im Exchange Administrator vornehmen.

11.4 Standortreplikationsdienst

Wenn Sie den ersten Exchange 2000 Server in Ihrer Organisation installieren, wird auf diesem Server der SRS-Dienst automatisch installiert. Standardmäßig wird dieser Dienst zwar auf alle Exchange 2000-Server installiert, solange sich die Organisation noch im mixed-mode befindet, allerdings wird er lediglich auf dem ersten installierten Server aktiviert. Dieser Dienst ist nicht clusterfähig. Das heißt, der erste Exchange 2000-Server in einer Exchange 5.5-Organisation darf kein Cluster sein. Der Standortreplikationsdienst dient zur Replikation von Konfigurationsdaten von Exchange 2000 zu Exchange 5.5. Der SRS emuliert dazu auf dem Exchange 2000-Server einen Exchange 5.5-Server. Durch den SRS erhalten alle Exchange 5.5-Server Verzeichnisinformationen, die sich auf Exchange 2000 beziehen. Da Exchange 2000 im Gegensatz zu Exchange 5.5 kein eigenes Verzeichnis mehr besitzt sondern alle Informationen im Active Directory gespeichert werden, ist ein solcher Dienst zur Einrichtung von Verzeichnisreplikation notwendig. Der SRS ist dabei kein direkter Dienst des Active Directory Connectors und er repliziert auch nicht direkt Postfächer oder Verteilerlisten. Eine besondere Bedeutung kommt dem SRS Dienst auch zu, wenn Sie Standorte ohne Exchange 5.5-Server haben. In diesen Standorten können Sie keine CA zu einem Exchange 5.5-Server aufbauen. Daher wird die Verbindung über den Exchange 2000 Server mit SRS konfiguriert. Der SRS sieht grundsätzlich alle Standorte aus Exchange 5.5 und Exchange 2000. Sie können daher diese CA auch einrichten, obwohl der SRS-Server in einem anderen Standort steht. Wenn Sie mit dem Exchange 5.5 Administrator Verbindung aufbauen, werden auch Ihre Exchange 2000 Server durch den SRS als Exchange 5.5-Server angezeigt.

Administrative Gruppen und Standorte

Der SRS ist auch für die Replikation der Routinginformationen zuständig. Exchange 5.5 unterscheidet Standorte, um Routinginformationen und Namespace voneinander zu trennen. Exchange 2000 verwendet hierzu administrative Gruppen und Routinggruppen. Der SRS ist dafür zuständig, dass alle Server die gesamte Organisation sehen können und übersetzt dabei die verschiedenen Standorte zu administrativen Gruppen und Routinggruppen und umgekehrt. Sie sehen dies auch an Hand der Darstellung. Der Exchange 5.5-Administrator zeigt die administrativen Gruppen aus Exchange 2000 als Standorte an während der Exchange 2000 System-Manager Standorte als administrative Gruppen anzeigt.

11.5 In-Place Update

Das In-Place Update ist augenscheinlich die einfachste Methode, um einen Exchange 5.5-Server auf Exchange 2000 upzudaten. Bei dieser Methode wird keine Migration im eigentlichen Sinn durchgeführt, sondern lediglich der oder die Exchange 5.5 Server im Netz direkt auf Exchange 2000 aktualisiert. Sichern Sie vor der Installation von Exchange 2000 auf diesem Server die Einstellungen der Leistungsoptimierung. Da Exchange 2000 bezüglich der Optimierung deutlich verbessert wurde, sind einige Einstellungen der Leistungsoptimierung bei Exchange 2000 unnötig. Sie finden alle geänderten Einstellungen in der Log-Datei der Leistungsoptimierung.

Diese Log-Datei finden Sie unter `WINNT\System32\perfopt.log`.

11.5.1 Vorbereitungen für Exchange 2000

Bevor Sie einen Exchange 5.5-Server auf Exchange 2000 aktualisieren, sollten Sie das Servicepack 4 für Exchange 5.5 installieren. Dies gilt übrigens für alle Update-Varianten. Ist Exchange 5.5 auf einem Windows NT 4 Server installiert, müssen Sie diesen als nächstes auf Windows 2000 updaten. Installieren Sie nach dem Update auch gleich das neueste Servicepack für Windows 2000. Sie sollten jedoch nicht gleich alle verfügbaren Hotfixes installieren, da Ihnen niemand mit Gewissheit sagen kann, ob alle Hotfixes kompatibel mit Exchange 5.5 sind. Bevor Exchange 5.5 auf Exchange 2000 upgedatet werden kann, muss eine Windows 2000 Active-Directory-Gesamtstruktur vorhanden sein, in die der Exchange 2000 installiert wird. Ist der Exchange 5.5 auf einem NT4-PDC installiert, muss dieser PDC zunächst auf Windows 2000 upgedated werden. Tragen Sie vor dem Update auf Windows 2000 in den Netzwerkeinstellungen sich selber als DNS-Server ein, wenn es sich um einen PDC handelt. Handelt es sich um einen Mitgliedsserver, verweisen Sie auf den Windows-DNS-Server Ihrer Active Directory Umgebung. Dies müssen Sie manuell tun, da das Windows 2000-Server-Update zwar die DNS-Zonen erstellt aber nicht die Netzwerkeinstellungen bearbeitet. Windows NT benötigt zur stabilen Funktion keine Namensauflösung. Windows 2000 hingegen setzt maßgeblich auf DNS auf. Überprüfen Sie nach dem Update auf Windows 2000 mit den in Kapitel 1 beschriebenen Tools `dcdiag`, `netdiag` und `nltest/dsgetsite`, ob der Server stabil läuft. Vor allem wenn es sich um einen DC handelt.

Wenn Sie sicher sind, dass der Windows 2000-Server stabil läuft, müssen Sie sicherstellen, dass der IIS auf dem Windows 2000 Server installiert ist. Wenn auf dem NT4-Server kein IIS installiert war, wird dieser auch bei Windows 2000 nicht mitinstalliert. Holen Sie dies dann nach. An dieser Stelle sind Sie mit der Vorbereitung des Betriebssystems fertig und können mit der Installation von Exchange beginnen.

Vorbereiten der Windows 2000-Domäne

Auch hier gilt, genau wie bei der normalen Migration, dass Sie die Inkonsistenzen beseitigen müssen wie in Kapitel 11.1.7 beschrieben. Außerdem darf allen Postfächern nur ein Benutzer zugeordnet sein. Trifft dies bei Ihnen nicht zu, müssen Sie dies zunächst ändern. In diesem Fall müssen Sie auch mit dem NTDSAttrb-Tool arbeiten (siehe Kapitel 11.1.8).

Vor dem Update zu Exchange 2000 sollten Sie alle Zeichen im Organisationsnamen oder den Standorten auf Kompatibilität zu Exchange 2000 überprüfen. Exchange 2000 ist bezüglich der Namensgebung um einiges restriktiver als Exchange 5.5. Um die Verteilerlisten zu übernehmen, müssen Sie Ihre Domäne in den nativen Modus setzen. Dazu müssen Sie zunächst alle NT4-BDCs ebenfalls auf Windows 2000 updaten. Wenn keine NT4-BDCs mehr in der Domäne sind, können Sie den Modus der Gesamtstruktur auf native stellen.

Installation Active Directory Connector

Als nächstes wird der ADC installiert und danach eine two-way-Empfängerrichtlinie erstellt. Gehen Sie hier vor wie weiter vorne im Kapitel bereits beschrieben. Achten Sie darauf, dass Sie den LDAP-Port von Exchange 5.5 auf einen freien Port ändern, da der Standardport 389 bereits von den Domänencontroller-Diensten belegt ist.

Führen Sie jetzt Setup mit dem Schalter *forestprep* aus. Wählen Sie bei der Installationsauswahl den Beitritt zu einer bestehenden Exchange 5.5-Organisation aus und geben den Servernamen des Exchange-Servers ein.

Nach dem erfolgten Setup mit *forestprep* müssen Sie *domainprep* ausführen. Die Domäne ist jetzt für die Installation von Exchange 2000 vorbereitet.

Ist schließlich auch *domainprep* durchgelaufen, sollten Sie die CA für die öffentlichen Ordner erstellen. Achten Sie darauf, den geänderten ldap-Port einzutragen.

Entfernen Sie alle Überwachungsmonitore von Exchange 5.5-Diensten, die eventuell die Exchange-Dienste während der Installation von Exchange 2000 unbeabsichtigt starten.

Deinstallieren Sie außerdem auch möglichst die Antiviren-Software vom Server und besorgen sich rechtzeitig vor der Installation eine aktuelle Version, die Exchange 2000 unterstützt.

Dies gilt auch für alle anderen Connectoren, die von Exchange 2000 nicht unterstützt werden.

Dokumentieren Sie die Konfiguration Ihres Internetmaildienstes und löschen Sie auch diesen, da er von Exchange 2000 nicht unterstützt wird.

11.5.2 Installation Exchange 2000

Nach den Vorbereitungen können Sie mit der Installation des Exchange 2000-Servers beginnen. Legen Sie dazu wieder die Exchange 2000-CD ins Laufwerk und starten das Setup-Programm. Bei der Auswahl der Komponenten sollte `Aktualisieren` bei allen installierten Komponenten stehen (siehe Abbildung (11.30). Nach der Installation können Sie gleich das aktuellste Servicepack für Exchange 2000 installieren.

Überprüfen Sie die Konfiguration des Servers und überwachen die Ereignisanzeige. Zum Abschluss sollten Sie die Connectoren, die Sie benötigen, hinzufügen und konfigurieren. Achten Sie auch darauf, die Verbindung ins Internet zu konfigurieren.

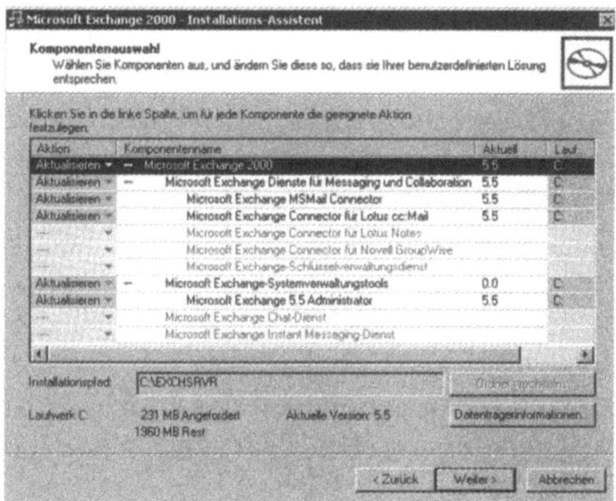

Abb. 11.30: Aktualisieren eines Exchange 5.5-Servers

11.6 Weitere Tools zur Migration

Microsoft stellt zahlreiche Tools und Möglichkeiten zur Verfügung, die Sie für die Migration benötigen können. Eines dieser Tools, das InterOrg Replication Utility, wurde bereits im Kapitel 8.4.2.3 *Replikation zwischen verschiedenen Organisationen* vorgestellt. Dieses Tool dient zur Replikation von öffentlichen Ordnern und den frei/gebucht-Zeiten zwischen verschiedenen Organisationen. So können Sie zum Beispiel eine Windows 2000 Gesamtstruktur parallel zu Ihrer Windows NT 4-Domäne aufbauen und entweder die Benutzer neu anlegen oder das ADMT 2.0 verwenden. Mit dem ADMT können Sie die Konten der Benutzer mit SID und Kennwörtern in eine neue Domäne übernehmen. Sie können jetzt in dieser neuen Gesamtstruktur eine neue Exchange 2000 Organisation erstellen, müssen jedoch darauf achten, dass die Verbindung zwischen diesen beiden Organisationen gewährleistet ist.

11.6.1 Exmerge

Mit diesem Tool können Sie die Inhalte der Postfächer eines Exchange-Servers in PST-Dateien exportieren und auf einen anderen Server wieder importieren.

Die Versionen von Exmerge sind für Exchange 5.5 und Exchange 2000 verschieden. Exmerge finden Sie auf der Exchange 2000-CD im Support-Ordner.

Exmerge für Exchange 5.5 können Sie bei Microsoft herunterladen. Dieses Tool wurde oft für die Bereinigung von Exchange-Servern nach einem „I-Love-You-Befall“ verwendet und daher von Microsoft kostenlos zur Verfügung gestellt.

Verwenden Sie zum Export der Postfächer ausschließlich nur das Exchange-Dienstkonto oder ein Konto, welches explizit Leserechte für alle Postfächer hat. Die ini-Datei von Exmerge ist allerdings auf englische Exchange-Server ausgelegt. Wenn Sie bei sich einen deutschen Exchange-Server haben, müssen Sie den Inhalt der ini-Datei bearbeiten. Die Datei sollte so außehen, wie auf der nächsten Seite:

```
; EXEMERGE.INI
[EXMERGE]
LocalisedExchangeServerServiceName=Microsoft Exchange-Nachrichtenspeicher
LocalisedPersonalFoldersServiceName=Persönliche Ordner
LoggingLevel=3
LogFileName=C:\ExMerge.log
DataDirectoryName=C:\EXMERGEDATA
MergeAction=0
SourceServerName=COMPUTER
DomainControllerForSourceServer=
SrcServerLDAP-Port=
DestServerName=
DomainControllerForDestServer=
DestServerLDAP-Port=
SelectMessageStartDate=
SelectMessageEndDate=
ListOfFolders=
FileContainingListOfFolders=
FoldersProcessed=2
ApplyActionToSubFolders=1
FileContainingListOfMailboxes=
RemoveIntermediatePSTFiles=1
DateAttribute=0
DataImportMethod=2
ReplaceDataOnlyIfSourceItemIsMoreRecent=1
CopyUserData=1
CopyAssociatedFolderData=1
CopyFolderPermissions=1
CopyDeletedItemsFromDumpster=1
FileContainingListOfMessageSubjects=
SubjectStringMatchCriteria=0
FileContainingListOfAttachmentNames=
AttachmentNameStringMatchCriteria=1
MapFolderNameToLocalisedName=1
```

[International]

DefaultLocaleID=1031

[Folder Name Mappings]

Inbox = Posteingang

Deleted Items = Gelöschte Objekte

Sent Items = Gesendete Objekte

Outbox = Postausgang

Im Verzeichnis von Exmerge auf der Exchange 2000-CD befindet sich ein Worddokument von Microsoft, in dem näher auf die einzelnen Funktionen von Exmerge eingegangen wird.

11.6.2 Assistent für die Migration

Ein weiteres von Microsoft zur Verfügung gestelltes Tool ist der *Assistent für die Migration.* Sie finden dieses Tool in der Programmgruppe *Microsoft Exchange.*

Mit diesem Tool können Sie aus verschiedensten Mail-Systemen Daten nach Exchange 2000 übernehmen. Sie können dieses Tool auch für Benutzer verwenden, die von ADC nicht sauber in das Active Directory übernommen wurden.

11.6.3 Move Server Assistent

Mit dem Move Server Assistent können Sie Server zwischen verschiedenen Organisationen und Standorten verschieben. Der Server wird dabei komplett aus dem vorhandenen Standort oder der Organisation gelöscht und in eine neue integriert.

Diese Variante sollten Sie ausschließlich nur in Notfällen anwenden, da hier nicht für eine stabile und konsistente Übernahme der Daten garantiert werden kann. Als Notfall-Lösung kann dieser Assistent jedoch wertvolle Hilfe leisten. Sie finden das Tool auf der Servicepack-CD für Exchange 5.5.

11.7 Entfernen des letzten Exchange 5.5-Servers

Nachdem Sie Ihre Organisation auf Exchange 2000 umgestellt haben, kommt irgendwann der Zeitpunkt, an dem der letzte Exchange 5.5-Server aus der Organisation entfernt wird. Sie sollten hier jedoch nicht einfach Exchange auf diesem Server deinstallieren oder den kompletten Server neu installieren, sondern einige Schritte zuvor durchführen.

Entfernen der Systemordner-Replikate

Zuerst sollten Sie sicherstellen, dass auf Exchange-Servern, die Sie aus der Organisation entfernen, keine Replikate der Systemordner mehr liegen.

Entfernen Sie vor dem Löschen eines Exchange Servers aus der Organisation dessen Eintrag aus allen Systemordnern. Die Ansicht und Replikation der Systemordner wird im Kapitel 8 genauer erläutert. Überprüfen Sie diese Einstellung für alle Systemordner. Wichtig ist hier der frei/gebucht-Ordner. Dieser wird oft vergessen.

Entfernen der öffentlichen Ordner Replikate

Überprüfen Sie danach die Replikate der öffentlichen Ordner. Auch hier darf bei keinem öffentlichen Ordner mehr der zu löschende Server erscheinen.

Zeitweises Deaktivieren des Servers

Um ganz sicher zugehen, dass dieser Server für die Organisation keine tragende Rolle mehr spielt, fahren Sie ihn ein paar Tage herunter.

Tauchen während dieser Zeit keine Probleme mehr auf, können Sie ihn wieder hochfahren. Sie wissen jetzt, dass nach dem Löschen von Exchange auf diesem Server keine negativen Auswirkungen für Ihre Organisation zu befürchten sind. Benötigen Sie diesen Server noch für andere Serverdienste, können Sie auch einfach die Exchange-Dienste beenden.

Entfernen aller Connecoren

Entfernen Sie alle Connectoren von diesem Server und stellen Sie sicher, dass die Informationen zu allen anderen Exchange-Servern repliziert wurden.

Verschieben aller Postfächer

Überprüfen Sie nochmals, ob wirklich alle Postfächer von diesem Server auf andere Exchange Server verschoben wurden. Sie können Benutzerpostfächer einfach über die Eigenschaften des Benutzers im Active Directory Snap-In Active Directory-Benutzer und Computer verschieben.

Alle verschobenen Benutzer sollten sich auch bereits mindestens einmal mit Ihrem neuen Exchange-Server verbunden haben, damit in den Exchange-Server-Einstellungen ihres Clients bereits der neue Exchange-Server eingetragen wurde.

Hat sich ein Benutzer noch nicht mit seinem neuen Server verbunden, müssen seine lokalen Clienteinstellungen von Hand geändert werden, wenn der Quell-Exchange-Server nicht mehr online ist.

Entfernen von Exchange 5.5

Wenn Sie die Postfächer Ihrer Benutzer auf einen anderen Exchange-Server verschieben, steht in den Outlook-Einstellungen immer noch der alte Exchange-Server. Wenn der Benutzer das nächste Mal Outlook startet, wird er mit seinem alten Exchange-Server verbunden. Outlook erkennt, dass das Benutzerpostfach verschoben wurde und erhält vom Exchange 5.5-Server die Information auf welchem Server das Postfach liegt. Dieser Server wird in Outlook eingetragen und die Verbindung geprüft. Beim nächsten Start von Outlook wird die Verbindung zum neuen Server aufgebaut und der alte Server nicht mehr abgefragt.

Wenn ein Benutzer Outlook startet und der alte Exchange-Server nicht mehr zur Verfügung steht, erscheint in Outlook eine Fehlermeldung, dass das Postfach nicht mehr gefunden werden kann. In einem solchen Fall muss in Outlook manuell die Einstellung auf den neuen Server gelegt werden. Achten Sie darauf, dass am besten alle Benutzer einmal Outlook geöffnet haben und Ihr Postfach öffnen können, bevor Sie den Server herunterfahren. Damit Sie den Server mit dem Exchange Administrator entfernen können, müssen Sie sich mit einem anderen Exchange 5.5-Server verbinden. Wenn kein anderer Exchange 5.5-Server zur Verfügung stellt, können Sie sich mit dem Exchange 5.5 Administrator auch mit dem Exchange 2000-Server verbinden, auf dem der SRS installiert ist. In einigen Umgebungen wird der Server im Exchange System Manager auch nach der erfolgreichen Entfernung angezeigt. In einem solchen Fall können Sie mit ADSI-Edit den Server aus der Exchange-

SI-Edit den Server aus der Exchange-Organisation löschen. Entfernen Sie den Server in folgendem Container:

Configuration Container

CN=Configuration, DC=Domänen-Name,DC=com

CN=Services

CN=Microsoft Exchange

CN= Organisations-Name

CN=Administrative Groups

CN= Administrative Gruppe

CN=Servers

Außerdem sollten Sie auch die Connectoren aus dem Active Directory in folgendem Container löschen:

Configuration Container

CN=Configuration, DC=Domänen-Name,DC=com

CN=Services

CN=Microsoft Exchange

CN= Organisations-Name

CN=Administrative Groups

CN= Administrative Gruppe

CN=Routing Groups

CN=First Routing Groups

CN=Connections

Entfernen Sie aber noch nicht die Config CA, diese wird für die Replikation noch benötigt.

Nach der Installation von Exchange 2000 befindet sich eine Organisation zunächst im mixed mode. In diesem Modus können Exchange 5.5-Server Mitglied der Organisation sein. Wenn die Organisation auf den native mode umgestellt wird, darf die Organisation ausschließlich Exchange 2000-Server beinhalten.

Umstellen des Betriebsmodus

Der Betriebsmodus einer Exchange 2000-Organisation wird im Exchange System Manager umgestellt. Sie finden die Konfiguration des Betriebsmodus in den Eigenschaften der Exchange Organisation. Sie können auch jederzeit den Betriebsmodus wechseln. Wenn sich in der Exchange Organisation noch Exchange 5.5-Server befinden, ist die Option zum Ändern des Betriebsmodus ausgegraut. Wenn Sie die Exchange Organisation in den native mode versetzen, kann dieser Vorgang nicht mehr rückgängig gemacht werden. Ab diesem Zeitpunkt können keine Exchange 5.5-Server mehr Bestandteil dieser Organisation sein. Um den Betriebsmodus nach der Migration von Exchange 5.5 zu Exchange 2000 umzustellen, sollten Sie folgendermaßen vorgehen:

Überprüfen Sie zunächst, ob Sie als Administrator angemeldet sind, der sowohl über volle Rechte auf dem Exchange 5.5-Server, als auch auf dem Exchange 2000 hat. Löschen Sie im Active Directory Connector zunächst alle Verbindungsvereinbarungen mit Ausnahme der Config CA. Verbinden Sie sich mit dem Exchange 5.5 Administrator mit dem Exchange 2000-Server, auf dem der SRS installiert ist. Wenn Sie keinen weiteren Exchange 5.5 Administrator zur Verfügung haben, können Sie diesen jederzeit mit Hilfe des Exchange 2000-Installationsprogramm nachinstallieren.

Navigieren Sie zum Standort, aus dem Sie den Exchange 5.5-Server entfernen wollen. Öffnen Sie das Menü KONFIGURATION und entfernen Sie unter VERZEICHNISREPLIKATION alle Connectoren für die Verzeichnisreplikation, außer den Eintrag ADNAUTODRC. Führen Sie diesen Vorgang auf allen Exchange 2000-Servern durch, die in Ihrer Organisation einen aktivierten SRS haben.

Navigieren Sie als nächstes zum Menü SERVER und entfernen den Exchange 5.5-Server vom Standort. Der Server darf nicht mehr zur Verfügung stehen, die Exchange-Dienste müssen beendet sein.

Nachdem Sie sichergestellt haben, dass alle Connectoren für die Verzeichnisreplikation und alle Exchange 5.5-Server aus der Organisation entfernt wurden, sollten Sie etwas warten, bis die Config-CA diese Änderung auf alle Exchange 2000-Server repliziert hat.

Öffnen Sie als nächstes den Exchange System Manager und überprüfen, ob wirklich alle Exchange 5.5-Server aus den administrativen Gruppen entfernt wurden. Stehen noch einige Server, löschen Sie diese, wie bereits weiter vorne in diesem Kapitel beschrieben, mit ADSI-Edit. Löschen Sie alle SRS-Dienste im Menü EXTRAS, des Exchange System Managers.

Wenn Sie alle SRS-Dienste aus der Organisation entfernt haben, sollten Sie als nächstes von allen Servern der Active Directory

Connector entfernt werden. Verwenden Sie dazu das Installationsprogramm des Active Directory Connectors.

12 Chat-Dienst und Instant Messaging

Elektronische Medien werden von Mitarbeitern in Unternehmen aller Größe immer mehr genutzt. Ein großer Vorteil hierbei ist die Steigerung der Effizienz bei der Kommunikation und dem Datenaustausch untereinander.

Bedenkt man die Entwicklung der Kommunikation in Unternehmen über Telefon, Telex bis hin zu Telefax, ist die Einbindung eines E-Mail-Systems ein riesigen Fortschritt. Mitarbeiter, die einmal mit dem Medium E-Mail gearbeitet haben, verzichten kaum mehr darauf.

Weitere Facetten der modernen Kommunikation sind auch Chats und Instant Messaging, die im Internet immer beliebter werden. Auch Video- oder Datenkonferenzen werden von immer mehr Unternehmen genutzt.

In diesem Kapitel beschäftigen wir uns mit der Einrichtung des Chat-Dienstes und des Instant Messaging. Das nächste Kapitel beinhaltet dann die Konfiguration von Video- und Datenkonferenzen mit Hilfe des Exchange 2000 Conferencing Servers.

Instant Messaging gehört zum Lieferumfang von Exchange 2000 Standard Server sowie Exchange 2000 Enterprise Server. Die Chat-Dienste hingegen sind nur Bestandteil des Exchange 2000 Enterprise Servers.

Video- und Datenkonferenzen können Sie nur mit Hilfe von Exchange 2000 Conferencing Server zusammen mit einem Exchange 2000 Server bereitstellen.

12.1 Chat-Dienst

Chats sind durch das Internet bekannt geworden und werden auch in Unternehmen immer mehr als normale Kommunikation angesehen.

Gerade weil viele Benutzer durch das Internet bereits mit dem Medium Chat vertraut sind, ist die Akzeptanz in Unternehmen oft viel schneller zu erreichen, als zum Beispiel für Video- und Datenkonferenzen.

12.1.1 Grundlagen des Chat-Dienstes

Sie können für jede administrative Gruppe in Ihrer Organisation genau eine Chat-Gemeinde einrichten.

In dieser physikalischen Chat-Gemeinde können Sie allerdings wiederum mehrere virtuelle Chat-Gemeinden konfigurieren. Jede Chat-Gemeinde, ob virtuell oder physisch, kann mehrere Chaträume oder Kanäle zur Verfügung stellen.

Chat auf Basis von Exchange 2000 unterstützt auch das Internet Relay Chat (IRC)-Protokoll, das im Internet geläufigste Protokoll für Chats. Sie können daher als Client für den Exchange-Chat-Dienst jeden beliebigen Chat-Client verwenden, der IRC unterstützt. Hier gibt es im Internet zahlreiche Freeware-Clients, die oft effizienter arbeiten als der Microsoft eigene Client.

Die Verbindung zum Chat-Dienst läuft über den TCP-Port 6667.

Chaträume und Kanäle

Chaträume werden oft auch als Kanäle bezeichnet und umgekehrt. In Chaträumen können alle Benutzer die Mitteilungen aller anderen Benutzer lesen.

Dabei werden registrierte und dynamische Chaträume unterschieden.

Registrierte Chaträume werden durch den Administrator erstellt, dynamische von Benutzern innerhalb eines registrierten Chatraumes mit dem IRC Befehl `JOIN`. Die Lebensdauer von dynamischen Chaträumen ist daher begrenzt.

Der erste Benutzer, der an einem dynamischen Chatraum teilnimmt, ist automatisch der Gastgeber oder der Chat Operator.

Der Sysop ist der Administrator der Chatgemeinde und kann jeden dynamischen Chatraum mit dem IRC-Befehl `Kill` schließen.

Es gibt auch die Möglichkeit, mit sicheren Kanälen zu arbeiten, an denen nur bestimmte authentifizierte Benutzer teilnehmen dürfen. Sie können Chaträume auch als moderiert konfigurieren, damit nur Benutzer Beiträge schreiben dürfen, die Sie dazu berechtigen.

12.1.2 Verwalten von Chat-Gemeinden

Wenn Sie den Chat-Dienst installiert haben, wird automatisch in der ersten administrativen Gruppe eine Chat-Gemeinde erstellt.

Sie können jederzeit für andere administrative Gruppen weitere Chat-Gemeinden erstellen.

Zunächst sollte jedoch der Chat-Dienst installiert sein. Der Chat-Dienst wird bei der Standardinstallation nicht mit ausgewählt. Wenn Sie ihn also nicht mit der Installation von Exchange 2000 bereits installiert haben, müssen Sie den Chat-Dienst nachinstallieren.

12.1.2.1 Nachträgliches Installieren des Chat-Dienstes

Um den Chat-Dienst nachträglich zu installieren, müssen Sie die Exchange 2000-Installations-CD in das Laufwerk einlegen und Setup aufrufen.

Hinweis

Bei der nachträglichen Installation einer Komponente werden durch das Exchange-Setup alle Exchange-Dienste auf dem jeweiligen Server beendet.

Der Server sollte nach der Installation durchgestartet werden.

Beachten Sie also, dass Sie diese Installation erst durchführen, wenn keine Benutzer, die ihr Postfach auf diesem Server haben, am System angemeldet sind.

Während der Installation werden Sie auch gefragt, ob gewisse Dateien überschrieben werden sollen. Wählen Sie hier immer `Alle Behalten` aus und installieren nach der Installation das neueste Servicepack für Exchange 2000 nochmal darüber.

Bei der Auswahl der Komponenten ist jede bereits installierte Komponente mit einem Haken versehen.

Wenn Sie eine untergeordnete Komponente wie den Chat-Dienst nachträglich installieren wollen, müssen Sie jeder bereits installierten übergeordneten Komponente eine Aktion zuweisen.

In unserem Fall ist die Aktion `Ändern` (siehe Abbildung 12.1). Sie können den Chat-Dienst erst installieren, wenn Sie für die übergeordneten, bereits installierten Komponenten die Aktion `Ändern` ausgewählt haben.

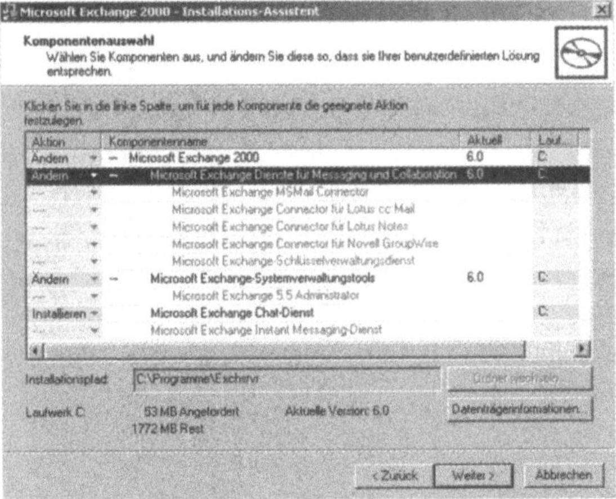

Abb. 12.1: Nachinstallieren des Chat-Dienstes

Nach der Bestätigung der zu installierenden Komponenten müssen Sie noch die administrative Gruppe auswählen, in der der Chat-Dienst erstellt wird. (siehe Abbildung 12.2).

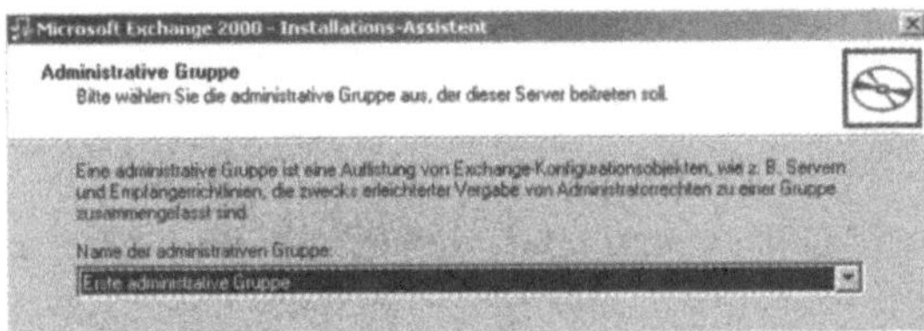

Abb. 12.2: Auswahl der administrativen Gruppe

Jetzt fängt die Setup-Routine mit der Installation an.

Sie werden nach der Installation nochmal darauf hingewiesen, das bereits installierte Servicepack nochmal zu installieren, da durch das Setup neuere Dateien ausgetauscht wurden. Selbst wenn Sie die Schaltfläche `Alle Beibehalten` gewählt haben (siehe Abbildung 12.3).

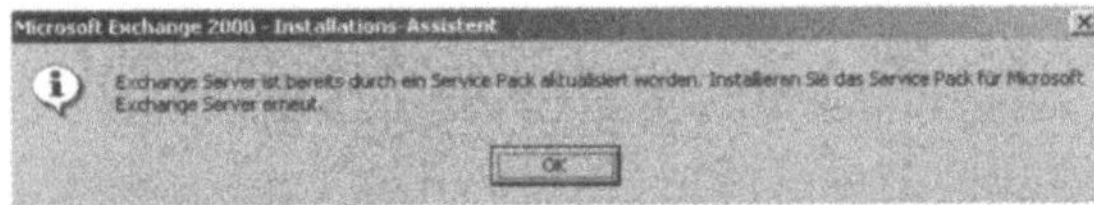

Abb. 12.3: Hinweis zur Installation des Servicepacks

Nach dem erforderlichen Neustart des Servers sollten Sie das Servicepack nochmals installieren.

12.1.2.2 Erstellen und Verwalten von Chat-Gemeinden

Nach der Installation des Chat-Dienstes und der Installation des neuesten Servicepacks können Sie in der administrativen Gruppe, in der Sie die Chat-Gemeinde erstellt haben, jederzeit die vorhandende Gemeinde bearbeiten oder neue erstellen.

Ihnen steht dazu im Exchange System-Manager in der jeweiligen administrativen Gruppe ein neuer Container zur Verfügung, der zur Verwaltung der Chat-Gemeinden dient (siehe Abbildung 12.4).

Abb. 12.4: Neuer Container für Chat-Gemeinden

Sie erstellen eine neue Chat-Gemeinde, indem Sie auf die bereits vorhandene Chat-Gemeinde mit der `rechten Maustaste` klicken, aus dem Menü dann `Neu` und dann `Chat-Gemeinde` auswählen. Nach der Erstellung einer Chat-Gemeinde und auch für die bereits vorhandene Gemeinde können Sie einige Optionen festlegen. Ihnen stehen fünf Registerkarten zur Verfügung, mit deren Hilfe Sie die jeweilige Chat-Gemeinde verwalten können. Rufen Sie dazu die Eigenschaften der jeweiligen Chat-Gemeinde im Container auf.

Registerkarte Allgemein

Auf der Registerkarte *Allgemein* (siehe Abbildung 12.5) geben Sie der Chat-Gemeinde zunächst einen Namen. Der Name darf allerdings keine Leerzeichen enthalten oder mit einer Ziffer beginnen. Dieser Name wird später bei den einzelnen Clients des Chats angezeigt, wenn er durch einen IRC-Befehl angefordert wird. Im Chat-Fenster jedes Clients wird jedoch die Bezeichnung angezeigt, die Sie unter `Titel` eintragen. Sie dürfen bei beiden Feldern höchstens 63 Zeichen verwenden. Hier steuern Sie auch die maximale Anzahl der jeweiligen authentifizierten oder anonymen Verbindungen.

Mit der Option `Client-DNS-Namen` auflösen können Sie festlegen, ob der Chat-Server vor einer erfolgreichen Verbindung zunächst den Namen des Clients auflösen soll oder nicht.

Je nach Option, die Sie wählen, wird ein Benutzer nur dann verbunden, wenn seine IP-Adresse nach einem Namen aufgelöst werden kann.

Bei der Auswahl `Versuch` wird eine Auflösung zwar versucht, eine erfolgreiche Namensauflösung ist jedoch für eine Verbindung nicht erforderlich. Die Option `Erforderlich` hingegen verbindet nur Benutzer, deren Rechnername nach der IP-Adresse erfolgreich aufgelöst werden kann. Standardmäßig die, die DNS-Auflösung jedoch deaktiviert.

Um eine Auflösung der Clients durchführen zu können, setzt dies natürlich auch eine korrekte Konfiguration Ihrer internen DNS-Server voraus.

Damit eine IP-Adresse nach einem Rechnernamen aufgelöst werden kann, müssen auch Ihre Reverse-Lookup-Zonen sauber konfiguriert sein. Dies wird bei vielen Windows 2000-Umgebungen vernachlässigt.

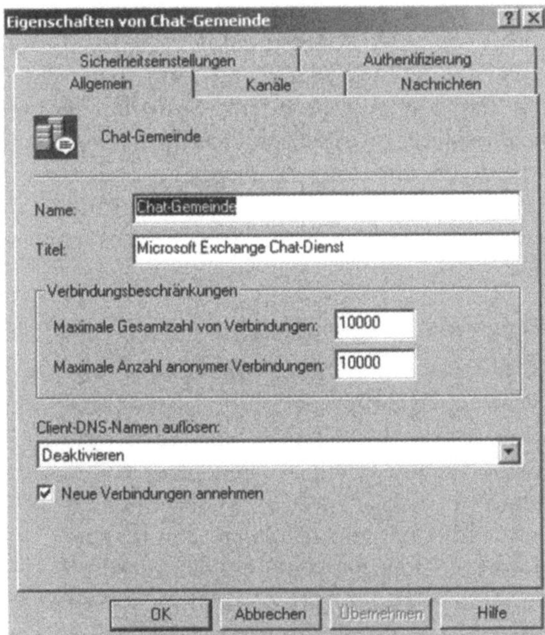

Abb. 12.5 Registerkarte Allgemein einer Chat-Gemeinde

Wenn Sie den Haken bei der Option `Neue Verbindungen annehmen` entfernen, dürfen sich keine Benutzer mehr mit dieser Chat-Gemeinde und den darin enthaltenen Kanälen verbinden.

Auf bereits verbundene Benutzer hat diese Option keine Auswirkung.

Registerkarte Kanäle

Auf der Registerkarte *Kanäle* (siehe Abbildung 12.6) können Sie Einstellungen vornehmen, die direkt die einzelnen Chaträume oder Kanäle dieser Chat-Gemeinde betreffen.

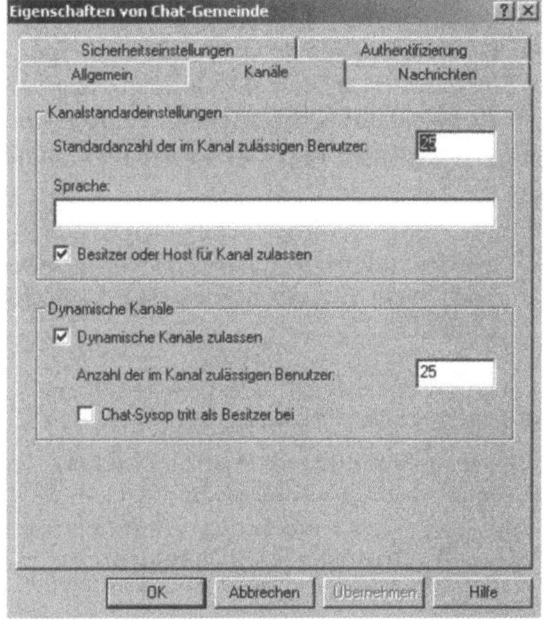

Abb. 12.6: Registerkarte *Kanäle* einer Chat-Gemeinde

- *Standardanzahl der im Kanal zulässigen Benutzer.* Hier können Sie eintragen, wieviele Benutzer pro Chatraum maximal erlaubt sind. Sie können hier 0-99.999 Benutzer eintragen. Standardmäßig sind pro Kanal 25 Benutzer zugelassen. Wenn Sie hier 0 eintragen, ist die Mitgliederanzahl unbegrenzt.
- *Sprache.* Hier tragen Sie die Standardsprache ein, die für die Kanäle dieser Chat-Gemeinde gilt. Nutzen Sie hier die Stan-

dard ISO-Codes der einzelnen Sprachen. Sie dürfen maximal 32 Zeichen verwenden.

- *Besitzer oder Host für Kanal zulassen.* Diese Option ist standardmäßig aktiviert. Wenn Sie sie deaktivieren, werden Benutzer, die einen dynamischen Chatraum erstellen und zuerst beitreten, nicht Besitzer und Gastgeber dieses dynamischen Chatraumes.
- *Dynamische Kanäle zulassen.* Auch diese Option ist standardmäßig aktiv. Wenn Sie den Haken hier entfernen, dürfen Benutzer nicht mit dem IRC-Befehl `Join` einen dynamischen Kanal erstellen.
- *Anzahl der im Kanal zulässigen Benutzer.* Genauso wie für die physikalischen Kanäle können Sie festlegen, wieviele Benutzer maximal an einem erstellten dynamischen Kanal teilnehmen dürfen. Sie können hier auch zwischen 0 und 99.999 Benutzer eintragen, wobei 0 bedeutet, dass dieser dynamische Kanal keinerlei Einschränkungen hat.
- *Chat-Sysop tritt als Besitzer bei.* Diese Option bedeutet, dass ein Sysop, wenn er einem dynamischen Kanal beitritt, automatisch zu dessen Besitzer wird. Diese Einstellung gilt jedoch nicht für die registrierten Kanäle sondern nur für dynamische.

Registerkarte Nachrichten

Auf dieser Registerkarte (siehe Abbildung 12.7) können Sie definieren, welche Nachrichten Benutzer und Administratoren erhalten, wenn sie sich mit einem IRC-Client mit einem Kanal innerhalb dieser Chat-Gemeinde verbinden.

Registerkarte Authentifizierung

Auf der Registerkarte *Authentifizierung* können Sie Einstellungen bezüglich der Authentifizierung der Benutzer an den einzelnen Kanälen vornehmen (siehe Abbildung 12.8).

- *Anonymer Zugriff.* Wenn diese Option aktiviert ist, können Sie Kanäle erstellen, für die Benutzer zur Teilnahme keine Authentifierung brauchen.

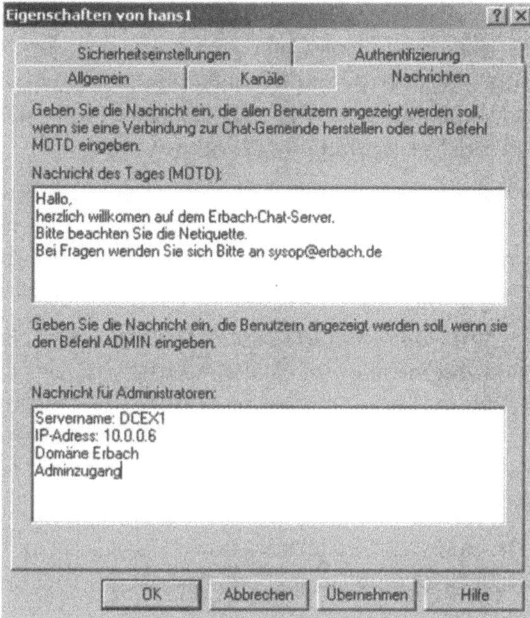

Abb. 12.7: Registerkarte Nachrichten einer Chat-Gemeinde

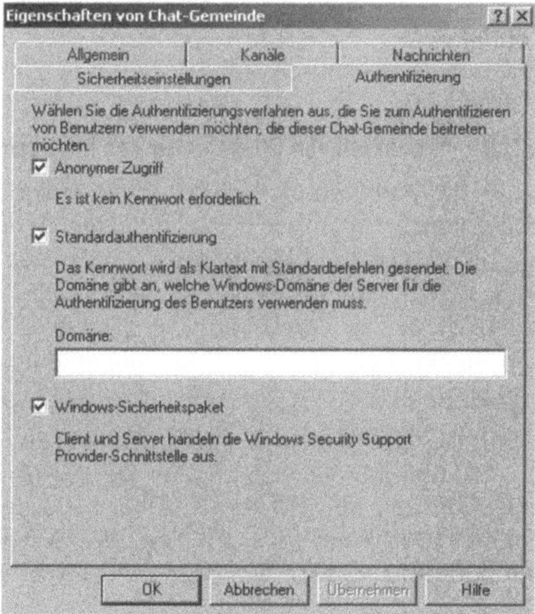

Abb. 12.8: Registerkarte Authentifizierung einer Chat-Gemeinde

- *Standardauthentifizierung.* Wenn Sie die Authentifizierung mit dieser Option erlauben, werden Benutzername und Kennwort in Klartext über das Netzwerk verschickt und sind so leicht zu lesen. Sie sollten die Standardauthentifizierung nur bei Ausnahmefällen verwenden.
- *Domäne.* Sie können hier den Domänen-Namen Ihrer Windows-Domäne eintragen, die die Benutzerkonten enthält. Tragen Sie hier keine Domäne ein, wird die Domäne verwendet, in der dieser Chat-Server Mitglied ist.
- *Windows-Sicherheitspaket.* Wenn Sie die Option Standardauthentifizierung nicht konfigurieren, können Sie die Authentifizierung mit dem Windows Sicherheitspaket verwenden. Die Authentifizierung erfolgt dann mit dem Windows Security Service Provider Interface (SSPI). Der Client muss dazu SSPI unterstützen.

Registerkarte Sicherheitseinstellungen

Hier können Sie Sicherheitseinstellungen vornehmen, die für alle Kanäle innerhalb dieser Chat-Gemeinde gelten. Standardmäßig ist hier nur die Gruppe `Jeder` als Benutzer der Chat-Gemeinde konfiguriert.

12.1.3 Verbinden von Chat-Gemeinden mit Exchange 2000-Servern

Nach der Konfiguration Ihrer Chat-Gemeinde müssen Sie jetzt noch diese Gemeinde mit einem Exchange-Server verbinden.

Bei der Installation des Chat-Dienstes wurden die Protokolle des Exchange-Servers um ein weiteres Protokoll, IRCX, ergänzt. Dieses Protokoll ist zur Verwaltung des Chat-Dienstes verantwortlich. Sie finden dieses Protokoll wie alle anderen im Menü Protokolle unterhalb des Serverobjekts (siehe Abbildung 12.9).

Um Ihre Chat-Gemeinde jetzt noch mit diesem Exchange 2000-Server zu verbinden, müssen Sie die Eigenschaften dieses Protokolls aufrufen und mit der Schaltfläche `Hinzufügen` die konfigurierte Chat-Gemeinde mit diesem Server verbinden (siehe Abbildung 12.10).

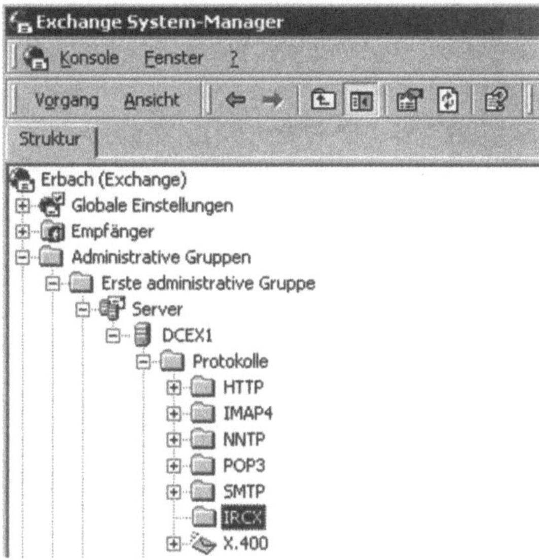

Abb. 12.9: Neues Protokoll IRCX für die Chat-Dienste

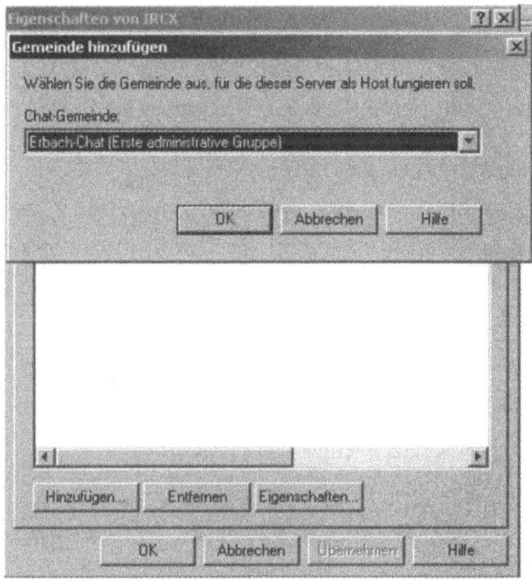

Abb. 12.10: Verbinden einer Chat-Gemeinde mit einem Server

Nach der Bestätigung mit `OK` müssen Sie noch die Option `Server für das Hosting dieser Chat-Gemeinde aktivieren` aktivieren (siehe Abbildung 12.11).

Weisen Sie auf alle Fälle dem Chat-Dienst eine spezielle IP-Adresse zu und verwenden Sie nicht die Option `Alle nicht zugewiesenen`.

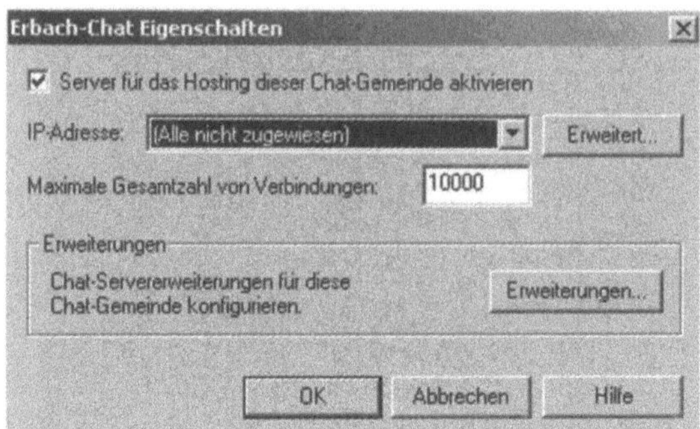

Abb. 12.11: Aktivierung der Verbindungen für diesen Server

Jetzt ist die Chat-Gemeinde aktiviert und mit einem Server verbunden.

12.1.4 Erstellen und Verwalten neuer Kanäle

Damit Benutzer diese Chat-Gemeinde nutzen können, müssen Sie mindestens einen Kanal erstellen. Chats laufen ausschließlich in Kanälen oder Chaträumen ab.

Um einen neuen Kanal zu erstellen, müssen Sie zunächst im Exchange System-Manager zu Ihrer Chat-Gemeinde navigieren und das Menü für die Chat-Gemeinde aufklappen (siehe Abbildung 12.12).

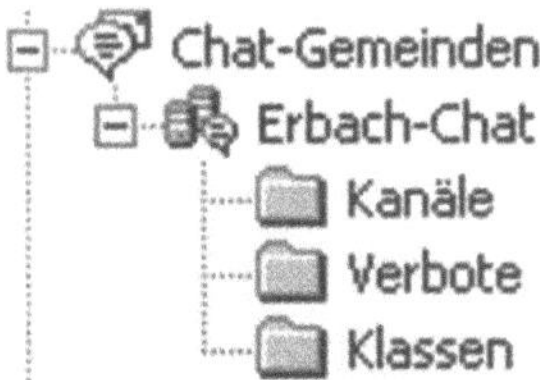

Abb. 12.12: Menü der Chat-Gemeinden.

Um einen neuen Kanal zu erstellen, klicken Sie mit der `rechten Maustaste` auf den Menüpunkt `Kanäle`, wählen `Neu` und dann `Kanal` (siehe Abbildung 12.13).

Sie erhalten jetzt, wie bei der Erstellung der Chat-Gemeinde, mehrere Registerkarten, die Sie zur Konfiguration dieses Kanals verwenden können.

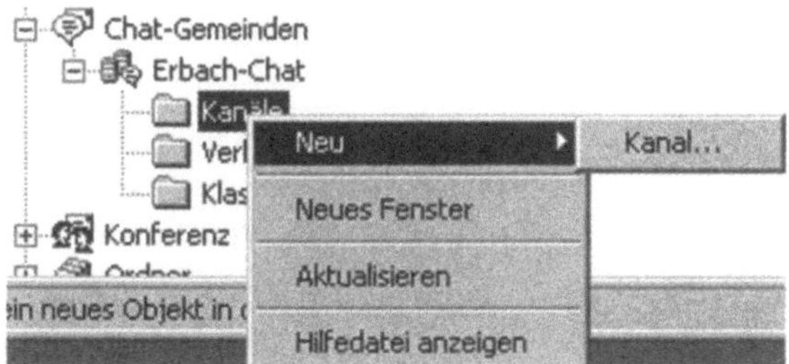

Abb. 12.13: Erstellen eines neuen Kanals

Nachdem Sie den Kanal erstellt haben, erscheint ein Menü, mit dessen Hilfe Sie diesen Kanal konfigurieren können.

Registerkarte Allgemein

Auf dieser Registerkarte treffen Sie allgemeine Einstellungen, wie Bezeichnung oder Thema des neuen Kanals (siehe Abbildung 12.14).

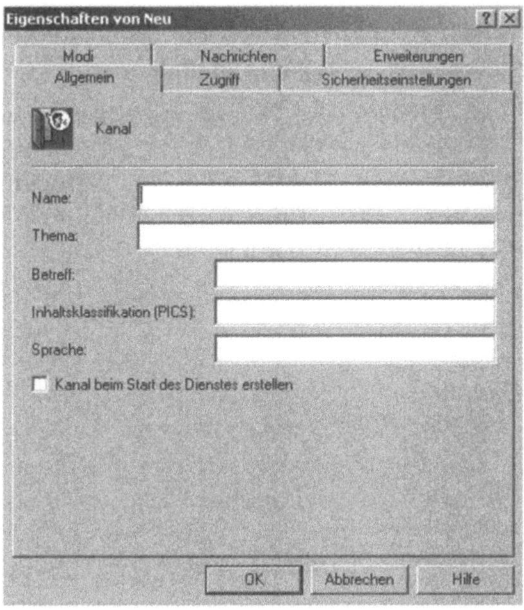

Abb. 12.14: Registerkarte *Allgemein* eines neuen Kanals

- *Name.* In diesem Feld tragen Sie den Namen des neuen Kanals ein.
  - Der Name muss zwingend mit einem gültigen IRC-Präfix (% oder #) oder einem IRCX-Präfix (%# oder %&) beginnen.
  - Der Name darf kein Leerzeichen, Komma, Rückstrich (\) oder Steuerzeichen enthalten.
- *Thema / Betreff.* In diesen Feldern können Sie ein Thema und einen Betreff eintragen, um das es sich in diesem Chat handelt. Sie sind an keine besonderen Vorschriften gebunden.
- *Inhaltsklassifikation (PICS).* Mit dieser Option können Sie, wie gewünscht, Ihren Chat nach dem Internetstandard PICS klassifizieren. Handelt es sich bei diesem Kanal um einen öffentlichen Chat, können Sie auf einer der Internetseiten für PICS (Platform for Internet Content Selection) eine genaue Bezeichnung abrufen.
- *Sprache.* Hier können Sie die Standardsprache nach ISO-Coderung dieses Kanals eingeben
- *Kanal beim Start des Dienstes erstellen.* Wenn Sie diese Option aktivieren, wird dieser Kanal automatisch bereits beim Starten des Chat-Dienstes zur Verfügung gestellt. Ist diese Option nicht aktiv, wird der Kanal erst angezeigt, wenn ein Benutzer dem Chat beitritt.

Registerkarte Zugriff

Auf der Registerkarte *Zugriff* können Sie steuern, welche Benutzer diesem Kanal beitreten dürfen (siehe Abbildung 12.15).

- *Sichtbarkeit für Benutzer.* Hier können Sie einstellen, wie leicht dieser Kanal von Benutzern gefunden werden kann. Ihnen stehen dazu vier Optionen zur Verfügung:
  - *Öffentlich.* Mit dieser Einstellung können alle Benutzer des Chat-Servers die Einstellungen dieses Kanals mit einem IRC-Client und dem Befehl `List` abrufen. Es gibt keinerlei Einschränkungen
  - *Privat.* Mit dieser Einstellung können alle Benutzer nur den Namen des Kanals und die Anzahl der Mitglieder abrufen. Alle weiteren Informationen werden blockiert.
  - *Ausgeblendet.* Diese Einstellung ist identisch mit der Einstellung *Öffentlich,* außer dass der Kanal nicht angezeigt werden kann. Benutzer, die den Namen des Kanals kennen, können aber mit diversen IRC-Befehlen die Informationen dieses Kanals abrufen.
  - *Geheim.* Mit dieser Einstellung können nur die Mitglieder eines Kanals die Informationen abrufen. Diese Einstellung ist die sicherste Kanaleinstellung.

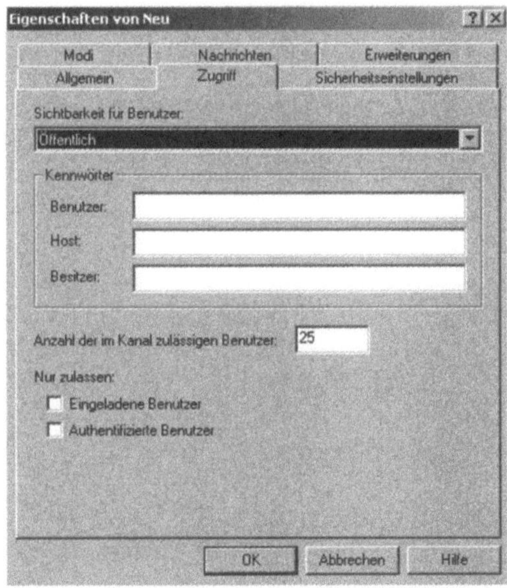

Abb. 12.15: Registerkarte Zugriff eines neuen Kanals

- *Kennwörter.* Mit dieser Option können Sie Kennwörter für die verschiedenen Benutzerrollen vergeben. Meldet sich sein Benutzer mit dem hier hinterlegten Kennwort an, wird ihm die jeweilige Rolle zugewiesen.
  - *Benutzer.* Dieses Kennwort dient zum Zugang als normaler Benutzer, der keinerlei Maßnahmen zur Beeinflussung des Kanals durchführen kann, sondern lediglich Nachrichten schreiben und lesen.
  - *Host.* Benutzer mit diesem Kennwort haben die Berechtigung als Host aufzutreten. Ein Host hat das Recht, Vorgänge innerhalb eines Kanals zu steuern und wird daher oft auch als *chanop* (channel Operator) bezeichnet. Er führt diese Verwaltungsvorgänge mit einem IRC-Client aus.
  - *Besitzer.* Kanalbesitzer verfügen über die gleichen Berechtigungen wie Kanalhosts und können zusätzlich noch Zugriffsberechtigungen erteilen und verweigern. Ein Kanalhost darf keine Bearbeitung der Zugriffsrichtlinien eines Kanals vornehmen.
- *Anzahl der im Kanal zulässigen Benutzer.* Hier können Sie festlegen, wieviele Benutzer maximal diesem Kanal beitreten können. Wenn Sie hier 0 eintragen, unterliegt dieser Kanal keiner Einschränkung.
- *Nur Zulassen.* Mit dieser Option können Sie einstellen, welche Benutzer überhaupt diesem Kanal beitreten dürfen.
  - *Eingeladene Benutzer.* Mit dieser Option haben nur definitv eingeladene Benutzer Zugriff auf diesen Kanal. Die Einladung erfolgt mit dem Befehl `invite` von einem IRC-Client aus.
  - *Authentifizierte Benutzer.* Mit der Aktivierung dieser Option stellen Sie sicher, dass selbst Benutzer, die eines der oben definierten Kennwörter kennen, erst beitreten dürfen, wenn Sie sich am System authentifiziert haben.

Registerkarte Modi

Mit dieser Registerkarte können Sie Einstellungen vornehmen, die direkt den Betriebsmodus des Kanals betreffen (siehe Abbildung 12.16).

- *Nur von Kanalmitgliedern annehmen.* Diese Option ist standardmäßig bereits aktiviert. Mit dieser Einstellung dürfen nur Mitglieder des Kanals Nachrichten innerhalb des Chats bereitstellen.
- *Clientnachrichten nicht formatieren.* Mit dieser Option können Sie verhindern, dass die einzelnen Clients in jeder Nachricht die Anzeige *Von-Nickname* angezeigt bekommen. Dies kann die Performance von großen Chats deutlich beschleunigen, erhöht aber auch die Unübersichtlichkeit.
- *Host benachrichtigen, wenn Benutzer nicht beitreten können.* Mit dieser Option erhält der Host eines Kanals über jeden nicht erfolgreichen Anmeldevorgang am Kanal eine Meldung.

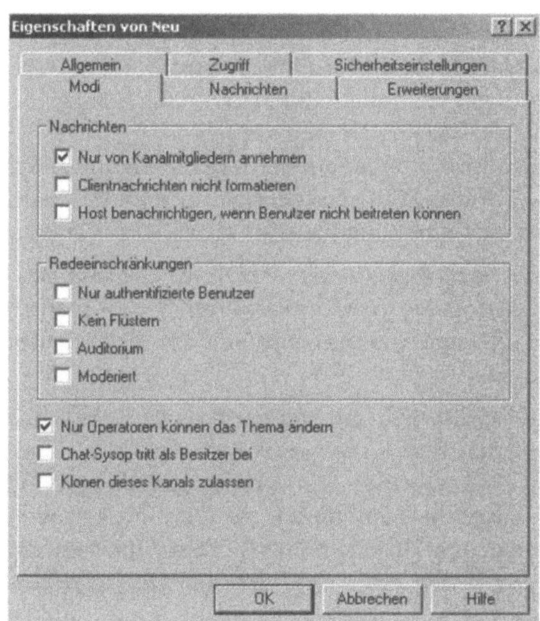

Abb. 12.16: Registerkarte *Modi* eines neuen Kanals

- *Nur authentifizierte Benutzer.* Wenn Sie diese Option aktivieren, dürfen nur authentifizierte Benutzer neue Nachrichten erstellen, anonyme Benutzer dürfen lediglich lesen. Wenn Sie auf der Registerkarte *Zugriff* die Option aktiviert haben, dass nur authentifizierte Benutzer dem Kanal beitreten dürfen, ist die Option nicht aktiv.
- *Kein Flüstern.* Mit dieser Option verhindern Sie, dass einzelne Kanalmitglieder private Nachrichten untereinander austauschen können. Private Nachrichten werden mit dem IRC-Befehl `whisper` und der Eingabe des Nicknames verschickt.
- *Auditorium.* Mit dieser Option können Sie steuern, dass hostfremde Kanalmitglieder ausschließlich Nachrichten an Hostmitglieder senden und empfangen können. Hostmitglieder wiederum dürfen Nachrichten auch an hostfremde Kanalmitglieder senden und diese lesen. Wenn Sie die Option aktivieren, werden die Hosts nur dann benachrichtigt, wenn hostfremde Kanalmitglieder dem Kanal beitreten oder ihn verlassen. Diese Option wird oft für große Chats eingesetzt.
- *Moderiert.* Wenn Sie diese Option aktivieren, dürfen beigetretene Kanalmitglieder keine Nachrichten erstellen und nur Nachrichten lesen. Kanalhosts können mit ihrem IRC-Client einzelnen Mitgliedern Redeberechtigung erteilen. Diese Option erhöht die Verwaltung eines Kanals deutlich und wird fast ausschließlich für sehr kleine Chats eingesetzt.
- *Nur Operatoren können das Thema ändern.* Durch Aktivierung dieser Option dürfen nur Kanalhosts und Besitzer das Thema dieses Chats ändern. Die Option ist standardmäßig aktiviert.
- *Chat-Sysop tritt als Besitzer bei.* Tritt ein Sysop, also ein Administrator des Servers, einem neuen dynamischen Kanal bei, wird der bei Aktivierung dieser Option als Besitzer dieses dynamischen Kanals definiert - auch wenn er ihn nicht erstellt hat. Besitzer dürfen Optionen des dynamischen Kanals ändern sowie Zugriffsberechtigungen bearbeiten.

- *Klonen dieses Kanals zulassen.* Diese Option ist eine der wichtigsten dieser Registerkarte. Mit Aktivierung dieser Option steuern Sie die automatische Erstellung neuer Kanäle. Ist die Grenze der maximalen Mitglieder eines Kanals erreicht, wird automatisch ein neuer Kanal mit identischen Einstellungen erstellt und neue Benutzer in diesen Kanal verbunden. Wird dessen Grenze wieder erreicht, wird wiederum ein neuer Kanal erstellt usw. Heißt ein Kanal zum Beispiel „*#chat*", so bekommt der neue Kanal die Bezeichnung „*#chat1*", der nächste „*#chat2*" usw. Es können maximal 99 Klone eines Kanals erstellt werden. Jeder Klon ist für sich ein völlig eigenständiger Kanal.

Registerkarte Nachrichten

Auf dieser Registerkarte können Sie Nachrichten erstellen, die Benutzer beim Betreten und Verlassen des Kanals automatisch angezeigt bekommen.

12.1.5 Filtern von Nachrichten

Die letzte Registerkarte *Erweiterungen* dient zur Filterung von Nachrichten innerhalb eines Chats. Bevor Sie eine Erweiterung aktivieren können, müssen Sie die Konfiguration des Kanals mit `OK` abschließen. Sie können Nachrichten innerhalb eines Kanals automatisch filtern lassen. Bevor Sie jedoch einen Filter auf einen neuen Kanal anwenden können, müssen Sie in den Protokolleinstellungen des Servers einen neuen Filter erstellen.

Wenn ein Filter auf eine Nachricht angewendet wird, bekommt der Absender eine private Nachricht mit dem Hinweis, dieses Schlüsselwort nicht mehr zu verwenden.

Erstellen eines neuen Filters

Um einen neuen Filter anzulegen gehen Sie wie folgt vor:

- Starten Sie den Exchange System-Manager und navigieren zu der administrativen Gruppe und zu dem Exchange-Server der zur Verwaltung dieser Chat-Gemeinde dient.
- Öffnen Sie den Menüpunkt `Protokolle` und rufen Sie die Eigenschaften des Protokoll `IRCX` auf (siehe Abbildung 12.9).

- Rufen Sie die Eigenschaften der Chat-Gemeinde auf, für die Sie einen Filter generieren wollen (siehe Abbildung 12.11).
- Klicken Sie dann auf die Schaltfläche `Erweiterungen`.
- Wählen Sie auf dem nächsten Fenster die Schaltfläche `Hinzufügen` und wählen aus dem Menü `PFilter` aus. (siehe Abbildung 12.17).

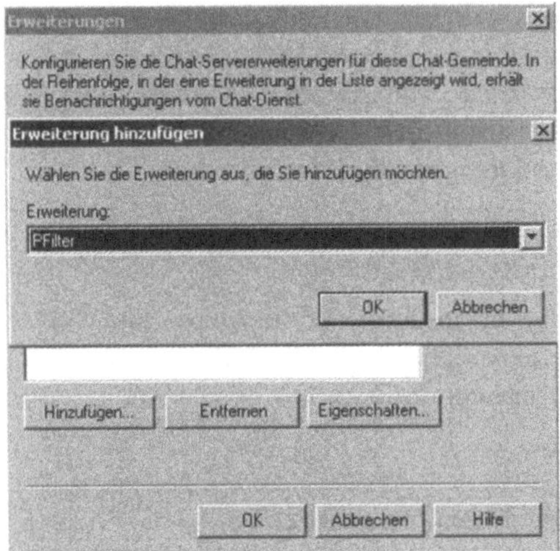

Abb. 12.17: Hinzufügen eines Chat-Filters

- Bestätigen Sie Ihre Auswahl mit `OK` und schließen Sie alle Fenster mit `OK` wieder. Starten Sie jetzt den Chat-Dienst neu, um den Filter in dieser Gemeinde zu aktivieren.
- Rufen Sie danach wieder die Eigenschaften des IRCX-Protokolls auf.
    - Dann die Eigenschaften der Chat-Gemeinde, in der Sie den Filter erstellt haben.
    - Klicken Sie in den Eigenschaften der Chat-Gemeinde wieder auf `Erweiterungen`.
    - Rufen Sie die Eigenschaften des erstellten Filters auf.
    - Klicken Sie jetzt auf die Schaltfläche `Filter bearbeiten`.
- Klicken Sie in dem neuen Fenster auf `Filter hinzufügen` (siehe Abbildung 12.18) und geben Ihrem neuen Filter eine Bezeichnung.

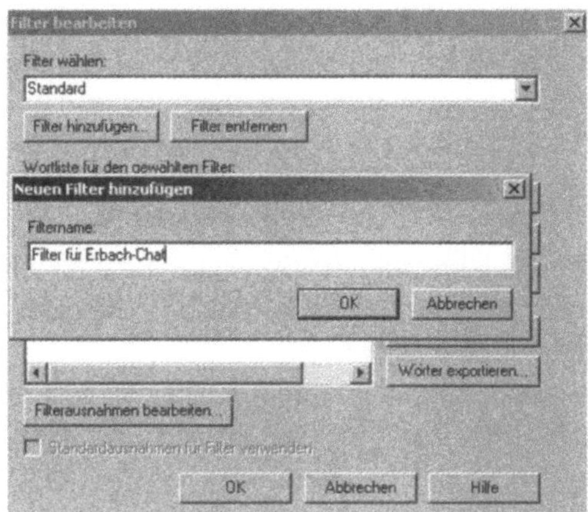

Abb. 12.18: Erstellen eines neuen Filters

- Bearbeiten Sie jetzt die Wortliste des Filters. Sie können für jedes Wort eine vordefinierte Antwort erstellen, die Benutzer erhalten, wenn sie dieses Schlüsselwort verwenden. Bestätigen Sie dann die Fertigstellung des Filters mit OK.
- Wählen Sie im Fenster für den *PFilter* für alle Optionen Ihren erstellen Filter aus (siehe Abbildung 12.19) und bestätigen alle weiteren Fenster wieder mit OK.

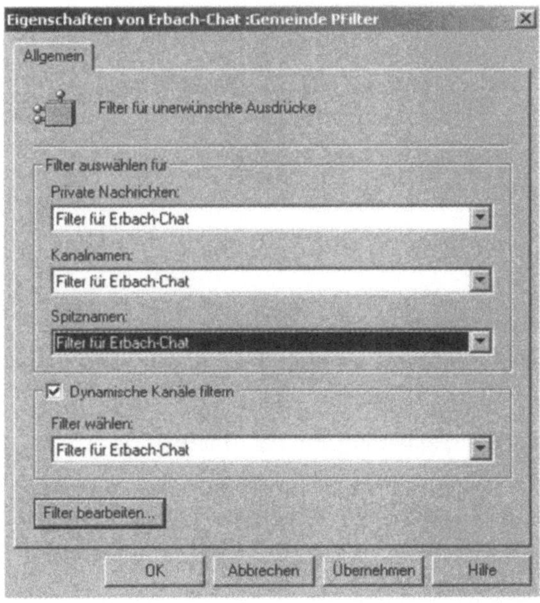

Abb. 12.19: Auswahl des erstellten Filters für die Chat-Gemeinde

Wie Sie in Abbildung 12.19 sehen, können Sie für Kanalnamen Spitznamen (Nicknames) und für Nachrichten unterschiedliche Filter erstellen und zuweisen.

Zuweisen des Filters auf einzelne Kanäle

Um diesen Filter auf unseren neu erstellen Kanal anzuwenden, rufen Sie die Eigenschaften des Kanals auf und öffnen die Registerkarte *Erweiterungen*.

Wie Sie sehen, ist auf dieser Karte der erstellte Pfilter hinterlegt. Rufen Sie die Eigenschaften dieses Filters auf (siehe Abbildung 12.20).

In diesem Fenster müssen Sie jetzt noch das Filtern der Nachrichten aktivieren und den Filter auswählen, der zur Filterung verwendet werden soll.

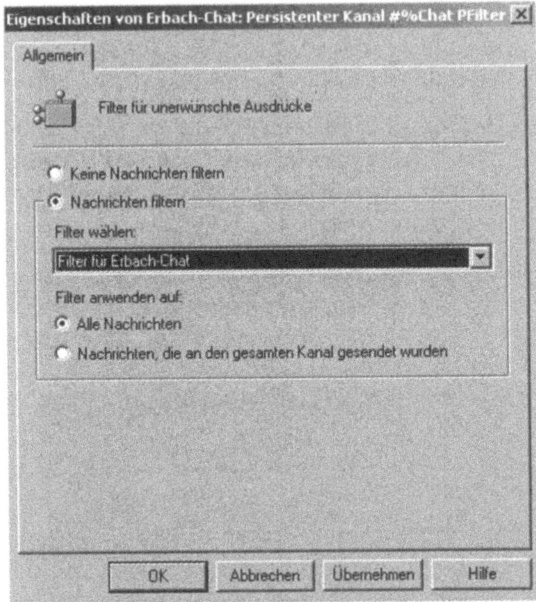

Abb. 12.20: Zuweisen eines Filters auf einen Kanal

12.1.6 Protokollierung von Nachrichten

Alle Nachrichten aller Kanäle können von Exchange automatische protokolliert werden. Diese Funktion wird Transkription genannt.

Exchange legt dazu in seinem Installationsverzeichnis für jeden Kanal ein Verzeichnis an, in dem die Protokolldateien der jeweils letzten 24 Stunden gespeichert werden.

Damit Exchange Nachrichten protokolliert, müssen Sie zunächst eine neue Erweiterung definieren, ähnlich des *Pfilters*.

Diese Erweiterung heißt *TScript* und ist die zweite Auswahl, die Sie bei der Erstellung eines Filters treffen können (siehe Abbildung 12.17).

Gehen Sie zur Erstellung eines Transkriptions-Skriptes genau so vor, wie im Kapitel 12.1.5 bereits für die Filterung beschrieben. Wählen Sie als Erweiterung lediglich `TScript` anstatt `Pfilter` aus.

Nach dem Neustart des Chat-Dienstes können Sie die Eigenschaften des Filters bearbeiten und für alle Kanäle die Protokollierung aktivieren (siehe Abbildung 12.21).

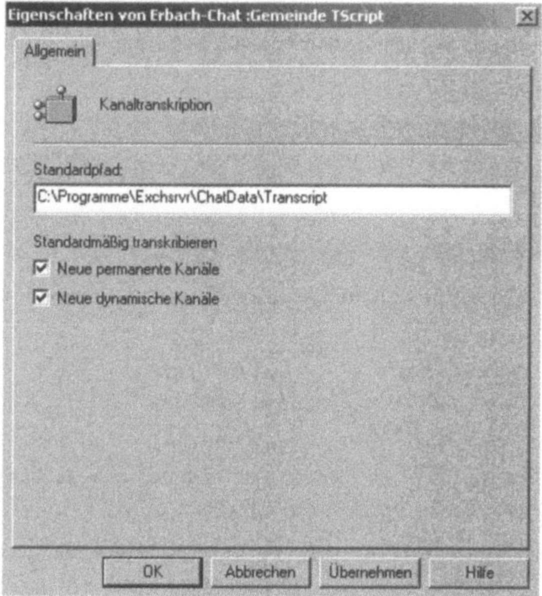

Abb. 12.20: Aktivierung der Protokollierung

12.1.7 Chat-Gemeinden löschen oder deaktivieren

Es kann durchaus möglich sein, dass Sie einzelne Chat-Gemeinden wieder löschen oder wegen Wartungsarbeiten kurzzeitig deaktivieren müssen.

12.1.7.1 Löschen von Chat-Gemeinden

Sie können Chat-Gemeinden auf zwei verschiedene Arten löschen:

Chat-Gemeinde von einem Server trennen

Um eine Chat-Gemeinde nicht komplett zu löschen sondern nur von einem Server zu trennen, müssen Sie die Eigenschaften des IRCX-Protokolls auf diesem Server aufrufen (siehe Abbildung 12.9).

Sie können an dieser Stelle die Chat-Gemeinde von diesem Server mit der Schaltfläche `Entfernen` trennen. Die Gemeinde wird dabei jedoch nicht komplett gelöscht und Ihre Konfiguration bleibt erhalten.

Sie erhalten nach dem Betätigen der Schaltfläche `Entfernen` noch einen Hinweis, ob Sie wirklich diese Chat-Gemeinde von diesem Server trennen wollen (siehe Abbildung 12.21).

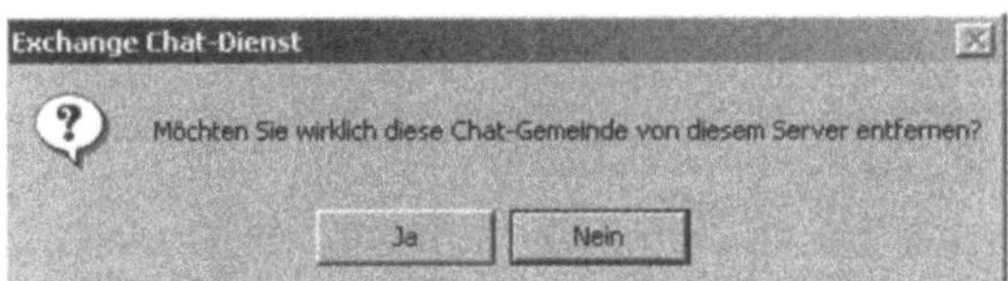

Abb. 12.21: Trennen einer Chat-Gemeinde von einem Server

Chat-Gemeinde komplett löschen

Wenn Sie eine Chat-Gemeinde aus dem Container Chat-Gemeinden in der jeweiligen administrativen Gruppe löschen, wird diese Gemeinde komplett gelöscht.

Mit dieser Löschung gehen, im Gegensatz zur vorhergehenden Löschung, alle Konfigurationen und Einstellungen verloren und müssen bei einer Neuerstellung komplett neu konfiguriert werden.

Auch hier erhalten Sie vor dem Löschen einen Hinweis von Exchange (siehe Abbildung 12.22).

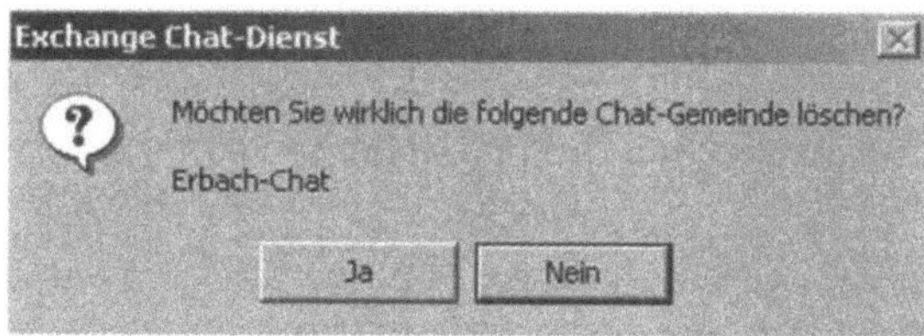

Abb. 12.22: Komplettes Löschen einer Chat-Gemeinde

12.1.7.2 Deaktivieren einer Chat-Gemeinde

Auch für das Deaktivieren von Chat-Gemeinden stehen Ihnen zwei Varianten zur Verfügung:

Hosting einer Chat-Gemeinde deaktivieren

Im Kapitel 12.1.3 wurde beschrieben, wie Sie Chat-Gemeinden mit Exchange 2000-Servern verbinden.

In den Eigenschaften des IRCX-Protokolls und dann in den Eigenschaften der Chat-Gemeinde auf einem Exchange-Server können Sie das Hosting dieser Gemeinde auf diesem Server deaktivieren und wieder aktivieren (siehe Abbildung 12.11).

Deakivieren von neuen Benutzeranmeldungen

Um die Anmeldung von neuen Benutzern an einer Chat-Gemeinde zu verhindern, können Sie in den Eigenschaften der jeweiligen Chat-Gemeinde den Haken bei `Neue Verbindungen annehmen` entfernen (siehe Markierung Abbildung 12.23).

Diese Option wird sofort aktiv. Sie müssen nicht den Chat-Dienst neu starten.

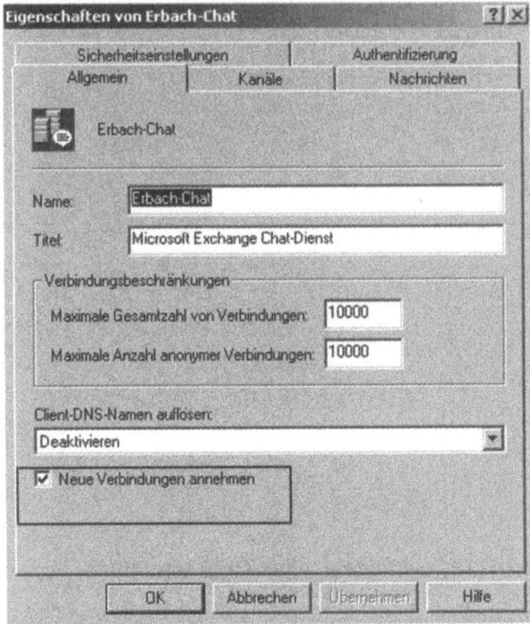

Abb. 12.23: Deaktivierung einer Chat-Gemeinde

Wenn Sie den Haken hier entfernen, werden zwar keine neuen Verbindungen mehr angenommen, bereits verbundene Benutzer werden dagegen nicht getrennt.

Wollen Sie auch diese Benutzer entfernen, müssen Sie den Chat-Dienst neu starten.

12.1.8 Verwalten der Benutzer

Sie können, wie bei anderen Objekten im Active Directory, Benutzerverbindungen auf zwei Arten steuern.

- Sie können bestimmten Benutzern oder Gruppen aus dem Active Directory die Verbindung zu Chaträumen explizit erlauben.
- Sie können bestimmten Benutzern oder Gruppen aus dem Active Directory die Verbindung zu Chaträumen verweigern.

12.1.8.1 Benutzerklassen

Um den Zugriff auf Chaträume zu verwalten, definieren Sie Benutzerklassen. Sie können dabei für jede Benutzerklasse verschiedene Berechtigungen konfigurieren. Zum Beispiel ob Mitglieder dynamische Chaträume erstellen dürfen oder nicht.

Sie können dabei die Mitgliedschaft zu einer Benutzerklasse über vier Kriterien steuern:

- Ist der Benutzer authentifiziert oder ist er anonym?
- Wie lautet der Nickname, der Benutzername oder der Domänen-Anmeldename des Benutzers?
- Wie ist die IP-Adresse des Clients?
- Zu welcher Tageszeit tritt der Benutzer dem Chatraum bei?

Bei der Anmeldung jedes Benutzers werden alle Benutzerklassen in alphanumerischer Reihenfolge durchgearbeitet. Die erste Benutzerklasse, deren Bedingung für einen Benutzer zutrifft, gilt dann für den entsprechenden Benutzer mit allen Rechten und Einschränkungen.

Selbst wenn weitere Benutzerklassen mit mehr oder weniger Rechten auch für den Benutzer passen würden, wird dennoch nur die erste Klasse für den Benutzer aktiv.

Erstellen einer neuen Benutzerklasse

Um eine neue Benutzerklasse zu erstellen, starten Sie den Exchange System-Manager und navigieren zu der Chat-Gemeinde innerhalb des Containers `Chat-Gemeinden` in der administrativen Gruppe, in der Sie die Benutzerklasse erstellen wollen (siehe Abbildung 12.24).

Abb. 12.24: Menüpunkte der Chat-Gemeinde

Klicken Sie mit der `rechten Maustaste` auf den Menüpunkt `Klassen`, wählen `Neu` und dann `Klasse`.

Sie erhalten jetzt wieder ein neues Fenster, mit dessen Registerkarten Sie die neue Benutzerklasse an Ihre Wünsche anpassen können.

Registerkarte Allgemein

Auf dieser Registerkarte treffen Sie allgemeine Einstellungen wie Namen und welche Benutzer Mitglied dieser Klasse sein sollen (siehe Abbildung 12.25).

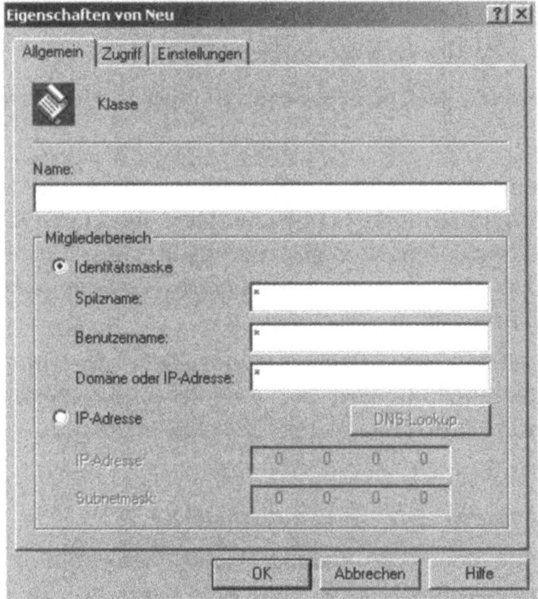

Abb. 12.25: Erstellen einer neuen Benutzerklasse

- *Name.* In diesem Feld tragen Sie den Namen der Klasse ein. Sie können hier alphabetische Zeichen, Bindestriche, Unterstriche und Ziffern verwenden. Wenn Sie keine Eingaben machen, wird der Platzhalter * als Namen verwendet. Ziffern dürfen nicht als erstes Zeichen verwendet werden.
- *Spitzname.* Hier können Sie einen Spitznamen definieren, der die jeweiligen Benutzer zu dieser Klasse zuordnet. Tragen Sie hier zum Beispiel „*Verkauf*" ein, werden dieser Klasse alle Benutzer zugeordnet, die sich mit diesem Spitznamen anmelden. So können Sie, wie in diesem Beispiel den Vertre-

ter einer Abteilung, egal welcher Benutzer es ist, immer der gleichen Klasse zuordnen.

- *Benutzername.* Mit diesem Feld können Sie die Mitgliedschaft zu dieser Klasse abhängig vom Benutzername des jeweiligen Benutzers machen.
- *Domäne oder IP-Adresse.* Wenn Sie Ihre Benutzer mit dieser Option der Klasse zuordnen wollen, können Sie den Domänennamen oder die IP-Adresse des Clients hinterlegen. Sie können hier mit ganzen Domänennamen wie zum Beispiel „*erbach.int*" arbeiten oder zum Teil mit Platzhaltern zum Beispiel „*erbach.**"
- *IP*-Adresse. Wenn Sie diese Option aktivieren, können Sie die Gruppenmitgliedschaft ausschließlich mit der IP-Adresse zuordnen. Sie können keine Kombinationen konfigurieren. Die IP-Adresse und die Subnetzmaske des Clientrechners muss genau mit diesem Eintrag übereinstimmen damit ein Benutzer zugeordnet werden kann. Wenn Sie diese Option aktivieren, jedoch keine Einträge vornehmen, wird die IP-Adresse und die Subnetzmaske auf 0.0.0.0 gesetzt. Dadurch werden alle Benutzer dieser Klasse zugeordnet.

Registerkarte Zugriff

Mit der Registerkarte *Zugriff* können Sie die Berechtigungen dieser Klasse detailliert steuern (siehe Abbildung 12.26).

- *Authentifiziert oder anonym.* Diese Option besagt, dass sich die Mitglieder der Klasse authentifizieren müssen oder nicht, um an einem Kanal teilzunehmen.
- *Nur authentifiziert.* Ist diese Option aktiviert, dürfen Mitglieder dieser Klasse nur an einem Kanal teilnehmen, wenn sie sich zuvor authentifiziert haben.
- *Nur anonoym.* Diese Option besagt, dass Mitglieder nur anonym an einem Kanal teilnehmen können. Dadurch ist sichergestellt, dass Benutzernamen und Kennwörter nicht außpioniert werden können.

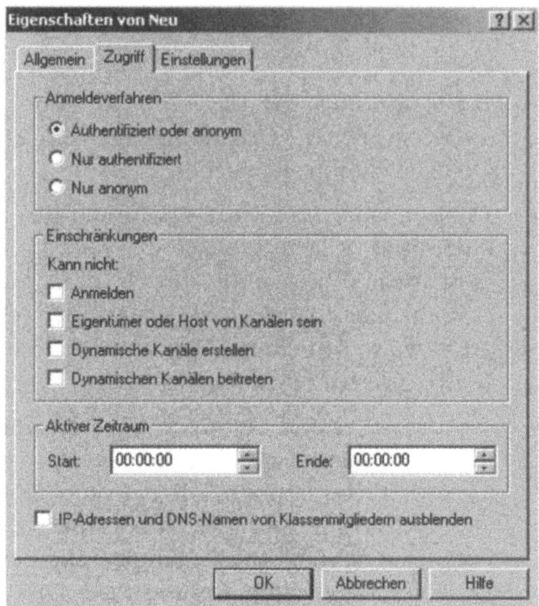

Abb. 12.26: Registerkarte Zugriff einer neuen Benutzerklasse

Im Bereich *Einschränkungen* dieser Registerkarte können Sie die Einschränkungen dieser Klasse definieren.

Ein Benutzer dieser Klasse *kann nicht*:

- *Anmelden.* Wenn Sie diese Option aktivieren, können sich Mitglieder dieser Klasse nicht mehr an Kanälen anmelden. Diese Einstellung ist die einzige, die auch bei der Anmeldung eines Sysops gilt.
- *Eigentümer oder Host von Kanälen sein.* Mit dieser Einstellung können Benutzer, die einem Chat beitreten, kein Besitzer oder Host irgendeines Kanals werden. Dies gilt auch für dynamische Kanäle.
- *Dynamische Kanäle erstellen.* Wenn Sie diese Option aktivieren, können Benutzer, die Mitglied dieser Klasse sind, keine dynamischen Kanäle erstellen.
- *Dynamischen Kanälen beitreten.* Benutzer dieser Klasse dürfen bei Aktivierung dieser Option keinen dynamischen Kanälen beitreten. Auch nicht, wenn Sie die Kennwörter eines Hosts oder Besitzers kennen.

Im Bereich *Aktiver Zeitraum* legen Sie fest, wann diese Klasse aktiviert wird. Melden sich Benutzer am Chat-Server an, die dieser Klasse zugeordnet werden, so werden Sie bei ihrer Anmeldung der nächsten Klasse zugeordnet, auf die ihr Profil zutrifft.

Mit dieser Option können Sie also nicht das Anmelden von Benutzern generell verhindern sondern sie lediglich einer anderen Klasse zuordnen.

Der Zeitraum muss zwischen 0:00 und 23:59 liegen. Ein gültiger Zeitraum ist also 01:00 bis 23:00. Ungültig wäre 23:30 bis 01.30.

- *IP-Adressen und DNS-Namen von Klassenmitgliedern ausblenden.* Wenn Sie diese Option aktivieren, können sich andere Benutzer keine IP-Adressen oder Rechnernamen anzeigen lassen. Sysops bekommen jedoch weiterhin Rechnername und IP-Adresse angezeigt.

  Sie sollten diese Einstellung vor allem bei Servern die im Internet stehen aktivieren, um die einzelnen Benutzer vor Angriffen zu schützen

Registerkarte Einstellungen

Hier können Sie Einstellungen bezüglich der Sicherheit und Netzwerkverbindungen einstellen (siehe Abbildung 12.27). Diese Einstellungen gelten allerdings nur für Mitglieder dieser Benutzerklasse, sind also nicht global.

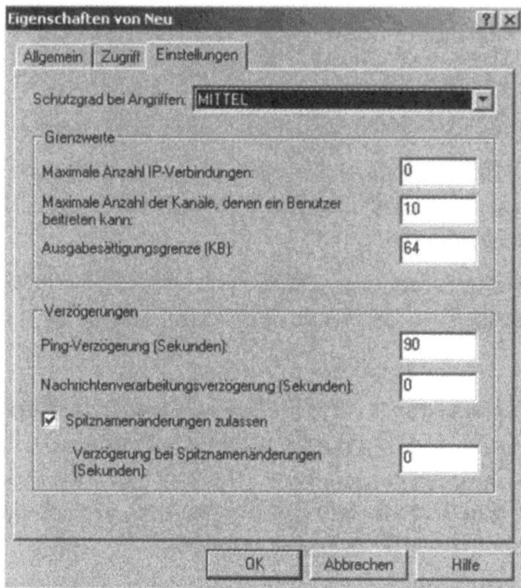

Abb. 12.27: Registerkarte *Einstellungen* einer neuen Klasse

- *Schutzgrad bei Angriffen.* Mit dieser Option wird die Datenübertragung des Benutzers zum Chat-Server gesteuert. Je nach Einstellung wird die Häufigkeit der Datenübertragung reduziert, um Angriffen entgegenzuwirken. Dies wird mit einer Verzögerung ermöglicht, während der Chat-Dienst von diesem Client keine Daten mehr annimmt. Je höher der Schutzgrad, desto länger ist die Verzögerung, bis wieder Daten angenommen werden.

Im Bereich *Grenzwerte* können Sie den Netzwerkverkehr zwischen Client und dem Chat-Server genauer steuern.

- *Maximale Anzahl IP-Verbindungen.* Mit dieser Option steuern Sie, wieviele IP-Verbindungen pro IP-Adresse zum Chat-Server angenommen werden. Die Standardeinstellung ist 0 und unterliegt somit keiner Beschränkung.

  Gehen Sie bei dieser Einstellung mit Vorsicht vor. Es gibt Angriffmethoden gegen Chat-Server, bei denen Benutzer viele Verbindungen zu einem Server aufbauen und viele Nachrichten in sehr kurzer Zeit hintereinander verschicken.

Dieser Angriff wird „Überflutung" genannt. Sie sollten bei Chat-Servern, die im Internet stehen, auf alle Fälle eine Begrenzung einbauen.

Von dieser Option sind nur Benutzer betroffen. Sysops und Administratoren sind hier ausgenommen.

- *Maximale Anzahl der Kanäle, denen ein Benutzer beitreten kann.* Hier steuern Sie, an wievielen Chats ein Benutzer gleichzeitig teilnehmen kann. Dies wird mit Hilfe der Nicknames überprüft.
- *Ausgabesättigungsgrenze (KB).* Mit diesem Wert steuern Sie den Puffer, den der Chat-Dienst für jeden Client einrichtet, bevor er eine Verbindung abbricht.

  Ein großes Problem bei vielen Chat-Servern, vor allem im Internet, sind Angriffe durch „Überflutungen". Bei diesem Angriff werden ständig vom Client große Datenmengen an den Chat-Server übertragen, so dass dieser überlastet wird oder dass Nachrichten so schnell über den Bildschrim laufen, dass Benutzer diese nicht mehr lesen können.

  Sie können daher mit dieser Option genau festlegen, wieviele Daten ein Benutzer überhaupt zu diesem Server schicken darf.

Der Bereich *Verzögerungen* dient zum genaueren Steuern der einzelnen zeitlichen Verzögerungen.

- *Ping-Verzögerung (Sekunden).* Hier legen Sie den Zeitraum fest, in dem an nicht aktive Clients ein Ping geschickt wird, um zu überprüfen, ob der Benutzer noch mit dem Kanal verbunden ist.
- *Nachrichtenverarbeitungsverzögerung (Sekunden).* Dieser Zeitraum gibt an, wie lange der Chat-Server wartet, bis er wieder eine Nachricht von diesem Benutzer akzeptiert.

  Sie sollten auch bei diesem Wert auf die Sicherheit achten. Es kommt oft vor, dass manche Benutzer durch das ständige Senden von sehr kurzen Nachrichten andere Benutzer schikanieren, deren Bildschirm so schnell weiterläuft und sie Nachrichten anderer Benutzer nicht mehr lesen können. Wenn Sie diesen Wert entsprechend hoch setzen, können Benutzer dieser Klasse keinen solchen Angriff durchführen.
- *Spitznamenveränderung zulassen.* Mit dieser Option legen Sie fest, ob Benutzer dieser Klasse Ihren Spitznamen (Nickname) ändern dürfen.

- *Verzögerung bei Spitznamenveränderung (Sekunden).* Dieser Zeitraum gibt an, wieviele Sekunden verstreichen müssen, bis ein Benutzer seinen Spitznamen wieder verändern darf.

12.1.8.2 Verbote

Sie können einzelnen Benutzern die Anmeldung an einem Chat vorübergehend oder dauerhaft verbieten.

Dazu steht Ihnen der Menüpunkt `Verbote` zur Verfügung, der sich ebenfalls unterhalb Ihrer Chat-Gemeinde befindet (siehe Abbildung 12.28).

Abb. 12.28: Verbote des Chat-Dienstes

Um ein neues Verbot zu erstellen, klicken Sie mit der `rechten Maustaste` auf den Menüpunkt `Verbote`, wählen `Neu` und dann `Verbote`.

Es erscheint ein Fenster, in dem Sie genauer spezifizieren können, wem der Zugang verweigert wird (siehe Abbildung 12.29).

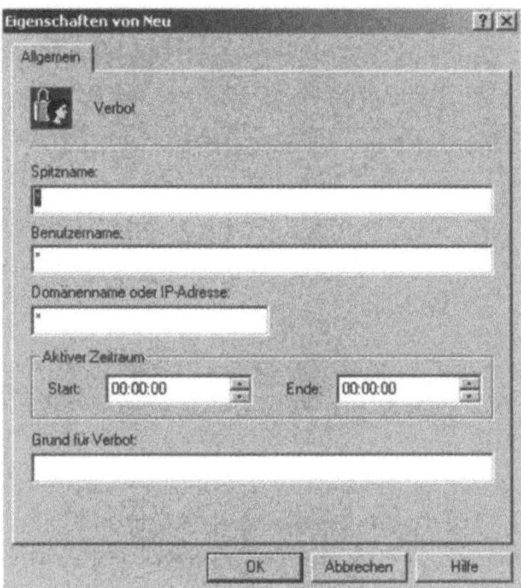

Abb. 12.29: Erstellen eines Verbots für den Chat-Dienst

12.2 Instant Messaging (IM)

Instant Messaging ist das zweite Feature von Exchange 2000, welches Zusammenarbeit in Echtzeit bietet.

Während der Chat-Dienst hauptsächlich für größere Diskussionen in einer Gruppe konzipiert ist verfolgt der Messenger eher eine andere Richtung.

Hier sollen zwei bzw. wenige Benutzer in Echtzeit verbunden werden und sich unterhalten können. Es besteht auch die Möglichkeit, direkt über den Messenger eine E-Mail an das Exchange-Postfach des Benutzers zu senden oder mit Netmeeting direkt eine Video- oder Datenkonferenz zu starten.

Das Instant Messaging in Exchange 2000 entspricht exakt seinem Pendant im Internet den MSN Messenger.

Hinweis

Leider besteht nicht mehr die Möglichkeit, die neueste Version des MSN Messengers für das Exchange 2000 Instant Messaging System zu verwenden.

Ab dem MSN Messenger 5.0 wird nur noch .Net-Passport unterstützt. Exchange 2000 nicht mehr.

Der Client befindet sich auch nicht mehr auf den Servicepack-CDs, sondern muss direkt von der Microsoft Homepage heruntergeladen werden.

Sie finden im Internet immer die aktuellste Version des Messenger für Exchange 2000 Instant Messaging.

Das Look and Feel ist identisch. Der Messenger für Exchange bietet zusätzlich die Exchange-Unterstützung an.

Viele Firmen, deren Einsatzort und Mitarbeiter oft weit verstreut sind, nutzen schon heute diese Möglichkeit der Echtzeitkommunikation.

Auch unsere Firma, die NT Solutions, arbeitet mit dem MSN Messenger. Auf diese Weise sind schnelle Unterhaltungen möglich - auch wenn die Gesprächspartner weiter auseinandersitzen. Zusätzlich werden Telefongebühren gespart und man kann während der Unterhaltung weiterarbeiten.

Sie sehen mit einem schnellen Blick in den Client, welcher Ihrer Favoriten gerade online, offline oder abwesend ist.

12.2.1 Grundlagen von Instant Messaging

Für die Arbeit mit Instant Messaging sollten Sie sich mit einigen Grundlagen vertraut machen, die Sie zur Verwaltung eines Instant Messaging Servers benötigen.

Instant Messaging Statusinformationen

Um mit Instant Messaging arbeiten zu können, müssen Sie sich den Exchange 2000 Messenger in der neuesten Version installieren.

Sie können innerhalb dieser Software Kontakte definieren, deren Statusinformationen Sie ständig sehen wollen und mit denen Sie sich am häufigsten unterhalten wollen.

Wenn Sie auf Ihrem Rechner den Messenger starten, werden Sie automatisch am Instant Messaging Server angemeldet. Andere Benutzer, die wiederum Ihre Statusinformationen erhalten wollen, sehen jetzt in Ihrem Messenger, dass Sie online sind und können sich mit Ihnen unterhalten.

Wenn Sie den Messenger starten, sehen Sie, welcher Ihrer Favoriten gerade online ist und wer nicht (siehe Abbildung 12.30):

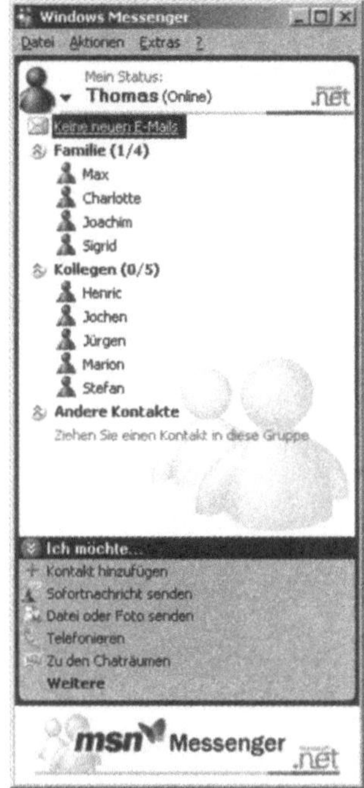

Abb. 12.30: MSN Messenger

Um sich mit einem Benutzer zu unterhalten, der gerade online ist, machen Sie einfach einen Doppelklick auf dessen Symbol und geben Ihre Nachricht ein (siehe Abbildung 12.31).

Der entsprechende Benutzer erhält daraufhin ein Fenster mit Ihrer Nachricht und kann wiederum antworten.

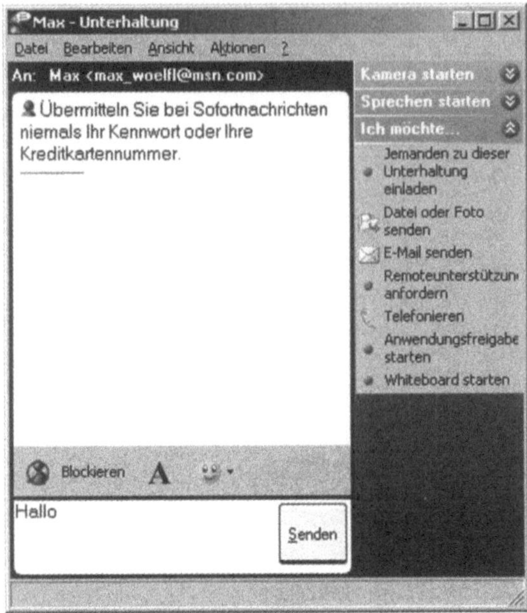

Abb. 12.31: Unterhaltung mit dem Messenger

Es gibt im Messenger aber nicht nur den Status *online* oder *offline,* sondern weitere Möglichkeiten, seinen Status zu konfigurieren.

Sie selber erkennen immer Ihren derzeiten Status am Messenger Symbol in der Taskleiste (siehe Abbildung 12.32).

Abb. 12.32: Online-Status des Messenger

Sie können jederzeit Ihren Status ändern. Die anderen Benutzer bekommen diesen Status in Ihrem Messenger angezeigt (siehe Abbildung 12.33).

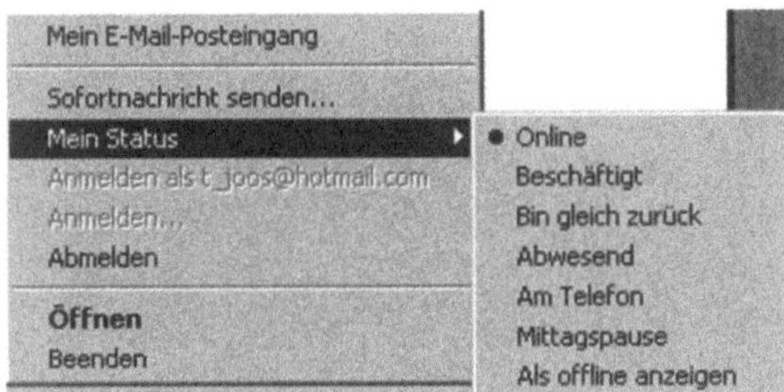

Abb. 12.33: Ändern des eigenen Status

Wenn Sie längere Zeit keine Eingaben an Ihrer Tastatur vornehmen, werden Sie automatisch auf *Abwesend* gesetzt. Bearbeiten Sie Ihre Tastatur wieder, wird Ihr Status wieder auf *online* geändert.

Wenn Sie nicht angemeldet sind, werden Sie auf *offline* gesetzt.

Instant Messaging-Stammserver

Jede Domäne, die für Instant Messaging konfiguriert ist, muss einen solchen *Instant Messaging-Stammserver* bereitstellen.

Auf diesem Server befinden sich die Benutzerkonten der Instant-Messaging-Benutzer und hier werden auch Ihre momentanen Statusinformationen gespeichert.

Instant Messaging-Domäne

Eine *Instant Messaging-Domäne* ist eine Sammlung von Instant-Messaging-Benutzern und –Servern, die durch einen virtuellen Instant Messaging-Server verwaltet werden.

Gibt es in einer Instant Messaging-Domäne nur einen Server, ist dieser gleichzeitig Stammserver und Router.

Der FQDN (Full qualified domain name)-Name des Servers ist gleichzeitig auch die Bezeichnung der Instant-Messaging-Domäne.

Gibt es mehrere Stammserver, müssen Sie einen davon als IM-Router definieren. Der FQDN-Name des IM-Routers entspricht dann der IM-Domäne.

Instant Messaging-Router

Ein *Instant Messaging-Router* empfängt eine Instant-Nachricht und leitet sie an den Stammserver des Benutzers weiter. Er dient dabei als Redirector und kann so Nachrichten von anderen IM-Servern Ihrer Organisation oder aus dem Internet an den richtigen Stammserver weiterleiten.

Protokolle

Die Kommunikation mittels IM läuft komplett über http. Die Nachrichten werden im XML-Format geschrieben.

Auch die Kommunikation der Clients mit dem IM-Server verwendet HTTP. IM verwendet dabei Erweiterungen des HTTP-Protokolls.

Diese Erweiterung von HTTP wird *Rendevous-Protokoll (RVP)* genannt.

Hinweis

Instant Messaging baut auf Exchange 2000 auf.

Daher muss für die Arbeit mit IM eine Windows 2000 Gesamtstruktur und somit ein Active Directory vorhanden sein, sowie eine saubere DNS-Konfiguration.

Es muss außerdem bereits *forestprep* ausgeführt sein. Ein Exchange 2000-Server ist dagegen noch nicht notwendig.

12.2.2 Installation des Instant Messaging-Dienstes

Der Instant-Messaging-Dienst ist wie der Chat-Dienst eine optionale Komponente, die standardmäßig während der Installation nicht ausgewählt wird.

Wenn Sie die IM-Komponente nachträglich installieren wollen, müssen Sie genauso vorgehen wie bei der Installation des Chat-Dienstes (siehe Kapitel 12.1.2.1 *Nachträgliches installieren des Chat-Dienstes*).

Bei der Auswahl der Komponenten wählen Sie statt des Chat-Dienstes den IM-Dienst aus (siehe Abbildung 12.34).

Alle weiteren Punkte sind analog zum Kapitel 12.1.2.1.

Auch die Installation des Servicepacks nach der Installation des IM-Dienstes sollte wieder durchgeführt werden.

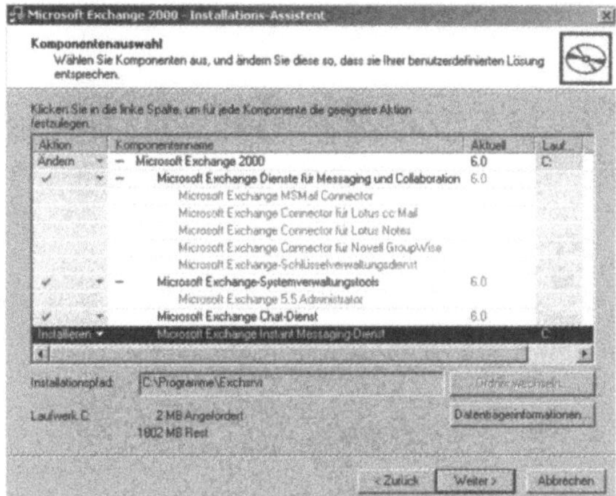

Abb. 12.34: Nachträgliche Installation von Instant Messaging

12.2.3 Erstellen eines Instant Messaging-Stammservers

Nach der Installation des Instant Messaging-Dienstes können wir mit der Erstellung eines Stammservers für die Instant Messaging-Komponenten beginnen.

Die Erstellung eines Stammservers ist der erste Schritt bei der Implementation von Instant Messaging innerhalb Ihrer Organisation.

Wie bei der Erweiterung von Exchange durch den Chat-Dienst, wurde auch bei der Installation von Instant Messaging dem jeweiligen Exchange Server ein neues Protokoll hinzugefügt.

Das Protokoll für Instant Messaging ist wie bereits weiter vorne erwähnt das *Rendevous Protokoll (RVP)*.

Sie finden dieses Protokoll, wie alle anderen, im Exchange System-Manager in der administrativen Gruppe unter dem Menüpunkt `Protokolle` des Exchange Servers, auf dem Sie den Instant Messaging-Dienst installiert haben (siehe Abbildung 12.35).

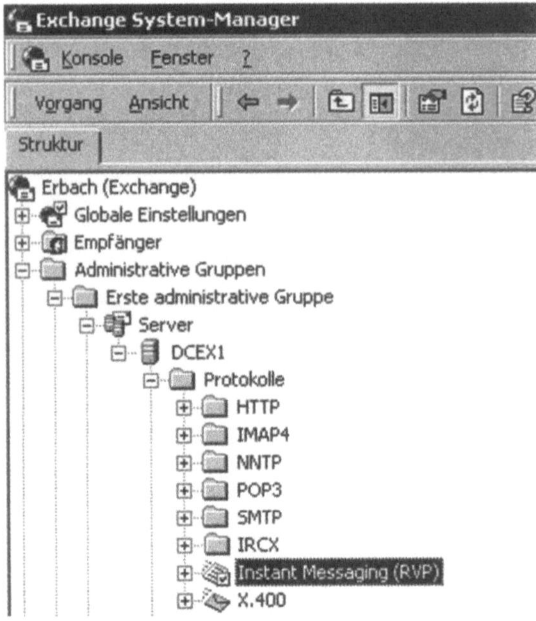

Abb. 12.35: RVP-Protokoll des Instant Messaging-Dienstes

Um einen neuen Stammserver zu erstellen, klicken Sie mit der `rechten Maustaste` auf das RVP-Protokoll, wählen `Neu` und dann `Virtueller Instant Messaging Server`.

Es erscheint ein Assistent, mit dessen Hilfe Sie Ihren virtuellen Instant Messaging Server konfigurieren können (siehe Abbildung 12.36).

Achten Sie auf Ihre Einstellungen. Sie können diese später nicht mehr ändern sondern müssen den ganzen virtuellen Server löschen und neu erstellen, um Änderungen an der Konfiguration vornehmen zu können.

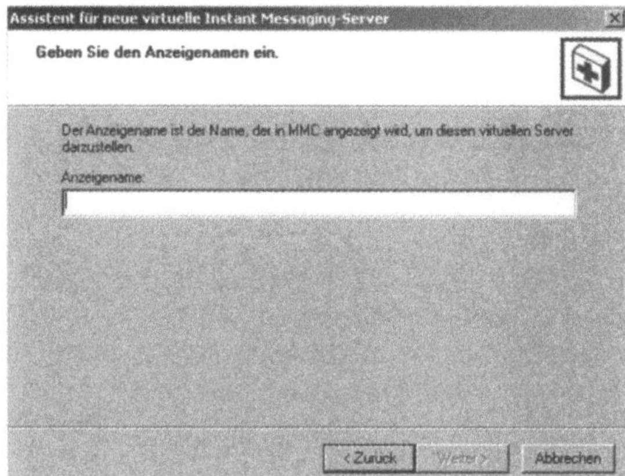

Abb. 12.36: Erstellen eines neuen Stammservers für IM

Sie sollten hier einen Namen wählen der ersichtlich macht, dass es sich hier um einen Stammserver handelt, zum Beispiel `IM-Host`. Nach der Eingabe des Namens können Sie den Assistenten mit der Schaltfläche `Weiter` fortführen. Auf der nächsten Seite werden Sie gebeten, eine Webseite für den IM-Dienst auszuwählen. Sie können die Einstellung auf `Standardwebseite` lassen. Wollen Sie auf diesem Exchange-Server weitere virtuelle Stammserver erstellen, müssen Sie zuvor für jeden eine eigene Webseite erstellen.

Auf der nächsten Seite werden Sie nach dem Rechnernamen des Servers gefragt. Normalerweise schlägt der IM-Dienst hier den Namen des physikalischen Servers vor. Wenn Sie den Namen abändern, müssen Sie darauf achten, erst im DNS für den abgeänderten Namen einen neuen Zeiger zu erstellen, damit die Namensauflösung reibungslos funktioniert.

Tragen Sie hier keinen FQDN-Namen ein, sondern nur den NetBios-Namen des Rechners. Das nächste Feld ist schließlich das entscheidendste bei der Erstellung eines Stammservers (siehe Abbildung 12.37).

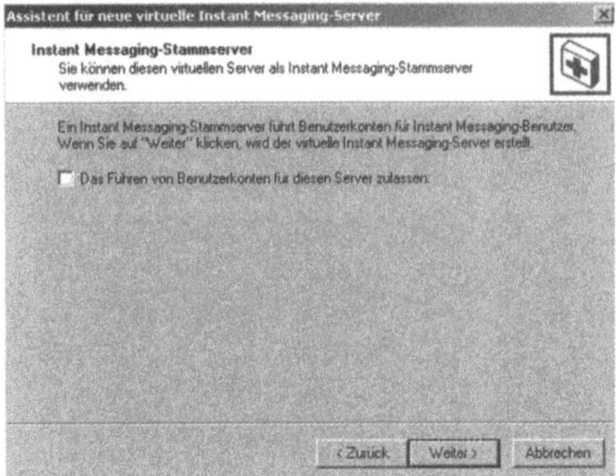

Abb. 12.37: Definieren eines Stammservers

Wenn Sie den Haken bei der Option `Das Führen von Benutzerkonten für diesen Server zulassen` setzen, konfigurieren Sie diesen virtuellen Server als Stammserver. Setzen Sie den Haken nicht, wird dieser Server als Instant Messaging-Router definiert. Da wir einen Stammserver erstellen wollen, setzen Sie bitte diesen Haken. Nach diesem Fenster ist die Erstellung des Stammservers abgeschlossen.

12.2.4 Erstellen eines Instant Messaging-Routers

Um einen IM-Router zu definieren, müssen Sie einen neuen virtuellen Server erstellen.

Wenn es in Ihrer Organisation nur einen IM-Server geben wird, brauchen Sie keinen Router definieren, da der Host diese Aufgabe übernimmt. Sie sollten jedoch einen Router definieren, wenn Sie nicht sicher sind, ob Ihre Organisation weiter wächst und in Zukunft vielleicht doch mehrere Instant Messaging Server benötigt werden.

Auch wenn Ihr Instant Messaging-System an das Internet angebunden wird, sollten Sie mit einem Router arbeiten, der zum Beispiel auch in die DMZ gestellt werden kann und Nachrichten zu Ihren Benutzern an den Stammserver weiterleitet.

Beachten Sie aber, dass Sie auch für den IM-Router eine Webseite benötigen.

Wollen Sie daher den IM-Router auf dem gleichen Server wie zuvor den Stammserver installieren, so müssen Sie zunächst mit der Internetdiensteverwaltung auf diesem Server eine neue Webseite erstellen.

Starten Sie dazu den `Internetdienste-Manager` und erstellen Sie mit `Neu` und dann `Web Site` eine neue Seite. Wählen Sie am besten eine einfache Bezeichnung, die später leicht nachzuverfolgen ist, zum Beispiel `IM`.

Da auch der Hostname des IM-Routers eindeutig sein muss, legen Sie in der Forward-Lookupzone Ihres Active Directory-DNS einen neuen Host-Eintrag an, der auf die IP-Adresse des Servers zeigt.

Legen Sie keinen Alias an, der auf den physikalischen Namen des Servers zeigt. Mit dieser Einstellung treten oft Schwierigkeiten bezüglich der Verbindung auf.

Anlegen eines Server-Records für RVP

An dieser Stelle sollten Sie auch gleich in der DNS-Zone einen neuen SRV-Eintrag für das RVP-Protokoll anlegen.

Die Clients suchen zunächst im DNS nach einem SRV-Eintrag um sich anzumelden. Wird kein Eintrag gefunden, wird die Anmeldung über den Server abgewickelt, der bei der Aktivierung von Instant Messaging beim jeweiligen Benutzer angegeben wurde. Dies ist allerdings keine professionelle Lösung. Das Anlegen eines SRV-Eintrages ist keine schwierige Sache und schnell erledigt.

Um einen SRV-Record für RVP anzulegen, gehen Sie folgendermaßen vor:

- Starten Sie das DNS-SnapIn und navigieren zu der Forward-Lookup-Zone der Domäne, in der sich der IM-Server befindet.
- Klicken Sie mit der rechten Maustaste auf diese Zone und wählen aus dem Menü die Option `Andere neue Einträge` aus (siehe Abbildung 12.38).
- Auf dem nächsten Fenster können Sie auswählen, welchen Eintrag Sie erstellen wollen (siehe Abbildung 12.39). Wählen Sie hier den Eintrag `Dienstidentifizierung` aus und klicken dann auf die Schaltfläche `Eintrag erstellen`.

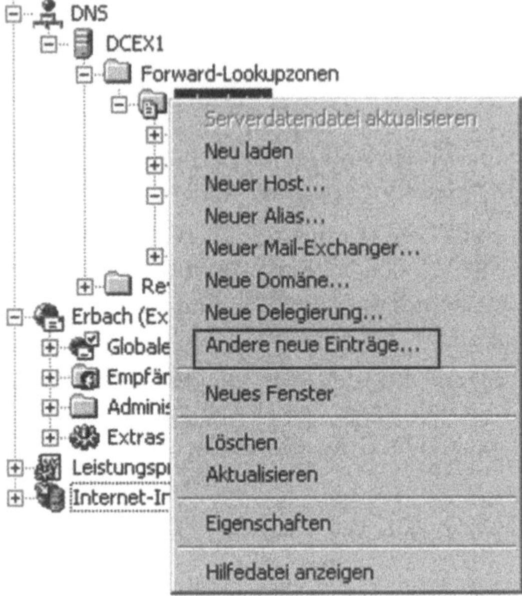

Abb. 12.38: Erstellen eines neuen SRV-Records für IM

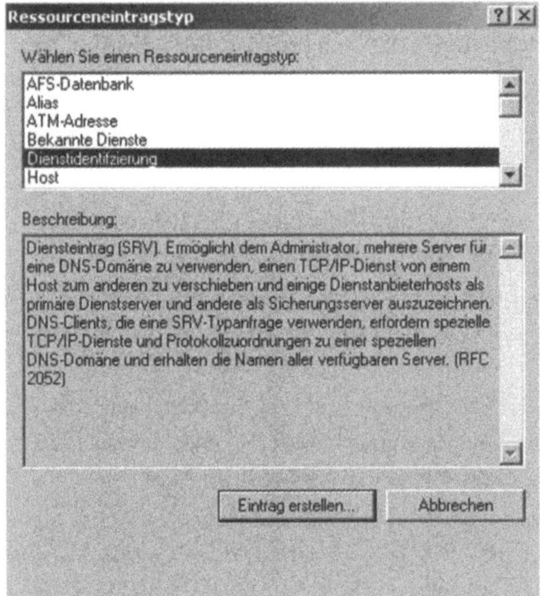

Abb. 12.39: Auswahl des neuen DNS-Eintrags

- Tragen Sie im darauf erscheinenden Fenster (siehe Abbildung 12.40) im Feld `Dienst` den Eintrag `_rvp` ein, wählen unter `Protokoll` `_tcp` aus, belassen die Einträge bei `Priorität` und `Gewichtung` bei `0` und ändern die `Portnummer` auf `80`.
- Tragen Sie im Feld `Host, der diesen Dienst anbietet` den neuen Host-Eintrag ein, den Sie für den virtuellen Instant Messaging-Router erstellt haben und bestätigen Ihre Eintragungen mit OK.

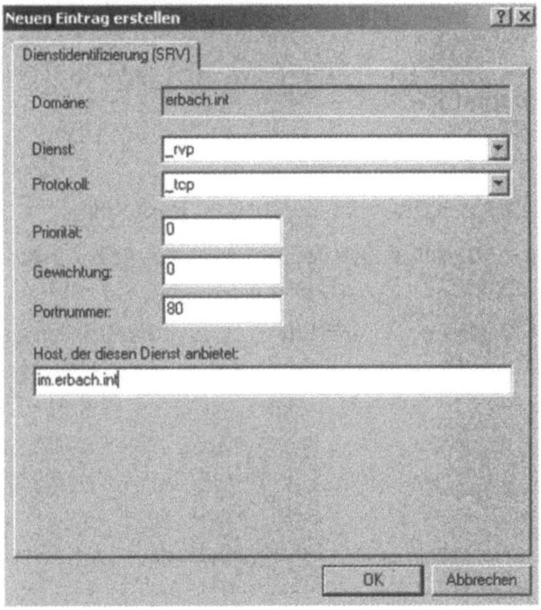

Neuen Eintrag erstellen
Dienstidentifizierung (SRV)
Domäne: erbach.int
Dienst: _rvp
Protokoll: _tcp
Priorität: 0
Gewichtung: 0
Portnummer: 80
Host, der diesen Dienst anbietet:
im.erbach.int
OK Abbrechen

Abb. 12.40: Erstellen des RVP-Eintrages

- Nachdem Sie Ihre Eintragungen fertiggestellt haben, sollten Sie überprüfen, ob der virtuelle Name mit *nslookup* auch von den Benutzerrechnern aufgelöst werden kann.

Nachdem Sie diese beiden Voraußetzungen geschaffen haben, erstellen Sie einen neuen virtuellen Instant-Messaging-Server. Gehen Sie dabei vor wie bei der Erstellung des Stammservers.

Wählen Sie bei der Erstellung Ihre neu erstellte Webseite aus und geben als Bezeichnung des Hostnamens den Host-Eintrag ein, den Sie zuvor im DNS erstellt haben. Wählen Sie als Host-Eintrag exakt den gleichen FQDN-Namen. Dieser Name wird später bei der Generierung der IM-Adressen für die Benutzer verwendet.

Haben Sie bei sich zum Beispiel den Host-Eintrag `im.firma.int` gewählt, so erhalten alle Benutzer eine Instant-Messaging-Adresse nach dem Schema: `Name@im.firma.int`.

Setzen Sie nicht den Haken bei der Option `Das Führen von Benutzerkonten für diesen Server zulassen`.

Damit ist die Konfiguration des IM-Routers abgeschlossen.

12.2.5 Benutzer für Instant Messaging aktivieren und verwalten

Nach der Erstellung eines Stammservers und eines Routers können Sie jetzt Benutzer für die Nutzung von Instant Messaging konfigurieren.

12.2.5.1 Aktivierung von Instant Messaging

Sie aktivieren das Instant Messaging für einen Benutzer im Snap-In *Active Directory-Benutzer und –Computer.*

Navigieren Sie zu den entsprechenden Benutzern, die Sie für Instant Messaging aktivieren wollen, markieren den oder die Benutzer und klicken mit der `rechten Maustaste` auf die Benutzer.

Wählen Sie aus dem erscheinenden Menü die `Exchange-Aufgaben` aus.

Sie erhalten jetzt die Möglichkeit, für diese Benutzer Exchange-Aufgaben zu verwalten (siehe Abbildung 12.41).

Wählen Sie `Instant Messaging aktivieren` und klicken auf `Weiter`.

Beachten Sie, dass die Option *Exchange-Aufgaben* nur auf Servern zur Verfügung steht, auf denen die Exchange Systemverwaltungstools installiert wurden.

Es muss sich bei dem Server weder um einen Domänencontroller noch einen Exchange-Server handeln. Sie können diese Konfiguration auch auf einer Workstation ausführen, auf der das Windows 2000-Adminpack und die Exchange-Verwaltungstools installiert wurden.

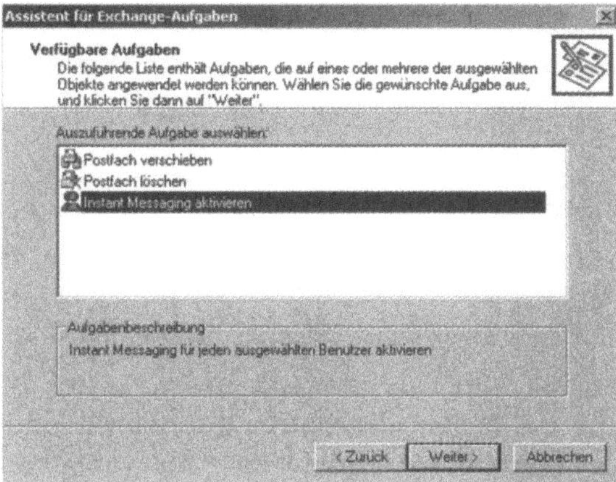

Abb. 12.41: Aktivieren von Instant Messaging bei Benutzern.

Wählen Sie auf der nächsten Seite den Stammserver des Benutzers aus (siehe Abbildung 12.42).

Wählen Sie bei Domänenname für Instant Messaging den im DNS erstellen Host für den virtuellen Instant-Messaging-Router aus.

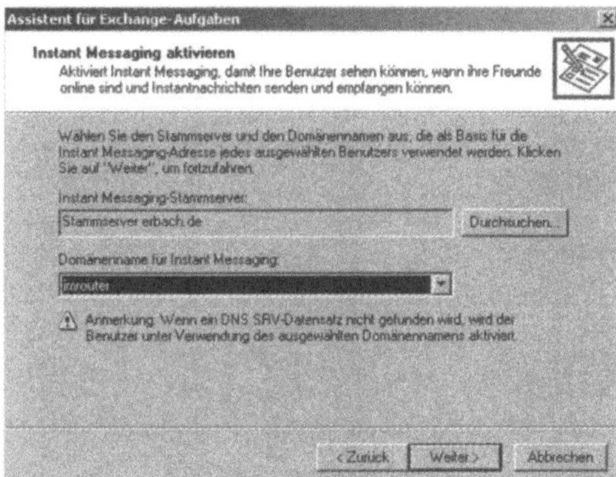

Abb. 12.42: Auswahl des Stammservers des Benutzers

Nach der Auswahl des Servers beginnt der Assistent mit der Erstellung des Instant Messaging Kontos des Benutzers.

Sie können mit diesem Assistent nach der Aktivierung von Instant Messaging für einen Benutzer diese Aktivierung wieder aufheben.

12.2.5.2 Verwalten von Instant Messaging-Benutzern

Mit dem Assistenten für Exchange-Aufgaben können Sie auch den Stammserver eines Benutzers ändern.

Suchen von Benutzern mit aktiviertem Instant Messaging

Wenn Sie nach Benutzern suchen wollen, die bereits für Instant Messaging aktiviert wurden, müssen Sie die Suche im SnapIn *Active Directory-Benutzer und –Computer* durchführen.

Wählen Sie dazu die *weiteren Suchoptionen*. Hier können Sie jetzt die Felder auswählen, die beim Identifizieren von Instant-Messaging Benutzern helfen (siehe Abbildung 12.43).

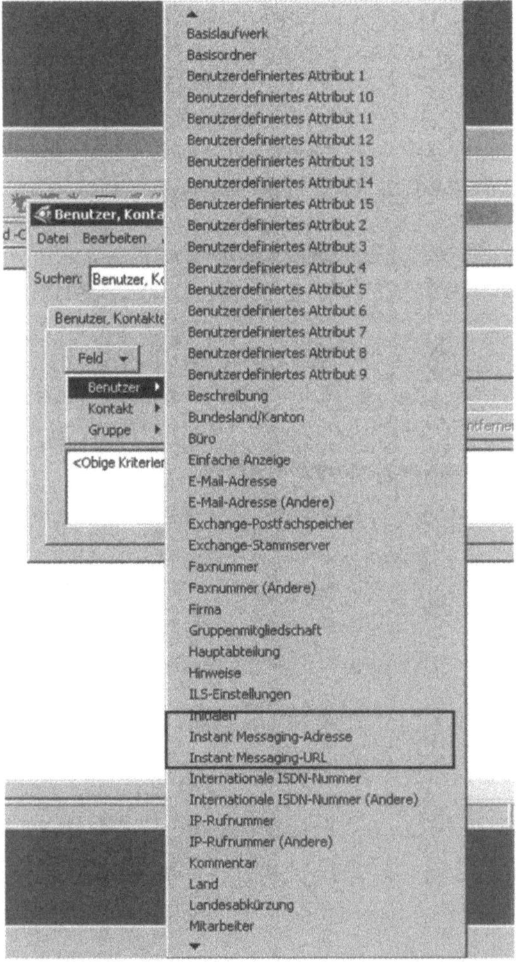

Abb. 12.43: Suchen von Instant Messaging Benutzern

Steuern der Sichtbarkeit von Statusinformationen

Für einige Benutzer Ihrer Organisation kann es durchaus sinnvoll sein, dass Sie nur für einen ausgewählten Personenkreis sichtbar sind.

Sie können die Sichtbarkeit der Statusinformationen in den Benutzereigenschaften der jeweiligen Benutzer im SnapIn *Active Directory-Benutzer und –Computer* steuern.

Rufen Sie dazu die Eigenschaften des Benutzers ab und wechseln zur Registerkarte *Exchange Features* (siehe Abbildung 12.44).

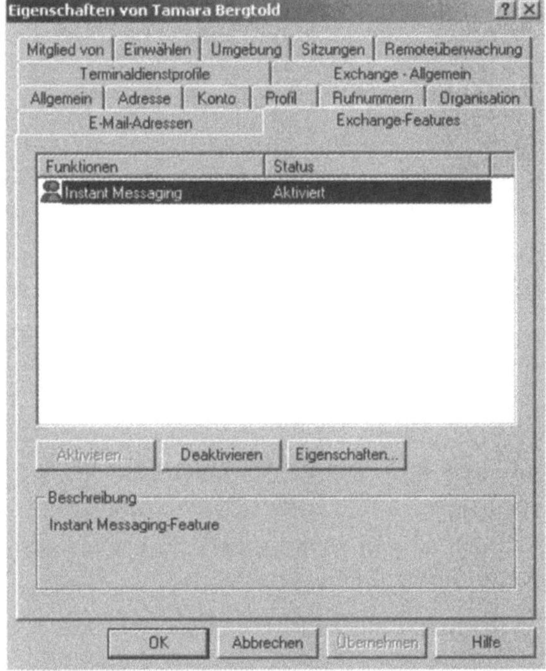

Abb. 12.44: Steuern der Instant Messaging Eigenschaften

Sie können auf dieser Registerkarte auch mit den Schaltflächen `Aktivieren` und `Deaktivieren` den Instant Messaging Zugriff der Benutzer steuern.

Mit der Schaltfläche `Eigenschaften` rufen Sie die Instant Messaging-Eigenschaften dieses Benutzers auf.

Ihnen stehen hier zwei Registerkarten zur Verfügung (siehe Abbildungen 12.45 und 12.46).

Registerkarte Allgemein

Auf der Registerkarte *Allgemein* sehen Sie die genauen Adressen und URLs der Instant Messaging-Benutzer (siehe Abbildung 12.42).

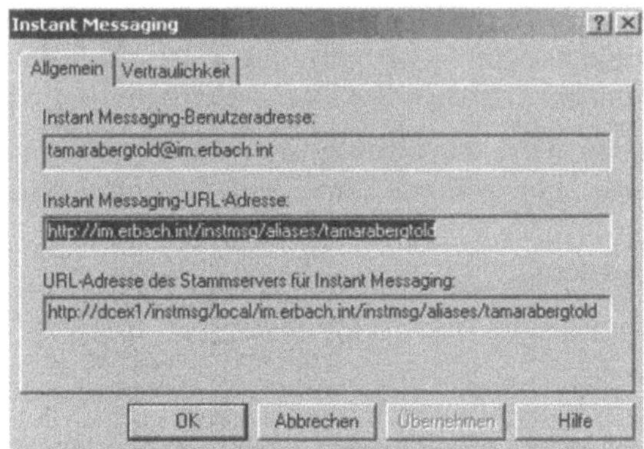

Abb. 12.45: Registerkarte *Allgemein* der IM-Eigenschaften

Registerkarte Vertraulichkeit

Auf dieser Registerkarte können Sie definieren, welche Benutzer bzw. welche Stammserver Zugriff auf diesen Instant Messaging-Benutzer haben sollen (siehe Abbildung 12.46).

Wenn Sie den Zugriff generell einschränken, müssen Sie jeden Benutzer und Server, der zukünftig die Statusinformationen des Benutzers abrufen will, in dieser Liste pflegen.

Benutzer, die nicht auf dieser Liste sind, können keine Nachrichten an diesen Benutzer senden.

Mit diesen Optionen können Sie leicht den Zugriff auf die Instant Messaging-Eigenschaften eines Benutzers steuern.

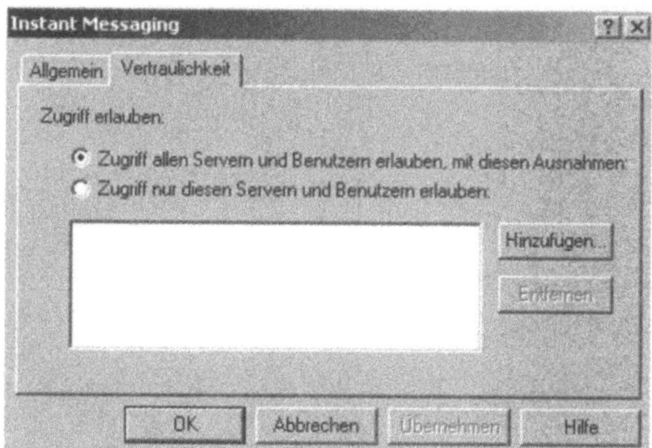

Abb. 12.46: Registerkarte *Vertraulichkeit* der IM-Eigenschaften

12.2.6 Instant Messaging-Server deaktivieren oder entfernen

Sie können Instant Messaging Server dauerhaft entfernen und die IM-Dienste auf diesem Server mit allen Einstellungen löschen.

Dazu stehen Ihnen zwei Möglichkeiten zur Auswahl. Sie können den Dienst für Instant Messaging von diesem Server entfernen oder nur den virtuellen Server entfernen.

Beim Löschen des Instant Messaging-Dienstes kann dieser Server erst wieder für das Instant Messaging eingesetzt werden, wenn der Dienst neu installiert wird. Sie sollten diese Möglichkeit daher nur in Betracht ziehen, wenn Sie sicher sind, dass dieser Server auch zukünftig nicht mehr als Instant Messaging-Server dienen soll.

Wenn Sie den virtuellen Server entfernen, können Sie problemlos jederzeit einen neuen virtuellen Server erstellen.

Es besteht auch die Möglichkeit, Instant Messaging auf einem Server für Wartungsarbeiten kurzzeitig zu deaktivieren.

12.2.6.1 Entfernen des Instant Messaging-Dienstes

Bevor Sie den Instant Messaging-Dienst löschen, sollten Sie alle Benutzer mit den Exchange-Aufgaben auf einen anderen Server verschieben.

Legen Sie zum Löschen des Instant Messaging-Dienstes die Exchange 2000 CD ins Laufwerk und rufen das Setup auf. Auf dem Fenster für die Komponentenauswahl können Sie schließlich Instant Messaging von diesem Server entfernen.

Beachten Sie, dass auch dieser Vorgang alle Dienste auf dem Exchange-Server beendent. Sie sollten daher die Deinstallation von Instant Messaging auch innerhalb eines Wartungsfensters erledigen, bei denen keine Benutzer auf diesem Exchange Server arbeiten.

12.2.6.2 Entfernen eines virtuellen Servers

Sie können auch die virtuellen Server für Instant Messaging entfernen. Auf diese Weise kann dieser Server jederzeit wieder für Instant Messaging genutzt werden.

Wenn Sie einen virtuellen Stammserver entfernen wollen, müssen Sie nicht, wie beim Entfernen des Instant Messaging-Dienstes zuvor, mit den Exchange Aufgaben alle Benutzer auf einen neuen Stammserver verschieben.

Wenn Sie einen Stammserver löschen wollen, der Instant Messaging Benutzer verwaltet, werden Sie von einem Assistenten gefragt, ob Sie die Benutzer auf einen anderen Stammserver verschieben wollen (siehe Abbildung 12.47).

Abb. 12.47: Entfernen eines virtuellen Stammservers

Verschieben Sie die Benutzer nicht auf einen anderen Stammserver, werden Sie automatisch für das Instant Messaging deaktiviert.

12.2.6.3 Kurzzeitiges Deaktivieren eines Instant Messaging-Servers

Wenn Sie Wartungsarbeiten an einem Instant Messaging-Server vornehmen wollen, können Sie diesen kurzeitig deaktivieren und nach den Wartungsarbeiten den Benutzern wieder zur Verfügung stellen.

Dazu können Sie die virtuelle Webseite des Dienstes anhalten. Diese Komponente ist allerdings Bestandteil des IIS und kann daher nur in der Internetdienste-Verwaltung konfiguriert werden.

Sie können im Exchange System-Manager diese Server nicht anhalten.

Um nach den Wartungsarbeiten den Server wieder zu aktivieren, starten Sie in der Internetdienste-Verwaltung diese Website einfach wieder.

12.2.7 Steuern der Benutzerverbindungen und Protokollierung

Um einer Auslastung des Instant Messaging Servers entgegen zu wirken, vor allem wenn es sich dabei noch um einen Exchange Server handelt, der noch andere Aufgaben erfüllt, können Sie die maximalen Verbindungen steuern.

Dazu müssen Sie wieder die Internetdienste-Verwaltung verwenden.

Rufen Sie die Eigenschaften der IM-Webseite auf, die Sie bei der Erstellung des virtuellen Servers gewählt haben.

Im Bereich *Verbindungen* auf der Registerkarte *Website* können Sie die maximal zulässigen Verbindungen einstellen (siehe Markierung, Abbildung 12.48).

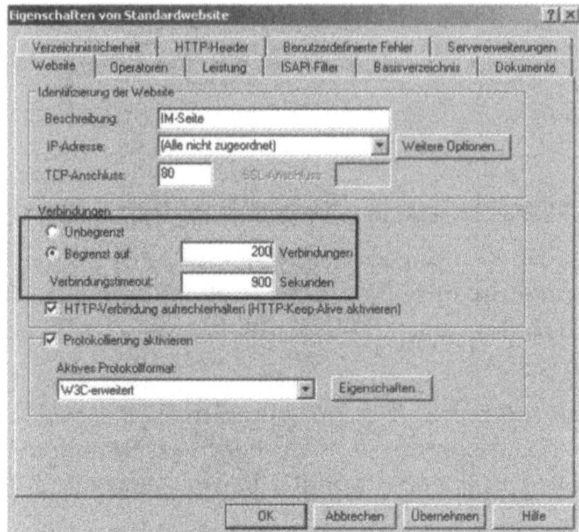

Abb. 12.48: Eigenschaften der IM-Webseite

12.2.8 Verschieben der Installations-Dateien

Wie bei allen anderen Exchange Server-Diensten auch haben Sie die Möglichkeit, die Dateien des Instant Messaging-Dienstes an einen anderen Speicherort zu verschieben.

Sie finden den Speicherort der Dateien des Instant Messaging-Dienstes in den Eigenschaften des Instant Messaging-Protokolls unterhalb der Protokolle des Instant Messaging-Servers (siehe Abbildung 12.49).

Wenn Sie den Pfad an dieser Stelle ändern, werden die Dateien jedoch nicht automatisch verschoben.

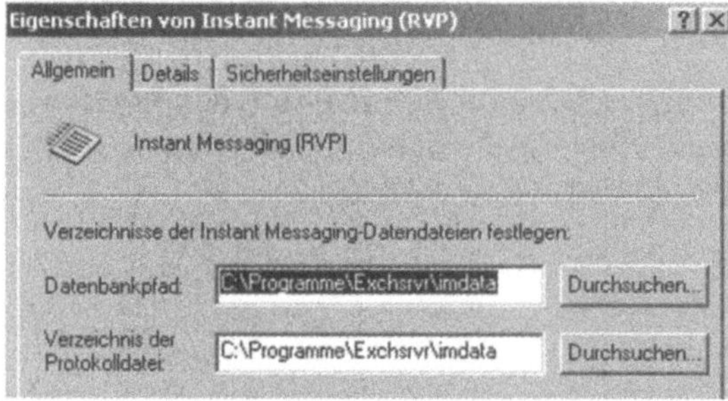

Abb. 12.49: Speicherort der Instant Messaging-Dateien

Um die Dateien zu verschieben, gehen Sie folgendermaßen vor:

- Beenden Sie den Windows-Dienst für das Instant-Messaging.
- Halten Sie die virtuellen Webseiten der virtuellen Instant-Messaging-Server in der Internetdienste-Verwaltung an.
- Erstellen Sie das neue Verzeichnis für die Dateien am gewünschten neuen Speicherort.
- Kopieren Sie alle Dateien innerhalb des alten Speicherortes an den neuen Speicherort.
- Starten Sie den Windows-Dienst für das Instant Messaging wieder.
- Starten Sie die virtuellen Webseiten wieder.

12.2.9 Behandeln von Problemen mit Instant Messaging

Die Konfiguration eines Instant Messaging-Systemes ist sicherlich keine allzu schwere oder gar unlösbare Aufgabe, allerdings gibt es einige Hürden zu meistern und es gibt einige Fallstricke.

Ich zeige Ihnen in diesem Kapitel die häufigsten Schwierigkeiten, die mir bei der Konfiguration von Instant Messaging begegnet sind und meine Lösungsansätze.

Wenn Sie Probleme mit Ihren Instant Messaging-Servern haben, sollten Sie zunächst genau überprüfen, ob Sie alle Einstellungen so vorgenommen haben, wie in den vorangegangenen Kapiteln bereits beschrieben.

Sind Sie sicher, dass alles korrekt eingestellt wurde und treten immer noch Schwierigkeiten auf, müssen Sie sich auf die Fehlersuche begeben.

Bei der Einbindung von Instant Messaging spielt Planung eine genau so große Rolle wie bei anderen Exchange-Diensten. Gehen Sie also bei der Erstellung von Instant Messaging Servern sehr sorgfältig vor und ändern möglichst nicht die Konfiguration, wenn schon Benutzer mit dem System arbeiten.

Ändern Sie zu viele Konfigurationseinstellungen, vor allem bezüglich IM-Router, besteht die Gefahr, dass Sie alle Benutzer für IM wieder deaktivieren und wieder neu aktivieren müssen.

12.2.9.1 Benutzer können sich nicht anmelden

Das wohl am häufigsten auftretende Problem ist, dass sich Ihre Benutzer nicht am Instant Messaging-System mit Ihrer Clientsoftware anmelden können.

Dies kann unterschiedliche Ursachen haben.

Falsche Client-Software

Zunächst sollten Sie sicherstellen, dass die Benutzer auch den richtigen Client installiert haben. Alte Versionen des MSN Messengers waren noch mit Exchange 2000 kompatibel und konnten zur Zusammenarbeit mit Instant Messaging auf Exchange 2000 konfiguriert werden.

Ab der Version 5.0 des MSN Messengers ist diese Zusammenarbeit nicht mehr möglich. Laden Sie sich von der Microsoft Seite im Internet die neueste Version, die Exchange 2000 unterstützt, herunter.

Arbeiten Sie möglichst mit der orginalen Software von Microsoft und nicht mit Dritthersteller-Lösungen oder Hacks aus dem Internet. Diese werden Ihnen auf Dauer nur Scherereien bereiten und sind auch nicht besser.

Die einzige Ausnahme in diesem Bereich ist Trillian. Diese Software bietet außer der Möglichkeit der Anbindung für Exchange 2000 noch die Anbindung an AOL oder ICQ.

Zugriff auf virtuelle Server und physikalische Server

Stellen Sie sicher, dass die Benutzer mit *nslookup* die Namen der virtuellen Server, die Sie erstellt haben, auch auflösen können und mit *Ping* eine Antwort zurück kommt.

Gerade der neue Hosteintrag des IM-Routers wird hier oft fehlerhaft erstellt. Überprüfen Sie diesen Eintrag.

Wenn Sie einen IM-Router auf den gleichen physikalischen Server wie einen IM-Stammserver installiert haben, sollten Sie für den IM-Router einen eigenen Hosteintrag erstellen, der auf die physikalische Adresse des Servers zeigt.

Verwenden Sie keinen Alias - ich habe damit keine guten Erfahrungen gemacht.

Überprüfen Sie auch den Ressourcen-Eintrag für RVP, den wir weiter vorne im Kapitel erstellt haben.

Falsche Anmeldedaten

Ein häufiger Fehlerfaktor sind falsche Anmeldedaten der Benutzer. Stellen Sie sicher, dass sich die Benutzer mit der IM-Adresse und nicht mit ihrem Benutzernamen oder ihrer E-Mail-Adresse am Messenger anmelden.

Leere Kennwörter werden vom Instant Messaging-Dienst nicht unterstützt. Benutzer, die kein Kennwort haben, können sich daher nicht am Messenger anmelden.

Proxy-Einträge

Überprüfen Sie, ob in den Proxyeinstellungen der Benutzer alle beteiligten, virtuellen oder physikalischen Server als Ausnahme eingetragen wurden. Hier muss auch der Domänennamen Ihrer Instant-Messaging-Domäne als Ausnahme eingetragen sein.

Haben Sie alle diese Einstellungen sichergestellt, funktioniert die Anmeldung aber immer noch nicht, gibt es weitere Möglichkeiten, die diese Auswirkungen verschulden können:

Replikation

Wenn Sie vor kurzem erst Änderungen an Ihren virtuellen Servern vorgenommen haben, müssen Sie, je nach Größe Ihrer Windows 2000-Gesamtstruktur warten, bis alle Domänencontroller die Änderungen mitbekommen haben.

Löschen eines IM-Routers

Wenn Sie einen virtuellen IM-Router gelöscht haben, müssen Sie in der Internetdienste-Verwaltung das virtuelle Verzeichnis *InstMsg* auf der virtuellen Webseite, die Sie für den IM-Router genutzt haben, vor der Erstellung eines neuen IM-Routers löschen.

Bei der Neuerstellung eines IM-Routers wird dieses Verzeichnis automatisch neu angelegt.

Sie sollten nach der Löschung eines IM-Routers alle aktivierten IM-Benutzer deaktivieren und neu aktivieren, da diese den neuen geänderten IM-Router sonst nicht mitgeteilt bekommen.

13 Exchange 2000 Conferencing Server

Der Exchange 2000 Conferencing Server ist ein Zusatzprodukt für den Exchange 2000 Standard- oder Enterprise-Server.

Er bietet die Möglichkeit, Video- Sprachen- oder Datenkonferenzen mit mehreren Teilnehmern gleichzeitig durchzuführen. Gerade die Möglichkeit, Konferenzen mit mehreren Benutzern gleichzeitig zu verwalten, ist einer der großen Vorteile des Conferencing Servers.

Als Client-Software wird NetMeeting verwendet, welches mittlerweile sehr komfortabel und leicht zu bedienen ist. Videokonferenzen lassen sich auch leicht mit NetMeeting ohne den Conferencing Server einrichten. Allerdings haben Sie so nur die Möglichkeit, Peer to Peer - also nur insgesamt mit zwei Benutzern - eine Konferenz durchzuführen.

NetMeeting ohne den Conferencing Server muss von den Benutzern manuell konfiguriert werden, um eine Verbindung aufzubauen. Dies ist kompliziert und sehr ineffizient. Vor allem für normale Benutzer. Wenn mehrere Benutzer NetMeeting Konferenzen abhalten, steigt die Netzwerklast deutlich an. Die Arbeit mit einem Conferencing Server bietet also auch Entlastung des Netzwerkverkehrs.

Der Conferencing Server ist die optimale Plattform, um im einen Windows 2000-Netzwerk mit Exchange 2000 Video- oder Datenkonferenzen zu ermöglichen.

Der Conferencing-Server stellt dazu virtuelle Besprechungsräume als Ressourcen zur Verfügung, die mit Besprechungsanfragen aus Outlook gebucht werden können.

Besprechungen können so leicht über Outlook verwaltet werden, was den Benutzern die Bedienung stark erleichtert. Selbst die Teilnahme an einer Konferenz über einen Webbrowser ist möglich, da der Conferencing Server, ähnlich wie Outlook Web Access, eine eigene Erweiterung der Internet-Informationsdienste mitbringt. Der Conferencing Server basiert auf gängigen Internetstandards wie T-120 für Datenkonferenzen und H.323 für Videokonferenzen. Dies ist abhängig davon, ob Ihr Netzwerk Multicast unterstützt oder nicht. Dazu jedoch weiter hinten im Kapitel.

13.1 Features

Sie können mit dem Conferencing Server zahlreiche Features nutzen. Die empfohlene Client-Anwendung ist NetMeeting.

Videokonferenzen

Videokonferenzen bieten die Möglichkeit, mehrere Benutzer über Video- und Audiokomponenten zu verbinden.

Die Ausgabe der Videobilder kann zum Beispiel noch über einen Beamer optimiert werden.

Die Kommunikation läuft dabei in Echtzeit. Der Conferencing Server bietet dabei die Möglichkeit, mehrere Benutzer gleichzeitig mit einer Videokonferenz zu verbinden. NetMeeting ohne Conferencing Server unterstützt nur Peer to Peer-Verbindungen.

Anwendungsfreigabe

Ein Programm auf dem Rechner eines Konferenz-Teilnehmers kann zusammen mit anderen Teilnehmern verwendet werden.

So sehen alle Teilnehmer Daten und Abläufe innerhalb dieser Anwendung als ob Sie selbst davorsitzen. Dieses Feature wird auch oft für Online-Schulungen und E-Learning verwendet. Dabei muss das Programm nur auf dem Computer installiert sein, auf dem es freigegeben wird.

Mit diesem Feature kann auch der ganze Desktop freigegeben werden.

Freigegebene Zwischenablage

Daten, die von einem Teilnehmer der Konferenz in die Zwischenablage kopiert werden, können von anderen Teilnehmern ebenfalls verwendet werden, um sie zum Beispiel in eine freigegebene Anwendung zu kopieren.

Datei-Übertragung

Dateien jeder Art können zwischen den einzelnen Teilnehmern der Konferenz übertragen werden. Dabei wird die Konferenz nicht gestört, da die Datei im Hintergrund übertragen wird.

Whiteboards

Mit Whiteboards können Sie freihändige Zeichnungen oder Organigramme allen Teilnehmern zur Verfügung stellen.

Sie können direkt in den Organigrammen arbeiten, ähnlich wie an einer Tafel. Whiteboards haben eine ähnliche Oberfläche wie Paint.

Chat

Chat wird hauptsächlich dann verwendet, wenn bei einer Konferenz die Audiokomponente fehlt. Dabei können Sie sich mit allen Teilnehmern unterhalten oder nur mit einzelnen. Das Feature ist genauso aufgebaut wie die Chat-Funktionalität mit NetMeeting alleine.

13.2 Komponenten des Conferencing Servers

13.2.1 Konferenzverwaltungsdienst

Der Konferenzverwaltungsdienst koordiniert und verwaltet die einzelnen Konferenzen auf dem Server und steuert den Zugriff auf Ressourcen und Konferenzen.

Er bietet über eine eigene Web-Seite Zugriff auf Online-Konferenzen. Dazu wird der lokale IIS des Conferencing Servers um ein Web erweitert. Die Ressourcen, welche durch den Conferencing-Server zur Verfügung gestellt werden, sind Benutzer im Active Directory, die über ein eigenes Postfach verfügen (postfachaktiviert).

Dadurch besteht die Möglichkeit, dessen Frei/Gebucht-Zeiten über Outlook abzufragen. Der Konferenzverwaltungsdienst verwaltet alle Konferenzen in einem Postfach - dem Konferenzverwaltungs-Postfach.

Öffentlichen Konferenzen können über die Startseite des Conferencing Servers beigetreten werden, während private Konferenzen über eine eigene URL verfügen, die nicht veröffentlicht wird. Der Konferenzverwaltungsdienst verwaltet diese Konferenzliste.

13.2.2 Datenkonferenzanbieter

Der Datenkonferenzanbieter steuert die verschiedenen Möglichkeiten und Tools der Zusammenarbeit, zum Beispiel die Anwendungsfreigabe, Chat, Whiteboardzeichnungen und Dateiübertragungen. Er basiert auf dem Internetstandard T-120, welcher zum Beispiel von NetMeeting unterstützt wird.

Der Datenkonferenzanbieter steuert die maximale Anzahl der Benutzer, die an einer Konferenz teilnehmen können. Er benutzt dazu eine physikalische Ressource, die von Benutzern eingeladen oder reserviert werden kann. Dabei arbeitet der Datenkonferenzanbieter direkt mit dem Konferenzverwaltungsdienst zusammen. Die Ressourcen, welche von Benutzern eingeladen werden können, müssen von Ihnen vorher manuell erstellt werden.

Die Verbindung innerhalb einer Datenkonferenz wird von sogenannten MCUs (Multipoint Control Units) gesteuert, die die einzelnen Konferenzteilnehmer miteinander verbinden. Diese MCUs basieren auf dem T-120-Protokoll. Eine T-120 MCU kann auf mehreren Servern in Ihrem Netzwerk unter Windows 2000 installiert werden. Der Exchange 2000 Conferencing Server ist dazu nicht notwendig.

T-120 MCU ist eine Conferencing-Komponente, die ohne die anderen Komponenten installiert werden kann. Natürlich auch auf mehreren Servern, um einen Lastenausgleich bzw. eine gewisse Ausfallsicherheit zu erreichen. Um private Konferenzen abhalten zu können, benötigen die MCUs Zugriff auf einen Windows 2000-Zertifikats-Server im Netz.

13.2.3 Videokonferenzanbieter

Der Videokonferenzanbieter basiert auf dem H.323 Standard zur Übertragung von Video/Audio-Daten. Die Kommunikation läuft dabei über Multicast-IP. Konferenzteilnehmer können sich daher gleichzeitig sehen und hören. Der Exchange Conferencing Server bietet auch die Möglichkeit, Konferenztechnologien von Drittherstellern zu integrieren und zu verwalten.

Die Verbindung für Videokonferenzen wird über eine Multicast-IP-Adresse ermöglicht. Diese Adresse wird von einem Windows 2000 DHCP-Server vergeben. Dabei wird eine sogenannte MADCAP-Adresse (Multicast Adress Dynamic Client Allocation Protocoll) vom DHCP angefordert und jeder einzelnen Exchange-Konferenz zugewiesen.

Die Lease-Dauer dieser Adresse ist der Zeitraum der Konferenz. Der Client erhält vom Conferencing-Server mit einem ActiveX-Steuerelement eine Adresse zugewiesen. Der Multicast-Bereich muss dazu zuerst auf einem Windows 2000 DHCP-Server konfiguriert werden. Sollte die Verbindung mit Multicast nicht aufgebaut werden können, verbindet die jeweilige MCU den Teilnehmer mit Unicast direkt mit dem Server. Er baut eine sogenannte H.323-Brücke auf.

13.3 Vorteile des Conferencing Servers

Bei den meisten Konferenzanbietern sind Benutzer gezwungen, zahlreiche komplexe Einstellungen in Ihrer Software vorzunehmen, um an einer Konferenz teilnehmen zu können.

Dadurch ist es äußerst schwierig, ein Konferenzsystem für die Benutzer zu etablieren, welches auch akzeptiert und benutzt wird.

Der Exchange 2000 Conferencing Server integriert sich komplett in Outlook. Benutzer haben so die Möglichkeit, ihre Besprechungen direkt aus Outlook zu planen und zu verwalten. Dabei müssen Sie keine speziellen Einstellungen vornehmen oder sich Servernamen merken, sondern können intuitiv mit Outlook arbeiten, um alle Vorteile des Conferencing Servers zu nutzen.

Zusätzliche Software ist nicht notwendig, da NetMeeting mit Windows 2000 zusammen ausgeliefert wird und installiert werden kann.

Im Gegensatz zu Peer-to-Peer Modellen wie zum Beispiel NetMeeting ohne den Conferencing Server, bieten Client-Server-Systeme den Vorteil, mehrere Teilnehmer gleichzeitig an eine Konferenz anbinden zu können.

Natürlich wollen Sie auch sicherstellen, dass Ihre Konferenzen, selbst im internen Netz, so abgesichert wie nur möglich sind und keine „ungebetenen“ Gäste Daten oder Informationen einsehen können. Der Conferencing Server bietet dazu verschiedene Sicherheitsebenen für Konferenzen, die direkt vom Client ausgewählt werden können.

Mit dem Conferencing Server können Benutzer über weit verstreute Standorte miteinander kommunizieren und sich online treffen.

Dabei wird durch die Videokomponente der persönliche Bezug zu den Gegenübern fast auf die gleiche Weise hergestellt wie bei einer richtigen Besprechung. Allerdings ohne die anfallenden Reisekosten und –risiken.

13.4 Ablauf einer Konferenz

13.4.1 Planung der Konferenz

Eine Besprechung wird vom jeweiligen Organisator als normale Besprechungsanfrage an die gewünschten Teilnehmer geschickt. Genauso wie eine Besprechung in einem richtigen Besprechungsraum.

Zusätzlich wird vom Benutzer noch eine Konferenzressource auf dem Conferencing Server eingeladen. Die Konferenz wird dann im Konferenzkalender-Postfach gespeichert.

Achten Sie aber darauf, dass der entsprechende Konferenzraum als Ressource und nicht als normaler Benutzer eingeladen wird. Die Planung der Konferenz schlägt sonst fehl.

Die geplanten Teilnehmer werden, wie bei einer richtigen Besprechung oder einem Termin, von Outlook erinnert und zu Beginn der Konferenz wird NetMeeting gestartet und der Teilnehmer kann sich direkt mit der Konferenz auf dem Conferencing Server verbinden.

Sie können dabei auf zwei Arten vorgehen:

Reservieren einer Konferenzressource

Wenn Sie die Ressource in Outlook reservieren, überprüft der Conferencing Server, ob diese Ressource zum geplanten Zeitraum frei ist, nimmt Sie in die Einladung mit auf und bestätigt die Buchung.

Der Link zur Konferenz wird direkt in den Termin in Outlook integriert und Benutzer können direkt aus dem Outlook-Kalender auf die Konferenz zugreifen.

Einladen einer Konferenzressource

Ressourcen können erst ab Outlook 2000 reserviert werden. Selbst bei Outlook 2000 müssen Sie einen Registrykey setzen, um Konferenzen planen zu können. Der erste offizielle, unterstützte Client ist bei Exchange 2000 Outlook XP. Dies gilt auch für den Conferencing Server.

Benutzer, die mit älteren Outlook-Versionen oder mit Outlook Web Access arbeiten, müssen eine Ressource einladen. Sie können sie nicht reservieren. Dazu schicken Sie eine E-Mail an die Ressource. Diese wird durch den Conferencing-Server bestätigt, wenn die Ressource zum Zeitpunkt der Konferenz zur Verfügung steht.

In der Bestätigung fügt der Conferencing Server eine URL ein, die zum Zugriff auf die Konferenz benötigt wird. Diese Bestätigungs-E-Mail sollten Sie nach Erhalt allen geplanten Teilnehmern zusätzlich mit der Einladung zuschicken.

13.4.2 Teilnahme an der Konferenz

Der Conferencing Server verschickt, wie im Kapitel 13.3.1 besprochen, eine Bestätigung, dass die vom Organisator vorgesehene Ressource für die geplante Besprechung reserviert wurde.

Diese Bestätigung sollte an alle gewünschten Teilnehmer zugeschickt werden. Wenn Sie die Ressource jedoch reserviert und nicht eingeladen haben, wird die URL direkt in den Termin der Teilnehmer integriert. Zum Zeitpunkt der Besprechung können die Teilnehmer so direkt aus dem Kalender auf die Konferenz zugreifen.

Konferenzen, die öffentlich sind oder nur mit Passwort geschützt, können darüber hinaus noch direkt über die Web-Oberfläche des Conferencing Servers betreten werden.

Die URL lautet:

`http://SERVERNAME/conferencing`

Wenn ein Benutzer Verbindung zum Conferencing Server über die direkte URL der Konferenz aufbaut, wird im Konferenzkalender-Postfach überprüft, ob die Konferenz zugreifbar ist und betreten werden kann.

Nach dieser Verifizierung durch den Konferenzverwaltungsdienst wird eine eventuell notwendige Authentifizierung durchgeführt, wenn der Besprechungsplaner dies in die Konferenz integriert hat.

Während der Laufzeit der Konferenz kann der Besprechungsplaner jederzeit Änderungen an der Konferenz vornehmen, die in Echtzeit aktiv geschaltet werden. Ein Beispiel ist etwa ein vorzeitiges Ende der Konferenz oder eine Verlängerung.

Der Conferencing Server versucht bei einer Videokonferenz die Benutzer direkt mit Multicast mit der Konferenz zu verbinden. Bei einer Verbindung mit Multicast sind die Pakete nur einmal im Netz unterwegs, können aber trotzdem alle Benutzer erreichen. Durch dieses Feature wird natürlich deutlich Netzwerklast gespart.

Unterstützt dies die Clientsoftware des Benutzers nicht, wird eine Verbindung mit dem H.323 Standard versucht.

Hinweis

H.323 hat die Einschränkung, dass zwar alle Teilnehmer gehört werden können (maximal fünf) aber nur der jeweils sprechende gesehen werden kann.

Für Multicast-Verbindungen gelten diese Einschränkungen nicht.

13.5 Planung

13.5.1 Voraußetzungen

Um Exchange 2000 Conferencing Server einsetzen zu können, müssen Sie folgende Vorausetzungen schaffen:

- Active Directory Gesamtstruktur in Ihrem Unternehmen
- Exchange 2000 in der Active Directory-Gesamtstruktur
- Exchange 2000 Server in der gleichen Domäne
- Windows 2000 DHCP-Server für MADCAP (siehe Kapitel 13.2.3)
- Windows 2000 Zertifikatsdienste für Sicherheitseinstellungen
- Windows 2000 Server für den Conferencing Dienst

Exchange 2000 Conferencing Server kann entweder auf einer eigenen Server-Maschine laufen oder auf einer Maschine, auf der bereits Exchange 2000 installiert ist.

Voraußetzung ist, dass in der Active Directory Struktur bereits Exchange 2000 integriert wurde und mindestens ein Exchange 2000 Server in der gleichen Domäne installiert ist, in der Sie den Conferencig Server installieren wollen. Dabei ist es egal, ob es sich um einen Exchange 2000 Standard Server oder einen Exchange 2000 Enterprise-Server handelt.

Exchange 2000 Conferencing Server kann, wie alle Exchange Server, ausschließlich auf einer Maschine mit Windows 2000 installiert werden.

Sollten Sie die Videokonferenzfunktionalität mit Multicast nutzen wollen, muss es mindestens einen DHCP-Server im Netz geben, der MADCAP-Adressen verteilen kann. Dies kann auch der Conferencing Server sein. MADCAP-Adressen sind Multicast-Adressen. Sie müssen daher einen Multicast-Bereich auf dem DHCP-Server definieren.

Um sichere und private Konferenzen zu ermöglichen, müssen die Zertifikatsdienste installiert sein. T-120 MCU fordern Zertifikate von diesem Server an, um private Konferenzen abzusichern.

Auch an die Teilnehmer der Konferenz und deren Rechner sind Anforderungen gestellt, die erfüllt werden müssen, um den vollen Umfang des Conferencing Servers nutzen zu können:

- Windows 2000 besser Windows XP
- Outlook 2000 besser Outlook XP
- Microsoft NetMeeting ab Version 3.01
- Microsoft Internet Explorer 5 besser 6

Natürlich werden auch ältere Versionen von Microsoft Outlook unterstützt. Allerdings sind diese im Funktionsumfang reduziert.

So können mit Outlook 97 zum Beispiel Konferenzressourcen nur eingeladen und nicht reserviert werden (siehe Kapitel 13.4.1).

Auch ältere Versionen von NetMeeting und dem Internet Explorer bzw. Netscape Navigator werden eingeschränkt unterstützt. Sichere Konferenzen mit Zertifikaten werden jedoch nur von NetMeeting ab Version 3.01 unterstützt.

13.5.2 Planen der einzelnen Serverkomponenten

Die wichtigsten Komponenten, die bei der Planung des Conferencing Servers eine Rolle spielen, sind die im Kapitel 13.2 erwähnten Serverdienste, also der Konferenzverwaltungsdienst, Datenkonferenzanbieter und Videokonferenzanbieter.

Sie sollten für alle Ressourcen und Postfächer, die Sie für Ihren Conferencing Server nutzen wollen, eine eigene Speichergruppe oder mindestens einen eigenen Postfachspeicher definieren. Auf diese Weise können Sie bei einem eventuellen Ausfall Ihres Exchange 2000-Systems die Wiederherstellung optimieren und vermeiden ein eventuell notwendiges Neuinstallieren des Conferencing Servers.

Mehrere Speichergruppen bzw. Postfachspeicher werden jedoch nur von Exchange 2000 Enterprise Server unterstützt. Exchange 2000 Standard Server unterstützt nur eine Speichergruppe und nur einen Postfachspeicher.

Hinweis

Damit der Exchange 2000 Conferencing Server Benutzer aus dem Internet von Benutzern innerhalb des Netzwerkes unterscheiden kann, müssen Sie mindestens zwei Standorte anlegen.

Sollten Sie nur einen Standort in Ihrer Umgebung haben, sollten Sie einen Dummy-Standort mit einer nicht benutzten IP-Subnetzmaske definieren. Auf diese Weise erkennt der Conferencing Server, welche Benutzer zum internen Netz gehören und welche Benutzer aus dem Internet zugreifen wollen.

Wenn Sie eine DMZ haben bietet es sich an, für das Subnetz, welches Sie in der DMZ verwenden, einen Standort zu definieren und einen zusätzlichen Conferencing Server in der DMZ zu installieren, welcher ausschließlich für Benutzer aus dem Internet konfiguriert wird.

Definieren Sie diesen Dummy-Standort mit der Subnetzmaske 255.255.255.255, damit nur ein Rechner in dieses Subnetz integriert ist.

Wenn Sie einen Dummy-Standort definieren, müssen Sie darauf achten, dass Sie für Ihren richtigen Standort die Subnetze definieren müssen. Alle Domänencontroller müssen dann auch dem richtigen Standort zugewiesen sein.

13.5.2.1 Planen des Konferenzverwaltungsdienst

Die Anzahl der Konferenzstandorte und -Server hängen natürlich von Ihren Anforderungen und Ihrer Netzwerkstruktur ab.

Eine große Rolle spielt die erwartete Auslastung des Servers, also wie viele Konferenzen in welchem Zeitraum abgehalten werden sollen.

Wenn Sie mehrere verteilte Standorte haben, müssen Sie überlegen, welche Konferenztypen, also Daten-, Video-, oder Audiokonferenzen, in welchen Standorten erforderlich sind und wo sie einen Conferencing Server installieren wollen.

Zu Beginn bietet es sich an, nur einen Conferencing Server zu installieren. Auf diese Weise können Sie die Akzeptanz der Benutzer testen und die Installation weiterer Server später erwägen.

Der Konferenzverwaltungsdienst eines Konferenzstandortes stellt auf den Conferencing Servern einen Satz von URLs zur Verfügung, mit deren Hilfe Benutzer Verbindung mit einzelnen Konferenzen aufbauen können.

Die Adresse einer Konferenz setzt sich aus der Startseite des Conferencing-Servers zusammen

```
http://SERVERNAME/conferencing
```

und einer speziellen Erweiterung jeder Konferenz, die hinter der Startseite angefügt wird.

Konferenzkalender-Postfach

Das Konferenzkalender-Postfach wird vom Konferenzverwaltungsdienst verwaltet und enthält alle Definitionen und Zeiten, an denen Konferenzen stattfinden.

Dieses Postfach spielt natürlich eine Schlüsselrolle und sollte besonders vor Ausfall gesichert werden.

Beachten Sie auch, dass eventuell von Ihnen definierte Grenzwerte auch das Konferenzkalender-Postfach betreffen. Stellen Sie sicher, dass die Größenbeschränkungen für dieses Postfach nicht definiert sind.

Konferenz-Ressourcen

Die Konferenz-Ressourcen sind die phyiskalischen Ressourcen, die der Conferencing Server verwaltet, um Konferenzen abzuhalten.

So ist zum Beispiel eine MCU-Verbindung eine Ressource, die bei einer Datenkonferenz verbraucht wird. Bei Videokonferenzen ist dies der Videostream und bei Unterstützung von Audio noch der Audiostream.

Wenn Sie eine neue Ressource erstellt haben, müssen Sie diese einem Konferenzanbieter (Daten- oder/und Videokonferenzen) zuweisen, der am gleichen Standort installiert ist.

Sie sollten bei der Definition einer Ressource die mögliche Teilnehmerzahl mit in den Namen integrieren. So kann der Organisator einer Besprechung schnell aus dem Adressbuch feststellen, wieviele Teilnehmer an einer Konferenz maximal teilnehmen können.

Für jede Ressource wird ein Benutzer im Active Directory und ein Postfach angelegt. Dieser Benutzer liegt in der versteckten OU *Exchange Systemobjects/Conferencing*. Sie bekommen diese OU nur angezeigt, wenn Sie die erweiterte Ansicht in Ihrer MMC aktivieren.

Beispiel:

Videokonferenz Berlin (10)

Wenn Benutzer diese Ressource einladen wollen, wissen Sie, dass mit dieser Ressource in Berlin 10 Teilnehmer arbeiten können. Sie können also eine Konferenz mit maximal 10 Teilnehmern erstellen.

Es bleibt dabei Ihnen überlassen, wie viele Ressourcen Sie erstellen. Dies hängt natürlich stark von der Nutzung des Servers ab.

Wenn Benutzer über H.323 an eine Videokonferenz angebunden werden sollen, muss die entsprechende Ressource, der virtuelle Besprechungsraum, dem Datenkonferenzanbieter und dem Videokonferenzanbieter zugeordnet werden.

13.5.2.2 Planen des Datenkonferenzanbieters

Die Verbindungen an eine Datenkonferenz laufen, wie bereits im Kapitel 13.2.2 besprochen, über sogenannte MCUs (Multipoint Control Units). Je nach Anzahl der Benutzer, die an ihrem Standort an Datenkonferenzen teilnehmen, sollten Sie mehrere MCUs installieren. Der Datenkonferenzanbieter verteilt die Last automatisch zwischen den einzelnen MCUs.

Diese Komponente ist Bestandteil des Conferencing Servers und kann ohne die anderen Komponenten installiert werden. Jede MCU verbindet sich mit dem Konferenzverwaltungsdienst des ersten Conferencing Servers am Standort.

Der Datenkonferenzanbieter, der die Benutzer über die jeweilige MCU anbindet, erhält die Informationen, die er dazu braucht, über den Webbrowser des Clients. Der Zugriff auf den Conferencing Server sollte daher nicht über einen Proxy stattfinden. Ein Proxy-Server sollte nur für Benutzer gewählt werden, die an einem Remotestandort arbeiten und Verbindung zum Conferencing Server aufbauen wollen.

Um die Möglichkeit von sicheren Datenkonferenzen bieten zu können, müssen Sie im Standort mindestens einen Zertifikats-Server installieren. Die Zertifikatsdienste sind Bestandteil von Windows 2000. Zertifikate werden zur Authentifizierung der Benutzer an sicheren Konferenzen genutzt.

13.5.2.3 Planen des Videokonferenzanbieters

Um Videokonferenzen abhalten zu können, müssen Sie sicherstellen, dass die einzelnen Rechner der Teilnehmer mit dem Server Multicast-Verbindung eingehen können.

Wenn Sie ein geroutetes Netzwerk haben, müssen die entsprechenden Router (falls dies unterstützt wird) für Multicast konfiguriert werden.

Bandbreite

Exchange 2000 Conferencing Server benötigt etwa 70 KBit Bandbreite für Audiokonferenzen und zusätzlich 90 KBit für Videokonferenzen. Zusammen kommen Sie so also auf knapp 160 KBit.

Dies sollte bei der Planung berücksichtigt werden, wenn Niederlassungen anzubinden sind, die zum Beispiel nur über eine Bandbreite von 128 KBit verfügen.

Multicast

IP-Multicast ist eine Erweiterung des IP-Protokolls. Es gibt drei verschiedene Arten von Multicast-IP-Verbindungen: Unicast, Broadcast und Multicast.

- *Unicast* verbindet zwei Netzwerkclients direkt miteinander um Daten auszutauschen, stellt also sozusagen eine Peer-to-Peer Verbindung her.
- *Broadcast* schickt ein IP-Paket an das gesamte Netzwerk und an alle Subnets. Dies erhöht natürlich deutlich die Netzwerklast, da alle Subnets Pakete erhalten. Nicht nur die, die einen Empfänger für das Paket enthalten.
- *Multicast* überträgt, wie Broadcast, eine Kopie der Daten an mehrere Subnets. Im Unterschied zu Broadcast sendet Multicast jedoch nur Daten in Subnets, die über einen definierten Empfänger der Daten verfügen. So ist die Netzwerklast deutlich geringer als bei Multicast. Die Multicast-Empfänger verfügen über zwei definierte IP-Adressen. Eine IP-Adresse und eine Multicast-Adresse. Diese beiden Adressen werden an die Netzwerkrouter geschickt, um sich als Empfänger zu authentifizieren.

Hinweis

Multicast-Adressen sind IP-Adressen der Klasse D - also zwischen 224.0.0.0 und 239.255.255.255.

Pakete zu diesen Adressen werden nicht eindeutigen Hosts zugeordnet sondern allen Geräten, die über eine Multicast-Adresse verfügen und die einer Multicast-Adress-Gruppe beigetreten sind.

Eine Multicast-Adress-Gruppe ist eine Sammlung von Hosts, der eine bestimmte Multicast-IP-Adresse zugewiesen wurde und diese empfangen kann. Ein Host kann Mitglied mehrerer Gruppen sein und jederzeit aus einer austreten.

MADCAP (Multicast Adress Dynamic Client Allocation Protocol)

MADCAP ist ein Dienst, der von einem Windows 2000 DHCP-Server zur Verfügung gestellt wird.

Generell sind jedoch DHCP und MADCAP unterschiedliche Komponenten, die nicht abhängig voneinander sind, aber dennoch dem Windows 2000-DHCP-System zugewiesen wurden.

Sie können auf einem Windows 2000-DHCP-Server einen Multicast-Bereich definieren. Dieser kann von den DHCP-Bereichen vollständig unabhängig sein.

Der Videokonferenzanbieter setzt einen MADCAP-Server voraus, um Teilnehmern eine Verbindung zu einer Viedokonferenz mit Multicast zu ermöglichen. Sie können wie bei DHCP auch mehrere MADCAP-Server im Netzwerk installieren, müssen aber auch hier darauf achten, dass sich die Bereiche nicht überschneiden.

H.323

Multicast kann natürlich nicht in allen Firmen zur Verfügung gestellt werden. Je größer das Netzwerk ist und je mehr Provider und Router involviert sind, um so höher die Wahrscheinlichkeit, dass nicht alle Teilnehmer mit Multicast an den Conferencing Server angebunden werden können.

Für Teilnehmer, deren Rechner nicht über Multicast angebunden werden können, besteht die Möglichkeit, direkt mit dem Standard-Protokoll für Videokonferenzen H.323 zu arbeiten. Jeder Clientrechner versucht zuerst über Multicast einer Videokonferenz beizutreten. Gelingt dies nicht, so sucht der Client einen MCU für eine H.323-Überbrückung in seiner Reichweite und stellt Verbindung zu ihr her.

Die MCU fordert vom Conferencing Server eine H.323-Überbrückung an und stellt über diese Brücke eine Verbindung her.

Voraußetzung ist, dass dieser MCU-Server über eine Multicast-Verbindung zum Conferencing Server verfügt. Die anderen Teilnehmer sehen keine Unterschiede zwischen den Multicast-Verbindungen und den H.323-Verbindungen.

Hinweis

H.323 hat dabei die Einschränkung, dass zwar alle Teilnehmer gehört werden können aber nur der jeweils sprechende gesehen werden kann. Für Multicast-Verbindungen gelten diese Einschränkungen nicht.

13.5.3 Lizenzierung des Exchange 2000 Conferencing Servers

Wie bereits erwähnt, muss der Exchange 2000 Conferencing Server zusätzlich zu Ihrem Exchange 2000 Server lizenziert werden.

Dabei fallen jedoch lediglich die Serverkosten an.

Sie müssen keine zusätzlichen Clientlizenzen erwerben, da die Benutzung des Conferencing Servers bereits mit den Exchange 2000 CALs abgedeckt ist.

13.6 Installation des Exchange 2000 Conferencing Servers

13.6.1 Vorbereitungen

Vor der Installation sollten Sie zuerst die in Kapitel 13.5 besprochenen Voraußetzungen schaffen.

Sie sollten sich auch noch über folgende Punkte Gedanken machen:

- Wieviele Conferencing Server wollen Sie installieren?
- Wieviele MCU (Multipoint Control Units) wollen Sie installieren und auf welchen Servern?
- Brauchen Sie sichere Konferenzen, also einen Windows 2000 Zertifikats-Server?
- Sollen Remotestandorte angebunden werden?
- Wollen Sie Teilnehmer aus dem Internet zulassen?

- Reicht die Bandbreite der Remote-Standorte aus?

13.6.2 Installation

Bei der ersten Installation sollten Sie alle Komponenten installieren. Wie bereits weiter vorne im Kapitel erwähnt, können Sie für weitergehende Installationen auch einzelne Komponenten getrennt auswählen, um zum Beispiel für T-120 eine oder mehrere MCU zur Verfügung zu stellen. Die Installation an sich ist eigentlich recht einfach.

Legen Sie die Setup-CD ins Laufwerk. Melden Sie sich am besten mit dem Konto an, mit dem Sie auch den Exchange 2000-Server installiert haben. Stellen Sie auf alle Fälle sicher, dass das Konto über genügend Rechte verfügt.

Hinweis

Im Gegensatz zum Exchange 2000 Server und dem Mobile Information Server 2002 ist zur Installation des Exchange 2000 Conferencing Servers keine Erweiterung des Schemas oder der Domäne notwendig.

Es gibt hier also keine Schalter wie *domainprep* oder *forestprep*, sondern die Installation kann direkt über das normale Setup gestartet werden.

Starten Sie von der CD mit der Dateien Launch.exe das Startfenster (siehe Abbildung 13.1).

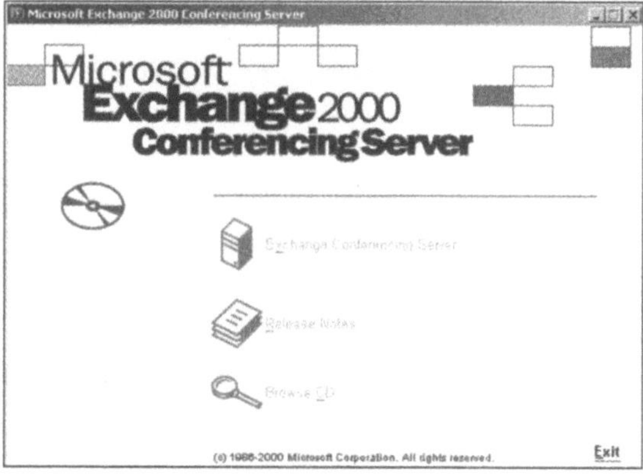

Abb. 13.1: Startfenster des Conferencing Server-Setups

Nach dem Bestätigen der EULA können Sie auswählen, ob Sie alle Komponenten installieren wollen oder eine benutzerdefinierte Installation durchführen wollen. Wir wählen hier zur Installation die benutzerdefinierte Installationsvariante (siehe Abbildung 13.2).

Jetzt erhalten Sie die Möglichkeit, die einzelnen Komponenten auszuwählen oder zu deaktivieren (siehe Abbildung 13.3).

Ich habe für meine Testumgebung die englische Produktversion gewählt, damit Sie die entsprechenden Fenster auch mal in englischer Sprache sehen.

Viele größere Firmen setzen im Bereich des Backoffice die englischen Produkte ein, da hier Patches und Hotfixes oft schneller erscheinen und die einzelnen Bezeichnungen oft vielsagender sind.

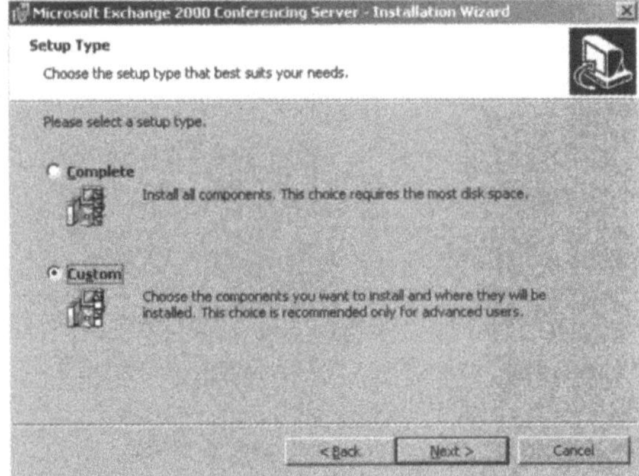

Abb. 13.2: Wählen der Installations-Variante

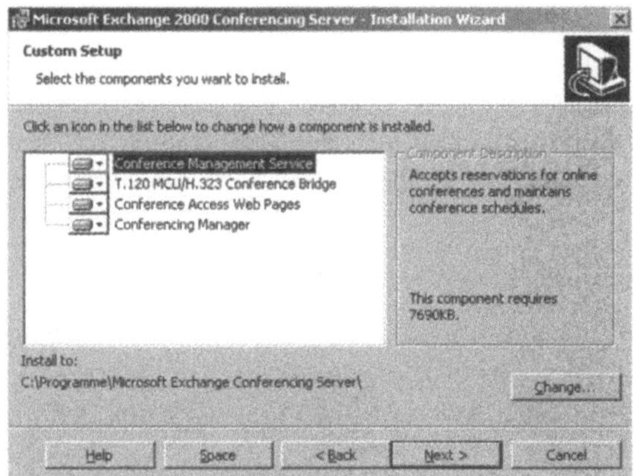

Abb. 13.3: Auswählen der einzelnen Komponenten

Konferenzverwaltungsdienst

Diese Komponente wurde im Kapitel 13.2.1 und im Kapitel 13.5.2.1 ausführlich erklärt.

Wenn Sie bereits in diesem Windows 2000 Standort einen Conferencing Server installiert haben, werden alle nachfolgenden Conferencing Server in der gleichen administrativen Gruppe installiert, in die dieser erste Server installiert wurde.

T.120 MCU / H.323 Konferenzüberbrückung

Auch diese Komponenten wurden bereits ausführlich weiter vorne im Kapitel behandelt. Um einen MCU-Server zu erstellen, können Sie die T.120 MCU / H.323 Konferenzüberbrückung ohne die anderen Komponenten auf andere Windows 2000-Server installieren.

Zur Installation muss allerdings bereits ein Conferencing Server im Unternehmen installiert sein, mit dem sich diese MCU verbinden kann. Diese Verbindung wird während der Installation dieser MCU gewählt.

Konferenzzugriff-Webseiten

Mit dieser Komponente wird der lokale IIS des Servers um ein weiteres Web erweitert. Benutzer verbinden sich mit diesem Web, um einer Konferenz beizutreten.

Wenn Sie die Konferenzzugriff-Webseiten auf einem anderen Server als den Conferencing Server installieren, werden die Benutzer von diesem auf den Conferencing Server verbunden. Sie erhalten so eine gewisse Ausfallsicherheit der Web-Komponente des Conferencing Servers und ein Loadbalancing.

Konferenzmanager

Der Konferenzmanager erstellt auf dem Rechner ein weiteres SnapIn, das zur Verwaltung der Konferenzdienste dient. Sie können diese Erweiterung auch auf einer Workstation oder einem Member-Server installieren, der zwar zur Verwaltung dient, jedoch weder Conferencing-Dienste, Web-Komponente oder MCU-Dienste zur Verfügung stellt.

Nach der Auswahl der Komponenten müssen Sie noch die administrative Gruppe auswählen, in der die Konferenzdienste installiert werden sollen (siehe Abbildung 13.4).

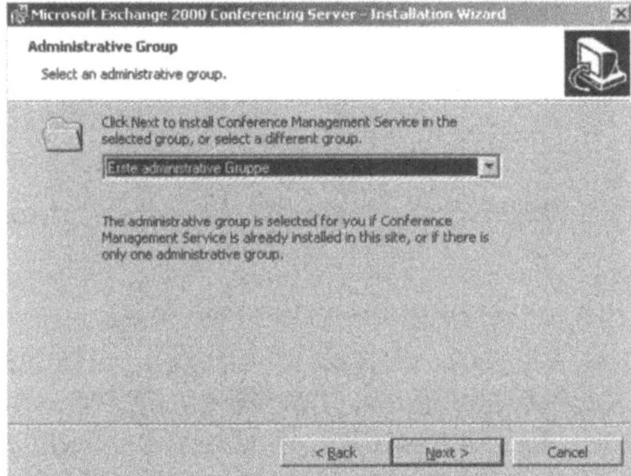

Abb. 13.4: Auswählen der administrativen Gruppe

Nach dieser Auswahl beginnt das Setup mit der Installation (siehe Abbildung 13.5) und benachrichtigt Sie über den Abschluss.

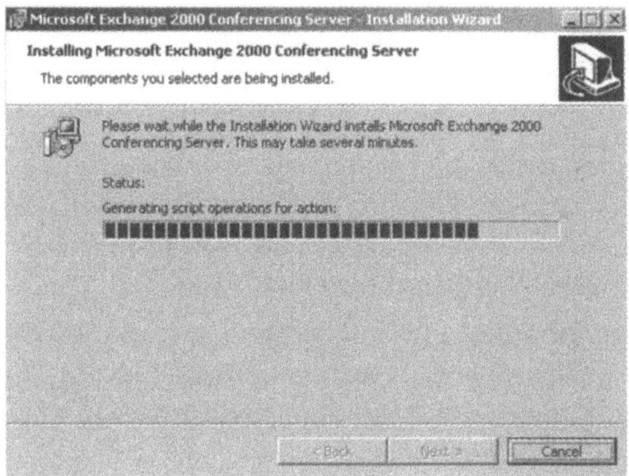

Abb. 13.5: Installation der notwendigen Dateien

Servicepack 2 für Exchange 2000 Conferencing Server

Nach der Fertigstellung der Installation sollten Sie mindestens das Servicepack 2 für Exchange 2000 Conferencing Server installieren, um alle bekannten Fehler und Sicherheitsprobleme zu beseitigen.

Hinweis

- Sie müssen beim Update auf Servicepack 2 für Exchange 2000 Conferencing Server beachten, dass verschiedene Servicepack-Stände von Exchange 2000 Conferencing Server im gleichen Standort nicht unterstützt werden. Sie sollten also alle Server sehr zeitnah auf den gemeinsamen Stand bringen.
- Nach dem Update auf Servicepack 2 sind alle MCU-Server in den anderen Standorten nicht mehr sichtbar, wenn Sie sich mit dem Konferenzmanager mit dem Hauptstandort verbinden. Gehen Sie hier genau nach den Release Notes für das Servicepack vor.
- Um Benutzern aus dem Internet mehr Komfort zu bieten, aktiviert das SP2 für anonyme Benutzer die Berechtigung, Zeitpläne der Online-Konferenzen mit dem Webbrowser anzusehen. Sie müssen diese Option allerdings noch für die einzelnen Ressourcen manuell aktivieren. Sie müssen sich dazu mit Outlook mit dem Postfach der Ressource verbinden und die Erlaubnis für anonyme Benutzer auf `Autor` setzen.
- Auf allen Exchange Servern, die Postfächer für Ressourcen des Conferencing-Servers verwalten, müssen die Konferenz-

zugriff-Webseiten installiert werden und ebenfalls auf SP2 upgedatet werden.

Das Servicepack 2 erweitert die Funktionalitäten des Conferencing Servers vor allem in Richtung Sicherheit. Mit dem Servicepack 2 wird auch die grafische Darstellung der Weboberfläche deutlich verbessert und beschleunigt.

Benutzer können jetzt auch direkt aus der Web-Oberfläche des Conferencing Servers Besprechungen planen. Die Ansicht der Besprechungen kann mit dem Servicepack 2 auch nach Zeiträumen angezeigt werden.

Hinweis

Das Servicepack für Exchange 2000 Conferencing Server ist ein eigenständiges Produkt, das heißt, Sie müssen das Servicepack für den Conferencing Server getrennt herunterladen und installieren. Sie können das Servicepack für Exchange 2000 nicht für den Conferencing Server verwenden und umgekehrt.

13.6.3 Nach der Installation

Nach der Installation müssen Sie noch zusätzliche Arbeiten durchführen, um Ihren Conferencing-Server erfolgreich zu aktivieren.

13.6.3.1 Konfiguration des Conferencing Servers

Um Ihren Conferencing Server für Onlinekonferenzen nutzen zu können, müssen Sie das Konferenzkalenderpostfach erstellen und Ihre Ressourcen definieren.

13.6.3.1.1 Erstellen eines Konferenzkalenderpostfaches

Um Ihr Konferenzkalenderpostfach zu erstellen reicht es aus, wenn Sie direkt aus der Programmgruppe `Microsoft Exchange` den `Konferenzmanager` aufrufen (siehe Abbildung 13.6).

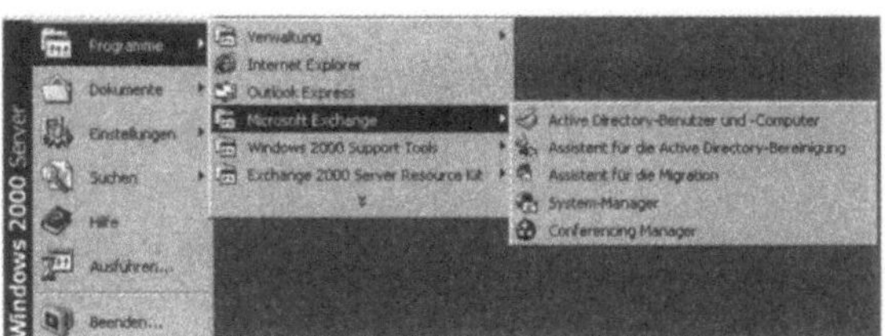

Abb. 13.6: Programmgruppe Microsoft Exchange

Nach dem Start des Konferenzmanagers müssen Sie zunächst mit der `rechten Maustaste` auf die `Exchange Conferencing-Dienste` des Konferenzmanagers klicken und aus dem Menü `Verwalten` wählen (siehe Abbildung 13.7).

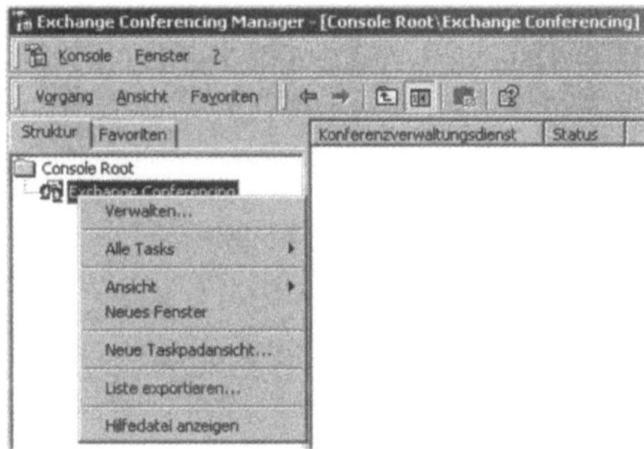

Abb. 13.7: Verwalten der Konferenzdienste

Nach der Auswahl werden Sie gefragt, welchen Standort Sie verwalten wollen.

Wählen Sie aus dem Menü den Standort aus (siehe Abbildung 13.8).

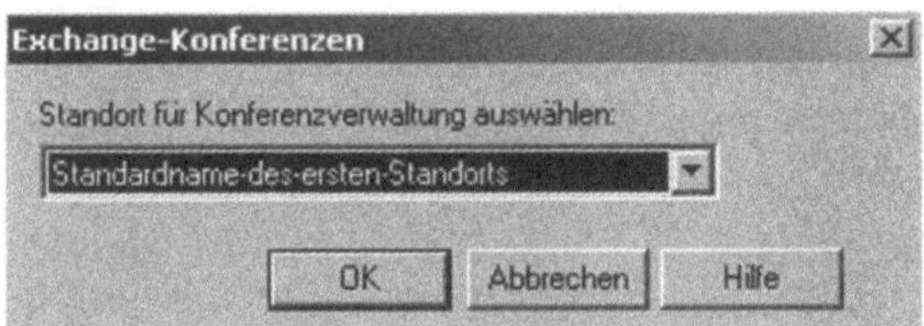

Abb. 13.8: Auswahl des Standortes zur Verwaltung

Wenn Sie Ihre Auswahl getroffen haben, überprüft der Konferenzmanager, ob er für diesen Standort ein Konferenzkalenderpostfach finden kann.

Erstellen des Konferenzkalender-Postfaches

Wenn Sie den Manager zum ersten Mal aufrufen, werden Sie höchstwahrscheinlich noch kein Postfach definiert haben.

Sie werden daher an dieser Stelle gefragt, ob Sie ein neues Postfach erstellen wollen (siehe Abbildung 13.9).

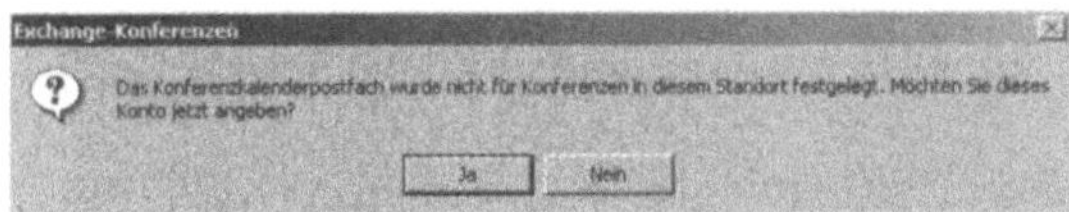

Abb. 13.9: Erstellen des Konferenzkalenderpostfaches

Ohne dieses Postfach können Sie an diesem Standort keinen Conferencing-Server aktivieren.

Es ist daher notwendig, dass Sie dieses Postfach erstellen. Wenn Sie in dem Fenster zur Abfrage `Ja` wählen, öffnet sich die Verwaltung des Konferenzkalenderpostfaches für diesen Standort (siehe Abbildung 13.10).

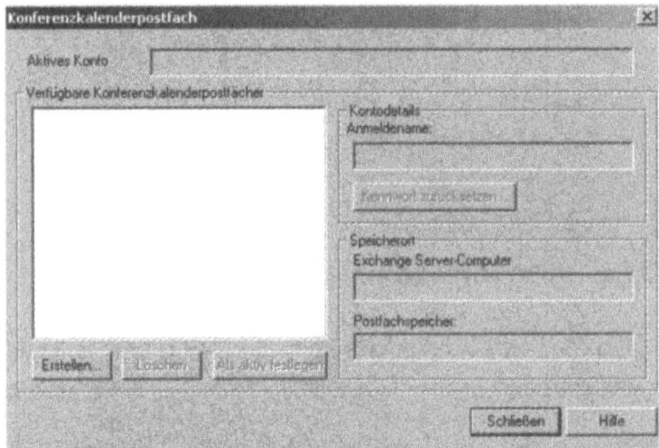

Abb. 13.10: Verwalten des Konferenzkalenderpostfaches

Wenn Sie die Erstellung des Konferenzkalenderpostfaches abbrechen, können Sie dies auch zu einem späteren Zeitpunkt nachholen.

Sie müssen dazu die Eigenschaften des Konferenz-Standortes im Konferenzmanager aufrufen und auf der Registerkarte `Allgemein` das `Konferenzkalenderpostfach des Standortes` bearbeiten (siehe Abbildung 13.11).

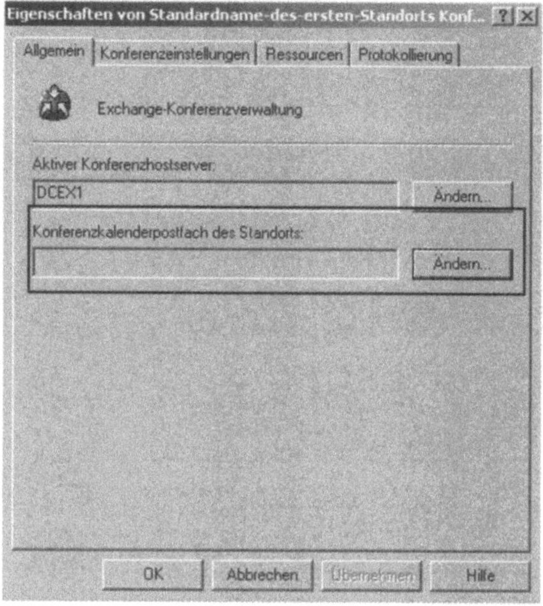

Abb. 13.11: Eigenschaften des Konferenzstandortes

Wählen Sie auf dem Fenster für das Konferenzkalenderpostfach (siehe Abbildung 13.10) den Punkt `Erstellen` aus und wählen aus dem erscheinenden Fenster zur Erstellung eines Konferenzkalenderpostfaches (siehe Abbildung 13.12) einen Namen für das Postfach, welches für den Zweck beschreibend ist, zum Beispiel `Konferenzen`.

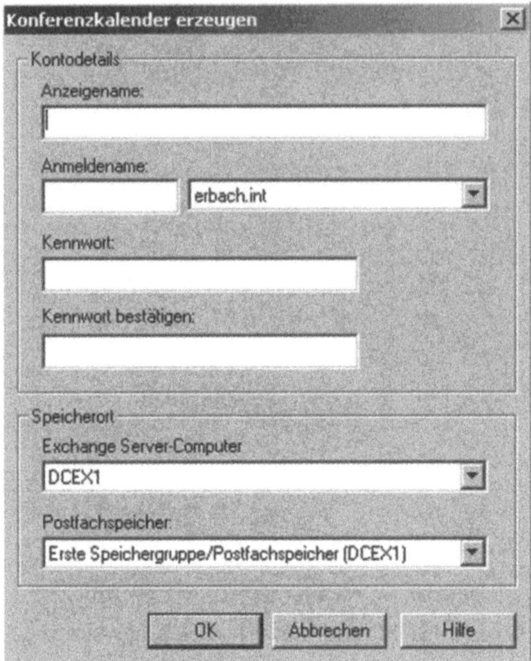

Abb. 13.12: Erstellen eines Konferenzkalenderpostfaches

Tragen Sie hier auch einen Anmeldenamen für das Postfach, ein Kennwort, sowie den Speicherort für das Postfach ein und bestätigen Sie mit OK.

Nach der Erstellung wird das Postfach angezeigt (siehe Abbildung 13.13) und die Conferencing-Dienste aktiviert (siehe Abbildung 13.14).

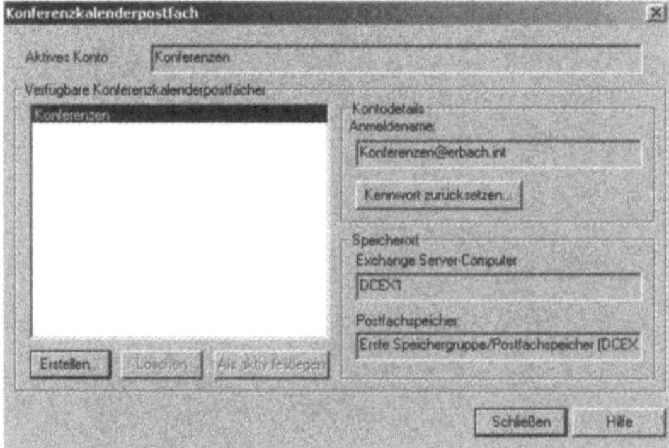

Abb. 13.13: Definiertes Konferenzkalenderpostfach

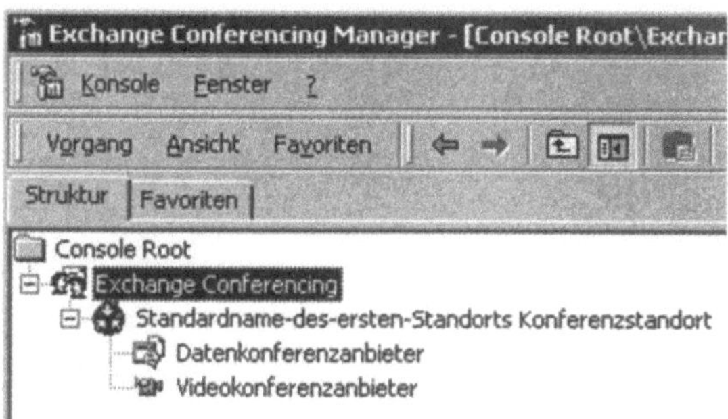

Abb. 13.14: Aktivierte Konferenzdienste

13.6.3.1.2 Erstellen einer Ressource

Sie können sich eine Ressource wie einen virtuellen Besprechungsraum vorstellen. Bevor Benutzer solche virtuellen Besprechungsräume buchen können, müssen diese als Ressourcen erstellt werden.

Um eine Ressource zu definieren, müssen Sie zuerst den Konferenzmanager starten. Verbinden Sie sich dann, wie beim Erstellen eines Konferenzkalenderpostfaches, mit dem Konferenzstandort, dem Sie diese Ressource hinzufügen wollen.

Rufen Sie dann wieder die Eigenschaftsseite des Standortes auf und gehen auf die Registerkarte *Ressource* (siehe Abbildung 13.15). Sie können jetzt auf dieser Registerkarte eine neue Ressource definieren.

Gehen Sie dazu einfach auf die Schaltfläche `Hinzufügen`. Jetzt können Sie die Eigenschaften der neuen Ressource spezifizieren (siehe Abbildung 13.16). Sie sollten das entsprechende Postfach der Ressource so benennen, dass Benutzer mit dem Namen etwas anfangen können.

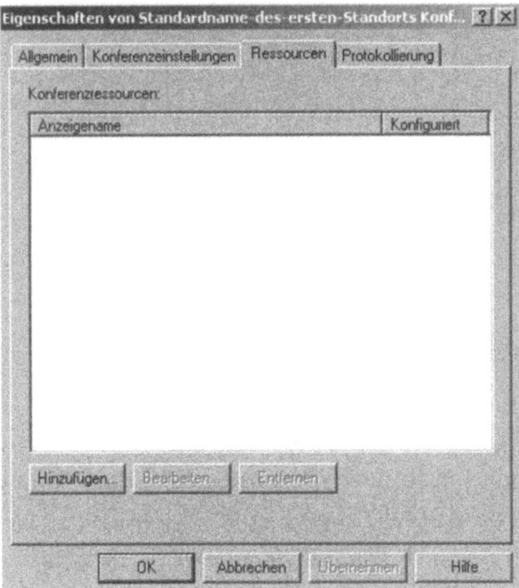

Abb. 13.15: Ressourcen eines Standortes

Wie im Beispiel Abbildung 13.16 gezeigt, können Sie noch die maximale Anzahl an Teilnehmern mit in den Namen aufnehmen.

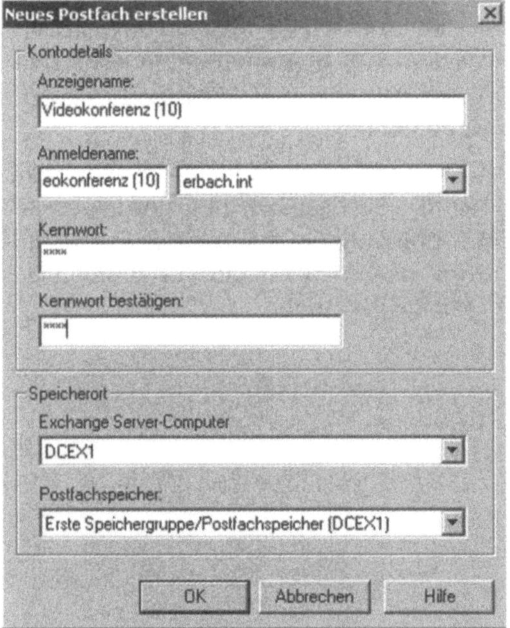

Abb. 13.16: Erstellen einer neuen Ressource

Nach dem Erstellen müssen Sie die Ressource dem Videokonferenzanbieter oder dem Datenkonferenzanbieter zuweisen.

Hinweis

Wenn Sie eine Videoressource erstellen, die auch mit der H.323-Überbrückung funktionieren soll, muss diese Ressource dem Datenkonferenzanbieter und dem Videokonferenzanbieter zugewiesen werden.

Im nächsten Fenster können Sie die Einstellungen der Ressource genauer spezifizieren (siehe Abbildung 13.17).

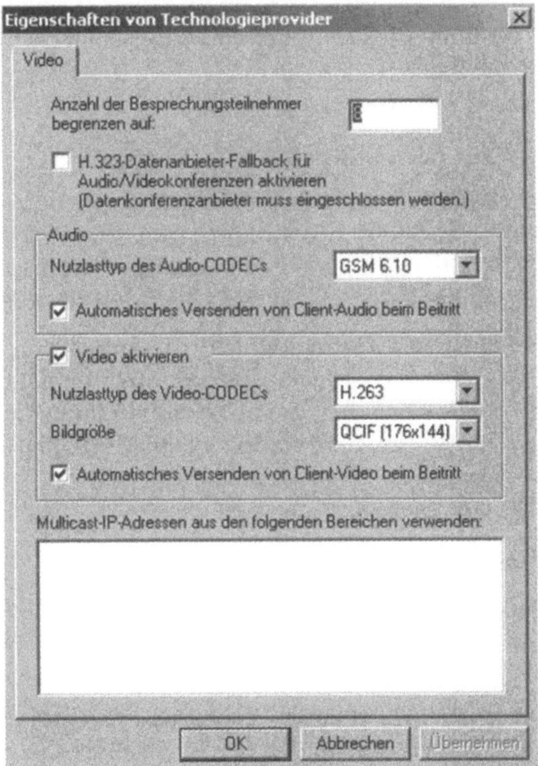

Abb. 13.17: Spezifische Einstellungen der Ressource

13.6.3.2 Verwalten der Sicherheit für Konferenzen

Der Zugriff auf Konferenzen wird für alle Konferenztechnologieanbieter vom Konferenzverwaltungsdienst gesteuert.

Benutzer können drei verschiedene Arten von Sicherheitsstufen für Konferenzen wählen:

- *Öffentliche Konferenzen.* Diese Art von Konferenzen ist für alle Benutzer zugänglich. Es ist kein Kennwort und keine Authentifizierung notwendig. Der Zugriff erfolgt direkt über die Startseite des Conferencing Servers. Hier werden alle Konferenzen angezeigt. Beim Erstellen einer neuen Konferenz wird diese standardmäßig zunächst immer als öffentlich definiert.

  Der Zugriff erfolgt über

  `http://SERVERNAME/Conferencing`

- *Öffentliche Konferenzen mit Kennwort.* Mit Kennwort versehene öffentliche Konferenzen sind nur durch Eingabe eines Kennwortes erreichbar. Das Kennwort ist für alle Teilnehmer gleich und muss in der Einladung mitgegeben werden.

- *Private Konferenzen.* An privaten Konferenzen können nur von Ihnen eingeladene Benutzer teilnehmen. Benutzer müssen sich daher zunächst authentifizieren. Private Konferenzen setzen die Windows 2000 Zeritifkatsdienste im Netzwerk voraus.

Zertifikate

Benutzer, die an privaten Datenkonferenzen teilnehmen wollen, benötigen ein gültiges Zertifikat von einem Windows 2000 Zertifikats-Server.

Diese Dienste müssen daher in der Gesamtstruktur zur Verfügung stehen. Verbindet sich ein Teilnehmer mit der MCU seines Standortes, so holt sich diese MCU ein Zertifikat beim Zertifizierungs-Server, welches später zur Authentifizierung des Benutzers dient.

Protokollierung von Konferenzen

Der Konferenzverwaltungsdienst kann zahlreiche Vorgänge protokollieren.

Rufen Sie dazu im Konferenzmanager die Eigenschaften des Konferenzstandortes auf und gehen zur Registerkarte *Protokollierung* (siehe Abbildung 13.18).

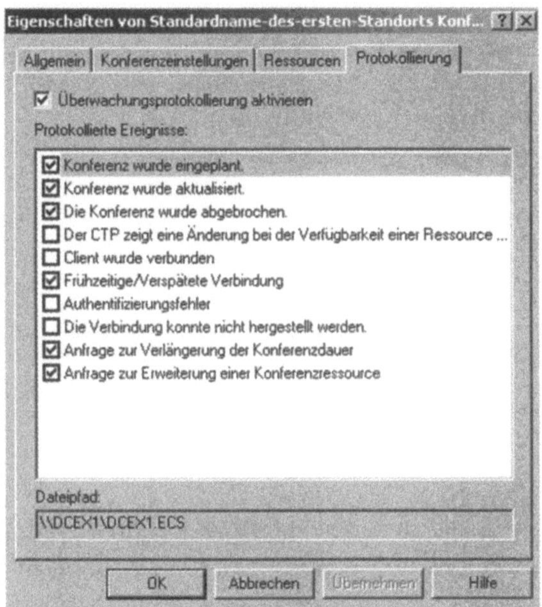

Abb. 13.18: Protokollierung der Konferenzen

Mit dieser Protokollierung können Sie Ihren Conferencing Server recht gut überwachen.

Zulassen von Benutzern aus dem Internet

Wenn Sie die Möglichkeit bieten wollen, dass Benutzer über das Internet an privaten Konferenzen teilnehmen sollen, müssen Sie den IIS auf dem Conferencing Server anpassen.

Rufen Sie dazu den Internetdienste-Manager aus der Verwaltungsprogrammgruppe auf.

Navigieren Sie zu der Standardwebseite und dann zu

`ConferencingPrivate` (siehe Abbildung 13.19).

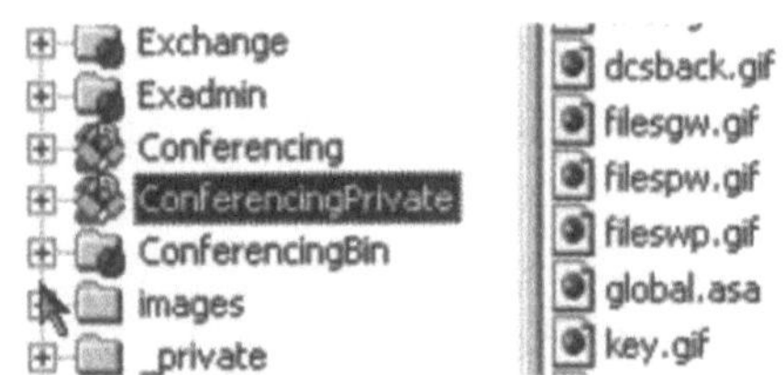

Abb. 13.19: Eigenschaften des Webs für Private Konferenzen

Rufen Sie die Eigenschaften des Webs auf (siehe Abbildung 13.20). Gehen Sie als nächstes zur Registerkarte *Verzeichnissicherheit* (siehe Abbildung 13.21).

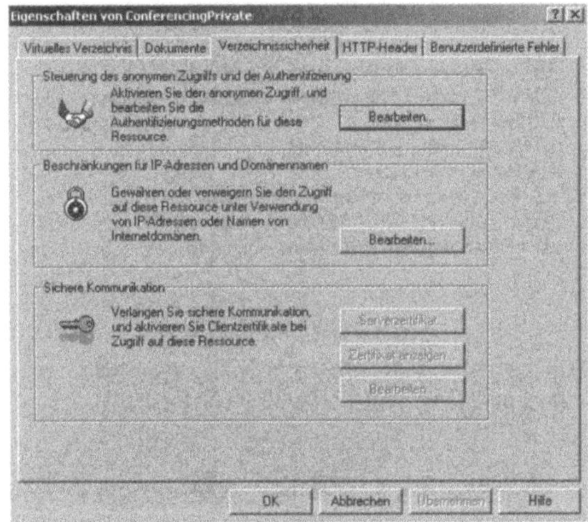

Abb. 13.20: Verzeichnissicherheit des Webs *ConferencingPrivate*

Wählen Sie aus diesem Fenster beim `Punkt Steuerung des anonymen Zugriffs und der Authentifizierung` den Punkt `Bearbeiten` aus. Im nächsten Fenster können Sie jetzt die Authentifizierungsmethoden dieses Webs genauer spezifizieren (siehe Abbildung 13.21).

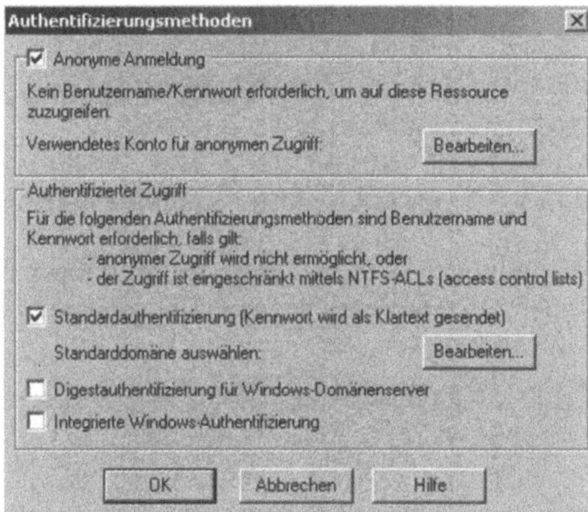

Abb. 13.21: Authentifizierungsmethoden des Webs

Deaktivieren Sie die Option `Anonyme Anmeldung`, falls diese bei Ihnen aktiviert ist (wie in Abbildung 13.21 zu sehen) und deaktivieren Sie den Punkt `Integrierte Windows-Authentifizierung`.

Benutzer aus dem Internet können sich jetzt an privaten Konferenzen mit der Standardauthentifierzung anmelden.

Diese ist allerdings viel unsicherer als die integrierte Authentifizierung, da bei der Standardauthentifizierung Benutzername und Passwort in Klartext übertragen werden.

13.6.3.3 Konfiguration der MCU-Server

Um die einzelnen MCU-Server Ihres Standortes zu bearbeiten, müssen Sie wieder den Konferenzmanager starten und sich mit dem Standort verbinden, an dem Sie die MCU-Server konfigurieren wollen.

Nach dem Start des Konferenzmanagers navigieren Sie zum Datenkonferenzanbieter.

Sie sehen auf der rechten Seite des Fensters die einzelnen Eigenschaften der im Netz installierten MCU-Server (siehe Abbildung 13.22).

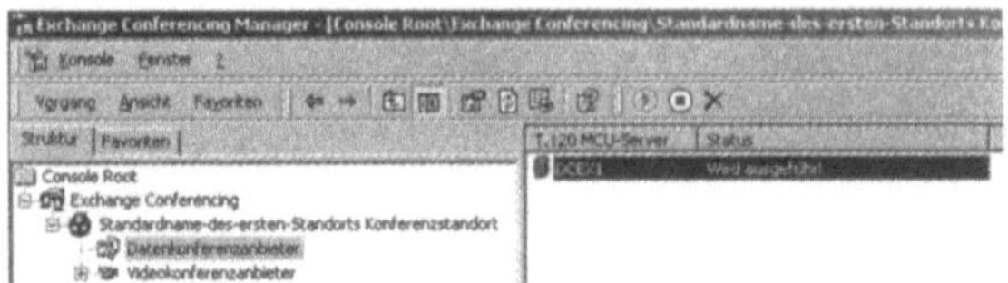

Abb. 13.22: MCU-Server des Konferenzstandortes

Sie können jetzt durch Aufrufen der Eigenschaften eines dieser Server dessen spezielle Konfiguration bearbeiten (siehe Abbildung 13.23).

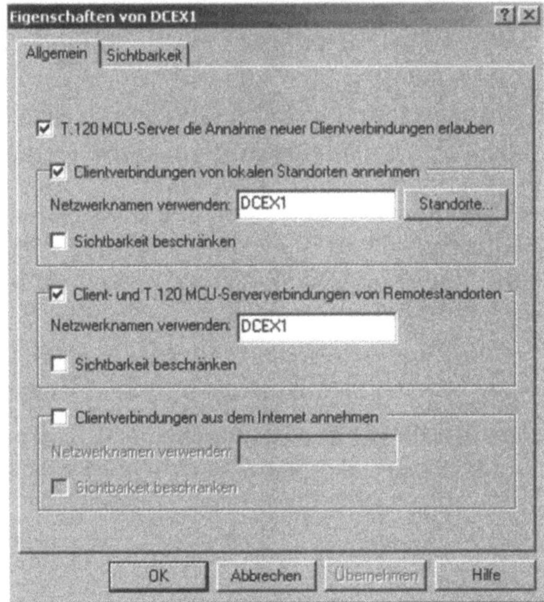

Abb. 13.23: Eigenschaften eines MCU-Servers

Sie können hier genau definieren, welche Clients dieser Server annimmt.

Sie können so konfigurieren, dass einige Server nur Verbindungen aus dem lokalen Netz zulassen während andere Verbindungen von Remotestandorten oder aus dem Internet zulassen.

Auf der Registerkarte *Sichtbarkeit* können Sie genau die Subnets definieren, die Verbindung über diesen MCU-Server zu den Conferencing-Diensten aufbauen dürfen.

13.6.3.4 Outlook 2000

Der erste offizielle Client, der für den Exchange 2000 Server optimiert wurde, ist Outlook XP. Outlook 2000 wurde noch für den Exchange 5.5-Server opitimiert.

Einige Features von Exchange 2000 werden daher von Outlook 2000 nicht unterstützt, zum Beispiel mehrere öffentliche Ordnerstrukturen. Um Outlook 2000 mit dem Conferencing Server zu verbinden, müssen Sie die einzelnen Clientrechner, die mit dem Conferencing Server arbeiten wollen, mit einem neuen Registrykey versehen.

Navigieren Sie in der Registry mit regedit zum Key:

```
HKEY_CURRENT_USER\Software\Microsoft\Office\9.0
\Outlook
```

Erstellen Sie hier einen neuen Wert mit der Bezeichnung

`ExchangeConferencing.`

Sie müssen keinen Wert eintragen.

Um die Verteilung dieses Schlüssels zu beschleunigen, können Sie auch mit Notepad eine Registrierungdatei erstellen und per E-Mail zu den Benutzern schicken. Diese müssen dann den Key nur noch doppelklicken und können mit dem Conferencing Server arbeiten.

Die Datei, die Sie mit Notepad erstellen, muss folgenden Inhalt haben:

```
REGEDIT4

[HKEY_CURRENT_USER\Software\Microsoft\Office\
9.0\Outlook\ExchangeConferencing].
```

Speichern Sie diese Datei mit der Endung `*.reg` ab und schicken Sie sie an alle Benutzer.

13.6.3.5 Outlook Web Access

Um eine Besprechung mit Outlook Web Access planen zu können, müssen Sie, wie mit einem realen Besprechungsraum auch, eine Besprechungsanfrage generieren. Laden Sie für diese Besprechungsanfrage auch die Ressource ein, die Sie zur Konferenz verwenden wollen. Sie erhalten jetzt vom Conferencing-Server eine E-Mail mit der Nachricht zurück, ob die Ressource gebucht wurde oder nicht.

Inhalt der E-Mail des Conferencing Servers ist auch der Link zur Konferenz. Diese sollten Sie allen eingeladenen Benutzern per E-Mail zusenden.

Hinweis

Mit Outlook Web Access können keine privaten Konferenzen erstellt werden. Es wird nur die Option Öffentliche Konferenz mit Passwort unterstützt.

13.6.4 Internet-Benutzer für Konferenzen

Hinweis

Wenn Sie Ihr Netzwerk mit NAT an das Internet angebunden haben, müssen Sie beachten, dass mit NAT nur Datenkonferenzen möglich sind.

Video- und Audiokonferenzen werden für NAT nicht unterstützt.

Damit Exchange 2000 Conferencing Server Benutzer aus dem Internet von Benutzern innerhalb des Netzwerkes unterscheiden kann, müssen Sie mindestens zwei Standorte anlegen.

Wenn Sie nur einen Standort in Ihrer Umgebung haben, sollten Sie einen Dummy-Standort mit einer nicht benutzten IP-Subnetzmaske definieren. Auf diese Weise erkennt der Conferencing Server, welche Benutzer zum internen Netz gehören und welche Benutzer aus dem Internet zugreifen wollen.

Wenn Sie eine DMZ haben, bietet es sich an, für das Subnetz der DMZ einen Standort zu definieren und einen zusätzlichen Conferencing Server in der DMZ zu installieren, welcher ausschließlich für Benutzer aus dem Internet konfiguriert wird.

Definieren Sie diesen Dummy-Standort mit der Subnetzmaske 255.255.255.255, damit nur ein Rechner in dieses Subnetz integriert ist.

Wenn Sie einen Dummy-Standort definieren, müssen Sie darauf achten, dass Sie für Ihren richtigen Standort die Subnetze definieren müssen. Alle Domänencontroller müssen dann auch dem richtigen Standort zugewiesen sein.

14 Optimierung und Tuning

Nach der Planung und Einführung von Exchange 2000 ist die nächste Anforderung die Optimierung des Systems. Sie wollen natürlich die investierte Hardware so effizient wie möglich einsetzen und jede erdenkliche Leistung aus dem System herausholen. Mit diesem Kapitel möchte ich Ihnen das notwendige Feintuning von Exchange 2000 näher bringen.

Exchange 2000 ist ein sehr hardwareabhängiges System und Geschwindigkeitsprobleme fallen den Benutzern sehr schnell auf. Die Ansprüche an ein E-Mail-System sind, außer der Stabilität und leichten Bedienbarkeit, auch die Geschwindigkeit, mit der Benutzer damit arbeiten können.

Ich möchte hier keine umfassenden Untersuchungen und Überwachung mit Ihnen durchgehen, sondern Schritte zur Optimierung, die schnell und einfach durchgeführt werden und schnell zu überprüfbaren Ergebnissen führen.

Vor der Durchführung von Optimierungen sollten Sie mit Hilfe des Systemmonitors erst ausführliche Messungen Ihres Exchange-Systemes vornehmen (siehe Kapitel 10.4.2 *Überwachen mit dem Systemmonitor*).

Sie sollten keine Optimierungen vornehmen, die Sie entweder nicht brauchen oder Ihre Situation nur „verschlimmbessern“.

14.1 Allgemeines

Für viele der Optimierungsschritte müssen Sie direkt die Registry bearbeiten. Ich kann Ihnen hier nur raten, sehr bedächtig vorzugehen. Alle Schritte der Optimierung, die ich Ihnen hier vorstelle, habe ich zwar bereits durchgeführt, allerdings kann auch ich nicht mit Gewissheit sagen, ob Sie in jedem System die gewünschte Wirkung erzielen.

Generell sollten Sie vor Eingriffen in der Registry ein Backup Ihres Systems machen und jeden Registry-Key, den Sie bearbeiten, vorher exportieren, um ihn bei einem Fehlschlag wieder herstellen zu können.

14.1.1 Arbeitsspeicher

Bei Exchange 5.5 konnten Sie noch direkt mit der Leistungsoptimierung in der Exchange-Programmgruppe Einstellungen vornehmen. Diese Leistungsoptimierung ist unter Exchange 2000 nicht mehr verfügbar.

Exchange 2000 wurde bezüglich der Leistung deutlich optimiert. Jeder Exchange-Server nimmt sich soviel Systemressourcen wie er braucht und verwaltet diese dynamisch.

Aus diesem Grund reserviert sich der Prozess *store.exe* auch fast den maximalen Arbeitsspeicher des Servers. Unabhängig von der tatsächlich benötigten Größe.

Benötigt ein neu gestarteter Dienst oder eine Applikation Arbeitsspeicher, wird der benötigte Arbeitsspeicher automatisch von der Exchange Systemaufsicht freigegeben. Dazu verwendet Exchange 2000 die Dynamic Buffer Allocation (DBA), die sich und seine Speichernutzung selbst verwaltet und reguliert.

Sie können Exchange 2000 nicht dahingehend optimieren, in dem Sie der *store.exe* eine fest definierte Größe für den Arbeitsspeicher zuweisen.

Jede Speichergruppe benötigt einen gewissen Umfang des Arbeitsspeichers. Sie können maximal vier Speichergruppen mit je fünf Informationsspeichern definieren.

Um Arbeitsspeicher zu sparen, sollten Sie jede Speichergruppe erst maximal außchöpfen bevor Sie eine neue anlegen.

14.1.2 Prozessor

Ein weiterer Unterschied zwischen Exchange 5.5 und Exchange 2000 ist die Nutzung des Prozessors. Während Exchange 5.5 den Prozessor kaum belastet hat, kann Exchange 2000 die Prozessorlast deutlich erhöhen.

Dies liegt vor allem an den neuen Features: Volltextindex, Konferenzen und Frontend/Backend-Architektur. Diese drei Features nutzen den Prozessor bei Benutzung stark aus. Teilweise über 60 %.

Sie sollten daher öffentliche Ordner, die Sie indizieren wollen, auf getrennten Servern verwalten. Genauso wie den Exchange 2000 Conferencing Server, der gerade durch H.323-Brücken die Prozessorlast deutlich erhöht.

14.1.3 Festplatte

Wenn Sie Exchange 2000 auf einem Server mit einem Hardware-RAID-Controller installiert haben, sollten Sie dessen Cache auf 100 % Schreibcache stellen, da Exchange 2000 ein sehr festplattenintensives System ist. Je schneller Daten auf die Festplatte geschrieben werden, desto schneller arbeitet Exchange.

Sie sollten beim Erwerb der Hardware darauf achten, dass der Cache batteriegepuffert ist. Ansonsten besteht die Gefahr, dass bei einem Stromausfall die Daten im Cache verloren gehen und die Datenbank von Exchange beschädigt wird.

Um Daten zu lesen verwendet Exchange den NTFS-Cache. Daher können Sie den Schreibcache auf 100 % stellen, weil er nicht beim Lesen verwendet wird.

Eine optimale Festplattenverteilung für Exchange sieht folgendermaßen aus:

- RAID 1 für Betriebssystem und Exchangeinstallationsverzeichnis
- RAID 1 für Auslagerungsdatei des Betriebssystems
- RAID 5 für jede Speichergruppe
- RAID 1 für die Transaktionsprotokolle jeder Speichergruppe

Bezüglich der Optimierung Ihrer Datenträger sollten Sie sich das Kapitel 10.2.4.4.1 *Datenträger* genauer ansehen.

Sie finden in diesem Kapitel eine ausführliche Anleitung zur Überwachung Ihres Datenträgers.

Zur Optimierung Ihrer Datenträger können Sie folgende Vorgänge ausführen:

- Stellen Sie sicher, dass der betreffende Exchange-Server genug Arbeitsspeicher hat. Zu wenig Arbeitsspeicher und dadurch stärkerer Zugriff auf die Festplatte sind oft der Grund für eine zu starke Datenträgerauslastung.
- Defragmentieren Sie Ihre Datenträger.
- Verwenden Sie das Tool `diskpar.exe` aus dem *Windows 2000 Server Ressource Kit*. Mit diesem Tool können Sie die Ausrichtung der Spuren und Sektoren testen.
- Überprüfen Sie, ob Sie die einzelnen Datenbanken und Transaktionsprotokolldateien nicht auf andere Datenträger verschieben können.
- Deaktivieren Sie Komprimierung und Verschlüsselung.

14.2 Exchange 5.5 und Exchange 2000

Wenn Sie mit der in Kapitel 11 beschriebenen In-Place-Update Methode Ihren Server direkt von Exchange 5.5 auf Exchange 2000 upgedated haben, werden einige Einstellungen der Leistungsoptimierung von Exchange 5.5 auf Exchange 2000 übernommen.

Sie sollten vor der Installation von Exchange 2000 auf einem Exchange 5.5-Server die Einstellungen der Leistungsoptimierung sichern.

Sie finden die Log-Datei unter

`WINNT\system32\perfopt.log.`

14.3 Optimierung des MTA (Message Transfer Agent)

Der MTA diente bei Exchange 5.5 zur Zustellung der E-Mails. Mit dem MTA wurde das X.400-Protokoll verwendet. Exchange 2000 verwendet zum Versenden der E-Mails nach intern und extern SMTP.

Die Stellung des MTA ist daher bei Exchange 2000 nicht mehr so hoch wie bei Exchange 5.5. Wenn Sie in Ihrem Unternehmen nur Exchange 2000 einsetzen, hat der MTA überhaupt keine Bedeutung mehr.

Wenn Sie jedoch das X.400-Protokoll zur Anbindung eines anderen E-Mail-Systemes verwenden, zum Beispiel Exchange 5.5, werden die E-Mails zu diesem System mit dem MTA verschickt.

Exchange 2000 MTA benötigt mehr Ressourcen als der Exchange 5.5 MTA. Aus diesem Grund ist eine Optimierung des MTA bei größeren Unternehmen mit vielen Standorten durchaus sinnvoll.

Der erste Optimierungstipp diesbezüglich ist, dass Sie für jeden Standort einen Exchange 2000-Server als Bridgehead vorsehen sollten. Die anderen Exchange 2000-Server an diesem Standort sollten E-Mail nur an diesen Bridgehead-Server schicken, der die E-Mails dann wiederum an einen anderen Bridgehead-Server am Ziel-Standort schickt.

Die Erhöhung einzelner Threads bringt nicht immer eine Leistungssteigerung mit sich. Sie können durch die willkürliche Erhöhung von einzelnen Threads sogar die Leistung veringern.

14.3.1 Optimierung des MTA in der Registry

Um den MTA zu optimieren, müssen Sie direkt Änderungen in der Registry vornehmen. Nach den Änderungen müssen Sie den MTA-Dienst neu starten, damit die Änderungen aktiviert werden.

14.3.1.1 MTA

Die notwendigen Parameter des MTA finden Sie an der folgenden Stelle der Registry:

```
HKEY_LOCAL_MACHINE\SYSTEM\CurrentControlSet\Ser
vices\MSExchangeMTA\Parameters
```

DB data buffers per object

In diesem Registry-Key finden Sie die Einstellung der Datenbank-Puffer für jedes Objekt. Sie können die Anzahl der Puffer hier erhöhen. Eine Erhöhung dieser Puffer bewirkt allerdings auch ein erhöhter Speicherverbrauch der Exchange-Dienste.

Durch die Erhöhung der Puffer verbleiben mehr Objekte im Arbeitsspeicher und sind so schneller zugreifbar.

Hier müssen Sie nur Einstellungen verändern, wenn Sie mehrere Exchange Server haben, die in verschiedenen Standorten verteilt sind.

Die Standardeinstellung dieses Keys ist `0x3`, der optimale Wert ist die Abänderung auf `0x6`. Dies ist ein guter Kompromiss zwischen RAM-Verbrauch und Geschwindigkeit.

Dispatcher threads

Mit diesem Key wird die Anzahl der Threads konfiguriert, die zur Verarbeitung der Nachrichten über den MTA zuständig sind.

Sie sollten diesen Wert erhöhen, wenn dieser Exchange 2000-Server mit mehreren Exchange 5.5-Servern kommunizieren muss und Ihre Anwender dabei intensiv mit Verteilerlisten arbeiten.

Sie können hier die Standardeinstellung von `0x1` auf `0x3` erhöhen.

Kernel threads

Dieser Wert ist eigentlich der wichtigste bezüglich der MTA-Optimierung. Hier greifen Sie direkt in die OSI-Verarbeitung des MTA ein.

Eine Optimierung macht Sinn, wenn wieder mehrere Exchange 5.5-Server innerhalb der Organisation verwendet werden.

Besonders bemerkbar macht sich eine Änderung, wenn die Verbindung zwischen diesen Exchange 5.5-Servern langsam oder unzuverlässig ist.

Sie können die Einstellung von `0x3` auf `0x8` bis `0xC` ändern, je nach Anzahl der Exchange 5.5-Server und Hardwareaußtattung des Servers.

Max RPC Calls Outstanding

Dieser Wert stellt die Anzahl der gleichzeitig möglichen RPC-Verbindungen fest.

Wenn Sie zahlreiche Exchange 5.5-Server innerhalb Ihres Netzwerkes haben, lohnt sich die Erhöhung von `0x32` auf `0x80`.

Hinweis

Wenn Sie Optimierungen bezüglich der Zusammenarbeit von MTA und Informationsspeicher vornehmen (siehe Kapitel 14.3.1.1), müssen Sie den Wert *Max RPC Calls Outstanding* zwingend auf `0x80` setzen.

MDB users

Hier können Sie festlegen, wie viele Benutzer aus dem Active Directory auf dem Exchange-Server zwischengepuffert werden.

Erhöhen Sie die Anzahl, wenn Ihr Unternehmen mehr als 1000 Postfächer auf Ihren Exchange-Servern hat.

Erhöhen Sie den Wert auf ungefähr ein Viertel der Benutzer, die sich im globalen Adressbuch befinden.

Sie müssen den Wert dann in hexadezimal umrechnen.

Der Standardwert `0x1F4` steht also für dezimal 500 Benutzer. Wenn Sie ca. 3000 Benutzerpostfächer haben, lohnt sich eine Erhöhung auf etwa 750, also `0x2EE`.

RTS Threads

Auch diese Einstellung sollten Sie nur verändern, wenn mehrere Exchange 5.5-Server in Ihrer Organisation mit Exchange 2000 zusammen verwaltet werden.

Die RTS Threads schreiben Daten in die Warteschlange des MTA, während die Kernel Threads die Daten aus der Warteschlange herauslesen.

Diese beiden Werte sollten also nicht zu sehr auseinander laufen. Sind die RTS Threads zu hoch dimensioniert, werden zwar die E-Mails schnell in die Warteschlangen gestellt, jedoch können die Kernel Threads diese dann nicht schneller verarbeiten.

Sie sollten diese Einstellung also von Standard `0x1` auf maximal `0x4` erhöhen.

TCP/IP control blocks

Mit diesem Wert wird der Puffer für X.400-Verbindungen eingestellt. Sie sollten diesen Wert nur verwenden, wenn es sich hier um einen Bridgehead für X.400 handelt, der mehrere X.400 Connectoren verwaltet.

Die Standardeinstellung können Sie dann von `0x14`, also 20 auf

Anzahl der *X.400 Connectoren x 11* erhöhen, bei drei Connectoren auf 33, also `0x21` hexadezimal.

Transfer Threads

Mit diesem Wert können Sie die Anzahl der MTA Transfer Threads erhöhen.

Erhöhen Sie den Wert von 0x1 auf maximal 0x3, wenn mehrere Exchange 5.5-Server in der Organisation verwaltet werden.

14.3.1.2 Informationsspeicher

Alle E-Mails, die über X.400 verschickt werden, landen über kurz oder lang im Informationsspeicher. Wenn Sie MTA bei Ihnen aktiv nutzen und zahlreiche Exchange 5.5-Server im Netzwerk vorhanden sind, kann es sinnvoll sein, die Übergabe der Warteschlange in den Informationsspeicher zu optimieren.

Auch diese Änderungen werden in der Registry vorgenommen. Allerdings müssen Sie hier direkt in die Registry-Einstellungen des Informationsspeichers zugreifen.

Wenn Sie auf Ihrem Exchange Server mehrere Postfachspeicher definiert haben, müssen Sie die hier getroffenen Einstellungen für alle Datenbanken auf allen Exchange 2000 Server vornehmen.

Sie finden diese Registry-Einstellung an folgender Stelle:

`HKEY_LOCAL_MACHINE\SYSTEM\CurrentControlSet\Services\MSExchangeIS\`*`SERVERNAME`*`\`*`Private-GUID des Informationsspeichers.`*

Gateway In Threads

Hier können Sie einstellen, wie viele Threads gleichzeitig Nachrichten aus der Warteschlange des MTA direkt in den Informationsspeicher schicken können.

Jeder Thread, den Sie hier definieren, benötigt in etwa 1 MB Arbeitsspeicher pro Informationsspeicher. Gehen Sie hier also mit Vorsicht vor, da Sie schnell 50 MB und mehr Arbeitsspeicher mit dieser Einstellung verbraten können.

Dieser Reg-Key ist ein REG_DWORD-Typ.

Diesen Registry-Key müssen Sie vor der Bearbeitung erst erstellen. Verwenden Sie als Wert bei der Erstellung `0x3`.

Gateway Out Threads

Dieser Key ist den *Gateway In Threads* zugeordnet. Hier wird die Anzahl der Threads eingestellt, die E-Mails aus dem Informationsspeicher in die Warteschlange schreiben können.

Auch diesen Wert müssen Sie zuerst erstellen. Wählen Sie hier die Einstellung `0x3`.

Hinweis

Wenn Sie Optimierungen bezüglich der Zusammenarbeit von MTA und Informationsspeicher vornehmen (siehe Kapitel 14.3.1.1), müssen Sie den Wert *Max RPC Calls Outstanding* zwingend auf `0x80` setzen.

14.3.2 Datenverzeichnisse des MTA

Wenn Sie Exchange 2000 installieren, befinden sich die notwendigen Daten des MTA im Verzeichnis *mtadata* unterhalb des Exchange-Verzeichnisses.

Sie können eine deutliche Performance-Steigerung des MTA erreichen, wenn Sie dieses Verzeichnis auf eine eigene Festplatte, besser ein RAID 5-System, oder einer getrennten Partition auf einem SAN verschieben.

Dieser Schritt ist vor allem auf einem Bridgehead-Server für X.400 sinnvoll.

- Um das Verzeichnis zu verschieben, müssen Sie zunächst den MTA-Dienst beenden.
- Verändern Sie den Pfad zum Verzeichnis des MTA in der Registry. Diese Einstellung konfigurieren Sie unter:

  `HKEY_LOCAL_MACHINE\SYSTEM\CurrentControlSet\Services\MSExchangeMTA\Parameters\MTA database path`
- Legen Sie das Verzeichnis im angegebenen Pfad neu an. Das Unterverzeichnis `Mtacheck.out` müssen Sie nicht mit kopieren, da es automatisch durch den MTA-Dienst angelegt wird.

- Kopieren Sie alle Dateien mit der Endung *.dat in das neue Verzeichnis.
- Führen Sie das Dienstprogramm `mtacheck` aus dem Exchange-bin-Verzeichnis aus. Dieses Programm sollte keine Fehler melden.
- Starten Sie den MTA-Dienst wieder.

14.4 Optimieren von SMTP in Exchange 2000

SMTP ist das Standardprotokoll von Exchange 2000. Dieser Punkt ist wohl einer der wichtigsten Neuentwicklungen und Fortschritte bei Exchange 2000.

Wird an einen Exchange 2000-Server eine E-Mail mit SMTP geschickt, wird eine Datei mit der Endung *.eml angelegt. Auf diese Datei kann auch über den normalen Explorer über das Laufwerk M auf dem Exchange-Server oder über eine Freigabe zugegriffen werden. Dieser Punkt ist ein Teil des Exchange 2000-IFS (Installable File-System).

Diese Dateien werden standardmäßig in den Ordner *mailroot* geschrieben, der sich unterhalb des Exchange-Installations-Ordners befindet.

14.4.1 Verschieben des Ordners Mailroot

Das Verschieben des Ordners *Mailroot* kann gerade bei Servern mit hohem Mailverkehr, zum Beispiel Bridgehead-Servern, deutliche Performancegewinne mit sich bringen.

Sie sollten den Ordner auf ein RAID-System mit hoher Geschwindigkeit und Sicherheit verschieben, zum Beispiel RAID 5 oder 10.

Auf dieser Partition sollten auch keine anderen Dienste Ihre Daten ablegen (Auslagerungsdatei, andere Exchange-Verzeichnisse), da ansonsten der Performancegewinn wieder verloren geht.

Verschieben des Ordners

Um den Ordner zu verschieben, sollten Sie in folgender Reihenfolge vorgehen:

- Machen Sie ein Backup Ihres kompletten Exchange-Systems.
- Installieren Sie die Support-Tools auf der Windows 2000 CD. Diese Tools sollten Sie ohnehin auf jedem Server installieren, da Sie das System um einige wichtige Tools erweitern.
- Beenden Sie alle Exchange-Dienste und alle IIS-Dienste auf dem Exchange-Server.
- Verschieben Sie das Verzeichnis `vsi 1` aus dem Mailroot-Verzeichnis an die gewünschte Position. Verschieben Sie aber nicht das komplette Mailroot-Verzeichnis.
- Öffnen Sie jetzt ADSI-Edit aus den Support-Tools.
- Navigieren Sie zu den Einstellungen des SMTP-Protokolls (siehe Abbildung 14.1)
  - `Configuration Container`
  - `Configuration`
  - `Services`
  - `Microsoft Exchange`
  - *`Name Ihrer Organisation`*
  - `Administrative Groups`
  - *`Name Ihrer administrativen Gruppe`*
  - `Servers`
  - *`Name Ihres Servers`*
  - `Protocols`
  - `SMTP`
  - `CN=1`

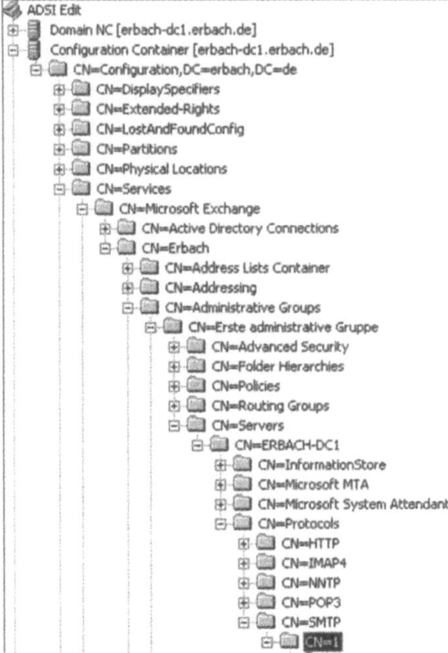

Abb. 14.1: Änderung des SMTP-Protocolls mit ADSI-Edit

- Rufen Sie die Eigenschaften des Objects `CN=1` auf (siehe Abbildung 14.2).
- Stellen Sie die Option `Select which properties to view` auf `both` (siehe Abbildung 14.2).
- Bearbeiten Sie die Pfade der folgenden Attribute:
    - `msExchSmtpBadMailDirectory`
    - `msExchSmtpPickupDirectory`
    - `msExchSmtpQueueDirectory`
- Starten Sie die Replikation des Active Directorys. Wichtig ist, dass der globale Katalog, mit dem sich Ihr Exchange-Server verbindet, diese Änderung mitbekommen hat.
- Starten Sie die Microsoft Exchange Systemaufsicht. Starten Sie jedoch nicht die anderen Exchange Dienste.
- Im Ereignisprotokoll sollten jetzt drei Meldungen stehen, die die Änderung des Pfadnamens bestätigen.
- Starten Sie den Exchange-Server komplett durch.

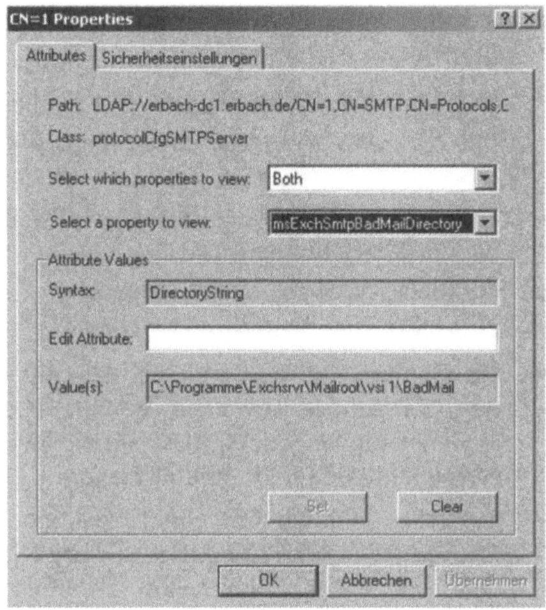

Abb. 14.2: Eigenschaften des Objekts CN=1

14.4.2 Optimierung SMTP-Stacks

Empfängt Exchange E-Mails mit SMTP wird eine neue Datei angelegt, die den Inhalt der E-Mail enthält.

Während der Verarbeitung der E-Mail wird diese Datei vom Betriebssystem offen gehalten. Standardmäßig kann Exchange bis zu 1000 solcher offenen Dateien verwalten.

Diese Einschränkung wurde eingerichtet, damit das Beenden des SMTP-Dienstes schneller abläuft. Der SMTP-Dienst muss vor dem Beenden alle Dateien erst schließen. Bei einer großen Anzahl kann dies entsprechend lange dauern.

Bei Servern mit viel Arbeitsspeicher, ab 1 GB und mehr, können Sie diese Einstellung erhöhen.

Beachten Sie aber, dass jede geöffnete Datei in etwa 15 kb Arbeitsspeicher benötigt.

Die Optimierung dieses Dateihandels lohnt sich jedoch nur, wenn innerhalb Ihrer Warteschlangen ständig deutlich mehr als 1000 E-Mails stehen. Ist dies bei Ihnen nicht der Fall, können Sie sich diesen Schritt sparen.

Nach der Veränderung dieser Parameter in der Registry sollten Sie Ihren Server neu starten:

- Navigieren Sie in der Registry zum Schlüssel

  `HKEY_LOCAL_MACHINE\System\CurrentControlSet\Services\SMTPSVC`

- Legen Sie innerhalb dieses Schlüssels einen neuen Schlüssel mit der Bezeichnung `Queuing` an.
- Innerhalb dieses neuen Schlüssels müssen Sie einen neuen REG_DWORD-Wert `MsgHandleThreshold` anlegen.
- Sie sollten den Wert in etwa so hoch eintragen, wie die durchschnittliche Anzahl an E-Mails in den Warteschlangen ist. Beachten Sie jedoch, dass Sie den Wert hexadezimal umrechnen müssen und dann eintragen.
- Zusätzlich müssen Sie einen weiteren REG_DWORD-Wert `MsgHandleAsyncThreshold` erstellen. Hier sollten Sie den gleichen Wert eintragen wie bei `MsgHandleThreshold`.
- Jetzt müssen Sie noch den Standardwert des Filecaching niedriger setzen, da Sie sonst durch den höheren Speicherbedarf Gefahr laufen, dass Ihr System instabil wird. Navigieren Sie dazu zu

  `HKEY_LOCAL_MACHINE\System\CurrentControlSet\Services\Inetinfo\Parameters`

- Erstellen Sie einen neuen REG_DWORD-Wert mit der Bezeichnung `FileCacheMaxHandles` und setzen Sie diesen Wert auf `0x258`.

14.4.3 Optimierung der SMTP Nachrichten-Objekte

Die maximale Anzahl der SMTP Nachrichten-Objekte hängt direkt von den SMTP-Warteschlangen ab.

Die Anzahl der gleichzeitigen Objekte in der SMTP-Warteschlange beeinflusst direkt den Arbeitsspeicherverbrauch Ihres Exchange-Servers. Jede Nachricht in den Warteschlangen benötigt in etwa 4 kb Arbeitsspeicher.

Sie können jedoch direkt beeinflussen, wie viele SMTP-Objekte Ihr Server überhaupt anlegt und so den Verbrauch des Arbeitsspeichers optimieren.

Der Exchange-Server nimmt nur so viele Objekte an, wie Sie hier festlegen. Steigt die Anzahl der Objekte in den Warteschlangen auf die hier festgelegte Anzahl an, nimmt der Server keine neuen Objekte mehr mit auf. Sie sollten diesen Wert nur dann verändern, wenn der Arbeitsspeicher Ihrer Exchange-Server von zu vielen E-Mails beansprucht wird, die sich in den Warteschlangen befinden.

Sie können mit dieser Einstellung also nicht direkt eine Geschwindigkeitssteigerung erreichen, sondern lediglich einen Überlauf des Arbeitsspeichers verhindern.

Beachten Sie jedoch, dass diese Einstellung nichts mit dem hohen Verbrauch des Arbeitsspeichers zu tun hat.

Dieser Verbrauch wird durch die *store.exe* gesteuert, also direkt durch den Informationsspeicher. Der Verbrauch des Arbeitsspeichers wird dynamisch verwaltet.

Exchange gibt RAM frei, wenn ein anderer Serverdienst diesen benötigt. So ist sichergestellt, dass Ihr Exchange-Server immer die maximale Performance seiner Hardware nutzt, ohne andere Serverdienste zu behindern.

Um die Anzahl der maximalen SMTP-Objekte zu steuern, müssen Sie wieder mit Regedit direkt die Registry bearbeiten.

- Navigieren Sie zum Schlüssel

  `HKEY_LOCAL_MACHINE\Software\Microsoft\Exchange.`

- Erstellen Sie einen neuen Schlüssel mit der Bezeichnung `Mailmsg.`

- Erstellen Sie innerhalb dieses Schlüssels einen neuen REG_DWORD-Wert mit der Bezeichnung `MaxMessageObjects.` Exchange verwaltet standardmäßig bis zu 100.000 Objekte. Veringern Sie entsprechend diesen Wert. Abhängig von Ihrem verfügbaren Arbeitsspeicher.

14.5 Optimieren des Informationsspeichers

14.5.1 Online-Datenbankwartung

Exchange wartet seine Datenbanken ständig online (siehe Abbildung 14.3). Dieser Vorgang ist für die Konsistenz und Geschwindigkeit der Postfachspeicher und Informationsspeicher für öffentliche Ordner sehr wichtig.

Während dieser Wartung führt Exchange einige wichtige Überprüfungen und Funktionen aus:

- Überprüfen auf gelöschte Postfächer. Exchange 2000 überprüft jeden Benutzer im Active Directory darauf, ob dessen Postfach noch vorhanden ist. Durch die Abfrage des Active Directory wird auch die Last auf den Domänencontrollern erhöht.
- Entfernen der Objekte, die die Verfallszeit überschritten haben. Diese Einstellung können Sie direkt auf dem jeweiligen Informationsspeicher einstellen oder mit Richtlinien definieren. Dieser Vorgang ist sehr festplattenintensiv. Die Belastung ist auf den Exchange-Server begrenzt, der die Wartung gerade durchführt. Je nach Anzahl der zu löschenden und abgelaufenen Objekte steigt die Belastung der Festplatte stark an.
- Defragmentation der Datenbank. Auch diese Aufgabe belastet die Festplatte. Je nach notwendiger Defragmentation und Größe der Datenbank belastet dieser Vorgang auch den Server, der die Wartung durchführt.
- Online-Sicherung. Wenn durch das Datensicherungsprogramm eine Datensicherung durchgeführt wird, unterbricht der Exchange-Server seine Wartung. Sie sollten daher darauf achten, dass Wartung und Datensicherung nicht zum gleichen Zeitpunkt stattfinden.

Der Ablauf dieser Funktionen bedingt natürlich auch gewisse Leistungseinbußen des Exchange-Servers. Aus diesem Grund sollten Sie die Onlinewartung immer nachts durchführen lassen.

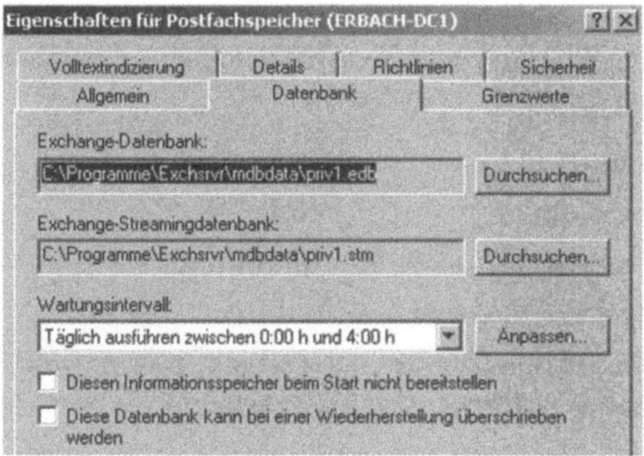

Abb. 14.3: Einstellung der Wartung eines Informationsspeichers

14.5.2 Exchange Server mit mehreren Prozessoren

Wird Exchange 2000 auf einem Server mit vier oder mehr Prozessoren ausgeführt, wird der virtuelle Arbeitsspeicher stark beansprucht.

Sie sollten aus diesem Grund bei Servern mit vier und mehr Prozessoren einige Registry-Einstellungen optimieren.

Starten Sie nach dem Abändern dieses Wertes die Exchange-Dienste neu.

MPHeap parallelism

Diesen Registry-Wert müssen Sie erst bearbeiten, wenn vier oder mehr Prozessoren in Ihrem Server eingebaut sind. Bei einem oder zwei Prozessoren müssen Sie hier keine Änderungen vornehmen. Sie finden den REG_SZ-Wert *MPHeap parallelism* in folgendem Registryschlüssel:

`HKEY_LOCAL_MACHINE\SOFTWARE\Microsoft\ESE98\Global\OS\Memory`

Setzen Sie den Wert bei vier-Prozessor-Maschinen auf `0`, bei acht Prozessoren empfiehlt Microsoft `11`.

14.5.3 Exchange Server ab 1 GB RAM

Wenn Sie Exchange 2000 Standard Server oder Exchange 2000 Enterprise Server auf einem Windows 2000 Advanced Server oder Windows 2000 Datacenter Server installieren und dieser

Server mehr als 1 GB Arbeitsspeicher hat, müssen Sie in der `boot.ini` des Servers den Schalter `/3GB` einfügen.

Beispiel:

```
Boot Loader]

Timeout=30

Default=multi(0)disk(0)rdisk(0)partition(2)\WINNT

[Operating Systems]

multi(0)disk(0)rdisk(0)partition(2)\WINNT="Microsoft Win-
dows 2000 Server" /fastdetect /3GB
```

Windows 2000 Advanced oder Datacenter Server reservieren 2 GB virtuellen Adressraum für die Verwaltung durch den Kernel, also des Betriebssystems.

Standardmäßig unterstützen diese Serverversionen noch zusätzlich 2 GB virtuellen Adressraum für andere Prozesse wie zum Beispiel die *store.exe* des Informationsspeichers. Durch das Einfügen des /3gb-Schalters wird die Nutzung des Kernels auf 1 GB begrenzt und anderen Prozessen stehen 3 GB zur Verfügung.

Fügen Sie diesen Schalter nicht bei einer normalen Windows 2000 Server-Version ein.

Der Grund dafür ist, dass Windows 2000 Server nur maximal 2 GB virtuellen Adressraum anderen Prozessen als dem Kernel zur Verfügung stellen kann. Wenn Sie durch den /3gb-Schalter den Kernel auf 1 GB begrenzen, werden insgesamt nur noch 3 GB virtueller Adressraum genutzt anstatt die Standardeinstellung 4 GB.

Die Zuteilung dieses virtuellen Adressraums wird während des Systemstarts durchgeführt.

Der /3gb-Schalter ist zur Systemstabilität notwendig. Sie müssen darauf achten, dass der Informationsspeicher nie zuviel virtuellen Adressraum für sich beansprucht, da sonst der Speicher überläuft. Die Konsequenz ist der Absturz des Servers und ein notwendiger Neustart. Ein Server mit 2 GB RAM ohne den /3gb-Schalter zeigt zum Beispiel nur 1.5 GB-Nutzung durch die *store.exe* an, wird aber dennoch aus dem Speicher laufen.

Überwachen Sie also immer die *store.exe*. Am besten mit dem Leistungsindikator `Virtuelle Bytes`. Hier bekommen Sie angezeigt, wie viel Arbeitsspeicher die *store.exe* für sich reserviert.

14.5.4 Cache des Informationsspeichers

Der Cache der Informationsspeicher-Datenbank ist standardmäßig auf 900 MB gesetzt.

Gerade bei Servern mit mehr als 1 GB RAM kann es sinnvoll sein, die Größe dieses Caches zu erhöhen.

Microsoft empfiehlt hier jedoch eine maximale Erhöhung auf 1200 MB.

Überwachen Sie vor der Erhöhung des Caches den Speicher-Verbrauch des Informationsspeichers. Dieser sollte knapp unter dem tatsächlich physikalisch verfügbaren Arbeitsspeicher liegen.

Verwenden Sie hierfür den Systemmonitor. Überwachen Sie den Leistungsindikator `Virtuelle Bytes (max.)` und die Instanz `STORE`.

Bei Servern mit dem /3gb-Schalter sollte die Nutzung bei maximal 2.8 GB liegen. Bei Servern ohne diesen Schalter bei maximal 1.8 GB.

Liegen bei Ihnen die virtuellen Bytes unter diesen Werten, können Sie den Cache vergrößern. Liegen sie darüber, sollten Sie die Standardeinstellungen nicht verändern.

Änderung des Caches

- Starten Sie ADSI-Edit aus den Support-Tools
- Navigieren Sie zu den Einstellungen des Informationsspeichers
  - `Configuration Container`
  - `Configuration`
  - `Services`
  - `Microsoft Exchange`
  - *`Name Ihrer Organisation`*
  - `Administrative Groups`
  - *`Name Ihrer administrativen Gruppe`*
  - `Servers`
  - *`Name Ihres Servers`*
  - `InformationStore`

- Rufen Sie die Eigenschaften des Objekts `InformationStore` auf (siehe Abbildung 14.4).

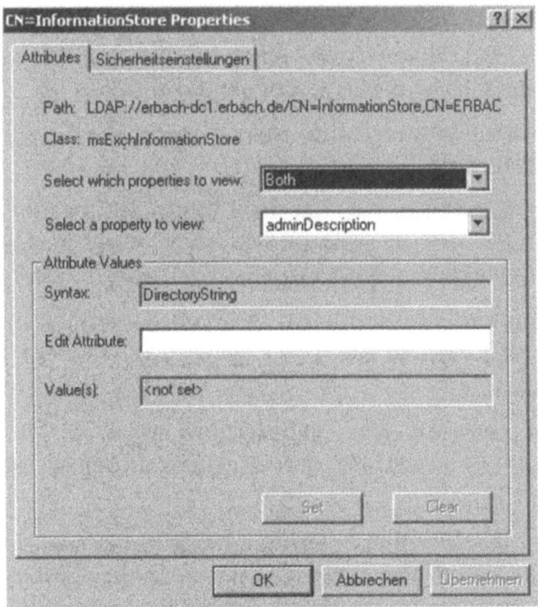

Abb. 14.4: Eigenschaften des Informationstore in ADSI-Edit

- Stellen Sie die Option `Select which Property to view` auf `Both.`
- Wählen Sie das Attribut `msExchESEParamCacheSizeMax` aus und setzen den neuen Wert ein. Standardmäßig ist zwar kein Wert eingetragen, Exchange nutzt aber dennoch 900 MB. Das Maximum für diesen Wert ist `307200.` Dies entspricht 1200 MB RAM.
- Warten Sie einige Stunden, bis die Replikation des Active Directory abgeschlossen ist und starten dann den Server komplett durch. Wahlweise können Sie auch den Dienst für den Informationsspeicher neu starten.

14.5.5 Protokollpuffer

Exchange verwendet Protokollpuffer, um Informationen zwischen zu speichern, die in die Transaktionsprotokolldateien geschrieben werden sollen.

Wenn Sie eine Frontend/Backend-Architektur einsetzen, sollten Sie bei Ihren Backend-Servern diese Pufferanzahl erhöhen.

Steht Ihr Server sehr unter Last, können Sie den Wert von Standard 84 auf 9000 für jeden Server erhöhen.

Ändern der Protokollpuffer

- Starten Sie ADSI-Edit aus den Support-Tools
- Navigieren Sie zu den Einstellungen der Speichergruppen
  - `Configuration Container`
  - `Configuration`
  - `Services`
  - `Microsoft Exchange`
  - *`Name Ihrer Organisation`*
  - `Administrative Groups`
  - *`Name Ihrer administrativen Gruppe`*
  - `Servers`
  - *`Name Ihres Servers`*
  - `InformationStore`
  - *`Name der Speichergruppe`*
- Rufen Sie die Eigenschaften des Objekts der `Speichergruppe` auf.
- Setzen Sie den Wert des Attributs `msExchESEParamLogBuffers` auf 9000.

14.6 Optimieren von OWA (Outlook Web Access)

Sie können OWA dahingehend optimieren, dass Benutzer, die sich ständig mit Exchange durch OWA verbinden, keine erhöhte Netzwerklast verursachen oder Objekte ständig neu laden müssen. Ein großer Anteil des OWA-Bildschirms im Internet Explorer sind die statischen Dateien. Hier handelt es sich um Bilder, Symbolleisten oder Meldungen. Standardmäßig laufen diese statischen Dateien nach einem Tag ab, müssen also von jedem Client täglich neu geladen werden. Dies geschieht zwar automatisch durch den Internet Explorer, verursacht aber dennoch eine gewisse Netzwerklast und Ladezeit bei den Benutzern. Es ist durchaus sinnvoll, die Ablaufzeit dieser Elemente deutlich zu erhöhen.

Änderung der Ablaufzeit

- Starten Sie die Verwaltung der Internetdienste in der Programmgruppe *Verwaltung*.
- Navigieren Sie zu der Standardwebseite des Servers.
- Erweitern Sie das Web Exchweb (siehe Abbildung 14.5).

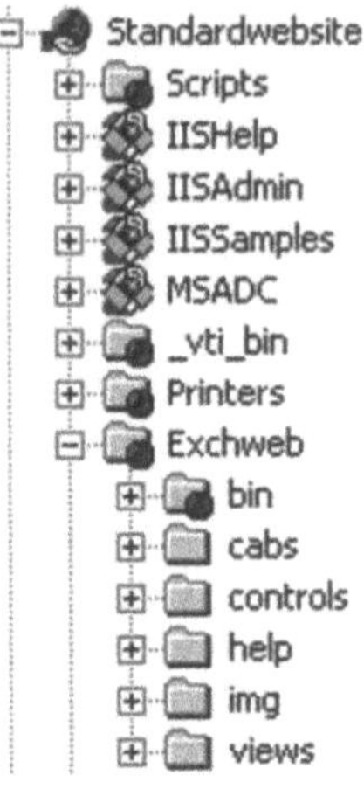

Abb. 14.5: Internetdienste-Manager.

- Bearbeiten Sie die Eigenschaften der beiden Ordner `controls` und `img`. Setzen Sie bei beiden Ordnern die Dauer des Ablaufs auf der Registerkarte *HTTP-Header* auf den gewünschten Zeitraum (siehe Abbildung 14.6). Sie können diesen Wert beliebig vergrößern, da der Internet Explorer beim Verbindungsaufbau zu OWA ohnehin immer prüft, ob das Objekt verändert wurde. Egal ob es abgelaufen ist oder nicht. Wurde das Objekt geändert, wird das neue Objekt automatisch abgerufen.

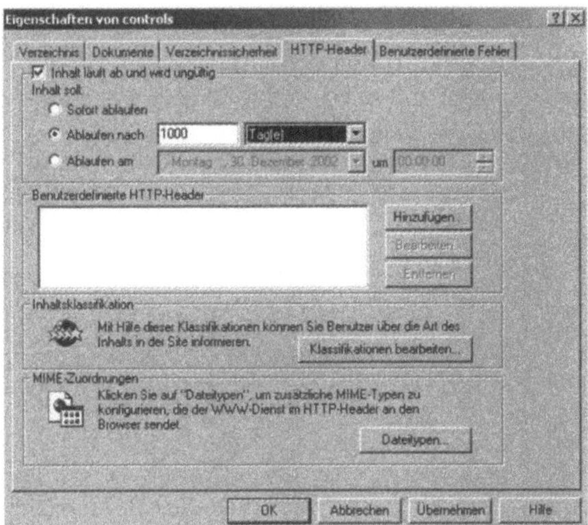

Abb. 14.6: Definition des Ablaufs der Dateien aus OWA

14.7 Optimieren des Active Directory-Zugriffs (ab Servicepack 2)

Seit dem Update auf Servicepack 2 können Sie für jeden einzelnen Exchange 2000-Server festlegen, auf welche Domänencontroller zugegriffen werden soll.

Standardmäßig trägt Exchange 2000 den Server ein, der am schnellsten antwortet.

In großen Organisationen kann es jedoch sehr hilfreich sein, für einzelne Exchange 2000-Server spezifisch zu steuern, auf welchen Domänencontroller Sie zugreifen sollen.

Sie können diese Konfiguration nur für Server mit Servicepack 2 oder höher vornehmen. Server ohne Servicepack oder mit Servicepack 1 können für den Verzeichniszugriff nicht optimiert werden.

Sie müssen also vor einer solchen Konfigurationsänderung alle Server, die Sie für den Verzeichniszugriff optimieren wollen, auf Servicepack 2 updaten.

Um den Verzeichniszugriff zu steuern, rufen Sie im Exchange System-Manager die Eigenschaften des jeweiligen Exchange Servers, auf den Sie konfigurieren wollen.

Wechseln Sie dann auf die Registerkarte Verzeichniszugriff (siehe Abbildung 14.7).

Auf dieser Registerkarte können Sie explizit einstellen, welchen Domänencontroller der jeweilige Exchange Server zum Abgleich und Zugriff mit dem Active Directory verwenden soll.

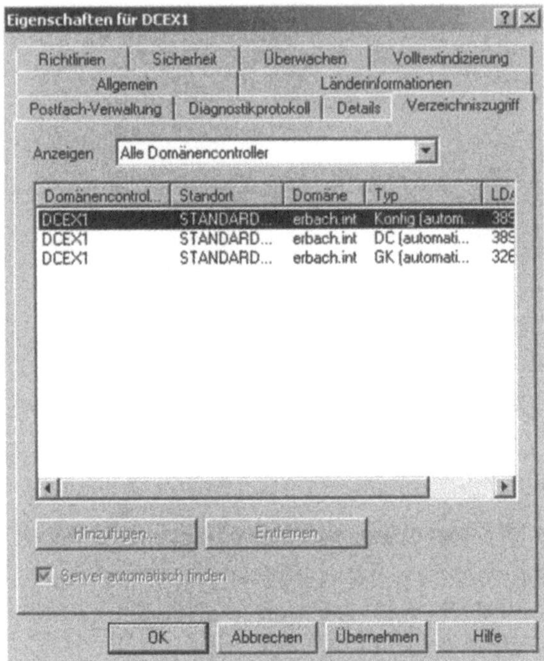

Abb 14.7: Steuerung des Verzeichniszugriffes

Besonderheiten des Active Directory Zugriffs mit Servicepack 2

Hinweis

Mit dem Update auf Servicepack 2 wurden auch einige Änderungen bezüglich des Zugriffs auf das Active Directory durchgeführt.

So starten die beiden Dienste für MTA-Stacks und Informationsspeicher nach dem Update auf Servicepack 2 unter zwei Voraußetzungen:

- In jeder Domäne, in der Sie *domainprep* durchgeführt haben, muss jetzt auch ein globaler Katalog zur Verfügung stehen.
- Für jede Domäne, auf die *domainprep* angewendet wurde, muss auch ein Recipient Update Service (RUS) erstellt werden.

Eine weitere Besonderheit ist der Zugriff auf das Active Directory von einem Exchange-Server aus, der in einer DMZ steht.

Exchange 2000 verwendet das ICMP-Protokoll, also Ping, um regelmäßig festzustellen, ob der Domänencontroller auf den zugegriffen werden soll, erreichbar ist.

Wurde ICMP in dieser DMZ deaktiviert, so müssen Sie auf dem Exchange Server die Registry bearbeiten.

Sie müssen einen neuen REG_DWORD Wert erstellen, um diesen Ping-Vorgang zu deaktivieren.

Navigieren Sie dazu zu folgendem Schlüssel:

`HKEY_LOCAL_MACHINE\SYSTEM\CurrentControlSet\Services\MSExchangeDSAccess`

Erstellen Sie jetzt einen neuen REG_DWORD-Wert mit dem Wert 0 und der Bezeichnung `LdapKeepAliveSecs`.

Starten Sie jetzt Ihren Exchange-Server durch. Ab diesem Zeitpunkt findet keine Überprüfung mehr statt, ob der eingetragene Domänencontroller auch verfügbar ist.

Exchange 2000 erstellt beim Update auf Servicepack 2 einen neuen Dienst mit der Bezeichnung `Microsoft Exchange-Verwaltung`. Dieser Dienst wird bei der Steuerung des Verzeichniszugriffs und des Nachrichtentrackings verwendet.

Ist dieser Dienst nicht gestartet, lassen sich diese beiden Funktionalitäten nicht benutzen.

15 Exchange 2000 Sicherheit und Verschlüsselung

Benutzer haben an Exchange den Anspruch, so sicher wie nur möglich zu arbeiten.

In diesem Bereich spielt die Verschlüsselung von E-Mails und die Arbeit mit Zertifikaten eine große Rolle.

Exchange 2000 arbeitet dabei eng mit den Zertifikatsdiensten zusammen, die eine Funktionalität von Windows 2000 sind.

Im Kapitel 2.3.6 *Planen einer Sichheitsstrategie* wurde bereits auf das Thema Sicherheit eingegangen.

In diesem Kapitel soll dieses Wissen weiter vertieft werden. Sie sollten sich daher vor der Lektüre des Kapitels 15 mit dem Kapitel 2.3.6 beschäftigen, um das Grundwissen zur Absicherung von Exchange besser zu verstehen.

15.1 Öffentliche Schlüssel in Exchange 2000

Bei Windows 2000 spielen mehrere Komponenten bei der Arbeit mit öffentlichen Schlüsseln eine Rolle.

Die wichtigste Rolle spielen ohne Zweifel die Windows 2000-Zertifikatsdienste. Diese Dienste stellen digitale Zertifikate aus, die Sie zur Absicherung Ihres Exchange 2000-Systems verwenden können.

15.2 Gängige Verschlüsselungstechniken

Es gibt derzeit zahlreiche verschiedene Verschlüsselungstechniken.

CAST

CAST basiert auf symmetrischer Verschlüsselung. Die Daten werden mit CAST blockweise verschlüsselt und nicht byteweise wie bei anderen Verschlüsselungstechniken. CAST wird oft bei PGP eingesetzt und unterstützt Schlüssel von 40 – 128 Bit.

DES / 3DES

DES steht für Data Encryption Standard und wurde ursprünglich von IBM für die US-Regierung entwickelt. DES ist derzeit der verbreiteste Verschlüsselungsalgorythmus.

Bei der 3DES-Verschlüsselung werden die Daten dreifach verschlüsselt.

DH (Diffie Hellmann) / KEA

Im Zusammenhang mit Verschlüsselungssoftware wird, neben den Verschlüsselungsalgorithmen RSA und ElGamal, der Diffie-Hellmann-Schlüsselaustausch-Algorithmus erwähnt.

Dabei eignet sich das 1976 beschriebene Verfahren nicht zur Ver- und Entschlüsselung, sondern vielmehr zum Austausch von Schlüsseln über unsichere Kanäle.

Seine Sicherheit basiert auf der Problematik, dass es keine eindeutigen, sicheren mathematischen Verfahren gibt, den diskreten Logarithmus zu berechnen.

Das Verfahren zur Schlüsselerzeugung läuft folgendermaßen ab:

Beide Kommunikationsteilnehmer (A und B) überlegen sich eine Zahl s und eine große Primzahl p, für die zusätzlich gelten soll:

(p-1)/2 ist ebenfalls eine Primzahl.

Weiter überlegen beide für sich zwei große, ganze Zahlen aA und aB, die den geheimen Teil des Schlüssels darstellen.

Für die Schlüsselübergabe schickt A an B bA und B an A bB. Mit diesen Zahlen können beide ein gemeinsames k berechnen. Durch Einsetzen in die Gleichungen ergibt sich für k = kA = kB. Dies ist der gemeinsame geheime Schlüssel. Selbst wenn nun der Angreifer s, p sowie bA und bB kennt, kann er daraus wegen der aufwendigen Berechnung des diskreten Logarithmus innerhalb angemessener Zeit nicht auf k schließen, da er aA und aB nicht kennt.

KEA ist eine verbesserte Version von Diffie Hellmann

MD2 / MD4 / MD5

Die von R. Rivest für RSA Data Security entwickelten Hash-Algorithmen MD2, MD4 und MD5 sind für digitale Signatursysteme gedacht und bilden eine Nachricht beliebiger Länge auf ein Destillat fester Länge ab.

Man spricht in diesem Zusammenhang auch vom digitalen Fingerabdruck einer Nachricht.

MD2 gilt als sicher, ist aber langsam. MD4 hingegen hat bekannte Schwächen, weswegen von einer Verwendung abgesehen werden sollte. MD5 dagegen gilt als sicher und ist sehr weit verbreitet.

Secure Hash Standard (SHA-1)

Der vom NIST (National Institute of Standards and Technologie) als Standard verabschiedete SHA-1 generiert 160 bit lange Fingerabdrücke.

Er basiert auf den Prinzipien von MD4 und stellt zum gegenwärtigen Zeitpunkt den vermutlich sichersten Hashalgorithmus dar. Wegen potentieller Attacken gegen MD5 sollte zur Berechnung kryptographischer Prüfsummen ausschließlich SHA-1 verwendet werden.

RSA

Das nach seinen Entwicklern R. L. Rivest, A. Shamir und L. M. Adleman benannte Kryptosystem ist zur Zeit das bedeutendste asymmetrische Verschlüsselungsverfahren.

Es basiert auf dem Faktorisierungsproblem und ist das am besten untersuchte asymmetrische Verfahren überhaupt.

Der Algorithmus wurde in zahlreichen Anwendungen implementiert und gilt als sehr sicher. Das Patent wird von RSA Data Security gehalten und ist im Jahr 2000 abgelaufen.

ElGamal

Dieses asymmetrische Kryptosystem (nach seinem Entwickler T. ElGamal benannt) basiert auf dem diskreten Logarithmus Problem. Es gilt in Bezug auf die Sicherheit als gleichwertig mit RSA, arbeitet jedoch langsamer und produziert umfangreichere Geheimtexte.

15.3 Windows 2000 Zertifikatsdienste

Windows 2000 Zertifikate sind die wichtigste Komponente für die Infrastruktur der öffentlichen Schlüssel bei Windows 2000.

Durch Zertifikate wird die Sicherheit für öffentliche Schlüssel überhaupt erst ermöglicht, da durch ein Zertifikat der öffentliche Schlüssel seine Gültigkeit erhält.

Die Zertifikate werden direkt durch das Active Directory verwaltet und zur Verfügung gestellt.

Zertifikate belegen die Identität des Benutzers und werden von der Zertifizierungsstelle ausgestellt. Indem wir der außtellenden Zertifizierungsstelle vertrauen, vertrauen wir auch deren Zertifikaten.

Dabei erstellt diese Zertifizierungsstelle nicht nur Zertifikate, sondern zusätzlich noch die dazugehörigen Schlüsselpaare, also den öffentlichen und privaten Schlüssel.

15.3.1 X.509-Standard

Der X.509-Standard ist der derzeit aktuelle Standard für Zertifikate. Dieser Standard schreibt vor, dass Zertifikate mindestens folgende Felder enthalten müssen:

- Versionsnummer
- Seriennummer
- ID des Signatur-Algorythmus
- Name der Person, für die das Zertifikat ausgestellt wurde
- Ablaufdatum des Zertifikates
- Informationen des öffentlichen Schlüssels
- Eindeutige ID des Ausstellers und des Antragstellers
- Digitale Signatur der Zertifizierungsstelle

Es gibt zwei verschiedenen Varianten der Authentifizierung durch den X.509-Standard:

- *Einfache Authentifizierung.* Die Identität des Benutzers wird nur an Hand eines Kennwortes überprüft.

- *Strenge Authentifizierung*. Bei dieser Authentifizierung werden bestimmte Verschlüsselungs-Technologien, basierend auf asymmetrischer Verschlüsselung, zur Identifizierung des Benutzers verwendet. Diese Art ist natürlich wesentlich sicherer als die einfache Authentifizierung.

15.3.2 Zertifizierungsstelle

Die Zertifizierungsstelle, auch Certificate Authority - CA genannt, stellt Zertifikate aus, die der Versender und Empfänger zum Austausch verwenden können.

Dabei wird das Zertifikat mit dem privaten Schlüssel der CA signiert, um dessen Echtheit zu bestätigen.

Sie können Zertifkate so konfigurieren, dass Sie ständig gültig sind oder nach einiger Zeit ihre Gültigeit verlieren. Natürlich ist es wesentlich sicherer, wenn Zertifikate nur eine begrenzte Zeitgültig sind und dann neu beantragt und ausgestellt werden müssen.

15.3.3 Installation der Zertifikatsdienste

Die Windows 2000-Zertifikatsdienste sind eine optionale Komponente von Windows 2000. Sie können diese daher jederzeit nachinstallieren, wenn sie nicht bereits bei der Installation des Servers mitinstalliert wurden.

Sie können die Zertifikatsdienste, wie alle anderen zusätzlichen Dienste, in der Systemsteuerung unter Software hinzufügen (siehe Abbildung 15.1).

Wenn Sie den Haken bei den Zertifikatsdiensten setzen, erscheint eine Systemmeldung, die Sie darauf hinweist, dass nach der Installation keine Umbenennung des Rechners mehr möglich ist (siehe Abbildung 15.2).

Sie können diesen Rechner auch nicht mehr in einer Domäne aufnehmen oder aus einer entfernen.

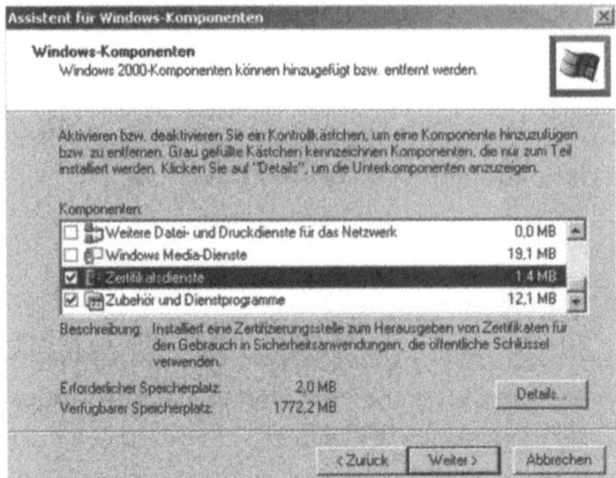

Abb. 15.1: Installation der Zertifikatsdienste

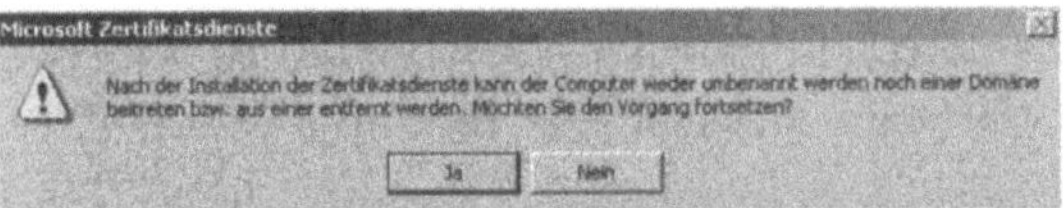

Abb. 15.2 Meldung bei der Installation der Zertifikatsdienste

Der Zertifikatsdienst unterteilt sich in zwei Komponenten, die Sie durch klicken auf die Schaltfläche Details auch auf verschiedenen Servern installieren können (siehe Abbildung 15.3).

Webregistrierungssupport für Zertifikatsdienste. Die Zertifikatsdienste erweitern den lokalen IIS des Zertifikatsserver um ein Web, über das man sich Zertifikate außtellen lassen kann.

Dieses Web können Sie über die Syntax

```
http://SERVERNAME/certsrv
```

ansprechen und so ein Zertifikat anfordern.

In Umgebungen mit mehreren tausend Benutzern, die ständig mit Zertifikaten arbeiten, kann es sinnvoll sein, diese Web-Dienste auf einen anderen Server auszulagern oder zusätzlich auf anderen Servern zu installieren, um auf den Zertifikatsdienst zu verweisen und diesen zu entlasten.

Zertifizierungsstelle für Zertifikate. Bei diesem Dienst handelt es sich um die zu erstellende CA.

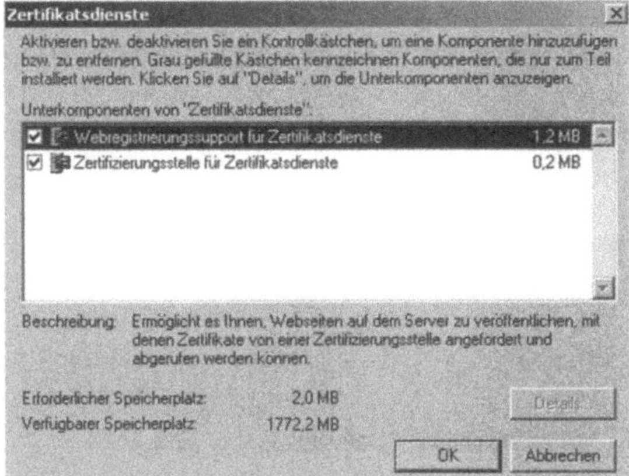

Abb. 15.3: Komponenten der Zertifikatsdienste

Wenn Sie die gewünschten Komponenten ausgewählt haben, kommen Sie auf die nächste Seite des Installationsassistenten (siehe Abbildung 15.4).

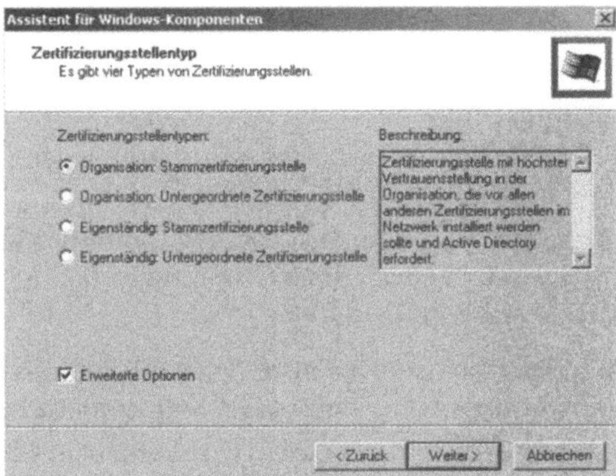

Abb. 15.4: Erstellen einer neuen CA

Hier können Sie auswählen, welche Art von CA Sie erstellen wollen.

Wenn Sie Ihre erste CA erstellen und über ein Active Directory verfügen, verwenden Sie die Option

`Organisation: Stammzertifizierungsstelle.`

Bei dieser Auswahl wird die CA direkt in das Active Directory integriert.

Wenn Sie den Haken bei Erweiterte Optionen setzen, können Sie später benutzerdefinierte Einstellungen für Ihre Zertifikate vornehmen (siehe Abbildung 15.5).

Nachdem Sie Ihre Auswahl getroffen haben, kommen Sie mit Weiter zum nächsten Fenster des Assistenten (siehe Abbildung 15.5).

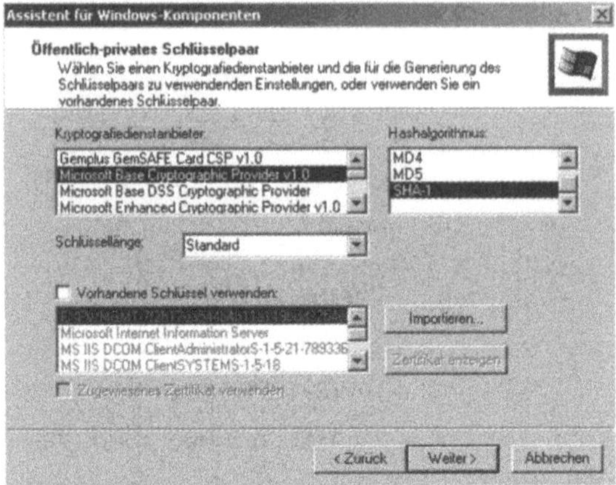

Abb. 15.5: Erweiterte Optionen der Zertifikate

Sie können auf diesem Fenster die Standardeinstellungen der Zertifikate verändern.

Sie sollten hier allerdings nur Änderungen vornehmen, wenn Sie genau wissen was Sie tun und sich mit dem Thema Verschlüsselung hinlänglich beschäftigt haben.

Normalerweise können Sie hier die Einstellungen unverändert lassen und mit Weiter zur nächsten Seite des Assistenten wechseln (siehe Abbildung 15.6).

Auf dem nächsten Fenster tragen Sie jetzt die genauen Bezeichnungen der einzelnen Felder Ihrer Zertifizierungsstelle ein.

Diese Eintragungen erscheinen später auch in Ihren Zertifkaten, überlegen Sie daher genau, was Sie hier reinschreiben.

Sie sollten diese Einträge später nicht mehr abändern, sondern bereits beim Ausfüllen dieser Felder genau wissen, was wo reingeschrieben werden soll.

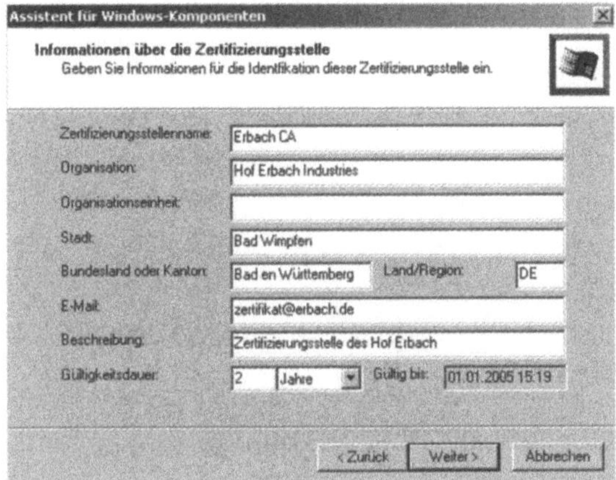

Abb. 15.6: Daten der CA

Auf der nächsten Seite können Sie den Speicherort der Datenbank und der Protokolldateien wählen. Auch hier können Sie die Pfade so belassen wie sie sind.

Nach Ihrer Auswahl wird der Schlüssel für die CA erstellt und zugeordnet, die IIS-Dienste beendet und dann die notwendigen Dateien von der Windows 2000-CD installiert.

Achten Sie darauf, dass keine Benutzer auf den IIS dieses Servers zugreifen, da Sie durch die Beendigung der Dienste von diesem Server getrennt werden.

Nach der Installation steht Ihnen das neue SnapIn `Zertifizierungsstelle` zur Verwaltung der Zertifikatsdienste zur Verfügung.

Wenn Sie dieses SnapIn aufrufen, werden Sie mit der CA verbunden (siehe Abbildung 15.7).

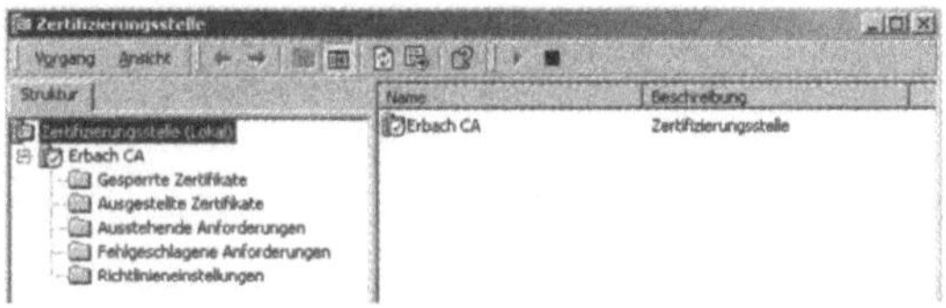

Abb. 15.7: Verwaltung der neuen Zertifizierungsstelle

15.3.4 Webseite der Zertifikatsdienste

Sie können die erfolgreiche Installation der Zertifikatsdienste auch überprüfen, indem Sie mit dem Internet-Explorer auf die Zertifikatsseite dieses Servers gehen (siehe Abbildung 15.8).

Die Syntax lautet: `http://SERVERNAME/certsrv`

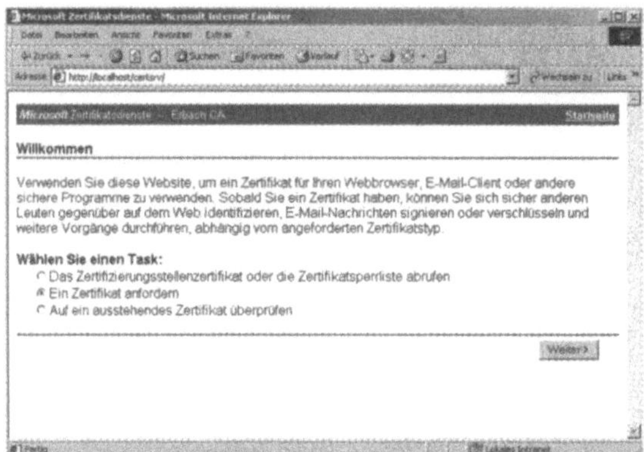

Abb. 15.8: Web-Seite der Zertifikatsdienste

Auf der Startseite stehen Ihnen verschiedene Optionen zur Auswahl.

Die Option `Das Zertifizierungsstellenzertifikat` oder die `Zertifikatssperrliste` abrufen dient zur Ansicht des Zertifikats der CA oder der Sperrliste.

Sie können auf dieser Seite auch für den zugreifenden Rechner konfigurieren, dass allen Zertifikaten dieser Zertifizierungsstelle vertraut wird (siehe Abbildung 15.9).

Diese Option ist allerdings nur dann sinnvoll, wenn mit untergeordneten Zertifizierungsstellen gearbeitet werden soll (siehe Abbildung 15.4).

Außtellen eines neuen Zertifikates

Hauptsächlich werden Benutzer diese Seite jedoch aufrufen, wenn Sie ein Zertifikat für Ihren Rechner außtellen wollen.

Um ein Zertifikat anzufordern, wählen Sie die Option `Ein Zertifikat anfordern` und klicken auf Weiter.

Im nächsten Fenster wählen Sie aus, welche Art von Zertifikat Sie anfordern wollen (siehe Abbildung 15.9).

Sie können ein `Benutzerzertifikat` anfordern oder eine `Erweiterte Anforderung` starten.

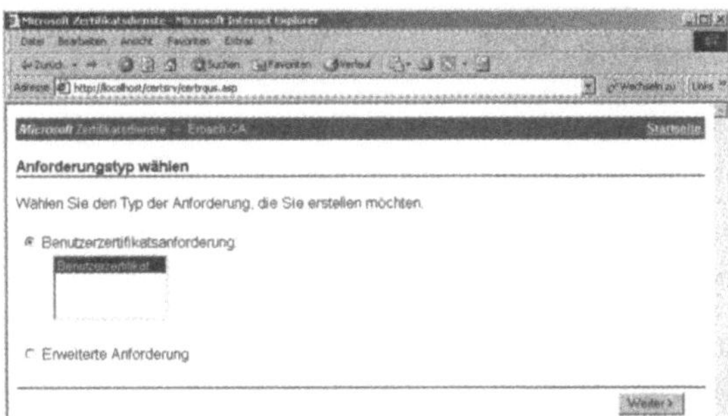

Abb. 15.9: Auswahl des gewünschten Zertifikates

15.3.4.1 Benutzerzertifikat

Wenn Sie ein Benutzerzertifikat erhalten wollen, belassen Sie die Einstellung dieser Option und klicken auf Weiter.

Im nächsten Fenster können Sie weitere Einstellungen für Ihr Zertifikat vornehmen (siehe Abbildung 15.10).

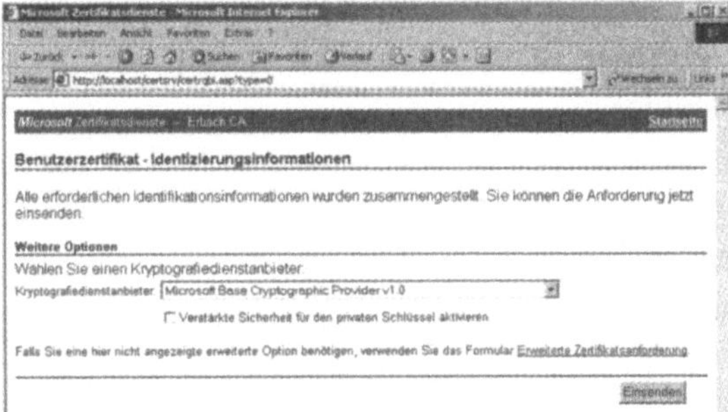

Abb. 15.10: Auswahl der Optionen für das Benutzerzertifikat

Wenn Sie mit den Einstellungen zufrieden sind, können Sie mit `Einsenden` die Anforderung an den Zertifikatsdienst übertragen. Die Web-Erweiterung baut jetzt Verbindung zum Zertifikatsdienst auf und fordert ein Zertifikat an.

Nach kurzer Zeit wird dieses Zertifikat in Ihrem Web-Browser angezeigt und Sie können es auf dem lokalen Rechner installieren (siehe Abbildung 15.11).

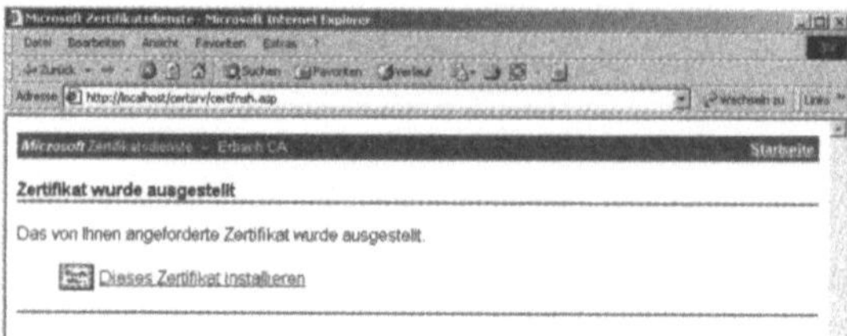

Abb. 15.11: Ausgestelltes Zertifikat

Dieses Zertifikat ist allerdings nur für den Benutzer ausgestellt, der es angefordert hat. Wenn sich auf diesem Rechner noch andere Benutzer anmelden, müssen diese ebenfalls ein eigenes Zertifikat anfordern.

Sie finden jetzt dieses Zertifikat in der Verwaltung der Zertifizierungsstellen unter dem Menüpunkt `Ausgestellte Zertifikate` (siehe Abbildung 15.7).

Überprüfung des Zertifikats in Outlook

Sie können jetzt auch die Einbindung dieses Zertifikats in Outlook überprüfen. Ich arbeite bei mir mit Outlook XP. Bei älteren Versionen von Outlook befinden sich viele Einstellungen am gleichen Ort.

Starten Sie dazu Ihr Outlook und gehen zu `Extras, Optionen` und wechseln zur Registerkarte `Sicherheit` (siehe Abbildung 15.12).

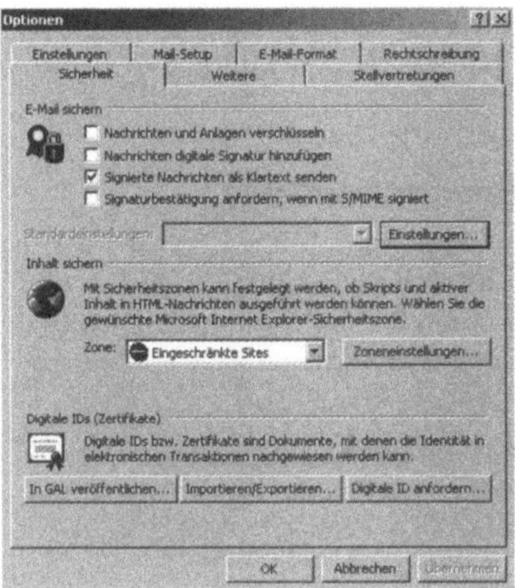

Abb. 15.12: Sicherheitseinstellungen in Outlook XP

Mit einem Klick auf die Schaltfläche `Einstellungen` gelangen Sie zu den erweiterten Sicherheitseinstellungen von Outlook (siehe Abbildung 15.13).

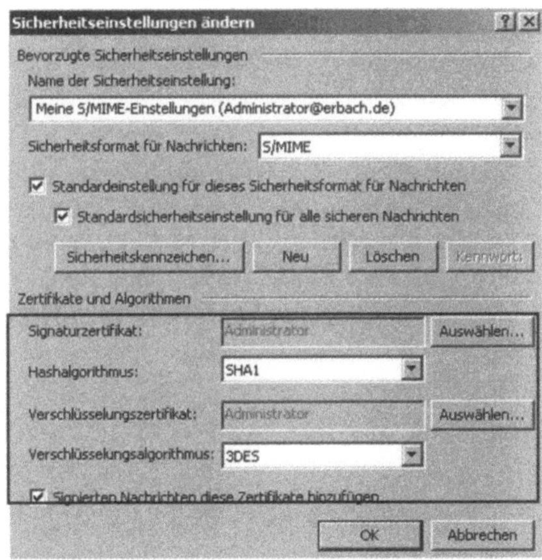

Abb. 15.13: Erweiterte Sicherheitseinstellungen in Outlook

Im Bereich *Zertifikate und Algorithmen* sehen Sie das ausgestellte Zertifikat für den Benutzer Administrator (siehe Markierung Abbildung 15.13).

Sie können in diesem Menü Ihre Verschlüsselung ändern. Das Zertifikat hingegen kann natürlich nicht verändert werden.

15.3.4.2 Erweiterte Anforderung

Statt eines Benutzerzertifkats können Sie in den Optionen zur Anforderung eines Zertifikats (siehe Abbildung 15.9) auch eine erweiterte Anforderung starten (siehe Abbildung 15.14).

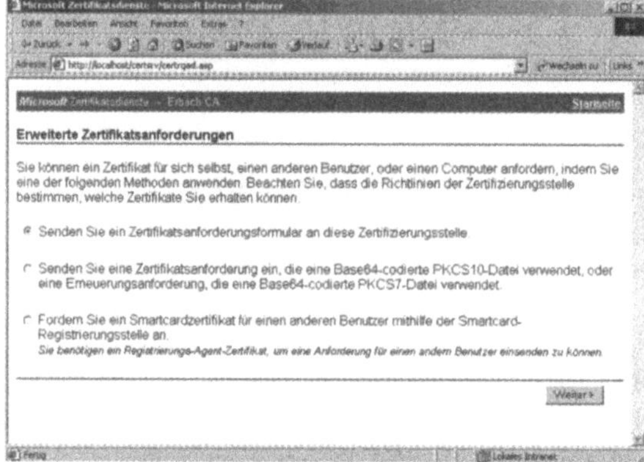

Abb. 15.14: Erweiterte Zertifikatsanforderung

Sie können bei den erweiterten Anforderungen drei Optionen wählen:

- *Senden Sie ein Zertifikatsanforderungsformular an diese Zertifizierungsstelle.* Wenn Sie diese Option auswählen, können Sie auf der nachfolgenden Seite ein Formular für die Anforderung eines Zertifikates ausfüllen. Ihnen stehen dabei einige Optionen zur Verfügung (siehe Abbildung 15.15).

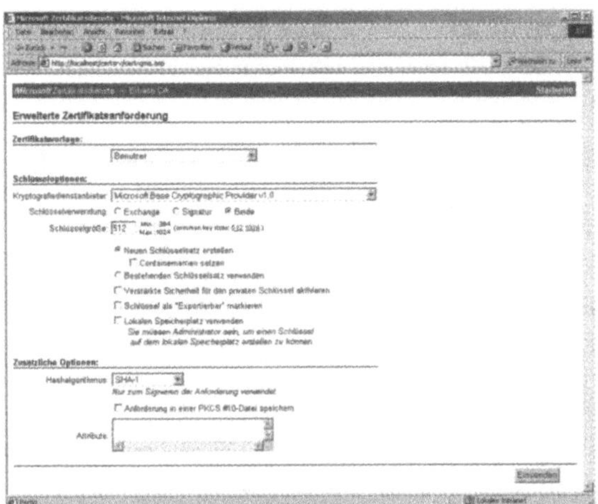

Abb. 15.15: Erweiterte Zertifikatsanforderung

- *Zertifikatsvorlage*. Mit diesem Menü wählen Sie die Vorlage aus, mit der das Zertifikat gebildet werden soll.
- *Kryptografiedienstanbieter*. Wählen Sie hier den gewünschten Verschlüsselungsanbieter aus. Standardmäßig wird hier *Microsoft Base Cryptographic Provider v1.0* angeboten. Sie sollten diese Einstellung so belassen und nur verändern, wenn Sie genau wissen warum.
- *Schlüsselverwendung*. Hier wählen Sie aus, wozu der Schlüssel hauptsächlich dienen soll. Sie können *Exchange*, *Signatur* oder *Beide* auswählen. Wenn Sie *Exchange* wählen, kann der Schlüssel nur zum Austausch von symmetrischen Schlüsseln verwendet werden. Die Einstellung *Signatur* besagt, dass Sie den Schlüssel nur als digitale Signatur verwenden wollen. Standardmäßig ist *Beide* aktiviert.
- *Schlüsselgröße*. Hier können Sie die Länge des Schlüssels definieren. Je länger der Schlüssel ist, umso höher ist die Sicherheit des Zertifikates aber auch umso länger die Dauer der Erstellung des Schlüssels.
- *Neuen Schlüsselsatz erstellen*. Diese Einstellung ist standardmäßig aktiviert. Sie sollten diese Option so belassen um ein Schlüsselpaar zu erstellen. Mit der Option *Containernamen* können Sie einen eigenen Container für diesen Schlüssel erstellen. Dies ist allerdings nicht erforderlich.

- *Bestehenden Schlüsselsatz verwenden.* Mit dieser Option können Sie ein Zertifikat, basierend auf einem bereits vorhandenen Schlüssel, erstellen lassen.
- *Verstärkte Sicherheit für den privaten Schlüssel aktivieren.* Wenn Sie diese Option aktivieren, muss der Benutzer jeden Verschlüsselungsvorgang des Zertifikats genehmigen. Dadurch ist ein Missbrauch durch einen Trojaner zu verhindern.
- *Schlüssel als „exportierbar" markieren.* Diese Option sollten Sie aktivieren, wenn Sie den Schlüssel auf dem Zielsystem exportieren wollen, um ihn auf einem anderen System wieder zu importieren. Diese Funktion wird häufig verwendet, wenn Sie Zertifikate für Webserver anfordern, um SSL-verschlüsselte Internetseiten aus der DMZ mit einer Firewall, zum Beispiel dem Microsoft ISA-Server, zu veröffentlichen.
- *Lokalen Speicherplatz verwenden.* Diese Einstellung ist hauptsächlich für Administratoren gedacht. Mit dieser Option wird das Zertifikat in der Registry unter HKEY_LOCAL_MACHINE gespeichert. Nicht im persönlichen Zertifikatsspeicher des Benutzers.
- *Hashalgorithmus.* Hier können Sie schließlich den Algorithmus zur Erstellung des Zertifikats auswählen. Die Standardeinstellung ist SHA-1 und sollte nur in Ausnahmefällen verändert werden.
- *Anforderung in einer PKCS #10-Datei speichern.* Wenn Sie diese Option aktivieren, wird die Anforderung nach dem Eintragen Ihrer Optionen nicht an den Zertifikatsserver gesendet sondern in einer Datei gespeichert. Sie können so die Anforderung zu einem späteren Zeitpunkt an den Server senden.
- *Attribute.* Hier können weitere Informationen und Anforderungen an das Zertifikat eingegeben werden.

Außer dieser Auswahl können zwei weitere Optionen bei der Anforderung eines erweiterten Zertifikats gewählt werden.

- *Senden Sie eine Zertifikatsanforderung ein, die eine......* Mit dieser Option können Sie die PKCS #10-Datei einsenden, wenn Sie zuvor bei der Erstellung des Zertifikats in den Optionen die Einstellung zum Speichern gewählt haben.

- *Fordern Sie ein Smartcardzertifikat.*....Diese Option dient zum Anfordern eines Zertifikats für eine Smartcard. Dieses Zertifikat wird nach Außtellung auf der Smartcard installiert.

15.4 Sichere Nachrichtenübermittlung mit Outlook

Outlook ab Version 2000 verwendet die Kryptografieanbieter des installierten Internet Explorer zur Überprüfung der einzelnen Zertifikatsstellen auf Vertrauenswürdigkeit.

Schon bei der Installation des Internet Explorer werden mehrere Zertifikate installiert.

Um festzustellen, welchen Zertifizierungstellen Ihr Outlook und Internet Explorer vertraut, gehen Sie wie folgt vor:

- Starten Sie den Internet `Explorer`.
- Rufen Sie aus dem Menü `Extras` die `Internetoptionen` auf.
- Wechseln Sie zur Registerkarte `Inhalt`.
- Klicken Sie auf die Schaltfläche `Zertifikate`.

Hier sehen Sie jetzt alle Zertifikate und auch die vertrauenswürdigen Zertifizierungsstellen. Sie können an dieser Stelle jederzeit Zertifizierungsstellen löschen oder importieren, denen vertraut werden soll bzw. denen Sie nicht vertrauen.

15.3.4 Verschlüsselung

Verwenden Versender und Empfänger Zertifikate, können Sie in Outlook mit der Verschlüsselung arbeiten. E-Mails können nur noch von den jeweiligen Empfängern gelesen werden.

Die Nachrichten sind im Informationsspeicher ebenfalls verschlüsselt und können nur vom Empfänger gelesen werden. Selbst wenn sich jemand unberechtigt Zugriff auf den Informationsspeicher verschafft.

Outlook arbeitet hier mit Exchange mit der asymmetrischen Verschlüsselung zusammen, das heißt, E-Mails lassen sich nur mit dem privaten Schlüssel des Empfängers entschlüsseln.

Dabei geht Outlook folgendermaßen vor:

- Wenn ein Absender eine E-Mail an einen Empfänger innerhalb der Organisation verschickt, überprüft Outlook zuerst im Active Directory die E-Mail-Adresse des gewünschten Empfängers.
- Will der Absender die Nachricht verschlüsseln, wird das Zertifikat des Empfängers abgerufen. Die Verschlüsselung befindet sich in Outlook unter `Extras`, `Optionen`, `Sicherheit` (siehe Abbildung 15.12).
- Outlook zieht den öffentlichen Schlüssel des Empfängers aus dessen Zertifikat und erstellt eine sogenannte Lockbox.
- Nach der Erstellung dieser Lockbox werden die Daten dieser E-Mail mit einem nur einmal verwendeten, symmetrischen Schlüssel verschlüsselt und in die Lockbox kopiert.
- Jetzt wird die Lockbox mit dem öffentlichen Schlüssel des Empfängers verschlüsselt und dann an den Empfänger versendet.
- Wenn der Empfänger die E-Mail lesen will, wird die Lockbox mit dessem privaten Schlüssel entschlüsselt, der symmetrische Schlüssel extrahiert und schließlich die Daten der E-Mail selbst entschlüsselt.

15.4.2 Digitale Signaturen

Digitale Unterschriften haben einen ähnlichen Stellenwert wie die Unterschriften auf einem normalen Papier. Sie identifizieren zuverlässig den Verfasser des Dokumentes.

Digitale Signaturen sind mittlerweile voll rechtskräftig. Sie sollten daher besonders auf die Sicherheit Ihrer Signaturen achten, damit kein Missbrauch stattfinden kann.

Eine Signatur kann nur mit dem persönlichen Schlüssel des Absenders erstellt werden.

Die E-Mail wird mit dem persönlichen Schlüssel des Absenders verschlüsselt und zerteilt. Der Empfänger entschlüsselt die E-Mail mit dem öffentlichen Schlüssel des Absenders wieder. Bei dieser Entschlüsselung wird auch überprüft, ob die Nachricht verändert wurde.

Wenn der Entschlüsselungsvorgang feststellt, dass die E-Mail nach der Verschlüsselung verändert wurde, wird Sie als ungültig erklärt.

Jede Nachricht verfügt über Ihre eigene Signatur, die aus einem Hashwert errechnet wird.

15.4.3 S/MIME

S/MIME ist der neueste Standard im Bereich der Verschlüsselung und arbeitet ausschließlich mit Zertifikaten.

S/MIME steht für *Secure Multipurpose Internet Mail Extension* und ist in der Version 3 als Verschlüsselungsstandard anerkannt.

Es ist ein Verschlüsselungskonzept das erhebliche Unterstützung erhält. Microsoft bietet neben anderen Firmen volle S/MIME-Unterstützung in seinen Produkten an.

Wie auch OpenPGP, verwendet S/MIME eine hybride Verschlüsselungstechnologie, also schnelle symmetrische Verschlüsselung der eigentlichen Nachricht mit einem Sitzungsschlüssel und eine anschließende asymmetrische Verschlüsselung des Sitzungsschlüssels mit dem öffentlichen Schlüssel des Nachrichtenempfängers.

Der S/MIME-Standard ist auch für Software gültig, die nicht von Microsoft stammt.

Empfänger ohne Outlook können so S/MIME-E-Mails lesen die von Outlook erstellt wurden.

15.5 Exchange 2000 Schlüsselverwaltungsdienst

Der Schlüsselverwaltungsdienst (Key Management Service, KMS) ist ein erweitertes Sicherheitsfeature von Exchange 2000.

Der KMS ist ein optionaler Dienst, der ähnlich wie Chat- und Instant Messaging-Dienst, nachträglich installiert werden kann, wenn er nicht bereits bei der Installation von Exchange 2000 ausgewählt wurde.

Der KMS arbeitet dabei direkt mit den Windows 2000-Zertifikatsdiensten zusammen.

Der KMS verfügt über einen eigenen Kryptographieanbieter, der in der Exchange 2000 ESE-Datenbank integriert wird und nur für den KMS zugreifbar ist.

Die meiste Arbeit bezüglich der Verschlüsselung hat weiterhin Outlook. Die Aufgabe des KMS ist hauptsächlich verlorene, private Schlüssel wiederherzustellen.

Es können allerdings nur Schlüsselpaare im KMS gesichert werden. Digitale Signaturen werden aus Sicherheitsgründen nicht vom KMS mitgesichert.

Der KMS arbeitet mit allen Outlook-Versionen zusammen, auch den älteren Outlook 97- oder Outlook 98-Versionen.

15.5.1 Vorbereitungen zur Installation des KMS

Bevor der Schlüsselverwaltungsdienst (KMS) installiert werden kann, müssen Sie einige Vorbereitungen treffen.

- Der KMS setzt bereits installierte Windows 2000 Zertifikatsdienste voraus. Diese sollten Sie zuerst installieren.

Exchange-Zertifikatsvorlagen erstellen

Nach der Installation und Überprüfung der Windows 2000 Zertifikatsdienste müssen Sie noch Ihre Organisationszertifizierungstelle bearbeiten, damit Sie exchange-spezifische Zertifikate erstellen können.

Haben Sie diese Vorbereitungen nicht getroffen, verweigert der Setup-Assistent von Exchange 2000 die Installation des KMS.

Gehen Sie zur Konfiguration Ihrer Zertifizierungsstelle folgendermaßen vor:

- Öffnen Sie das SnapIn zu Verwaltung der Zertifizierungsstellen.
- Klicken Sie mit der `rechten Maustaste` auf das Menü `Richtlinieneinstellungen`, wählen dann `Neu` und dann `Auszustellendes Zertifikat` (siehe Abbildung 15.16).

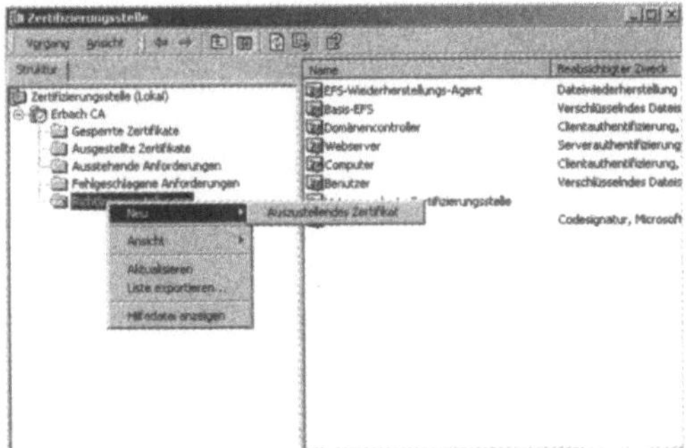

Abb. 15.16: Erstellen einer neuen Zertifikats-Richtlinie

- Wählen Sie am besten alle Vorlagen aus. Die Auswahl von Vorlagen, die Sie erstmal nicht brauchen, schadet nicht, da durch die höhere Zahl an Vorlagen das System nicht belastet wird. So ist sichergestellt, dass alle Vorlagen vorhanden sind, die der KMS braucht und noch einige andere mehr.

15.5.2 Installation des KMS

Um den KMS zu installieren, müssen Sie die Exchange 2000-CD einlegen und das Setup starten.

Bei der Auswahl der Komponenten müssen Sie wieder den übergeordneten Komponenten des KMS den Status `Ändern` zuweisen und dem KMS den Status `Installieren` (siehe Abbildung 15.17).

Im Gegensatz zum Chat-Dienst oder Instant Messaging werden zwar die Exchange-Dienste bei der Installation des KMS nicht beendet, Sie sollten die Installation an einem produktiven Server dennoch außerhalb der normalen Geschäftszeiten durchführen.

Sie müssen nach der Installation ohnehin das Servicepack für Exchange 2000 nochmals installieren. Die Installation des Servicepacks fährt in jedem Fall Ihre Dienste herunter.

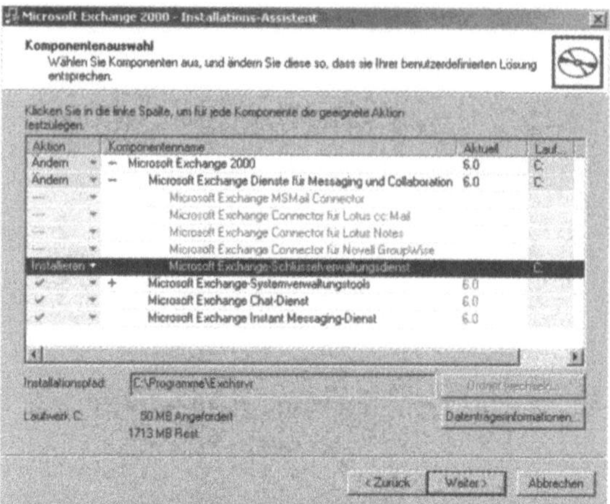

Abb. 15.17: Installation des KMS

Nach der Bestätigung der Komponentenauswahl des KMS werden Sie gefragt, wie das Startverhalten des KMS sein soll (siehe Abbildung 15.18).

Sie können hier auswählen, dass der KMS bei jedem Neustart des Dienstes die Eingabe eines Kennwortes verlangt oder dass das Kennwort auf einem Datenträger gespeichert wird, der zum Starten im Laufwerk des Servers sein muss.

Die Speicherung auf einem Datenträger ist sicherlich der bequemere Weg, da das Kennwort zum Starten des KMS von Exchange 2000 erstellt wird, sehr lang ist und vorgegeben wird. Sie können dieses Kennwort also nicht selbst bestimmen (siehe Abbildung 15.19).

Die Eingabe des Kennwortes ist allerdings etwas sicherer. Fakt ist jedoch, dass Sie das Kennwort notieren sollten, da es kein Mensch auswendig lernen kann und diesen Zettel genauso sorgfältig aufbewahren müssen wie den Datenträger.

Was Sie hier tun bleibt Ihre Wahl. Sie können allerdings nur eine der beiden Möglichkeiten wählen.

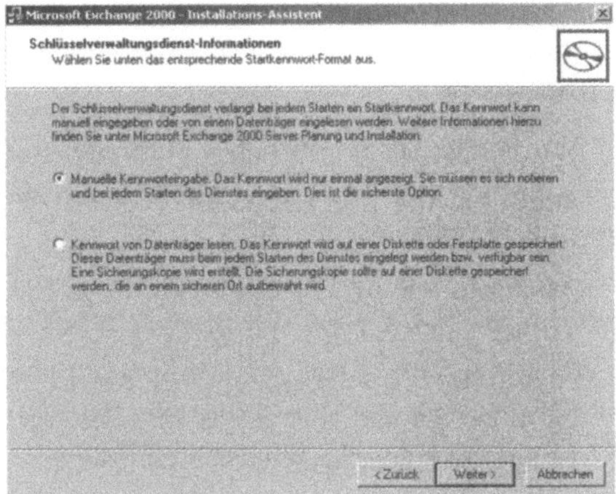

Abb. 15.18: Startverhalten des KMS

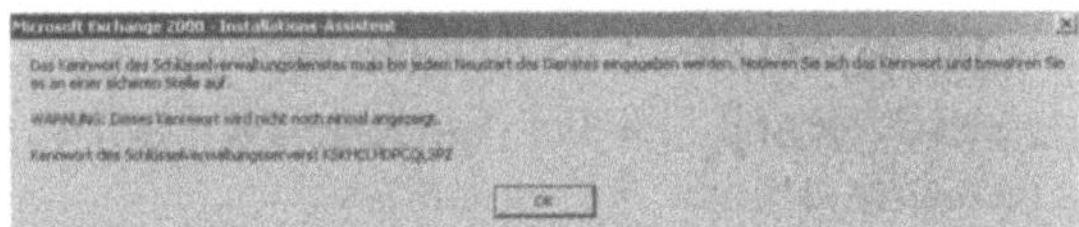

Abb. 15.19: Kennwort zum Starten des KMS

Sie können nur einen KMS für jede administraive Gruppe innerhalb Ihrer Organisation installieren.

15.5.3 Nacharbeiten der Installation des KMS

Nach der Installation des KMS müssen Sie noch einige Nacharbeiten durchführen, um den KMS mit den Zertifikatsservern zu verbinden.

Im Gegensatz zu den anderen Diensten von Exchange 2000 wird der KMS nach der Installation noch nicht gestartet, sondern muss zunächst konfiguriert werden.

15.5.3.1 Erteilen der notwendigen Berechtigungen an den KMS

Sie müssen jeden einzelnen Zertifikatsserver mit dem KMS verbinden und dem KMS Rechte zur Verwaltung der Zertifikatsserver erteilen.

Um dem neuen Schlüsselverwaltungsserver (KMS) die notwendigen Rechte auf den Zertifikatsservern zu erteilen, gehen Sie folgendermaßen vor:

- Starten Sie das SnapIn `Zertifizierungsstelle`.
- Rufen Sie mit der `rechten Maustaste` die Eigenschaften Ihrer Zertifizierungsstelle auf.
- Wechseln Sie auf die Registerkarte `Sicherheitseinstellungen` und klicken auf die Schaltfläche `Hinzufügen`.
- Fügen Sie den Exchange-Server hinzu, auf dem Sie den KMS installiert haben und geben ihm die Berechtigung `Verwalten`. Bestätigen Sie Ihre Konfiguration mit `OK`.

15.5.3.2 Starten des KMS System-Dienstes

Nachdem Sie dem KMS die notwendigen Berechtigungen erteilt haben können Sie den Dienst starten.

Die Verwaltung des KMS, einschließlich seines System-Dienstes, findet im Exchange System-Manager statt.

Nach der Installation finden Sie im Container der administrativen Gruppe, in der Sie den KMS installiert haben, den Conatiner `Erweiterte Sicherheit` mit den Erweiterungen des KMS (siehe Abbildung 15.20).

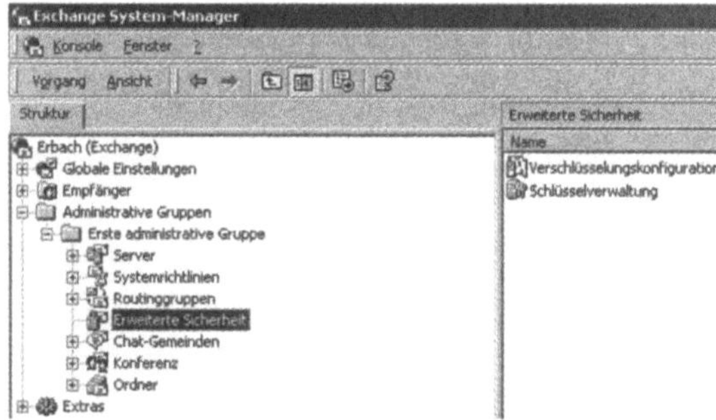

Abb. 15.20: KMS im Exchange System-Manager

Klicken Sie mit der `rechten Maustaste` auf den Punkt `Schlüsselverwaltung`, wählen aus dem Menü `Alle Tasks` aus und dann `Dienst starten`.

Sie werden jetzt nach dem Kennwort gefragt, das Ihnen Exchange während der Installation des KMS ausgestellt hat. Geben Sie dieses Kennwort ein und bestätigen Ihre Eingabe.

Nach der korrekten Eingabe Ihres Kennwortes startet der Dienst und kann verwaltet werden. Wenn Sie hier ein falsches Kennwort eingeben, bringt Exchange eine Meldung, dass der Dienst nicht rechtzeitig geantwortet hat anstatt zu melden, dass das Kennwort nicht richtig ist.

Wiederholen Sie in diesem Fall einfach die Eingabe und Überprüfen Sie, ob Sie das Kennwort richtig eingegeben haben.

15.5.4 Verwalten des KMS

Nachdem der Dienst erfolgreich gestartet ist, können Sie den Dienst verwalten.

15.5.4.1 Hinzufügen und entfernen von KMS-Administratoren

Standardmäßig hat nur der Benutzer Zugriff auf den KMS, der ihn installiert hat. In vielen Organisationen besteht aber die Anforderung, weitere Benutzer mitaufzunehmen und vielleicht auch wieder zu entfernen.

Um neue Benutzer als KMS-Administratoren zu definieren, gehen Sie wie folgt vor:

- Starten Sie den Exchange System-Manager.
- Navigieren Sie zum Container `Erweiterte Sicherheit` innerhalb der administrativen Gruppe des KMS.
- Rufen Sie mit der `rechten Maustaste` die Eigenschaften der `Schlüsselverwaltung` auf.
- Sie werden zur Eingabe eines Kennwortes aufgefordert. Dieses Kennwort ist nicht das Anmeldekennwort des Benutzers sondern ein KMS-internes Kennwort. Standardmäßig setzt der KMS das Kennwort des ersten Administrators auf

  `password`

  Geben Sie also zur Administration immer dieses Kennwort ein. Sie müssen bei jeder Eingabe oder Wechseln der Registerkarte dieses Kennwort neu eingeben.

Sie können an der gleichen Stelle, an der Sie die Administratoren verwalten, auch das Kennwort des ersten Administrators ändern. Dazu klicken Sie auf der Registerkarte *Adminstratoren* auf die Schaltfläche Kennwort ändern.

- Nach der Eingabe des korrekten Kennwortes erscheint ein Fenster, in dem Sie den KMS verwalten können (siehe Abbildung 15.21).

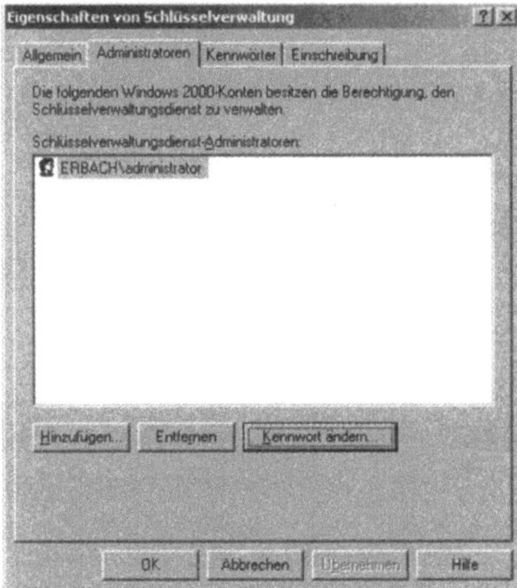

Abb. 15.21: Verwaltung des KMS

- Auf der Registerkarte *Administratoren* können Sie jetzt neue Benutzer als KMS-Administratoren hinzufügen oder vorhandene entfernen. Auch diese Benutzer erhalten für die Arbeit mit dem KMS ein eigenes Kennwort, das Sie beim Hinzufügen des Administrators festlegen können.
- Denken Sie aber daran, dass nur Benutzer den KMS verwalten können, die im Exchange System-Manager genügend Rechte haben, um den Container Erweiterte Sicherheit überhaupt anzuzeigen. Die Benutzer brauchen das Recht eines Exchange Administrators, der Exchange-Objekte verwalten kann.

15.5.4.2 Erhöhen der Sicherheit des KMS

Auf der Registerkarte *Kennwörter* der Eigenschaften des KMS legen Sie KennwortRichtlinien fest, die das Verwalten zwar etwas komplizieren aber die Sicherheit deutlich erhöhen (siehe Abbildung 15.22).

Mit dieser Option können Sie Missbrauch oder Fehlkonfiguration des KMS durch einen Administrator verhindern.

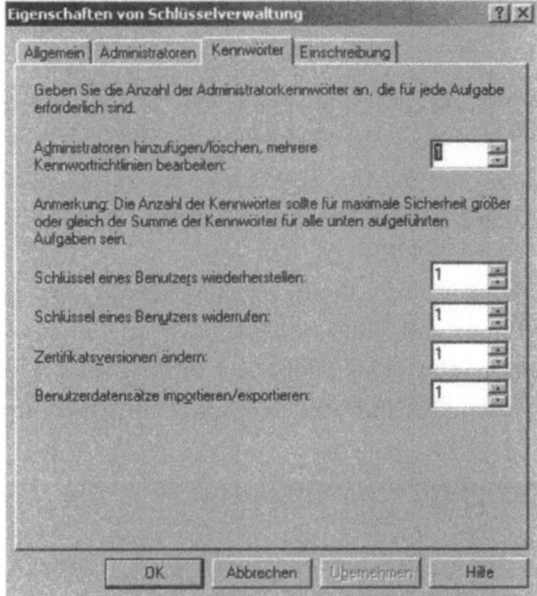

Abb. 15.22: Setzen von Kennwortrichtlinien für den KMS

Sie können hier festlegen, für welche Aufgabe innerhalb des KMS die Bestätigung durch mehrere Administratoren notwendig ist.

Wenn Sie hier die Anzahl der Administratoren erhöhen, müssen Sie beachten, auf der Registerkarte *Administratoren* mehrere anzulegen.

Achten Sie auch darauf, nicht zu viele Administratoren einzutragen, da bei Krankheit oder Urlaub eines Kollegen die eine oder andere Aufgabe vielleicht nicht erledigt werden darf.

Sie sollten hier einen Kompromiss zwischen Sicherheit und Verwaltbarkeit eingehen.

15.5.4.3 Ändern des KMS-Startkennwortes

Sie können das bei der Installation vorgegebende Kennwort zum Start des Dienstes jederzeit ändern.

Nach einem Neustart des Servers muss der KMS-Dienst jedesmal im Exchange System-Manager gestartet werden und verlangt dann dieses Kennwort.

Verlässt ein Administrator Ihre Firma oder haben Sie andere Gründe, dieses Kennwort zu ändern, gehen Sie wie folgt vor:

- Starten Sie den Exchange System-Manager und navigieren zum Container `Erweiterte Sicherheit`.
- Klicken Sie mit der `rechten Maustaste` auf die Schlüsselverwaltung, wählen `Alle Tasks` und dann `Startkennwort ändern`.
- Geben Sie das Administrator-Kennwort ein (nicht das Kennwort zum Starten des Dienstes).
- Es erscheint ein Fenster, mit dem Sie das Startkennwort des Dienstes ändern können (siehe Abbildung 15.23).

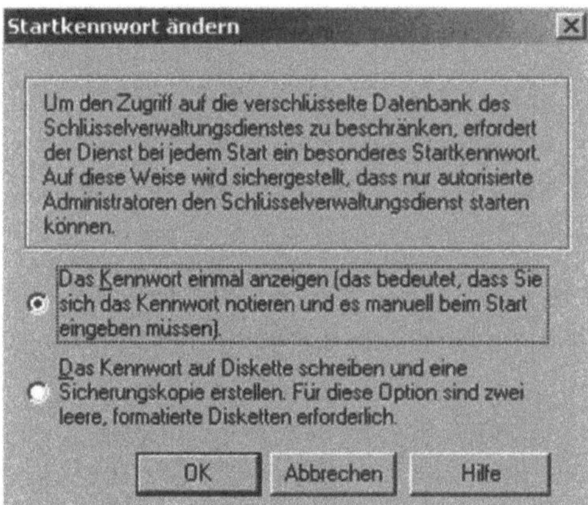

Abb. 15.23: Ändern des KMS-Startkennwortes

Sie können auf diesem Fenster Ihr Kennwort neu erstellen lassen und sich notieren oder auf zwei Disketten speichern.

Sie können mit jeder dieser Disketten den Dienst starten, sollten allerdings eine davon aus Sicherheitsgründen an einem sicheren Ort aufbewahren.

15.5.4.4 Benutzer mit dem KMS einschreiben

Bei der Einschreibung werden die Benutzer mit dem KMS verbunden. Der KMS fordert beim Zertifikatsserver für jeden Benutzer ein Zertifikat an und erstellt zwei Schlüsselpaare. Ein Paar wird als Signatur verwendet, das andere zur Verschlüsselung von E-Mails.

Die Signatur wird dabei ausschließlich auf dem Rechner des Benutzers gespeichert. Nicht auf dem KMS-Server.

Um Benutzer mit dem KMS zu verbinden, verwendet der KMS das Active Directory. Sie können einzelne Benutzer, administrative Gruppen oder Exchange-Server in den KMS einschreiben.

Für jede Einschreibung wird die Eingabe eines KMS-Administratorkennwortes gefordert.

Bevor Sie Ihre Benutzer einschreiben, müssen Sie noch entscheiden, ob die Benutzer per E-Mail automatisch durch die Systemaufsicht informiert werden sollen. In dieser E-Mail wird auch das Token des jeweiligen Benutzers mitgeschickt.

Wenn Sie nicht vor der Einschreibung eines Benutzers das automatische Versenden von E-Mails konfigurieren, müssen Sie jedem Benutzer sein Token manuell zur Verfügung stellen. Diese Option ist zwar sicherer, bei vielen Benutzern jedoch auch deutlich aufwendiger.

Sie können diese Einstellung in den Eigenschaften der Schlüsselverwaltung einstellen, indem Sie auf die Registerkarte *Einschreibung* klicken (siehe Abbildung 15.24).

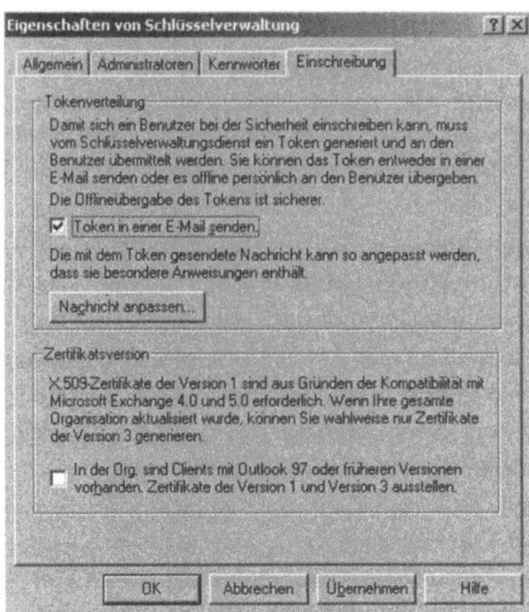

Abb. 15.24: Konfigurieren der Tokenverteilung

An dieser Stelle können Sie auch konfigurieren, ob Benutzer noch mit Outlook 97-Versionen arbeiten.

Outlook 97 erfordert eine andere Version von Zertifikaten.

Um Benutzer in den KMS einzuschreiben gehen Sie folgendermaßen vor:

- Starten Sie den Exchange System-Manager und navigieren zum Container `Erweiterte Sicherheit`.
- Klicken Sie mit der `rechten Maustaste` auf den Punkt `Schlüsselverwaltung`, wählen `Alle Tasks` und dann Benutzer einschreiben. Es erscheint ein Fenster, in dem Sie festlegen können, wie die einzuschreibenden Benutzer gefunden werden sollen (siehe Abbildung 15.25).

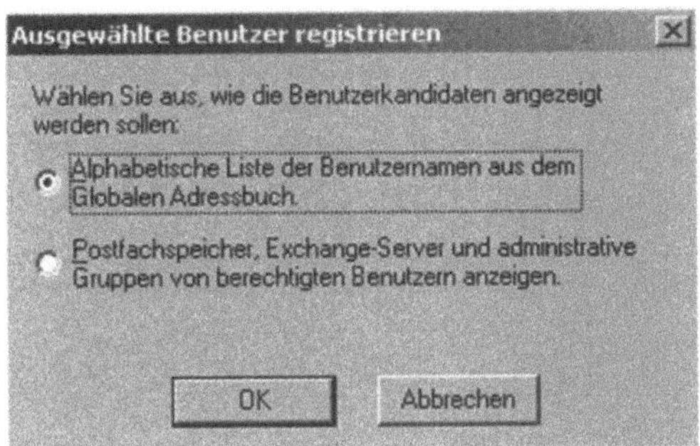

Abb. 15.25: Einschreiben von Benutzern in den KMS

- Wählen Sie am besten die Standardauswahl, also die alphabetische Liste. Es erscheint ein Fenster, in dem Sie die Benutzer auswählen können, die Sie einschreiben wollen. Wählen Sie die gewünschten oder alle Benutzer aus und bestätigen Sie Ihre Eingabe. Nach einigen Sekunden erhalten Sie eine Meldung, dass alle ausgewählten Benutzer in den KMS eingeschrieben wurden.

  Wenn Sie Benutzer nach der alphabetischen Auswahl eingeschrieben haben, müssen Sie allerdings jeden neuen Benutzer manuell einschreiben. Dies geschieht nicht automatisch.

  Sie können nach der Einschreibung eines Benutzers dessen Schlüssel mit dem Menü `Alle Tasks` wiederherstellen, falls dieser durch defekte Hardware oder einfaches Vergessen verloren geht.

15.5.4.5 KMS-Zertifikate in Outlook einbinden

Als Letztes müssen noch die einzelnen Benutzer Ihr Outlook für die Arbeit mit Zertifikaten konfigurieren.

Benutzer erhalten, wenn Sie dies so konfiguriert haben, Ihr Token als E-Mail mit einer Einweisung, wie Sie vorzugehen haben (siehe Abbildung 15.26).

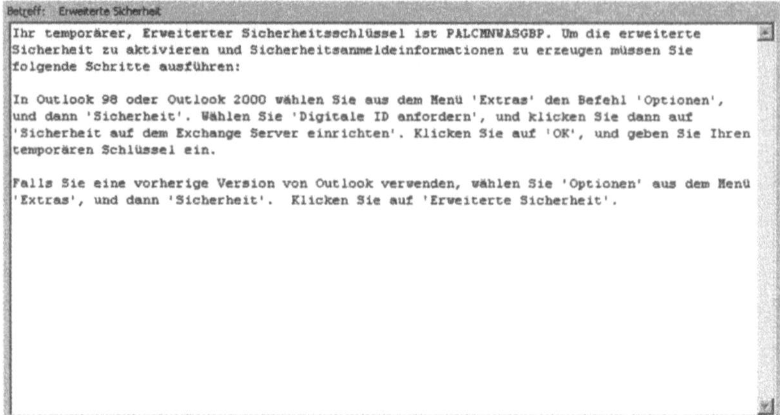

Abb. 15.26: Automatische E-Mail des KMS

Sie können diese Nachricht auf der Registerkarte *Einschreibung* in den Eigenschaften der Schlüsselverwaltung bearbeiten und eigene Anweisungen integrieren.

Sind die Benutzer nach diesen Anweisungen vorgegangen, erhalten Sie eine weitere E-Mail des KMS. Diese E-Mail kann nur mit dem Kennwort geöffnet werden, dass der Benutzer bei der Eingabe seines Tokens konfiguriert hat.

Beim Öffnen der zweiten E-Mail können Benutzer schließlich das Zeritifkat auf Ihrem Rechner integrieren (siehe Abbildung 15.27).

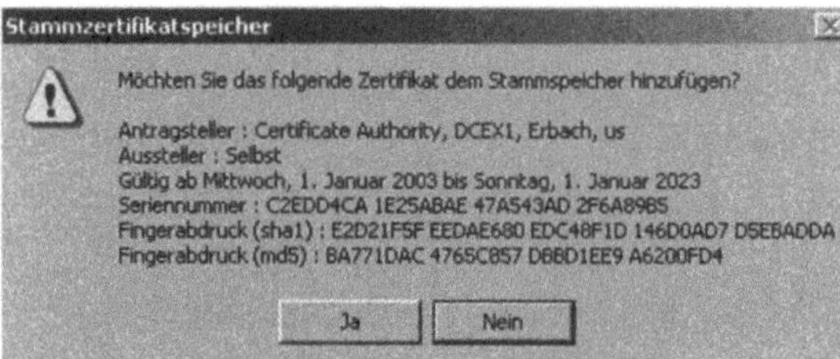

Abb. 15.27: Integration des Zertifikats in Outlook

Benutzer erhalten nach der erfolgreichen Integration des Zertifikats eine Bestätigung.

Outlook ist jetzt für die Arbeit mit Zertifikaten fertig konfiguriert.

Benutzer können jetzt einzelne Nachrichten verschlüsseln. Dabei wird das vom KMS angeforderte Zertifikat und Schlüsselpaar verwendet.

Schlagwortverzeichnis

D

E

F

G

H

I

K

L

M

N

O

P

Q

R

S

T

U

V

W

X

Z

MIX
Papier aus verantwortungsvollen Quellen
Paper from responsible sources
FSC® C105338

If you have any concerns about our products,
you can contact us on
ProductSafety@springernature.com

In case Publisher is established outside the EU,
the EU authorized representative is:
Springer Nature Customer Service Center GmbH
Europaplatz 3, 69115 Heidelberg, Germany

Printed by Libri Plureos GmbH
in Hamburg, Germany